DR. WOLFGANG MAKATSCH

WIR BESTIMMEN DIE VÖGEL EUROPAS

3
4
18
17
16
15
25
26
28
27

DR. WOLFGANG MAKATSCH

WIR BESTIMMEN DIE VÖGEL EUROPAS

Mit Illustrationen von

KURT SCHULZE

und

ALFRED LIPPERT

NEUMANN VERLAG
LEIPZIG · RADEBEUL

Makatsch, Wolfgang:
Wir bestimmen die Vögel Europas /
Wolfgang Makatsch. Mit Ill. von
Kurt Schulze u. Alfred Lippert. – 6. Aufl. –
Leipzig ; Radebeul : Neumann Verlag,
1989. – 553 S. : Zahlr. Ill (z. T.
farb.), Kt.
ISBN 3-7402-0036-7

ISBN 3-7402-0036-7

6. Auflage 1989

VLN 151-310/108/89 · LSV 1369
Typographie: Heinz Rzepka
Gesamtherstellung: INTERDRUCK Graphischer Großbetrieb Leipzig,
Betrieb des ausgezeichneten Qualitätsarbeit, III/18/97
Printed in the German Democratic Republic
Bestell-Nr. 798 669 8

02600

INHALTSVERZEICHNIS

Vorwort 6

Einige Hinweise zur Benutzung dieses Bestimmungsbuches 8

Ornithologische Fachausdrücke 10

Übersicht über die Ordnungen und Familien 13

Liste der Vögel Europas 15

Literatur 21

Anleitung zum Beobachten und Bestimmen der Vögel 25

Bildtafeln 33

Spezieller Teil: Die Vögel Europas 145

- Gaviiformes 146
- Podicipediformes 149
- Procellariiformes 152
- Pelecaniformes 158
- Ciconiiformes 162
- Phoenicopteriformes 171
- Anseriformes 172
- Falconiformes 202
- Galliformes 230
- Gruiformes 240
- Charadriiformes 251
- Columbiformes 311
- Cuculiformes 318
- Strigiformes 320
- Caprimulgiformes 329
- Apodiformes 330
- Coraciiformes 333
- Piciformes 337
- Passeriformes 344

Irrgäste 477

Index der deutschen Vogelnamen 536

Index der wissenschaftlichen Vogelnamen 546

AUS DEM VORWORT ZUR 1. AUFLAGE

In dem vorliegenden Bestimmungsbuch werden alle in Europa brütenden Arten sowie alle für Europa nachgewiesenen Durchzügler, Wintergäste und Irrgäste besprochen. Den größten Teil der europäischen Vögel habe ich in meiner jahrzehntelangen Tätigkeit als Feldornithologe aus eigener Anschauung auf meinen Reisen, die mich in fast alle europäischen Länder führten, kennengelernt.

Bei einem Bestimmungsbuch kommt es vor allem darauf an, daß die Vögel möglichst naturgetreu und in den richtigen Größenverhältnissen und Farben sowie in ihrer charakteristischen Haltung wiedergegeben werden; ich glaube, diese Aufgabe ist von meinem Mitarbeiter Kurt Schulze gelöst worden. Und noch etwas anderes war notwendig, nämlich, daß Verleger, Illustrator und Verfasser bei der Gestaltung dieses Vogelbestimmungsbuches in verständnisvoller Weise zusammenarbeiteten. Ich weiß nicht, wem von uns Dreien die Arbeit an diesem Bestimmungsbuch mehr Freude gemacht hat; jedenfalls hat jeder zu seinem Teil zu einem guten Gelingen beigetragen. Beiden – meinem Verleger, Herrn Martin Schönbrodt-Rühl, sowie meinem Mitarbeiter, Herrn Kurt Schulze, deshalb auch an dieser Stelle für ihre Mitarbeit zu danken, ist mir ein herzliches Bedürfnis. Schließlich danke ich auch meiner Frau für ihre Mithilfe an diesem Bestimmungsbuch; sie war mir wie immer eine treue Mitarbeiterin und hat mich sowohl bei der Durchsicht des Manuskriptes wie auch beim Lesen der Korrekturen tatkräftig unterstützt.

Im übrigen möchte ich dieses Vorwort nicht beschließen, ohne auch Fräulein Irene Neufeldt, Leningrad, und Herrn Prof. Dr. N. Gladkow, Moskau für ihre Mitarbeit, insbesondere für Angaben über die Verbreitung und Biologie einiger in der Sowjetunion vorkommender Arten herzlich zu danken. Der gleiche Dank gebührt den Herren Dr. Walter Černý, Prag, Dr. Andras Keve, Budapest, und Mauri Rautkari, Helsinki; sie hatten die Liebenswürdigkeit, mir für einige Vogelarten die noch fehlenden tschechischen, ungarischen und finnischen Namen zu nennen.

Bautzen, am 24. März 1964 *Wolfgang Makatsch*

VORWORT ZUR 4. AUFLAGE

Die vorliegende 4. Auflage wurde gründlich überarbeitet. Gegenüber den vorhergehenden Auflagen weist sie einige Änderungen auf: Die Irrgäste sind von den regelmäßigen Brutvögeln, Durchzüglern und Wintergästen getrennt worden und werden jetzt in einem Anhang gebracht. Da immer wieder neue Irrgäste in Europa festgestellt werden, ist diese Anordnung praktischer und übersichtlicher als die systematische Einreihung der Irrgäste zwischen den Brutvögeln. Es ist anzunehmen, daß die Anzahl der Brutvögel konstant bleibt, mit Neunachweisen von Irrgästen ist hingegen immer wieder zu rechnen. Die fortlaufenden Nummern mußten infolgedessen wegfallen.

Bis auf ganz wenige Ausnahmen (Mandarinente, Kanadagans, Jagdfasan) wurden alle in jüngster Zeit in Europa eingeführten Arten – besonders Enten- und Hühnervögel – nicht in dieses Bestimmungsbuch aufgenommen, denn wahrscheinlich werden auch noch weitere Arten eingeführt werden, obwohl das eine durchaus unerwünschte Faunenverfälschung bedeutet, sofern dann diese Arten verwildern. Damit möchte ich dieses Bestimmungsbuch nicht belasten.

Die Bestimmungsschlüssel wurden teilweise unter Berücksichtigung der taxonomischen Erkenntnisse der letzten Jahre geändert. So wurde z. B. die Gattung Actitis mit der Gattung Tringa vereinigt.

Aus gutem Grund und selbst auf die Gefahr hin, nicht „modern“ zu sein, habe ich jedoch die systematische Anordnung beibehalten, die ich seit Jahren in allen meinen Büchern angewandt habe. Ich kann es dem Benutzer nicht zumuten, sich nach einigen Jahren wieder eine neue systematische Anordnung einprägen zu müssen. Da sich die systematische Einteilung der einzelnen Vogelfamilien und -gattungen ohnehin noch völlig in Bewegung befindet, kommt es m. E. nicht darauf an, ob z. B. in einem Bestimmungsbuch die Corvidae am Anfang oder am Ende der Passeriformes stehen.

Alle Karten wurden überprüft und neu gezeichnet. Bewußt beschränkte ich mich auf eine möglichst genaue Angabe der Brutgebiete. Angaben über Wanderungen und Überwinterungsgebiete werden im Text gebracht, da sich nach meiner Auffassung der sehr kleine Maßstab der Karten nur für die Angabe der Brutgebiete eignet; außerdem reicht der Kartenausschnitt für die meisten Vogelarten nicht aus, um Zugwege und Überwinterungsgebiete exakt und übersichtlich anzugeben.

Für mancherlei Hinweise, die vor allem die Verbreitungskarten betrafen, danke ich den Herren Peter Becker, Fritz Frieling, Joachim Heinze, Norbert Jung, Dr. Holger Holgersen, Dr. Dieter Köhler, Dr. Dietmar Königstedt, Dr. Heinz Lehmann, Dr. Eugeniusz Nowak, Dr. Dimitrie Radu, Lennart Raner, Ulrich Rinne, Prof. Dr. Teunis Dirk Stahlie, Dr. Per Olof Swanberg, Dr. Walther Thiede und Stephan Zimmerli. Zu besonderem Dank bin ich Herrn Alfred Lippert verpflichtet; durch weitere Strichzeichnungen trug er wesentlich zur Vervollständigung dieses Bestimmungsbuches bei.

Bautzen, am 21. Dezember 1979 *Wolfgang Makatsch*

EINIGE HINWEISE ZUR BENUTZUNG DIESES BESTIMMUNGSBUCHES

In dem vorliegenden Bestimmungsbuch sind 654 Arten besprochen und größtenteils auch abgebildet worden; von diesen sind 452 Arten europäische Brutvögel und 199 Arten Irrgäste; weitere vier Arten sind regelmäßige Durchzügler und Wintergäste, die außerhalb Europas brüten. Entsprechend der heute allgemeingültigen Auffassung begrenze ich Europa gegen Asien wie folgt: Die Grenze gegen Westsibirien verläuft am östlichen Fuß des Ural-Gebirges und des südlich davon gelegenen Mugodschar-Gebirges; anschließend bildet der Emba-Fluß bis zu seiner Einmündung in das Kaspische Meer die Grenze. Von hier aus zieht sich die Grenze an der Nord- bzw. Nordwestküste des Kaspischen Meeres bis zur Kuma-Mündung, und von hier in westlicher Richtung durch die Kuma-Manytsch-Senke bis zur Ostküste des Asowschen Meeres und entlang dessen Ostküste bis zur Straße von Kertsch. Wenn ich trotzdem die im Kaukasus brütenden Arten mit in diesem Bestimmungsbuch aufgenommen habe, dann deshalb, um den Ornithologen, die in ihren Urlaubswochen in immer größerer Zahl den Kaukasus aufsuchen, eine Hilfe beim Bestimmen der hier vorkommenden Vogelarten zu geben. Voraussichtlich wird sich die Anzahl der für Europa nachgewiesenen Vogelarten in den nächsten Jahren noch erhöhen, da immer wieder einmal neue Arten für Europa nachgewiesen werden, dabei handelt es sich allerdings fast ausschließlich um Irrgäste.

Um dem Anfänger einen Überblick über die allein in diesem Bestimmungsbuch behandelten Vogelordnungen und -familien zu geben, findet er auf Seite 13 eine „Übersicht über die Ordnungen und Familien". Dabei sei darauf hingewiesen, daß von den auf der Erde vorkommenden 27 Vogelordnungen in Europa nur 19 und von den insgesamt 166 Familien nur 76 vertreten sind, davon acht nur durch Irrgäste.

Jede *Familie* wird kurz charakterisiert, dann folgt, sofern diese Familie in Europa durch mehr als eine Gattung vertreten ist, ein Bestimmungsschlüssel, der den Benutzer zunächst zu den einzelnen *Gattungen* hinführt. Sofern diese Gattungen ihrerseits mehr als eine *Art* aufweisen, können die Arten auf Grund eines zweiten Bestimmungsschlüssels in Verbindung mit den Abbildungen bestimmt werden. Sofern nichts anderes vermerkt ist, gelten diese Bestimmungsschlüssel für erwachsene (ad.) Vögel im Brutkleid. Irrgäste sind nur ausnahmsweise in die Bestimmungsschlüssel aufgenommen worden. Bei beiden Bestimmungsschlüsseln wurden fast ohne Ausnahme nur Merkmale angegeben, die auch bei der Beobachtung im freien Felde festgestellt werden können.

In der Überschrift steht der deutsche und wissenschaftliche Name der Art sowie der Autorenname. In einigen Fällen werden die in Europa vorkommenden Unterarten einzeln beschrieben; das ist aus dem trinären Namen ersichtlich; außer dem Gattungs- und Artnamen ist dann noch der Name der betreffenden Unterart angeführt.

Außer dem deutschen Namen wurden noch die englischen, finnischen, polnischen, russischen, tschechischen und ungarischen Vogelnamen angeführt.

Bei den *Kennzeichen* wird zunächst die durchschnittliche Gesamtkörperlänge der Art angegeben (bei Arten mit sehr langen Hälsen wird die Gesamtlänge und die eigentliche Rumpflänge angegeben). Eine ausführliche Beschreibung des Vogels brachte ich nur dort, wo mir das unbedingt nötig erschien, und ich habe mich vor allem bemüht, auf Verwechslungsmöglichkeiten mit nahestehenden Arten hinzuweisen. Andererseits hielt ich es für unnötig, von sehr auffälligen oder sehr bekannten Vögeln wie etwa vom Austernfischer und Säbelschnäbler oder vom Weißen Storch und der Amsel ausführliche Beschreibungen zu geben, denn diese Vögel kann man nicht mit anderen verwechseln. Eine gute farbige Abbildung sagt im übrigen oft mehr als eine ausführliche Beschreibung und oft wird ein Blick auf eine der Tafeln genügen, um einen Vogel sicher bestimmen zu können. Wenn nichts gesagt wurde, gleichen sich ♂♂ und ♀♀ völlig oder doch weitgehend im Gefieder.

Die *Stimme* eines Vogels so zu beschreiben, daß sich jeder sofort eine klare Vorstellung von ihr machen kann, ist vielfach nur bei Einzellauten, kaum aber bei Gesängen möglich, es sei denn, ein Vogel hat einen so einfachen, auch mit Silben wiederzugebenden Gesang wie etwa der Weidenlaubsänger. Glücklicherweise hat eine Anzahl von Vögeln so charakteristische stimmliche Äußerungen, daß man sie sich unschwer einprägen wird. Auge und Ohr müssen sich hier ergänzen und nach einigen Jahren wird auch der Anfänger die Mehrzahl der in seiner Heimat vorkommenden Vogelarten schon an ihren Stimmen erkennen.

Bei den Angaben über den *Biotop* – den Lebensraum – habe ich nur den normalen Brutbiotop kurz umrissen. Die Örtlichkeiten, auf denen sich eine Art auf dem Durchzug oder im Winterquartier aufhält, entsprechen im allgemeinen dem Brutbiotop; bisweilen halten sich die Vögel aber auf ihren Wanderungen an Plätzen auf, die ganz und gar nicht ihrem Brutbiotop entsprechen, es hätte aber viel zu weit geführt, bei allen Arten anzugeben, wo man ihnen in ihren Durchzugsgebieten oder im Winterquartier begegnen kann.

Die *Verbreitung* einer Art ist mit einem Blick auf den Verbreitungskärtchen zu sehen; bei einigen Arten, die in Europa nur sehr engbegrenzte Brutareale haben, wie z. B. der Korsika-Kleiber, ist aus Gründen der Platzersparnis die Verbreitung im Text angegeben worden. Brutvorkommen nur weniger Paare, oft sogar nur eines einzelnen Paares, die in den letzten Jahren in einigen Ländern entdeckt wurden, werden im Text erwähnt, jedoch nicht auf den Karten eingetragen, weil dadurch der falsche Eindruck erweckt werden könnte, daß es sich um ein isoliertes größeres Brutvorkommen handeln könnte. Darüber hinaus wurde bei jeder Art die Gesamtverbreitung mit kurzen Worten umrissen, um so dem Benutzer zu sagen, wo die betreffende Art – teilweise durch Unterarten vertreten – außerhalb Europas noch vorkommt.

Auch bei dem Abschnitt *Wanderungen* beschränkte ich mich auf das Notwendigste und behielt aus guten Gründen die althergebrachten Bezeichnungen „Standvogel“, „Strichvogel“ und „Zugvogel“ bei. Nicht ganz leicht war es, das Zugverhalten solcher Arten auf einen gemeinsamen Nenner zu bringen, deren Populationen in Nordeuropa sich anders verhalten wie die in Mittel- oder West- und Südeuropa. Die kurze Angabe: März/April – Mitte September/Oktober besagt, daß die betreffende Art im Laufe des März und April in ihrem Brutgebiet eintrifft und sich der Wegzug von Mitte September bis Ende Oktober hinziehen kann.

Ferner hielt ich es für richtig, auch über die *Nester und Eier* der in Europa brütenden Arten einige knappe Angaben zu machen, da Nester und Eier bisweilen mit zur Bestimmung einer Art beitragen können. Den an brutbiologischen Fragen näher interessierten Leser verweise ich auf die beiden im gleichen Verlag erschienenen Bände „Die Eier der Vögel Europas“.

Unterarten: In der Überschrift wird die Mehrzahl der Arten bis auf wenige Ausnahmen (z. B. Nebel- und Rabenkrähe) nur binär aufgeführt (also Gattungs- und Artname). Sind von einer Art eine oder mehrere Unterarten bekannt, so werden sie am Schluß – allerdings nur, soweit sie in Europa vorkommen – mit kurzen Angaben über ihre Verbreitung aufgeführt.

ORNITHOLOGISCHE FACHAUSDRÜCKE

Es ist nötig, daß sich der angehende Ornithologe mit den Fachausdrücken, vor allem mit der Benennung der einzelnen Teile eines Vogels, besonders des Federkleides, vertraut macht. Einmal soll ihm dies die Benutzung dieses Bestimmungsbuches erleichtern, zum anderen soll er dadurch in der Lage sein, selbst einmal einen ihm vielleicht noch unbekannten Vogel in einwandfreier Weise zu beschreiben, um so seine nachträgliche Bestimmung zu ermöglichen.

Über die einzelnen Kleider unserer Vögel sei kurz folgendes gesagt: Auf das Jugendkleid folgt das Alterskleid; der Wechsel vom Jugend- zum Alterskleid erfolgt bei manchen Arten bald nach dem Ausfliegen, bei anderen im Herbst oder Winter. Erstreckt sich der Federwechsel nur auf einen Teil des Gefieders, dann sprechen wir von einer Teilmauser, andernfalls von einer Vollmauser. Die auf das Jugendkleid folgenden Alterskleider werden als „1. Jahreskleid", „2. Jahreskleid" usf. bezeichnet (abgekürzt: „1. JaK."). Falls das Gefieder in einem Jahre zweimal gewechselt wird, also eine doppelte Mauser stattfindet, dann bezeichnen wir das Kleid, das der Vogel erstmalig zur Brutzeit trägt, als „1. Brutkleid", darauf trägt der Vogel, während seine Gonaden ein Ruhestadium durchmachen, das „1. Ruhekleid", um zur darauffolgenden Brutperiode das „2. Brutkleid" anzulegen, auf das dann das „2. Ruhekleid" folgt.

Außer den aus den untenstehenden Abbildungen ersichtlichen Benennungen sind noch folgende Zeichen und Abkürzungen gebräuchlich:

♂ Männchen
♀ Weibchen
ad. (adultus = erwachsen), der geschlechtsreife Vogel im Alterskleid
juv. (juvenilis = jugendlich), der noch nicht geschlechtsreife oder zumindest noch nicht das Alterskleid tragende Vogel im Jugendkleid
BK Brutkleid
RK Ruhekleid

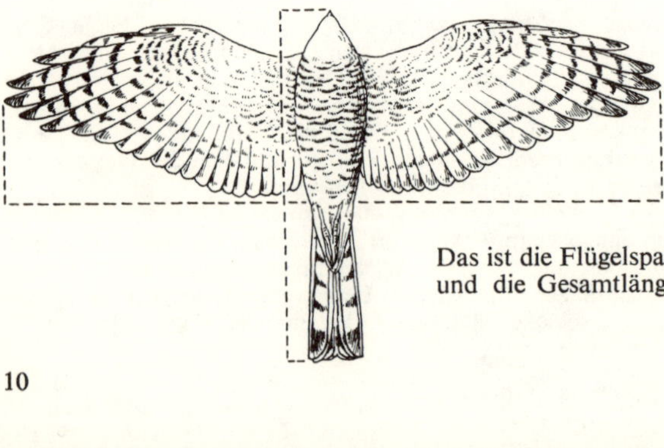

Das ist die Flügelspannweite und die Gesamtlänge eines Vogels

Unter den Flügel wird, wie es die Abbildung zeigt, ein Lineal geschoben; der Flügel wird fest angedrückt. Die Entfernung vom Flügelbug bis zur Spitze der längsten Handschwinge ist die Flügellänge

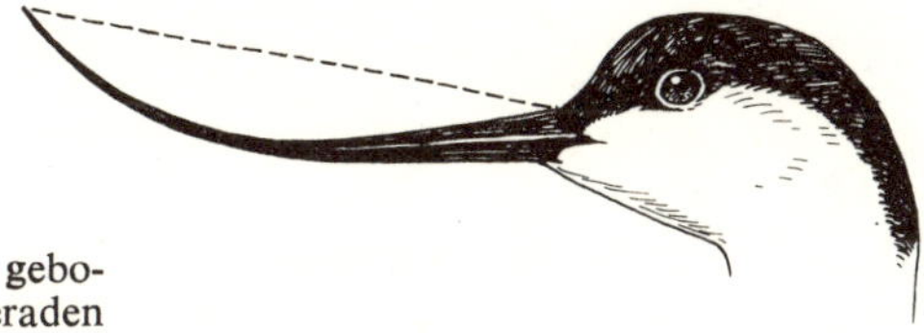

So messe ich einen gebogenen und einen geraden Schnabel

Die Länge des Schwanzes wird gemessen, indem man den Stechzirkel an der Haut zwischen den Schäften der beiden mittleren Steuerfedern ansetzt; der Abstand von hier bis zur Spitze der längsten Steuerfeder ergibt die Schwanzlänge

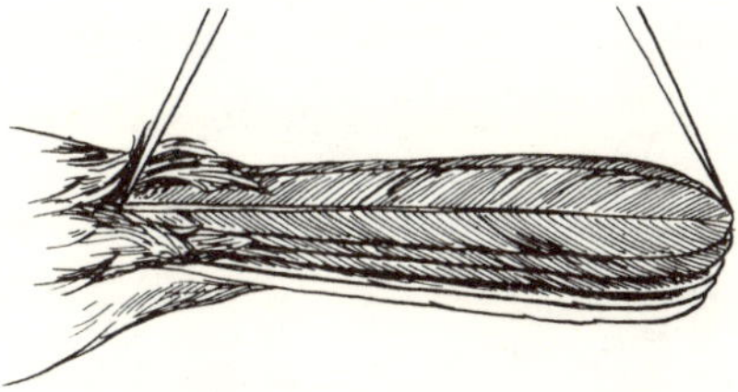

Die Länge des Laufs wird gemessen, indem man den Stechzirkel an der hinteren Gelenkvertiefung zwischen Lauf und Unterschenkel ansetzt; der Abstand von hier bis zur oberen Gelenkvertiefung zwischen Mittelzehe und Lauf ergibt die Lauflänge.

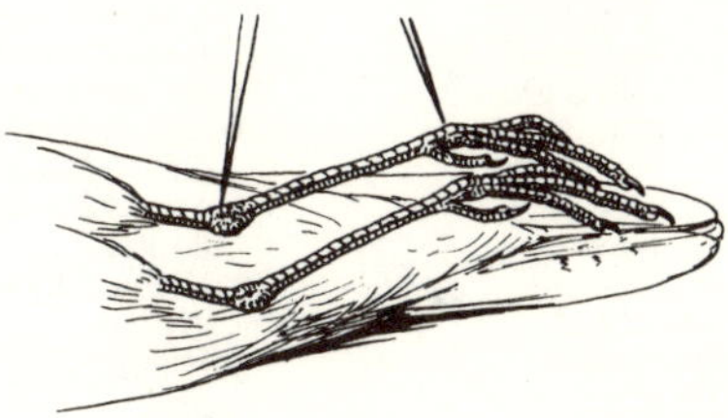

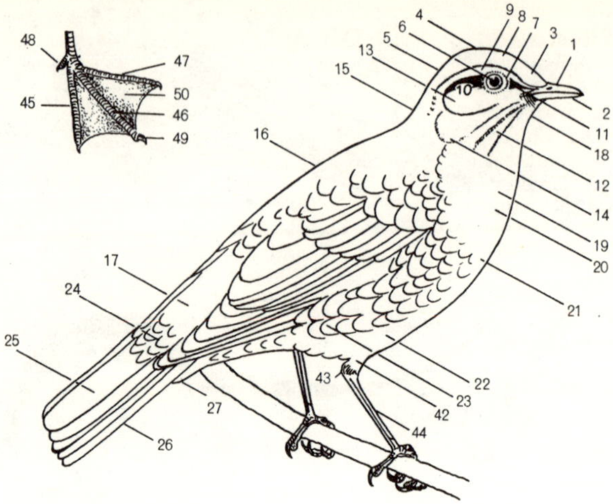

Flügeloberseite

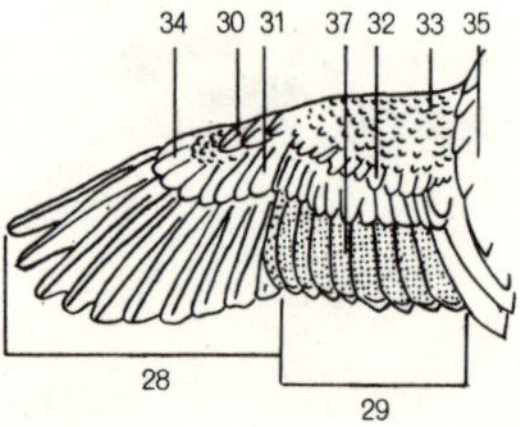

Flügelunterseite

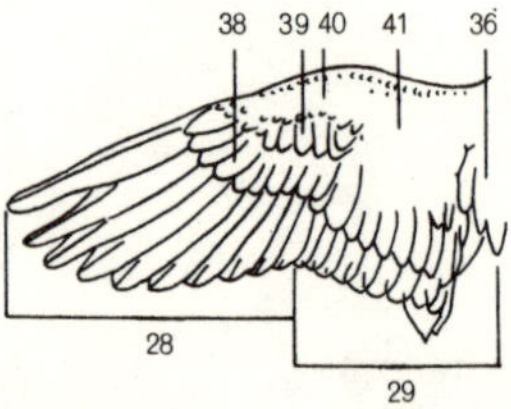

ZUR TOPOGRAPHIE DES VOGELS

1. Oberschnabel
2. Unterschnabel
3. Stirn
4. Scheitel
5. Hinterkopf
6. Auge
7. Augenring
8. Scheitelstreif
9. Überaugenstreif
10. Augenstreif
11. Zügel
12. Bartstreif
13. Ohrgegend (Ohrdecken, Wangen)
14. Halsseite
15. Nacken
16. Rücken
17. Bürzel
18. Kinn
19. Kehle
20. Kropf
21. Brust
22. Bauch
23. Flanke
24. Oberschwanzdecken
25. Steuerfedern (Schwanz)
26. Schwanzkante (Äußere Steuerfedern)
27. Unterschwanzdecken
28. Handschwingen
29. Armschwingen
20. Daumenfittich
31. Große Flügeldecken
32. Mittlere Flügeldecken
33. Kleine Flügeldecken
34. Handdecken
35. Schulterfedern (Schulter)
36. Achselfedern
37. Spiegel
38. Große Unterflügeldecken
39. Mittlere Unterflügeldecken
40. Kleine Unterflügeldecken
41. Untere Randdecken
42. Schenkel
43. Ferse
44. Lauf
45. Außenzehe
46. Mittelzehe
47. Innenzehe
48. Hinterzehe
49. Kralle
50. Schwimmhaut

ÜBERSICHT ÜBER DIE ORDNUNGEN UND FAMILIEN

Die mit einem * versehenen Familien sind in Europa nur durch Irrgäste vertreten.

Gaviiformes
Gaviidae – Seetaucher

Podicipediformes
Podicipedidae – Lappentaucher

Procellariiformes
* Diomedeidae – Albatrosse
Procellariidae – Sturmvögel
Hydrobatidae – Sturmschwalben

Pelecaniformes
Sulidae – Tölpel
Phalacrocoracidae – Kormorane
Pelecanidae – Pelikane
* Fregatidae – Fregattvögel

Ciconiiformes
Ardeidae – Reiher
Ciconiidae – Störche
Threskiornithidae – Löffler und Ibisse

Phoenicopteriformes
Phoenicopteridae – Flamingos

Anseriformes
Anatidae – Enten, Säger, Gänse und Schwäne

Falconiformes
Aegypiidae – Geier
Accipitridae – Adler, Bussarde, Habichte, Weihen u. a.
Pandionidae – Fischadler
Falconidae – Falken

Galliformes
Tetraonidae – Rauhfußhühner
Phasianidae – Steinhühner, Rebhühner, Wachteln, Fasane u. a.

Gruiformes
Gruidae – Kraniche
Otididae – Trappen
Rallidae – Rallen
Turnicidae – Laufhühnchen

Charadriiformes
Haematopodidae – Austernfischer
Charadriidae – Kiebitze, Regenpfeifer, Steinwälzer
Scolopacidae – Schnepfen, Brachvögel, Wasserläufer, Strandläufer u. a.
Recurvirostridae – Säbelschnäbler und Stelzenläufer
Phalaropodidae – Wassertreter
Burhinidae – Triele
Glareolidae – Brachschwalben
Stercorariidae – Raubmöwen
Laridae – Möwen und Seeschwalben
Alcidae – Alken und Lummen

Columbiformes
Pteroclididae – Flughühner
Columbidae – Tauben

Cuculiformes
Cuculidae – Kuckucke

Strigiformes
Tytonidae – Schleiereulen
Strigidae – Eulen

Caprimulgiformes
Caprimulgidae – Nachtschwalben

Apodiformes
Apodidae – Segler

Coraciiformes
Alcedinidae – Eisvögel
Meropidae – Bienenfresser
Coraciidae – Racken
Upupidae – Wiedehopfe

Piciformes
- Picidae – Spechte

Passeriformes
- Alaudidae – Lerchen
- Hirundinidae – Schwalben
- Oriolidae – Pirole
- Corvidae – Krähen, Elstern, Häher u. a.
- Paridae – Meisen
- Remizidae – Beutelmeisen
- Aegithalidae – Schwanzmeisen
- Certhiidae – Baumläufer
- Sittidae – Kleiber
- Timaliidae – Timalien
- * Pycnonotidae – Bülbüls (Haarvögel)
- Cinclidae – Wasseramseln
- Troglodytidae – Zaunkönige
- * Mimidae – Spottdrosseln
- Turdidae – Drosseln, Steinschmätzer, Rotschwänze u. a.
- Sylviidae – Grasmücken, Schwirle, Rohrsänger u. a.
- Muscicapidae – Fliegenschnäpper
- Prunellidae – Braunellen
- Motacillidae – Pieper und Stelzen
- Bombycillidae – Seidenschwänze
- Laniidae – Würger
- Sturnidae – Stare
- * Vireonidae – Laubwürger
- * Parulidae – Waldsänger
- * Icteridae – Stärlinge
- * Thraupidae – Tangaren
- Fringillidae – Finken
- Emberizidae – Ammern
- Ploceïdae – Webervögel

GREIFVÖGEL ODER RAUBVÖGEL?

Mancher Leser wird sich wundern, daß in diesem Buch die Raubvögel nicht als Greifvögel bezeichnet werden. Diese Umbenennung war gut gemeint, hat aber nichts genützt. Alle „Raubvögel" sind seltener geworden, und sind zum Teil, wie z. B. der Wanderfalke in der DDR, bereits ausgestorben. In der Sowjetunion heißt diese Ordnung хищные птицы, also Raubvögel. In Schweden werden die Falconiformes als „Dagrovfåglar" und in Dänemark als „Rovfugle" bezeichnet. Die Engländer sprechen noch heute von „Birds of Prey" und die Franzosen nennen die Raubvögel nach wie vor „Rapaces". Im übrigen gibt es noch Raubmöwen, Raubseeschwalben und Raubwürger. Wozu also etwas Neues einführen, wenn es doch nichts nützt! Ein Schießer wird nach wie vor einen Mäusebussard herunterknallen, ganz gleich, ob es nun ein „Raubvogel" oder ein „Greifvogel" ist, und ein passionierter Taubenzüchter wird sich ebenso wenig um die Namen kümmern, wenn es gilt, die ihm verhaßten Wanderfalken zu verfolgen. Bleiben wir also bei dem alten Namen und versuchen in letzter Stunde noch zu retten, was zu retten ist! Als sie noch Raubvögel hießen, gab es sie noch, seitdem sie Greifvögel heißen, sind sie selten geworden!

LISTE DER FÜR EUROPA NACHGEWIESENEN VOGELARTEN

B = Brutvogel, z. T. auch Durchzügler und Wintergast; (B) = Brutvogel, jedoch eine eingeführte außereuropäische Art, die teilweise verwildert in Europa brütet; D/W = Nur regelmäßiger Durchzügler bzw. Wintergast, brütet nicht in Europa; I = Irrgast

B Prachttaucher
B Eistaucher
B Gelbschnabeltaucher
B Sterntaucher
B Haubentaucher
B Rothalstaucher
B Ohrentaucher
B Schwarzhalstaucher
B Zwergtaucher
I Fleckschnabeltaucher
I Wanderalbatros
I Schwarzfuß-Albatros
I Schwarzbrauen-Albatros
I Gelbnasen-Albatros
I Graukopf-Albatros
I Ruß-Albatros
I Riesensturmvogel
B Schwarzschnabel-Sturmtaucher
I Kleiner Sturmtaucher
I Audubon-Sturmtaucher
I Großer Sturmtaucher
B Gelbschnabel-Sturmtaucher
I Dunkler Sturmtaucher
I Kermadec-Sturmvogel
I Teufels-Sturmvogel
I Goulds Sturmvogel
I Schneesturmvogel
I Bulwer-Sturmvogel
B Eissturmvogel
I Kapsturmvogel
B Sturmschwalbe
B Wellenläufer
I Madeira-Wellenläufer
I Buntfuß-Sturmschwalbe
I Fregatten-Sturmschwalbe
B Basstölpel
B Kormoran
B Krähenscharbe
B Zwergscharbe
B Rosapelikan
B Krauskopfpelikan
I Pracht-Fregattvogel
I Schwarzhalsreiher
B Fischreiher
B Purpurreiher
I Mangrove-Reiher
B Seidenreiher
I Riffreiher
B Silberreiher
B Rallenreiher
I Teichreiher
B Kuhreiher
B Nachtreiher
B Zwergrohrdommel
I Mandschuren-Zwergrohrdommel
I Amerikanische Zwergrohrdommel
B Große Rohrdommel
I Amerikanische Rohrdommel
B Weißer Storch
B Schwarzstorch
B Löffler
I Rosalöffler
I Waldrapp
B Sichler
B Rosaflamingo
I Zwergflamingo
B Stockente
I Fleckschnabelente
I Dunkelente
B Krickente
I Gluckente
I Sichelente
B Marmelente
B Knäckente
I Blauflügelente
B Schnatterente
B Pfeifente
I Nordamerikanische Pfeifente
B Spießente
B Löffelente
B Kolbenente
B Bergente
B Reiherente
B Tafelente
B Moorente
I Halsringente

(B) Mandarinente
B Schellente
B Spatelente
I Büffelkopfente
B Eisente
B Samtente
I Brillenente
B Trauerente
B Kragenente
D/W Scheckente
B Eiderente
I Plüschkopfente
B Prachteiderente
B Ruderente
B Mittelsäger
B Gänsesäger
B Zwergsäger
I Kappensäger
B Brandgans
B Rostgans
B Graugans
B Bleßgans
B Zwerggans
B Saatgans
B Kurzschnabelgans
I Schneegans
I Streifengans
B Ringelgans
B Weißwangengans
(B) Kanadagans
I Rothalsgans
B Höckerschwan
B Singschwan
B Zwergschwan
B Aasgeier
B Gänsegeier
I Ohrengeier
B Kuttengeier
B Bartgeier
B Steinadler
B Kaiseradler
B Steppenadler
B Schelladler
B Schreiadler
B Habichtsadler
B Zwergadler
B Mäusebussard
B Rauhfußbussard
B Adlerbussard
B Sperber
B Kurzfangsperber
B Habicht
I Singhabicht
B Roter Milan
B Schwarzer Milan
B Gleitaar
I Schwalbenweihe
B Seeadler
B Bindenseeadler
B Wespenbussard
B Rohrweihe
B Kornweihe
B Steppenweihe
B Wiesenweihe
B Schlangenadler
B Fischadler
B Baumfalke
B Wanderfalke
B Gerfalke
B Eleonorenfalke
I Blaufalke
B Merlin
B Würgfalke
B Lannerfalke
B Rotfußfalke
B Rötelfalke
B Turmfalke
I Buntfalke
B Moorschneehuhn
B Alpenschneehuhn
B Birkhuhn
B Kaukasus-Birkhuhn
B Auerhuhn
B Haselhuhn
B Kaukasus-Königshuhn
B Steinhuhn
B Chukarhuhn
B Felsenhuhn
B Rothuhn
B Rebhuhn
B Wachtel
(B) Jagdfasan
B Kranich
I Schneekranich
I Kanadakranich
B Jungfernkranich
B Großtrappe
B Zwergtrappe
B Kragentrappe
B Wasserralle
B Tüpfelralle
I Karolina-Ralle
B Zwergralle
B Kleinralle
B Wiesenralle
I Afrika-Sultansralle

I Amerika-Sultansralle
B Purpurralle
I Smaragdralle
B Teichralle
B Bleßralle
B Kammbleßralle
B Laufhühnchen
B Austernfischer
I Weißschwanzkiebitz
B Steppenkiebitz
B Kiebitz
B Spornkiebitz
B Sandregenpfeifer
I Kleiner Sandregenpfeifer
B Flußregenpfeiler
B Seeregenpfeifer
I Keilschwanzregenpfeifer
I Mongolen-Regenpfeifer
I Wüstenregenpfeifer
B Wermutregenpfeifer
B Kiebitzregenpfeifer
B Goldregenpfeifer
I Kleiner Goldregenpfeifer
B Mornellregenpfeifer
B Steinwälzer
I Kurzschnabel-Schlammläufer
I Langschnabel-Schlammläufer
B Stiftbekassine
B Bekassine
B Doppelschnepfe
B Zwergschnepfe
B Waldschnepfe
B Großer Brachvogel
B Regenbrachvogel
D/W Dünnschnabel-Brachvogel
I Zwergbrachvogel
B Uferschnepfe
B Pfuhlschnepfe
I Grauer Schlammtreter
B Dunkler Wasserläufer
B Rotschenkel
I Gelbschenkel
B Teichwasserläufer
B Grünschenkel
B Waldwasserläufer
I Einsamer Wasserläufer
B Bruchwasserläufer
I Großer Gelbschenkel
B Terek-Wasserläufer
B Flußuferläufer
I Drosseluferläufer
I Prärieläufer
B Küstenstrandläufer
I Sandstrandläufer
I Alaska-Strandläufer
B Zwergstrandläufer
I Rotkehlstrandläufer
B Temminck-Strandläufer
I Amerikanischer Zwergstrandläufer
I Langzehen-Strandläufer
I Weißbürzel-Strandläufer
I Baird-Strandläufer
I Graubruststrandläufer
I Spitzschwanzstrandläufer
B Meerstrandläufer
B Alpenstrandläufer
D/W Sichelstrandläufer
B Sanderling
B Sumpfläufer
I Bindenstrandläufer
I Grasläufer
B Kampfläufer
B Säbelschnäbler
B Stelzenläufer
B Rostroter Wassertreter
B Halsband-Wassertreter
I Weißbürzel-Wassertreter
B Triel
I Rennvogel
B Rotflügel-Brachschwalbe
B Schwarzflügel-Brachschwalbe
B Schmarotzer-Raubmöwe
B Große Raubmöwe (Skua)
B Spatelraubmöwe
B Falkenraubmöwe
B Elfenbeinmöwe
I Weißaugenmöwe
B Korallenmöwe
I Ringschnabelmöwe
B Sturmmöwe
B Silbermöwe
B Heringsmöwe
B Mantelmöwe
B Polarmöwe
B Eismöwe
B Fischmöwe
I Azteken-Möwe
I Graukopfmöwe
I Präriemöwe
B Schwarzkopfmöwe
B Lachmöwe
B Dünnschnabelmöwe
I Bonaparte-Möwe
B Zwergmöwe
I Schwalbenmöwe

I Rosenmöwe
B Dreizehenmöwe
B Trauerseeschwalbe
B Weißflügelseeschwalbe
B Weißbartseeschwalbe
B Lachseeschwalbe
B Raubseeschwalbe
I Sumpfseeschwalbe
B Flußseeschwalbe
B Küstenseeschwalbe
B Rosenseeschwalbe
I Zügelseeschwalbe
I Rußseeschwalbe
B Zwergseeschwalbe
I Königsseeschwalbe
I Rüppell-Seeschwalbe
B Brandseeschwalbe
I Noddiseeschwalbe
B Tordalk
B Krabbentaucher
B Trottellumme
B Dickschnabellumme
B Gryllteist
I Rotschnabelalk
I Schopfalk
B Papageitaucher
B Sandflughuhn
B Spießflughuhn
I Senegal-Flughuhn
I Braunbauch-Flughuhn
B Steppenhuhn
B Felsentaube
B Hohltaube
B Ringeltaube
B Turteltaube
I Orient-Turteltaube
B Türkentaube
B Palmtaube
B Kuckuck
B Waldkuckuck
I Schwarzschnabel-Kuckuck
I Gelbschnabel-Kuckuck
B Häherkuckuck
B Schleiereule
B Zwergohreule
B Uhu
B Schnee-Eule
B Sperbereule
B Sperlingskauz
B Steinkauz
B Waldkauz
B Bartkauz
B Habichtskauz
B Waldohreule
B Sumpfohreule
I Kapohreule
B Rauhfußkauz
I Falkennachtschwalbe
B Nachtschwalbe
B Rothalsnachtschwalbe
I Ägyptische Nachtschwalbe
I Stachelschwanzsegler
B Alpensegler
B Mauersegler
B Fahlsegler
B Kaffernsegler
I Weißbürzelsegler
I Graufischer
I Gürtelfischer
B Eisvogel
I Braunliest
B Bienenfresser
B Blauwangen-Bienenfresser
B Blauracke
B Wiedehopf
B Grünspecht
B Grauspecht
I Gelbbauch-Saftsaugerspecht
B Buntspecht
B Blutspecht
B Weißrückenspecht
B Kleinspecht
B Mittelspecht
B Dreizehenspecht
B Schwarzspecht
B Wendehals
I Buchentyrann
B Mohrenlerche
B Weißflügellerche
B Kalanderlerche
I Bergkalanderlerche
B Kurzzehenlerche
I Uferlerche
B Stummellerche
I Bindensandlerche
I Sandlerche
I Wüstenläuferlerche
I Dupont-Lerche
B Haubenlerche
B Theklalerche
B Heidelerche
B Feldlerche
B Ohrenlerche
I Sahara-Ohrenlerche
B Rauchschwalbe
B Rötelschwalbe

B Mehlschwalbe
B Uferschwalbe
B Felsenschwalbe
B Pirol
B Kolkrabe
B Aaskrähe (Raben- und Nebel-
B Saatkrähe krähe)
B Dohle
I Weißbauchdohle
B Elster
B Blauelster
B Tannenhäher
B Eichelhäher
B Unglückshäher
B Alpenkrähe
B Alpendohle
B Kohlmeise
B Blaumeise
B Lasurmeise
B Tannenmeise
B Haubenmeise
B Lapplandmeise
B Trauermeise
B Sumpfmeise
B Weidenmeise
B Beutelmeise
B Schwanzmeise
B Waldbaumläufer
B Gartenbaumläufer
B Kleiber
B Korsika-Kleiber
I Kanada-Kleiber
B Krüpers Kleiber
B Felsenkleiber
B Mauerläufer
B Bartmeise
I Graubülbül
B Wasseramsel
B Zaunkönig
I Katzenvogel
I Rote Spottdrossel
B Erddrossel
I Sibirische Drossel
B Misteldrossel
B Wacholderdrossel
B Singdrossel
B Rotdrossel
I Einfarbdrossel
I Weißbrauendrossel
I Naumanns Drossel
I Rostflügeldrossel
I/B Bechsteindrossel (Rotkehl- und Schwarzkehldrossel)
B Ringdrossel
B Amsel
I Wanderdrossel
I Walddrossel
I Einsiedlerdrossel
I Zwergdrossel
I Grauwangendrossel
I Wiesendrossel
B Steinrötel
B Blaumerle
B Steinschmätzer
I Wüstensteinschmätzer
B Mittelmeersteinschmätzer
B Isabellsteinschmätzer
B Nonnensteinschmätzer
B Trauersteinschmätzer
I Sahara-Steinschmätzer
B Heckensänger
B Schwarzkehlchen
B Braunkehlchen
B Gartenrotschwanz
B Hausrotschwanz
B Güldenstädts Rotschwanz
I Diademrotschwanz
B Blauschwanz
I Weißkehlsänger
B Nachtigall
B Sprosser
I Blaurücken-Nachtigall
B Blaukehlchen
B Rubinkehlchen
B Rotkehlchen
B Seidensänger
I Riesenschwirl
B Schlagschwirl
B Rohrschwirl
I Streifenschwirl
B Feldschwirl
B Strichelschwirl
B Tamariskensänger
B Drosselrohrsänger
B Teichrohrsänger
B Sumpfrohrsänger
B Feldrohrsänger
B Buschrohrsänger
B Schilfrohrsänger
B Seggenrohrsänger
I Dickschnabelsänger
B Orpheusspötter
B Gelbspötter
B Olivenspötter
B Buschspötter
B Blaßspötter

B Sperbergrasmücke
B Orpheusgrasmücke
B Gartengrasmücke
B Mönchsgrasmücke
B Dorngrasmücke
B Zaungrasmücke
B Wüstengrasmücke
B Maskengrasmücke
B Samtkopfgrasmücke
B Kaspische Bartgrasmücke
B Weißbartgrasmücke
B Brillengrasmücke
I Atlasgrasmücke
B Provencegrasmücke
B Sardengrasmücke
B Cistensänger
B Weidenlaubsänger
B Fitislaubsänger
B Grüner Laubsänger
B Wacholderlaubsänger
B Waldlaubsänger
B Berglaubsänger
B Nordischer Laubsänger
B Gelbbrauenlaubsänger
I Goldhähnchenlaubsänger
I Dunkler Laubsänger
I Bartlaubsänger
B Wintergoldhähnchen
B Sommergoldhähnchen
B Grauer Fliegenschnäpper
I Brauner Fliegenschnäpper
B Trauerfliegenschnäpper
B Halsbandfliegenschnäpper
I Tannenfliegenschnäpper
B Zwergfliegenschnäpper
I Goldfliegenschnäpper
B Heckenbraunelle
B Bergbraunelle
B Schwarzkehlbraunelle
B Alpenbraunelle
D/W Spornpieper
B Brachpieper
B Baumpieper
B Waldpieper
B Petschôra-Pieper
B Wiesenpieper
B Rotkehlpieper
B Wasserpieper
B Schafstelze
B Zitronenstelze
B Gebirgsstelze
B Bachstelze
B Seidenschwanz
B Raubwürger
B Schwarzstirnwürger
B Rotkopfwürger
B Maskenwürger
B Rotrückenwürger
B Star
B Einfarbstar
B Rosenstar
I Rotaugenlaubwürger
I Kletterwaldsänger
I Tennessee-Waldsänger
I Meisensänger
I Gelber Waldsänger
I Kap May-Waldsänger
I Kronwaldsänger
I Grüner Waldsänger
I Tannenwaldsänger
I Palmwaldsänger
I Pieperwaldsänger
I Drosselwaldsänger
I Gelbkehlchen
I Kappenwaldsänger
I Wilsons Waldsänger
I Amerika-Rotschwanz
I Reisstärling
I Gelbkopfstärling
I Baltimore-Trupial
I Schwarzer Trupial
I Scharlach-Tangare
I Sommertangare
B Kernbeißer
I Abendkernbeißer
B Grünfink
I Ostasien-Grünfink
B Stieglitz
B Erlenzeisig
B Bluthänfling
B Berghänfling
B Birkenzeisig
B Polarbirkenzeisig
B Zitronengirlitz
B Rotstirngirlitz
B Girlitz
B Wüstengimpel
B Gimpel
B Kaukasus-Karmingimpel
I Rosengimpel
B Karmingimpel
B Hakengimpel
B Fichtenkreuzschnabel
B Kiefernkreuzschnabel
B Bindenkreuzschnabel
B Buchfink

B	Bergfink
B	Grauammer
B	Goldammer
B	Fichtenammer
B	Kappenammer
B	Braunkopfammer
I	Rötelammer
B	Weidenammer
B	Zaunammer
I	Maskenammer
I	Kleinasien-Ammer
I	Weißkappenammer
B	Gartenammer
B	Rostammer
B	Zippammer
I	Wiesenammer
B	Waldammer
B	Zwergammer
I	Prachtammer
I	Pallas-Rohrammer
B	Rohrammer
B	Spornammer
B	Schneeammer
I	Dachsammer
I	Fuchsammer
I	Singammer
I	Weißkehlammer
I	Winterammer
I	Grundammer
I	Rosenbrustkernknacker
I	Blauer Bischof
I	Indigofink
I	Lazulifink
I	Papstfink
B	Haussperling
B	Weidensperling
B	Feldsperling
B	Steinsperling
B	Schneesperling
I	Oryxweber

LITERATUR

In dem vorliegenden Bestimmungsbuch konnte über die einzelnen Vogelarten nur das Allernotwendigste gesagt werden; wer sich eingehender über die eine oder andere Art oder die Avifaunen Europas und seiner Nachbargebiete unterrichten will, dem seien die nachstehend genannten Werke empfohlen:

BAUER, K., und U. GLUTZ v. BLOTZHEIM (1966–1977): Handbuch der Vögel Mitteleuropas. – Frankfurt/Main (bis jetzt erschienen 7 Bände).

CRAMP, S., u. a. (1977): Handbook of the Birds of Europe, the Middle East and North Africa. – Oxford, London, New York (bis jetzt erschienen 2 Bände, weitere 5 Bände sind vorgesehen).

DELACOUR, J. (1954–1964): The Waterfowl of the World. – London.

ETCHÉCOPAR, R. D., und F. HÜE (1964): Les Oiseaux du Nord de l'Afrique. – Paris.

HARTERT, E. (1910–1922): Die Vögel der paläarktischen Fauna. – Berlin.

HARTERT, E., und F. STEINBACHER (1930–1936): Die Vögel der paläarktischen Fauna (Ergänzungsband). – Berlin.

HEINROTH, O., und M. (1924–1933): Die Vögel Mitteleuropas. – Berlin.

HÜE, F., und R. D. ETCHÉCOPAR (1970): Les Oiseaux du Proche et du Moyen Orient. – Paris.

MAKATSCH, W. (1974, 1976): Die Eier der Vögel Europas – Eine Darstellung der Brutbiologie aller in Europa brütenden Vogelarten. – Leipzig und Radebeul.

NAUMANN, J. F. (1905): Naturgeschichte der Vögel Mitteleuropas. – Gera-Untermhaus.

VAURIE, CH. (1959, 1965): The Birds of the palearctic Fauna. – London.

VOOUS, K. H. (1962): Die Vogelwelt Europas und ihre Verbreitung. – Hamburg und Berlin.

An allgemeinen Werken und Avifaunen für die einzelnen Länder Europas seien folgende genannt:

Belgien

LIPPENS, L., und H. WILLE (1972): Atlas van de vogels in Belgie en West-Europa. – Tielt.

VERHEYEN, R. F., u. a. (1967): Avifaune de Belgique – Liste des espèces d'oiseaux observés en Belgique et leurs Formes géographiques. – Bruxelles.

Berlin (West)

BRUCH, A. u. a. (1978): Die Vögel in Berlin (West) – Eine Übersicht. – Orn. Ber. f. Berlin (West), 3, Sonderheft.

Bulgarien

PATEFF, P. (1950): птиците в българия (Die Vögel Bulgariens). – Sofia

REISER, O. (1894): Materialien zu einer Ornis Balcanica, Bd. 2 Bulgarien. – Wien.

Bundesrepublik Deutschland

NIETHAMMER, G., H. KRAMER und H. E. WOLTERS (1964): Die Vögel Deutschlands – Artenliste. – Frankfurt/Main.

Dänemark

JESPERSEN, P. (1946): The Breeding Birds of Danmark. – Kopenhagen.

LØPPENTHIN, B. (1946): Fortegnelse over Danmarks Fugle. – Kopenhagen.

– (1967): Danske ynglefugle i fortid og nutid. – Odense.

SALOMONSEN, F. (1963): Oversigt over Danmarks Fugle. – Kopenhagen.

Deutsche Demokratische Republik

HEYDER, R. (1952): Die Vögel des Landes Sachsen. – Leipzig.

KLAFS, G., und J. STÜBS (1977): Die Vogelwelt Mecklenburgs. – Jena.

MAKATSCH, W. (1955): Verzeichnis der Vögel Deutschlands. – Radebeul.

MAKATSCH, W. (1981): Verzeichnis der Vögel der Deutschen Demokratischen Republik. – Leipzig und Radebeul.

NIETHAMMER, G. (1937–1942): Handbuch der deutschen Vogelkunde. – Leipzig.

Europäische Gemeinschaft

NOWAK, E. (1979): Die Vögel der Länder der Europäischen Gemeinschaft. – Greven.

Finnland

MERIKALLIO, E. (1958): Finnish Birds. – Helsinki.

Frankreich

GÉROUDET, P. (1947–1956): La Vie des Oiseaux. – Neuchâtel und Paris.

MAYAUD, N., H. HEIM DE BALSAC und H. JOUARD (1936): Inventaire des Oiseaux de France. – Paris (mit Ergänzungen in „Alauda“ (1938–1939), „L'Oiseau“ (1941), „Alauda“ (1946 bis 1951)).

BARRUEL, P. (1949): Les Oiseaux dans la Nature. – Paris.

MÉNÉGAUX, A. (1932–1939): Les oiseaux de France. – Paris.

Griechenland

BAUER, W., u. a. (1969): Catalogus Faunae Graeciae – Pars II Aves. – Thessaloniki.

MAKATSCH, W. (1950): Die Vogelwelt Macedoniens. – Leipzig.

REISER, O. (1905): Materialien zu einer Ornis Balcanica, Bd. 3 – Griechenland und die griechischen Inseln (mit Ausnahme von Kreta). – Wien.

Großbritannien

BANNERMAN, D. A. (1953–1963): The Birds of the British Isles. – Edinburgh und London.

British Ornithologists' Union (1952): Check-List of the Birds of

Great Britain and Ireland. – London.
PETERSON, R., G. MOUNTFORT und P. A. HOLLOM (1976): A Field Guide to the Birds of Britain and Europe. – London.
SNOW, D. W., u. a. (1971): The Status of Birds in Britain and Ireland. – Oxford, London, Edinburgh.
WITHERBY, H. F., F. C. R. Jourdain, N. F. Ticehurst und B. W. Tukker (1949): The Handbook of British Birds. – London.

Irland

KENNEDY, P. G., R. F. Ruttledge und C. F. Scroope (1954): The Birds of Ireland. – Edinburgh und London.

Island

HANTZSCH, B. (1905): Beitrag zur Kenntnis der Vogelwelt Islands. – Berlin.
TIMMERMANN, G. (1938): Die Vögel Islands. – Reykjavik.

Italien

ARRIGONI DEGLI ODDI, E. (1929): Ornithologia Italiana. – Mailand.
TOSCHI, A. (1969): Avifauna Italiana.

Jugoslawien

MATVEJEV, S. D. (1950): Распрост-Раньенье и живот птица у србији (Ornithogeographia Serbica). – Beograd.
– (1976): Survey of the Balkan Peninsula Bird Fauna, I Part (Piciformes und Passeriformes). – Beograd.
REISER, O. (1896): Materialien zu einer Ornis Balcanica, Bd. 4. – Montenegro. – Wien.
– (1939): Materialien zu einer Ornis Balcanica, Bd. 1. – Bosnien und Herzegowina. – Wien.
STRESEMANN, E. (1920): Avifauna Macedonica. – München. s. auch Makatsch, W. (1950): Die Vogelwelt Macedoniens.

Luxemburg

MORBACH, J. (1939–1943): Die Vögel der Heimat. – Esch-Alzette.
HULTEN, M., und V. WASSENICH (1960–1961): Die Vogelfauna Luxemburgs. – Luxemburg.

Niederlande

EIJKMAN, C. (1937–1949): De Nederlandsche Vogels. – Wageningen.
HAVERSCHMIDT, F. (1942): Faunistisch overzicht van de Nederlandsche broedvogels. – Leiden.
IJZENDOORN, A. L. V. VAN (1950): The Breeding Birds of the Netherlands. – Leiden.
MAKATSCH, W. (1974): Thieme's handboek voor alle Europese vogels. – Zutphen.
OORDT, E. D. VAN (1922): Ornitholgia Nederlandica – De Vogels van Nederland. – s'Gravenhage.
VOOUS, K. H., u. a. (1970): Avifauna van Nederland – Lijst van de in Nederland waargenomen vogelsoorten en hun geografische vormen. – Leiden.

Norwegen

KOENIG, A. (1911): Avifauna Spitzbergensis. – Bonn.
LØVENSKIOLD, H. L. (1947): Handbok over Norges Fugler. – Oslo.
– (1964): Avifauna Svalbardensis. – Oslo.

Österreich

BAUER, K., und G. ROKITANSKY (1951): Die Vögel Österreichs – Kritische Übersicht der bisher für Österreich nachgewiesenen Vogelarten und -Rassen. – Neusiedl.
s. auch Niethammer, G. (1937 bis 1942): Handbuch der deutschen Vogelkunde.

Polen

SOKOŁOWSKI, J. (1958): Ptaki ziem Polskich. – Warszawa.

SZCZEPSKI, J. B., und P. KOZŁOWSKI (1953): Pomocnicze Tybele Ornithologiczne. – Warszawa.
TOMIALOJĆ, L. (1972): Ptaki Polski wykaz gatunków i rozmieszczenie. – Warszawa.

Portugal

TAIT, W. (1924): Birds of Portugal. – London.
THEMIDO, A. A. (1952): Aves de Portugal. – Coimbra.

Rumänien

DOMBROWSKI, R. v. (1912): Ornis Rumaniae. – Bukarest.
LINTIA, D. (1946–1955): Păsările din R. P. R. – Bukarest.
RADU, D. (1979) Păsările din Delta Dunării. – București.

Schweden

CURRY-LINDAHL, K. (1959–1963): Våra Fåglar i Norden. – Stockholm.
ROSENBERG, E. (1953): Fåglar i Sverige. – Stockholm.
ROSENIUS, P. (1926–1949): Sveriges Fåglar och Fågelbon. – Lund.
Sveriges Ornitologiska Förening (1951): Förteckning över Sveriges Fåglar. – Stockholm.

Schweiz

GÉROUDET, P. (1947–1956): La Vie des Oiseaux. – Neuchâtel und Paris.
GLUTZ v. BLOTZHEIM, U. N. (1962): Die Brutvögel der Schweiz. – Aarau.
SUTTER, E., u. a. (1959): Verzeichnis der Schweizerischen Vogelarten (in: Orn. Beob. 56, S. 69–93).

Sowjetunion

BUTURLIN, S. A., und G. P. DEMENTIEW (1935): Systema Avium Rossicarum, Bd. 1 in: Oiseau, Sonderheft; Bd. 2 von Dementiew, G. P., und N. A. Gladkow (1960) in: Oiseau, Sonderheft.
DEMENTIEW, G. P., N. A. GLADKOW u. a. (1951–1954): Птицы Советского Союза (Die Vögel der Sowjetunion). – Moskau.
DEMENTIEW, G. P., N. A. GLADKOW u. a. (1966–1969): Birds of the Soviet Union. – Jerusalem.
FLINT, W. E. (1968): Птицы СССР (Die Vögel der Sowjetunion). – Moskau.
PORTENKO, L. A. u. a. (1951–1960): Птицы СССР. – Moskau und Leningrad.

Spanien

BERNIS, F. (1954): Protuario de la Avifauna Española (Incluyendo Aves de Portugal, Baleares y Canarias). – in: Ardeola 1.
LLETGET, G. (1954): Sinopsis de las Aves de España y Portugal. – Madrid.

Tschechoslowakei

FERIANC, O. (1964–1965): Stavovce Slovenska, Vtáky 1 & 2 (Wirbeltiere der Slowakei, Vögel Bd. 1 & 2). – Bratislava.
HUDEC, K., W. ČERNÝ u. a. (1972, 1977): Fauna ČSSR – Ptáci Bd. 1 Gaviiformes – Anseriformes, Bd. 2 Falconiformes – Columbiformes (mit deutscher Zusammenfassung). Weitere Bände sind in Vorbereitung. – Praha.
JIRSÍL, J. (1935): Jak žijí zvířata (Wie die Tiere leben). – Ostrava-Přívoz.
MATOUŠEK, B. (1961–1963): Faunistický prhlad slovenského vtáctva (Faunistische Übersicht der slowakischen Vögel) – 1. Teil, Bd. 7, S. 3–109; 2. Teil, Bd. 8, S. 3–93; 3. Teil, Bd. 9, S. 68–139. – Acta rer. natur. mus. slov. – Bratislava.

Ungarn

KEVE, A. (1960): Magyarország Madarainak Névjegyzéke – Nomenclator Avium Hungariae. – Budapest.
SCHENK, J. (1918): Aves (in: Fauna Regni Hungariae). – Budapest.
FARKAS, T. (1967): Ornithogeographie Ungarns. – Berlin.

ANLEITUNG ZUM BEOBACHTEN UND BESTIMMEN DER VÖGEL

Wann und wo kann man Vögel beobachten?

Vögel kann man zu jeder Jahreszeit und fast überall beobachten und das beste Mittel, sie kennenzulernen, sind immer noch Exkursionen. Ein Bestimmungsbuch, ein Notizbuch und ein gutes Fernglas sollen dabei die ständigen Begleiter eines Ornithologen sein.

Wie beobachtet man Vögel?

Nun, man sucht sie entweder auf oder läßt sie an sich herankommen, d. h., im ersten Falle geht man sein Beobachtungsgebiet ab, oder aber, man setzt sich an einer besonders günstigen Stelle an oder baut sich an solchen Plätzen eine kleine, gut getarnte Beobachtungshütte. Zweckmäßigerweise wird man beide Beobachtungsmethoden miteinander verbinden.

Wie bestimme ich einen Vogel?

So leicht auch die Bestimmung vieler Vögel für den Anfänger ist, so gebe ich andererseits gern zu, daß die Bestimmung mancher Arten, ich denke dabei nur an gewisse Enten-♀♀, manche Limikolen, Möwen und Seeschwalben in ihren Jugendkleidern, Rohrsänger, Laubsänger u. a., auch dem fortgeschrittenen Ornithologen Schwierigkeiten bereitet. Aber mit Hilfe der Bestimmungsschlüssel, der Abbildungen und Beschreibungen wird es möglich sein, auch die schwieriger zu bestimmenden Arten mit Sicherheit zu identifizieren, gegebenenfalls durch einen Eliminationsprozeß, durch den man zunächst einmal alle die Arten ausscheidet, die nicht in Frage kommen und so den Kreis immer mehr einengt; auch auf diese Weise kann man zum Ziele kommen.

Zunächst einmal ist es wichtig, die *Größe* des Vogels festzustellen. Oft täuscht man sich erheblich; man vergleiche deshalb den Vogel mit einem anderen, vielleicht in der Nähe befindlichen und schon bekannten Vogel, denn es ist ausgeschlossen, auf etwa 50 oder noch mehr Meter die Größe eines Vogels genau ermitteln zu wollen. Aus diesem Grunde sind bei den Beschreibungen der einzelnen Arten auch die Gesamtlängen und nicht, wie oft üblich, die Flügellängen angegeben worden; als Vergleichsvögel wurden nach Möglichkeit auch Arten aus der gleichen Familie herangezogen.

Dann sehe man sich die *Gestalt* des Vogels genau an und achte vor allem auch auf *Schnabel* und *Beine*; sicher spielt auch die *Gefiederfarbe* eine Rolle bei der Bestimmung, wie oft sind aber die Beleuchtungsverhältnisse so ungünstig, daß uns der Vogel nur als dunkle Silhouette erscheint. Man achte ferner auf die *Bewegungsweisen* der Vögel; viele haben sehr charakteristische Haltungen im Stehen und Bewegungen beim Laufen, Schwimmen, im Fluge oder bei der Nahrungsaufnahme.

Wichtig für die Bestimmung eines Vogels ist es auch, seine Gestalt möglichst in allen ihren Einzelheiten zu erkennen; auf wie viele Merkmale man dabei achten muß, zeigt die nachstehende Zusammenstellung (die Beispiele könnten noch um weitere vermehrt werden):

Ist der Vogel rundlich wie eine *Blaumeise*, schlank wie eine *Gebirgsstelze* oder gedrungen wie ein *Kernbeisser?*

Ist der Schnabel kürzer oder länger als der Kopf? Ist er kegelförmig wie bei einem *Gimpel* oder pfriemenförmig wie bei einem *Brachpieper*? Ist er lang wie bei einer *Bekassine* oder kurz wie bei einem *Regenpfeifer*?

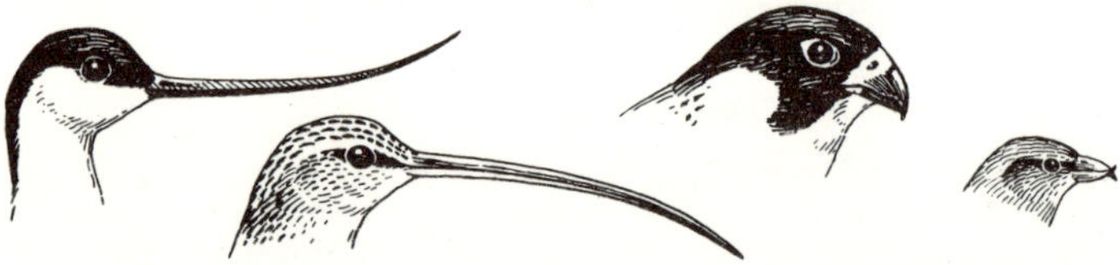

Ist er gerade oder nach oben gebogen wie bei einem *Säbelschnäbler* oder nach unten wie bei einem *Brachvogel*? Ist er hakig gebogen wie bei einem *Wanderfalken* oder sind gar Ober- und Unterschnabel gekreuzt wie bei einem *Kreuzschnabel*?

Sind die Flügel sichelförmig wie bei einem *Segler*, spitz und schmal wie bei einem *Falken* oder kurz und rundlich wie bei einem *Rebhuhn*?

Ist der Hals lang wie bei einem *Schwan*, mittellang wie bei einem *Rotschenkel* oder kurz wie bei einer *Seeschwalbe*?

Ist der Schwanz tief gegabelt wie bei einer *Rauchschwalbe*, gerundet wie bei einem *Schwarzstirnwürger* oder etwas eingekerbt wie bei einem *Grünfinken*? Gestuft und lang wie bei einer *Schwanzmeise* oder kurz wie bei einem *Zaunkönig*?

Ist der Vogel langbeinig wie ein *Stelzenläufer* oder kurzbeinig wie eine *Waldschnepfe*?

Sitzt der Vogel aufrecht auf einem Ast wie eine *Waldohreule* oder schmiegt er sich in der Längsrichtung an einen Ast an wie eine *Nachtschwalbe*?

Zittert er dauernd mit dem Schwanz wie ein *Rotschwanz*, stelzt er das Schwänzchen in die Höhe wie ein *Zaunkönig* oder wippt er mit dem Schwanz wie eine *Bachstelze*?
Wie läuft der Vogel? Mit langsamen gemessenen Schritten wie ein *Storch*, wackelnd wie eine *Saatkrähe*, hurtig wie ein *Star*, trippelnd wie eine *Bachstelze* oder rennt er so schnell, daß man die einzelnen Bewegungen der Beine kaum wahrnehmen kann wie ein *Regenpfeifer*? Oder hüpft er wie ein *Sperling*?

Klettert der Vogel an Baumstämmen wie ein *Specht*, rutscht er gewissermaßen an den Baumstämmen herauf wie ein *Baumläufer* oder kann er auch kopfabwärts klettern wie ein *Kleiber*?

Wie schwimmt der Vogel? Liegt er korkleicht auf dem Wasser wie ein *Wassertreter*, taucht der Körper tiefer ins Wasser wie bei einer *Ente* oder noch tiefer wie bei einem *Prachttaucher*? Wie wird der Kopf beim Schwimmen getragen? Etwas angehoben wie bei einem *Kormoran* oder nach unten geneigt wie bei einem *Haubentaucher*? Taucht der Vogel weg, um sich der Sicht zu entziehen wie ein Taucher, oder schwimmt er zunächst nur weiter hinaus wie eine *Graugans*?

Fliegt der Vogel erst nach längerem Anlauf von der Wasseroberfläche auf wie ein *Höckerschwan*, fliegt er dicht über das Wasser hin, wobei die herabhängenden Füße eine lange Bahn aufspritzenden Wassers hinterlassen wie bei der *Blessralle* oder erhebt er sich unmittelbar vom Wasser wie eine *Stockente*?

Fliegt der Vogel mit ausgestrecktem Hals wie ein *Kranich* oder *Löffler* oder mit eingezogenem Hals wie ein *Reiher* oder eine *Rohrdommel*? Kreist der Vogel fast ohne Schwingenschlag wie ein *Mäusebussard*, rüttelt er wie ein *Turmfalke* oder stößt er in rasender Geschwindigkeit auf seine Beute wie ein *Habicht*?

Haben wie den Vogel nahe genug vor uns und ist die Beleuchtung günstig, dann erkennen wir auch die Färbung und Einzelheiten des Gefieders. Ist es so auffällig wie bei einem *Pirol*-♂, dann erkennt man den Vogel auf den ersten Blick. Oder ist das Gefieder schlicht und bodenfarbig wie bei einer *Lerche*, so daß man noch nach weiteren Merkmalen suchen muß, um die Art bestimmen zu können?

Ist die Unterseite gefleckt wie bei einer *Misteldrossel* oder einfarbig wie bei einem *Amsel*-♂? Ist der Kopf mehr oder weniger einfarbig wie bei einer *Gartengrasmücke* oder hat er eine dunkle Kopfplatte wie eine *Mönchsgrasmücke*? Ist der Scheitel gestreift wie bei einem *Seggenrohrsänger*, hat der Vogel Überaugenstreifen wie ein *Schilfrohrsänger* oder Augenstreifen wie ein *Rotrückenwürger*?

Oder einen Bartstreif wie eine *Weißbartgrasmücke* oder *Bartmeise*? Hat der Vogel eine Federhaube wie eine *Haubenmeise* oder ein *Kiebitz*, eine aufrichtbare Federholle wie ein *Wiedehopf* oder verlängerte Scheitelfedern wie eine *Brandseeschwalbe*? Ist der Schwanz einfarbig wie bei einem *Schwarzspecht*

oder weist er weiße oder gelbe Kanten auf wie bei einer *Feldlerche* oder bei einem *Grünfinken*?

Ist er gebändert wie bei einer *Pfuhlschnepfe* oder hat er nur eine schwarze Endbinde wie bei einer *Uferschnepfe*?

Ist der Bürzel weiß wie bei einer *Mehlschwalbe* oder gleicht er in seiner Färbung der übrigen Oberseite wie bei einer *Rauchschwalbe*? Zeigen die Enden der Schwanzfedern irgendwelche besonderen Abzeichen wie weiße Flecke beim *Kleiber* oder hat der Schwanz ein auffallendes Muster wie bei einem *Steinschmätzer*?

Sind die Flügel einfarbig wie bei einem *Stelzenläufer* oder zeigen sie auffallende Muster in Form von Feldern oder Binden wie beim *Säbelschnäbler* oder der *Uferschnepfe*? Gerade die Zeichnung der Flügel, des Bürzels oder des Schwanzes ist in Verbindung mit anderen Merkmalen sehr wichtig für die Bestimmung und Unterscheidung vieler Vögel, besonders der *Limikolen*.

Badet der Vogel gern und viel im Wasser oder nimmt er nur Sandbäder wie die Hühnervögel?

Ist der Vogel gesellig, wie die Möwen und Seeschwalben oder ein Einzelgänger wie ein Specht?

Wo treffen wie den Vogel zur Brutzeit und außerhalb der Brutzeit an? An der Küste, an stehenden und fließenden Gewässern, in Mooren, Brüchen und in sumpfigem Gelände, auf Feldern und Wiesen, auf Ödland, nur in der Ebene, im Hügelland oder auch im Gebirge, innerhalb der Siedlungen oder stets fern von diesen, in parkartigem Gelände, in Gärten oder in Wäldern?

Hält sich der Vogel vorzugsweise in Baumkronen auf wie ein Pirol, oder durchschlüpft er das Gebüsch wie eine Grasmücke, durchklettert er den Rohrwald wie ein Rohrsänger, huscht er durchs hohe Gras wie ein Feldschwirl oder kommt er nur im freien Gelände vor wie eine Haubenlerche?

Wie nimmt der Vogel sein Futter auf? Stürzt er sich kopfüber ins Wasser wie eine *Seeschwalbe*, um ein Fischlein zu erbeuten, sucht er seine Nahrung am Boden wie eine *Ammer*, auf der Wasseroberfläche, unter dem Wasser oder gar auf dem Grunde der Gewässer wie eine *Wasseramsel*? Jagt er den Insekten im Fluge nach wie *Segler* und *Schwalben*? Lauert er auf seine Beute von einer Warte aus wie ein *Raubwürger* oder ein *Grauer Fliegenschnäpper*, um sich dann auf eine Eidechse zu stürzen oder ein vorüberfliegendes Insekt in kurzem Fluge zu erjagen?

Hat man Glück, dann läßt der Vogel vielleicht auch noch seine Stimme hören; so reiht sich ein Merkmal an das andere: wir haben die Größe und die Gestalt festgestellt, wir haben Einzelheiten des Gefieders erkannt, wir haben schließlich noch die Stimme gehört, haben gesehen, wie sich der Vogel bewegt und wissen, in welchem Biotop wir ihn normalerweise antreffen. Und schließlich ist es uns klar: das kann nur die oder jene Vogelart sein. Ist man sich seiner Sache nicht ganz sicher, so notiere man sofort an Ort und Stelle alle Beobachtungen und fertige notfalls auch eine Skizze an. Zu Haus hat man dann Gelegenheit, in einem Handbuch die Beobachtung zu überprüfen oder einen erfahrenen Ornithologen zu befragen.
Auch beim Singen hat jede Art charakteristische Eigenheiten. Manche Vögel sitzen stets hoch und frei, andere singen am Erdboden oder im Fluge.

Ein *Hausrotschwanz* sitzt stets hoch, oft auf einem Dachfirst, wenn er sein scheuerndes Liedchen hören läßt, ein *Drosselrohrsänger* läßt seinen knarrenden Gesang meist von der Spitze eines Rohrhalmes aus ertönen. Eine *Feldlerche* steigt singend aus einem Feld auf, und ein *Star* trägt seinen aus schnalzenden und pfeifenden Tönen bestehenden Gesang unter lebhaftem Flügelschlagen vor.

Schließlich können uns auch Nester und Eier Hinweise zur Bestimmung eines Vogels geben. Viele Vogelarten brüten einzeln, andere wieder in mehr oder weniger großen Kolonien. Die Nester können am Boden, im Gebüsch, auf Bäumen oder an Felswänden stehen. Die Mehrzahl der Vögel baut Nester, manche benutzen alte Nester anderer Vogelarten, oft fehlt auch alles Nistmaterial und die Eier liegen auf dem bloßen Boden. Spechte brüten in selbstgezimmerten Nisthöhlen, der Kleiber vermauert das Eingangsloch zu seiner Nisthöhle und viele Arten nehmen künstliche Nisthöhlen an. Meist sind die freistehenden Nester offen, bisweilen aber auch bis auf ein enges Einflugsloch geschlossen wie etwa bei der Schwanzmeise. Manchmal besteht das Nest nur aus wenigen Zweigen wie bei einer Ringeltaube, dann wieder sind es solide Baue wie etwa bei einer Nebelkrähe.
Rohrsänger brüten im Rohr und die schwimmenden Nester der Taucher finden wir am Rande eines Schilfgürtels. Die Mehrzahl der Vogelarten sind Kulturflüchter, manche hingegen wie die Rauch- und Mehlschwalbe haben sich eng an den Menschen angeschlossen und brüten in bzw. an Gebäuden; wir nennen sie Kulturfolger.
Sind die Eier gefleckt wie bei einer Amsel oder einfarbig wie bei einem Star? Wie viele Eier enthält das volle Gelege? Nur zwei wie bei den Tauben oder vier wie beim Kiebitz oder gar 16 bis 20 wie bei einem Rebhuhn?
Diese Beispiele ließen sich noch um viele vermehren; aus der Fülle der gegebenen Möglichkeiten habe ich nur einige herausgegriffen, um zu zeigen, auf was wir achten müssen, um einen Vogel zu bestimmen: Gestalt und Größe, Gefiederfarbe und besondere Merkmale des Gefieders sowie die verschiedenartigen Bewegungen und schließlich die oft sehr charakteristischen stimmlichen Äußerungen können in gleicher Weise dazu dienen.

BK
Prachttaucher
RK
BK
Eistaucher
RK
BK
Sterntaucher
RK
BK
Haubentaucher
RK
RK
BK
Schwarzhalstaucher
RK
BK
Rothalstaucher
BK
Ohrentaucher
RK
RK
BK
Zwergtaucher

Wellenläufer
Madeira-
Wellenläufer
Sturmschwalbe
P. p. puffinus
P. p. mauretanicus
Schwarzschnabel-
Sturmtaucher
helle Phase
Gelbschnabel-
Sturmtaucher
dunkle Phase
Eissturmvogel

Baßtölpel
Übergangskleid
ad.
juv.
Zwergscharbe
juv.
juv.
Kormoran
ad.
ad.
Krähenscharbe

Wellenläufer

Madeira-Wellenläufer

Sturmschwalbe

Schwarzschnabel-Sturmtaucher

Gelbschnabel-Sturmtaucher

dunkle Phase

Eissturmvogel

helle Phase

Baßtölpel
ad.
juv.
Kormoran
Ph. c. carbo
Ph. c. sinensis
Zwergscharbe
Krähenscharbe

Fischreiher
Purpurreiher
Kuhreiher
Silberreiher
Seidenreiher
Rallen-
reiher
ad.
Nachtreiher
juv.
Zwergrohrdommel
Große
Rohrdommel

Flamingo
Brauner Sichler
Löffler
Schwarzstorch
Weißer Storch

ad.
juv.
Fischreiher
Silberreiher
Purpurreiher
Rallen-
reiher
Seidenreiher
Kuhreiher
Zwergrohr-
dommel
♀
juv.
ad.
Nachtreiher
Große Rohrdommel

Schwarzstorch
Weißer
Storch
juv.
Löffler
ad.
Flamingo
Brauner Sichler

Stockente
♂
♀
Marmelente
♂
♀
♂
Krickente
♂
♀
Schnatterente
♀
Knäkente
♂
♀
Pfeifente
♂
♀
Spießente
♂
♀

♂
♀
Kolbenente
♂
♀
Löffelente
♂
♀
Reiherente
♂
♀
Bergente
♂
♀
Moorente
♂
♀
Tafelente

Stockente
♀
♂
Krickente
♀
♂
Marmelente
♀
♂
Knäkente
♀
♂
Schnatterente
♀
♂
Spießente
♀
♂
Pfeifente
♀
♂

Löffelente

Kolbenente

Bergente

Reiherente

Tafelente

Moorente

Schellente
Spatelente
Eisente
Samtente
Trauerente
Kragenente
Scheckente

Eiderente
Prachteiderente
Ruderente
Gänsesäger
Mittelsäger
Zwergsäger
Brandgans
Rostgans

Schellente
Spatelente
Eisente
BK
RK
Samtente
Trauerente
Kragenente
Scheckente

Prachteiderente
Eiderente
Mittelsäger
Ruderente
Zwergsäger
Gänsesäger
Rostgans
Brandgans

Graugans
Bleßgans
Schneegans
Zwerggans
Saatgans
Kurzschnabelgans

Kanadagans
Weißwangengans
B. b. hrota
Ringelgans
B. b. bernicla
Singschwan
Zwergschwan
Rothalsgans
Höckerschwan

A. a. anser
Graugans
A. a. rubirostris
juv.
ad.
juv.
ad.
Bleßgans
Zwerggans
juv.
juv.
ad.
ad.
Saatgans
Kurzschnabelgans

Weißwangengans
B. b. hrota
B. b. bernicla
Ringelgans
Rothalsgans
Kanadagans
Zwergschwan
Singschwan
Höckerschwan

Gänsegeier

Aasgeier

Kuttengeier

Bartgeier

Gänsegeier

Kuttengeier

Bartgeier

Aasgeier

Kaiseradler
(A.h. adalberti)

Steinadler

Kaiseradler
(A.h. heliaca)

Fischadler

Seeadler

Weißbinden-Seeadler

Steppenadler

Schelladler

Habichtsadler

Schreiadler

Schlangen-
adler

Zwergadler

ad.
Steinadler
juv.
Kaiseradler
Fischadler
ad.
Seeadler
juv.

Steppenadler
Schreiadler
ad.
juv.
Schelladler
Habichtsadler
helle Varietät
Schlangenadler
dunkle Varietät
Zwergadler

Mäusebussard
Rauhfußbussard
ad.
Adlerbussard
juv.
Habicht
Wespenbussard
♀
♂
Kurzfangsperber
Sperber

♀
♂
♀
♂
Kornweihe
Rohrweihe
♀
♂
♀
♂
Wiesenweihe
Steppenweihe
Roter Milan
Schwarzer Milan

Rauhfuß-
bussard
Adlerbussard
helle Varietät
Mäusebussard
dunkle Varietät
Wespenbussard
♀
♂
Habicht
juv.
Sperber
ad.
Kurzfangsperber
Gleitaar

♂
♀
Rohrweihe
♂
♀
Kornweihe
♂
♀
Steppenweihe
♂
♀
Wiesenweihe
Roter Milan
Schwarzer Milan

ad.
juv.
Gerfalke
ad.
Würgfalke
ad.
juv.
Wanderfalke
Feldeggsfalke

uv.
Baumfalke
ad.
dunkle
Varietät
Eleonorenfalke
♀
♂
Merlin
♀
♂
Rotfußfalke
♀
♂
Rötelfalke
♀
♂
Turmfalke

♂
Wanderfalke
♀
Gerfalke
Würgfalke
Feldeggsfalke

Baumfalke
Eleonorenfalke
Merlin
♂
♀
Rotfußfalke
♂
♂
Rötelfalke
♂
♀
Turmfalke

RK
♂
♀
Moorschneehuhn
♀
♂
BK
♂
♀
Schottisches
Moorschneehuhn
♂
♀
Alpenschneehuhn
RK
♀
BK
♂
♀
♂
Übergangskleid
Alpenschneehuhn

Birkhuhn

Kaukasus-Birkhuhn

Haselhuhn

Kaukasisches Königshuhn

Auerhuhn

♂
BK
RK
♀
♀
Moorschneehuhn
♂
♀
Schottisches Moorschneehuhn
♂
♂
BK
RK
Alpenschneehuhn
♀
♀

♀
♂
Birkhuhn
♂
Haselhuhn
♀
♀
Auerhuhn
♂

Steinhuhn

Felsenhuhn

Wachtel

Laufhühnchen

Rothuhn

Rebhuhn

♂
Rebhuhn
Wachtel
Steinhuhn
♂
♀
Jagdfasan
Ringfasan
♀
♂

Kranich
Schneekranich
Jungfernkranich
ad.
juv.
Kranich

♀
♂
Kragentrappe
♀
Zwergtrappe
♂
♀
♂
Großtrappe

Tüpfelralle
Karolina-Ralle
Wiesenralle
♀
♂
Kleine Ralle
Zwergralle
ad.
Wasserralle
juv.

ad.
juv.
Kleine Sultansralle
Teichralle
Bleßralle
ad.
juv.
Kammbleßralle
Purpurralle

BK
RK
juv.
Sandregenpfeifer
♂
Wüstenregenpfeifer
♂
BK
RK
juv.
Flußregenpfeifer
Kaspischer Regenpfeifer
♂
BK
RK
juv.
Seeregenpfeifer
Keilschwanz-Regenpfeifer
RK
BK
Steinwälzer

Kiebitzregenpfeifer
BK
RK
RK
BK
Kleiner
Goldregen-
pfeifer
BK
BK
P. a. altifrons
P. a. apricaria
Goldregenpfeifer
RK
♂
juv.
Mornellregenpfeifer

Kiebitz
ad.
juv.
Spornkiebitz
Triel
Steppen-
kiebitz
Weißschwanz-
Steppenkiebitz
Säbelschnäbler
Austernfischer
Stelzenläufer

Bekassine
Doppelschnepfe
Waldschnepfe
♀
Zwergschnepfe
Stiftbekassine
♂ BK
Kampfläufer
♂ BK
♂ RK

Sandregen-
pfeifer
Flußregenpfeifer
Kaspischer
Regenpfeifer
♀
Seeregenpfeifer
♂
Wüsten-
regenpfeifer
RK
BK
Keilschwanz-
Regenpfeifer
Steinwälzer

Kiebitz
Spornkiebitz
Steppen-
kiebitz
Triel
Weißschwanz-
Steppenkiebitz
Stelzenläufer
Säbelschnäbler
Austernfischer

Regenbrachvogel
Dünnschnabel-Brachvogel
Großer Brachvogel
juv.
RK
BK
Uferschnepfe
♀
BK
♂
BK
Pfuhlschnepfe
juv.

Regenbrachvogel
Dünnschnabel-
Brachvogel
Großer Brachvogel
RK
RK
BK
BK
Pfuhlschnepfe
Uferschnepfe

Waldschnepfe
Doppelschnepfe
Zwergschnepfe
Stift-
Bekassine
Bekassine
♀
♂ BK
♂ RK
Kampfläufer

RK
BK
Kiebitzregenpfeifer
RK
Goldregenpfeifer
RK
BK
RK
Mornellregenpfeifer

Dunkler Wasserläufer
BK
RK
juv.
Grünschenkel
RK
BK
BK
RK
Teichwasserläu
Rotschenkel
RK
BK
BK
RK
juv.
BK
Waldwasserläufer
Bruchwasserlä

Einsamer Wasserläufer
Bartrams Uferläufer
Großer Gelbschenkel
Gelbschenkel
BK
Schlammläufer
RK
RK
RK
BK
Amerikanischer Uferläufer
BK
Flußuferläufer

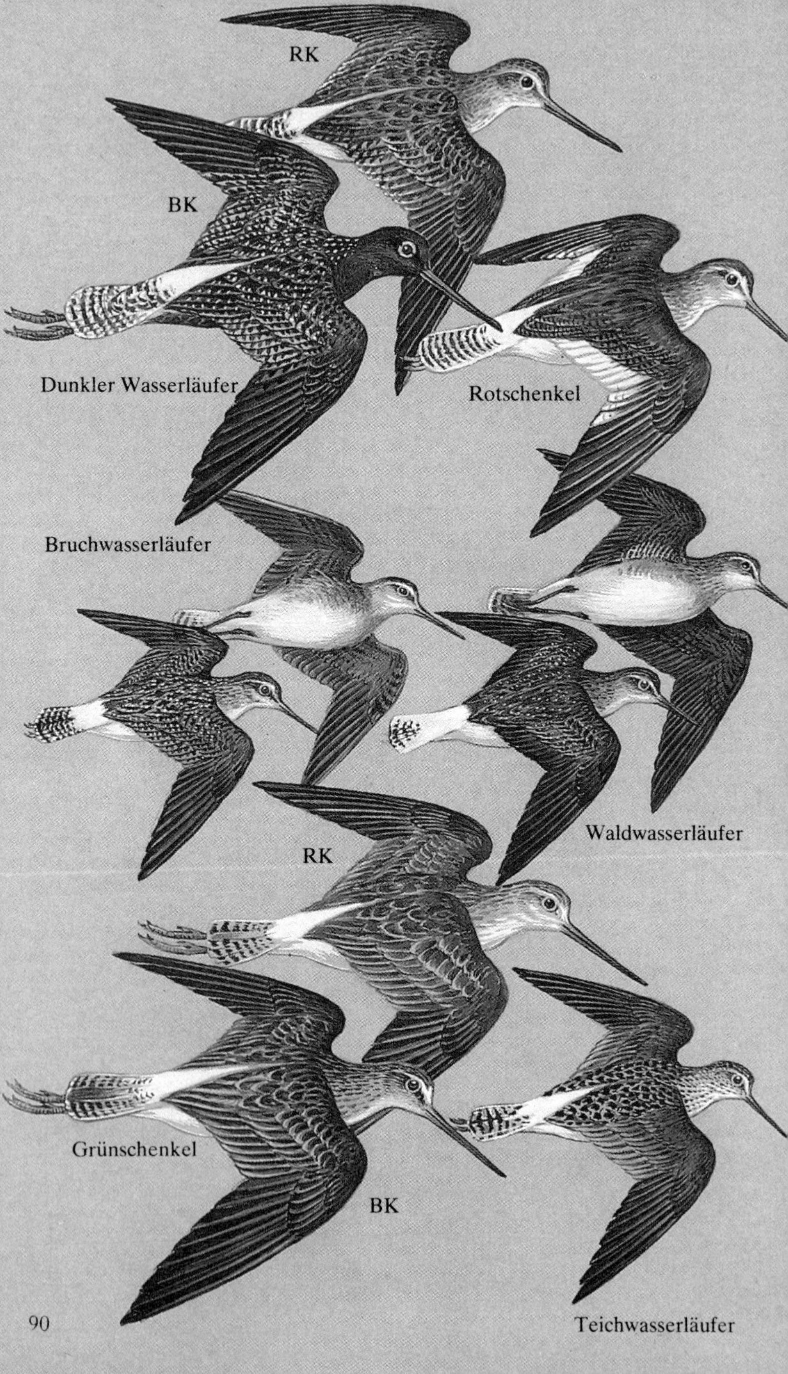
RK
BK
Dunkler Wasserläufer
Rotschenkel
Bruchwasserläufer
Waldwasserläufer
RK
Grünschenkel
BK
Teichwasserläufer

Halsband-
Wassertreter
BK
BK
RK
Rostroter
Wassertreter
RK
Rennvogel
Brachschwalbe
Schwarzflügel-
Brachschwalbe

RK
BK
Küsten-
Strandläufer
RK
BK
Zwerg-
Strandläufer
BK
RK
Temminck-Strandläufer
RK
BK
Meer-
Strandläufer
RK
juv.
BK
Alpen-
Strandläufer
RK
BK
Sichel-
Strandläufer
Terek-Wasserläufer
RK
BK
Sanderling
RK
BK
Sumpfläufer

BK
RK
Sandstrandläufer
BK
RK
Amerikanischer Zwergstrandläufer
RK
BK
Weißbürzel-Strandläufer
Baird-Strandläufer
RK
BK
Graubrust-Strandläufer
RK
BK
Spitzschwanz-Strandläufer
BK
RK
Bindenstrandläufer
Grasläufer

Küstenstrandläufer
RK
BK
Zwerg-
Strandläufer
RK
BK
Temminck-
Strandläufer
RK
BK
BK
RK
Meer-
Strandläufer
RK
Sichel-
Strandläufer
RK
BK
BK
Alpen-
Strandläufer
Terek-
Wasserläufer
BK
RK
BK
Sanderling
RK
Sumpfläufer

Einsamer
Wasserläufer
Bartrams
Uferläufer
Großer Gelbschenkel
Gelbschenkel
BK
Schlammläufer
RK
Flußuferläufer
Amerikanischer Uferläufer

♀ BK
♂ BK
Rostroter Wassertreter
RK
♀ BK
♂ BK
Halsbandwassertreter
RK
juv.
ad.
Rennvogel
juv.
juv.
ad.
Brachschwalbe
ad.
Schwarzflügel-Brachschwalbe

ad. helle
Varietät
Schmarotzer-
Raubmöwe
ad. dunkle
Varietät
juv.
ad. dunkle
Varietät
ad. helle
Varietät
Spatelraubmöwe
juv.
juv.
Große Raubmöwe
ad.
Falkenraubmöwe

juv.
ad.
Mantelmöwe
juv.
ad.
Eismöwe
juv.
ad.
Fischmöwe
juv.
ad.
Polarmöwe
juv.
juv.
juv.
ad.
ad.
ad.
Korallenmöwe
Sturmmöwe
Zwergmöwe

ad.
juv.
Heringsmöwe
ad.
juv.
Silbermöwe
juv.
ad.
Elfenbeinmöwe
juv.
ad.
Schwarzkopfmöwe
juv.
ad.
Lachmöwe
juv.
ad.
Dünnschnabelmöwe
juv.
ad.
Schwalbenmöwe
juv.
ad.
Dreizehenmöwe

juv.
L.f. graellsii
Mantelmöwe
ad.
juv.
Korallenmöwe
ad.
juv.
Herings-
möwe
juv.
ad.
Sturmmöwe
ad.
Silbermöwe
Dünnschnabel-
möwe
juv.
ad.
ad.
Polarmöwe
Eismöwe

BK
Fischmöwe
RK
juv.
BK
RK
Schwarzkopfmöwe
BK
RK
Lachmöwe
BK
RK
Bonapartemöwe
BK
RK
Zwergmöwe
BK
RK
Schwalbenmöwe
BK
RK
Rosenmöwe
BK
RK
Dreizehenmöwe
RK
BK
Elfenbeinmöwe

Flußseeschwalbe
Lachseeschwalbe
Raubseeschwalbe
Küsten-
seeschwalbe
Zwerg-
seeschwalbe
Rosenseeschwalbe
Brandseeschwalbe

Trauer-
seeschwalbe
RK
BK
RK
BK
BK
BK
Weißflügel-
seeschwalbe
BK
BK
RK
BK
Weißbart-
seeschwalbe
Königsseeschwalbe
Zügelsee-
schwalbe
Rüppellsche
Seeschwalbe
Rußseeschwalbe
Noddiseeschwalbe

juv.
RK
BK
Trauerseeschwalbe
juv.
RK
Weißflügelseeschwalbe
BK
juv.
RK
BK
Weißbartseeschwalbe
RK
BK
juv.
Lachseeschwalbe
RK
BK
Raubseeschwalbe

Fluß-Seeschwalbe

Küstenseeschwalbe

Rosenseeschwalbe

Zwergseeschwalbe

Brandseeschwalbe

Tordalk

Trottellumme
Varietät „Ringellumme“

Dickschnabellumme

Papageitaucher

Gryllteist

Krabbentaucher

♂
♀
♂
Spieß-
flughuhn
Steppenhuhn
♂
♀
Sandflughuhn
♀
♂
Steppenhuhn
♀
♂
♂
Sandflughuhn
Spießflughuhn

Felsentaube
Hohltaube
Turteltaube
Ringeltaube
Türkentaube
Ringeltaube
Felsentaube
Hohltaube
Turteltaube
Türkentaube

Kuckuck
rotbraune Varietät
Waldkuckuck
Häherkuckuck
Nachtschwalbe
Rothalsnachtschwalbe

graue Varietät
braune Varietät
Waldkauz
Habichtskauz
Uhu
Bartkauz
Schnee-Eule

Sperlingskauz
Steinkauz
ad.
juv.
Rauhfußkauz
Zwergohreule
Braune
Graue
Varietät
Sumpfohreule
juv.
ad.
Waldohreule
Sperbereule
T.a. alba
T.a. guttata
Schleiereule

Bienenfresser
♂
♀
Blauwangen-
Bienenfresser
Eisvogel
Graufischer
ad.
juv.
Blauracke
Wiedehopf

♀
♂
Buntspecht
♀
♂
Blutspecht
♀
♂
Weißrückenspecht
♀
♂
Mittelspecht
Wendehals
♀
♂
Schwarzspecht
♀
♂
Kleinspecht
♀
♂
Dreizehenspecht
♀
♂
Grauspecht
juv.
♂
Grünspecht

Mauersegler
Fahlsegler
Alpensegler
Rötelschwalbe
Rauchschwalbe
Uferschwalbe
Mehlschwalbe
Felsenschwalbe

Mohrenlerche

Weißflügellerche

Kalanderlerche

Haubenlerche

Theklalerche

Feldlerche

Ohrenlerche

Heidelerche

Kurzzehenlerche

Stummellerche

Nebelkrähe
Rabenkrähe
Kolkrabe
juv.
ad.
Saatkrähe
Dohle
C. m. soemmeringii

N. c. macrorhynchos
N. c. caryocatactes
Tannenhäher
Eichelhäher
Elster
Unglückshäher
Blauelster
Alpendohle
Alpenkrähe

Kohlmeise
Tannenmeise
Haubenmeise
Blaumeise
Lasurmeise
Sumpfmeise
Trauermeise
Weidenmeise
Lapplandmeise
Beutelmeise
Schwanzmeise
♀
♂
Bartmeise

S. e. europaea
Kleiber
S. e. caesia
orsikanischer
leiber
Felsenkleiber
Wald-
baumläufer
Garten-
baumläufer
Zaunkönig
Wasseramsel
Mauerläufer

Misteldrossel
Wacholderdrossel
Singdrossel
Rotdrossel
♀
Amsel
♂
♂
Ringdrossel
♀
♀
♂
Steinrötel
♂
Blaumerle

♀
♂
juv.
Sibirische Drossel
♀
♂
Erddrossel
Naumanns Drossel
Weißbrauendrossel
♀
♂
Rotkehldrossel
♀
♂
Rostflügeldrossel
Schwarzkehldrossel

♂
♀
♂
♂
RI
Oe. oe. leucorhc
Steinschmätzer
♀
♂
♂
♀
Isabellsteinschmätzer
Wüstensteinschmätzer
(Weißkehlige
Mutante)
♀
♀
♂
♂
(Schwarzkehlige
Mutante)
Gilbsteinschmät
Mittelmeersteinschmätzer
♀
♀
♂
♂
Nonnensteinschmätzer
Trauersteinschmätzer

♂
Schwarzkehlchen
♀
juv.
raun-
ehlchen
♂
♀
juv.
♂
♀
♂
RK
Gartenrotschwanz
üldenstädts-
otschwanz
♀
♂
♂
♀
♂
RK
Hausrotschwanz

Nachtigall
ad.
juv.
Sprosser
♀
♀
Rotsterniges Blaukehlchen
♂
♂
Weißsterniges Blaukehlchen
♂
Blauschwanz
juv.
ad.
♀
Rubinkehlchen
Rotkehlchen

Grauer Fliegenschnäpper
♂
ad.
♀
Zwergfliegen-
schnäpper
juv.
♂
♂
♀
Trauerfliegenschnäpper
♂
♀
♂
Halbringfliegenschnäpper
Halsbandfliegenschnäpper
Heckenbraunelle
Alpenbraunelle

E. g. galactotes
E. g. syriacus
Heckensänger
Schlagschwirl
Rohrschwirl
Seiden-
sänger
Feldschwirl
Strichelschwi
Tamariskensänger
Cistensänger

Teichrohrsänger

Sumpfrohrsänger

Feldrohrsänger

Drosselrohrsänger

Buschrohrsänger

Seggenrohrsänger

Schilfrohrsänger

♀
juv.
♂
Sperbergrasmücke
♀
♀
♂
♂
Orpheusgrasmücke
Mönchsgrasmücke
Wüstengrasmücke
Gartengrasmücke
♀
♂
♀
Dorngrasmücke
♂
Zaungrasmücke

Provence-
grasmücke
Sarden-
grasmücke
Maskengrasmücke
Samtkopf-
grasmücke
Kaspische Bartgrasmücke
Weißbartgrasmücke
Brillengrasmücke

Orpheus-
spötter
Gelbspötter
Buschspötter
Olivenspötter
Blaßspötter
♀
♀
♂
♂
Winter-
goldhähnchen
Sommer-
goldhähnchen
juv.
juv.

Weidenlaubsänger

Fitislaubsänger

Wacholderlaubsänger

Grüner Laubsänger

Nordischer Laubsänger

Berglaubsänger

Waldlaubsänger

Gelbbrauen-Laubsänger

Goldhähnchen-Laubsänger

Weiße Bachstelze

Trauerbachstelze

Gebirgsstelze

Zitronenstelze

Schafstelze

Englische Schafstelze

Spanische Schafstelze

Aschköpfige Schafstelze

Grauköpfige Schafstelze

Nordische Schafstelze

Maskenstelze

Gelbstirnige Schafstelze

Spornpieper
juv.
ad.
Brachpieper
Baumpieper
Petschora-
pieper
Wiesenpieper
Waldpieper
BK
♂
♀
RK
Rotkehlpieper
BK
RK
Wasserpieper
BK
BK
Strandpieper
Felsenpieper

Schwarzstirn-
würger
Raubwürger
♂
♀
Rotrückenwürger
♀
juv.
♂
Rotkopfwürger
Maskenwürger

Seidenschwanz
♀
Pirol
♂
BK
RK
juv.
Star
Übergangskleid
Einfarbstar
Rosenstar
ad.
juv.

ad.
juv.
Kernbeißer
juv.
Stieglitz
♀
♂
Grünfink
juv.
ad.
Zitronengirlitz
♀
♂
Erlenzeisig
♀
♂
Rotstirngirlitz
♀
♂
Girlitz

Grönländischer Birkenzeisig
Alpen-Birkenzeisig
♂
♀
Birkenzeisig
Grönländischer Polarbirkenzeisig
Polarbirkenzeisig
♀
♂
Bluthänfling
♀
♂
Berghänfling

Gimpel
♀
♀
♂
P. p. euro-
paea
♂
P. p. pyrrhula
♀
♂
♂
♀
Wüstengimpel
♂
♀
♂
Rosengimpel
♀
Hakengimpel
♀
♀
♂
♂
Kaukasus-Karmingimpel
Karmingimpel

RK
Bergfink
Buchfink
Fichtenkreuzschnabel
Kiefernkreuzschnabel
Bindenkreuzschnabel

Braunkopfammer
♂
♀
♀
♂
Maskenammer
♂
♀
Kleinasiatische Ammer
♂
♀
Wiesenammer
♂
♀
Prachtammer
♂
♀
Rötelammer

Grauammer
Goldammer
♀
♂
Zaunammer
♀
♂
Kappenammer
♀
♂
Weidenammer
♂
♀
Gartenammer
♀
♂
juv.
Rostammer
♂
♀
juv.

Fichtenammer
Zippammer
Schneeammer
BK
RK
Rohrammer
Waldammer
Zwergammer
Spornammer

Haussperling

Feldsperling

Steinsperling

Italiensperling

Weidensperling

Schneesperling

Spezieller Teil

DIE VÖGEL EUROPAS

ORDNUNG: GAVIIFORMES

FAMILIE: Gaviidae — **Seetaucher**

Ausgesprochene Wasservögel, schwimmen und tauchen hervorragend. Hals mäßig lang, Schnabel spitz zulaufend. Die 3 Vorderzehen durch Schwimmhäute verbunden, Schwanzfedern kurz. Beim Schwimmen liegt der langgestreckte Rumpf tief im Wasser, der Kopf wird leicht schräg aufwärts gehalten (bei Kormoranen ist diese Schräghaltung noch ausgeprägter). Bei Gefahr wird weggetaucht, zunächst ragen noch Kopf und Hals über das Wasser. Von den Lappentauchern unterscheiden sie sich durch ihre Größe, dickeren Hals, das Fehlen irgendwelcher Schmuckfedern am Kopf und im Brutkleid durch die weiße Zeichnung der dunklen Oberseite (außer beim Sterntaucher). Fliegen öfter als Lappentaucher; das Flugbild ist sehr charakteristisch, da Kopf und Hals tiefer gehalten werden als der übrige Körper. Im Gegensatz zu fliegenden Kormoranen, Enten, Sägern und Gänsen überragen die nach hinten ausgestreckten Füße den Schwanz. Fortbewegung auf dem Lande sehr unbeholfen, meist auf dem Bauch rutschend. Zur Brutzeit an stehenden Gewässern, überwintern vorwiegend an Meeresküsten. Nestflüchter; Dunenjunge oben dunkel rußbraun, unten heller. Fischfresser. 4 Arten Brutvögel.

GATTUNG: Gavia J. R. Forster

s. Tafel S. 33

Bestimmungsschlüssel

1 Schnabel gerade 2
1* Schnabel leicht aufgeworfen 3
2 Kopf und Schnabel im Brutkleid schwarz; Federn der Oberseite im Ruhekleid mit grauen Säumen, größer als Prachttaucher **Eistaucher** S. 147
2* Scheitel und Nacken im Brutkleid grau; Federn der Oberseite im Ruhekleid *ohne* graue Säume **Prachttaucher** S. 146
3 Brut- und Ruhekleid wie Eistaucher, doch Schnabel gelblichweiß und anders gestaltet (s. Abb.) **Gelbschnabeltaucher** S. 147
3* Kleiner als Prachttaucher, Kehle im Brutkleid rostbraun, Oberseite gefleckt **Sterntaucher** S. 148

Prachttaucher

Gavia arctica (L.)

E Black-throated Diver
R Чернозобая гагара
C Potáplice severní
F Kuikka
P Nur czarnoszyi
U Sarko búvár

Kennzeichen: 62 bzw. 39 cm. Knapp gänsegroß. Oberseite schwarz mit in zwei Feldern angeordneten weißen Bändern. Unterscheidet sich im Brutkleid vom größeren Eistaucher durch grauen Oberkopf und Nacken, im Ruhekleid durch das Fehlen grauer Federsäume auf der Oberseite und schwächeren Schnabel. Jungvögel beider Arten sind sich sehr ähnlich und nur durch ihre Größe zu unterscheiden. G. a. viridigularis aus Nordostsibirien erscheint gelegentlich als Wintergast; von G. a. arctica durch eine mehr grünliche Kehle unterschieden.

knapp $^1/_3$ nat. Gr.

Stimme: Rufe wie „gra-uh“ und „waua“.
Biotop: Größere und tiefere stehende Gewässer im Binnenland in bewaldeten und unbewaldeten Gegenden; außerhalb der Brutzeit auch an Küsten.
Verbreitung: Außer in Europa im nördlichen Asien und in Nordamerika.
Wanderungen: Vorwiegend Zugvogel, der an den Küsten der Nordsee, Westeuropas – südwärts bis Portugal –, des

Mittelmeeres, des Schwarzen Meeres sowie gelegentlich auf Binnengewässern Mittel- und Südosteuropas überwintert: September/April, bisweilen außerhalb des Brutgebietes übersommernd.
Nest und Eier: Nest unmittelbar am Ufer oder auf Inseln; die 2 auf bräunlichem Grund sparsam schwarzbraun gefleckten Eier (85,4 × 52,8 mm) liegen auf dem bloßen Boden, bisweilen ist die Mulde dürftig mit Pflanzenmaterial ausgelegt; Ende April/Juni.
Unterarten: a) G. a. arctica (L.): (s. Verbreitungskarte); b) G. a. viridigularis Dwight: Nordostsibirien von der Lena bis Kamtschatka und Sachalin; westliches Alaska; zweimal als Irrgast auf der Kurischen Nehrung (Kurskaja kosa) nachgewiesen.

Eistaucher

Gavia immer (Brünnich)

E Great Northern Diver
R Темноклювая полярная гагара
C Potáplice lední
F Amerikan jääkuikka
P Nur lodowiec
U Jeges búvár

Kennzeichen: 75 bzw. 47 cm. Größter Seetaucher, gänsegroß; unterscheidet sich im Brutkleid vom kleineren Prachttaucher durch schwarzen, grün und purpurn schillernden Kopf und

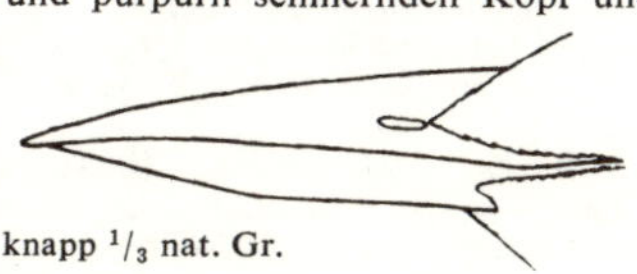

knapp $^1/_3$ nat. Gr.

stärkeren Schnabel. Oberseite schwarz mit weißer, fensterartiger Musterung.
Stimme: Lockt mit einem hohen etwa wie „gek" klingenden Ruf; ferner ein tiefes weiches „hohuu" oder „huu". Zur Paarung ein lautes in Silben kaum wiederzugebendes Geheul.
Biotop: Größere und kleinere tiefe und vor allem fischreiche Seen; in Island einsame Gebirgsseen. Außerhalb der Brutzeit an Küsten, ausnahmsweise auch im Binnenland.
Verbreitung: Island, Jan Mayen und Bären-Insel; ferner Grönland und Nordamerika. 1970 brütete die Art erstmals in Schottland.

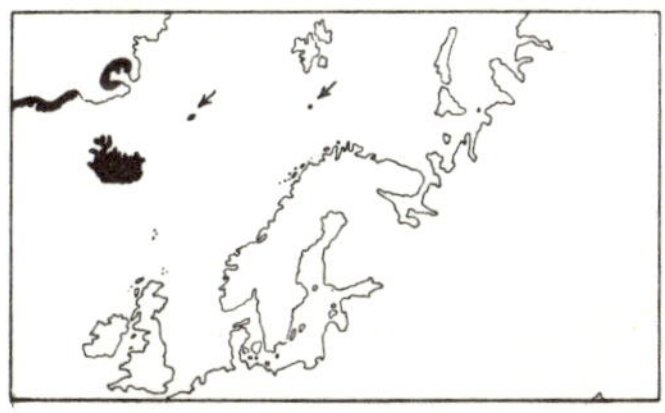

Wanderungen: Außerhalb der Brutzeit an den Küsten der Nordsee, gelegentlich auch im Kanal, in der Ostsee und im westlichen Mittelmeer. Irrgast in Rumänien. In Mitteleuropa seltener Wintergast an den Küsten sowie ausnahmsweise auch auf Seen und Strömen des Binnenlandes; Oktober–April.
Übersommert an der Nordseeküste.
Nest und Eier: Ähnlich Prachttaucher; Eier 91,4 × 57,3 mm, Ende Mai/Juni.

Gelbschnabeltaucher

Gavia adamsii (Gray)

E White-billed Diver
R Белоносая гагара
C Potáplice bělozobá
F Jääkuikka
P Nur białodzioby
U Fehércsörü jeges búvár

Kennzeichen: Wie Eistaucher, Schnabel jedoch gelblichweiß und anders ge-

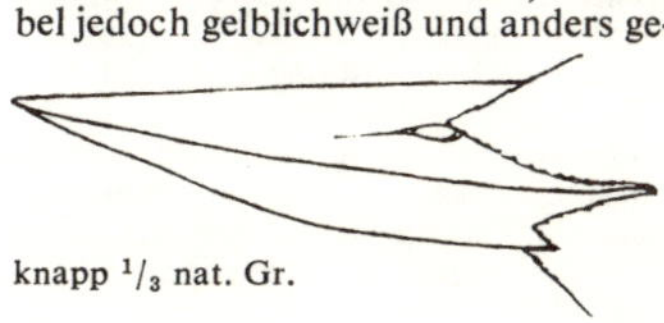

knapp $^1/_3$ nat. Gr.

staltet (s. Abb.). Der Kopf wird stets in einem Winkel von 20° bis 30° schräg aufwärts gehalten (was G. immer nie tun soll). Schnabel auffällig stark im Vergleich zu G. arctica. Schnabeloberkante hell gelblichweiß, bei G. immer stets dunkel.
Stimme: Wie Eistaucher.
Biotop: Wie Eistaucher.
Verbreitung: Norden der Kola-Halbinsel, Insel Kolgujew, Nowaja Semlja, arktisches Sibirien von der Insel Waigatsch bis zur Tschuktschen-Halbinsel; Nordamerika von Alaska bis zur Boothia-Halbinsel.

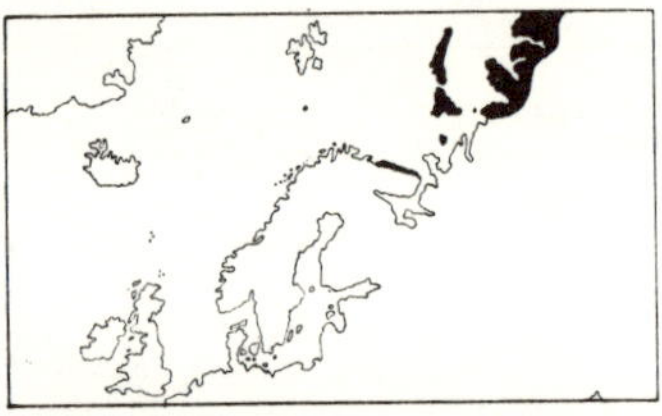

Wanderungen: Außerhalb der Brutzeit an den Küsten Norwegens und der Barents-Meeres, gelegentlich in des nördlichen Ostsee, nur ausnahmsweise im übrigen Europa. Fast 40mal an der Ostküste Großbritanniens, je einmal in Frankreich und in der Schweiz sowie 12mal für die DDR und BRD als Irrgast nachgewiesen, davon 4 Funde im Binnenland.
Nest und Eier: Wie Eistaucher.

Sterntaucher
Gavia stellata (Pontoppidan)

E Red-throated Diver
R Краснозобая гагара
C Potáplice malá
F Kaakkûri
P Nur rdzawoszyi
U Északi búvár

Kennzeichen: 56 bzw. 37 cm. Häufigster Seetaucher; etwas kleiner als Prachttaucher. Unterscheidet sich von den vorhergehenden Arten durch rostbraunen Vorderhals und schwächeren, etwas aufwärts gebogenen Schnabel sowie durch fast einfarbig bräunlichschwarze Oberseite. Ruhekleid: Scheitel und Nacken grau, Oberseite heller als im Brutkleid, graubraun mit zahlreichen weißen Flecken, wodurch er sicher von den

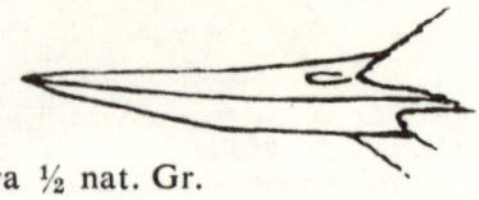

etwa ½ nat. Gr.

anderen Arten im Ruhekleid unterschieden werden kann.
Stimme: Kurzes, tiefes und knarrendes „ga ga gak“ oder „gak gak ack ack“; zur Brutzeit ein leise klagendes „wau auw, guauw au“.
Biotop: Im Gegensatz zu den anderen Arten auch auf kleinen Seen und flachen Tümpeln; außerhalb der Brutzeit an Küsten und auf Gewässern des Binnenlandes.
Verbreitung: Außer in Europa im nördlichen Asien, Nordamerika und Grönland.

Wanderungen: Sterntaucher aus Nordeuropa überwintern an der Atlantikküste von Nordkap bis Gibraltar, in der Ostsee, seltener im Mittelmeer und Schwarzen Meer. In beträchtlicher Zahl überwintert er auch ab Oktober bis April an der Nord- und Ostseeküste, gelegentlich auch im Binnenland.
Nest und Eier: Ähnlich Prachttaucher, gelegentlich gemeinschaftlich brütend; Eier 74,0 mm × 45,8 mm, Ende Mai/Juni.
Unterarten: a) G. s. stellata (Pontoppidan); G. s. squamata Portenko: Spitzbergen und Franz-Joseph-Land.

ORDNUNG: PODICIPEDIFORMES

FAMILIE: Podicipedidae — Lappentaucher

Bewohnen Binnengewässer, schwimmen und tauchen hervorragend. Die Zehen sind nicht durch Schwimmhäute verbunden, sondern tragen beiderseits breite Lappen und enden in breiten flachen Nägeln. Fliegen selten, Kopf und Hals werden dabei ausgestreckt. Können stehen, aber kaum laufen. Die weichen Schwanzfedern stark zurückgebildet. Fast über die ganze Erde verbreitet, in Europa brüten 5 Arten, eine weitere Art wurde als Irrgast nachgewiesen. Die schwimmenden oder dem Grund aufsitzenden Nester stehen meist im Schutz von Wasserpflanzen und sind aus feuchtem Pflanzenmaterial aufgeschichtet. Die bläulichweißen Eier sind mit einer kreidigen Kalkschicht bedeckt und nehmen durch das Liegen in den stets feuchten Nestern im Laufe der Bebrütung eine bräunliche Tönung an. Beim Verlassen des Nestes wird das Gelege mit Nistmaterial zugedeckt. ♂ und ♀ brüten, Nestflüchter, Dunenkleid auf hellem Grund dunkel längsgestreift. Nahrung: Kleine Fische, Amphibien und Insekten.

Bestimmungsschlüssel für die Gattungen

1 Schnabel ohne Querbinde **Podiceps** S. 149

1* Schnabel bläulichweiß mit schwarzer Querbinde **Podilymbus** S. 478

GATTUNG: Podiceps Latham — s. Tafel S. 33

Bestimmungsschlüssel

A. *Brutkleider*

1 Mit schwarzer Federhaube und schwarzbrauner Halskrause **Haubentaucher** S. 149

1* Ohne Federhaube und Halskrause 2

2 Mit auffallenden Federbüscheln am Kopf 3

2* Ohne Federbüschel 4

3 Goldgelbe Kopfbüschel, rotbrauner Hals **Ohrentaucher** S. 151

3* Goldgelbe Ohrbüschel, schwarzer Hals **Schwarzhalstaucher** S. 151

4 Oberkopf schwarz, Kopfseiten hellgrau, Hals rostrot **Rothalstaucher** S. 150

4* Klein, dunkel, bis auf die hellen Schnabelwinkel ohne auffallende Kennzeichen **Zwergtaucher** S. 152

B. *Ruhekleider*

1 Stockentengroß, rötlicher, spitzer Schnabel, schwarze Federhaube nur angedeutet **Haubentaucher** S. 149

1* Unter Stockentengröße 2

2 Schnabel von der Wurzel bis zur Mitte gelb, Hals grau **Rothalstaucher** S. 150

2* Schnabel nicht teilweise gelb 3

3 Oberseite bräunlich, kleinster Taucher **Zwergtaucher** S. 152

3* Oberseite schwärzlich 4

4 Schnabel gerade, schwarzer Oberkopf scharf gegen die weißen Kopf- und Halsseiten abgesetzt **Ohrentaucher** S. 151

4* Schnabel sanft nach oben gebogen, Kopf- und Halsseiten grau überflogen **Schwarzhalstaucher** S. 151

Haubentaucher

Podiceps cristatus (L.)

E Great Crested Grebe
R Чомга
C Roháč velký
F Silkkiuikku
P Perkoz dwuczuby
U Búbosvöcsök

Kennzeichen: 48 bzw. 31 cm. Größter unserer Lappentaucher; an der zweigeteilten schwarzen Federhaube und schwarzbraunen Halskrause leicht kenntlich. Auch im Ruhekleid von anderen Tauchern durch seine Größe und den rötlichen Schnabel, von gleichgroßen Enten durch den spitzen Schnabel und den schlanken Hals leicht zu unterscheiden.

Stimme: Tiefe „gröck gröck" oder „gäg gäg", nicht oft zu hören, am ehesten noch zur Brutzeit.

Biotop: Seen und größere Teiche mit einem mehr oder weniger breiten Pflanzengürtel und größeren freien Wasserflächen. Gelegentlich auf Altwässern und in Buchten langsam

fließender Gewässer. In Osteuropa auch auf Brack- und Salzwasserseen.
Verbreitung: In Norwegen hat sich die Brutpopulation seit 1970 vervierfacht; 1978 200 Brutpaare. Außer in Europa im mittleren Asien, in Afrika, Australien und Neuseeland.

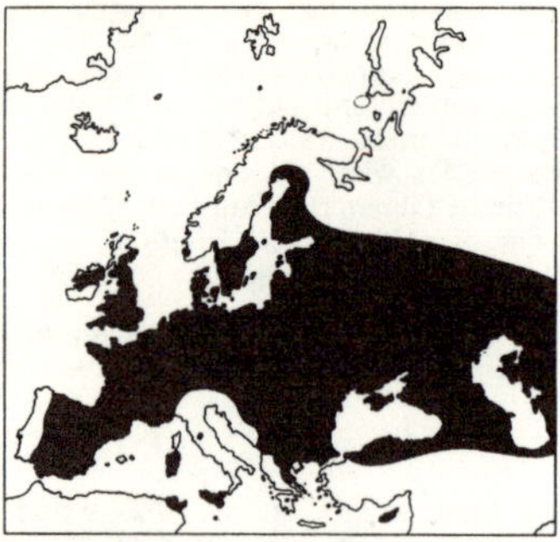

Wanderungen: Werden weitgehend vom Vorhandensein eisfreier Gewässer bestimmt, daher nur teilweise Stand-, meist jedoch Strich- und Zugvogel, der nur nachts in vorwiegend südöstlicher Richtung bis in das Mittelmeergebiet, zum Schwarzen Meer und Vorderasien zieht, vielfach aber bereits an den Küsten der Nord- und Ostsee überwintert. Abzug ab Mitte August – Oktober (November), Rückkehr ins Brutgebiet, nachdem die Gewässer eisfrei geworden sind (von Februar/März – April/Mai).
Nest und Eier: s. Einleitung. Gelegentlich kolonieweise brütend; 4–6 Eier (55,2 mm × 36,6 mm), eine Brut, (April) Mai/Juni.
Unterarten: P. c. cristatus (L.)

Rothalstaucher

Podiceps griseigena (Boddaert)

E Red-necked Grebe
R Серощекая поганка
C Roháč rudokrký
F Härkälintu
P Perkoz rdzawoszyi
U Vörösnyakú vöcsök

Kennzeichen: 43 bzw. 25 cm. Kleiner als Haubentaucher; im Brutkleid mit keinem anderen Taucher zu verwechseln. Im Ruhekleid unterscheidet sich der Rothalstaucher durch ausgedehnteren dunkel graubraunen Oberkopf, weißlichgrauen Hals und gelben, an der Spitze schwarzen Schnabel vom Haubentaucher und durch seine Größe von den anderen Taucherarten.
Stimme: Zur Brutzeit hört man oft langgezogene, wiehernde Rufe.
Biotop: Ähnlich Haubentaucher, jedoch kommt der Rothalstaucher auch auf kleineren Seen und flachen Teichen vor, vor allem, wenn diese eine nicht nur auf die Randzone beschränkte Vegetation aufweisen.
Verbreitung: Brütet vereinzelt am Neusiedler See und in Frankreich. Außer in Europa im paläarktischen Asien und in Nordamerika.

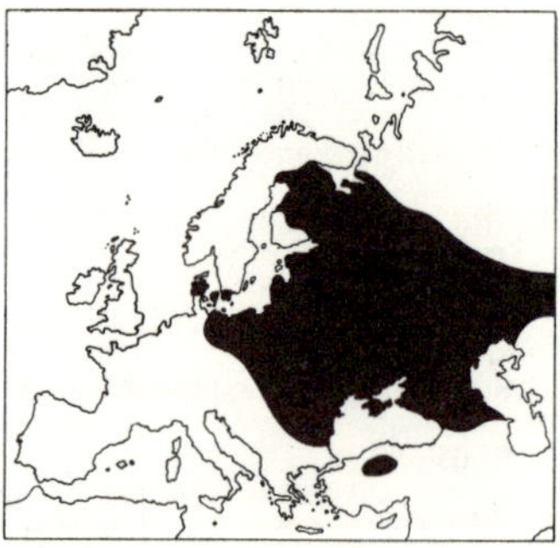

Wanderungen: Überwintert auf den Britischen Inseln, im Mittelmeergebiet, am Schwarzen und am Kaspischen Meer, vereinzelt auch im Brutgebiet. Übersommert vereinzelt in Großbritannien. Wegzug August – November, meist im September, Rückkehr März – April. Die Nominatform und die nordamerikanische Unterart P. g. holboelli wurden als Irrgäste in Schottland nachgewiesen, die erwähnte Unterart auch in Frankreich.
Nest und Eier: Ähnlich Haubentaucher; 4–5 Eier (50,5 mm × 34,0 mm), eine Brut, Mai.
Unterarten: P. g. griseigena (Boddaert).

Ohrentaucher
Podiceps auritus (L.)

E Slavonian Grebe
R Красношейная поганка
C Roháč žlutorohý
F Mustakurkku-uikku
P Perkoz rogaty
U Füles vöcsög

Kennzeichen: 33 bzw. 20 cm. So groß wie Schwarzhalstaucher, von dem er sich im Brutkleid durch goldgelbe Kopfbüschel und rotbraunen Hals unterscheidet. Im Ruhekleid ähneln sich beide Arten, doch ist beim Ohrentaucher das Schwarz des Oberkopfs scharf gegen die weißen Kopf- und Halsseiten abgesetzt. Das sicherste Unterscheidungsmerkmal ist jedoch der Schnabel, der beim Schwarzhalstaucher leicht aufgeworfen, beim Ohrentaucher jedoch gerade ist (s. Abb.).

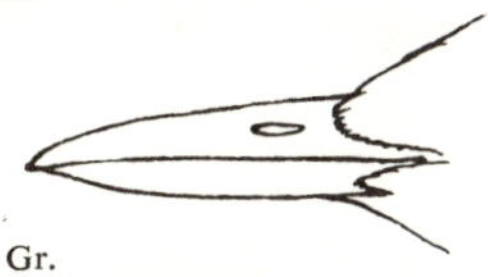

nat. Gr.

Stimme: Trillernder Paarungsruf, ein sehr schnelles „bibibibibib", ferner kurze „girt girt"-Rufe.
Biotop: Größere und kleinere pflanzenreiche Binnengewässer, gelegentlich auf Morästen und Sümpfen, wenn diese kleine freie Wasserflächen aufweisen. In Schottland auf den „lochs", anderswo auch auf Altwässern von Strömen und Flüssen.
Verbreitung: Hat ausnahmsweise in

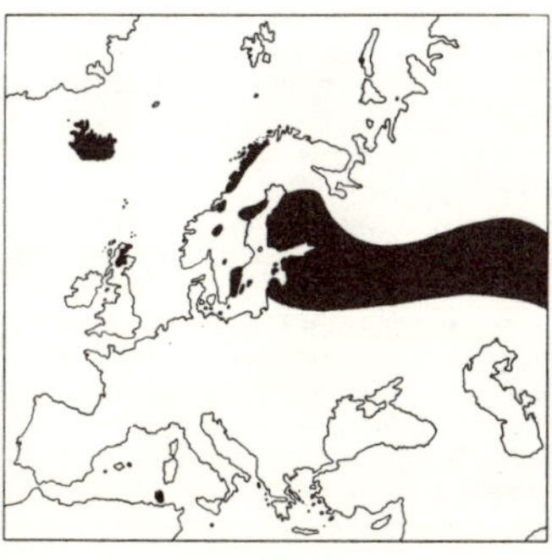

Polen (Bez. Augustow) gebrütet. Außer in Europa im mittleren Asien und in Nordamerika.
Wanderungen: Überwintert an den Küsten West- und Mitteleuropas, weniger im Mittelmeergebiet, ferner am Schwarzen Meer und am Kaspischen Meer. Auf dem Durchzug und überwinternd auch auf Binnengewässern Oktober – April ausnahmsweise noch später.
Nest und Eier: s. Einleitung; 3–5 Eier (44,5 mm × 30,7 mm), eine Brut, Ende Mai/Juni.
Unterarten: P. a. auritus (L.)

Schwarzhalstaucher
Podiceps nigricollis C. L. Brehm

E Black-necked Grebe
R Черношейная поганка
C Roháč černokrký
F Mustakaulauikku
P Zausznik
U Feketenyakú vöcsök

Kennzeichen: 30 bzw. 18 cm. Kleiner als Rothalstaucher, oft gesellig. Im Brutkleid mit goldbraunen Ohrbüscheln und schwarzem Hals. Auf die Unterschiede zwischen Schwarzhals- und Ohrentaucher im Ruhekleid wurde bereits bei diesem hingewiesen.

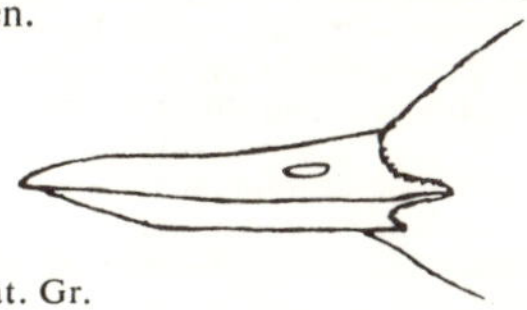

nat. Gr.

Stimme: Quiekende, wie „huit" klingende Pfeiflaute, außerdem hört man sanfte „bi-ip".
Biotop: Vegetationsreiche, flache und verlandende Seen und größere Teiche, die jedoch freie Wasserflächen aufweisen müssen.
Verbreitung: Außer in Europa in Asien, Ost- und Südafrika und in Nordamerika.
Wanderungen: Überwintert in Westeuropa, im Mittelmeerraum und in Vorderasien; März/April – Ende September/Anfang November.
Nest und Eier: Nistet meist kolonieweise, gern in Lachmöwen- und

Trauerseeschwalbenkolonien; Nest wie das der anderen Arten, nur entsprechend kleiner; 3–4 Eier (43,1 mm × 29,7 mm), eine Brut, Mai/Juni.
Unterarten: P. n. nigricollis C. L. Brehm.

Zwergtaucher

Podiceps ruficollis (Pallas)

E Little Grebe
R Малая поганка
C Potápka malá
F Pikku-uikku
P Perkozek
U Kisvöcsök

Kennzeichen: 27 cm bzw. 15 cm. Der kleinste und zugleich unscheinbarste unserer Taucher, lebt versteckt. Kopf- und Halsseiten rotbraun mit purpurviolettem Glanz, auffälliger gelber Fleck am Schnabelwinkel.
Im Ruhekleid oberseits heller als im Brutkleid, die Seiten blasser, Kopf- und Halsseiten hellbräunlich und allmählich in das Weiß der Unterseite übergehend.
Stimme: Trillernde „bibibibi"-Rufe.

Biotop: Stehende und langsam fließende Gewässer aller Art, sofern sie nur genügend Pflanzenwuchs aufweisen, auch auf kleinen Teichen und Tümpeln.
Verbreitung: 1973 wurde die Art erstmals als Brutvogel für Norwegen nachgewiesen. Außer in Europa in Asien und Afrika.

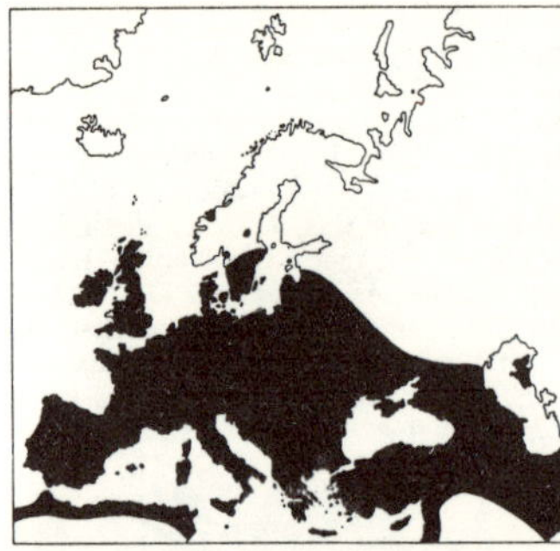

Wanderungen: Viele überwintern bereits im Brutgebiet, andere in West- und Südwesteuropa, März/April – September/Oktober. Auf dem Durchzug und als Wintergast auch auf Gewässern in Städten.
Nest und Eier: Wie das der anderen Arten, nur kleiner; 4–7 Eier (37, 8 mm × 26,2 mm), 2 Bruten, April – Juni.
Unterarten: a) P. r. ruficollis (Pallas): Europa mit Ausnahme der unter b genannten Gebiete, ferner Nordwestafrika, Kleinasien bis Israel; b) P. r. capensis (Salvadori): Kuban- und Terek-Niederung, südwärts bis Transkaukasien und Armenien; außerhalb Europas ostwärts bis Turkestan und zum Balchaschsee, südostwärts bis Indien und Burma, ferner Afrika südlich der Sahara und Madagaskar.

ORDNUNG: PROCELLARIIFORMES

FAMILIE: Procellariidae — Sturmvögel

Ausgesprochene Hochseevögel, die sich nur zur Brutzeit an Land aufhalten und sich von allen anderen Vögeln dadurch unterscheiden, daß die auf dem Oberschnabel befindlichen Nasenlöcher röhrenförmige Fortsätze haben. ♂♂ und ♀♀ sind nicht unterscheidbar, das Ruhekleid gleicht dem Brutkleid. Ausdauernde Segelflieger. Die größten in Europa brütenden Formen dieser Familie sind die fast silbermöwengroßen Sturmtaucher, die kleinsten sind knapp so groß wie eine Zwergseeschwalbe. Alle Arten legen jährlich nur ein – meist weißes und ungeflecktes – Ei, das zwischen Felsbrocken und in vorgefundenen oder selbstgegrabenen Höhlen, bisweilen aber auch offen abgelegt wird (Eissturmvogel). Koloniebrüter. Brut- und Nestlingsdauer auffallend lang. Junge schlüpfen blind und tragen ein meist graues Dunenkleid. Nahrung: Plankton, Tintenfische, Medusen und Fische sowie Abfälle von Schiffen. Vielfach nächtliche Lebensweise. 3 Arten Brutvögel, 11 Irrgäste.

Bestimmungsschlüssel für die Gattungen

1 Sehr groß (etwa 85 cm, Flügelspanne etwa 2,80 m), Gefieder entweder dunkel oder weiß mit dunklen Flecken **Macronectes** S. 480
1* Kleiner 2
2 Gefieder völlig weiß **Pagodroma** S. 482
2* Gefieder nicht völlig weiß 3
3 Gefieder insgesamt möwenartig **Fulmarus** S. 155
3* Gefieder nicht möwenartig 4
4 Auf den Oberflügeln je 2 große weiße Flecke **Daption** S. 482
4* Kein auffallendes Muster auf den Oberflügeln 5
5 Insgesamt sehr dunkel mit verhältnismäßig langem keilförmigem Schwanz, kleiner als Lachmöwe **Bulweria** S. 482
5* Gefieder nicht insgesamt sehr dunkel 6
6 Schnabel schmal und lang, Flügel relativ lang **Puffinus** S. 153
6* Schnabel breit und kurz, Flügel relativ kurz **Pterodroma** S. 481

GATTUNG: Puffinus Brisson s. Tafel S. 34, 36

Bestimmungsschlüssel

1 Oberseite schieferschwarz **Schwarzschnabel-Sturmtaucher** S. 153
1* Oberseite braun, Schnabel gelblich **Gelbschnabel-Sturmtaucher** S. 154

Schwarzschnabel-Sturmtaucher
Puffinus puffinus (Brünnich)

E Manx Shearwater
R Обыкновенный буревестник
C Buřňák severní
F Pikkuliitäjä
P Nurzec popielaty
U Bukdosó vészmadár

Kennzeichen: 36 cm. Etwa so groß wie eine Lachmöwe. Unterscheidet sich von anderen Sturmtauchern durch sein kontrastreiches Gefieder: Oberseite schwarz, Unterseite weiß. Oft kann man kleinere Gruppen in Landnähe beobachten, wie sie mit starren Flügeln über das Meer hingleiten und dem Beobachter bald die dunkle, bald die helle Unterseite zeigen, wobei die Spitzen ihrer langen schmalen Flügel jeweils fast die Wasserfläche berühren. P. p. mauretanicus ist oberseits schwarzbraun, die Unterseite ist mit braunen Federn durchsetzt, P. p. yelkouan ist oberseits

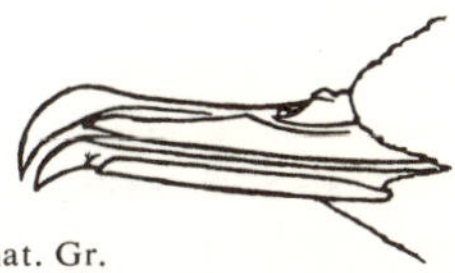

2/3 nat. Gr.

nicht so dunkel wie die atlantische Form, doch von dieser im Freien nicht zu unterscheiden.
Stimme: Ein in Silben nicht wiederzugebendes schauerliches Konzert, das man nachts an den Brutplätzen hört.
Biotop: Brütet auf rasenbedeckten oder felsigen Inseln, gelegentlich auch an der Küste des Festlandes; im übrigen wie alle Sturmvögel pelagisch.
Verbreitung: P. p. puffinus brütet außerhalb Europas noch auf den Azoren, Madeira und Salvages-Inseln; P. p. mauretanicus auf den Balearen, P. p. yelkouan in der Ägäis.
Wanderungen: Nach der Brutzeit halten sich die Schwarzschnabel-Sturmtaucher in der weiteren Umgebung ihrer Brutplätze auf; britische Brutvögel kehren Ende Februar/Anfang April an ihre Brutplätze zurück. P. p. puffinus wurde als Irrgast für

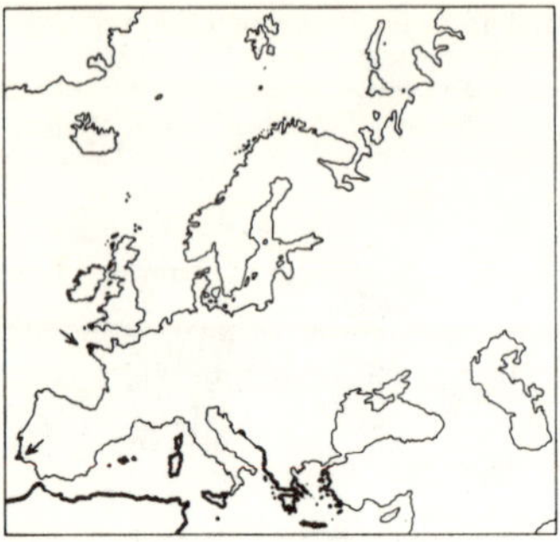

Schweden, die DDR, BRD, die Schweiz und Griechenland (Karpathos), P. p. mauretanicus als solcher für Großbritannien, Irland, die Niederlande, Frankreich, Portugal, Norwegen und Dänemark nachgewiesen.
Nest und Eier: Brütet in teilweise großen Kolonien entweder in selbstgegrabenen Höhlen, unter Felsblökken und in Felsspalten; ein weißes Ei (60,9 mm × 41,9 mm), April/Juni.
Unterarten: a) P. p. puffinus (Brünnich); b) P. p. yelkouan (Acerbi); c) P. p. mauretanicus Lowe.

Gelbschnabel-Sturmtaucher
Puffinus diomedea (Scopoli)

E Cory's Shearwater
R Белобрюхий большой буревестник
C Buřňák sedý
F Keltanokkaliitäjä
P Nurzec żółtodzioby
U Középtengeri vézmadár

Kennzeichen: 51 cm. Knapp so groß wie Silbermöwe; unterscheidet sich vom etwa gleichgroßen Großen Sturmtaucher durch folgende Merkmale: Das Braun des Kopfes und Nackens geht allmählich in das Weiß der Unterseite über (bei P. gravis sind der dunkle Oberkopf und Nacken scharf gegen das Weiß der Unterseite abgesetzt), Unterseite rein weiß (bei P. gravis mit dunklen Flecken), Nacken grau, nie weiß und Schnabel gelb, nicht schwarz wie beim Großen Sturmtaucher. Beide Unterarten sind nicht sicher an ihrer Gefiederfärbung zu unterscheiden; die nordatlantische Unterart hat einen kräftigeren Schnabel, dieses Merkmal ist aber bei Beobachtungen im Freien nicht zu gebrauchen.

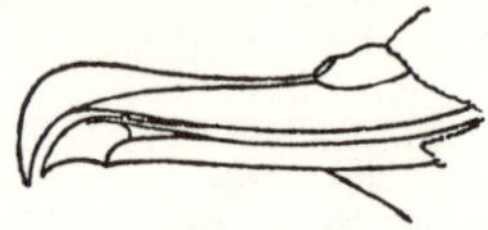

Schnabel (½ nat. Gr.); beachte die röhrenförmigen Fortsätze der Nasenlöcher

Stimme: Nachts am Brutplatz ein mit Silben nicht wiederzugebendes Konzert, das aus miauenden, grunzenden und wimmernden Tönen besteht.
Biotop: Zur Brutzeit auf felsigen Inseln, sonst rein pelagisch.
Verbreitung: Mittelmeer und Atlantische Inseln.

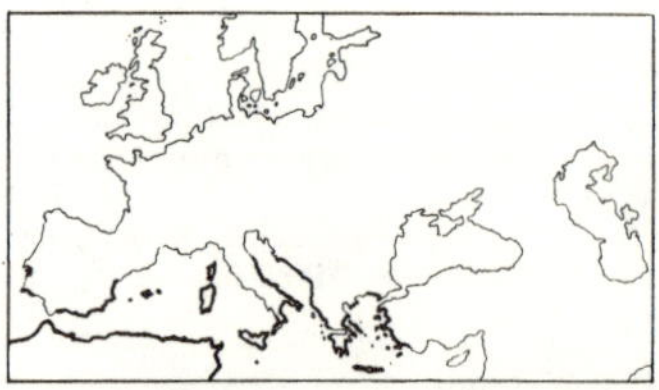

Wanderungen: P. d. diomedea ist Stand- bzw. Strichvogel; als Irrgast für die Niederlande, Frankreich, BRD, Polen (Oder-Mündung), die Schweiz, ČSSR und Bulgarien nachgewiesen. P. d. borealis außerhalb der Brutzeit im nördlichen und mittleren Atlantik, westwärts bis zur Küste Nordamerikas. Regelmäßig bei den Britischen Inseln, Irland und Färöer. Irrgast in Spanien, Frankreich, in der BRD und USSR (Kurskaja Kosa).
Nest und Eier: Brütet kolonieweise unter Geröllhaufen, in Felsspalten und bisweilen unter Gebüsch; das einzige weiße Ei (68,1 mm × 45,5 mm) liegt auf dem bloßen Boden oder auf trockenen Pflanzenteilen; Mai/Juni.
Unterarten: a) P. d. diomedea (Scopoli); Mittelmeerinseln von Gibraltar bis Syrien und Aegypten, Inseln in der Adria und im Bosporus; b) P. d. borealis Cory: Azoren, Madeira, Salvages-Inseln, Kanarische Inseln.

GATTUNG: Fulmarus Stephens s. Tafel S. 34, 36

Eissturmvogel
Fulmarus glacialis (L.)

E Fulmar Petrel
R Глупыш
C Buřňák lední
F Myrskylintu
P Petrel traniasty
U Sirályhojsza

Kennzeichen: 47 cm. Größe wie Sturmmöwe, möwenartig gefärbt. Unterscheidet sich von gleichgroßen Möwen durch schmälere, nur schwach gewinkelte Flügel ohne weiße Abzeichen; auffällig ist der dicke Nacken und der etwas finstere Gesichtsausdruck, der durch dunkle Federchen

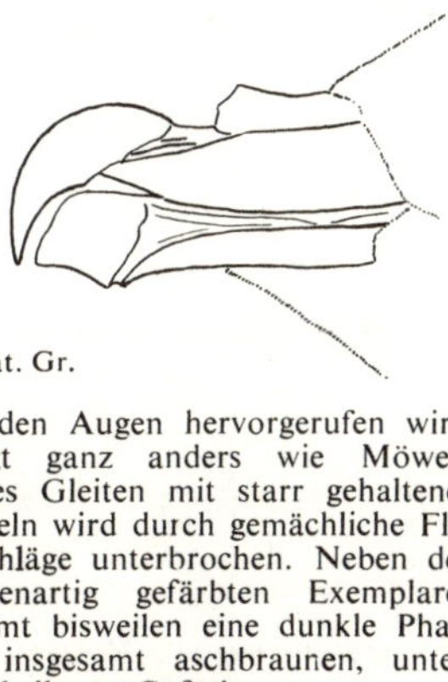

$^2/_3$ nat. Gr.

vor den Augen hervorgerufen wird. Fliegt ganz anders wie Möwen: langes Gleiten mit starr gehaltenen Flügeln wird durch gemächliche Flügelschläge unterbrochen. Neben den möwenartig gefärbten Exemplaren kommt bisweilen eine dunkle Phase mit insgesamt aschbraunen, unterseits hellerem Gefieder vor.
Stimme: Ein heiser klingendes Gakkern wie „gagagagaga", daneben kurze „kau" oder gedehntere „kraw kraw".

Biotop: Zur Brutzeit an Felsküsten des Festlandes und von Inseln, sonst rein pelagisch.
Verbreitung: Vereinzelte Brutvorkommen an der französischen Atlantikküste von der Bretagne an nordwärts; nicht mehr als insgesamt 40 Brutpaare. Einige Paare brüten auf den Lofoten und auf Helgoland. Außer in Europa in Grönland und im arktischen Nordamerika.

Wanderungen: Außerhalb der Brutzeit im Nordatlantik und den angrenzenden arktischen Meeren, ausnahmsweise südwärts bis zum Kanal und südliche Nord- und Ostsee. Durch Stürme gelegentlich ins Binnenland verschlagen.
Nest und Eier: Brütet in mehr oder weniger großen Kolonien an steilen Küsten; das einzige weiße Ei (74,0 mm × 50,6 mm) liegt meist ohne jede Unterlage auf Felsvorsprüngen, in kleinen Vertiefungen im Gras oder Schotter und in Nischen und Spalten von Steilwänden; Mai/Juni.
Unterarten: F. g. glacialis (L.).

FAMILIE: Hydrobatidae **Sturmschwalben**

Die kleinsten Vertreter dieser Ordnung; kleine, dunkle Vögel, nicht größer als eine Amsel. Auch sie führen eine rein pelagische Lebensweise und kommen nur zum Brüten an Land. Wenn sie dicht über die Wellen dahinflattern, sind sie kaum mit anderen Arten zu verwechseln, wohl aber ist die Unterscheidung der einzelnen Arten auf See nicht immer leicht, da die Vögel ständig in Bewegung sind; man achte deshalb auf die für die einzelnen Arten angegebenen Merkmale. Sturmschwalben sind Tag und Nacht unterwegs, an ihren Brutplätzen jedoch führen sie eine rein nächtliche Lebensweise. Brüten kolonieweise auf Inseln; das einzige, meist reinweiße Ei liegt in selbstgegrabenen Röhren oder unter Felsbrocken. Nach einer erstaunlich langen Brutzeit entschlüpft dem Ei ein in ein dichtes bräunliches oder graues Dunenkleid gehülltes Junges. Fünf Arten, zwei davon Brutvögel.

Bestimmungsschlüssel für die Gattungen

1 Schwanz gegabelt **Oceanodroma** S. 157

1* Schwanz nicht gegabelt 2

2 Unterseite rein weiß **Pelagodroma** S. 483

2* Unterseite nicht weiß 3

3 Füße schwarz und kurz **Hydrobates** S. 156

3* Füße schwarz mit gelben Schwimmhäuten, überragen den Schwanz im Fluge **Oceanites** S. 483

GATTUNG: Hydrobates Boie

s. Tafel S. 34, 36

Sturmschwalbe
Hydrobates pelagicus (L.)

E Storm-Petrel
R Малая качурка
C Buřňák malý
F Ulappapääsky
P Nawałnik burzowy
U Viharfecske

Kennzeichen: 15 cm. Die Sturmschwalbe ist ein kleiner, schieferschwarzer Vogel mit weißem Bürzel; sie unterscheidet sich von den anderen hier besprochenen kleineren Sturmvögeln mit weißem Bürzel durch ihre geringe Größe – nur mauerseglergroß! – und den nicht gegabelten Schwanz. Folgt im Gegensatz zum Wellenläufer gern in kleineren Schwärmen Schiffen mit schwächeren, unregelmäßigen, mehr fledermausartig flatternden Flügelschlägen dicht über den Wellen.
Stimme: Tagsüber hört man aus den Nisthöhlen ein hohes „ti-ti-tihk" oder ein schnurrendes Zirpen.
Biotop: Nur zur Brutzeit, in der die Vögel völlig nächtlich leben, auf rasenbedeckten oder felsigen und höhlenreichen Inseln, sonst ausschließlich pelagisch.
Verbreitung: Island, Großbritannien, Irland, Lofoten (1961), Frankreich (auf Inseln vor Marseille und auf den Iles d'Hyères Brutvorkommen für die letzten Jahre nicht gesichert; in der Bretagne bestehen mehrere Brutplätze), Nordspanien, westliches Mittelmeergebiet und auf einigen dalmatinischen Inseln vor Split; selten auf einigen Inseln in der Ägäis. Außerhalb Europas nur an der nordwestafrikanischen Küste.

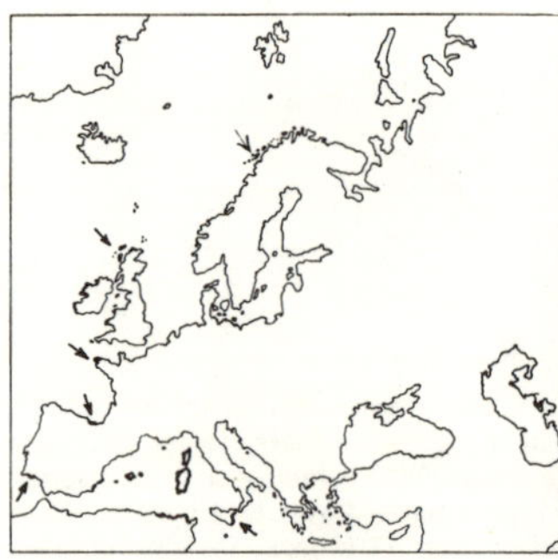

Wanderungen: Außerhalb der Brutzeit gelegentlich an den Küsten Grönlands und an der Ostküste Nordamerikas (Labrador, Neufundland), an den Küsten Afrikas südwärts bis zum Kap der Guten Hoffnung, an der Ostküste bis Sansibar. Unregelmäßig in der Nordsee (bei Helgoland alljährlich zwischen Oktober/Dezember), ausnahmsweise in der Ostsee. Durch Stürme gelegentlich ins Binnenland verschlagen.
Nest und Eier: Brütet kolonieweise auf kleinen Inseln vor der Küste; nistet in selbstgegrabenen Höhlen, in Steinhaufen oder zerfallenen Gebäuden. Nur ein weißes, fein rotbraun geflecktes Ei (27,9 mm × 21,2 mm), Mai/Juli.

Wellenläufer

Oceanodroma leucorhoa (Vieillot)

E Leach's Fork-tailed Petrel
R Северная качурка
C Buřňák obecný
F Myrskypääsky
P Nawałnik Leacha
U Villás viharfecske

Kennzeichen: 20,5 cm. Größer als Sturmschwalbe und hat längere Flügel, vor allem unterscheidet er sich von verwandten Arten durch den tief gegabelten Schwanz. Der weiße Bürzel ist in der Mitte durch graue Federn unterbrochen (s. Abb.). Der

Schwanz (knapp ½ nat. Gr.), unten: Ober- und Unterseite, Schwanz gegabelt, Füße überragen Schwanz nicht.

Flug ist unverkennbar: mit unregelmäßigen, aber kräftigen Flügelschlägen jagt der Wellenläufer dahin, wendet mit unglaublicher Schnelligkeit, ändert plötzlich seine Richtung, um dann wieder wie ein kleiner Sturmtaucher über die Wellen hinzugleiten, folgt aber im Gegensatz zur Sturmschwalbe den Schiffen nicht.

Stimme: An den Brutplätzen hört man die ganze Nacht hindurch ein wie „pjurrwitt, pjurr-witt" klingendes Zirpen.

Biotop: Zur Brutzeit auf rasenbedeckten oder felsigen und geröllreichen Inseln oder Küsten; sonst wie alle Sturmvögel pelagisch; durch Stürme gelegentlich ins Binnenland verschlagen. An den Brutplätzen ausgesprochene Nachtvögel.

Verbreitung: In Europa finden sich Brutplätze nur auf den Westmänner-Inseln (Island), Färöer, Hebriden und Lofoten (1961). Außerhalb Europas auf den Kurilen, Kommandeur-Inseln, Aleuten sowie an den Küsten von Alaska, Maine, Neuschottland und Neufundland.

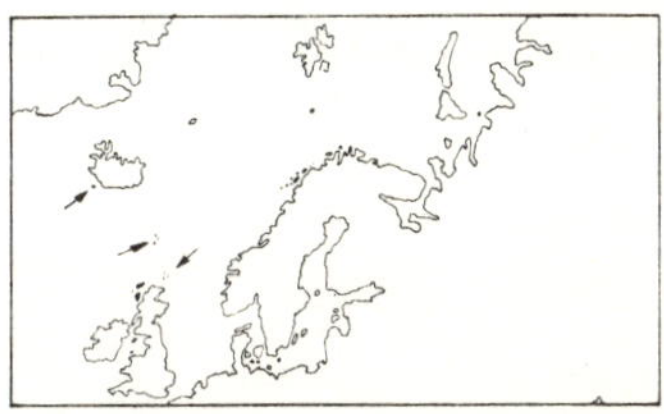

Wanderungen: Nach der Brutzeit werden Wellenläufer im gesamten Nordatlantik – gelegentlich auch südlich des Äquators –, in der Nordsee und im westlichen Mittelmeer angetroffen. Ausnahmsweise auch in der Ostsee und im Binnenland. Zwischen Ende April und Juni treffen Wellenläufer wieder an ihren Brutplätzen ein.

Nest und Eier: Brütet kolonieweise in meist selbstgegrabenen Erdhöhlen, gelegentlich auch unter Steinhaufen oder in zerfallenen Gebäuden; nur ein trübweißes Ei, meist mit Fleckenkranz (32,8 mm × 23,8 mm), Ende Mai/Juli.

Unterarten: O. l. leucorhoa (Vieillot)

ORDNUNG: PELECANIFORMES

FAMILIE: Sulidae **Tölpel**

Große, überwiegend weiße (im Jugendkleid schwarzbraun und weißgescheckte) Seevögel, bei denen ebenso wie bei den Kormoranen und Pelikanen im Gegensatz zu allen anderen Vögeln alle 4 Zehen durch Schwimmhäute verbunden sind. Fische werden durch Stoßtauchen erbeutet. Leben gesellig und brüten kolonieweise an steilen Küsten. Junge wie bei den Kormoranen und Pelikanen Nesthocker, die nackt und blind schlüpfen. Eine Art Brutvogel.

GATTUNG: Sula Brisson s. Tafel S. 35, 37

Basstölpel

Sula bassana (L.)

E Gannet
R Олуша
C Terej bílý
F Suula
P Głuptak
U Szúla

Kennzeichen: Ein gänsegroßer Seevogel, ad. weiß bis auf die schwarzen Handschwingen der langen schmalen Flügel. Wirkt infolge des konisch zulaufenden Schnabels und des keilförmigen Schwanzes beiderseits „zugespitzt". Junge schwarzbraun und je nach Alter mehr oder weniger weiß gescheckt. Stoßtaucher. Gestalt und Größe schließen Verwechslungen mit großen Möwenarten aus.
Stimme: Nur am Brutplatz hört man laute, rauhe Rufe, die wie „ärrah", „wrow" oder „arr" klingen.
Biotop: Ausschließlich Meeresbewohner; zur Brutzeit an Steilküsten und auf felsigen Inseln.
Verbreitung: Auf den Britischen Inseln brüten jetzt über 100000 Paare, davon allein auf St. Kilda 52000. Seit 1967 eine Brutsiedlung in Norwegen. Außer in Europa in Nordamerika auf Inseln im St. Lorenz-Strom und an der Küste Neufundlands.
Wanderungen: Strich- und Zugvogel, überwintert an den Küsten Westeuropas und Westafrikas. Unregelmäßig an der Nordseeküste, gelegentlich in der Ostsee und im Mittelmeer. Verirrte Basstölpel werden hin und wieder im Binnenland gefunden.
Nest und Eier: Brütet kolonieweise an Steilküsten; Nest aus Gras und Tang; nur ein bläulichweißes Ei mit kalkigem Überzug (78,1 mm × 49,1 mm), April/Juni.
Unterarten: S. b. bassana (L.)

FAMILIE: Phalacrocoracidae **Kormorane**

Mehr oder weniger schwarze Vögel mit kurzen Füßen, einem verhältnismäßig langen Hals und schmalem, hakig gekrümmtem Schnabel. ♂♂ und ♀♀ gleichen sich im Gefieder. Schwimmen tief im Wasser liegend, der Hals wird dabei steil aufgerichtet und der Kopf leicht nach oben angehoben. Kormorane sitzen aufrecht, oft mit halbgeöffneten Flügeln, um das Gefieder nach dem Tauchen zu trocknen. Im Fluge wird der Hals vorgestreckt und die Flügel werden sehr schnell bewegt. Flugbild s. Tafel 35. Leben gesellig an Binnengewässern und Küsten und brüten kolonieweise. Kormorane verfolgen die Fische unter Wasser und erbeuten sie auf diese Weise. 3 Arten Brutvögel.

Bestimmungsschlüssel

1 Mit weißem Abzeichen am Kopf **Kormoran** S. 159
1* Ohne weiße Abzeichen am Kopf 2
2 Glänzend grünlichschwarz, mit kleiner Kopfhaube **Krähenscharbe** S. 160
2* Kleiner als vorige, Kopf und Hals rötlichbraun **Zwergscharbe** S. 160

Kormoran

Phalacrocorax carbo (L.)

E Cormorant
R Большой баклан
C Kormorán obecný
F Merimetso
P Kormorán czarny
U Nagykárókatona

Kennzeichen: 91,5 bzw. 56 cm. Gänsegroßer Wasservogel, bronzebraun und schwarz, Kopfseiten und Kinn weiß, im Brutkleid auffallender weißer Fleck an den Flanken. Keine Federhaube. Bei Ph. c. sinensis sind Kopf und Hals im Brutkleid bisweilen

Typische Haltung beim Schwimmen

völlig weiß. Juv. dunkelbraun, unterseits heller, können mit gleichaltrigen Krähenscharben verwechselt werden, doch ist der Kormoran größer, die Unterseite ist bei ihm trüb weiß und mit braunen Federn durchsetzt, während juv. Krähenscharben unterseits einfarbig braun sind.

Stimme: Im allgemeinen stumm; nur am Brutplatz hört man tiefe gutturale Rufe, die wie „karrk", „korrk", „gok", „gorr" oder zusammengereiht wie „gokgokgok" und ähnlich klingen.

Biotop: An Meeresküsten – sowohl Steil- wie auch Flachküsten –, an Mündungen von Strömen und Flüssen, aber auch im Binnenland an fließenden Gewässern und Seen, sofern sich höhere Bäume in der Nähe befinden.

Verbreitung: Seit etwa 30 Jahren wieder Brutvogel in Schweden. An der französischen Atlantikküste mehrere Brutvorkommen; in der Bretagne stieg der Bestand von 1970 bis 1974 auf 75 Brutpaare. Seit Ende der 60er Jahre nicht mehr Brutvogel in Österreich. Brütet neuerdings in der Oberlausitz. Außer in Europa im mittleren und südlichen Asien, in Afrika, Australien sowie im nordöstlichen Amerika.

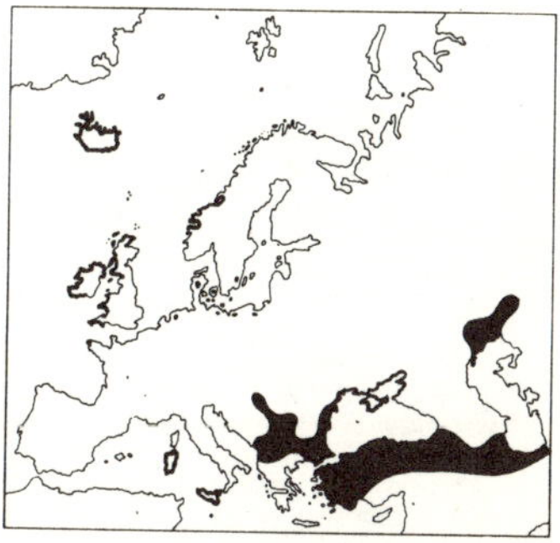

Wanderungen: Überwiegend Stand- bzw. Strichvogel, außerhalb der Brutzeit mit Ausnahme der nördlichen Ostsee an fast allen europäischen Küsten anzutreffen; mitteleuropäische Brutvögel überwintern meist im Mittelmeergebiet und ziehen dabei durchs Binnenland; Februar/März – August/September. Ph. c. carbo wurde zweimal als Irrgast für die BRD nachgewiesen.

Nest und Eier: Nistet kolonieweise; die Nester stehen an Steilküsten oder auf Bäumen, bisweilen auch im Schilf. 3–5 Eier (65,8 mm × 40,7 mm), bläulichweiß mit kreidigem Überzug, April/Juni.

Unterarten: a) Ph. c. carbo (L.): Island, Britische Inseln, Färöer, Küsten Norwegens und Murmanküste; b) Ph. c. sinensis (Shaw & Nodder): Mittel- und Südeuropa.

Krähenscharbe

Phalacrocorax aristotelis (L.)

E Shag
R Длинноносый баклан
C Kormorán chocholatý
F Karimetso
P Kormoran czubaty
U Üstökös kárókatona

Kennzeichen: 76 bzw. 45,5 cm. Kleiner und schlanker als Kormoran, glänzend grünlichschwarz, ohne weiße Abzeichen, zur Brutzeit mit kleiner zurückgebogener Federhaube. Junge einfarbig braun. Verhalten und Lebensweise wie Kormoran. Ph. a. desmarestii: ad. feldornithologisch nicht von Ph. a. aristotelis zu unterscheiden, Junge sind jedoch unterseits bräunlichweiß, nicht braun.
Stimme: Am Brutplatz tiefe schnarrende Rufe.
Biotop: Im Gegensatz zum Kormoran ausschließlich Seevogel; bewohnt felsige Steilküsten und Inseln.
Verbreitung: In der Bretagne nimmt der Bestand ständig zu; jetzt bereits über 1700 Brutpaare. Außer in Europa in Nordwestafrika und Kleinasien.

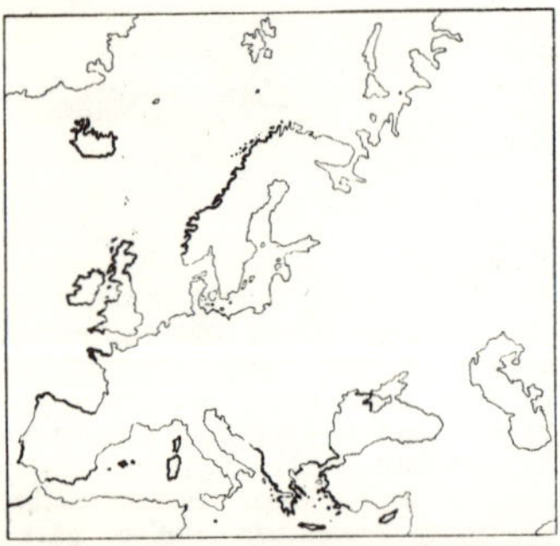

Wanderungen: Stand- und Strichvogel. Gelegentlich im Nordsee-, ausnahmsweise im Ostseegebiet sowie im Binnenland.
Nest und Eiern: Brütet meist kolonieweise auf Felsinseln vor der Küste bzw. an dieser selbst. Die Nester stehen auf Simsen, in Löchern und Spalten an steil zum Meer abfallenden Felswänden. 3–5 Eier, die denen des Kormorans bis auf die Größe (62,9 mm × 38,4 mm) gleichen, je nach Lage des Brutgebiets Februar/Juni.
Unterarten: a) Ph. a. aristotelis (L.): s. Karte; b) Ph. a. desmarestii (Payraudeau): Mittelmeergebiet.

Zwergscharbe

Phalacrocorax pygmaeus (Pallas)

E Pygmy Cormorant
R Малый баклан
C Kormorán malý
F Kääpiömerimetso
P Kormoran mały
U Kiskárókatona

Kennzeichen: 53,5 cm. Kleiner als Krähenscharbe, nur krähengroß; im Gegensatz zu dieser fast nie an der Küste. Glänzend grünlichschwarz, Kopf und Hals rötlichbraun, im Brutkleid kurze Federhaube an der Stirn. Junge oberseits schwärzlichgrau, unterseits schmutzigweiß, Kehle und Bauch fast weiß. Verhalten und Lebensweise wie die anderen Kormorane.
Stimme: Nicht bekannt, wahrscheinlich ähnlich wie die anderer Kormorane.
Biotop: Sumpfgebiete, Seen und Ströme mit baumbestandenen Ufern.
Verbreitung: Außer in Europa am Kaspischen Meer und Aral-See, in der Türkei, Iran, Afghanistan und im Irak.

Wanderungen: Strich- und Zugvogel, überwintert im östlichen Mittelmeergebiet und an den Südküsten des Schwarzen Meeres und des Kaspischen Meeres, April – August/September. Zu den Zugzeiten und im Winter gelegentlich auch in Mittel- und Westeuropa (bis Dänemark und Frankreich).
Nest und Eier: Brütet kolonieweise, oft mit kleineren Reiherarten vergesellschaftet. Nester auf Bäumen, gelegentlich auch im Schilf. 4–6 kalkweiße Eier (46,9 mm × 30,3 mm) Mai/Juni.

FAMILIE: Pelecanidae **Pelikane**

Sehr große weißliche Wasservögel mit einem verhältnismäßig langen Hals und gewaltigen Schnabel, zwischen dessen Unterkieferästen sich ein dehnbarer Kehlsack befindet. Die beiden hier besprochenen Arten schöpfen die Fische sozusagen aus dem Wasser heraus. Ausdauernde Segelflieger. Leben gesellig und brüten kolonieweise. 2 Arten Brutvögel.

GATTUNG: Pelecanus Linné

Bestimmungsschlüssel

1 Weiß, rosa überflogen, Flügelunterseiten schwarz und weiß **Rosapelikan** S. 161

1* Weißgrau, Flügelunterseiten weiß **Krauskopfpelikan** S. 162

Rosapelikan
Pelecanus onocrotalus L.

E White Pelican
R Розовый пеликан
C Pelikán obecný
F Pelikaani
P Pelikan baba
U Gödény

Kennzeichen: 160 cm. Pelikane sind größer als Schwäne, leben gesellig, fliegen in Ketten und kreisen fast ohne jeden Flügelschlag. Unverkennbar durch ihre Gestalt und den langen Schnabel mit der dehnbaren Tasche. Diese und die folgende Art sind sich ähnlich und außer im Fluge (s. Abb.) nicht leicht zu unterscheiden, da sich die Verbreitungsgebiete überschneiden: Beim Rosapelikan Flügelunterseiten schwarz *und* weiß, beim Krauskopfpelikan nur weiß. Für die Nähe beachte folgende Kennzeichen: Rosapelikan Gefieder rosa überflogen, Füße fleischfarben; Krauskopfpelikan mehr weißlichgrau, Füße grau. Junge beider Arten sehr ähnlich. Näheres s. bei Krauskopfpelikan.

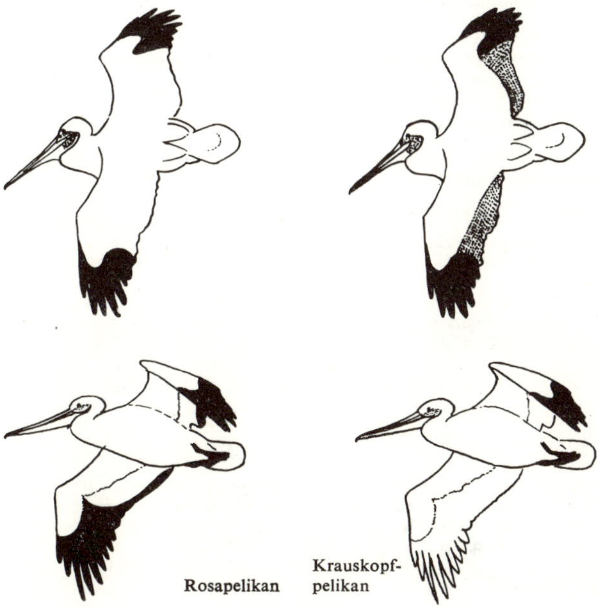

Rosapelikan   Krauskopf-pelikan

Stimme: Ein dumpfes Knurren oder Brummen, nicht oft zu hören.
Biotop: Seen, Lagunen, Mündungsgebiete von Strömen und ausgedehnte Sumpfgebiete.
Verbreitung: Brütet in Europa nur noch im Küstengebiet zwischen Donaumündung und Asowschen Meer und am Kleinen Prespa-See in Griechenland. Außerhalb Europas am Kaspischen Meer und Aralsee und vom Balchaschsee bis zum Saissannor; Iran, Persischer Golf, stellenweise in Ost- und Südafrika.

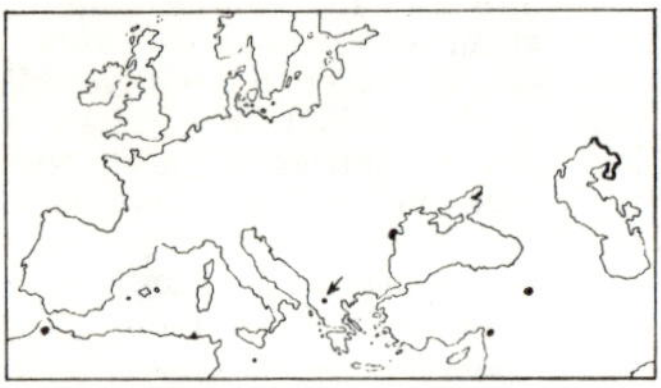

Wanderungen: Zugvogel, der am Persischen Golf, am Roten Meer und im tropischen Afrika überwintert. Als Irrgast wiederholt im übrigen Europa nachgewiesen.
Nest und Eier: Brütet kolonieweise in ausgedehnten Sümpfen, auf Inseln oder im Röhricht von Seen und Mündungsgebieten. 2–3 Eier mit kalkigem Überzug (95,2 mm × 60,2 mm), April/Juli.

Krauskopfpelikan

Pelecanus crispus Bruch

E Dalmatian Pelican
R Кудрявый пеликан
C Pelikán kadeřavý
F Kiharapelikaani
P Pelikan kędzierzawy
U Borzas gödény

Kennzeichen: 171 cm. Sehr ähnlich dem Rosapelikan; am sichersten sind beide Arten im Fluge zu unterscheiden (s. Abb.). Über die Unterschiede beider Arten s. Rosapelikan. Die oberseits bräunlichgrauen, unterseits weißlichen Jungen beider Arten sind sich sehr ähnlich und mit Sicherheit nur aus der Nähe an der Stirnbefiederung zu unterscheiden: Bei onocrotalus laufen die Federn zu einer Spitze aus, bei crispus sind sie durch eine konkave Linie begrenzt. Dunenjunge bei onocrotalus schwarzbraun, bei crispus weiß.
Stimme: Wie Rosapelikan.
Biotop: Wie Rosapelikan.
Verbreitung: Brutplätze finden sich noch in Südosteuropa (Griechenland bis Donau-Mündung) sowie in der südlichen Sowjetunion (Dnjepr-Mündung, Asowsches Meer, untere Wolga, Nord- und Westküste des Kaspischen Meeres). Außerhalb Europas am Aralsee und Persischen Golf; weitere isolierte Brutplätze ostwärts bis Zentralasien.

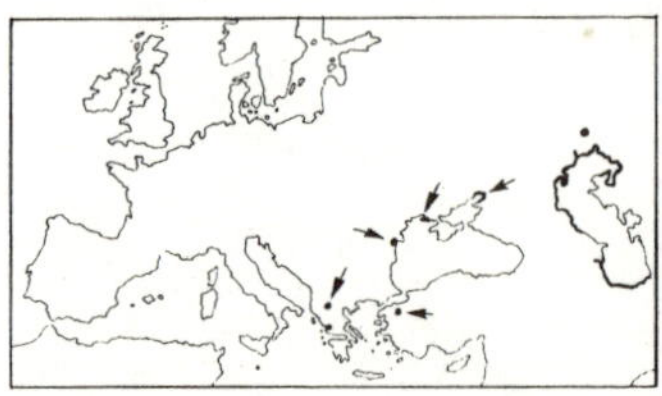

Wanderungen: Teilweise im Brutgebiet überwinternd, zum Teil auch im südlichen Asien. Als Irrgast einmal in Mitteleuropa nachgewiesen.
Nest und Eier: Wie Rosapelikan, die Eier beider Arten sind nicht mit Sicherheit zu unterscheiden (93,3 mm × 58,1 mm), März/Juni.

ORDNUNG: CICONIIFORMES

FAMILIE: Ardeidae — **Reiher**

Meist langhalsige und langbeinige Vögel, die sich an stehenden Binnengewässern aller Art aufhalten. Teilweise gesellig lebend und kolonieweise brütend; Junge sind Nesthocker. Langsame Ruderflieger, im Fluge wird der Hals S-förmig gekrümmt. Außer bei der Zwergrohrdommel gleichen sich ♂♂ und ♀♀ weitgehend. Nahrung wie bei allen zu dieser Ordnung gehörigen Arten rein animalisch. 9 Arten Brutvögel, 7 Irrgäste.

Bestimmungsschlüssel für die Gattungen

1 Gefieder reinweiß 2
1* Gefieder andersfarbig 3
2 Graureihergröße **Casmerodius** S. 165
2* Deutlich kleiner **Egretta** S. 164
3 Gefieder mehr oder weniger bräunlich 4
3* Gefieder andersfarbig 5
4 Gestalt gedrungen, oberseits braun und schwarz gezeichnet **Botaurus** S. 168
4* Wesentlich kleiner, Rücken schwarz (♂) oder braun (♀) **Ixobrychus** S. 167
5 Gefieder ockerfarben und weiß **Ardeola** S. 165
5* Gefieder andersfarbig 6
6 Groß, langbeinig, Gefieder überwiegend grau oder rötlichbraun **Ardea** S. 163
6* Kleiner 7
7 Gefieder oberseits aschgrau und schwarz, Flügel grau **Nycticorax** S. 166
7* Nacken rotbraun, Rücken und Flügel grünlich **Butorides** S. 485

GATTUNG: Ardea Linné

s. Tafel S. 38, 40

Bestimmungsschlüssel

1 Hals weiß und grau **Graureiher** S. 163
1* Hals rostbraun **Purpurreiher** S. 164

Graureiher

Ardea cinerea L.

E Common Heron
R Серая цапля
C Volavka popelavá
F Harmaahaikara
P Czapla siwa
U Szürkegém

Kennzeichen: 91 bzw. 41 cm. Kleiner als Storch, Gesamteindruck hellgrau. Kann allenfalls mit Kranich verwechselt werden, beachte jedoch das Flugbild (s. Tafel). Flug ruhig mit regelmäßigen, langsamen Flügelschlägen, wobei die breiten Flügel bogenförmig nach unten geknickt sind. Ferner: Kraniche sind größer und baumen nie auf, außerdem hat der Graureiher verlängerte schwarze Nakkenfedern und keine über den Schwanz herabhängende Federn wie der Kranich. Junge Graureiher den alten ähnlich, ohne verlängerte Nakkenfedern. Watet schleichend im Seichtwasser, lauert mit eingezogenem Hals auf Beute.
Stimme: Ruft „gra", „grak" und – oft hoch aus der Luft – kreischend „gräik", Junge keckern. Am Brutplatz hört man von den Altvögeln oft ein heiseres „chräik".
Biotop: Seichte Gewässer aller Art, vor allem im Flachland, weniger im Hügelland.
Verbreitung: Außer in Europa in großen Teilen Asiens sowie isolierte Brutvorkommen in Afrika.

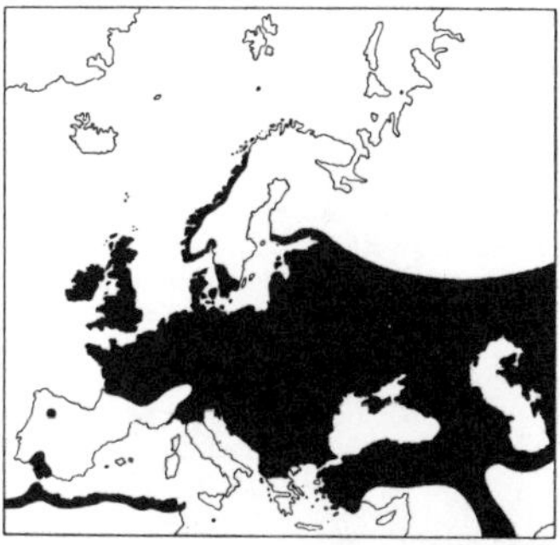

Wanderungen: In Mittel- und Osteuropa beheimatete Graureiher sind überwiegend Zugvögel, die hauptsächlich in den Mittelmeerländern überwintern. Westeuropäische Graureiher sind überwiegend Standvögel. Junge Graureiher führen nach dem Flüggewerden einen richtungslosen Zwischenzug aus. Der eigentliche Zug in südwestlicher Richtung setzt im Spätsommer ein, spätestens ziehen die Graureiher im September/Oktober ab, Rückkehr an die Brutplätze im März.
Nest und Eier: Brütet meist kolonieweise auf höheren Bäumen oder auch im Schilf, bisweilen liegen die Brutplätze in beträchtlicher Entfernung von den Nahrungsrevieren. 4–5 einfarbig blaugrüne Eier (59,9 mm × 42,4 mm), Ende Februar/Mitte Mai, meist Ende März/Mitte April.
Unterarten: A. c. cinerea L.

Purpurreiher
Ardea purpurea L.

E Purple Heron
R Рыжая цапля
C Volavka červená
F Ruskohaikara
P Czapla purpurowa
U Vörösgém

Kennzeichen: 79 bzw. 38 cm. Etwas kleiner als Fischreiher, dunkler wirkend, Gesamteindruck rötlichbraun. Verhalten mehr rohrdommelartig, der lange, dünne Hals kommt besonders zur Geltung, wenn der Purpurreiher bei Gefahr die Pfahlstellung einnimmt oder sichert. Flugbild ähnlich Fischreiher. Junge oberseits nicht dunkel schiefergrau, sondern braun.
Stimme: Ruft „schrät" oder „rrähb", fast wie der Ruf eines Stockentenerpels.
Biotop: Seichte mit größeren Schilf- und Binsenbeständen bestandene Binnengewässer, außerdem Mündungsgebiete von Strömen, sofern diese die genannten Voraussetzungen erfüllen.
Verbreitung: Außer in Europa in großen Teilen Ost- und Südasiens, Afrikas und auf Madagaskar.

Wanderungen: Überwintert teilweise schon in Süd- und Südosteuropa, überwiegend aber in Afrika. Ankunft an den Brutplätzen im April, Wegzug setzt nach Beendigung der Brutzeit ein und hält bis zum Herbst an. Als Irrgast nordwärts bis Irland, Großbritannien und Skandinavien.
Nest und Eier: Brütet kolonieweise in Rohr-, Schilf- und Binsenbeständen, gelegentlich auch auf niedrigen Sträuchern. 4–6 hell blaugrüne Eier (54,7 mm × 40,0 mm). In Südeuropa gelegentlich schon Anfang April, meist im Mai.
Unterarten: A. p. purpurea L.

GATTUNG: Egretta T. Forster s. Tafel S. 38, 40

Seidenreiher
Egretta garzetta (L.)

E Little Egret
R Малая белая цапля
C Volavka stříbřitá
F Silkkihaikara
P Czapla nadobna
U Kiśkócsag

Kennzeichen: 56 bzw. 28 cm. Ein kleiner, reinweißer Reiher; Schnabel und Lauf schwarz, Zehen gelblichgrün. Im Brutkleid Nacken- und Schulterfedern verlängert. Der ebenfalls reinweiße Silberreiher ist etwa graureihergroß, also wesentlich größer, Kuh- und Rallenreiher erscheinen auf die Entfernung auch hell, sind aber gedrungener als der zierliche Seidenreiher.
Stimme: Ruft „rräh".
Biotop: Mit Bäumen und Sträuchern bestandene sumpfige Niederungen, Verlandungszonen von Seen, an Strömen mit Altwässern und alten Baumbeständen.
Verbreitung: Brütete erstmals in Nordfrankreich und 1979 in den Niederlanden. Außer in Europa in Vorder-, Süd- und Südostasien, Australien sowie stellenweise in Afrika und auf Madagaskar.

Wanderungen: Überwintert im Mittelmeergebiet, in Nordafrika und Südwestasien, Ankunft an den Brutplätzen im April, Abzug nach Be-

endigung der Brutzeit, spätestens im Oktober. Als Irrgast nordwärts bis Irland, Großbritannien, Norwegen, Polen und sowjetische Ostseegebiete.
Nest und Eier: Brütet kolonieweise – oft in Gesellschaft anderer Reiherarten, Sichlern und Zwergscharben – in verschiedener Höhe auf Bäumen und Sträuchern, 3–5 grünlichblaue Eier (45,8 mm × 33,8 mm), Ende April/Juni.
Unterarten: E. g. garzetta (L.)

GATTUNG: Casmerodius Gloger s. Tafel S. 38, 40

Silberreiher

Casmerodius albus (L.)

E Great White Heron
R Большая белая цапля
C Volavka bílá
F Jalohaikara
P Czapla biała
U Nagykócsag

Kennzeichen: 89 bzw. 38 cm. Etwa graureihergroß, reinweiß. Schulterfedern im Brutkleid stark verlängert und einen duftigen über den Schwanz hinausreichenden Mantel bildend. Lauf vorn schwarz, an den Seiten gelblich, Zehen schwärzlich; Schnabel während der Brutzeit schwarz mit gelblicher Wurzel, sonst gelb. Vom Löffler durch die Schnabelform und das Fehlen eines Federschopfs unterschieden. Junge ähneln Altvögeln im Ruhekleid.
Stimme: Krächzende Rufe.
Biotop: Sumpfige Niederungen, Seen und Mündungsgebiete von Strömen mit ausgedehnten Rohrbeständen.
Verbreitung: Seit 1968 Brutvogel an den Prespa-Seen (Griechenland). Außer in Europa in Vorder-, Süd- und Ostasien, Afrika, Australien, südliches Nord-, Mittel- und Südamerika.

Wanderungen: Europäische Brutvögel überwintern in Nordafrika und Südwestasien, gelegentlich auch im Brutgebiet, März – Oktober. Als Irrgast im übrigen Europa nordwärts bis England, Norwegen, Schweden und Finnland.
Nest und Eier: Nistet kolonieweise in dichten, möglichst schwer zugänglichen Rohrbeständen, nicht mit anderen Arten vergesellschaftet. 3–5 blaßblaue Eier (61,5 mm × 42,3 mm), Mitte April/Anfang Juni.
Unterarten: C. a. albus (L.)

GATTUNG: Ardeola Boie s. Tafel S. 38, 40

Bestimmungsschlüssel:
1 Überwiegend ockerfarben, Schnabel und Füße grünlich **Rallenreiher** S. 165
1* Überwiegend weiß, Schnabel und Füße rötlich **Kuhreiher** S. 166

Rallenreiher

Ardeola ralloides (Scopoli)

E Squacco Heron
R Желтая цапля
C Volavka vlasatá
F Luhtakanahaikara
P Czapla modronosa
U Üstökösgém

Kennzeichen: 46 bzw. 23 cm. Ein kleiner, gedrungen wirkender Reiher, etwas größer als Zwergrohrdommel. Gefieder ockerfarben und weiß, im Fluge fallen die weißen Flügel auf. Im Brutkleid lange weiße, schwarz eingefaßte Nackenfedern und bis zum Schwanz reichende zerschlissene Schmuckfedern. Schnabel gelblichgrün mit schwärzlicher Spitze, Beine grünlichgelb. Junge auf hell ockerfarbenem Grund dunkelbraun längsgefleckt, keine Schmuckfedern, Flügel und Schwanz weiß, bei jungen Nachtreihern und Zwergrohrdommeln bräunlich!

Stimme: Ruft heiser und gedämpft „karr".
Biotop: Gebüschbestandene sumpfige Niederungen, Mündungsgebiete von Strömen mit Altwässern und altem Baumbestand.
Verbreitung: Außer in Europa in Vorderasien und Afrika.

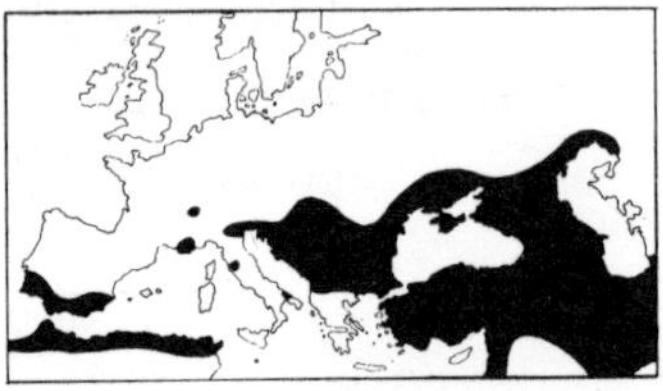

Wanderungen: Europäische Brutvögel überwintern im Mittelmeergebiet, April – September; als Irrgast nordwärts bis England und Dänemark.
Nest und Eier: Brütet in kleinen Gruppen oder einzeln in den Kolonien anderer kleinerer Reiherarten; Neststand je nach Lage des Brutplatzes verschieden: auf Bäumen und Sträuchern oder im Rohr. 4–5 grünlichblaue Eier (38,4 mm × 28,6 mm), Mai/Juni.

Kuhreiher
Ardeola ibis (L.)

E Buff-backed Heron
R Египетская цапля
C Volavka rusohlavá
F Lehmähaikara
P Czapelka egipska
U Pásztorgém

Kennzeichen: 51 bzw. 28 cm. Ein kleiner, gedrungen wirkender Reiher; im Gegensatz zum Rallenreiher Weiß im Gefieder vorherrschend, nur die verlängerten Scheitel-, Rücken- und Brustfedern sind einfarbig ockerfarben. Von weitem weiß erscheinend, doch unterscheiden ihn der verhältnismäßig kurze rote Schnabel und die roten Beine vom Seidenreiher. Junge rein weiß mit gelblichen Schnabel und Beinen, wodurch sie sich – abgesehen von ihrer Gestalt – ebenfalls vom Seidenreiher unterscheiden, dessen Schnabel und Beine schwarz sind. Im Gegensatz zu Seiden- und Rallenreihern gern zwischen weidendem Vieh.
Stimme: Ruft knarrend „kraaah".
Biotop: Sumpfige Niederungen und stehende Gewässer aller Art.
Verbreitung: Auf den Südwesten der Iberischen Halbinsel beschränkt. Seit spätestens 1969 Brutvogel in der Camargue (Südfrankreich). Außerhalb Europas in Vorder- und Südasien, in Afrika, Mittel- und Südamerika.

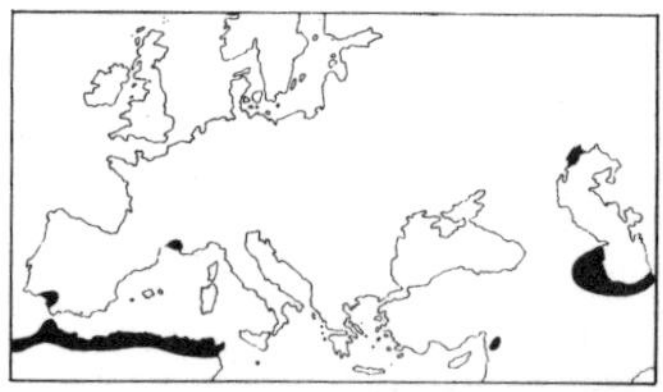

Wanderungen: Je nach Lage des Brutgebietes Stand-, Strich- oder Zugvogel, der in West- und Zentralafrika überwintert. Gelegentlich an den Küsten des Mittelmeeres und des Schwarzen Meeres. Als Irrgast für Großbritannien, Dänemark, die Niederlande, Belgien, die BRD, DDR, ČSSR, die Schweiz, Ungarn, die südöstliche SU und Sizilien nachgewiesen.
Nest und Eier: Brütet stets in Kolonien, teilweise mit anderen Reiherarten vergesellschaftet; die Nester stehen auf Bäumen und Sträuchern oder auch im Schilf. 4–5 blaßblaue Eier (45,7 mm × 43,2 mm), Mai.
Unterarten: A. i. ibis (L.)

GATTUNG: Nycticorax T. Forster s. Tafel S. 38, 40

Nachtreiher
Nycticorax nycticorax (L.)

E Night-Heron
R Кваква
C Bukač noční
F Yöhaikara
P Ślepowron
U Bakcsó

Kennzeichen: 61 bzw. 30 cm. Wesentlich kleiner als Graureiher, Gestalt gedrungen, mehr rohrdommelähnlich, Gesamteindruck schwarz und grau, im Brutkleid stark verlängerte weiße Scheitelfedern. Wirkt im Fluge

infolge des stark zurückgezogenen Halses auffallend gedrungen, das Schwarz des Scheitels und des Rükkens geht fast ineinander über und hebt sich kontrastreich gegen die einfarbig grauen Flügel ab. Junge oberseits dunkelbraun, weiß gefleckt, unterseits trüb weiß mit rostbraunen Längsflecken. Tagsüber hält sich der Nachtreiher an geschützten Plätzen auf, um bei Eintritt der Dämmerung aktiv zu werden.
Stimme: Ruft heiser und gepreßt „quak", Junge keckern.
Biotop: Sumpfige mit Gebüsch bestandene Niederungen, Seen mit Rohr- und Schilfbeständen, Auwälder in der Nähe von Strömen und Altwässern.
Verbreitung: Brütet unregelmäßig in der BRD und DDR sowie seit 1978 wieder in Österreich (Marchegg). 1979 erste Brut in Belgien. Außer in Europa im gesamten südlichen Asien, stellenweise in Afrika sowie in Nord-, Mittel- und Südamerika.
Wanderungen: In Europa brütende

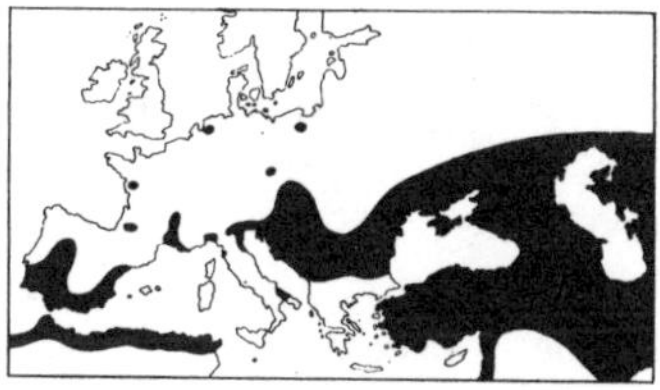

Nachtreiher überwintern im tropischen Afrika; Brutplätze werden Mitte Mai aufgesucht, Abzug setzt Ende Juli ein und hält bis zum Herbst an. Irrgast nordwärts bis zu den Färöer, Großbritannien, Skandinavien und Finnland.
Nest und Eier: Nistet kolonieweise, meist in Gesellschaft anderer Reiherarten, von Löfflern, Sichlern und Zwergscharben. Die Nester stehen in verschiedener Höhe auf Bäumen und Sträuchern, gelegentlich auch im Schilf. 4–5 blaugrüne Eier (48,7 mm × 35,3 mm), Mai/Juni.
Unterarten: N. n. nycticorax (L.)

GATTUNG: Ixobrychus Billberg s. Tafel S. 38, 40

Zwergrohrdommel
Ixobrychus minutus (L.)

E Little Bittern
R Малая выпь
C Bukač malý
F Pikkuhaikara
P Bączek
U Pocgém

Kennzeichen: 36 bzw. 17 cm. Unser kleinster Reiher: beim ♂ ist der Rükken schwarz, beim ♀ braun. Im Fluge fallen beim ♂ die rundlichen, gelblichweißen Flügeldecken auf, die sich scharf von dem übrigen schwarzen Flügel und Rücken abheben. Die Jungen ähneln dem ad. ♀, nur sind sie insgesamt dunkler, stärker gestreift und die Oberseite ist nicht schwarzbraun, sondern dunkelbraun. Lebt versteckt; bei Gefahr Pfahlstellung.
Stimme: Zur Brutzeit hört man kurze, leise „wurr, wurr"-Rufe, am Nest verschiedene Einzelrufe wie „jick", „gäck" oder „gät".
Biotop: Stehende, auch sehr kleine Gewässer aller Art mit Schilf- und Rohrbeständen, besonders dort, wo diese mit Weiden, Brennesseln und Nachtschatten durchsetzt sind.
Verbreitung: Außer in Europa in Westasien, Afrika und Australien.

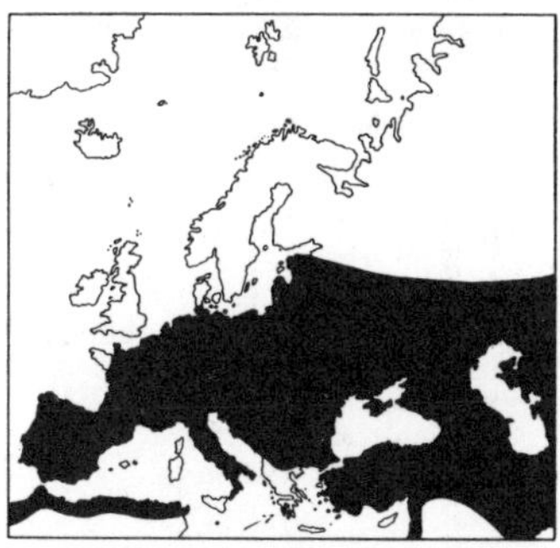

Wanderungen: Ausgesprochener Zugvogel, der vorwiegend in Nordost- und Ostafrika überwintert. März/Anfang Mai – Ende August/Oktober. Als Irrgast nordwärts bis Island, Großbritannien, Skandinavien und Finnland.

Nest und Eier: Nistet – bisweilen in größerer Dichte – in Rohr- und Schilfbeständen, seltener im Gebüsch. 5–7 mattweiße Eier (34,7 mm × 26,5 mm), Ende Mai/Anfang Juli.
Unterarten: I. m. minutus (L.)

GATTUNG: Botaurus Stephens s. Tafel S. 38, 40

Große Rohrdommel
Botaurus stellaris (L.)

E Bittern
R Выпь
C Bukač velký
F Kaulushaikara
P Bąk
U Bölömbika

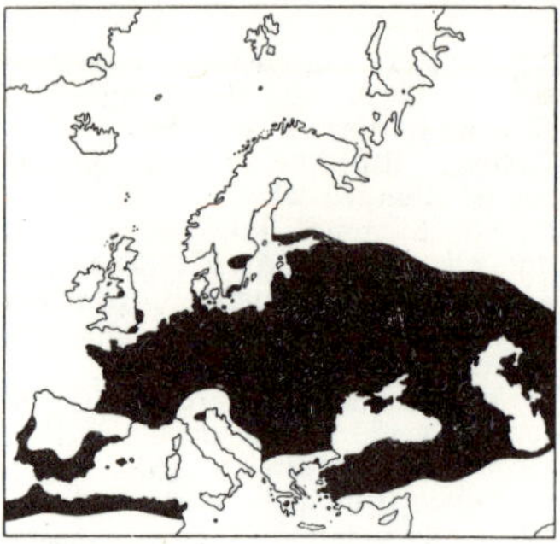

Kennzeichen: 76 bzw. 36 cm. Etwas kleiner als Graureiher, wirkt infolge des lockeren, braun, rostfarben und schwarz gekennzeichneten Gefieders und der kurzen Beine gedrungen. Das Jugendkleid gleicht weitgehend dem Alterskleid. Lebt sehr versteckt und nimmt bei Gefahr die sog. Pfahlstellung ein. Zum Auffliegen gezwungen, fliegt sie geräuschlos ein kleines Stück über den Rohrwald, um alsbald wieder einzufallen.
Stimme: Zur Brutzeit ruft das ♂ weithin vernehmbar dumpf „ü-puuh"; selten dumpfe „grag" – oder „grog"-Rufe, im Fliegen heiser „hau-hau".
Biotop: Stehende Gewässer und sumpfige Niederungen mit ausgedehnten alten Rohr- und Schilfbeständen.
Verbreitung: Seit den 70er Jahren im südlichen Finnland deutliche Zunahme. Außer in Europa in Vorder- und Mittelasien sowie in Nordwest- und Südafrika.
Wanderungen: Westeuropäische Brutvögel überwintern meist, mittel- und osteuropäische Brutvögel gelegentlich im Brutgebiet, der größte Teil jedoch in West- und Südwesteuropa sowie in Nordafrika, Mitte März/April – September/Oktober. Als Irrgast nordwärts bis Island, Färöer und Norwegen.
Nest und Eier: Flaches Nest im Röhricht über knietiefem Wasser, 4–6 einfarbig matt olivbraune Eier (52,3 mm × 38,7 mm), April/Mai.
Unterarten: B. s. stellaris (L.)

FAMILIE: Ciconiidae **Störche**

Große langschnäblige und langbeinige Vögel, die mit ausgestrecktem Hals fliegen und ausdauernd zu segeln vermögen. Während der Schwarzstorch stets einzeln nistet, brütet der Weiße Storch bisweilen in kleineren Kolonien. ♂♂ und ♀♀ gleichen sich im Gefieder. Nahrung kleinere Säugetiere, Frösche, Fische und größere Insekten, Zugvogel. 2 Arten Brutvögel.

GATTUNG: Ciconia Brisson s. Tafel S. 39, 41

Bestimmungsschlüssel

1 Überwiegend weiß, Handschwingen schwarz **Weißer Storch** S. 169

1* Überwiegend schwarz, unterseits weiß **Schwarzstorch** S. 169

Weißer Storch
Ciconia ciconia (L.)

E White Stork
R Белый аист
C Čáp bilý
F Kattohaikara
P Bocian biały
U Fehérgólya

Kennzeichen: 102 bzw. 53 cm. Einer der bekanntesten Vögel; weiß bis auf die schwarzen Schwungfedern. Schnabel und Beine bei Jungen anfangs schwärzlich, später ist der Schnabel rötlichbraun mit schwarzer Spitze, die Beine rötlich. Fliegt im Gegensatz zu Reihern mit ausgestrecktem, etwas nach unten durchgedrücktem Hals. Ausdauernder Segelflieger; auf dem Zug im Gegensatz zum Kranich keine bestimmte Ordnung einhaltend. Von kreisenden großen Raubvögeln durch langen Hals und lange Beine zu unterscheiden. Kulturfolger, oft gesellig nistend.
Stimme: Das allbekannte Klappern, sehr selten hört man ein heiseres „che chu". Von Jungen hört man miauende, auch grunzend-piepende Töne.
Biotop: Offenes, mit Baumgruppen oder einzelnen Bäumen bestandenes wasserreiches Gelände, besonders in der Ebene, aber auch im Hügelland und Mittelgebirge, sofern die genannten Bedingungen gegeben sind. Brütet vielfach innerhalb der Dörfer und Städte.
Verbreitung: Außer in Europa in Kleinasien, in Südwest- und Ostasien sowie in Nordwestafrika.

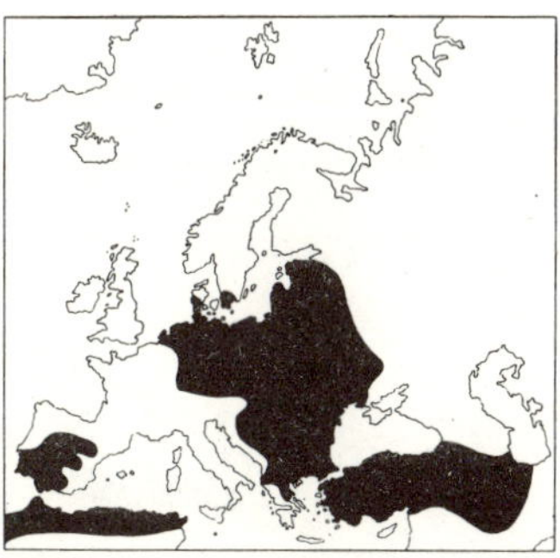

Wanderungen: Abzug in südwestlicher oder südöstlicher Richtung, Zugscheide verläuft von den südlichen Niederlanden über Westfalen, Rheinland, Hessen bis Württemberg, überwintert in Südafrika. Ankunft zwischen Ende Februar/Anfang April, in Mitteleuropa im März, Wegzug setzt Anfang August ein und zieht sich bis Anfang September hin. Als Irrgast auf den Britischen Inseln, Norwegen und Finnland.
Nest und Eier: Umfangreiche Nester auf Bäumen, Gebäuden oder Masten. 3–6 mattweiße Eier (71,3 mm × 51,5 mm), Mitte April/Anfang Mai.
Unterarten: C. c. ciconia (L.)

Schwarzstorch
Ciconia nigra (L.)

E Black Stork
R Черный аист
C Čáp cerný
F Mustahaikara
P Bocian czarny
U Feketególya

Kennzeichen: 96 bzw. 51 cm. Bis auf die weiße Unterseite schwarz, purpurn und grün schillernd. Bei Jungen sind Schnabel und Beine graugrünlich, bei ad. rot. Im Jugendkleid Oberseite mattbraun und fast ohne metallischen Schimmer. Flugbild wie Weißer Storch. Kulturflüchter und stets Einzelbrüter.

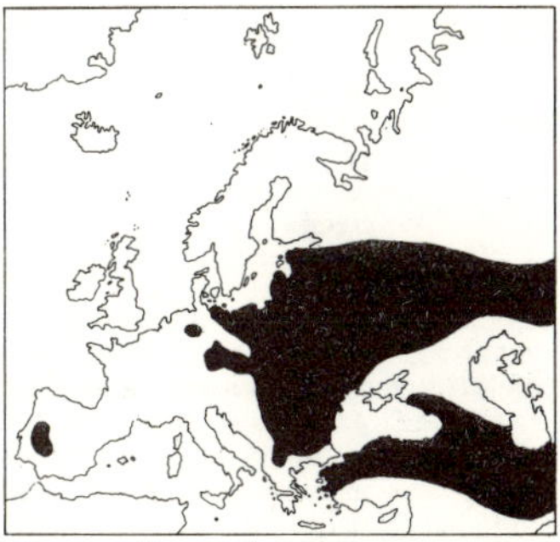

Stimme: Klappert ebenfalls; die selten zu vernehmende Stimme klingt fauchend, ferner zweisilbige wie „füo" klingende Rufe.

Biotop: Urwüchsige feuchte Laub- und Mischwälder, vor allem in der Ebene, stellenweise auch im Gebirge. In Südeuropa auch in waldarmen Gebirgen, sofern sich wasserreiche Ebenen in der Nähe befinden.
Verbreitung: Brütete 1976 erstmals in Frankreich (Jura). Außer in Europa ostwärts anschließend bis Ostasien, ferner stellenweise in Ost- und Südafrika.
Wanderungen: Überwintert in Ost- und Südafrika. Ende März/Mitte April trifft der Schwarzstorch an seinen Brutplätzen ein. Abzug Mitte August/September. Irrgast nordwärts bis Großbritannien, Norwegen und Finnland; ferner in Italien.
Nest und Eier: Nest meist auf alten Bäumen, gelegentlich – besonders in Südeuropa – an steilen Felshängen. 3–5 mattweiße Eier (65,3 mm × 48,8 mm) bisweilen schon Ende April, meist im Mai.

FAMILIE: Threskiornithidae — **Löffler** und **Ibisse**

In Europa nur mit zwei durch ihre Gefiederfärbung und Schnabelform gut kenntlichen Arten vertreten. Gefieder purpurbraun, Schnabel lang, dünn und abwärts gebogen (Sichler) oder Gefieder überwiegend weiß, Schnabel flach und am Ende verbreitert (Löffler). Zwei weitere Arten sind Irrgäste. Fliegen wie Störche mit ausgestrecktem Hals, leben gesellig und brüten kolonieweise. Nahrung kleinere im Wasser lebende Tiere aller Art. Zugvögel.

Bestimmungsschlüssel für die Gattungen

1 Gefieder überwiegend weiß, Schnabel flach und am Ende verbreitet **Platalea** S. 170
1* Gefieder nicht überwiegend weiß 2
2 Gefieder weiß und rosa **Ajaia** S. 486
2* Gefieder andersfarbig 3
3 Gefieder purpurbraun, Schnabel abwärts gebogen **Plegadis** S. 171
3* Gefieder schwarz, metallisch grün schimmernd, Nackenfedern zu einer Mähne verlängert **Geronticus** S. 486

GATTUNG: Platalea Linné — s. Tafel S. 39, 41

Löffler
Platalea leucorodia L.

E Spoonbill
R Колпица
C Kolpík bílý
F Kapustahaikara
P Warzęcha
U Kanalasgém

Kennzeichen: 86 bzw. 38 cm. Etwas kleiner als Weißer Storch; durch den löffelartig verbreiterten schwarzen, an der Spitze gelblichen Schnabel ist der Löffler mit keiner anderen Art zu verwechseln. Nackte gelbe Kehle und gelblicher Halsansatz. Gelblich überflogener Federschopf am Hinterkopf, der im Jugendkleid fehlt. Juv. haben fleischfarbene Schnäbel und schwarze Flügelspitzen. Fliegt mit ausgestrecktem Hals; Flügelschläge schneller als bei Reihern und öfters durch kurzes Gleiten unterbrochen.
Stimme: Bisweilen klappern Löffler und geben tiefe grunzende Laute von sich.
Biotop: Ausgedehnte Sumpfgebiete und Seen mit großen und schwer zugänglichen Rohrbeständen.
Verbreitung: Hat ausnahmsweise in Dänemark und 1962 erstmals in der BRD (Memmert) gebrütet. Außer in

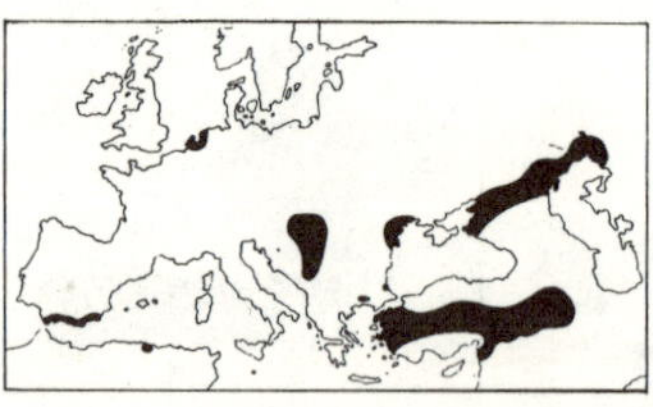

Europa in Vorder-, Mittel-, Ost- und Südasien sowie an der west- und ostafrikanischen Küste.
Wanderungen: Überwintert im tropischen Afrika, März/April – Ende August/Anfang Oktober. Nach der Brutzeit regelmäßig im Nordseeküstengebiet, gelegentlich auch in der DDR und im Süden der BRD. Als Irrgast nordwärts bis zu den Färöer, Norwegen, Schweden und Finnland festgestellt.
Nest und Eier: 3–6 auf weißem Grund rotbraun und violettgrau gefleckte Eier (67,5 mm × 45,8 mm), Anfang April/Mitte Juni. Nistet stets – oft mit anderen Arten vergesellschaftet – in Kolonien an schwer zugänglichen Stellen im Rohr.
Unterarten: P. l. leucorodia L.

GATTUNG: Plegadis Kaup

s. Tafel S. 39, 41

Brauner Sichler
Plegadis falcinellus (L.)

E Glossy Ibis
R Каравайка
C Ibis hnědý
F Musta-iibis
P Ibis kasztanowaty
U Batla

Kennzeichen: 56 bzw. 31 cm. Kleiner als Fischreiher; langer, abwärts gebogener Schnabel, Gefieder einfarbig dunkel purpurbraun, Flügel grün und purpur schillernd. Juv. oberseits dunkelbraun mit metallgrünem Glanz. Hals und Unterseite graubraun. Fliegt im Gegensatz zu den Reihern mit ausgestrecktem Hals.
Stimme: Krächzende Laute, selten zu hören.
Biotop: Sumpfige mit weiten Rohrwäldern bestandene Niederungen, Lagunen und Überschwemmungsgebiete.
Verbreitung: Außer in Europa in Vorder-, Südwest- und Südostasien, Ostafrika und Madagaskar, Mittelamerika und Australien.

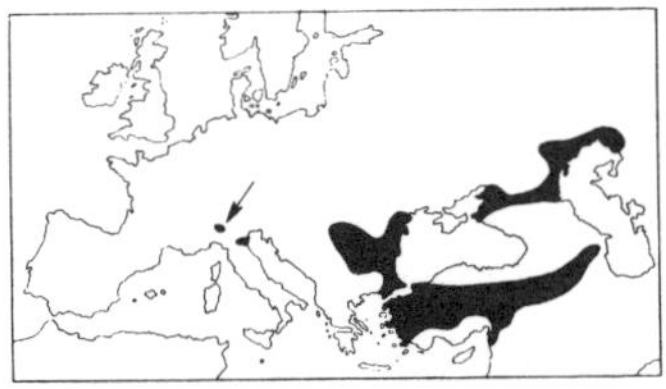

Wanderungen: Europäische Brutvögel überwintern im tropischen und südlichen Afrika, April/September. Als Irrgast nordwärts bis Island, Großbritannien, Skandinavien und Finnland.
Nest und Eier: Nistet kolonieweise mit anderen Arten vergesellschaftet im Rohr, bisweilen auch auf Bäumen. 3–5 tief blaugrüne Eier (52,4 mm × 36,7 mm) Mittel Mai/Juni.
Unterarten: P. f. falcinellus (L.)

ORDNUNG: PHOENICOPTERIFORMES

FAMILIE: Phoenicopteridae — **Flamingos**

Unverkennbar durch die extrem langen Beine und den langen Hals sowie den klobigen, nach unten geknickten Schnabel. Leben stets gesellig und brüten kolonieweise. Eine Art Brutvogel, eine weitere Art ist Irrgast.

Bestimmungsschlüssel für die Gattungen

1 Sehr groß, Schnabel rötlich, das vordere Drittel schwarz **Phoenicopterus** S. 171

1* Wesentlich kleiner, Schnabel dunkelrot mit schwarzer Spitze **Phoeniconaias** S. 487

GATTUNG: Phoenicopterus Linné s. Tafel S. 39, 41

Rosaflamingo
Phoenicopterus ruber L.

E Flamingo
R Фламинго
C Plameňák růžový
F Flaminko
P Czerwonak
U Flamingó

Kennzeichen: 127 bzw. 53 cm. Unverkennbar durch überaus langen Hals, lange rosafarbene Beine und klobigen, nach unten geknickten Schnabel. Gefieder zart rosa, Flügel schwarz und scharlachrot. Das gleichgefärbte ♀ ist etwas kleiner. Juv. sind fahlbraun und legen im Verlauf mehrerer Jahre das Alterskleid an. Fliegt mit langausgestrecktem Hals und Beinen.
Stimme: Ein lautes, gänseartiges Schnattern.
Biotop: Seichte Gewässer ohne Vegetation mit Süß-, Brack- oder Salzwasser; Seen, Lagunen, Mündungsgebiete von Strömen und seichte Meeresküsten.
Verbreitung: In Europa befinden sich Brutplätze nur noch in Südspanien und in Südfrankreich (Camargue). Außerhalb Europas sind Brutplätze in Afrika, Südwestasien und Mittelamerika bekannt.

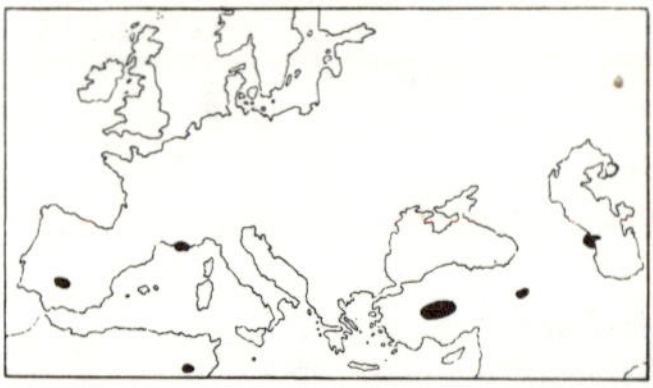

Wanderungen: Etwa ein Drittel der europäischen Brutvögel überwintert am Brutplatz, die anderen am Persischen Golf, am Roten Meer und in Afrika; als Irrgast in vielen europäischen Ländern nordwärts bis Großbritannien, Norwegen, Schweden und Finnland nachgewiesen.
Nest und Eier: Nistet stets in großen Kolonien; kegelförmige Nester aus Sand und Schlamm; ein bis zwei weiße Eier mit kreidigem Überzug (88,8 mm × 54,5 mm), Ende Mai.
Unterarten: Ph. r. roseus Pallas.

ORDNUNG: ANSERIFORMES

FAMILIE: Anatidae **Entenvögel**

Zu dieser Familie gehören die Enten, Säger, Gänse und Schwäne. Alle Anatiden sind mehr oder weniger ans Wasser gebunden; zwischen den drei Vorderzehen befinden sich Schwimmhäute. Mit Ausnahme der Schwäne können alle Arten tauchen. Säger und Tauchenten suchen ihre Nahrung unter Wasser. Alle Arten sind gute bis sehr gute Flieger; Schwäne erheben sich nach einem längeren, Tauchenten nach einem kürzeren Anlauf vom Wasser, während Gründelenten unmittelbar vom Wasser auffliegen. Alle Arten fliegen mit ausgestrecktem Hals, eine bestimmte Flugordnung wird bei Schwänen und Gänsen eingehalten, die oft in Keilen oder Linien fliegen. Im Fluge werden bisweilen sehr charakteristische Fluggeräusche erzeugt, die mit zur Bestimmung dienen können.
Die Enten gehören zwei Gruppen an, den Gründelenten (Anas) und den Tauchenten (Netta, Aythya); eine Unterscheidung beider Gruppen ist sowohl auf dem Lande wie auf dem Wasser leicht möglich (s. Abb.) und erleichtert die Bestimmung. Schwierigkeiten können bei der Bestimmung der Enten trotzdem auftauchen, da die ♂♂ nach der Brutzeit meist ein den ♀♀ sehr ähnliches Kleid anlegen und dann von diesen kaum zu unterscheiden sind. Wenn aber die angegebenen Kennzeichen in Verbindung mit den Abbildungen beachtet werden, wird auch die Bestimmung der zahlreichen Entenarten möglich sein. Bei der

Mehrzahl der Arten sind ♂♂ und ♀♀ sehr verschieden. Das „Prachtkleid" der ♂♂ (Erpel), das vom Herbst bzw. Winter bis zur Brutzeit getragen wird, ist meist viel farbiger als das dem ♀ ähnliche „Schlichtkleid" (Ruhekleid); bei den ♀♀ sind Brut- und Ruhekleider kaum oder gar nicht verschieden.
Keine Schwierigkeiten bereitet die Unterscheidung der drei für unser Gebiet in Frage kommenden Sägerarten (eine vierte Art ist nur Irrgast); allenfalls könnten die ♀♀ von Gänse- und Mittelsäger verwechselt werden, über ihre Unterschiede s. S. 192. ♂ und ♀ sind deutlich unterschieden; im Schlichtkleid sehen jedoch die ♂♂ ihren ♀♀ zum Verwechseln ähnlich. Auffallend ist der schmale, langgestreckte und an den Rändern mit Hornzähnchen besetzte Schnabel, der zum Festhalten der erbeuteten Fische dient.
Die Unterscheidung der fünf für Europa in Frage kommenden grauen Gänsearten ist bisweilen schwierig, vor allem, wenn man Vögel im Jugendkleid vor sich hat. Man achte besonders auf Abzeichen am Kopf, auf die Farbe der Schnäbel und Beine und die Stimmen. ♂ und ♀ tragen bei allen Arten das gleiche Kleid, Brutkleid = Ruhekleid. Nicht schwierig ist die Unterscheidung der sog. Meergänse (Ringel-, Weißwangen-, Kanada- und Rothalsgans); auch bei diesen Arten tragen ♂ und ♀ das gleiche Kleid, Ruhekleid = Brutkleid.
Schwäne sind große weiße und langhalsige Vögel. ♂ und ♀ gleichen sich im Gefieder, das Ruhekleid gleicht dem Brutkleid. Die Jungen sind graubraun und am sichersten an der Schnabelfärbung zu unterscheiden.
Alle hier aufgeführten Enten und Säger mausern zweimal im Jahr, und fast alle Anatiden verlieren im Sommer alle Schwungfedern gleichzeitig und sind dann eine Zeitlang flugunfähig.
Die Mehrzahl der Arten brütet am Boden; die relativ großen Eier sind ungefleckt, nehmen aber durch das Nistmaterial u. a. oft eine zusätzliche Fleckung an. Bei allen Arten brüten nur die ♀♀. Vor der Brutzeit wachsen den ♀♀ auf der Unterseite zusätzlich besondere Dunen, die sog. „Nestdunen", die kurz vor Vollendung des Geleges ausfallen. Mit diesen wird die Nestmulde ausgekleidet und vor allem des Gelege zum Schutz gegen Sicht und zur Vermeidung von Wärmeverlust zugedeckt. Alle Anatiden sind ausgesprochene Nestflüchter; die Jungen schlüpfen in einem dichten Dunenkleid und suchen sich alsbald nach dem Schlüpfen unter elterlicher bzw. mütterlicher Führung ihre Nahrung selbst.
39 Arten sind Brutvögel, 15 weitere wurden als Irrgäste nachgewiesen. Allerdings ist es wahrscheinlich, daß es sich bei einigen dieser Irrgäste nur um aus der Gefangenschaft entwichene Vögel handelt.

Bestimmungsschlüssel für die Gattungen
(Brutkleider)

1 Über Gänsegröße, weiß, langhalsig **Cygnus** S. 200
1* Gänsegröße und darunter 2
2 Schnabel lang und schmal, mehr oder weniger deutlicher Nackenschopf **Mergus** S. 192
2* Schnabel nicht lang und schmal 3
3 Schnabel und Stirn nicht deutlich gegeneinander abgesetzt, Oberschnabel z. T. befiedert (s. Abb.) **Somateria** S. 189
3* Schnabel und Stirn deutlich gegeneinander abgesetzt 4
4 Gänsegröße oder etwas kleiner 5
4* Deutlich unter Gänsegröße 8
5 Gefieder graubraun oder weiß, Schnäbel nie ganz schwarz **Anser** S. 195
5* Gefiederfarbe anders 6
6 Kopf und Hals völlig oder teilweiße schwarz, mit weißen Abzeichen an Kopf und Hals **Branta** S. 199
6* Kopf und Hals schwarz ohne weiße Abzeichen oder braun 7
7 Kopf und Hals schwarzgrün, braunes Brustband **Tadorna** S. 194
7* Kopf und Hals ± rostbraun **Casarca** S. 194
8 Schnabel an der Basis auffallend überhöht (s. Abb. S. 191) **Oxyura** S. 191
8* Schnabelform anders 9
9 Gefieder völlig oder fast völlig schwarz (♂♂) oder braun (♀♀) **Melanitta** S. 186
9* Gefieder anders gefärbt 10
10 Kopf weiß mit braunen Abzeichen, keine Flügelspiegel **Clangula** S. 185

10* Gefieder anders gefärbt 11
11 Kopf schwarz mit auffallendem weißen Fleck (♂♂) bzw. braun mit weißem Halsband (♀♀) **Bucephala** S. 184
11* Kopf anders gefärbt 12
12 Schnabel rot oder nur teilweise rot **Netta** S. 180
12* Schnabel anders gefärbt 13
13 Kopf grau oder braun mit weißen Abzeichen, sehr kurzer Schnabel **Histrionicus** S. 188
13* Kopf anders gefärbt 14
14 Kopf überwiegend weiß (♂) oder braun (♀), purpurschwarzer weiß eingefaßter Spiegel bei ♂ und ♀ **Polysticta** S. 188
14* Kopf und Spiegel anders 15
15 Auffallend bunt mit hochgestellten „Segeln" **Aix** ♂ S. 184
15* Ohne hochgestellte „Segel" 16
16 Kopf und Hals einfarbig schwarz oder braun **Aythya** ♂ S. 181
16* Kopf und Hals anders gefärbt 17
17 Kopf und Hals meist mit ± bunten Abzeichen, Spiegel meist bunt (eine Ausnahme macht A. angustirostris) **Anas** ♂ S. 174
17* Kopf und Hals ohne bunte Abzeichen 18
18 Gefieder ± grau, weißer Augenring **Aix** ♀ S. 184
18* Gefieder ± braun 19
19 Körperende wird beim Schwimmen hochgehalten (s. Abb.) **Anas** ♀ S. 174
19* Körperende liegt beim Schwimmen dem Wasser auf (s. Abb.) **Aythya** ♀ S. 181

Stockente Tafelente

Vergleiche die Haltung beim Stehen, Schwimmen und Auffliegen bei einer Gründelente (Stockente) und einer Tauchente (Tafelente)

GATTUNG: Anas Linné s. Tafel S. 42–45

Bestimmungsschlüssel

a) ♂♂ im Brutkleid (Prachtkleid)
1 Etwa Stockentengröße 2
1* Wesentlich kleiner als Stockente 5
2 Schwanzfedern verlängert **Spießente** S. 179
2* Schwanzfedern nicht verlängert 3
3 Kopf dunkelgrün 4
3* Kopf braun 5
4 Schnabel „normal" **Stockente** S. 175
4* Schnabel löffelartig verbreitert **Löffelente** S. 179
5 Kopf einfarbig dunkelbraun **Schnatterente** S. 177

Bestimmungsschlüssel

b) ♀♀ und ♂♂ im Ruhekleid (Schlichtkleid)
1 Etwa Stockentengröße 2
1* Wesentlich kleiner als Stockente 5
2 Spiegel purpurviolett **Stockente** S. 175
2* Spiegel andersfarbig 3
3 Flügeldecken blaugrau **Löffelente** S. 179
3* Flügeldecken anders 4
4 Flügel ohne Weiß, schlanker Hals und spitzer Schwanz **Spießente** S. 179
4* Flügel mit Weiß 5

5* Kopf rotbraun mit gelblichen Scheitel **Pfeifente** S. 178
6 Gefieder weiß getüpfelt **Marmelente** S. 176
6* Kopf mit weißen oder grünen Streifen 7
7 Mit weißem Kopfstreifen **Knäkente** S. 177
7* Mit dunkelgrünem Kopfstreifen **Krickente** S. 175

Stockente

Anas platyrhynchos L.

E Mallard
R Кряква
C Kachna divoká
F Heinäsorsa
P Krzyżówka
U Tökésréce

Kennzeichen: ♂ 57 cm, ♀ 49 cm. Größte Gründelente. Gefieder gleicht der buntfarbigen Rasse unserer Hausente. Flügel bei ♂ und ♀ graubraun mit schwarz umrahmten purpurvioletten Spiegel, der oben und unten weiß eingefaßt ist. An diesem bes. im Fluge auffallenden Spiegel ist die Stockente in allen Kleidern von anderen Entenarten zu unterscheiden. ♂ mit dunkelgrün schillerndem Kopf und weißem Halsring. ♀ größer als die ♀♀ nahestehender Arten (Spieß-, Schnatter-, Pfeif- und Löffelente), die ♀♀ von Krick- und Knäkente sind viel kleiner. Das sicherste Kennzeichen ist außer der Größe der – allerdings wenig auffallende – weißliche Schwanz und der Spiegel. Im Schlichtkleid gleicht das ♂ weitgehend dem ♀ und unterscheidet sich von diesem durch den fast schwarzen Oberkopf.
Stimme: Während der Paarungszeit hört man vom ♂ ein pfeifendes „fihb", sonst ein schnarrendes „räb räb", die ♀♀ rufen laut „quakquakquakquak", in Tonhöhe und Lautstärke deutlich absinkend.
Biotop: Auf stehenden Gewässern aller Art, sofern diese flach sind und genügend Vegetation aufweisen. Vielfach halbzahm inmitten von Städten.
Verbreitung: Außer in Europa im größten Teil des paläarktischen Asien, in Nordwestafrika und Nordamerika einschl. Grönland.

5 Spiegel schwarzgrau und weiß, Bauch braun gefleckt **Schnatterente** S. 177
5* Spiegel schwärzlich, von weißen Flügelbinden eingefaßt, Bauch weiß **Pfeifente** S. 178
6 Ohne Spiegel **Marmelente** S. 176
6* Spiegel grün 7
7 Spiegel lebhaft grün schillernd **Knäkente** S. 177
7* Spiegel nicht oder nur matt grün schillernd **Krickente** S. 175

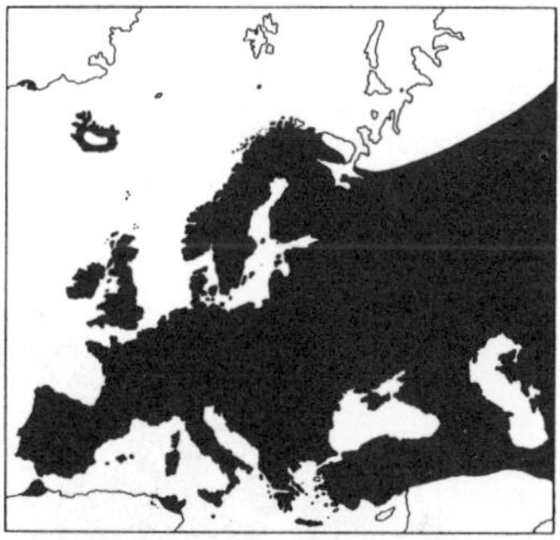

Wanderungen: Je nach den klimatischen Bedingungen ihres Brutgebietes Stand-, Strich- oder Zugvogel. Selbst in Nordeuropa überwintern Stockenten, die Mehrzahl zieht aber nach Mittel- und Westeuropa und ins Mittelmeergebiet, um hier den Winter zu verbringen. In Mitteleuropa sehr zahlreich als Durchzügler und Wintergast. Ankunft an den Brutplätzen Ende Februar/Anfang April, Abzug setzt schon im Hochsommer ein.
Nest und Eier: Nest steht gut gedeckt am Boden, gelegentlich auch abseits vom Wasser; Hochbruten auf Kopfweiden, Strohfeimen und dgl. kommen gelegentlich vor. 7–12 und mehr einfarbige, meist grünlichgraue Eier (58,4 mm × 39,5 mm).
Unterarten: A. p. platyrhynchos L.

Krickente

Anas crecca L.

E Teal
R Чирок-свистунок
C Čirca obecná
F Tavi
P Cyraneczka
U Csörgöréce

Kennzeichen: ♂ 36 cm, ♀ 34 cm. Kleinste Gründelente. Spiegel bei ♂ und ♀ in allen Kleidern außen schwarz, innen glänzend grün mit beiderseitiger weißer Einfassung. Das ♂ im Prachtkleid ist an dem metallisch grünen Kopfstreifen zu erkennen. ♀ und ♂ im Schlichtkleid „wildentenfarbig"; das einzig sichere Zeichen ist dann außer der geringen Größe der Spiegel (s. o.).
Stimme: Das ♂ läßt ein angenehm klingendes „krilük" oder „krück" hören, die ♀♀ rufen schnell „gägägägä".
Biotop: Vegetationsreiche Binnengewässer aller Art, auch im Gebirge.
Verbreitung: Außer in Europa im größten Teil des paläarktischen Asien sowie in Nordamerika.

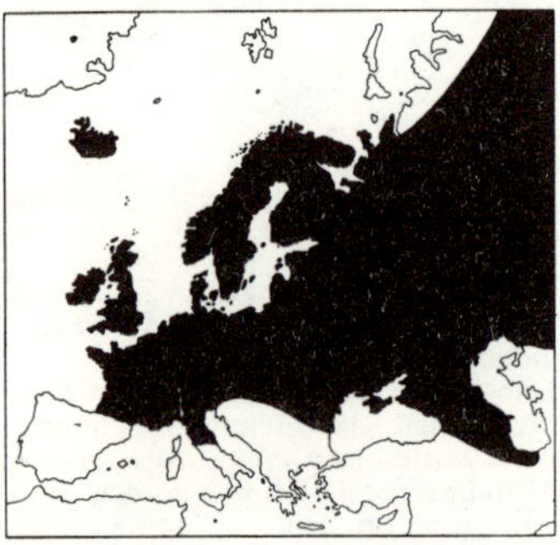

Wanderungen: Die im nördlichen und östlichen Europa beheimateten Krickenten überwintern in West- und Südeuropa sowie in Afrika südlich bis Nigeria, Sudan und Kenia. Die westeuropäischen Populationen sind mehr oder weniger Standvögel. Zahlreicher Durchzügler und Überwinterer in Mitteleuropa. Ankunft März/April, Wegzug von Anfang August/September an.
Nest und Eier: Nest steht gut gedeckt am Boden, gelegentlich auch in beträchtlicher Entfernung vom Wasser. 8–10 einfarbig hellgelbliche Eier (45,6 mm × 33,5 mm). Eier von Krick- und Knäkente gehen in Größe und Färbung ineinander über, eine sichere Unterscheidung ist nur mit Hilfe der Nestdunen möglich.
Unterarten: a) A. c. crecca L.: s. Karte; b) A. c. carolinensis Gmelin: Bei der in Nordamerika brütenden Unterart unterscheidet sich das ♂ im Prachtkleid von A. c. crecca durch einen auffallenden senkrechten weißen Fleck am Flügelbug. Überwintert in Mittelamerika und wurde als Irrgast in Großbritannien, Irland, in den Niederlanden, Belgien und Finnland nachgewiesen.

Marmelente

Anas angustirostris Ménétries

E Marbled Duck
R Мраморный чирок
C Čirka úzkozobá
P Kaczka jarzębata
U Márványos réce

Kennzeichen: ♂ 46 cm, ♀ 45 cm. Eine der wenigen europäischen Enten, bei denen sich ♂ und ♀ in allen Kleidern fast gleichen und die einzige Vertreterin der Gattung Anas ohne auffallenden Spiegel. Etwas größer als Knäkente. Das ganze Gefieder ist auf graubraunem Grund rahmfarben gefleckt; Scheitel, Oberseite und Flanken sind dunkler, das übrige Gefieder heller. Die verlängerten Nackenfedern bilden eine undeutliche Haube, ein dunkler Augenstreif fällt auf.
Stimme: Ein tiefes krächzendes Pfeifen und heiseres Quaken.
Biotop: Stehende Gewässer aller Art mit reichlicher Vegetation.
Verbreitung: Hat wahrscheinlich 1894 in Ungarn (Velencer See) und 1925 auf Kreta gebrütet. Außer in Europa in Südwestasien und Nordafrika.

Wanderungen: Die in Südwesteuropa brütenden Marmelenten überwintern wahrscheinlich in Nordwestafrika, die in der südwestlichen Sowjetunion brütenden offenbar in Vorderasien bis Nordwestindien. Als Irrgast in Bayern, am Greifswalder Bodden, in der ČSSR, Ungarn und Rumänien nachgewiesen.

Nest und Eier: Gut versteckt am Boden; 8–13 hell bräunlichgelbe Eier (46,2 mm × 34,0 mm), Ende Mai/Juni.

Knäkente
Anas querquedula L.

E Garganey
R Чирок-трескунок
C Čirka modrá
F Heinätavi
P Cyranka
U Böjtiréce

Kennzeichen: ♂ 40 cm, ♀ 36 cm. Kaum größer als Krickente. ♂ im Prachtkleid mit breitem weißem Kopfstreifen und schwarz-weiß-grau längsgestreiften, schmalen langen Schulterfedern. Im Fluge fällt der blaßgraue Vorderflügel auf, ein Kennzeichen, an dem man die ♂♂ von Krick- und Knäkente in den Schlichtkleidern unterscheiden kann. Spiegel mattgrün ohne jedes Schwarz (im Gegensatz zur Krickente), vorn und hinten breit weiß eingefaßt. ♀ ähnlich Krickenten-♀, doch Spiegel nur ganz matt grün schillernd. ♂ im Schlichtkleid ähnelt dem ♀.
Stimme: Die ♂♂ rufen schnärrend „klerrrb", es klingt so, als wenn man mit einem Stock über die engstehenden Latten eines Holzzaunes fährt. Die ♀♀ rufen „knäk".
Biotop: Seichte und vegetationsreiche Binnengewässer aller Art.
Verbreitung: Außer in Europa im gesamten mittleren Asien ostwärts bis Kamtschatka.

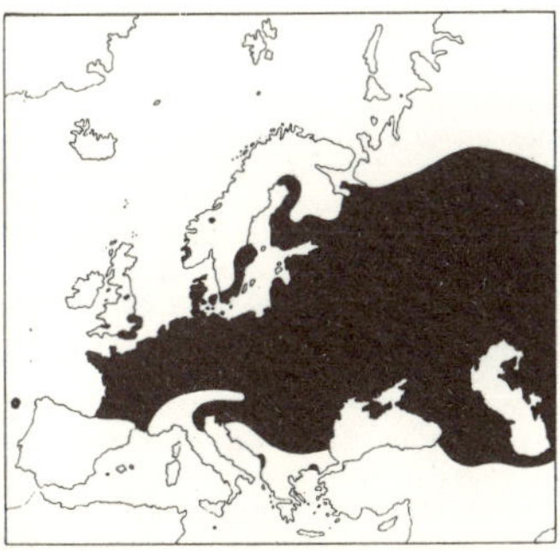

Wanderungen: Ausgesprochener Zugvogel; überwintert nur vereinzelt in Westeuropa, regelmäßig schon in den Mittelmeerländern, hauptsächlich jedoch im tropischen Afrika südwärts bis zum Senegal, Zaïre und Malawi. Weiter östlich beheimatete Populationen überwintern im südlichen Asien. Ende März/April – August/November.
Nest und Eier: Gut versteckt am Boden, oft auch in einiger Entfernung vom Wasser. 7–12 rahmfarbene Eier (45,3 mm × 33,3 mm), Ende April/Anfang Juni.

Schnatterente
Anas strepera L.

E Gadwall
R Серая утка
C Kopřivka obecná
F Harmaasorsa
P Krakwa
U Kendermagos réce

Kennzeichen: ♂ 51 cm, ♀ 48 cm. Etwas kleiner als Stockente. ♂ auch im Prachtkleid eine schlichte Erscheinung durch sein hauptsächlich in braunen und grauen Tönen gehaltenes Gefieder. Bezeichnend für ♂ und ♀ sind die graubraunen Flügel mit dem weißen, teilweise schwarz begrenzten Spiegel; außerdem fällt im Fluge ein beim ♂ größerer, beim ♀ kleinerer rötlichbrauner Fleck am Flügelbug auf. Beim fliegenden ♂ heben sich die tiefschwarzen Unterschwanzdecken kontrastreich gegen den weißen Bauch ab. ♂ im Schlichtkleid ähnelt weitgehend dem ♀. Schnabel beim ♂ dunkelgrau, beim ♀ schwärzlich mit orangeroten Kanten; Füße beim ♂ orangegelb, beim ♀ ebenso, nur blasser.
Stimme: Auffliegende Schnatterenten quäken ähnlich wie Stockenten, bisweilen sind auch Laute wie „gagag gag gagag" zu hören und von den ♂♂ einzelne Pfiffe. Die ♀♀ rufen außerdem noch sehr rasch „räckräckräck".
Biotop: Flache stehende Binnengewässer mit reicher Vegetation und größeren freien Wasserflächen.
Verbreitung: Neuerdings mehrfach als Brutvogel für Nordgriechenland nachgewiesen. Außer in Europa im westlichen Asien und westlichen Nordamerika.

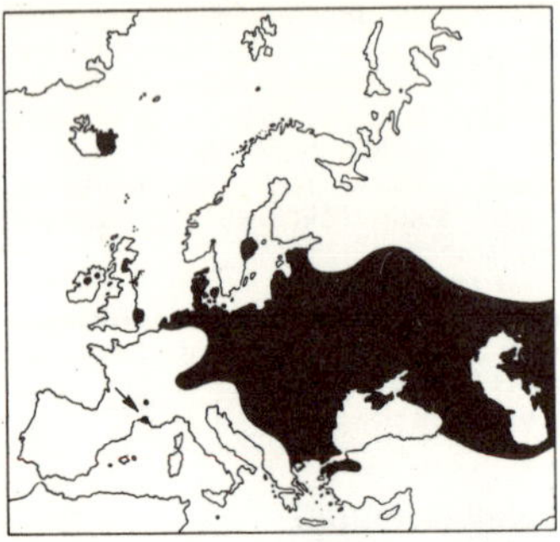

Wanderungen: In Mittel- und Osteuropa überwiegend Zugvogel, der in West-, zum Teil auch in Südosteuropa und in den Mittelmeerländern sowie in Afrika südwärts bis Nigeria und Äthiopien überwintert. Ende März/April – September/November.
Nest und Eier: Gut versteckt am Boden, meist in Wassernähe; 8–12 rahmfarbene Eier (51,8 mm × 37,5 mm), Mai/Juni.

Pfeifente
Anas penelope L.

E Wigeon
R Свиязь
C Hvizdák evroasijkský
F Haapana
P Świstun
U Fütyülö réce

Kennzeichen: ♂ 49 cm, ♀ 44 cm. Kleiner als Stockente, durch den kürzeren Hals gedrungener erscheinend. ♂ im Prachtkleid mit rotbraunem Kopf und gelblichweißem Scheitel, Oberseite und Flanken fein schwarz-weiß quergewellt, von weitem grau erscheinend; Brust weinrötlich überflogen. Beim ♂ fällt ein langer weißer Schulterfleck auf (beim ♀ ist dieser Fleck undeutlich), bei fliegenden Pfeifenten der weiße Bauch, beim ♂ außerdem die schwarzen Unterschwanzdecken. Spiegel beim ♂ metallisch grün, nach außen ins Schwarze übergehend; beim ♀ schwärzlichgrau bis schwarz, ausnahmsweise mit etwas grünem Glanz. Die ♀♀ kommen in einer braunen und grauen Phase vor. ♂ im Schlichtkleid ähnlich einem braunen ♀, von diesem aber durch den oben bereits erwähnten weißen Schulterfleck zu unterscheiden. Bei ♂ und ♀ Schnabel schiefergrau mit schwarzem Nagel, Füße blaugrau.
Stimme: Das ♂ warnt mit einem lauten wie „huihu" klingenden Pfiff, häufiger sind schwächere Pfeiflaute wie „wiw wiwiw wibwiü", von den ♀♀ hört man außerdem schnarrende „terr" oder „trr".
Biotop: Flache stehende Binnengewässer aller Art mit Randvegetation; auf Island außerdem auf vegetationsreichen Inseln in langsam fließenden Gewässern sowie an deren Ufern, ferner auf sumpfigen Wiesen mit Wassergräben und Tümpeln.
Verbreitung: Außer in Europa im nördlichen Asien ostwärts bei Kamtschatka.

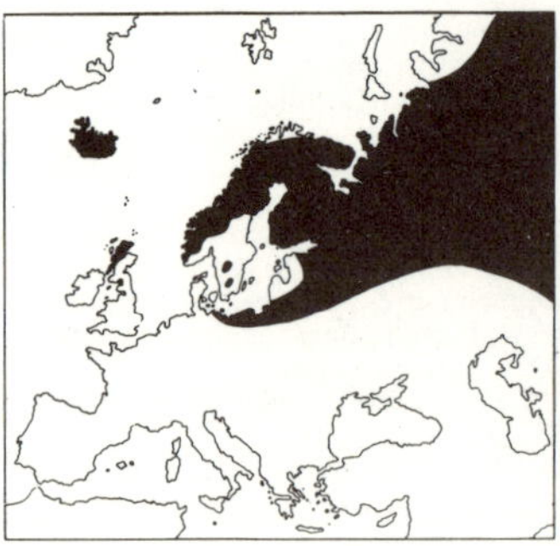

Wanderungen: In Nordwesteuropa größtenteils Stand- bzw. Strichvogel, in Nord- und Osteuropa Zugvogel, der an den Küsten der Nordsee und südlichen Ostsee, an den Küsten Westeuropas und im Mittelmeergebiet, zum Teil auch in Afrika südwärts bis Nigeria und Kenia überwintert; gelegentlich auch im Binnenland, März/Anfang April – Ende August/Oktober.
Nest und Eier: Gut versteckt am Boden, oft in einiger Entfernung vom Wasser; 8–10 rahmfarbene bis gelblichweiße Eier (53,9 mm × 38,2 mm), Mai/Juni.

Spießente

Anas acuta L.

E Pintail
R Шилохвость
C Ostralka obecná
F Jouhisorsa
P Rożeniec
U Nyilfarkúréce

Kennzeichen: ♂ 70,5 cm einschl. 18 cm Schwanz, ♀ 57,5 cm einschl. 10,5 cm Schwanz. Knapp stockentengroß, schlanker erscheinend durch längeren Hals und spitz zulaufenden Schwanz. Das ♂ im Prachtkleid fällt durch den braunen Kopf, die weiße Halszeichnung und den langen Schwanz auf. Spiegel bronzegrün bis rötlich-bronze schimmernd. ♂ im Schlichtkleid ähnelt ♀, Oberseite jedoch mehr grau statt braun. ♀ ähnlich einem Stockenten-♀, jedoch mit schlankerem Hals und spitz zulaufendem Schwanz; Spiegel nur durch die ihn oben und unten begrenzenden weißen Streifen angedeutet, bisweilen mit bronzefarbigem Schimmer.
Stimme: Der Balzruf des ♂ klingt fast wie der Ruf des Krickenten-♂, nämlich wie „hrüf" oder „krlüe", die ♀♀ rufen schnärrend „rärr-arrärr".
Biotop: Größere stehende Gewässer; im Norden in der Tundra, in Island auf Seen in Meeresnähe und im Mündungsgebiet von Strömen, in Ungarn am Rande der Natronseen in der Pußta. Anderwärts auf Mooren, Torfstichen, in Sümpfen und auf Seen mit breiten Verlandungszonen; fehlt auf mit Bäumen und Gebüsch umstandenen kleineren Seen und Teichen.

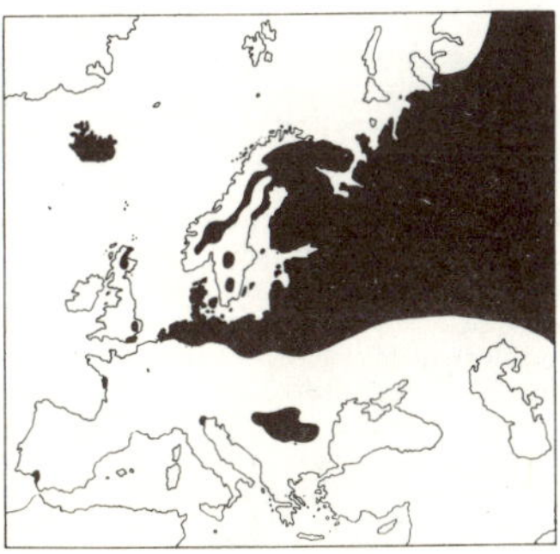

Verbreitung: Brütet vereinzelt auch in Südosteuropa (Jugoslawien, Albanien, Rumänien, Bulgarien). Außer in Europa im gesamten nördlichen Asien sowie im westlichen Nordamerika.
Wanderungen: In Westeuropa teilweise Standvogel, im übrigen Brutgebiet z. T. Zugvogel, der im Mittelmeergebiet und in Afrika südwärts bis zum Sudan, Ostafrika und Nigeria, teilweise aber auch im Brutgebiet überwintert; Ende März/April – Ende August/September.
Nest und Eier: Nest am Boden, oft in einiger Entfernung vom Wasser; 7 bis 10 graugrünliche oder rahmfarbene Eier (54,2 mm × 37,4 mm), Mitte April – Juni.
Unterarten: A. a. acuta L.

Löffelente

Anas clypeata (L.)

E Shoveler
R Широконоска
C Lžičák obecný
F Lapasorsa
P Płaskonos
U Kanalas réce

Kennzeichen: ♂ 51,5 cm, ♀ 47,5 cm. Knapp stockentengroß; ♂ und ♀ stets an dem auffallend großen, löffelartig verbreiterten Schnabel zu er-

kennen. ♂ im Prachtkleid unverkennbar (siehe Tafel). Im Flug fallen die hellblau-grauen Flügeldecken und der leuchtend grüne, beiderseits weiß eingefaßte Spiegel auf. ♂ im Schlichtkleid gleicht weitgehend dem ♀. ♀ „wildentenfarbig", von ähnlichen ♀♀ anderer Arten durch den Schnabel (s. o.) und die Flügel unterschieden: Oberflügeldecken dunkler als bei ♂, mehr grau, Spiegel schwärzlich, bisweilen mit einem grünglänzenden Fleck.
Stimme: Vom ♂ hört man tiefe „goggog"-Rufe, von den ♀♀ außerdem noch tiefe „woak"-Rufe. Ziemlich schweigsam.

Biotop: Stehende Gewässer aller Art mit Pflanzenbewuchs und Verlandungszonen, ferner Brüche und versumpftes Wiesengelände.

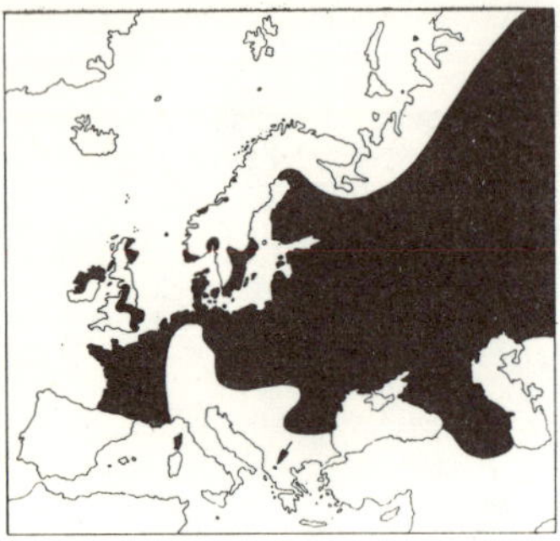

Verbreitung: Brütet am Kleinen Prespa-See in NW-Griechenland. Außer in Europa in Nord- und Mittelasien ostwärts bis Kamtschatka sowie im westlichen Nordamerika.
Wanderungen: In Westeuropa Stand- bzw. Strichvogel, im übrigen Brutgebiet meist Zugvogel, der in geringer Zahl schon in Westeuropa, hauptsächlich aber in den Mittelmeerländern und in Afrika südwärts bis Senegal, Ghana, Uganda und Kenia überwintert. In Mitteleuropa zahlreicher Durchzügler, gelegentlich auch überwinternd. Ende März/April – Ende August/September.
Nest und Eier: Gut versteckt am Boden, bisweilen auch in einiger Entfernung vom Wasser; 8–12 graugrüne bis rahmfarbene oder hell olivbräunliche Eier (51,8 mm × 37,0 mm), April – Juni.

GATTUNG: Netta Kaup

s. Tafel S. 43, 45

Kolbenente
Netta rufina (Pallas)

E Red-crested Pochard
R Красноносый нырок
C Kachna zrzohlavá
F Punapäänarsku
P Kaczka hełmiasta
U Üstökös réce

Kennzeichen: ♂ 57 cm, ♀ 51 cm. Stockentengroß. ♂ im Prachtkleid unverkennbar: leuchtend rötlich kastanienbrauner Kopf, dessen Scheitelfedern zu einer Haube aufgestellt werden können, Schnabel karminrot, Hals, Brust Bauch und Schwanzdecken glänzend schwarz. Spiegel rötlichweiß, beim ♀ hell bräunlichgrau. Im Fluge fallen bei ♂ und ♀ die weißen Vorderkanten der Flügel auf. Schlichtkleid ähnelt dem des ♀, von diesem jedoch durch karminroten Schnabel unterschieden. ♀ graubraun, oberseits dunkler, unterseits weißlich. Scheitel und Kopfseiten bis in Augenhöhe sind dunkel zimtbraun und heben sich scharf gegen den übrigen blaßgrauen Kopf und Nacken ab. Schnabel grauschwarz, an den Seiten und an der Spitze blaß rötlich.

Stimme: Vom ♂ hört man leise, schnarchende Töne, das ♀ knarrt und quakt leise.
Biotop: Mäßig tiefe, stehende oder langsam fließende Binnengewässer mit Rand- und reicher Unterwasservegetation, in Steppengebieten auch offene seichte salzhaltige oder brakkige Gewässer und oft nur geringer Vegetation.

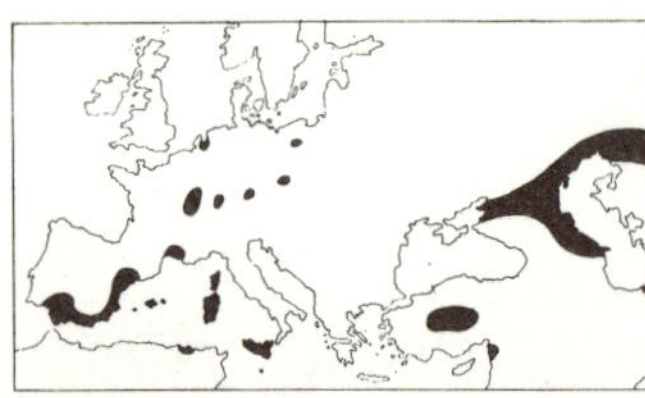

Verbreitung: Außerhalb des mehr oder weniger geschlossenen Brutareals liegen Brutnachweise für die Niederlande, Dänemark, die BRD (Schleswig-Holstein, Franken, Bodensee, Oberbayern), die DDR (Krakower Obersee und Roth-See in Mecklenburg), die ČSSR (südliches Böhmen und Mähren) und Österreich (Neusiedler See) vor. Außer in

Europa Südwestasien vom Kaspischen Meer bis Westchina, im Süden bis Afghanistan.
Wanderungen: Im Mittelmeergebiet Stand- bzw. Strichvogel. In Mittel- und Osteuropa überwiegend Zugvogel, der im Mittelmeergebiet und Vorderasien überwintert, Ende März/April – Oktober/Dezember. Als Irrgast nordwärts bis zu den Britischen Inseln, Norwegen, Schweden und bis zur Estnischen SSR.
Nest und Eier: Nest gut versteckt am Boden in Wassernähe, 6–12 hell olivgrünliche Eier (58,2 mm × 42,0 mm), Mai/Juni.

GATTUNG: Aythya Boie

s. Tafel S. 43, 45

Bestimmungsschlüssel

a) ♂♂ im Prachtkleid
1 Kopf rotbraun 2
1* Kopf schwarz 3
2 Brust schwarz, Rücken hellgrau **Tafelente** S. 182
2* Brust rotbraun, Rücken dunkelbraun **Moorente** S. 183
3 Mit Nackenschopf, Rücken schwarz **Reiherente** S. 182
3* Ohne Nackenschopf, Rücken grau **Bergente** S. 181

b) ♀♀ und ♂♂ im Schlichtkleid
1 Spiegel und Flügeldecken grau **Tafelente** S. 182
1* Spiegel und Flügeldecken nicht grau 2
2 Unterschwanzdecken weiß **Moorente** S. 183
2* Unterschwanzdecken nicht weiß 3
3 Spiegel weiß, Oberseite graubraun mit feiner dunkler Zeichnung **Bergente** S. 181
3* Spiegel nicht weiß, Oberseite fast einfarbig dunkelbraun **Reiherente** S. 182

Bergente
Aythya marila (L.)

E Scaup
R Морская чернеть
C Kaholka obecná
F Lapasotka
P Ogorzałka
U Hegyi réce

Kennzeichen: ♂ 45 cm, ♀ 40 cm. Etwas größer als Reiherente, dieser aber ähnlich; dem ♂ im Prachtkleid fehlt allerdings ein Federschopf und der Rücken ist nicht schwarz, sondern fein schwarzweiß quergewellt und erscheint in der Entfernung hellgrau. ♂ im Schlichtkleid dem ♀ ähnlich, aber ohne den weißen Ring an der Schnabelbasis, allenfalls mit einer Andeutung von Weiß. Das ad. ♀ unterscheidet sich vom Reiherenten-♀ durch den breiten weißen Ring an der Schnabelbasis, Rücken und Flanken erscheinen nicht so einheitlich braun wie bei der Reiherente, sondern sind fein weiß quergewellt. Über die Unterscheidung juv. ♀♀ beider Arten s. bei Reiherente.
Stimme: Schnarrend etwa wie „rarrr".
Biotop: Seen und Flüsse in der Tundra oder kleine küstennahe Inseln. In Island in vegetationsreichem Gelände mit größeren freien Wasserflächen.

Verbreitung: Brütete 1919 auf Fehmarn und 1963 erstmals in Dänemark (Falster). Hat ausnahmsweise bei Minsk (Polen) gebrütet. Außer in Europa im nördlichen Asien und Nordamerika (Alaska, Kanada).
Wanderungen: Überwintert häufig an den Küsten der Nord- und Ostsee, ferner im östlichen Mittelmeergebiet sowie an den Küsten des Schwarzen Meeres. In Mitteleuropa zu den Zugzeiten und im Winter recht häufig vor allem im Gebiet der Ostseeküste;

wird auch auf Gewässern des Binnenlandes angetroffen. März/April – September/Anfang November.
Nest und Eier: Oft gemeinschaftlich brütend. Nester am Boden in Wassernähe; 7–11 grünlichgraue Eier (63,2 mm × 43,5 mm), Ende Mai/Juni.
Unterarten: A. m. marila (L.)

Reiherente
Aythya fuligula (L.)

E Tufted Duck
R Хохлатая чернеть
C Kachna chocholatá
F Tukkasotka
P Czernica
U Kontyos réce

Kennzeichen: ♂ 42 cm, ♀ 38 cm. Kleiner als Tafelente, ♂ im Prachtkleid: kontrastreiches schwarz-weißes Gefieder und Federschopf. Im Schlichtkleid Farben matter, Rücken schwarzbraun, Flanken grau, Bauch trübweiß, Federschopf eben noch erkennbar. ♀ dunkelbraun, Federschopf kürzer, Bauch und Flanken weiß und oft mit braunen Federn durchsetzt. An der Basis des Schnabels bisweilen ein schmaler weißer Ring, der aber nie so breit wird wie beim ♀ der Bergente. Juv. ♀♀ der Reiher- und Bergente können miteinander verwechselt werden, bei der Bergente ist aber die Oberseite heller und später fein weiß gezeichnet.
Stimme: Ein schnarrendes „arrr", außerdem ein zweisilbiges „qui-pü" oder absinkende, fast wiehernde Tonreihen, die wie „quiüüüü" oder „göööö" klingen.
Biotop: Größere Binnengewässer mit Ufervegetation, freien Wasserflächen und Inseln sowie Schärenküsten.
Verbreitung: Seit Jahren ständige Erweiterung des Brutgebietes in westlicher und südwestlicher Richtung (Ost- und Mittelfrankreich, neuerdings auch Bretagne, BRD und Österreich). Außer in Europa im gesamten nördlichen Asien ostwärts bis Sachalin.
Wanderungen: Überwintert in großer Zahl in Mitteleuropa, ferner in West- und Südeuropa sowie in Afrika südwärts bis zum Äquator. Die mitteleuropäischen Populationen überwintern z. T. schon im Brutgebiet, die westeuropäischen größtenteils. Im Herbst erhalten die in Mitteleuropa überwinternden Reiherenten starken Zuzug aus dem Nordosten und Osten. Mitte März/April – Ende September/Oktober.

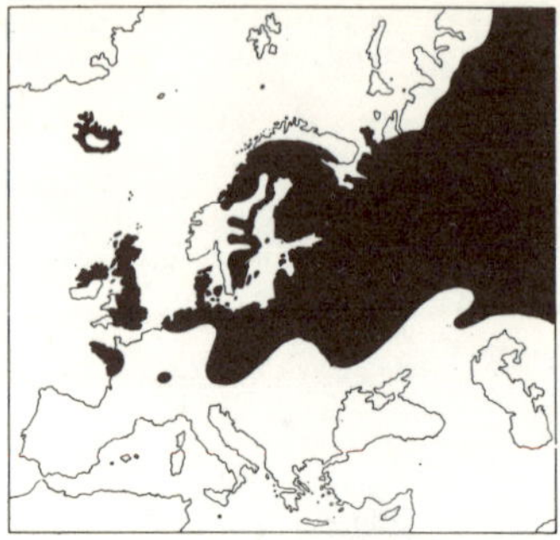

Nest und Eier: Gern gemeinschaftlich brütend, oft in den Kolonien von Möwen und Seeschwalben. Nester gut versteckt in Wassernähe. 8–10 grünlichgraue Eier (59,9 mm × 41,3 mm), Ende Mai/Juni.

Tafelente
Aythya ferina (L.)

E Pochard
R Красноголовый нырок
C Polák velký
F Punasotka
P Głowienka
U Barátréce

Kennzeichen: ♂ 46 cm, ♀ 42 cm. Etwas kleiner als Stockente, gedrungen. ♂ im Prachtkleid mit keiner anderen Art zu verwechseln. Das ♂ im Schlichtkleid vom ♀ gut zu unterscheiden, da beim ♂ auch dann noch Kopf und Hals deutlich rostbraun sind, der Rücken ist grauer als beim ♀. Die Iris beim ♂ stets rot. Spiegel und Flügeldecken bei ♂ und ♀ in allen Kleidern grau. ♀ dunkelbraun, Kinn, Kopfseiten und Kehle weißlichgrau.
Stimme: Von den ♂♂ hört man pfeifende „bibi bibi"- und „wäck wäck"-Rufe, die ♀♀ rufen schnarrend „girrr" oder „gagagaag grä grä".

Biotop: Vegetationsreiche Binnengewässer aller Art mit Verlandungszonen und Inseln, Brüche und Torfausstiche sowie Mündungsgebiete von Strömen.
Verbreitung: 1960 erstmals als Brutvogel für Nordost-Italien nachgewiesen, seitdem dort deutliche Zunahme; seit 1976 Brutvogel in Apulien. 1972 erster Brutnachweis für Norwegen. Außer in Europa im mittleren Asien ostwärts bis zum Baikalsee.

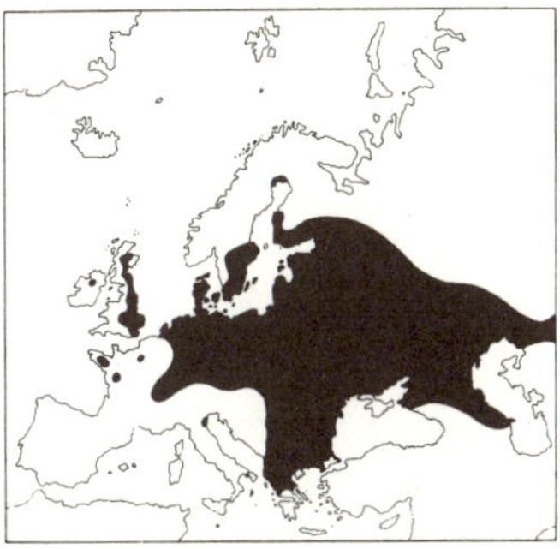

Wanderungen: Je nach den klimatischen Bedingungen des Brutgebiets Zug-, Strich- oder Standvogel. In Westeuropa Standvogel, weiter östlich Zugvogel, der z. T. schon in Mittel- und Westeuropa, vor allem aber in den Mittelmeerländern überwintert. Häufiger Durchzügler und Wintergast in Mitteleuropa. Mitte März/Anfang April – September/Mitte November.
Nest und Eier: Nest gut versteckt am Boden in Wassernähe; 7–10 grünlichgraue Eier (61,3 × 43,7 mm), Mitte Mai/Juni.

Moorente
Aythya nyroca (Güldenstädt)

E Ferruginous Duck
R Белоглазый нырок
C Polák malý
F Ruskosotka
P Podgorzałka
U Cigányréce

Kennzeichen: ♂ 42 cm, ♀ 40 cm. Etwas kleiner als Tafelente; das ♂ im Prachtkleid unterscheidet sich von anderen Arten der Gattung durch rotbraunen Kopf, Hals, Brust und Flanken; der Spiegel ist in allen Kleidern weiß mit beiderseitiger schwarzer, metallisch grün schillernder Einfassung. Das ♀ gleicht dem ♂ mehr als bei anderen Aythya-Arten; Kopf, Hals und Brust sind jedoch brauner ohne rötlichen Ton. Im Schlichtkleid ähnelt das ♂ dem ♀. Die weißen Unterschwanzdecken sind bei schwimmenden Moorenten nur als kleiner Fleck sichtbar. Alte ♂♂ im Pracht- wie im Schlichtkleid mit weißer Iris, ♀♀ mit brauner Iris.
Stimme: Der knarrende Ruf ist höher als bei der Tafelente und kann etwa mit „grrr grrr" wiedergegeben werden.
Biotop: Stehende vegetationsreiche Gewässer mit ausgedehnten Schilfbeständen, Verlandungszonen und freien Wasserflächen.
Verbreitung: Außer in Europa im südwestlichen Asien und in Nordwestafrika.

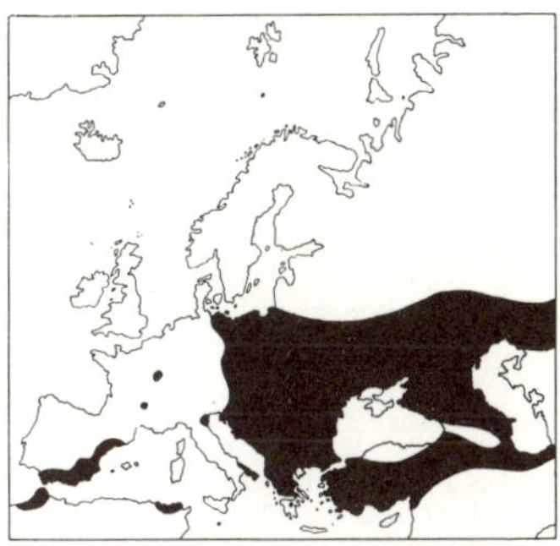

Wanderungen: Mitteleuropäische Populationen überwintern größtenteils im Brutgebiet, osteuropäische überwintern im Mittelmeergebiet, in Nordafrika sowie in Vorderasien. Ende März/Anfang April – September/Oktober (November). Gelegentlich in Nordwest- und Nordeuropa (bis Großbritannien, Skandinavien, Finnland und nördliche Sowjetunion).
Nest und Eier: Gut versteckt am Boden in Wassernähe; 7–11 rötlichgelbe bis gelblichgraue Eier (52,1 mm × 37,9 mm), Mai/Juni.

GATTUNG: Aix Boie

Mandarinente
Aix galericulata (L.)

E Mandarin Duck
R Мандаринка
C Kachna mandarinská
F Mandariinisorsa
P Kaczka mandarynka
U Mandarinréce

Kennzeichen: 43 cm. Etwas größer als Knäkente. Das überaus bunte ♂ im Prachtkleid gehört zu den prächtigsten Enten und ist an den wie Segel hochgestellten zimtbraunen Innenfahnen der innersten Armschwingen zu erkennen. Das ♀ ist oberseits graubraun, Brust und Flanken sind hell getüpfelt, auffallend der weiße Augenring und ein vom Auge nach hinten verlaufender Streif. ♂ im Schlichtkleid ähnlich ♀, doch Schnabel rötlich, nicht grau wie bei jenem.
Stimme: Kurz „huett“ oder „wäck“.
Biotop: Stehende Gewässer aller Art.
Verbreitung: Ostasien (Nordostchina, Amur- und Ussuri-Gebiet, Sachalin, Japan); in Großbritannien und Mitteleuropa eingeführt und in manchen Gegenden verwildert brütend.
Wanderungen: Überwintert südwärts bis zu den Riu-kiu-Inseln, Taiwan und Südostchina; in Großbritannien, Mitteleuropa Stand- bzw. Strichvogel. Irrgast in Norwegen.
Nest und Eier: Brütet in Baumhöhlen; 9–12 gelbliche Eier (49,0 mm × 36,5 mm).

GATTUNG: Bucephala Baird

s. Tafel S. 46, 48

Bestimmungsschlüssel
(♂♂ und ♀♀, die ♂♂ im Schlichtkleid ähneln weitgehend den ♀♀)

1 Kopf und übriges Gefieder schwarz und weiß 2
1* Kopf braun, übriges Gefieder grau und weiß 3
2 Kopf schwarz mit grünem Schimmer, rundlicher weißer Fleck an der Schnabelbasis **Schellente** ♂ S. 184
2* Kopf schwarz mit Purpurschimmer, halbmondförmiger weißer Fleck an der Schnabelbasis **Spatelente** ♂ S. 185
3 Schnabel lang und flach, nur an der Spitze gelb **Schellente** ♀ S. 184
3* Sehr ähnlich Schellente, doch Schnabel kürzer und höher und oft mit mehr Gelb **Spatelente** ♀ S. 185

Schellente
Bucephala clangula (L.)

E Golden-eye
R Обыкновенный гоголь
C Hohol obecný
F Telkkä
P Gągol krzykliwy
U Kerceréce

Kennzeichen: ♂ 45 cm, ♀ 41 cm. So groß wie Tafelente. ♂ im Prachtkleid durch das kontrastreiche schwarzweiße Gefieder und den rundlichen weißen Fleck an der Schnabelbasis unverkennbar; Spiegel weiß. Im Schlichtkleid dem ♀ sehr ähnlich. Beim ♀ fällt der weiße, den schokoladenbraunen Kopf abschließende Halsring auf; Spiegel weiß, durch einen dunklen Strich geteilt.
Stimme: Selten hört man ein knarrendes „arrr“, die ♀ locken die Jungen mit einem schnarrenden „rarrrarrr“ zusammen; das Fluggeräusch klingt wie „pjübjübjüb“ und hört sich so an, als ob ein flacher Stein über die noch dünne Eisdecke eines Teiches dahinhüpft.

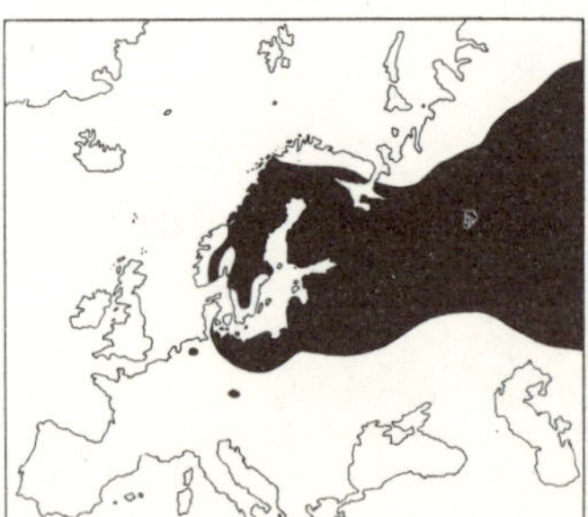

Biotop: Stehende und z. T. auch fließende Gewässer, in deren Umgebung sich älterer Baumbestand befindet (Nistmöglichkeiten).
Verbreitung: In Mitteleuropa brütet die Schellente fast ausschließlich östlich der Elbe; seit 1976 brütet sie regelmäßig in Bayern (Oberpfalz). Seit 1960 im Bestand zunehmender Brutvogel im südlichen Böhmen und Mähren. Brütet seit einigen Jahren in zunehmender Zahl in Großbritannien. Außer in Europa im nördlichen Asien ostwärts bis zum Amur sowie in Nordamerika.
Wanderungen: Zumeist Zugvogel, der im südlichen Ostseegebiet, an den Küsten der Nordsee, auf eisfreien Gewässern West-, Mittel- und Südeuropas sowie an den Nordküsten des Mittelmeeres und des Schwarzen Meeres überwintert. Ankunft im Brutgebiet Mitte März/April, die ♀♀ und die Jungen ziehen im September ab, die ♂♂ später, spätestens im November.
Nest und Eier: Brütet stets in Baumhöhlen (natürliche – oder Schwarzspechthöhlen, auch in Nistkästen) mehr oder weniger weit vom Wasser entfernt; 8–10 grünlichblaue Eier (58,4 mm × 43,2 mm), Dunen weiß; Ende April/Juni.
Unterarten: B. c. clangula (L.)

Spatelente
Bucephala islandica (Gmelin)

E Barrow's Golden-eye
R Исландский гоголь
C Hohol islandský
F Islannin telkkä
P Gągol północny
U Izlandi réce

Kennzeichen: ♂ 52 cm, ♀ 47 cm. Etwas größer als Schellente. Das ♂ unterscheidet sich vom Schellenten-♂ dadurch, daß das Kopfgefieder purpurn, nicht grünlich schimmert und daß der weiße Fleck an der Schnabelbasis halbmondförmig ist. Im Schlichtkleid dem ♀ sehr ähnlich. Die ♀♀ beider Arten sind feldornithologisch nicht zu unterscheiden; eine Verwechslung wird aber kaum vorkommen, da die Spatelente auf Island beschränkt ist und im übrigen Europa nur als Irrgast vorkommt (s. Verbreitung und Wanderungen).
Stimme: Ruft häufig „gägägägärrr", Fluggeräusch wie Schellente.
Biotop: In Island „klare tiefe Gewässer, am liebsten solche, die zerklüftete Lavainseln besitzen". (Hantzsch).
Verbreitung: Auf Island beschränkt; außerhalb Europas im westlichen Nordamerika.

Wanderungen: Überwintert größtenteils auf Island; als Irrgast auf den Färöer, in Norwegen, Finnland, in den Niederlanden und auf Hiddensee (DDR) sowie in Spanien nachgewiesen.
Nest und Eier: Nistet in Nischen, Spalten oder sonstigen Höhlungen; 10–14 bläulichgrüne Eier (61,8 mm × 44,8 mm), Ende Mai/Juni.

GATTUNG: Clangula Leach s. Tafel S. 46, 48

Eisente
Clangula hyemalis (L.)

E Long-tailed Duck
R Морянка
C Kachna lední
F Alli
P Lodówka
U Jeges réce

Kennzeichen: ♂ 56 cm einschl. 23,5 cm Schwanz, ♀ 41,5 cm einschl. 6,5 cm Schwanz. So groß wie Tafelente. ♂ im Prachtkleid (November – April) kontrastreich schwarzbraun und weiß, dunkler Wangenfleck und sehr lange mittlere Schwanzfedern, Schnabel schwarz mit Orangerötlich; im völlig vermauserten Schlichtkleid (Juli – September) sind Kopf, Hals und

Brust bis auf einen großen hellen Augenfleck schwarzbraun, Rücken ebenfalls schwarzbraun mit braunen Federsäumen, Bauch weiß. ♀ graubraun, Kopf- und Halsseiten, Flanken und Bauch weiß, dunkler Wangenfleck; nach der Brutzeit insgesamt graubraun ohne Weiß an Kopf und Hals. Flügel bei ♂ und ♀ einfarbig dunkelbraun ohne Spiegel. Schnabel des ♀ schiefergrau.
Stimme: Klangvolle, ein- bis dreisilbige Rufe, die wie „aa“ oder „au“ klingen, vom ♂ hört man im Winter Rufe, die wie „aa aulick a a aulick“ klingen.
Biotop: Auf Island „tiefe und klare Seen im Inneren der Insel, gelegentlich selbst reißende Ströme“ (Hantzsch).
Verbreitung: Zirkumarktisch.
Wanderungen: Die europäischen Populationen überwintern an den Küsten der Nord- und besonders der Ostsee, bisweilen auch auf Gewässern des Binnenlandes; gelegentlich zieht die Eisente auch weiter südlich; (15. 12. 1975 Zürichsee, Schweiz) April/Anfang Mai – Oktober.

Nest und Eier: Nest am Boden, mit Vorliebe auf Inseln in Seen oder vor der Küste; 5–9 olivgrünliche Eier (52,2 mm × 37,8 mm), Mitte Mai/Juli.

GATTUNG: Melanitta Boie

s. Tafel S. 46, 48

Bestimmungsschlüssel

1 Gefieder schwarz 2
1* Gefieder überwiegend braun 4
2 Mit weißem Stirn- und Nackenfleck **Brillenente** ♂ S. 489
2* Ohne weißen Stirn- und Nackenfleck 3
3 Mit weißem Spiegel **Samtente** ♂ S. 186
3* Ohne weißen Spiegel **Trauerente** ♂ S. 187
4 Mit weißlichem Nackenfleck **Brillenente** ♀ S. 489
4* Ohne weißlichen Nackenfleck 5
5 Mit weißem Spiegel **Samtente** ♀ S. 186
5* Ohne weißen Spiegel **Trauerente** ♀ S. 187

Samtente
Melanitta fusca (L.)

E Velvet Scoter
R Черный турпан
C Kachna hnědá
F Pilkkasiipi
P Uhla
U Füstös réce

Kennzeichen: ♂ 56 cm, ♀ 50 cm. Größer als Stockente. Unterscheidet sich von den im Prachtkleid gleichfalls tiefschwarzen ♂♂ von Brillen- und Trauerente durch den weißen Augenfleck und den bei ♂ und ♀ besonders im Fluge auffallenden weißen Spiegel. Das ♂ im Schlichtkleid ähnelt dem ♀. Füße dunkelrot, Schwimmhäute schwärzlich. Die ♀♀ der drei Melanitta-Arten sehen sich ähnlich und unterscheiden sich wie folgt: Das Samtenten-♀ ist stets an dem weißen Spiegel zu erkennen, der den ♀♀ von Trauer- und Brillenente fehlt. Ferner hat die Samtente auf dem Zügel einen kleineren und in der Ohrgegend einen größeren weißlichen Fleck, bei der Brillenente tritt noch ein dritter weiß-

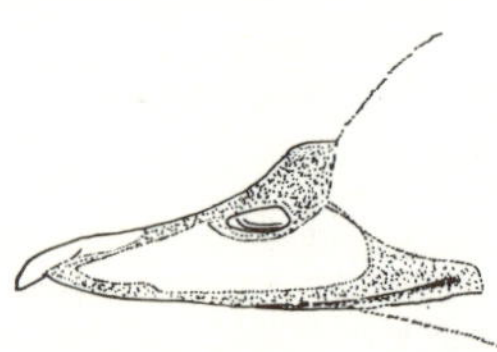

Schnabel des ad. ♂, ½ nat. Gr.

licher Nackenfleck hinzu, bei der Trauerente sind Wangen und Halsseite weißlichbraun.
Stimme: Selten zu hören, klingt wie ein tiefes, lautes „kraaa kraaa“, bisweilen auch kurz „kra kra kra . . .“.
Biotop: Stehende – gelegentlich auch fließende – Gewässer in bewaldeten Gegenden und in der offenen Tundra, auf Mooren und Fjällen von den Niederungen bis hinauf in die Birkenregion sowie auf bewaldeten Schären der Ostsee.
Verbreitung: Außer in Europa im nördlichen Asien ostwärts bis Kamtschatka sowie in Nordamerika.

Wanderungen: Überwintert zahlreich im Gebiet der Nord- und Ostsee (November bis März), an den Küsten der Iberischen Halbinsel, gelegentlich auch im Mittelmeergebiet (regelmäßig in Italien), und ferner an den Küsten des Schwarzen und Kaspischen Meeres sowie des Aral-Sees. Gelegentlich auch im Binnenland. Übersommert nicht selten in den Durchzugs- und Überwinterungsgebieten.
Nest und Eier: Nest am Boden, oft weit vom Wasser entfernt. 5–9 rahmfarbene Eier (71,1 mm × 48,2 mm), Mitte Mai/Juni.
Unterarten: M. f. fusca (L.)

Trauerente
Melanitta nigra (L.)

E Common Scoter
R Синьга
C Kachna černá
F Mustalintu
P Markaczka czarna
U Fekete réce

Kennzeichen: ♂ 50,5 cm, ♀ 43,5 cm. Etwas kleiner als Samtente, mit spitz zulaufendem Schwanz. ♂ im Prachtkleid völlig schwarz, purpurviolett schillernd, ohne irgendwelche weiße Abzeichen. Schnabel beim ♂ mit auffallendem Höcker an der Basis. Schlichtkleid ähnlich, nur Kopf und Hals braun. Das ♀ ähnlich dem der Samtente, doch sind beim Trauerenten-♀ Wangen und Halsseiten weißlichbraun. Füße anders als bei der Samtente, beim ad. ♂ schwarzbraun, beim ad. ♀ olivbraun, die Schwimmhäute bei beiden schwärzlich.

Schnabel des ad. ♂,
½ nat. Gr.

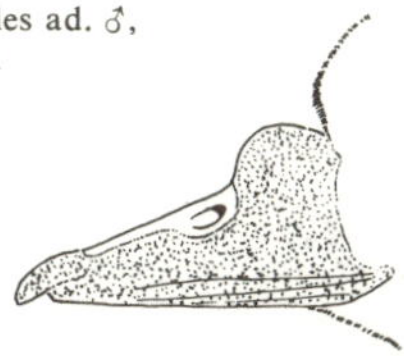

Stimme: Schnarrend „krrr“, im Fluge kurze helle Pfeiflaute.
Biotop: Größere und tiefe stehende Gewässer mit Randvegetation.
Verbreitung: Außer in Europa im nördlichen Asien und westlichen Alaska.

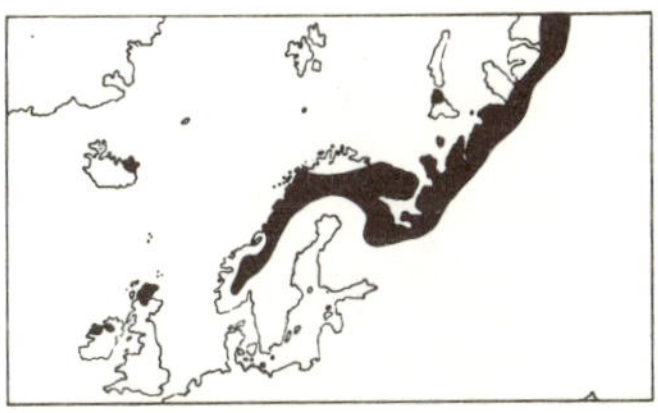

Wanderungen: Überwintert im Gebiet der Nord- und Ostsee, an der Westküste Europas und Afrikas südlich bis Rio de Oro. Häufig an der Wattküste der Nordsee, regelmäßig hier auch übersommernd. Im Binnenland noch seltener als Samtente. Ende März/April – Ende Oktober/November.
Nest und Eier: Gut versteckt am Boden in Wassernähe; 5–7 rahmfarbene Eier (65,6 mm × 44,6 mm), Juni.
Unterarten: M. n. nigra (L.)

GATTUNG: Histrionicus Lesson

s. Tafel S. 46, 48

Kragenente

Histrionicus histrionicus (L.)

E Harlequin-Duck
R Каменушка
C Kachna strakatá
F Virta-alli
P Kaczka wzorzysta
U Tarka réce

Kennzeichen: ♂ 45,5 cm, ♀ 41,0 cm. So groß wie Tafelente. ♂ im Prachtkleid unverkennbar: überwiegend bläulich schiefergrau mit zahlreichen weißen Abzeichen am Kopf, Hals, Brust und Rücken, Flanken rostbraun. ♀ insgesamt dunkelbraun mit weißlichen Abzeichen oberhalb und unterhalb der Augen und einem größeren weißen Fleck hinter den Augen. Spiegel stahlblau. ♂ im Schlichtkleid gleicht weitgehend dem ♀, ist jedoch dunkler, die weißen Flecke am Kopf sind deutlicher, ferner finden sich noch weiße Abzeichen an den Brustseiten und auf den Flügeln.
Stimme: Das ♂ lockt mit „giä", bei Gefahr hört man feine „dü" oder weiche „dä", beim Abfliegen erschrockene „gäg gäg gäg".

Biotop: Schnell fließende Flüsse und Ströme, oft in der Nähe von Wasserfällen.
Verbreitung: Auf Island beschränkt; außerhalb Europas in Nordostasien, Nordamerika und Grönland.

Wanderungen: Stand- bzw. Strichvogel; als Irrgast auf den Britischen Inseln und Färöer, in Norwegen, Schweden, Sowjetunion, in der BRD (Niedersachsen) und in der DDR (Sachsen, Hiddensee), in Polen, in der Schweiz und in Italien nachgewiesen.
Nest und Eier: Nest unter Gebüsch in der Nähe stark strömenden Wassers, oft gemeinschaftlich brütend; 5–10 gelblichweiße Eier (58,3 mm × 41,9 mm), Juni.
Unterarten: H. h. histrionicus (L.)

GATTUNG: Polysticta Eyton

s. Tafel S. 46, 48

Scheckente*

Polysticta stelleri (Pallas)

E Steller's Eider
R Сибирская гага
C Kachna Stellerova
F Pulska-alli
P Kaczka pstrokata
U Stellerréce

Kennzeichen: ♂ 48,5 cm, ♀ 45,5 cm. Eine sehr kleine Eiderente von Stockentengröße. Das ♂ im Prachtkleid ist an dem weißen Kopf mit den schwarzen Augenringen, der moosgrünen Stirn und dem kurzen ebenso gefärbten Schopf am Hinterkopf leicht zu erkennen. Das übrige Gefieder ist schwarz, weiß und dunkelbraun. Das ♀ ist tief dunkelbraun, der Spiegel ist bei ♂ und ♀ purpurschwarz mit beiderseitiger breiter weißer Einfassung. Im Schlichtkleid ähnelt das ♂ dem ♀.
Stimme: ♂ ein tiefes Wimmern, ähnlich wie bei der Eiderente, doch leiser; ♀ ein knarrender Ton ähnlich wie beim Pfeifenenten-♀.
Biotop: Stehende Gewässer in der Tundra, außerhalb der Brutzeit an felsigen Meeresküsten.
Verbreitung: Brütet im arktischen Sibirien von der Halbinsel Jamal bis zur Tschuktschen-Halbinsel, auf den Neusibirischen Inseln und in Alaska.
Wanderungen: Überwintert an den Küsten des nördlichen Skandinavien

* Kein Brutvogel, nur Wintergast bzw. Irrgast.

und wurde als Irrgast in Spitzbergen, Großbritannien, Frankreich, Dänemark, Schweden (übersommernd), in der DDR (Hiddensee, Rügen) und in der BRD (Helgoland, Fehmarn, Chiemsee/Oberbayern) nachgewiesen.

Ab und zu wird die Scheckente auch im Sommer an den Küsten des nördlichen Europa gesehen, das vermutete Brüten ist jedoch nie bewiesen worden.

GATTUNG: Somateria Leach s. Tafel S. 47, 49

Bestimmungsschlüssel

Die Unterscheidung der ♀♀ von S. mollissima, S. fischeri und S. spectabilis ist im Freien nicht leicht. S. spectabilis werden nur wenige europäische Ornithologen zu sehen bekommen und noch weniger S. fischeri. Hat man Gelegenheit, die ♀♀ aus größerer Nähe zu beobachten, dann ist für ihre sichere Bestimmung die Art der Befiederung des Oberschnabels maßgebend.

1 Gefieder schwarz und weiß 2
1* Gefieder braun 4
2 Schnabel rot **Prachteiderente** ♂ S. 190
2* Schnabel nicht rot 3
3 Stirn schwarz **Eiderente** ♂ S. 189
3* Stirn moosgrün **Plüschkopfente** ♂ S. 489
4 Der ganze Oberschnabel bis zu den Nasenlöchern befiedert **Plüschkopfente** ♀ S. 489
4* Befiederung des Oberschnabels anders 5
5 Oberschnabel nur an den Seiten bis zu den Nasenlöchern befiedert **Eiderente** ♀ S. 189
5* Befiederung an den Seiten des Oberschnabels erreicht die Nasenlöcher nicht **Prachteiderente** ♀ S. 190

Eiderente
Somateria mollissima (L.)

E Eider-Duck
R Обыкновенная гага
C Kajka obecná
F Haahka
P Edredon
U Pehelyréce

Kennzeichen: ♂ 62 cm, ♀ 56 cm. Wesentlich größer als Stockente; von den anderen europäischen Enten unterscheidet sich die Eiderente durch ihre Kopfform: Schnabel und Stirn sind nicht gegeneinander abgesetzt (s. Abb.). ♂ im Prachtkleid unverkennbar, im Schlichtkleid sind die im Prachtkleid schwarzen Gefiederpartien schwarzbraun, ebenso die Kopfseiten und der Hinterkopf, die Brust ist weiß und mehr oder weniger stark mit schwarzen Federn durchsetzt. Das ♀ trägt ein schlichtes braunes, schwarzbraun gezeichnetes Kleid. Betr. Unterscheidung der ♀♀ der drei Somateria-Arten s. Bestimmungsschlüssel und Abb.

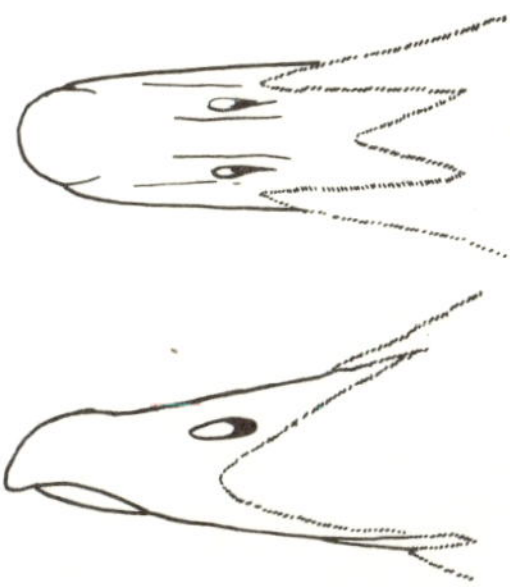

Schnabel des ad. Eiderenten-♀ von oben und von der Seite gesehen, um die Befiederung der Schnabelbasis zu zeigen, ½ nat. Gr.

Stimme: ♂ ruft laut „au au“, ferner „hu-a-au“ und ähnlich; die ♀♀ lassen ein tiefes „korr korr“, „krr“ oder „krkr“ hören, ängstlich rufen sie „gang gang“.
Biotop: Küsten und die ihnen vorgelagerten Inseln; niedrige Küsten werden bevorzugt, ganz gleich, ob diese steinigen oder sandigen Grund haben.
Verbreitung: 1975 Brutversuch auf dem Zeller See, Österreich. Außer in Europa an den Küsten Nordostasiens, Nordamerikas und Grönlands.
Wanderungen: Je nach Lage des Brutgebiets Stand-, Strich- oder Zugvogel.

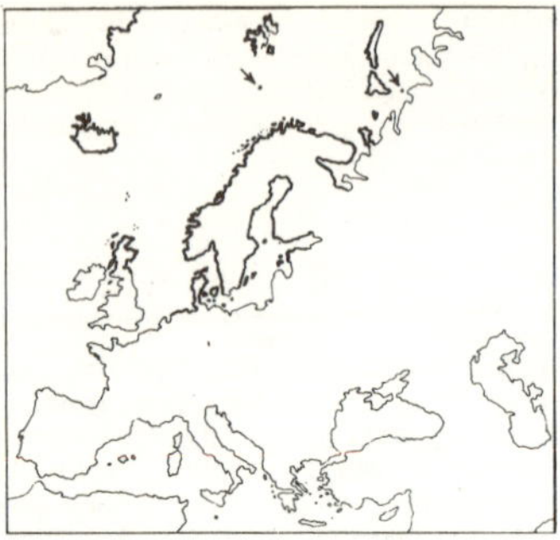

Zumindest zieht ein Teil der im hohen Norden Europas beheimateten Eiderenten nach Süden; ältere Vögel – bes. die ♂♂- überwintern auch an den nördlichen Brutplätzen. Winterquartiere sind die gesamte Nordsee von Nordskandinavien bis zur französischen Atlantikküste und die westliche Ostsee, weniger die mittlere und nördliche Ostsee. Gelegentlich auch im Binnenland.

Nest und Eier: Nest am Boden und meist in Wassernähe, oft völlig freistehend. 4–6 graugrüne Eier (77,6 mm × 51,9 mm), Mitte Mai/Juni. Meist kolonieweise brütend.

Unterarten: a) S. m. mollissima (L.): Küsten Europas mit Ausnahme von b und c; b) S. m. faeroeensis C. L. Brehm: Färöer; c) S. m. borealis (C. L. Brehm): arktische Gebiete der Alten und Neuen Welt, u. a. Spitzbergen und Nowaja Semlja.

Prachteiderente

Somateria spectabilis (L.)

E King Eider
R Гага-гребенушка
C Kajka královská
F Kyhmyhhaahka
P Turkan
U Cifra pehelyréce

Kennzeichen: ♂ 60 cm, ♀ 53,5 cm. Etwas kleiner als Eiderente. ♂ im Prachtkleid unverkennbar (s. S. 49); im schwärzlich-braunen Schlichtkleid leicht von den anderen Somateria-♂♂ durch den orangerötlichen Schnabel zu unterscheiden. ♀ ähnlich Eiderenten-♀, doch das Gefieder hat einen warmen, rötlichen Ton, die dunkle Zeichnung ist zierlicher. Ein allerdings nur in der Nähe brauchbares Merkmal zur Unterscheidung der ♀♀ und juv. ♂♂ von denen der Eiderente ist die Befiederung der Schnabelbasis (s. Abb.).

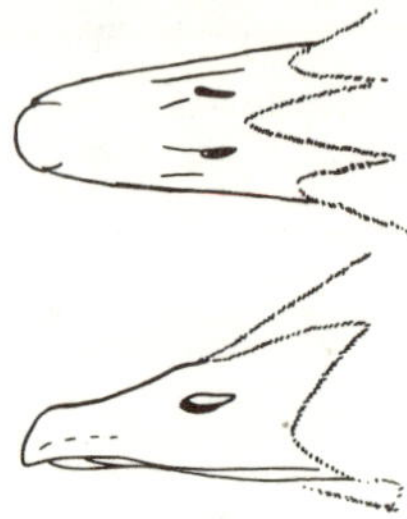

Schnabel des ad. Prachteiderenten-♀ von oben und von der Seite gesehen, um die Befiederung der Schnabelbasis zu zeigen, ½ nat. Gr.

Stimme: Wird als leise beschrieben und soll an das Kullern des Birkhahns erinnern; sie klingt wie „urrr urrr urrr" oder „bruuu rruu rrruu" (Delacour).

Biotop: Binnengewässer in der küstennahen Tundra, der Küste vorgelagerte Inseln und versumpfte Flußmündungen.

Verbreitung: Brütet an den arktischen Küsten der Sowjetunion von der Halbinsel Kanin bis zum Tschuktschen-Land und auf den vorgelagerten Inseln, ferner im arktischen Nordamerika und Grönland. Hat 1957 in Norwegen gebrütet.

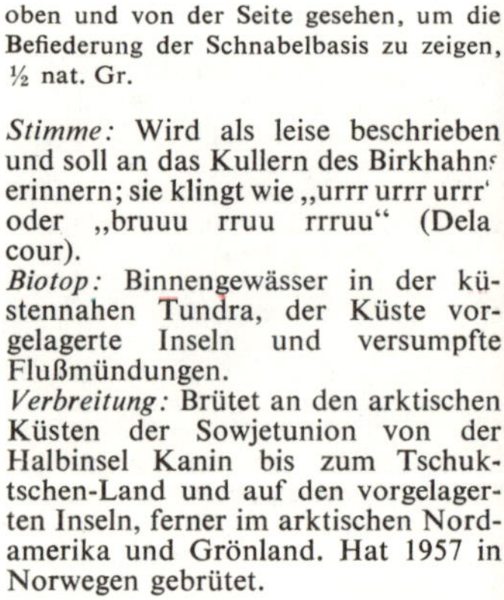

Wanderungen: Überwintert an den Küsten Nordeuropas (Sowjetunion, Finnland, Schweden, Norwegen), Bären-Insel, Färöer und Island. Als Irrgast in Großbritannien, in den Niederlanden, in Frankreich, Italien, Dänemark, in der BRD und DDR, in Ungarn und in der südlichen Sowjetunion nachgewiesen.

Nest und Eier: Nistet im Gegensatz zur Eiderente nicht kolonieweise, Nest wie das der Eiderente; 4–6 graugrüne Eier (66,5 mm × 44,0 mm), Mitte Juni/Mitte Juli.

GATTUNG: Oxyura Bonaparte s. Tafel S. 47, 49

Ruderente*

Oxyura leucocephala (Scopoli)

E White-headed Duck
R Савка
C Kachna bělohlavá
F Valkopääsorsa
P Sterniczka białogłowa
U Kékcsörü réce

Charakteristische Haltung beim Schwimmen und an Land

Kennzeichen: ♂ 45,5 cm, ♂ 40,5 cm. Die einzige europäische Vertreterin der Gattung Oxyura = Steifschwanzenten. Gedrungen gebaut, von der Größe einer Tafelente mit einem großen – beim ♂ im Prachtkleid leuchtend hellblauen – und an der Basis auffallend hohen Schnabel (s. Abb.).

Schnabel, knapp ½ nat. Gr.

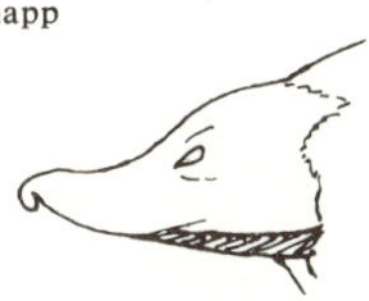

Der spitzzulaufende, lange und steife Schwanz kann nach Zaunkönigsart gestelzt werden. Der Kopf des ♂ im Prachtkleid ist weiß bis auf den schwarzen Scheitel; der Hals ist schwarz und geht allmählich in das in graunen und braunen Tönen gehaltene, fein schwarz quergewellte übrige Gefieder über. Das ♀ und das ♂ im Schlichtkleid haben einen dunkelbraunen Oberkopf, die schmutzigweiße Kopfseite wird durch einen vom Schnabel zum Hinterkopf verlaufenden breiten dunkelbraunen Streifen unterbrochen. Das übrige Gefieder wie beim ♂ im Prachtkleid, nur grauer und blasser.

Stimme: Knarrend quakend.

Biotop: Größere stehende Gewässer mit reicher Vegetation; stellenweise – wie in der Sowjetunion – auch an salzhaltigen Steppenseen.

Verbreitung: Außer in Europa in Südwestasien und Nordwestafrika.

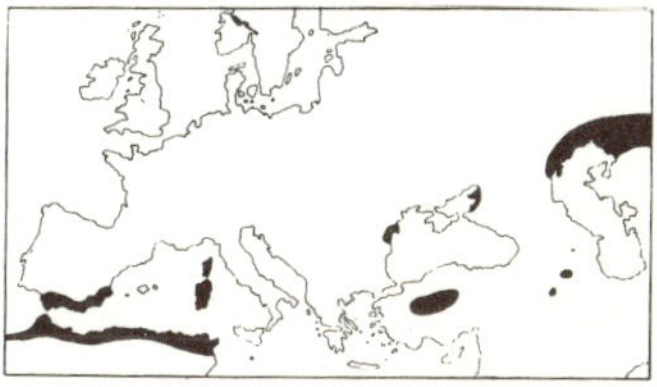

Wanderungen: Die im südlichen Europa beheimateten Populationen sind Stand- bzw. Strichvögel, weiter östlich brütende Ruderenten überwintern in Unterägypten, im Irak und an den Südostküsten des Kaspischen Meeres sowie in Rumänien und Kleinasien. Irrgast in der DDR und BRD (letztmalig im Dezember 1963 in der Oberlausitz und im Oktober 1964 in Hamburg), in der ČSSR und im November 1969 auf dem Velencer See in Ungarn.

Nest und Eier: Nistet im Schilf; 7–9 auffallend rauhschalige matt bläulichweiße Eier (66,3 mm × 50,7 mm), Juni.

* Die Schwarzkopfruderente, Oxyura jamaicensis (Gmelin) wurde aus Nordamerika eingeführt und brütet heute verwildert in Großbritannien.

GATTUNG: Mergus Linné — s. Tafel S. 47, 49

Bestimmungsschlüssel

1 Deutlich unter Stockentengröße 2
1* Stockentengröße und darüber 3
2 Kopf weiß und schwarz **Zwergsäger** ♂ S. 193
2* Kopf braun und weiß **Zwergsäger** ♀ S. 193
3 Kopf flaschengrün 4
3* Kopf braun 5
4 Ohne Federschopf und ohne weißen Halsring **Gänsesäger** ♂ S. 193
4* Mit Federschopf und mit weißem Halsring **Mittelsäger** ♂ S. 192
5 Über Stockentengröße, Rücken blaugrau **Gänsesäger** ♀ S. 193
5* Etwa Stockentengröße, Rücken bräunlichgrau **Mittelsäger** ♀ S. 192

Mittelsäger
Mergus serrator L.

E Red-breasted Merganser
R Длинноносый крохаль
C Morčák prostřední
F Tukkakoskelo
P Tracz długodzioby
U Örvös bukó

Kennzeichen: ♂ 59,5 cm, ♀ 52 cm. Etwa stockentengroß. ♂ im Prachtkleid unverkennbar (s. S. 47, 49). Unterscheidet sich vom Gänsesäger-♂ u. a. durch die geringere Größe, das Vorhandensein eines Federschopfs und das weiße Halsband. Spiegel weiß mit zwei schwarzen Querstrichen. Das ♀ ähnelt dem des Gänsesägers, jedoch ist der rotbraune Hals nicht scharf gegen das übrige graubraune Gefieder abgesetzt, die Oberseite ist bräunlichgrau, nicht bläulichgrau wie beim Gänsesäger-♀. ♂ im Schlichtkleid fast wie ♀.
Stimme: Das ♂ ruft tief und rauh „grä" oder „grö", ferner vernimmt man – besonders vom ♀ – schnarrende „garrr".
Biotop: An der Küste wie auch an Seen und Flüssen im Binnenland (im Gegensatz zum Gänsesäger, der nur an Seen und Flüssen im Binnenland brütet).
Verbreitung: Außer in Europa im nördlichen Asien und Nordamerika sowie Grönland.

Wanderungen: Strich- und Zugvogel, der an den Küsten der Ost- und Nordsee, des Kanals, an der Atlantikküste sowie im Mittelmeer überwintert; Irrgast in Spitzbergen. Weiter östlich beheimatete Populationen überwintern am Schwarzen und Kaspischen Meer sowie am Persischen Golf. Im Binnenland als Wintergast weit seltener als Gänse- und Zwergsäger. Erscheint Mitte April/Anfang Mai an den mitteleuropäischen Brutplätzen und verläßt diese – sofern er nicht im Brutgebiet überwintert – im November/Dezember.
Nest und Eier: Nest am Boden in Wassernähe, gut gegen Sicht geschützt; 7–12 bräunlichgelbe Eier (65,6 mm × 45,1 mm), Ende Mai/Juni.

Gänsesäger

Mergus merganser L.

E Goosander
R Большой крохаль
C Morčak velký
F Isokoskelo
P Tracz nurogęś
U Nagy bukó

Kennzeichen: ♂ 75,6 cm, ♀ 57,5 cm. Größer als Stockente. ♂ im Prachtkleid kann nicht mit anderen Arten verwechselt werden (s. S. 47, 49). Über Unterschiede zum Mittelsäger-♂ s. bei diesem. Flügel überwiegend weiß, Handschwingen schwarz, Spiegel weiß ohne schwarzen Querstrich. ♀ mit deutlichem Nackenschopf; über Unterschiede zum Mittelsäger-♀ s. bei diesem. ♂ im Schlichtkleid fast wie ♀.
Stimme: Rauhe „grrr"- oder „wark"-Rufe, von sich jagenden ♂♂ hört man „gagagaga"-Rufe.
Biotop: An Seen und Flüssen in waldreichen Gegenden in der Ebene wie im Gebirge, im hohen Norden auch in baumlosem Gelände an kleinen Seen und Sümpfen, aber gewöhnlich in der Nähe größerer Gewässer.
Verbreitung: Außer in Europa im mittleren Asien und Zentralasien sowie in Nordamerika.

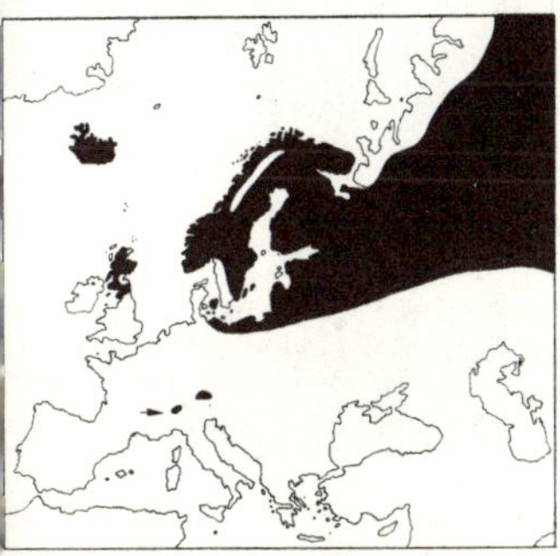

Wanderungen: Je nach Lage des Brutgebiets Stand- bzw. Strich- oder Zugvogel. Gänsesäger aus dem nördlichen Europa überwintern in den Küstengewässern Niedersachsens, der Niederlande und Südenglands. In Mitteleuropa beheimatete Gänsesäger sind, solange die Gewässer eisfrei bleiben, größtenteils Standvögel, die im Winter noch Zuzug aus Nord- und Nordosteuropa erhalten. Erst das Zufrieren veranlaßt sie zu weiterem Umherstreichen.
Nest und Eier: Nistet in Baumhöhlen, notfalls am Boden zwischen Felsblöcken oder unter Wurzeln u. a.; 7–12 rahmfarbene Eier (66,4 mm ×46,4 mm), Mitte April/Juni.
Unterarten: M. m. merganser L.

Zwergsäger

Mergus albellus L.

E Smew
R Луток
C Morčák bilý
F Uivelo
P Bialaczek
U Kisbukó

Kennzeichen: ♂ 44 cm, ♀ 40 cm. Wesentlich kleiner als Stockente. ♂ im Prachtkleid überwiegend weiß, runder schwarzer Fleck zwischen Schnabel und Auge, Scheitel beiderseits schwarz eingefaßt. Oberseite mit schwarzer Zeichnung, Flanken fein grau gewellt. Im Flug fällt bei ♂ und ♀ auf den schwarzen Flügeln ein ausgedehnter weißer Fleck auf, der von zwei dunklen Querbinden durchzogen ist. Beim ♀ Oberkopf und Nacken rotbraun, scharf gegen das Weiß des übrigen Kopfes und Halses abgesetzt; übriges Gefieder überwiegend grau, Bauch weiß. ♂ im Schlichtkleid fast wie ♀.
Stimme: Kurz knarrend ‚krrr".
Biotop: Seen in waldreichem Gelände.
Verbreitung: Außer in Europa im nördlichen Asien ostwärts bis Kamtschatka.

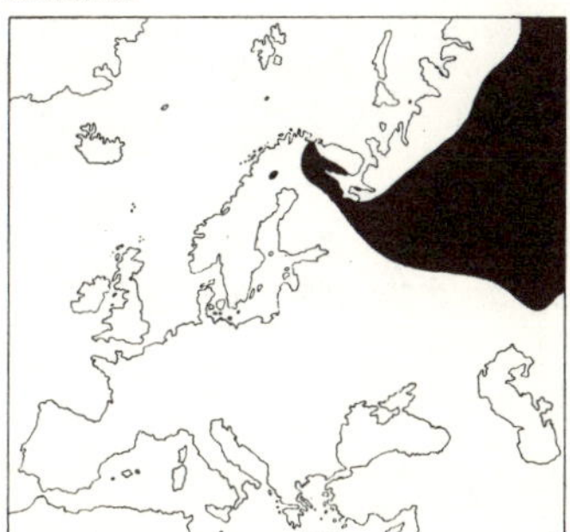

Wanderungen: Überwintert an den Küsten der südlichen Nord- und Ostsee, ferner in Mittel- und Westeuropa sowie im Mittelmeergebiet, gelegentlich auch an der Nordküste Afrikas. Weiter östlich beheimatete Populationen überwintern im mittleren Asien von Kleinasien bis Japan. In Mitteleuropa je nach Härte des Winters ein mehr oder weniger häufiger Wintergast von Mitte Oktober – Ende März/April, oft in Gesellschaft von Schellenten. Irrgast in Island.
Nest und Eier: Nistet in Baumhöhlen, notfalls auch unter Steinen und Wurzeln; 6–9 rahmfarbene Eier (52,4 mm × 37,5 mm), Mitte Mai/Juni.

GATTUNG: Tadorna Boie

s. Tafel S. 47, 49

Brandgans
Tadorna tadorna (L.)

E Sheld-Duck
R Пеганка
C Husa liščí
F Ristisorsa
P Ohar
U Bütykös ásólúd

Kennzeichen: ♂ 66 cm, ♀ 61,5 cm. Größer als Stockente, gänseartige Erscheinung. ♂ und ♀ unverkennbar (s. Tafel). Der rote Schnabel beim ♂ zur Brutzeit mit Höcker, beim ♀ mit weißem Ring an der Basis. Juv. gesamte Oberseite bräunlichgrau, Unterseite weiß, Schnabel und Füße blaß grau. Auch während der Brutzeit gesellig.
Stimme: Fliegende ♂♂ lassen ein sanft pfeifendes „dju-dju-dju" hören, die ♀♀ rufen laut und tief „arrr" oder „arra", „korr" und „gagagaga arra".
Biotop: Flache, sandige oder schlammige Meeresküsten mit Dünen, Mündungsgebiete von Strömen und Flüssen, im Osten auch an salzhaltigen Steppenseen.
Verbreitung: Außer in Europa in Innerasien vom Kaspischen Meer an ostwärts bis Mittel-China, im Süden bis Irak und Afghanistan.
Wanderungen: Überwintert meist in West- und Südwesteuropa, vereinzelt auch im Brutgebiet. An den deutschen Küsten zahlreich durchziehend und überwinternd; März – Juli/August.
Nest und Eier: Brütet meist in natürlich oder künstlich angelegten Höhlen, ausnahmsweise auch offen zwischen Felsen oder in der Strandvegetation; 7–15 rahmweise Eier (65,8 mm × 47,6 mm), Mai/Juni.

GATTUNG: Casarca Bonaparte

s. Tafel S. 47, 49

Rostgans
Casarca ferruginea (Pallas)

E Ruddy Shelduck
R Огарь
C Husa rudá
F Ruostesorsa
P Kazarka
U Vörös ásólúd

Kennzeichen: ♂ 63 cm, ♀ 60,5 cm. So groß wie Brandgans. Gefieder bei ♂ und ♀ überwiegend rostfarbig, ♂ mit, ♀ ohne schwarzen Halsring. Schwingen schwarz mit metallgrünem Schimmer, Flügeldecken weiß. Flug wie Brandgans, meist paarweise.
Stimme: Gänseartige, weittönende Rufe, der Lockruf ist ein klangvolles „ang" oder „ung", zur Paarungszeit

hört man Rufzeichen, die wie „tur turr turra goang goang goak gak gik" klingen.
Biotop: Größere, offenstehende Gewässer wie Seen und Lagunen in steppenartigem Gelände.
Verbreitung: Außer in Europa in Innerasien ostwärts bis zum Amur, im Süden bis Irak und Afghanistan sowie in Nordwestafrika.
Wanderungen: Überwintert im Niltal und im südlichen Asien vom Persischen Golf bis China und Korea. Als Irrgast in fast ganz Europa nachgewiesen, im Norden bis Island, Norwegen, Schweden und Finnland.

Nest und Eier: Nistet in Höhlen aller Art; 8–12 rahmweiße Eier (67,0 mm × 47,0 mm), Mai Juni.

GATTUNG: Anser Brisson s. Tafel S. 50, 52

Graugans

Bleßgans

Zwerggans

Saatgans

Bestimmungsschlüssel

1 Gefieder überwiegend grau 2
1* Gefieder anders 3
2 Gefieder graubraun, Füße rötlich fleischfarben **Graugans S. 196**
2* Gefieder überwiegend hellgrau, weißer Kopf mit zwei hellen Streifen **Streifengans S. 490**
3 Gefieder überwiegend braun 4
3* Gefieder völlig oder überwiegend weiß 7
4 Mit ausgedehntem weißen Stirnfleck 5
4* Ohne ausgedehnten weißen Stirnfleck 6
5 Das Weiß beschränkt sich auf die Stirn **Bleßgans S. 196**
5* Das Weiß reicht bis zum Scheitel **Zwerggans S. 197**
6 Schnabel schwarz und orangegelb, Nagel schwarz, Füße orangegelb **Saatgans S. 197**
6* Ähnlich, Füße jedoch fleischfarben **Kurzschnabelgans S. 198**
7 Reinweiß mit schwarzen Handschwingen **Schneegans S. 490**
7* Bläulichgrau und weiß **Schneegans S. 490** (weiße bzw. blaue Phase)

Kurzschnabelgans

Graugans

Anser anser (L.)

E Grey Lag Goose
R Серый гусь
C Husa velká
F Merihanhi
P Gęś gęgawa
U Nyárilúd

Kennzeichen: ♂ 82,5 cm, ♀ 70,5 cm. Die hellste der „grauen" Gänse, sieht der wildfarbigen Rasse unserer Hausgans sehr ähnlich, nur ist die Graugans leichter gebaut und beweglicher. Besonders fallen der helle Kopf und Hals, die nie dunkler als der übrige Körper sind, sowie der silbergraue Vorderrand der Flügel auf. Schnabel stets ohne Schwarz, bei der westlichen Unterart (A. a. anser) orangegelb, bei der östlichen Unterart (A. a. rubirostris) fleischfarben mit weißem Nagel; Füße bei beiden Unterarten hell fleischfarben. Von ad. Bleß- und Zwerggans unterscheidet sich die Graugans durch bedeutendere Größe und Fehlen von Weiß an der Stirn, von Saat- und Kurzschnabelgans durch hellere Färbung und Fehlen von Schwarz am Schnabel. Vor allem achte man auch auf die unterschiedlichen Stimmen!
Stimme: Die bekannten Gänserufe „gagagag", oft hört man auch trompetende Freuden- oder Triumphrufe.
Biotop: Größere stehende Gewässer mit ausgedehnten alten Rohrbeständen und Verlandungszonen, Bruchgebiete mit Weidengebüsch und Schilfbeständen, Mündungsgebiete von Strömen, sofern Rohrbestände vorhanden sind; in Schottland auch auf Heidemooren im Hügelland und auf kleinen Inseln im Meer.
Verbreitung: Außer in Europa in Mittelasien ostwärts bis zum Amur.
Wanderungen: In Nord- und Mitteleuropa beheimatete Graugänse überwintern vor allem in den westlichen Mittelmeerländern, vereinzelt auch im Küstengebiet der Nord- und Ostsee. Schottische Graugänse überwintern im Brutgebiet. März – September/Oktober.
Nest und Eier: Nistet – bisweilen gesellig – in alten Rohrbeständen; 4–6 weiße Eier (85,3 mm × 58,0 mm), Ende März/April.

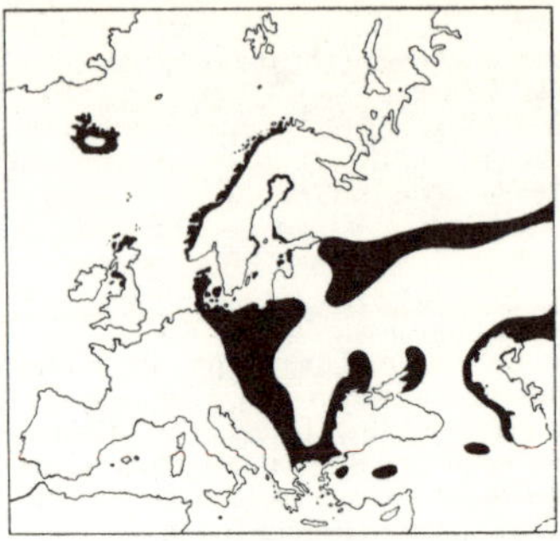

Unterarten: a) A. a. anser (L.): Europa, die Ostgrenze verläuft etwa längs des 40° ö. L.; b) A. a. rubrirostris Swinhoe: In der östlichen europäischen Sowjetunion anschließend an das Brutgebiet von A. a. anser, ostwärts bis zum Amurgebiet.

Bleßgans

Anser albifrons (Scopoli)

E White-fronted Goose
R Белолобый гусь
C Turkyně velká
F Tundrahanhi
P Gęś białoczelna
U Nagylilik

Kennzeichen: ♂ 70,5 cm, ♀ 65,5 cm. Etwas kleiner als Graugans, Schnabel rötlich mit weißlichem Nagel (die grönländische Unterart A. albifrons flavirostris hat jedoch einen gelben Schnabel und orangerote Füße). Ad. mit weißer Stirn und unregelmäßig schwarz gefleckter Brust. Juv. fehlen diese beiden Kennzeichen und sie können daher mit anderen grauen Gänsen verwechselt werden; sie sind aber stets dunkler als Graugänse und haben orangerote Füße, keinen gelben Augenring wie die kleinere Zwerggans, Schnabel bei ad. nie mit schwarzem Nagel wie bei Saat- und Kurzschnabelgans, wohl aber ist im Jugendkleid die Befiederung der Schnabelbasis dunkel und der Nagel schwärzlich.
Stimme: Ruft wohltönend hoch und gewöhnlich dreisilbig „kou-ljau" oder „ljo-ljock".
Biotop: Die Tundra und Sumpfgebiete jenseits der Baumgrenze.

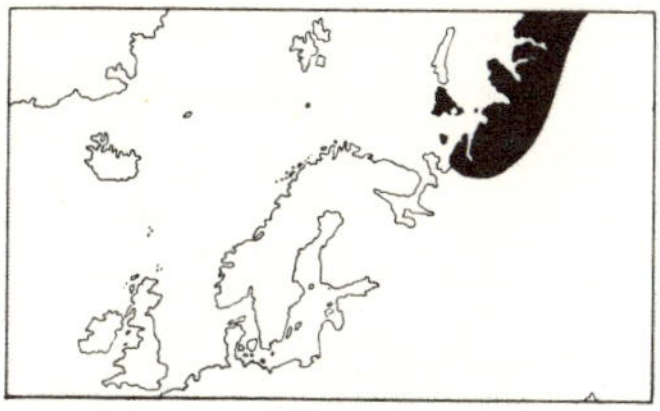

Verbreitung: Auf die nördliche Sowjetunion beschränkt; außerhalb Europas im gesamten nördlichen Sibirien, in Nordamerika und an der Westküste Grönlands.
Wanderungen: Überwintert an den Küsten Westeuropas, des Schwarzen Meeres und des westlichen Mittelmeeres. Häufiger Durchzügler und Wintergast im Gebiet der Nord- und westlichen Ostseeküste von Ende September/November – März/Anfang Mai; (ausnahmsweise sind hier auch Exemplare von A. a. flavirostris festgestellt worden). Gelegentlich im Binnenland; ausnahmsweise in der Schweiz, ČSSR, Süditalien, Sizilien und Griechenland.
Nest und Eier: Einzelbrüter, Nest so angelegt, daß die brütende Gans freien Überblick nach allen Seiten hat; 5–7 rahmfarbene Eier (79,5 mm × 52,3 mm), 2. Maihälfte/Juni.
Unterarten: a) A. a. albifrons (Scopoli): Arktische Sowjetunion von der Halbinsel Kanin, Kolgujew, Nowaja Semja bis zur Kolyma; b) A. a. flavirostris Dalgety & Scott: Westküste Grönlands.

Zwerggans
Anser erythropus (L.)

E Lesser White-fronted Goose
R Пискулька
C Turkyně malá
F Kiljuhanhi
P Gęś mała
U Kislilik

Kennzeichen: ♂ 59 cm, ♀ 52 cm. Die Zwerggans ist sozusagen die kleine Ausgabe der Bleßgans und hat wie diese einen rötlichen Schnabel und orangerote Füße. Sie unterscheidet sich von dieser durch ihre geringere Größe, außerdem geht das Weiß an der Stirn bis fast zur Mitte des Scheitels hinauf und in der Nähe fällt noch bei ad. und juv. Zwerggänsen der gelbe Augenring auf. Juv. fehlt der weiße Stirnfleck und die unregelmäßige schwarze Fleckung der Brust.
Stimme: Ruft „tju-lit tju-lit", um ihre Jungen besorgt rufen die Zwerggänse „hu-i-lio hu-i-lio".
Biotop: Sümpfe, Torfmoore und mit Birken- und Weidengebüsch bestandene Flußufer. Brütet vielfach in höheren Lagen als die anderen Gänsearten.
Verbreitung: 1962 und 1963 brütete je ein Paar im südlichen Norwegen. Außer in Europa in der nördlichen Sowjetunion ostwärts bis zum Golf von Anadyr.

Wanderungen: Überwintert in Südosteuropa, an den Küsten des Schwarzen und Kaspischen Meeres und noch weiter ostwärts bis Turkestan und Iran. Im übrigen Europa wird die Zwerggans nur selten beobachtet und sicher vielfach mit der Bleßgans verwechselt. Nur selten im Binnenland. In Mitteleuropa von September/Anfang November – März/Anfang Mai durchziehend bzw. überwinternd.
Nest und Eier: Nistet auf kleinen Erhöhungen auf den Fjälls und in der Tundra oder in Weiden- und Zwergbirkendickichten; 4–5 gelblichweiße Eier (76,5 mm × 48,9 mm), Ende Mai/Juni.

Saatgans
Anser fabalis (Latham)

E Bean-Goose
R Гуменник
C Husa polní
F Metsähanhi
P Gęś polna
U Vetési lúd

Kennzeichen: ♂ 80 cm, ♀ 73 cm. So groß wie unsere Graugans, von der sich die Saatgans durch ihr dunkleres, mehr aschbraunes Gefieder unterscheidet, besonders dunkel sind Kopf und Hals. Schnabel und Füße sind orangegelb; der Schnabel hat eine mehr oder weniger breite schwarze Basis und stets einen schwarzen Nagel. Das Jugendkleid gleicht weitgehend dem Alterskleid. Die Brust ist nie schwarz gefleckt.
Stimme: Weithin schallend, etwa wie „kajak" und „kaiaiak" oder auch schnarrend „ang-ank".
Biotop: Sumpfige Wälder und Waldmoore.
Verbreitung: Außer in Europa im gesamten nördlichen Asien.

Wanderungen: Die Überwinterungsgebiete der Saatgänse liegen in ganz Europa mit Ausnahme Frankreichs und der Iberischen Halbinsel sowie in Asien südwärts bis etwa zum 30. Grad n. Br. Häufiger Durchzügler und Wintergast in Mitteleuropa von Ende September/Mitte Oktober – Februar/Anfang Mai. Die westsibirische Unterart A. f. johanseni wurde bei Braunschweig festgestellt; Erstnachweis für die BRD.
Nest und Eier: Nistet einzeln in sumpfigen Wäldern, oft in beträchtlicher Entfernung vom Wasser; 4–5 weiße Eier (83,8 mm × 55,3 mm), Juni/Anfang Juli.
Unterarten: a) A. f. fabalis (Latham): Europa mit Ausnahme der unter b genannten Gebiete; b) A. f. johanseni Delacour: Westsibirien; c) A. f. rossicus Buturlin: nördlichste Sowjetunion von der Halbinsel Kanin bis zur Taimyr-Halbinsel.

Kurzschnabelgans

Anser brachyrhynchos Baillon

E Pink-footed Goose
R Короткоклювый гуменник
C Husa polní islandská
F Lyhytnokkahanhi
P Gęś krótkodzioba
U Rövidcsörü lud

Kennzeichen: ♂ 71,5 cm, ♀ 65,5 cm. Die Kurzschnabelgans unterscheidet sich von der etwas größeren Saatgans durch den helleren aschgrauen Rücken und fleischfarbene Füße. Die Ausdehnung des Schwarz an der Schnabelbasis variiert ebenso wie bei A. f. fabalis, doch ist der Schnabel merklich kürzer. Von jungen Bleßgänsen durch die Farbe der Füße zu unterscheiden (fleischfarben, nicht orangerot!).
Stimme: Ähnlich wie Saatgans, nur höher; zwei- bis dreisilbige Rufe, die wie „ang-ank", „uink-uink-uink" oder „king-uink" klingen.
Biotop: Tundra, grasige Ebenen, steile Flußtäler, besonders nahe der Mündungen.
Verbreitung: Island und Spitzbergen, möglicherweise auch Franz-Joseph-Land und Kola-Halbinsel; außerhalb Europas in Ostgrönland.

Wanderungen: Überwintert auf den Britischen Inseln, in den Niederlanden, in Belgien, Nordfrankreich (selten), in der BRD und DDR; sie erscheint von Oktober bis März an der Nordseeküste, vereinzelt auch an der Ostseeküste und im Binnenland. In Niedersachsen ist sie häufiger als die Saatgans.
Nest und Eier: Brütet meist in großen Kolonien auf Hochflächen oder an felsigen Abhängen; 3–5 weiße Eier (78,3 mm × 52,3 mm), Ende Mai/Juni.

GATTUNG: Branta Scopoli

s. Tafel S. 51, 53

Bestimmungsschlüssel

1 Hals und Brust überwiegend rostbraun **Rothalsgans** S. 491
1* Kopf und Hals überwiegend oder völlig schwarz 2
2 Kopf völlig schwarz **Ringelgans** S. 199
2* Kopf nur teilweise schwarz 3
3 Stirn, Kopfseiten und Kinn weiß **Weißwangengans** S. 199
3* Das Weiß beschränkt sich auf eine Kinnbinde **Kanadagans** S. 200

Ringelgans

Branta bernicla (L.)

E Brent Goose
R Черная казарка
C Berneška tmavá
F Sepelhanhi
P Bernikla obrożna
U Örvös lúd

Kennzeichen: ♀ 59 cm, ♂ 56 cm. Kleiner und zierlicher als Graugans. Durch den völlig schwarzen Kopf leicht von Kanadagans und Weißwangengans zu unterscheiden. Bei ad. Ringelgänsen finden sich kleine weiße Flecke an den Halsseiten, juv. haben völlig schwarzen Hals. Die Unterart B. b. hrota (Verbreitung s. u.) ist unterseits wesentlich heller.
Stimme: Laute Rufe, die wie „rott rott rott" klingen.
Biotop: Die arktische Tundra, besonders in Tälern und Mündungsgebieten von Flüssen und Strömen, nur selten weit vom Meere entfernt, außerdem auf küstennahen Inseln.
Verbreitung: Zirkumarktisch; die dem europäischen Festland nächstgelegenen Brutplätze befinden sich an der Nordostküste Grönlands, auf Spitzbergen, Franz-Joseph-Land und Nowaja Semlja.

Wanderungen: Sibirische Ringelgänse überwintern in Skandinavien sowie an den Küsten der Nord- und Ostsee, des Kanals und der westlichen Atlantikküste bis hinunter nach Nordwestafrika; Branta b. hrota überwintert vor allem auf den Britischen Inseln und zum Teil an den Küsten Norwegens, Dänemarks und der BRD. Beide Unterarten sind in der BRD und DDR Wintergäste (B. b. hrota jedoch wesentlich seltener), bes. im Nordseeküstengebiet von September bis März/Mai. Ausnahmsweise auch im Binnenland.
Nest und Eier: Nistet kolonieweise auf kleinen küstennahen Inseln, in Fjorden oder in der Tundra, stets in Wassernähe. 3–5 gelblichweiße Eier (70,3 mm × 46,5 mm), Juni.
Unterarten: a) B. b. bernicla (L.): Die arktische Tundra und die der Küste vorgelagerten Inseln vom südlichen Nowaja Semlja bis zum Chatanga-Fluß; b) B. b. hrota (O. F. Müller): Östliches arktisches Kanada und die vorgelagerten Inseln, Nordgrönland, Spitzbergen, Franz-Joseph-Land und möglicherweise auch das nördliche Nowaja Semlja.

Weißwangengans

Branta leucopsis (Bechstein)

E Barnacle Goose
R Белощекая касарка
C Berneška bělolící
F Valkoposkihanhi
P Bernikla białolica
U Apácalúd

Kennzeichen: ♂ 65 cm, ♀ 60 cm. Etwas größer als Ringelgans und an dem weißen Gesicht, das sich kontrastreich gegen den schwarzen Scheitel, Nacken und Hals abhebt, von den anderen schwarzhalsigen Gänsen zu unterscheiden. Jungvögel gleichen weitgehend den ad.
Stimme: Ein schnell wiederholtes bellendes „gnak".
Biotop: Sumpfgebiete und Flußtäler in gebirgigen Gegenden, wo sich an steilen Felswänden geeignete Nistmöglichkeiten finden.

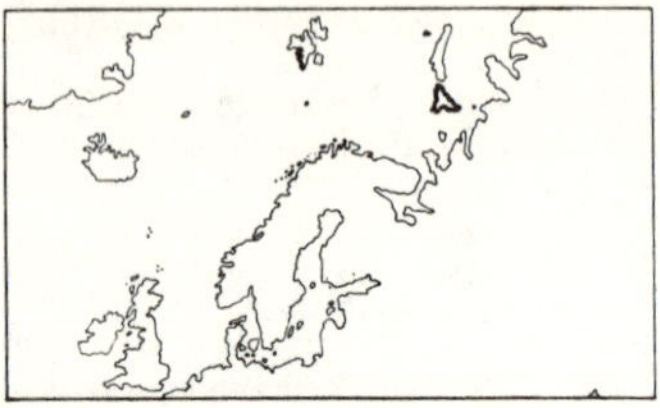

Verbreitung: Nordostgrönland vom Scoresby-Sund bis Germania-Land, auf Spitzbergen und auf der Südinsel von Nowaja Semlja.
Wanderungen: Überwintert im Bereich der Nordseeküste und der Britischen Inseln, gelegentlich auch an der Ostseeküste; in Schweden als Durchzügler zunehmend, bes. im Herbst, teilweise übersommernd (Gotland). Im Südwesten erstreckt sich das Überwinterungsgebiet bis Nordwestfrankreich, sehr selten wird diese Gans einmal im Binnenland angetroffen, überall ist sie seltener als die Ringelgans. An den deutschen Küsten von Mitte Oktober – Anfang April.
Nest und Eier: Brütet meist kolonieweise an steilen Felswänden; 4–6 gräulichweiße Eier (76,2 mm × 50,2 mm), Ende Mai/Juni.

Kanadagans

Branta canadensis (L.)

E Canada Goose
R Канадская казарка
C Husa kanadská
F Kanadan hanhi
P Bernikla kanadyjska
U Kanadai lúd

Kennzeichen: ♂ 99 cm, ♀ 93,5 cm. Von den anderen schwarzhalsigen Gänsen an der weißen, bis an die Kopfseiten hinaufreichenden Kinnbinde, die lichtbräunliche Brust und den braunen Rücken leicht zu unterscheiden. Ringel- und Weißwangengans sind kleiner und dunkler.
Stimme: Von fliegenden Kanadagänsen hört man ein volltönendes, zweisilbiges „ah-honk", der zweite Ton ist langgezogen und höher.
Biotop: Seen und Sümpfe in der Tundra und in bewaldeten Gegenden, ferner stehende Gewässer in der Prärie und in offenem, auch kultiviertem Gelände. In England stehende Gewässer und Sümpfe, die von Wiesen umgeben sind, gelegentlich auch in der Parklandschaft und in bewaldeten Gegenden.
Verbreitung: Brütet in mehreren Unterarten in Nordamerika; in England, Dänemark und Schweden eingebürgert und hier z. T. verwildert. Auch in die BRD wurden Kanadagänse eingeführt und in Oberbayern gibt es bereits freibrütende Paare.
Wanderungen: Verflogene wurden auf den Färöer, in den Niederlanden und Frankreich festgestellt. Im südlichen Nordseeküstengebiet, seltener an der Ostseeküste erscheinen seit 1950 von in Großbritannien und Schweden eingebürgerten Kanadagänsen abstammende Exemplare als Durchzügler und Wintergäste von Mitte Oktober – Ende März; nur ausnahmsweise einmal im Binnenland. „Kleine" Kanadagänse werden alljährlich in Irland beobachtet, wobei es sich um B. c. parvipes (Cassin) bzw. B. c. taverneri Delacour handelt, also wahrscheinlich um wirkliche Irrgäste.
Nest und Eier: Nistet auf kleinen Inseln oder in Ufernähe; 5–6 rahmfarbene Eier (85,7 mm × 58,2 mm), April (England).
Unterarten: B. c. canadensis (L.)

GATTUNG: Cygnus Bechstein

s. Tafel S. 51, 53

Bestimmungsschlüssel

1 Schnabel orangerot mit schwarzem Höcker an der Basis **Höckerschwan** S. 201
1* Schnabel gelb und schwarz 2
2 Das Gelb der Schnabelwurzel spitz nach vorn auslaufend, so groß wie Höckerschwan **Singschwan** S. 201
2* Das Gelb ist auf die Schnabelwurzel beschränkt, etwas kleiner als Singschwan **Zwergschwan** S. 202

Höckerschwan

Singschwan

Zwergschwan

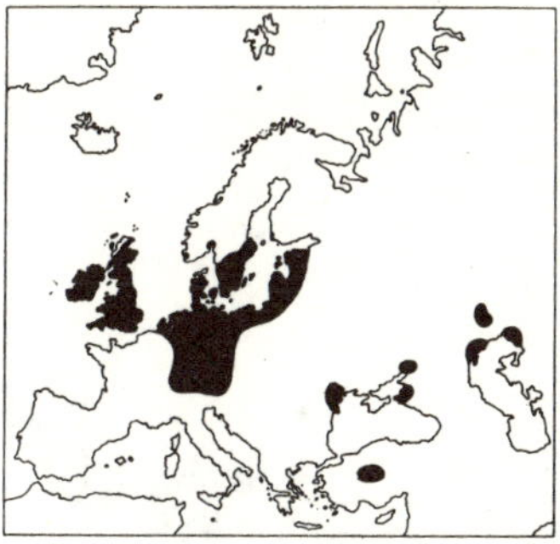

Höckerschwan

Cygnus olor (Gmelin)

E Mute Swan
R Пебедь-шипун
C Labut' velká
F Kyhmyjoutsen
P Łabędź niemy
U Bütykös hattyú

Kennzeichen: ♂ 159 cm, ♀ 155 cm. Unterscheidet sich vom ebenso großen Singschwan durch die Schnabelfärbung und die S-förmige Halshaltung; ♂ zur Brutzeit mit stark vergrößertem Schnabelhöcker, Schnabel orangerot und schwarz, bei jungen Höckerschwänen hell bleigrau, bei jungen Singschwänen hingegen trüb fleischfarben. Startet nach längerem Anlauf vom Wasser, fliegt mit ausgestrecktem Hals, singendes Fluggeräusch; Drohstellung mit gelüfteten Flügeln. Außerhalb der Brutzeit gesellig.
Biotop: Flache Seen mit Verlandungszonen und größere Teiche mit ausreichenden Rohr- und Schilfbeständen und Unterwasservegetation.
Verbreitung: Außer in Europa in Kleinasien sowie im mittleren und östlichen Asien.
Wanderungen: Überwintert im Brutgebiet, solange die Gewässer eisfrei bleiben; Höckerschwäne aus den nördlichen und östlichen Brutgebieten überwintern in Mittel- und Westeuropa, teilweise auch in den Mittelmeerländern.
Nest und Eier: Nistet auf kleinen Inseln in Seen oder am Rande von Rohrbeständen; 5–9 hell grünlichgraue Eier (115,0 mm × 74,1 mm), April/Mai.

Singschwan

Cygnus cygnus (L.)

E Whooper Swan
R Лебедь-кликун
C Labut' zpěvná
F Joutsen
P Łabędź krzykliwy
U Énekes hattyú

Kennzeichen: ♂ 150 cm, ♀ 147,5 cm. Vom etwa gleichgroßen ad. Höckerschwan unterscheidet sich der Singschwan durch die Schnabelfärbung; Zügel und Basis des Schnabels sind leuchtend gelb, die Spitze ist schwarz, das Gelb ist ausgedehnter als beim ähnlichen, aber kleineren Zwergschwan und läuft nach vorn spitz aus (s. Abb.). Juv. sind schmutzigweiß und unterscheiden sich von jungen Höckerschwänen durch das Fehlen von Schwarz an der Schnabelbasis. Der Hals wird beim Schwimmen meist aufrecht gehalten.
Stimme: Ein tiefes, nasales und trompetendes „ang", von fliegenden Singschwänen hört man ein höheres „ang hö".

Biotop: Auf Island und im nördlichen Skandinavien Gebirgsseen, ferner offene Wasserflächen und Sümpfe in der Tundra bzw. Steppe, Mündungsgebiete von Strömen.
Verbreitung: Hat 1973 in Polen gebrütet. Außer in Europa im nördlichen Asien ostwärts bis Kamtschatka und Sachalin.

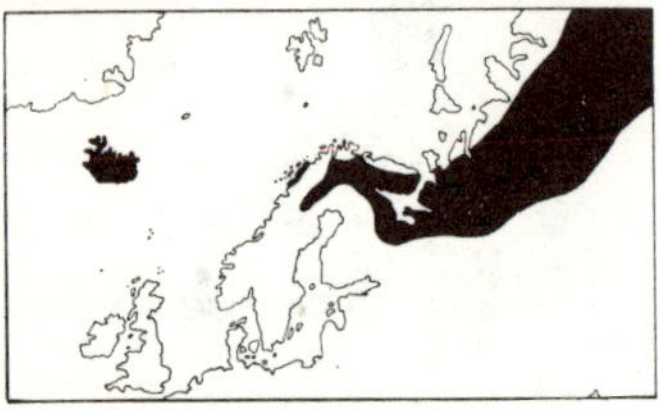

Wanderungen: Je nach Lage des Brutgebietes und den klimatischen Bedingungen Zug- oder Strichvogel; die Überwinterungsgebiete liegen in Europa im Bereich der Nordseeküsten und der westlichen Ostsee, im Mittelmeerraum sowie an den Küsten des Schwarzen Meeres. Seit Ende der 60er Jahre regelmäßiger Wintergast auf dem Bodensee. Durchzügler und Wintergast von Oktober – April. Selten einmal im Binnenland.
Nest und Eier: Nistet auf kleinen Inseln in Seen oder an trockeneren Stellen in Sümpfen; 5–6 gelblichweiße Eier (113,4 mm × 72,2 mm), Ende Mai/Juni.

Zwergschwan
Cygnus columbianus Ord

E Bewick's Swan
R Тундровый лебедь
C Labut' malá
F Pikkujoutsen
P Łabędź Bewicka
U Kis hattyú

Kennzeichen: ♂ 119 cm, ♀ 116 cm. Etwas kleiner als Singschwan; für die Unterscheidung beider Arten ist – da der Größenunterschied nur gering ist – die Verteilung von Schwarz und Gelb am Schnabel maßgebend. Juv. ähnlich jungen Singschwänen, nur etwas kleiner.
Stimme: Weniger ruflustig als der Singschwan; die Stimme ähnelt der des Singschwans, nur ist sie tiefer.
Biotop: Stehende Gewässer in der Tundra, Sumpfgebiete, Mündungsgebiete von Strömen, Seen in hügeligem Gelände.

Verbreitung: Küstengebiet der Sowjetunion von der Kola-Halbinsel bis Nordostsibirien, teilweise auch auf den vorgelagerten Inseln; ferner im arktischen Nordamerika.
Wanderungen: Überwintert in Skandinavien, auf den Britischen Inseln, im Gebiet der südlichen Nordsee und – in geringerer Zahl – der westlichen Ostsee. An unseren Küsten erscheinen die Zwergschwäne als Durchzügler bzw. Wintergäste Anfang Oktober und verlassen uns Anfang April. Im südlichen Nordseeküstengebiet ist der Zwergschwan der häufigste Schwan, im übrigen Binnenland hingegen ein seltener Gast.
Nest und Eier: Nistet auf Inseln in der Mündung von Strömen oder in der küstennahen Tundra; 3–5 rahmfarbene Eier (102,4 mm × 67,6 mm), Juni.
Unterarten: C. columbianus bewickii Yarrell

ORDNUNG: FALCONIFORMES

FAMILIE: Aegypiidae — Geier

Bis auf den kleineren Aasgeier die größten für uns in Betracht kommenden Raubvögel, deren feldornithologische Bestimmung keine Schwierigkeiten macht, wenn man die charakteristischen Merkmale der Flugbilder beachtet. Bei Kutten- und Gänsegeier ausgesprochen brettartige Flügel, Halskrausen bei beiden Arten auch beim fliegenden Vogel erkennbar; keilförmiger Schwanz beim Bartgeier, ebenso beim kleineren, schwarz-weißen (ad.) bzw. braunen (immat.) Aasgeier. Segeln ausdauernd auf der Suche nach Aas in großer Höhe. 4 Arten Brutvögel, ein Irrgast.

Bestimmungsschlüssel für die Gattungen

1 Schwanz keilförmig 2
1* Schwanz nicht keilförmig 3
2 Gesamterscheinung dunkel **Gypaëtus** S. 204
2* Kleiner als voriger, schwarz-weiß oder braun **Neophron** S. 203
3 Kopf und Vorderhals nackt und rot **Torgos** S. 491
3* Kopf und Vorderhals nicht nackt und rot 4
4 Halskrause weiß **Gyps** S. 203
4* Halskrause schwarzbraun **Aegypius** S. 204

GATTUNG: Neophron Savigny s. Tafel S. 54, 55

Aasgeier
Neophron percnopterus (L.)

E Egyptian Vulture
R Стервятник
C Sup mrchožravý
F Pikkukorppikotka
P Ścierwnik biały
U Dögkeselyü

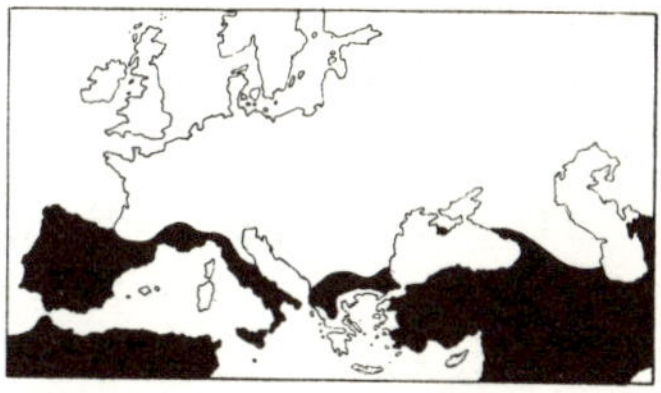

Kennzeichen: 61 cm. Die kleinste der vier in Europa brütenden Geierarten, etwa so groß wie Fischadler. Ad. schmutzig weiß mit schwarzen Handschwingen, juv. braun, dazwischen Übergangskleider. Schlanker Schnabel, Kopf bis zur Stirnmitte und Kehle sind unbefiedert und gelb und von einer Krause verlängerter spitzer Federn umgeben. Sehr charakteristisches Flugbild mit keilförmigem Schwanz. Kreist in großen Höhen; oft zusammen mit Gänsegeiern und Krähenvögeln am Aas in unmittelbarer Nähe von Siedlungen.
Biotop: Vorwiegend gebirgiges und hügeliges Gelände, von dem aus weite Flüge in die Ebenen unternommen werden; oft an Abfallplätzen am Rand von Ortschaften.
Verbreitung: Außer in Europa im gesamten südwestlichen Asien, Nord- und Ostafrika.
Wanderungen: Europäische Brutvögel überwintern teilweise in Südeuropa, meist jedoch in den südlicher gelegenen Teilen ihres Brutgebietes. März/September. Als Irrgast in England, Nordfrankreich, Dänemark, Schweden, BRD, DDR, Österreich, in der Schweiz sowie in der südl. Sowjetunion (Uralsk) nachgewiesen.
Nest und Eier: Meist an Felswänden; 2 gefleckte Eier (65,7 mm × 50,7 mm), Mitte März/April.
Unterarten: N. p. percnopterus (L.)

GATTUNG: Gyps Savigny s. Tafel S. 54, 55

Gänsegeier
Gyps fulvus (Hablizl)

E Griffon-Vulture
R Белоголовый сип
C Sup bělohlavý
F Hanhikorppikotka
P Sęp płowy
U Fakó keselyü

Kennzeichen: 100 cm. Etwa so groß wie Seeadler. Fahl gelblichbraun, ad. mit weißer, juv. mit rötlichbrauner Halskrause. Von den echten Adlern durch bedeutendere Größe und Flugbild unterschieden (s. Abb.), Vorderkante der Flügel fast gradlinig, Hals wird im Flug von der Halskrause verdeckt, Kopf verhältnismäßig klein erscheinend. Die einzige Art, mit der

er im Flug verwechselt werden könnte, ist der Kuttengeier, bei diesem ist aber der Schwanz länger und gerundeter, beim Gänsegeier kürzer und fast gerade abschneidend. Gesellige Vögel, die oft in größeren Höhen kreisen.
Stimme: Ein heiser klingendes, fauchendes Krächzen.
Biotop: Offenes Gelände von der Ebene bis zum Hochgebirge, wo genügend Aas und tierische Abfälle sowie höhere Felswände als Brutplätze vorhanden sind.
Verbreitung: Die ehemaligen Brutvorkommen in Rumänien sind erloschen. Außer in Europa in Nordwestafrika und Unterägypten, in Asien von der Türkei bis Tibet und Nordindien sowie in Südafrika.

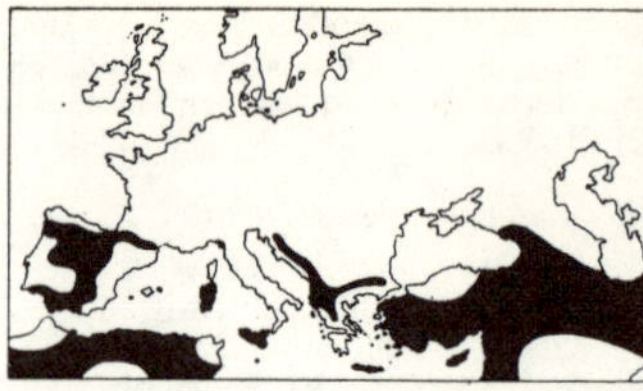

Wanderungen: Stand- bzw. Strichvogel; als Irrgast nordwärts bis zu den Britischen Inseln, Dänemark und Finnland.
Nest und Eier: Brütet einzeln oder gesellig an Felswänden; ein weißes Ei (92,0 mm × 70,1 mm), Februar/März.
Unterarten: G. f. fulvus (Hablizl)

GATTUNG: Aegypius Savigny

s. Tafel S. 54, 55

Kuttengeier

Aegypius monachus (L.)

E Black Vulture
R Черный гриф
C Sup hnědý
F Munkkikorppikotka
P Sęp kasztanowaty
U Barátkeselyü

Kennzeichen: 103 cm. Etwas größer als Gänsegeier, Flugbild ähnlich, doch Schwanz länger und gerundet. Nackenkrause und übriges Gefieder dunkelbraun, von fern fast schwarz erscheinend, Kopf etwas heller, der nackte Hals bläulich. Nicht gesellig wie Gänsegeier.
Biotop: Mehr oder weniger offenes Gelände von der Ebene bis zum Hochgebirge.
Verbreitung: Die ehemaligen Brutvorkommen in der Dobrudscha sind

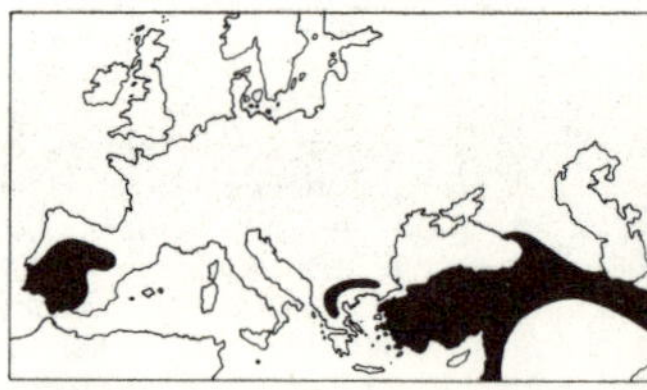

erloschen. Außer in Europa von Vorderasien ostwärts bis China.
Wanderungen: Stand- bzw. Strichvogel. Als Irrgast nordwärts bis Nordfrankreich, BRD, Dänemark, DDR, Polen und sowjetische Ostseegebiete nachgewiesen.
Nest und Eier: Horstet fast ausnahmslos auf Bäumen; ein geflecktes Ei (91,6 mm × 68,7 mm), Mitte Februar/Anfang April.

GATTUNG: Gypaëtus Storr

s. Tafel S. 54, 55

Bartgeier

Gypaëtus barbatus (L.)

E Bearded Vulture
R Бородач
C Orlosup bradatý
F Partakorppikotka
P Orłosęp
U Saskeselyü

Kennzeichen: 108 cm. Etwas größer als Seeadler; durch den auffallend langen, keilförmigen Schwanz und die schmäleren Flügel doch wesentlich schlanker erscheinend. Durch diese Kennzeichen unterscheidet er sich auch auf den ersten Blick von allen anderen größeren Raubvögeln. Oberseite und Flügel schwarzbraun, Unterseits rostgelb, schräg nach vorn ste-

hender schwarzer Kinnbart. Juv. haben schwarzen Hals und Kopf und eine vorwiegend graubraune Unterseite. Nicht gesellig.
Stimme: Selten zu hören; es sind Pfeiflaute, die wie „fiij" oder „biiidj" klingen (Hartert).
Biotop: Hoch- und Mittelgebirge mit größeren und steilen Felspartien.
Verbreitung: Außer in Europa in Vorder- und Zentralasien, Nordwestafrika, Ost- und Südafrika.
Wanderungen: Stand- bzw. Strichvogel. Als Irrgast in Frankreich und Italien nachgewiesen.

Nest und Eier: Horstet in Nischen an Felswänden: ein bis zwei rostbraune Eier (82,8 mm × 65,5 mm), Januar/Februar.
Unterarten: G. b. aureus (Hablizl)

FAMILIE: Accipitridae — Adler, Bussarde, Habichte, Milane, Weihen u. a.

Diese Familie umfaßt die Mehrzahl der Raubvögel; die einzelnen Gattungen unterscheiden sich beträchtlich durch ihre Größe, Gestalt, Gefiederfärbung und Lebensweise. Raubvögel sind an ihrem gebogenen, scharfspitzigen Schnabel, dessen Basis von einer Wachshaut eingenommen wird, und an den meist kurzen, kräftigen und krallenbewehrten Füßen zu erkennen, Merkmale, die wir als Konvergenzerscheinung nur noch bei den Eulen finden. Die ♀♀ sind bei vielen Arten ebenso groß oder nur unwesentlich größer als die ♂♂, bei manchen Arten bestehen jedoch beträchtliche Größenunterschiede (Habicht, Sperber). Bei der Mehrzahl der Arten gleichen sich ♂♂ und ♀♀ im Gefieder, bei manchen (Weihen) bestehen auffallende Unterschiede. Raubvögel bauen ihre Nester (= Horste) meist selbst. Gelegezahl schwankt zwischen einem und sieben, selten mehr Eiern. Die Eier sind entweder einfarbig weiß bzw. bläulichweiß oder gefleckt. Junge sind Nesthocker, die in einem meist weißen Dunenkleid und sehend schlüpfen. Die Nahrung besteht meist aus Wirbeltieren; viele Arten sind ausgesprochene Nahrungsspezialisten wie z. B. Sperber (Kleinvögel), Schlangenadler (Reptilien), Wespenbussard (Brut von Hummeln und Wespen). Die Beute wird z. T. gerupft, die Federn bleiben als „Rupfung" liegen und geben uns wichtige Aufschlüsse über den Speisezettel der betr. Arten. Für die Bestimmung der einzelnen Arten im freien Felde sind vor allem die Größe, das Flugbild, die Art des Fluges und schließlich auch der Biotop maßgebend. Auf diese Weise kann man schon die Zugehörigkeit einer Art zu einer bestimmten Gattung erkennen. 24 Brutvögel, 2 Irrgäste.

Bestimmungsschlüssel für die Gattungen

1 Schwanz ± gegabelt 2
1* Schwanz nicht gegabelt 3
2 Gefieder rostbraun oder braun **Milvus** S. 215
2* Gefieder schwarz-weiß **Elanoïdes** S. 492
3 Schwanz keilförmig **Haliaeëtus** S. 216
3* Schwanz nicht keilförmig 4
4 Unterseite bei ad. gesperbert 5
4* Unterseite nicht gesperbert 6
5 Schnabel schwarz oder grau **Accipiter** S. 213
5* Schnabel orangerot mit schwarzer Spitze **Melierax** S. 492
6 Deutlich über Bussardgröße 7
6* Bussardgröße und darunter 9
7 Füße befiedert 8
7* Füße nicht befiedert **Circaëtus** S. 221
8 Schwanz verhältnismäßig kurz und gerundet **Aquila** S. 206
8* Schwanz verhältnismäßig lang und gerade abgeschnitten **Hieraaëtus** S. 209
9 Auffallend hell mit schwarzer Spitze **Elanus** S. 216

9* Anders gefärbt 10
10 Flügel und Schwanz auffallend schmal **Circus** S. 218
10* Flügel und Schwanz breiter 11
11 Schwanzwurzel mit breiten Binden **Pernis** S. 218
11* Schwanzwurzel ohne Binden **Buteo** S. 210

GATTUNG: Aquila Brisson s. Tafel S. 56–59

Die Bestimmung der Adlerarten im freien Felde ist oft recht schwierig, manche Arten sind feldornithologisch kaum oder nicht zu unterscheiden und die verschiedenen Jugend- und Alterskleider können leicht zu Verwechslungen führen. Hinzu kommt noch, daß sich die Verbreitungsgebiete einiger Arten überdecken bzw. überschneiden, was auch nicht dazu beiträgt, die Bestimmung von Adlern im freien Felde zu erleichtern.

Bestimmungsschlüssel

1 Dunkelbraun, Schultern mit mehr oder weniger Weiß **Kaiseradler** S. 207
1* Dunkelbraun, doch Schultern ohne Weiß 2
2 Oberkopf und Nacken mehr oder weniger goldgelb getönt **Steinadler** S. 206
2* Oberkopf und Nacken nicht goldgelb getönt 3
3 Einfarbig braun, Armschwingen mit rostgelben Spitzen **Steppenadler** S. 207
3* Einfarbig braun, doch Armschwingen ohne rostgelbe Spitzen 4
4 Insgesamt schwarzbraun **Schelladler** S. 208
4* Insgesamt dunkelbraun, kleiner als voriger **Schreiadler** S. 208

Steinadler

Aquila chrysaëtos (L.)

E Golden Eagle
R Беркут
C Orel skalní
F Kotka
P Orzeł przedni
U Szirtsas

Kennzeichen: 82 cm. Außer an seiner Größe an Folgendem zu erkennen: ad. einfarbig dunkelbraun bis auf den goldgelb getönten Oberkopf und Nacken, immat. weißer Schwanz mit breiter schwarzer Endbinde, außerdem finden sich große weiße Flecken an den Wurzeln der Handschwingen. Verwechslungen mit unausgefärbtem Seeadler kaum möglich, da dieser stets einen keilförmigen Schwanz hat, wohl aber kann der Steinadler mit den anderen Adler-Arten verwechselt werden (s. bei Raub- und Schelladler).

Stimme: Ein bussardartiges, aber rauheres „hiiä", ferner ein bellendes „hjehje hje", „jick jick jick" oder „keckekeck".

Biotop: Ausgedehnte Waldungen in der Ebene, vor allem aber in waldarmen Gebirgen mit höheren Felswänden, die ihm die Möglichkeit zur Anlage eines Horstes bieten.

Verbreitung: Außer in Europa in großen Teilen des paläarktischen Asien, in Nordwestafrika sowie in Nordamerika.

Wanderungen: Stand- bzw. Strichvogel; in Mitteleuropa gelegentlich Steinadler aus Nord- und Nordosteuropa. Als Irrgast in Dänemark, in den Niederlanden und Belgien nachgewiesen (A. ch. chrysaëtos).

Nest und Eier: Horstet in Europa meist an Felswänden, seltener auf Bäumen; meist 2 gefleckte Eier (77,0 mm × 59,5 mm), Ende März/April.

Unterarten: a) A. ch. chrysaëtos (L.): Nordeuropa (und Westsibirien); b) A. ch. fulva (L.): Europa mit Ausnahme der unter a und c genannten Gebiete; c) A. ch. homeyeri Sewertzow: Iberische Halbinsel und Balearen.

Kaiseradler

Aquila heliaca Savigny

E Imperial Eagle
R Орел-могильник
C Orel královský
F Keisarikotka
P Orzeł cesarski
U Parlagisas

Kennzeichen: 75 cm. Etwas kleiner als Steinadler, dem gegenüber er plump wirkt. Ad. schwarzbraun mit hell sandfarbenem Scheitel und Nacken und vereinzelten weißen Schulterfedern; immat. hellbraun oder bräunlichweiß, mehr oder weniger dunkelbraun gestrichelt oder gefleckt, im Gegensatz zum immat. Steinadler ohne Weiß auf den Flügelunterseiten und an der Schwanzwurzel. Flugbild wie Steinadler, doch Schwanz gerade abgeschnitten. Die Unterart A. h. adalberti unterscheidet sich im Alterskleid von heliaca durch Weiß an Schultern und Flügelbug, was namentlich im Fluge auffällt. Immat. mehr rostfarben, nicht lehmfarben wie heliaca, unterseits mehr roströtlich. Zwischenkleider bei beiden Unterarten fleckig.
Stimme: Bellende, schnell wiederholte „krock krock krock"-Rufe.
Biotop: Ausgedehnte Ebenen mit lockerem Baumbestand, teilweise auch in baumlosen Steppen, in Ungarn in Mittelgebirgswäldern.
Verbreitung: Außer in Europa in Mittelasien ostwärts bis zum Baikalsee, im Süden bis Afghanistan.

Wanderungen: Stand- bzw. Strichvogel; als Irrgast nordwärts bis Schweden.
Nest und Eier: Horstet auf Bäumen; meist 2 gefleckte Eier (73,1 mm × 56,2 mm), Ende März/Anfang Mai.
Unterarten: a) A. h. heliaca Savigny: Europa mit Ausnahme von b) A. h. adalberti C. L. Brehm: Iberische Halbinsel.

Steppenadler

Aquila rapax (Temminck)

E Steppe Eagle
R Степной орел
C Orel stepní
F Arokotka
P Orlik stepowy
U Pusztai sas

Kennzeichen: 75 cm. So groß wie Kaiseradler, doch einfarbig dunkelbraun, gelegentlich mit kleinem rostbraunem Nackenfleck, der kurze gerundete Schwanz in allen Kleidern mit unregelmäßigen grauen Querbinden. Immat. fahl erdbraun, Oberflügeldecken, Schultern und Armschwingen mit ausgedehnten rostgelben Spitzen, obere Schwanzdekken ebenfalls rostgelb. Vom ad. Steinadler durch etwas geringere Größe und das Fehlen von goldgelb getönten Federn am Oberkopf und Nacken unterschieden. Verwechslungen mit ad. Schelladler sind möglich, doch hat dieser etwas Weiß an den oberen Schwanzdecken.
Stimme: Dem Gebell eines kleinen Hundes nicht unähnlich, wie „kau kau kau".
Biotop: Steppen.

Verbreitung: Außer in Europa in Mittelasien ostwärts bis China, im Süden bis zum Himalaja sowie in Afrika.
Wanderungen: Stand- und Strichvogel; als Irrgast im gesamten Mittelmeergebiet, je zweimal in der DDR und in der ČSSR und einmal in den Niederlanden und Dänemark nachgewiesen.
Nest und Eier: A. r. orientalis horstet am Boden, oft auf einer kleinen Erhöhung; meist 2 gefleckte Eier (69,3 mm × 54,3 mm), April/Mai.
Unterarten: A. r. orientalis Cabanis.

Schelladler

Aquila clanga Pallas

E Spotted Eagle
R Большой подорлик
C Orel volavý
F Kiljukotka
P Orlik grubodzioby
U Nagy békászósas

Kennzeichen: 70 cm. Feldornithologisch sind Schell- und Schreiadler kaum zu unterscheiden, auch die Größe ist kein verläßliches Kennzeichen: ein Schreiadler-♀ kann so groß sein wie ein Schelladler-♂. Die wenigen weißen Federn auf den Oberschwanzdecken beim Schelladler sind kein sicheres Unterscheidungsmerkmal, denn auch beim Schreiadler erscheinen diese manchmal weiß. Ad. dunkler als Schreiadler, mehr schwarzbraun, immat. ähnlich Schreiadler im Jugendkleid, doch weniger gefleckt, außerdem fehlt dem Schelladler der rostgelbe Nackenfleck. Königstedt weist darauf hin, daß „allein die Färbung der Unterarmdecken (in geringerem Maße auch die der Oberarmdecken) als das wichtigste Kennzeichen zu gelten" hat. „Diese sind beim Schelladler stets dunkler als die Armschwingen; der Schreiadler hat dagegen immer hellere Armdecken und dunkle Armschwingen. Juv. Schelladler haben dazu deutliche helle Flecken auf allen großen und mittleren Armdecken, die bei juv. Schreiadlern ebenfalls auftreten können, aber nicht so stark ausgeprägt sind." Flugbild von dem des Steinadlers verschieden. Beim Schell- (und Schrei-) adler werden beim Kreisen und Gleiten die Flügel etwas nach unten durchgedrückt, während sie beim Steinadler nach oben abgewinkelt werden. Ferner wirkt bei Schell- (und Schrei-) adler die Flügelhaltung beim Kreisen brettartig und erinnert so an den Seeadler. Beim Steinadler hingegen verjüngen sich die Flügelenden, so daß das Flugbild schlanker wirkt.
Stimme: Nach Hoffmann nicht von der des Schreiadlers verschieden; außerdem werden bellende „jef jef"- und „kjäk kjäk"-Rufe angegeben.
Biotop: Waldreiche Gegenden in der Ebene und im Hügelland in der Nähe von Flüssen, Seen und Sumpfgebieten oder auch in offenerem, steppenartigem Gelände, sofern Bäume nicht ganz fehlen.

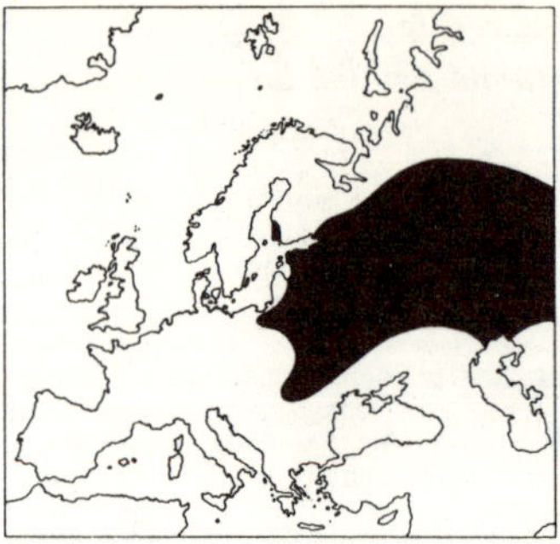

Verbreitung: An das europäische Brutgebiet anschließend ostwärts durch die südliche Sowjetunion und Mongolei bis zur Mandschurei.
Wanderungen: Stand- bzw. Strichvogel; als Irrgast westwärts bis Schweden, Großbritannien, Frankreich, Schweiz und Italien.
Nest und Eier: Horstet auf Bäumen; meist 2 gefleckte Eier (68,2 mm × 54,1 mm), Mitte April/Anfang Mai.

Schreiadler

Aquila pomarina C. L. Brehm

E Lesser Spotted Eagle
R Малый подорлик
C Orel křiklavý
F Pikkukiljukotka
P Orlik krzykliwy
U Kis békászósas

Kennzeichen: 62,5 cm. In der Größe zwischen Steinadler und Mäusebussard stehend. Ad. fast einfarbig erdbraun, blasser als Schelladler, besonders Oberkopf, Flügeldecken und Unterseite. Immat. deutlich dunkler, die gelblichweißen Flecken auf den Oberflügeln und Schultern sind wesentlich schmaler als beim gleichaltrigen Schelladler; im Nacken ein rostgelber Fleck. Über weitere Unterschiede zwischen Schell- und Schreiadler s. bei Schelladler. Flugbild wie Schelladler, Flug jedoch wendiger.
Stimme: „kjü kjü kjü", ferner einzelne oder schnell wiederholte „tjück", in der Nähe klingen diese Rufe schriller, etwa wie „psiek", das ♂ ruft beim Balzflug langgezogen „wiiik".
Biotop: Feuchte Wälder in der Ebene,

die von Brüchen, Seen und Flüssen durchzogen sind und an Wiesen grenzen. In Ost- und Südosteuropa auch in Gebirgswäldern.
Verbreitung: Außer in Europa in Kleinasien, Transkaukasien, Nordiran, Indien und Nord-Burma.
Wanderungen: Schreiadler aus Europa und Vorderasien überwintern im östlichen Afrika; April – September. Als Irrgast in Dänemark, Schweden und Finnland nachgewiesen.
Nest und Eier: Horst auf Bäumen; ein bis zwei gefleckte Eier (62,9 mm × 50,5 mm) Ende April/Mai.
Unterarten: A. p. pomarina C. L. Brehm

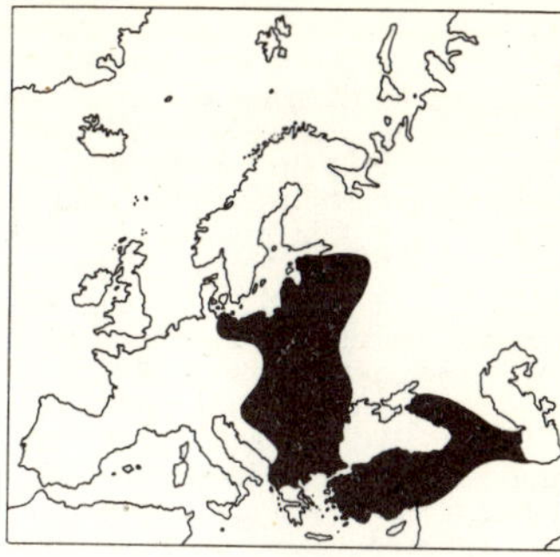

GATTUNG: Hieraaëtus Kaup

s. Tafel S. 57, 59

Bestimmungsschlüssel

1 Deutlich über Bussardgröße **Habichtsadler** S. 209
1* Etwa so groß wie Mäusebussard **Zwergadler** S. 209

Habichtsadler
Hieraaëtus fasciatus (Vieillot)

- E Bonelli's Eagle
- R Ястребиный орел
- C Orel jestřábí
- F Vuorikotka
- P Orzełek większy
- U Héjasas

Kennzeichen: 69 cm. So groß wie Schell- und Steppenadler, Gestalt und Gesichtsausdruck an einen großen Habicht erinnernd. Im Fluge ist der Habichtsadler von anderen Adlern an seiner schlankeren Gestalt, dem langen Schwanz und an seiner Färbung zu unterscheiden: Die blendend weiße Unterseite hebt sich kontrastreich gegen die dunklen Unterflügel ab, der schwarzbraune Schwanz hat 5–6 undeutliche Querbinden und eine breite schwärzliche Endbinde. Bei immat. Oberseite dunkelbraun (bei ad. dunkler), Unterseite rostbraun mit dunklen Längsflecken, Schwanz dunkel bräunlichgrau mit 9–10 fast schwarzen Querbinden.
Stimme: Habichtsartig „kai kai, kikiki".
Biotop: Felsige Gebirgsgegenden, gern in Küstennähe oder auf felsigen Inseln.

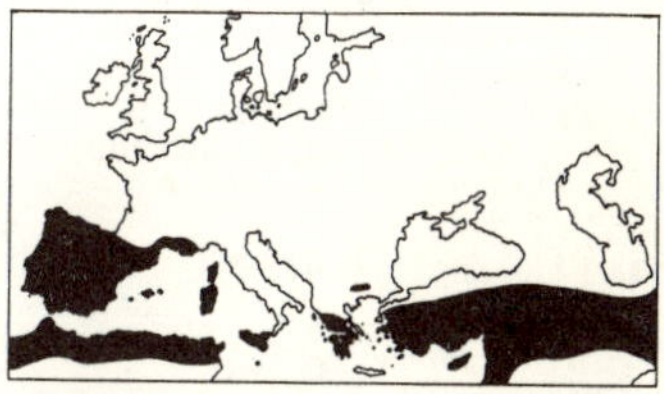

Verbreitung: Außer in Europa im südlichen Asien von Kleinasien bis Südostchina; Kleine Sunda-Inseln; Nordwest-, Mittel- und Südafrika.
Wanderungen: Überwiegend Stand- und Strichvogel; als Irrgast nordwärts bis Belgien, die DDR und Schweden nachgewiesen.
Nest und Eier: Horstet überwiegend an steilen Felswänden; 2 gefleckte Eier (69,0 mm × 53,0 mm), Februar/März.
Unterarten: H. f. fasciatus (Vieillot).

Zwergadler
Hieraaëtus pennatus (Gmelin)

- E Booted Eagle
- R Орел-карлик
- C Orel nejmenši
- F Kääpiökotka
- P Orzełek włochaty
- U Törpesas

Kennzeichen: 52 cm. So groß wie Mäusebussard, doch schlanker, mit längerem, am Ende fast geradem Schwanz und mit bis zu den Zehen befiedertem Lauf. Kopf und Hals

rostbräunlich. Stirn und Augengegend dunkelbraun, Oberseite dunkel graubraun mit hellen Federsäumen und kleinen weißen Schulterflecken, Unterseite weiß bis rahmfarben mit rostbraunen Schaftstrichen. Daneben gibt es eine Varietät mit fast einfarbiger brauner Unterseite. Immat. oberseits fast wie ad., unterseits weiß mit rostfarbener Tönung oder völlig rostfarben mit schmalen Schaftstrichen. Flugbild ähnlich Habichtsadler.
Stimme: Wohlklingend und sehr modulationsfähig, trillernd und pfeifend „pit pit pit per-pit" oder wie „kü kü" klingende Rufe; ängstlich rufen sie „jüg jüg jüg".
Biotop: Misch- und Laubwälder in der Ebene und im Mittelgebirge, die an offenes Gelände grenzen. In der Sowjetunion bewohnt er die Waldsteppe.
Verbreitung: Neuerdings als Brutvogel für Österreich (Kärnten) und

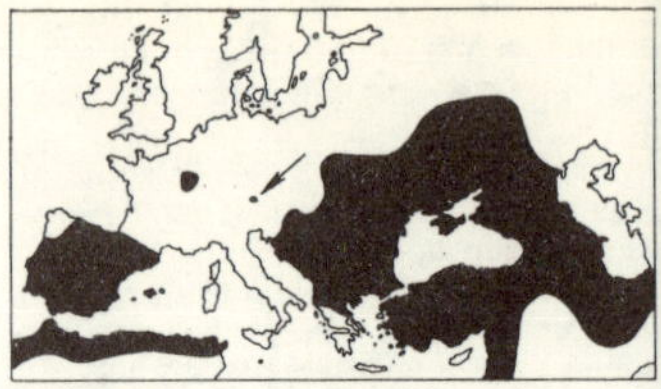

die Slowakei nachgewiesen. Außer in Europa von Kleinasien bis zum Baikalsee und Nordwestindien sowie in Nordwestafrika.
Wanderungen: Überwiegend Stand- bzw. Strichvogel; als Irrgast in den Niederlanden, Belgien, Luxemburg, in der BRD, DDR und Italien nachgewiesen.
Nest und Eier: Horstet auf Bäumen; 2 weiße ungefleckte Eier (55,0 mm × 44,2 mm), Mitte April/Mai.
Unterarten: H. p. pennatus (Gmelin)

GATTUNG: Buteo Lacépède

s. Tafel S. 60, 62

Bestimmungsschlüssel

Im Fluge fallen die breiten gerundeten Flügel und der verhältnismäßig kurze, etwas abgerundete Schwanz auf. Bussarde fliegen mit langsam rudernden Flügelschlägen und segeln und kreisen mit weitausgespannten waagerecht gehaltenen Flügeln. Im Sitzen erscheinen sie ziemlich plump.

1 Schwanz meist ungebändert, zimtrot; größer als Mäusebussard **Adlerbussard** S. 212
1* Schwanz stets gebändert 2
2 Schwanz mit einer dunklen Endbinde, Lauf bis auf die Zehen befiedert **Rauhfußbussard** S. 212
2* Schwanz mehrfach gebändert und mit einer dunklen Endbinde, Lauf nicht bis auf die Zehen befiedert **Mäusebussard** S. 210

Mäusebussard
Buteo buteo (L.)

E Common Buzzard
R Сарыч
C Káně lesní
F Lännen hiirihaukka
P Myszołów zwyczajny
U Egerészölyv

Kennzeichen: 53 cm. Kein europäischer Raubvogel ändert in seiner Gefiederfärbung so ab wie der Mäusebussard; von dunkel schwarzbrauner bis hell rahmfarbenen Stücken finden sich alle Übergänge. Oberseite meist einfarbig. Unterseite bei ad. mehr oder weniger stark quergebändert, bei immat. mehr längsgefleckt, Schwanz meist eng gebändert. Ruhiger, oft durch Kreisen unterbrochener Flug, wobei die breiten abgerundeten Flügel horizontal gehalten werden und

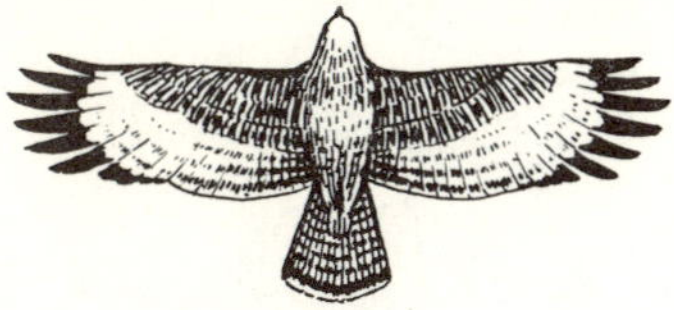

Mäusebussard

Falkenbussard

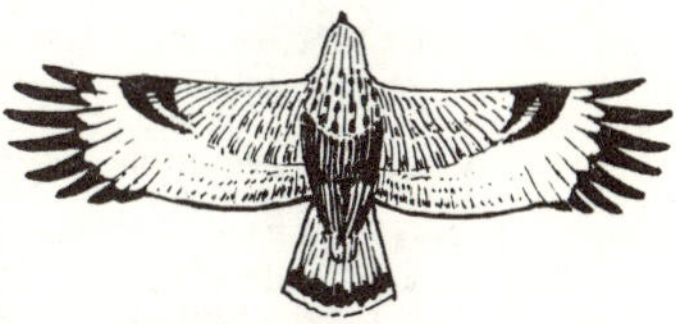

Rauhfußbussard

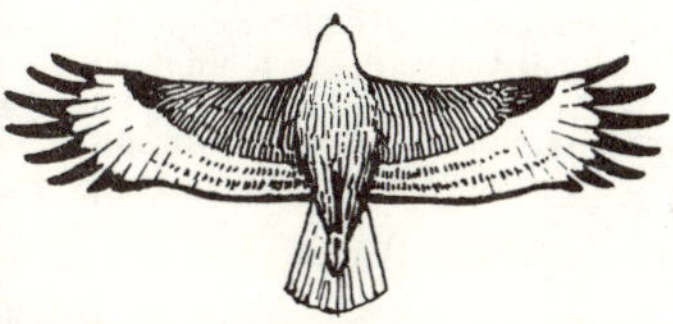

Adlerbussard

der schwach gerundete Schwanz gespreizt wird. Über die Unterschiede zwischen Mäuse- und Rauhfußbussard und Wespenbussard s. S. 212 und 218. Zu den Zugzeiten gesellig.
Stimme: Ein langgezogenes „hiäh“, die Jungen im Horst lassen ein leises Piepen hören.
Biotop: Waldungen aller Art von der Ebene bis ins Gebirge, sowohl in großen geschlossenen Beständen wie in durch eingestreute Felder und Wiesen aufgelockerten Wäldern, vielfach auch in Feldgehölzen. In England vor allem in unkultiviertem Hügel- und Bergland und an felsigen Küsten.
Verbreitung: Außer in Europa von Vorder- bis Ostasien, Atlantische Inseln.
Wanderungen: Überwiegend Stand- und Strichvogel, manche ziehen bis Süd- und Südwesteuropa, im Winter Zuzug aus Nord- und Osteuropa. Ende Februar/Mitte März – Ende September/Oktober.
Nest und Eier: Horstet überwiegend auf Bäumen, gelegentlich auch an Fels- oder anderen Steilwänden; 2 bis 4 gefleckte Eier (56,0 mm × 44,7 mm), April/Anfang Mai.
Unterarten: a) B. b. buteo (L.): Europa mit Ausnahme der unter b bis d aufgeführten Gebiete; b) B. b. arrigonii Picchi: Korsika und Sardinien; c) B. b. vulpinus (Gloger): s. unten; d) B. b. menetriesi Bogdanow: Kaukasus, südliche Krim.

Falkenbussard

Buteo buteo vulpinus (Gloger)

E Steppe-Buzzard
R Малый сарыч
C Káně lesní ruská
F Idän hiirihaukka
P Myszołów wschodni
U Vörösfarkú ölyv

Kennzeichen: 52 cm. Ähnlich Mäusebussard, von dem er sich durch etwas geringere Größe und rostfarben gesäumte Federn der Oberseite, mehr rostbraune Unterseite und noch stärker rostfarbenen, an der Wurzel ungebänderten Schwanz unterscheidet.
Stimme: Wie Mäusebussard.
Biotop: Ähnlich Mäusebussard.
Verbreitung: Nordschweden, Nord- und Ostfinnland, sowjetische Ostseegebiete, östliches Polen, Rumänien, Bulgarien und westliche Türkei. In der Sowjetunion von der Dwina bis zur Krim, ostwärts bis Westsibirien.
Wanderungen: Überwintert in Afrika, Arabien und Indien und wurde auf dem Zug (März/April, September/Oktober) wiederholt in Mitteleuropa, in England, Frankreich und auf der Iberischen Halbinsel festgestellt.
Nest und Eier: Ähnlich Mäusebussard.

Rauhfußbussard

Buteo lagopus (Pontoppidan)

E Rough-legged Buzzard
R Мохноногий канюк
C Káně rousná
F Piekana
P Myszołów włochaty
U Gatyásölyv

Kennzeichen: 56 cm. Wie beim Mäusebussard ist auch bei dem etwas größeren Rauhfußbussard die individuelle Variation groß. Vom Mäusebussard unterscheidet sich der Rauhfußbussard durch hellere Unterseite, von der sich im Fluge der schwarze Fleck am Flügelbug abhebt und den bis auf die dunkle Endbinde fast stets reinweißen Schwanz sowie durch den befiederten Lauf. Bei hellen Rauhfußbussarden ist oft ein dunkles Brustschild ausgebildet. Immat. Unterseite bis Brustmitte auf rahmfarbenem Grund dunkel längsgestreift, übrige Unterseite braun, Hosen und Laufbefiederung hell ockergelblich, dunkel gefleckt, doch ohne Querbänderung. Verhalten wie Mäusebussard.
Stimme: Wie die des Mäusebussards.
Biotop: Offene Tundra und trockene Fjäll-Landschaft oberhalb der Baumgrenze.

Verbreitung: Außer in Europa in Nordasien und Nordamerika.
Wanderungen: Überwintert in Mittel-Ost- und Südosteuropa von Oktober bis Anfang/Mitte April in wechselnder Menge.
Nest und Eier: Horstet am Boden oder an Steilwänden; Gelegegröße schwankt nach Nahrungsangebot, normal 3–4, in „Lemmingjahren" 5–6 meist gefleckte Eier (55,0 mm × 43,6 mm), Mai/Anfang Juni.
Unterarten: B. l. lagopus (Pontoppidan)

Adlerbussard

Buteo rufinus (Cretzschmar)

E Long-legged Buzzard
R Курганник
C Káně bělochvostá
F Arohiirihaukka
P Myszołów kurhannik
U Fehérfarkú ölyv

Kennzeichen: 58 cm. Ein großer, von weitem meist rotbraun erscheinender Bussard; Oberseite dunkelbraun mit breiten rostfarbenen Federsäumen, Kopf und Nacken heller, bei alten Stücken fast weißlich, Unterseite rahmfarben mit brauner Längsfleckung. Schwanz oberseits häufig hell zimtrot, unterseits gelblichweiß schimmernd und ungebändert, es kommen aber auch Stücke mit mehr oder weniger deutlicher Querbänderung vor. Flügel dunkelbraun mit fast schwarzen Spitzen, von unten rahmfarben mit auffallendem dunkelbraunen Fleck am Flügelbug. Daneben gibt es fast einfarbig rostbraune und dunkelbraune Varietäten. Immat. ähnlich den ad., Schwanz meist gebändert.
Stimme: Ähnlich Mäusebussard, doch kräftiger.
Biotop: Von Schluchten durchzogene Steppen und kahle Gebirgsgegenden.
Verbreitung: Anschließend an das europäische Brutgebiet in Asien ostwärts bis zum Amur-Gebiet und zur Mandschurei sowie in Nordafrika.

Wanderungen: Überwintert zumeist im nordöstlichen Afrika und Nordwestindien; als Irrgast in Europa nordwärts bis Niederlande und Schweden.
Nest und Eier: Horstet an Felswänden, Steilufern, gelegentlich auch am Boden und auf einzelstehenden Bäumen; 3–4 gefleckte Eier (60,2 mm × 48,1 mm), Ende März/Mitte April.
Unterarten: B. r. rufinus (Cretzschmar)

GATTUNG: Accipiter Brisson s. Tafel S. 60, 62

Bestimmungsschlüssel

1 So groß wie Mäusebussard **Habicht** S. 214
1* Deutlich unter Bussardgröße 2
2 Schwanz mit 4 dunklen Binden **Sperber** S. 213
2* Schwanz mit 6–7 schmalen und einer breiteren dunklen Endbinde **Kurzfangsperber** S. 213

Sperber

Accipiter nisus (L.)

E Sparrow-Hawk
R Перепелятник
C Krahujec obecný
F Varpushaukka
P Krogulec
U Karvaly

Kennzeichen: 28–38 cm. Ein kleiner, wendiger Raubvogel; ♀ so groß wie Turmfalke, ♂ kleiner. Von den kleineren Falkenarten unterscheidet sich der Sperber durch das charakteristische Flugbild: breite, abgerundete Flügel und langer Schwanz mit 4 dunklen Querbinden. Oberseite beim ♂ blaugrau, beim ♀ graubraun. Unterseite in allen Kleidern auf weißlichem Grund eng braun quergebändert, beim ♂ roströtlich überflogen. Juv. oberseits braun, unterseits außer einigen Querbändern braun längsgefleckt (juv. ♂) oder nur quergebändert (juv. ♀). Jagt in gewandtem Flug, der ab und zu von Gleiten unterbrochen wird, vor allem auf kleinere Vögel, wobei er oft dicht über den Boden dahinfliegt und Hindernisse knapp überwindet. Rüttelt nie.
Stimme: Wenig ruffreudig, man vernimmt seine Stimme, oft wiederholte „gigigig"-Rufe, meist nur am Horst. Bei Gefahr hört man ein „kirk kirk", außerdem zur Brutzeit noch weiche „güh ..." oder mehr zweisilbige „qüi ...".
Biotop: Abwechslungsreiches, von kleineren Waldungen, Feldgehölzen und Parkanlagen durchsetztes Gelände von der Ebene bis ins Hochgebirge; mit Vorliebe in Fichtenstangenhölzern inmitten eines Mischwaldes, weniger im Kieferstangenholz.

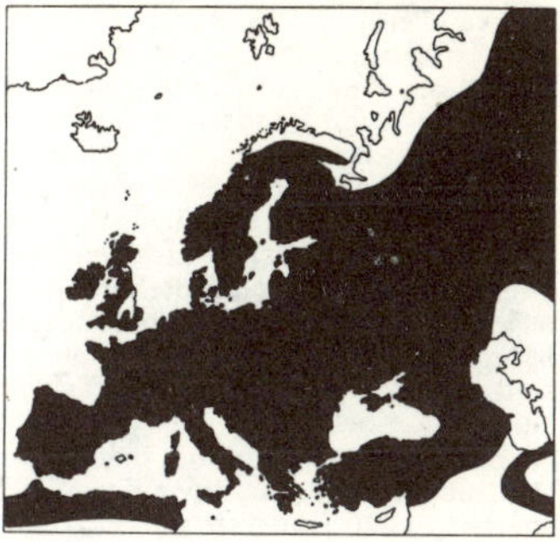

Verbreitung: Außer in Europa fast das ganze mittlere paläarktische Asien sowie Nordwestafrika und Atlantische Inseln.
Wanderungen: Strich- und Zugvogel; vielfach überwintert er auch im Brutgebiet, zum Teil zieht er in südwestlicher Richtung ab und verbringt den Winter in West- und Südwesteuropa. In strengen Wintern in Mitteleuropa Zuzug aus Nord- und Nordosteuropa; Mitte März/Mitte April – Ende August/Oktober.
Nest und Eier: Horstet stets auf Bäumen; 4–6 auf bläulichweißem Grund dunkelbraun gefleckte Eier (39,8 mm × 31,8 mm), 2. Maihälfte.
Unterarten: a) A. n. nisus (L.): Europa mit Ausnahme von Island und der unter b genannten Gebiete (anschließend in Vorderasien und Sibirien ostwärts bis zum Jenissei); b) A. n. wolterstorffi Kleinschmidt: Korsika und Sardinien.

Kurzfangsperber

Accipiter brevipes (Severtzow)

E Levant Sparrow-Hawk
R Тювик
C Jestřáb krátkoprstý
F Balkanin varpushaukka
P Gadowik
U Kishéja

Kennzeichen: 36–38 cm. Feldornithologisch nicht vom Sperber zu unterscheiden; die Unterschiede zwischen beiden Arten, die man allenfalls aus allernächster Nähe feststellen kann,

sind folgende: Das ♂ des Kurzfangsperbers ist etwas größer, das ♀ etwa ebenso groß wie beim Sperber, der Größenunterschied zwischen ♂ und ♀ bei Kurzfangsperber demnach geringer. Die Bänderung auf der Unterseite ist beim Kurzfangsperber rötlichbraun (♂) bzw. rostrot (♀), beim Sperber ist nur beim ♂ die Unterseite roströtlich überflogen. Der Schwanz des Kurzfangsperbers weist 6–7 schmale und eine breitere schwärzliche Endbinde auf, beim Sperber sind es nur 4 dunkel schieferfarbene Binden. Schließlich ist das Auge beim Kurzfangsperber rotbraun, beim Sperber hingegen gelb. Juv. Kurzfangsperber sind unterseits weiß mit länglichen braunen Flecken.
Stimme: Kurze „gik gik" und Rufreihen, die wie „widewidewidewit" klingen, also anders als beim Sperber.
Biotop: Feldgehölze der Ebene, gern in Wassernähe, seltener in höher gelegenen Waldungen.
Verbreitung: Wurde 1957 und 1962 als Brutvogel bei Debrecen, Ungarn, nachgewiesen. Außer in Europa noch in Kleinasien.

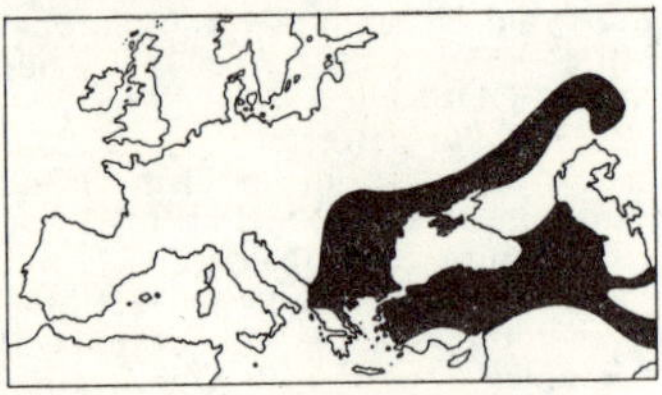

Wanderungen: Überwiegend Zugvogel, der in Nordostafrika und in Vorderasien überwintert.
Nest und Eier: Horstet auf Bäumen; 2–4 bläulichweiße Eier (39,5 mm × 31,7 mm), Mitte Mai/Anfang Juni.

Habicht

Accipiter gentilis (L.)

E Goshawk
R Ястреб-тетеревятник
C Jestřáb obecný
F Kanahaukka
P Jastrząb gołębiarz
U Héja

Kennzeichen: 48–58 cm. So groß wie Mäusebussard, doch schlanker, ♀ größer als ♂. Flugbild durch breite abgerundete Flügel und langen Schwanz mit 4 Querbinden gekennzeichnet. Oberseite dunkel aschbraun, Unterseite auf weißlichem Grund dunkelbraun gebändert. Juv. und Vögel im 1. Lebensjahr sind oberseits heller, unterseits auf warm ockergelblichem Grund dunkelbraun längsgefleckt. Wie der Sperber, so jagt auch der Habicht vom Anstand aus; blitzschnell stößt er auf seine Beute und überwältigt sie rasch mit seinen kräftigen Fängen.
Stimme: Außer am Horst wenig ruffreudig; wird er hier gestört, so läßt er aufgeregte lange „gigigig ..."-Reihen hören; juv. rufen durchdringend „jie ...". Unbeobachtet lassen sie ein bussardähnliches „hi-ä, hi-ä" hören.
Biotop: Abwechslungsreiches Gelände; von Feldern und Wiesen unterbrochene Waldungen von der Ebene bis ins Gebirge.

Verbreitung: Sehr seltener Brutvogel in Großbritannien. Außer in Europa fast im gesamten paläarktischen Asien sowie in Nordamerika.
Wanderungen: Stand- und Strichvogel. In Mitteleuropa im Winter Zuzug aus Nord-, Nordost- und Osteuropa (A. g. gentilis und A. g. buteoides). Der nordamerikanische A. c. atricapillus wurde sechsmal für Großbritannien und Irland nachgewiesen.
Nest und Eier: Horstet auf Bäumen; 3–4 bläulichweiße Eier (56,6 mm × 42,7 mm), 2. Aprilhälfte, in Nordeuropa Mai/Juni.
Unterarten: a) A. g. gentilis (L.): Skandinavien, Finnland und europäische Sowjetunion mit Ausnahme

der unter b und d genannten Gebiete; b) A. g. gallinarum (C. L. Brehm): Europa mit Ausnahme der unter a, c und d genannten Gebiete; c) A. g. arrigonii (Kleinschmidt): Korsika und Sardinien; d) A. g. buteoides (Menzbier): Nördliches Schweden, nördliches Finnland und nördliche Sowjetunion im Anschluß an gentilis, ostwärts bis zur Lena.

GATTUNG: Milvus Lacépède

s. Tafel S. 61, 63

Bestimmungsschlüssel

Die beiden in Europa vorkommenden Milane sind an dem mehr oder weniger tief gegabelten Schwanz zu erkennen.

1 Gefieder mehr rostrot, Schwanz tief gegabelt **Roter Milan S. 215**

1* Gefieder mehr braun bzw. rostgrau, Schwanz nur schwach gegabelt **Schwarzer Milan S. 215**

Roter Milan

Milvus milvus (L.)

E Red Kite
R Красный коршун
C Luňák červený
F Isohaarahaukka
P Kania ruda
U Vöröskánya

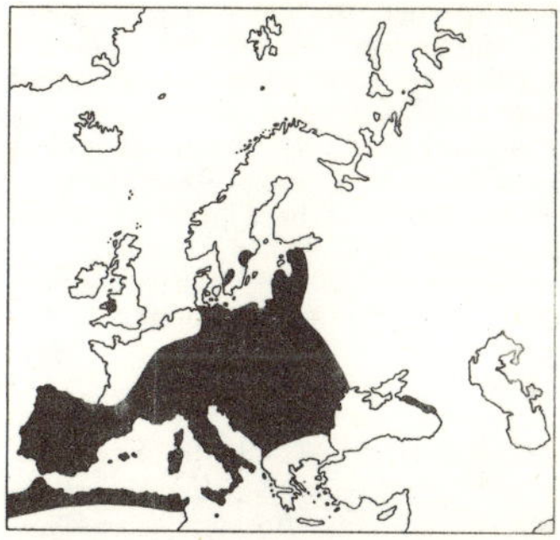

Kennzeichen: 62 cm. Reichlich bussardgroß, Flügel länger, die tiefe Gabelung des langen Schwanzes ist – im Gegensatz zum Schwarzen Milan – auch bei gespreiztem Schwanz noch zu erkennen. Im Fluge sieht man auf den Unterseiten der etwas gewinkelten Flügel je einen großen weißen Fleck. Das etwas größere ♀ gleicht in der Färbung völlig dem ♂. Von anderen gleichgroßen Raubvögeln an dem tief gegabelten Schwanz zu unterscheiden, vom Schwarzen Milan durch rostbraunes Gefieder und tiefer gegabelten Schwanz, Immat. heller, Kopf nicht weißlich, sondern rotbraun.
Stimme: Wiehernd oder trillernd „hiäh-hihihihi-hiäh".
Biotop: In die Kultursteppe eingestreute Waldungen aller Art, vorzugsweise solche mit älterem Baumbestand; nicht unbedingt ans Wasser gebunden wie der Schwarze Milan; vor allem in der Ebene, weniger im Hügelland.
Verbreitung: Hat ausnahmsweise in den Niederlanden gebrütet. Außer in Europa in Vorderasien und in Nordwestafrika.
Wanderungen: Standvogel in England und in den Mittelmeerländern, in den nördlicher gelegenen Gebieten indessen meist Zugvogel, der den Winter im Mittelmeergebiet und Nordwestafrika verbringt; Mitte Februar/Anfang April – Ende Juli/September. Neuerdings überwintern immer zahlreicher Rote Milane in ihren nord- und mitteleuropäischen Brutgebieten (Schweden, DDR, BRD). Irrgast in Norwegen.
Nest und Eier: Horstet auf Bäumen, Horstmulde stets mit Stoff- und Papierfetzen ausgekleidet; 2–4 gefleckte Eier (56,6 mm × 44,6 mm), Mitte April/Mitte Mai.
Unterarten: M. m. milvus (L.)

Schwarzer Milan

Milvus migrans (Boddaert)

E Black Kite
R Черный коршун
C Luňák hnědý
F Haarahaukka
P Kania czarna
U Barnakánya

Kennzeichen: 57 cm. Etwas kleiner als Roter Milan, der gebänderte Schwanz weniger tief gegabelt, Gesamteindruck mehr bräunlich, Kopf und Hals heller, mehr grauweiß mit feinen Längsstrichen. Flügel ohne

weißen Fleck auf der Unterseite. Immat. gleichen weitgehend den ad., Kopf jedoch dunkler.
Stimme: Trillernde Rufe, die sich etwa mit „hühühhüüü ...“ wiedergeben lassen.
Biotop: Waldungen aller Art, auch Feldgehölze und einzeln stehende Baumgruppen, in der Nähe stehender und fließender Gewässer, vor allem in der Ebene, aber auch im Hügelland und Mittelgebirge.
Verbreitung: Außer in Europa in fast ganz Asien, Afrika und Australien.
Wanderungen: Überwintert im tropischen und südlichen Afrika, teilweise schon in den Mittelmeerländern; März – August/September. Irrgast in Großbritannien und Norwegen.
Nest und Eier: Der auf Bäumen stehende Horst ist stets mit Stoff- und

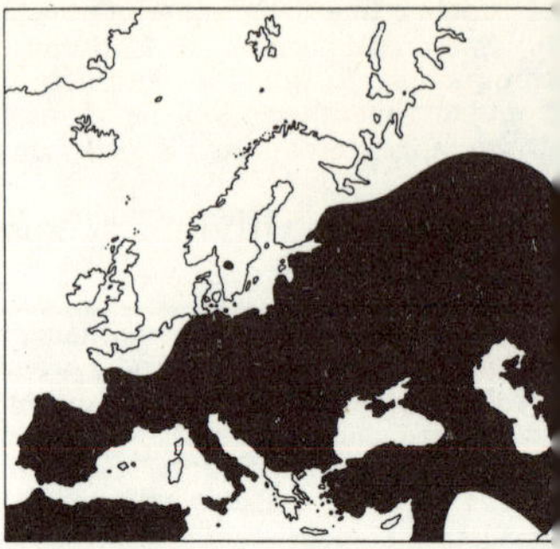

Papierfetzen ausgekleidet, gelegentlich in lockeren Kolonien brütend; 2–4 gefleckte Eier (54,1 mm × 43,1 mm), Ende April/Mitte Mai.
Unterarten: M. m. migrans (Boddaert)

GATTUNG: Elanus Savigny

s. Tafel S. 62

Gleitaar

Elanus caeruleus (Desfontaines)

E Black-winged Kite
R Чернокрылый коршун
C Luňák šedý
F Sinihaarahaukka
P Kaniuk czarnoskrzydły
U Kuhi

Kennzeichen: 32 cm. Eine sehr auffällige Erscheinung; etwa turmfalkengroß, oberseits grau mit schwarzen Schultern, unterseits weiß. Weihenartiger Flug mit langsamen Flügelschlägen, der ab und zu durch Rütteln unterbrochen wird. Bei juv. Kopf und Rücken graubraun, Schultern und Flügel weiß gefleckt, Brust blaß rostbraun überflogen und schwach braun gefleckt.
Stimme: Klingt wie „kriah“.
Biotop: Offenes, baumbestandenes

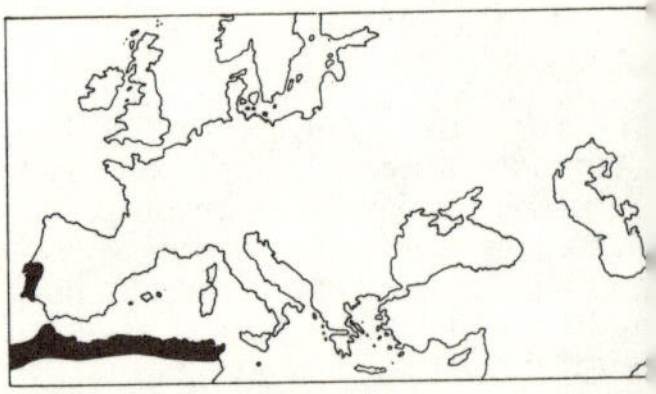

Gelände; meidet geschlossenen Wal[d] und höhere Gebirge.
Verbreitung: In Europa auf Portuga[l] beschränkt; außerhalb Europas fas[t] ganz Afrika, Süd- und Südostasien.
Wanderungen: Stand- und Strichvogel; als Irrgast wiederholt in Westeuropa nordwärts bis Niederlande un[d] BRD nachgewiesen.
Nest und Eier: Horstet auf Bäumen; 3–4 braunrot gefleckte Eier (39,4 mm × 30,8 mm), Mai.
Unterarten: E. c. caeruleus (Desfontaines)

GATTUNG: Haliaeëtus Savigny

s. Tafel S. 56, 5[8]

Bestimmungsschlüssel

1 Schwanz bei ad. einfarbig weiß **Seeadler** S. 217

1* Schwanz bei ad. schwarz m[it] weißer Binde **Bindenseeadler** S. 21[8]

Seeadler
Haliaeëtus albicilla (L.)

E White-tailed Eagle
R Орлан белохвост
C Orel mořský
F Merikotka
P Bielik
U Rétisas

Kennzeichen: 77 cm. Größer als Steinadler; unterscheidet sich in allen Kleidern von anderen großen Raubvögeln durch den verhältnismäßig kurzen, keilförmigen Schwanz, der bei ad. weiß, bei immat. braun ist. Übriges Gefieder braun mit fahlbraunen Säumen, Kopf und Hals heller, mächtiger hellgelblicher Schnabel. Im Fluge fallen die brettartigen Flügel mit den gespreizten Handschwingen auf; die Flügel werden – im Gegensatz zu dem kleineren und unterseits weißen Fischadler – nicht gewinkelt. Läufe nicht befiedert.
Stimme: Gewöhnlich laut und schrill „krikrikrikri ...", in der Erregung ein tiefes, an die Stimme der Mantelmöwe erinnerndes „ga ga ga ga".
Biotop: Waldungen und Baumgruppen in der Nähe von Seen und Strömen, von Mündungsgebieten und Meeresküsten; in der südlichen Sowjetunion auch in Steppengebieten weitab vom Wasser; ferner felsige Meeresküsten und größere bewaldete Inseln.
Verbreitung: Außer in Europa fast im gesamten nördlichen und mittleren Asien sowie in Südwestgrönland.

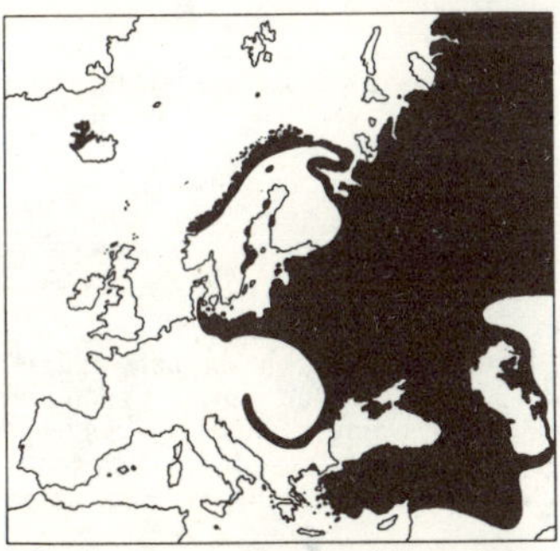

Wanderungen: Stand- bzw. Strichvogel; in Mitteleuropa seltener Durchzügler und Wintergast (Oktober bis März); immat. Seeadler unternehmen weitere Wanderungen und sind zu allen Jahreszeiten auch außerhalb des Brutgebiets anzutreffen.
Nest und Eier: Horstet meist auf hohen Bäumen oder an Felswänden; gewöhnlich 2 weiße Eier (72,3 mm × 56,1 mm), Mitte Februar/April.

Bindenseeadler
Haliaeëtus leucoryphus (Pallas)

E Pallas's Sea Eagle
R Орлан логохвост
C Orel páskovaný
F Valkojuovamerikotka
P Bielik wschodni
U Szalagos rétisas

Kennzeichen: 74 cm. Unterscheidet sich vom Seeadler vor allem durch ein breites weißes Band in der Mitte des schwarzen Schwanzes und den dunklen Schnabel. Im übrigen sind Kopf- und Halsseiten, Kinn und Kehle weißlich bis rahmfarben, das übrige Gefieder ähnlich Seeadler. Immat. braun, Flügel und Schwanz schwarzbraun, mit zunehmendem Alter Schwanz in der Mitte weiß gefleckt.
Stimme: Soll ein schrilles und heiseres Kreischen sein.
Biotop: Ausgedehnte, von Strömen und Flüssen durchzogene Ebenen.
Verbreitung: Südliche Sowjetunion (Steppengebiete zwischen unterer Wolga und Ural), durch Zentralasien bis Transbaikalien, südwärts bis zum Persischen Golf, Nordindien und Nordburma.

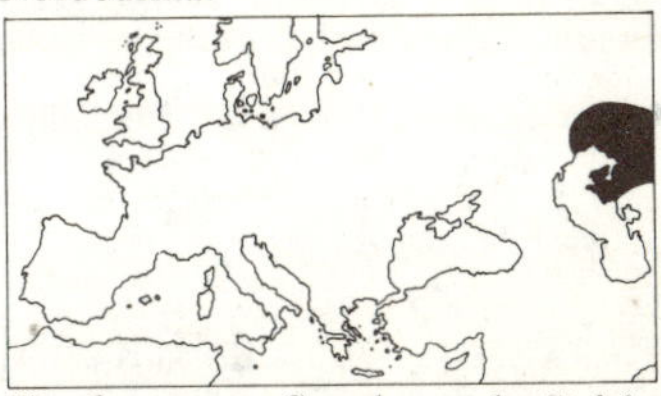

Wanderungen: Stand- und Strichvogel; die im Norden des Brutgebiets beheimateten Vögel überwintern teilweise im Irak, im südlichen Iran, Afghanistan und Nordindien. Als Irrgast je einmal für Norwegen, Polen und Ungarn nachgewiesen.
Nest und Eier: Horstet auf einzelstehenden Bäumen in Wassernähe; 2–4, gewöhnlich 2 weiße Eier (70,2 mm × 54,9 mm), März/April.

GATTUNG: Pernis Cuvier

s. Tafel S. 60, 62

Wespenbussard
Pernis apivorus (L.)

E Honey-Buzzard
R Осоед
C Včelojed obecný
F Mehiläishaukka
P Pszczołojad
U Darázsölyv

Kennzeichen: 55 cm. Etwa so groß wie Mäusebussard, dem er auch im Fluge ähnelt, doch erscheint der Wespenbussard infolge des vorgestreckten Kopfes, der schmäleren Flügel und des längeren Schwanzes schlanker. Vor allem achte man auf die Zeichnung des Schwanzes: außer einer breiten schwarzen Endbinde hat der Wespenbussard nur 2 weitere Binden an der Schwanzwurzel (der Schwanz des Mäusebussards weist außer der dunkeln Endbinde noch mehrere dunkle Querbinden auf).

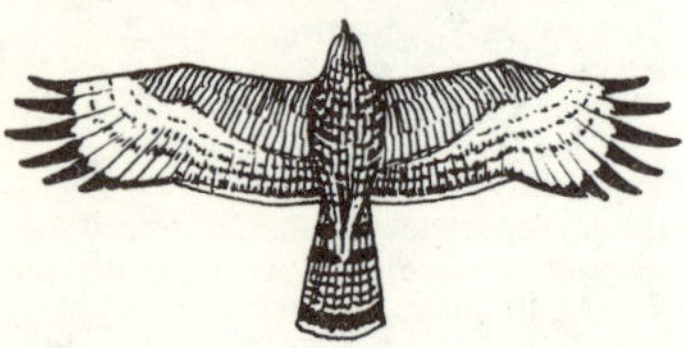

Kopf beim ♂ aschgrau, beim ♀ graubraun, Gefiederfärbung sehr variabel; Oberseite dunkelbraun, dazwischen alle möglichen Übergänge. Juv. völlig braun oder braun mit weißem Kopf und weißer, braun gefleckter Unterseite. Beim Ausgraben von Hummel- und Wespennestern oft am Waldboden.

Stimme: Von kreisenden Wespenbussarden hört man dreisilbige „pü-ih-u" und zweisilbige „pi-hä".

Biotop: Abwechslungsreiche Wälder aller Art, auch größere Feldgehölze, vor allem in der Ebene, weniger in den Mittelgebirgen.

Verbreitung: Anschließend an das europäische Brutgebiet im mittleren Asien ostwärts bis zum Ob sowie in Transkaukasien und im nördlichen Iran.

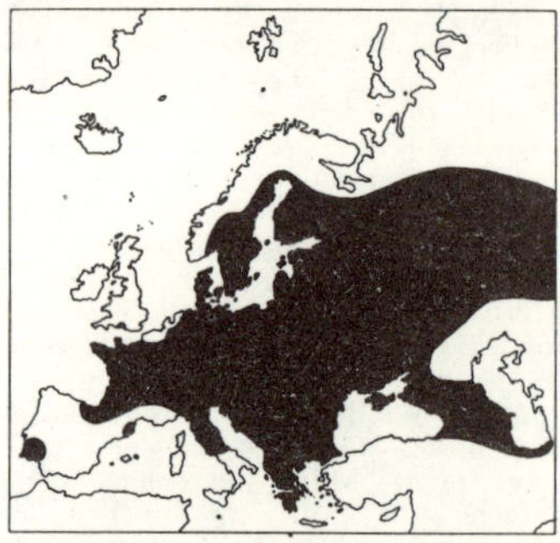

Wanderungen: Ausgesprochener Zugvogel, der im tropischen und südlichen Afrika überwintert; April/Mai bis Mitte August/Anfang Oktober. Auf dem Zug oft in größeren Verbänden.

Nest und Eier: Horstet auf Bäumen; 2 stark rotbraun gefleckte Eier (50,8 mm × 41,1 mm), Ende Mai/Juni.

Unterarten: P. a. apivorus (L.)

GATTUNG: Circus Lacépède

s. Tafel S. 61, 63

Weihen unterscheiden sich von anderen Raubvögeln durch schmale Flügel, langen Schwanz sowie lange und schwache Läufe; ein Kranz kurzer Federchen umrahmt das Gesicht und bildet einen mehr oder weniger deutlichen Schleier. Flug sehr charakteristisch: meist niedrig, schaukelnd und durch Schweben unterbrochen, die Flügel werden hierbei schwach v-förmig gehalten. Bewohnen stets offenes Gelände.

Bestimmungsschlüssel

1 Gefieder überwiegend braun 2
1* Gefieder überwiegend hellgrau 5
2 Schwanz hellgrau **Rohrweihe** ♂ S. 219
2* Schwanz nicht hellgrau 3

3 Oberkopf und Nacken gelblichweiß **Rohrweihe** ♀ S. 219
3* Oberkopf und Nacken nicht gelblichweiß 4
4 Oberseite braun, Unterseite auf hell rostbraunem Grund längsgefleckt, Bürzel weiß, Schleier deutlich ausgeprägt **Kornweihe** ♀ S. 219
4* Ebenso, doch Schleier weniger deutlich ausgeprägt
Steppenweihe ♀ S. 220
Wiesenweihe ♀ S. 221
5 Mit schmaler schwarzer Flügelbinde **Wiesenweihe** ♂ S. 221
5* Ohne schwarze Flügelbinde 6
6 Bürzel deutlich weiß, Brust grau **Kornweihe** ♂ S. 219
6* Bürzel nicht deutlich weiß, Brust weiß **Steppenweihe** ♂ S. 220

Rohrweihe

Circus aeruginosus (L.)

E Marsh-Harrier
R Камышевый лунь
C Pochop rákosní
F Ruskosuohaukka
P Błotniak stawowa
U Barna rétihéja

Kennzeichen: 52 cm. Knapp so groß wie Mäusebussard, wie alle Weihen schlank, langflügelig und langschwänzig. ♂ und ♀ leicht voneinander und von den anderen Weihenarten zu unterscheiden. Das ad. ♂ ist an den hellgrauen Armschwingen, das ♀ an dem ockergelblichen Oberkopf zu erkennen. Juv. fast einfarbig dunkelbraun. Bei der Nahrungssuche schweben und schaukeln alle Weihen niedrig über den Boden hin, die Flügelenden werden dabei nach oben gehalten. Die erspähte Beute wird in plötzlichem und raschem Sturzflug geschlagen.
Stimme: Beim Balzflug läßt das ♂ ein kläglich klingendes „kuiih" hören, das ♀ ruft dünn und pfeifend „hiääh".
Biotop: Stehende Gewässer mit größeren alten Rohrbeständen, gelegentlich auch versumpfte Wiesen; in Südeuropa außerdem in Getreidefeldern.
Verbreitung: Im Anschluß an das europäische Brutgebiet ostwärts bis Zentralasien und von Kleinasien bis Afghanistan sowie in Nordwestafrika.
Wanderungen: Im Norden des Brutgebietes überwiegend Zugvogel, im

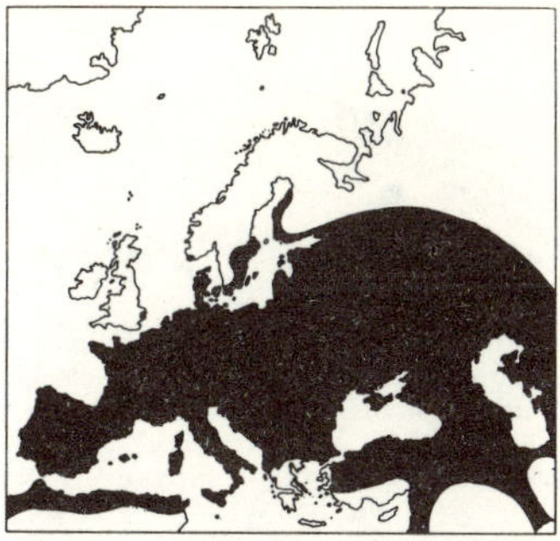

Süden Standvogel; mittel- und osteuropäische Brutvögel ziehen bis nach Afrika bzw. in die Mittelmeerländer und Vorderasien, gelegentlich auch überwinternd. Ende März/Mitte April bis August/Anfang Oktober. Als Irrgast in Irland, auf den Färöer und in Norwegen.
Nest und Eier: Horst meist auf umgebrochenem Rohr im Wasser; 4–6 bläulichweiße Eier (49,2 mm × 38, 1mm), Mitte April/Mai.
Unterarten: a) C. ae. aeruginosus (L.): Europa mit Ausnahme der unter b genannten Gebiete; b) C. ae. harterti Zedlitz: Südspanien (und Nordwestafrika).

Kornweihe

Circus cyaneus (L.)

E Hen-Harrier
R Полевой лунь
C Pilich šedý
F Sinisuohaukka
P Błotniak zbożowy
U Kékes rétihéja

Kennzeichen: 47 cm. Etwas größer als Wiesenweihe; das ad. ♂ oberseits aschgrau, Halsseiten und Kehle blaß aschgrau, übrige Unterseite weiß, Flügelenden schwarz, Bürzel weiß. Vom Wiesenweihen-♂ durch das Fehlen einer schwarzen Flügelbinde unterschieden, vom Steppenweihen-♂ durch dunklere Brust und das Vorhandensein des weißen Bürzels. Die ♀♀ von Korn-, Steppen- und Wiesenweihe sind oberseits braun, unterseits auf hell rostbraunem Grund dunkel längsgefleckt. Schwanz gebändert. Die ♀♀ von Korn- und Wie-

Unterflügel des Kornweihen-♂

senweihe sind feldornithologisch kaum, die von Wiesen- und Steppenweihe nicht zu unterscheiden. – Schleier bei Kornweihen-♂ und -♀ deutlich ausgeprägt. Flugbild nicht so elegant wie bei Wiesen- und Steppenweihe. Juv. oberseits braun, unterseits ockerfarben mit braunen Längsflecken (juv. von Wiesen- und Steppenweihe sind unterseits ungefleckt!).

Stimme: Beim Balzflug hört man vom ♂ wie „äh gri gägägägäg" oder auch nur „gegegeg" klingende Rufe, vom ♀ „giä giä giä giä".

Biotop: Offenes Gelände wie Moore, Heiden, Wiesen, Sümpfe, auch Raps- und Getreidefelder und Steppen.

Verbreitung: Außer in Europa im gesamten mittleren Asien sowie in Nordamerika.

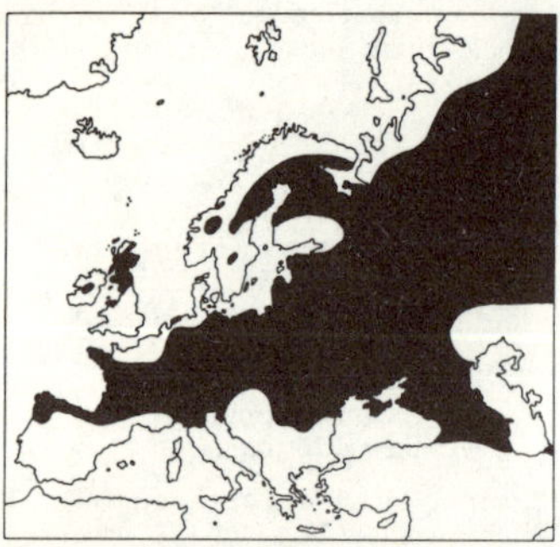

Wanderungen: Zugvogel, dessen europäische Populationen in den Mittelmeerländern, Nordafrika und Vorderasien überwintern. In Mitteleuropa Durchzügler (April – Ende August/Oktober) und gelegentlich überwinternd.

Nest und Eier: Horstet am Boden; 4–5 einfarbig bläulichweiße oder auch gefleckte Eier (45,2 mm × 35,6 mm), Anfang Mai/Anfang Juni.

Unterarten: C. c. cyaneus (L.)

Steppenweihe

Circus macrourus (Gmelin)

E Pallid Harrier
R Степной лунь
C Moták jizní
F Arosuohaukka
P Błotniak blady
U Fakó rétihéja

Kennzeichen: 46 cm. So groß wie Kornweihe, ♂ hellgrau, Kopfseiten und Brust reinweiß, keine schwarze Flügelbinde wie Wiesenweihen-♂ und kein weißer Bürzel wie beim Kornweihen-♂; trotzdem kann das ♂ mit dem Kornweihen-♂, vor allem aber das ♀ und juv. mit denen der Wiesenweihe verwechselt werden. Juv. oberseits braun mit rostfarbenen Federsäumen, unterseits ungefleckt rostfarben, von den unterseits gefleckten juv. der Kornweihe also zu unterscheiden.

Unterflügel vom Steppenweihen-♂

Stimme: Klingt wie „kek kek kek", ähnlich Kornweihe.

Biotop: Offenes Gelände wie Steppen, Getreidefelder und sumpfige Niederungen.

Verbreitung: Hat 1952 auf Norderney und in Mecklenburg gebrütet. Anschließend an das europäische Brutgebiet im südwestlichen Asien.

Wanderungen: Zugvogel, der in Afrika und im südlichen Asien überwintert (April/Mai – August/Oktober); als Irrgast auf den Britischen Inseln, in Norwegen, Schweden, Finnland, Mittel- und Westeuropa nachgeweisen; Durchzügler in Ost-

europa und in den Mittelmeerländern.
Nest und Eier: Horstet am Boden; 4–5 Eier (44,8 mm × 34,8 mm), die denen der Kornweihe gleichen, Mai.

Wiesenweihe
Circus pygargus (L.)

E Montagu's Harrier
R Луговой лунь
C Moták obecný
F Niittysuohaukka
P Błotniak popielaty
U Hamvas rétihéja

Kennzeichen: 42,5 cm. Kleiner als Kornweihe, Flug wendiger. Das ad. ♂ mit schmaler schwarzer Flügelbinde, Bauch und Hosen mit rostroten Schaftstrichen; diese beiden Merkmale fehlen den ad. ♂♂ von Korn- und Steppenweihe. Die ♀♀

Unterflügel des Wiesenweihen-♂

von Wiesen- und Kornweihe sind indessen feldornithologisch kaum, die von Wiesen- und Steppenweihe nicht zu unterscheiden, s. auch Korn- und Steppenweihe. Juv. oberseits braun, unterseits einfarbig rostrot.
Stimme: Weniger ruffreudig als Kornweihe, im übrigen gleichen sich aber die Stimmen beider Arten; das „kä kä" wird auch bei ruhigem Flug vernommen, die Rufreihen beim Balzflug sind kürzer.
Biotop: Sumpfige Niederungen mit Schilf- und Seggenbeständen, trokkene Moore, Luche, Heiden und Dünengelände.
Verbreitung: 1964 hat die Wiesenweihe erstmals in Finnland gebrütet. Anschließend an das europäische Brutgebiet in Asien ostwärts bis zum Jenissei, im Süden bis Nordiran und Turkestan sowie in Nordwestafrika.

Wanderungen: Zugvogel, der im tropischen und im südlichen Afrika sowie in Südwestasien überwintert; Ende April/Anfang Mai – August/September.
Nest und Eier: Horstet am Boden; 4–5 bläulichweiße, meist ungefleckte Eier (41,5 mm × 32,6 mm), Mai/Anfang Juni.

GATTUNG: Circaëtus Vieillot s. Tafel S. 57, 59

Schlangenadler
Circaëtus gallicus (Gmelin)

E Short-toed Eagle
R Змееяд
C Orel krátkoprstý
F Käärmekotka
P Krótkoszpon
U Kígyászölyv

Kennzeichen: 65 cm. Deutlich größer als Mäusebussard; Aussehen – abgesehen von seinem runden eulenartigen Kopf mit den gelben Augen – durchaus bussardähnlich. Oberseits braun, Kehle und Vorderbrust mehr oder weniger braun, übrige Unterseite auf hellem Grund unregelmäßig rostbraun gefleckt. Flugbild bussardähnlich, der Schwanz mit 2 schmalen und einer breiteren dunklen Endbinde ist jedoch länger, die Flügelunterseiten sind fast weiß. Der Flug wird öfters durch Rütteln unterbrochen.
Stimme: Volltönend „jü-ock", die erste Silbe ansteigend, die letzte kurz und voll. Dies ist wohl vorwiegend der Ruf des ♂. Im Ärger „ijök-jök . . ."

oder reihenartig „chro-ih“. Der hauptsächlichste Ruf des ♀ klingt mehr miauend, jaulend (Niethammer).

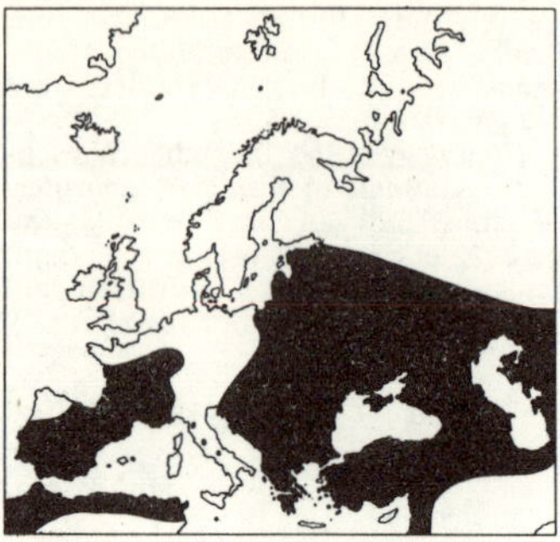

Biotop: Abwechslungsreiche, von Wiesen und Blößen unterbrochene Waldungen aller Art in der Ebene und im Mittelgebirge.
Verbreitung: In Mitteleuropa brütet der Schlangenadler nur noch in der Schweiz, in Ungarn, in der Slowakei sowie im östlichen Polen, möglicherweise auch in der DDR. Außer in Europa in Südwestasien und Nordafrika.
Wanderungen: Im Norden seines Brutgebietes Zugvogel, der in West- und Nordostafrika (Ägypten, Sudan, Äthiopien) und in Vorderasien überwintert. April – August/Mitte Oktober. Irrgast in Finnland.
Nest und Eier: Horstet auf Bäumen; ein reinweißes Ei (75,8 mm × 60,4 mm), Ende April/Mitte Mai.
Unterarten: C. g. gallicus (Gmelin)

FAMILIE: Pandionidae **Fischadler**

Unterscheidet sich von anderen Raubvögeln u. a. durch die nach hinten wendbare Außenzehe. Der kurze Lauf ist mit schuppenartigen Schildchen bedeckt, die Zehen und stark gebogenen Krallen sind sehr kräftig. Das Festhalten der schlüpfrigen Beute wird durch scharfe spitze Schuppen auf der Unterseite der Zehen erleichtert. Nahrung fast ausschließlich Fische, die durch Stoßtauchen erbeutet werden. Nur durch eine Art vertreten.

GATTUNG: Pandion Savigny

s. Tafel S. 56, 58

Fischadler

Pandion haliaëtus (L.)

E Osprey
R Скопа
C Orel říční
F Kalasääski
P Rybołów
U Halászsas

Kennzeichen: 55 cm. Größer als Mäusebussard; durch die dunkelbraune Oberseite, den fast weißen Kopf und die bis auf die schwach bräunlich gefleckte Brust leuchtend weiße Unterseite ist er leicht von anderen etwa gleichgroßen Raubvögeln zu unterscheiden. Im Fluge fallen die gewinkelten Flügel auf. Rüttelt über dem Wasser und stößt mit den Fängen voran im Sturzflug auf Fische. Bei immat. sind die braunen Federn der Oberseite weiß gesäumt.

Stimme: Rufreihen, die wie „tjipp-tjipp-tjipp-tjüpp-tjöpp-tjöpp“ klingen, am Horst werden ängstliche „kjück kjück kjück kjück“-Rufe vernommen.
Biotop: Stets an Wasser gebunden, sowohl an fließenden und stehenden

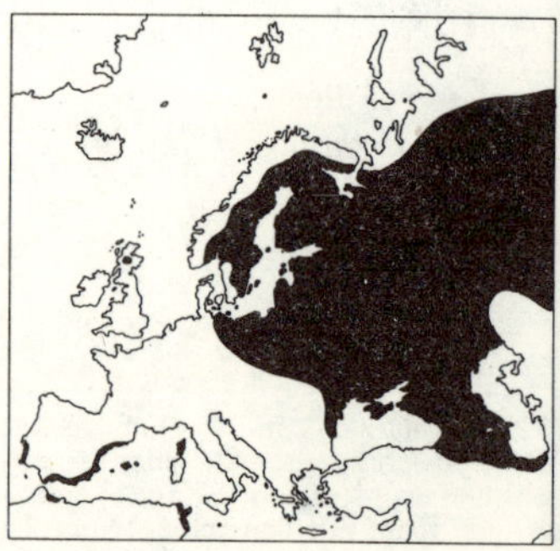

Gewässern des Binnenlandes wie auch an Meeresküsten.
Verbreitung: 1964 hat der Fischadler in der europäischen Türkei gebrütet. Seltener Brutvogel in Schottland (1975 14 Paare). Außerhalb Europas mit Ausnahme der arktischen und antarktischen Gebiete sowie Südamerikas in allen Erdteilen.
Wanderungen: Zugvogel, der im tropischen und südlichen Afrika überwintert. April/Anfang Mai – August/Oktober. Zu den Zugzeiten auch auf Gewässern außerhalb des Brutgebietes.
Nest und Eier: Umfangreicher Horst im Wipfel hoher Bäume, gelegentlich auch an Steilküsten; meist 3 stark rotbraun gefleckte Eier (61,6 mm × 46,5 mm), Ende April/Mai.
Unterarten: P. h. haliaëtus (L.)

FAMILIE: Falconidae — **Falken**

Von anderen Raubvögeln in erster Linie durch schmale, spitz zulaufende Flügel und langen Schwanz unterschieden; Habicht und Sperber haben breitere, gerundete Flügel. Gewandte Flieger, die ihre Beute – Vögel und Insekten – im Fluge ergreifen, teilweise aber auch am Boden schlagen (kleinere Säugetiere). Teilweise gesellig brütend (Eleonoren-, Rötel- und Rotfußfalke). Bauen keine Nester, sondern legen ihre Eier in Felsnischen oder in alte Nester anderer Arten ab. 3 bis 7 lebhaft rotbraun gefleckte Eier. 10 Arten Brutvögel, 2 Irrgäste.

GATTUNG: Falco Linné — s. Tafel S. 64–67

Bestimmungsschlüssel

1 Wesentlich größer als Turmfalke 2
1* Etwa so groß wie Turmfalke 5
2 Mit deutlichem Backenstreif 3
2* Ohne deutlichen Backenstreif 4
3 Oberseite schiefergrau **Wanderfalke** ♂ u. ♀ S. 224
3* Oberseite braun **Lannerfalke** ♂ u. ♀ S. 227
4 Oberseite grau bis weiß, größer als Wanderfalke **Gerfalke** ♂ u. ♀ S. 225
4* Oberseite braun, so groß wie Wanderfalke **Würgfalke** ♂ u. ♀ S. 227
5 Mit deutlichem Backenstreif 6
5* Ohne deutlichen Backenstreif 7
6 Rücken schiefergrau, etwas größer als Turmfalke, rostrote Hosen **Baumfalke** ♂ u. ♀ S. 224
6* Ähnlich wie Baumfalke, doch ohne rostrote Hosen **Eleonorenfalke** ♂ u. ♀ S. 226 (helle Phase)
7 Gefieder schwarz oder größtenteils schiefergrau 8
7* Gefiederfarbe anders 9
8 Etwas größer als Turmfalke, Fänge gelb **Eleonorenfalke** ♂ u. ♀ S. 226 (dunkle Phase)
8* So groß wie Turmfalke, Fänge rot **Rotfußfalke** ♂ S. 228
9 Rücken schieferfarben **Merlin** ♂ S. 226
9* Rückengefieder anders 10
10 Unterseite ungefleckt roströtlich **Rotfußfalke** ♀ S. 228
10* Unterseite gefleckt 11
11 Rücken einfarbig dunkelbraun **Merlin** ♀ S. 226
11* Rücken andersfarbig 12
12 Rücken rotbraun und ungefleckt **Rötelfalke** ♂ S. 229
12* Rücken gefleckt 13
13 Rücken rotbraun und gefleckt, Schwanz grau mit schwarzer Endbinde **Turmfalke** ♂ S. 229
13* Schwanz nicht grau 14
14 Schwanz rotbraun und dunkel gebändert, Krallen schwärzlich **Turmfalke** ♀ S. 229
14* Ebenso, doch Krallen blaßbraun bis weißlich, etwas kleiner als Turmfalke und meist gesellig **Rötelfalke** ♀ S. 229

Baumfalke

Falco subbuteo L.

E Hobby
R Чеглок
C Oštříž obecný
F Nuolihaukka
P Kobuz
U Kabasólyom

Kennzeichen: 33 cm. Etwa so groß wie Turmfalke, doch oberseits dunkel schiefergrau und nicht rotbraun, Schwanz kürzer als beim Turmfalken, Flügel lang und spitz. Deutlicher Backenstreif, Unterseite in allen Kleidern längsgestreift, nicht quergefleckt wie beim größeren Wanderfalken. ♀ wie ♂, etwas größer, Hosen nicht einfarbig rostrot, sondern gefleckt. Juv. ähnlich ad., doch oberseits viel dunkler, alle Federn mit blaß rostfarbenem Saum, Unterschwanzdecken rötlich rahmfarben, nicht rostrot; sehr ähnlich juv. Rotfußfalken, über die Unterschiede zu diesem s. dort. Rüttelt nie, sondern jagt in elegantem Flug über freie Flächen, um kleinere Vögel und größere Insekten (Libellen) im Fluge zu erbeuten.
Stimme: Kurze „gick gick"-Rufe, außerdem längere „kickkickkick . . ."-Rufreihen, die an die des Turmfalken erinnern.
Biotop: Offenes und abwechslungsreiches, von lichten Wäldern und Feldgehölzen durchsetztes Gelände.
Verbreitung: Anschließend an das europäische Brutgebiet fast im ganzen paläarktischen Asien mit Ausnahme des Nordens sowie in Nordwestafrika.
Wanderungen: Ausgesprochener Zugvogel, der in Ost- und Südafrika sowie in Pakistan überwintert; Ende April/Mitte Mai – Mitte August (juv.) September/Oktober (ad.).
Nest und Eier: Horstet auf Bäumen, meist in alten Krähennestern; 3 braungefleckte Eier (41,6 mm × 32,7 mm), Juni.
Unterarten: F. s. subbuteo L.

Wanderfalke

Falco peregrinus Tunstall

E Peregrine
R Сокол
C Sokol stěhovavý
F Jalohaukka
P Sokół wędrowny
U Vándorsólyom

Kennzeichen: 43 cm. Wesentlich größer als Turmfalke; im Fluge an seinem charakteristischen Flugbild, den spitzen Flügeln und dem langen, zum Ende hin schmaler werdenden Schwanz zu erkennen. Sonst fällt der breite schwarze, sich kontrastreich gegen die weißen Kopfseiten und Kehle abhebende Backenstreif auf. Unterseite bei ad. weißlich mit schwarzen Querflecken, bei juv. auf rostgelblichem Grund längsgefleckt. Schlägt Vögel, bes. Tauben im Fluge. Über die Unterschiede zu anderen größeren Falkenarten s. bei diesen.
Stimme: Ein helles, in der Erregung oft wiederholtes „giggiggiggig"; am Brutplatz außerdem aufgeregte „grägrägrä"-Rufe.
Biotop: Je nach Lage des Brutgebietes verschieden; im allgemeinen mehr oder weniger offenes Gelände

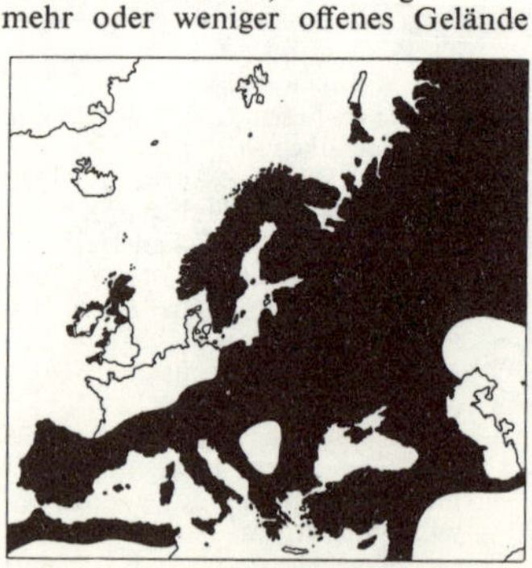

in der Ebene wie im Gebirge, im Norden auch Tundren und Fjälls, gern in felsigem Gelände an der Küste wie im Binnenland. Ferner abwechslungsreiche, von Seen, Mooren, Wiesen und Feldern unterbrochene Waldungen.
Verbreitung: In vielen europäischen Ländern sehr selten geworden oder wie in der DDR als Brutvogel verschwunden. Außer in Europa in allen Erdteilen als Brutvogel vertreten.
Wanderungen: Stand- bzw. Strichvogel, nord- und nordosteuropäische Wanderfalken ziehen bis West- und Südwesteuropa, zum Teil auch bis Afrika, während in Mitteleuropa nur die Jungen in westlicher bzw. südwestlicher Richtung wegziehen; April bis September. F. p. calidus spärlicher Durchzügler und Wintergast in Mitteleuropa (September – Mai).
Nest und Eier: Horstet an Felswänden oder auf Bäumen (in alten Nestern anderer Arten) gelegentlich auch am Boden; 3–4 braungefleckte Eier (53,3 mm × 42,2 mm), Ende März/Anfang Mai.
Unterarten: a) F. p. peregrinus Tunstall: Europa mit Ausnahme der unter c genannten Gebiete; b) F. p. calidus Latham: Nördliches Asien; c) F. p. brookei Sharpe: Iberische Halbinsel, Korsika, Sardinien, Süditalien, Griechenland, größere Mittelmeerinseln, Kleinasien bis zum Kaukasus und Nordwestafrika.

Gerfalke

Falco rusticolus L.

E Gyr Falcon
R Кречет
C Sokol lovecký
F Tunturihaukka
P Białozór
U Sarkí sólyom

Kennzeichen: 53 cm. Wesentlich größer als Wanderfalke, von dem er sich außer durch seine Größe durch den längeren Schwanz und den nur angedeuteten Backenstreif unterscheidet. Flugbild durch spitze Flügel und langen Schwanz gekennzeichnet. Oberseite bei ♂ und ♀ dunkel graubraun mit helleren Säumen. Unterseite weißlich, Kehle und Brust mit dunklen Längsflecken, Bauch und Flanken gröber quergefleckt. Juv. ähnlich, insgesamt heller, unterseits fast nur dunkelbraun längsgefleckt. Isländische Gerfalken sind meist etwas größer und vor allem heller als nordeuropäische, individuell stark variierend und oft nicht von nordeuropäischen oder grönländischen Gerfalken zu unterscheiden.
Stimme: Ein durchdringendes, oft trillerndes Geschrei.
Biotop: Offenes Gelände in der Nähe von Felswänden und steinigen Fjells, gelegentlich auch in bewaldetem Gelände (Skandinavien); einsames, felsiges und gebirgiges Gelände, gern in der Nähe von Seevögelkolonien (Island).
Verbreitung: Außer in Europa im nördlichen Asien sowie im arktischen Nordamerika.

Wanderungen: Gerfalken aus Skandinavien, Finnland und der Sowjetunion überwintern z. T. im Brutgebiet, teilweise werden sie aber auch ± regelmäßig bzw. als Irrgäste weiter südlich angetroffen (südwärts bis Belgien, BRD, Schweiz, Österreich, DDR, Polen, südl. Sowjetunion). F. r. islandus ist Stand- bzw. Strichvogel, der als Irrgast auf den Britischen Inseln und in Mitteleuropa angetroffen wird. F. r. candicans wurde auf Island, in Skandinavien, Finnland, in den sowjetischen Ostseeprovinzen, auf den Britischen Inseln und auf dem Festland südwärts bis Portugal, Frankreich, in der BRD und DDR festgestellt.
Nest und Eier: Horstet an Felswänden, gelegentlich auch auf Bäumen; 3–4 rotbraun gefleckte Eier (58,7 mm × 45,6 mm), Mitte April/Mitte Mai.
Unterarten: Früher unterschied man folgende Unterarten: a) F. r. rusticolus L.: Nordeuropa mit Ausnahme Islands; b) F. r. islandus Brünnich: Island; c) F. r. candicans Gmelin: Grönland. Vaurie (1965) und ihm folgend Brown und Amadon (1968) erkennen keine Unterarten von Falco rusticolus an.

Eleonorenfalke

Falco eleonorae Géné

E Eleonora's Falcon
R Черлок Элеоноры
C Ostříž jižní
F Välimerenhaukka
P Kobus skalny
U Kormos sólyom

Kennzeichen: 38 cm. Dieser Falke kommt lediglich auf Inseln im Mittelmeer vor und schon deshalb sind Verwechslungen mit anderen Arten kaum möglich. Der Eleonorenfalke ist etwas größer als der Baumfalke und kommt in 2 Phasen vor, einer dunkel schieferfarbenen und einer hellen, baumfalkenähnlichen. Diese ist oberseits schieferfarben, Kehle weiß rahmfarben überflogen, übrige Unterseite rostfarben und schwarzbraun längsgefleckt. Juv. der dunklen Phase gleichfalls schieferfarben, bei den juv. der hellen Phase Federn der Oberseite mattschwarz mit breiten rostroten Säumen, Unterseite ähnlich wie ad. Flugbild ähnlich dem des Baumfalken; jagt Vögel bis Taubengröße und Insekten.
Stimme: Heisere 3- oder 4silbige „kjä kjä"-Rufe oder „kjäh kjäk kjäk" und „kji kji kjik", auch „krieh krieh".
Biotop: Mehr oder weniger steile Felswände an der Küste sowie felsige, meist kleinere und unbewohnte Inseln.
Verbreitung: Felsige Inseln im Mittelmeer einschließlich der Adria (Split), ostwärts bis Cypern, ferner Küsten Nordwestafrikas und östliche Kanarische Inseln.

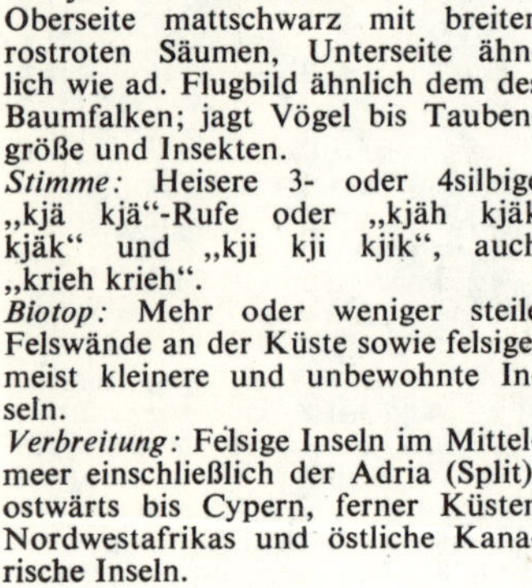

Wanderungen: Überwintert auf Madagaskar und benachbarten Inseln, wahrscheinlich auch an der Ostküste Afrikas, April – Mitte Oktober.
Nest und Eier: Horstet in kleineren Kolonien an Felswänden; 2–3 rotbraun gefleckte Eier (43,2 mm × 33,9 mm), Ende Juli/Anfang August.

Merlin

Falco columbarius L.

E Merlin
R Дербник
C Dřemlik obecný
F Ampuhaukka
P Drzemlik
U Kissólyom

Kennzeichen: 28 cm. Etwas kleiner als Turmfalke; von anderen kleinen Falken unterscheidet sich das ♂ durch blaugraue Oberseite, der Schwanz hat eine schwarze Endbinde. Das ♂ könnte mit dem Baumfalken verwechselt werden, der Baumfalke ist jedoch größer, hat Weiß an den Kopfseiten, einen deutlichen schwarzen Backenstreif und keine Schwanzbinde. Eher kann das etwas größere ♀ mit einem Turmfalken-♀ verwechselt werden, doch ist die Oberseite beim Merlin-♀ dunkelbraun, nicht rötlichbraun, die Unterseite nicht rostgelblich, sondern weiß mit braunen Längsflecken, außerdem erscheint die Gestalt beim Merlin durch den kürzeren Schwanz gedrungener als beim Turmfalken. Juv. ähnlich ♀.
Stimme: Turmfalkenähnliche „kikikiki"-Rufe.
Biotop: Moore, Fjälle, offenes unkultiviertes Hügelland, Heiden, Tundren, Dünengelände an der Küste, auf Island in einsamen felsigen Gebirgen und auf Lavafeldern.

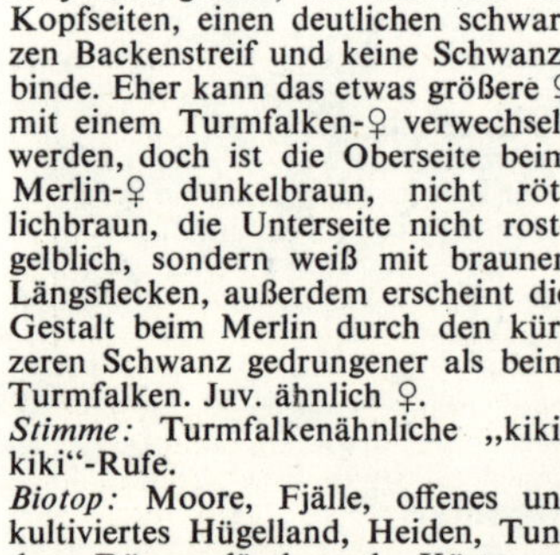

Verbreitung: Anschließend an das europäische Brutgebiet im nördlichen und mittleren Asien sowie in Nordamerika.
Wanderungen: Die europäischen Populationen überwintern in den Mittelmeerländern und in Nordafrika; teilweise schon in Mitteleuropa (Ende September/Mitte November – April/Anfang Mai).
Nest und Eier: Horstet gewöhnlich am Boden, gelegentlich werden auch alte Krähennester benutzt; 4–5 braungefleckte Eier (39,9 mm × 31,3 mm), Mitte April/Anfang Juni.
Unterarten: a) F. c. aesalon Tunstall: Nordeuropa (und Westsibirien) mit Ausnahme von Island; b) F. c. subaesalon C. L. Brehm: Island.

Würgfalke
Falco cherrug Gray

E Saker Falcon
R Балобан.
C Raroh velký
F Aavikko
P Raróg stepowy
U Kerecsensólyom

Kennzeichen: ♂ 49 cm, ♀ 54 cm. Etwas größer als Wanderfalke, von dem er sich durch bräunliche Oberseite, braungestreiften Scheitel und Nacken, fast einfarbig bräunlichweiße Kehle und auf gelblich-rahmfarbenem Grund grob dunkelbraun gefleckte Unterseite unterscheidet; ein dunkler Backenstreif ist nur angedeutet. Immat. ähnlich ad., die Flekkung auf der Unterseite ist jedoch verwaschener und die Fänge sind bläulich, nicht gelb wie bei den ad. Flugbild dem des Wanderfalken sehr ähnlich, durch den relativ längeren Schwanz wirkt der Würgfalke schlanker; Flügelschläge langsamer, dafür aber kräftiger als beim Wanderfalken. Jagt in offenem Gelände auf Vögel, die im Fluge geschlagen werden und auf kleinere Nager.
Stimme: Selten zu hören; gedehnt „kiak kiak kiak", in der Erregung ein rasch wiederholtes „kikikiki", viel abwechslungsreicher als die anderer Falken.
Biotop: Ausgedehnte Ebenen mit Laubwäldern bzw. einzelnen Baum-

gruppen, in Ungarn und in der Tschechoslowakei auch in den bewaldeten Vorbergen; in Osteuropa in Steppengebieten.
Verbreitung: Anschließend an das europäische Brutgebiet in Mittelasien ostwärts bis China.
Wanderungen: Zugvogel, der in Nordwest- und Nordostafrika sowie in Vorderasien, besonders aber in Kleinasien und in den Balkanländern überwintert. März – November. Brutvögel aus Ungarn und der ČSSR überwintern bisweilen im Brutgebiet.
Nest und Eier: Horstet auf Bäumen oder an Felswänden; 3–4 braungefleckte Eier (54,7 mm × 41,5 mm), Mitte April/Mai.
Unterarten: F. ch. cherrug Gray.

Lannerfalke
Falco biarmicus Temminck

E Lanner Falcon
R Средиземиноморский сокол
C Raroh jižní
F Keltapäähaukka
P Raróg górski
U Feldeggsólyom

Kennzeichen: ♂ 44 cm, ♀ 49,5 cm. Auf den ersten Blick eine gewisse Ähnlichkeit mit Würgfalken, doch ist der hellgraubraune bis schiefergraue Rücken wesentlich dunkler als beim Würgfalken sowie Oberkopf und Nacken nicht so hell, sondern auf zimtfarbenem Grund fein dunkel längsgefleckt. Von juv. Wanderfalken durch viel helleren Kopf und

Nacken sowie schwächeren Backenstreif unterschieden. Unterseite auf sehr hellem Grund sparsam dunkel gefleckt (nicht gebändert); die einzelnen Flecken bestehen aus einem Schaftstrich, der in einen rundlichen oder herzförmigen Fleck ausläuft. Immat. ähnlich ad., doch nicht so kontrastreich, sondern von einem einheitlichen Braun: Scheitel hellbraun gestreift, Rücken einfarbig dunkelbraun, Unterseite braun längsgefleckt, Schwanz nicht gebändert; Fänge blau und nicht gelb wie bei ad. Flugbild dem des Wanderfalken sehr ähnlich und nur durch die schlankere Gestalt, den etwas längeren Schwanz und die langsameren Flügelschläge unterschieden. ♂ und ♀ jagen gemeinsam mittelgroße Vögel wie Felsentauben u. a.
Stimme: Nicht so ruffreudig wie Wanderfalke; zur Begrüßung ein rauhes Gäckern und als Bettelruf ein weiches verhaltenes Lahnen (Mebs).
Biotop: Verkarstete Gebirge, felsige Küsten und steilfelsige Bergmassive inmitten von mehr oder weniger ebenem Gelände.
Verbreitung: Außer in Europa in Afrika und im Nahen Osten.
Wanderungen: Stand- bzw. Strichvogel.

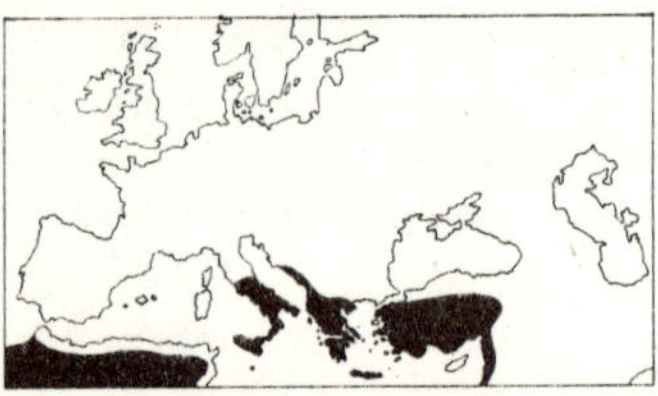

Nest und Eier: Horstet an Felswänden; 3–4 braungefleckte Eier (50,9 mm × 40,6 mm), Mitte Februar/Mitte März.
Unterarten: F. b. feldeggii Schlegel*. Der nordwestafrikanische F. b. erlangeri wurde als Irrgast in Südspanien und einmal in Portugal nachgewiesen.

* Die Unterart Falco biarmicus feldeggii wird Feldeggsfalke genannt.

Rotfußfalke
Falco vespertinus L.

E Red-footed Falcon
R Кобчик
C Postolka rudonohá
F Punajalkahaukka
P Kobczyk
U Kékvércse

Kennzeichen: ♂ 28 cm, ♀ 30 cm. Etwa so groß wie Turmfalke; das schiefergraue ♂ hat rostrote Hosen und Unterschwanzdecken und kann mit keiner anderen Art verwechselt werden (der Eleonorenfalke – dunkle Phase – ist größer, hat kein Rostrot im Gefieder und ist auf den Mittelmeerraum beschränkt). Das ♀ unterscheidet sich durch die ungefleckte hell rostrote Unterseite; Oberkopf und Nacken sind hellbraun, die übrige Oberseite hell aschgrau mit dunkelschiefergrauer Querzeichnung. Juv. sind juv. Baumfalken sehr ähnlich, doch die Stirn ist weißlich und die Oberseite brauner, bei fliegenden Rotfußfalken fällt die weiße Bänderung der Handschwingen auf, beim Baumfalken ist sie meist gelbrötlich verwaschen. Meist gesellig; jagt vorzugsweise – auch in der Dämmerung – Insekten, wobei er gelegentlich rüttelt.
Stimme: Wendehalsähnliche Rufreihen wie „gif gif gif".
Biotop: Weite Ebenen und Steppen mit Feldgehölzen und vereinzelten Baumgruppen.
Verbreitung: Hat ausnahmsweise in Mitteleuropa gebrütet (Dänemark,

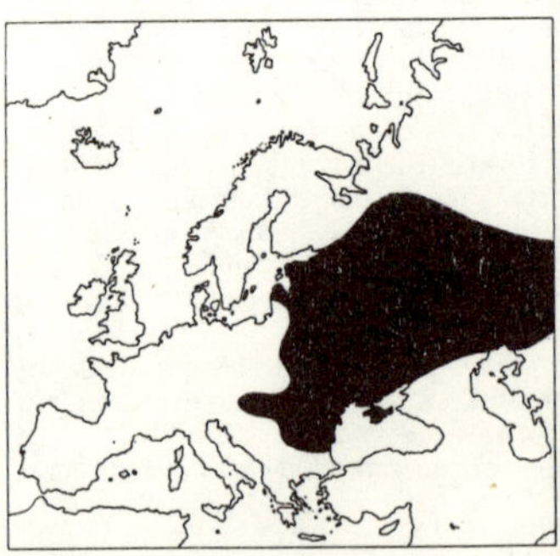

DDR, Bayern, Oberösterreich und Vorarlberg). Anschließend an das europäische Brutgebiet im mittleren Asien bis zum Baikal-See und Altai sowie in China.
Wanderungen: Überwintert im tropischen und südlichen Afrika; als Irrgast westwärts bis zu den Britischen Inseln, den Niederlanden, Frankreich und Spanien. In der BRD und der DDR fast regelmäßig auf dem Durchzug (April/Anfang Juni, Ende August/September).
Nest und Eier: Brütet fast ausschließlich kolonieweise, namentlich in Saatkrähenkolonien; 4–5 rotbraun gefleckte Eier (36,9 mm × 29,4 mm), Mitte Mai/Anfang Juni.
Unterarten: F. v. vespertinus L.

Rötelfalke
Falco naumanni Fleischer

E Lesser Kestrel
R Степная пустельга
C Poštolka jižní
F Pikkutuulihaukka
P Putstułeczka
U Kisvércse

Kennzeichen: ♂ 26 cm, ♀ 28 cm. Etwas kleiner als Turmfalke, dem er auf den ersten Blick ähnlich sieht. Das ♂ unterscheidet sich vom Turmfalken-♂ durch die ungefleckte, zimtbraune Oberseite. Kopf und Schwanz sind mehr blaugrau und nicht grau wie beim Turmfalken-♂. Die Unterscheidung der ♀♀ beider Arten macht gewisse Schwierigkeiten, denn die verschiedene Färbung der Krallen – Rötelfalken haben blaß braune bis weißliche, Turmfalken schwärzliche Krallen – ist als feldornithologisches Kennzeichen kaum brauchbar. Der Rötelfalke ist als Brutvogel auf Süd- und Südosteuropa beschränkt, ist auch zur Brutzeit recht gesellig und brütet zumeist in Kolonien.
Stimme: Heller und gedehnter als die des Turmfalken: „grii grii grii" oder wimmernd wie „wewä wewä".
Biotop: Offenes Gelände mit Ruinen und alten Mauern, gern in Ortschaften und bisweilen auch in Steinbrüchen.

Verbreitung: Anschließend an das europäische Brutgebiet im mittleren Asien und Nordwestafrika.
Wanderungen: Zugvogel, der in den Steppen- und Savannengebieten Afrikas südlich der Sahara überwintert; Mai – August/September. Als Irrgast in Großbritannien, Belgien, Frankreich, Bayern, in der Schweiz und in der nördlichen Sowjetunion nachgewiesen.
Nest und Eier: Brütet fast stets kolonieweise in Ruinen, altem Gemäuer, in Gebäuden und Steinbrüchen; 4–5 rotbraun gefleckte Eier (35,1 mm × 28,8 mm), Mai.

Turmfalke
Falco tinnunculus L.

E Kestrel
R Обыкновенная пустельга
C Poštolka obecná
F Tuulihaukka
P Pustułka
U Vörösvércse

Kennzeichen: ♂ 32 cm, ♀ 35 cm. ♂ und ♀ unterscheiden sich von anderen kleinen Falken durch rotbraunen gefleckten Rücken, vom Sperber außerdem durch schmälere und spitze Flügel und längeren Schwanz. Beim ♂ sind Oberkopf und Schwanz blaugrau, dieser mit schwarzer Endbinde, beim ♀ ist die gesamte Oberseite rötlichbraun mit dunkler Zeichnung, der Schwanz hat mehrere dunkle Querbinden. Juv. ähnlich ♀. Nicht so gesellig wie Rotfuß- und Rötelfalke. Rüttelt oft und stößt aus geringer Höhe auf seine Beute.
Stimme: Ein helles „kli kli kli", außerdem am Brutplatz „wriehwrieh"-Rufe.

Biotop: Offenes Gelände mit Feldgehölzen oder Felswänden, die ihm Nistmöglichkeiten bieten, Bisweilen

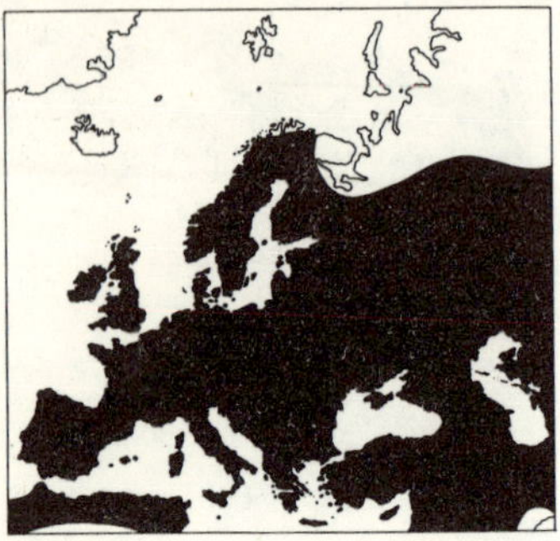

auch in Ortschaften, wo er auf Türmen und an anderen hohen Gebäuden oder in Ruinen brütet.
Verbreitung: Außer in Europa in fast ganz Asien mit Ausnahme des Nordens sowie in großen Teilen Afrikas.
Wanderungen: In Nord- und Nordosteuropa überwiegend Zug-, im übrigen Europa vorwiegend Stand- und Strichvogel. Die Wanderungen führen bis Mittel- und Westeuropa, aber auch weiter bis in die Mittelmeerländer und Afrika. Ende März/April – September Oktober.
Nest und Eier: Brütet in alten Krähennestern, an Felswänden oder an bzw. in Gebäuden. 5–7 rotbraun gefleckte Eier (39,3 mm × 31,3 mm), Mitte April/Mai.
Unterarten: F. t. tinnunculus L.

ORDNUNG: GALLIFORMES

FAMILIE: Tetraonidae **Rauhfußhühner**

Unterscheiden sich von den übrigen Hühnervögeln durch völlig oder nur teilweise befiederte Läufe. Bodenvögel, die Wälder, Heiden, Moore und Tundren bewohnen. Auffallender Geschlechtsdimorphismus, besonders bei Auer- und Birkhuhn. Die Eheform ist bei den einzelnen Gattungen nicht einheitlich, teilweise leben die Arten in Keinehe (Auer- und Birkhuhn u. a.), zum Teil in Einehe (Haselhuhn u. a.). Nester am Boden, umfangreiche Gelege, Eier gefleckt. Junge sind ausgesprochene Nestflüchter, die schnell heranwachsen und sehr bald flugfähig sind. Stand- bzw. Strichvögel. Nahrung vorwiegend Pflanzenstoffe aller Art, daneben Insekten, Würmer, Schnecken u. a. 6 Arten Brutvögel.

Bestimmungsschlüssel für die Gattungen

1 Deutlich über Haushuhngröße **Tetrao** S. 234
1* Haushuhngröße und darunter 2
2 Schwanz mit schwarzer Endbinde **Tetrastes** S. 234
2* Schwanz ohne schwarze Endbinde 3
3 Äußere Schwanzfedern verlängert und mehr oder weniger gekrümmt, Gefieder überwiegend schwarz **Lyrurus** ♂ S. 232
3* Gefieder nicht schwarz 4
4 Haushuhngröße, Gefieder überwiegend braun **Lyrurus** ♀ S. 232
4* Deutlich unter Haushuhngröße, Flügel außer bei Lagopus l. scoticus weiß **Lagopus** S. 230

GATTUNG: Lagopus Brisson s. Tafel S. 68, 70

Bestimmungsschlüssel

1 Flügel stets braun **Schottisches Moorschneehuhn** S. 231
1* Flügel stets weiß 2
2 Schnabel deutlich stärker **Moorschneehuhn** S. 231
2* Schnabel deutlich schwächer **Alpenschneehuhn** S. 232

Moorschneehuhn
Lagopus lagopus L.

E Willow Grouse
R Белая куропатка
C Kur rousný
F Riekko
P Pardwa
U Sarki hófajd

Kennzeichen: 38 cm. Etwas größer als Rebhuhn. Gefieder infolge der häufigen Mausern (♂ 4mal, ♀ 3mal) sehr variabel. Im Brutkleid sind ♂ und ♀ dunkelrotbraun, Brust, Bauch, Unterschwanzdecken, Lauf und Zehenbefiederung weiß. Flügel bei ♂ und ♀ in allen Kleidern weiß. Ruhekleid (Anf. November – März) bis auf den schwarzen Schwanz rein weiß, ♂ und ♀ ohne schwarze Zügel (ein weißes Schneehuhn mit schwarzen Zügeln ist stets ein Alpenschneehuhn-♂!). In der Nähe sind beide Arten allenfalls an den Schnäbeln zu unterscheiden, dieser ist beim Moorschneehuhn stets stärker. Über weitere Unterschiede s. Alpenschneehuhn. Fliegt schnell mit schnurrendem Fluggeräusch und starr nach unten gehaltenen Flügeln.
Stimme: ♂ „err-reck-eck eck eck ...", der unter Verbeugungen vorgebrachte Balzruf klingt wie „kawao; ♀ ruft „jack jack" oder „put put", nach dem Einfallen hört man „djiu-djiüp"-Rufe.
Biotop: Urwüchsige Wälder, Moore und Heiden, die mit Moos, Heidekraut, Heidelbeerbüschen, Weidengestrüpp und Zwergbirken bewachsen sind. In tieferen Lagen als das teilweise im gleichen Gebiet vorkommende Alpenschneehuhn.

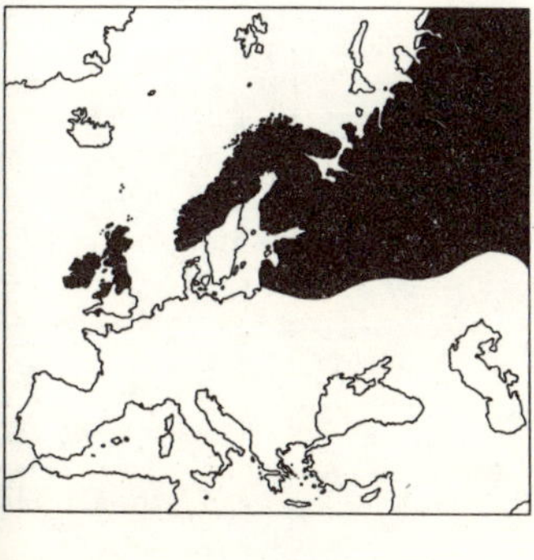

Verbreitung: Außerhalb Europas im gesamten nördlichen Asien und Nordamerika.
Wanderungen: Standvogel.
Nest und Eier: Nest am Boden; 8–12 stark schwarzbraun gefleckte Eier (42,7 mm × 30,9 mm), Ende Mai/Juni.
Unterarten: a) L. l. scoticus (Latham): s. unten; b) L. l. variegatus Salomonsen: Norwegen (Inseln vor dem Trondheim Fjord); c) L. l. lagopus (L.): Europa mit Ausnahme der unter a, b und d genannten Gebiete; d) L. l. rossicus Sserebrowsky: europ. Sowjetunion von der Ostseeküste bis zum Ural.

Schottisches Moorschneehuhn
Lagopus l. scoticus (Latham)

E Red Grouse
R Граус
C Kur skotský
F Kangasriekko
P Pardwa szkocka
U Skót hófajd

Kennzeichen: 35,5 cm. Im Gegensatz zu anderen Schneehühnern kein Wechsel zwischen braunem und weißem Gefieder. Dieses ist stets rotbraun, Flügel nie weiß, sondern wie der Schwanz stets dunkel rotbraun. Das ♀ ist etwas kleiner und heller als das ♂. Das Brutkleid ist heller als das Ruhekleid. Verwechslungen mit anderen Arten sind kaum möglich; die etwas größere Birkhenne hat einen leicht eingekerbten Schwanz und das Alpenschneehuhn hat in allen Kleidern weiße Flügel.
Stimme: Klingt wie „a-ä-öck, köck, köck, köck ... errr-ra", das ♂ ruft noch „wörrau wörrau wörrau, goback goback goback", das ♀ „jap jap jap" und „gak gak".
Biotop: Moore und Heiden (wie L. l. lagopus).
Verbreitung: Britische Inseln und Irland; in Belgien (Hohes Venn) eingeführt.
Wanderungen: Standvogel.
Nest und Eier: Nest am Boden; 6–11 stark schwarzbraun gefleckte Eier (45,8 mm × 32,1 mm), Mitte April/Anfang Mai.

Alpenschneehuhn
Lagopus mutus (Montin)

E Ptarmigan
R Тундреная куропатка
C Kur horský
F Kiiruna
P Pardwa górska
U Havasi hófajd

Kennzeichen: 34 cm. So groß wie Moorschneehuhn; ♂ im Brutkleid graubraun, ♀ rotbraun, Flügel bei ♂ und ♀ in allen Kleidern weiß, Ruhekleid bis auf den schwarzen Schwanz weiß. Vom Moorschneehuhn kaum zu unterscheiden, zumal das Gefieder bei beiden Arten stark variiert. Im Ruhekleid ist nur das ♂ durch die schwarzen Zügel vom Moorschneehuhn-♂ und ♀ zu unterscheiden, das ♀ gleicht dem Moorschneehuhn. Wichtig für die Bestimmung ist deshalb der Biotop (s. u.), das Brutgebiet (nicht überall kommen beide Arten im gleichen Gebiet vor, s. Karte) und die Stimme (s. u.).
Stimme: Vom ♂ hört man ein knarrendes „ärrr"; außerdem als Stimmführungslaut ein dumpfes und leises „rra" oder „rrrar".
Biotop: In den Gebirgen oberhalb der Baumgrenze bis zur Grenze des ewigen Schnees auf steinigen, mit Alpenrosen, Krummholz und anderen niedrigen Gewächsen bewachsenen Matten. Auf Island Heiden und Hochmoore. Im hohen Norden die hochgelegenen Tundren. In Gebieten, in denen Moor- und Alpenschneehuhn zusammen vorkommen, bewohnt das Alpenschneehuhn stets die höheren Lagen.

Verbreitung: Außer in Europa im nördlichen Asien und Nordamerika.
Wanderungen: Standvogel.
Nest und Eier: Nest am Boden; 8–12 stark schwarzbraun gefleckte Eier (41,2 mm × 29,9 mm), Ende Mai/Juni.
Unterarten: a) L. m. hyperboreus Sundevall: Spitzbergen und Franz-Joseph-Land; b) L. m. islandorum (Faber): Island; c) L. m. mutus (Montin): Skandinavien, Finnland und Sowjetunion bis zur Kola-Halbinsel; d) L. m. millaisi Hartert: Schottland; e) L. m. pyrenaicus Hartert: Pyrenäen.

GATTUNG: Lyrurus Swainson s. Tafel S. 69, 71

Bestimmungsschlüssel:

1 Gefieder überwiegend schwarz 2
1* Gefieder überwiegend braun 3
2 Unterschwanzdecken weiß **Birkhuhn** ♂ S. 232
2* Unterschwanzdecken schwarz **Kaukasus-Birkhuhn** ♂ S. 233
3 Schwanz leicht eingekerbt, Zeichnung auf der Brust breiter und gröber **Birkhuhn** ♀ S. 232
3* Schwanz gerundet, Zeichnung auf der Brust schmäler, auf den Kaukasus beschränkt **Kaukasus-Birkhuhn** ♀ S. 233

Birkhuhn
Lyrurus tetrix (L.)

E Black Grouse
R Тетерев
C Tetřivek obecný
F Teeri
P Cietrzew
U Nyírfajd

Kennzeichen: ♂ 61,5 cm, ♀ 42 cm. Kleiner als Auerhuhn, etwa haushuhngroß. ♂ gänzend schwarz mit

weißen Flügelbinden und Unterschwanzdecken und leierförmigem Schwanz. ♀ nicht wesentlich kleiner, bräunlich; von Auerhenne und Schneehühnern durch Größe und den beim Fliegen sichtbaren leicht eingekerbten Schwanz zu unterscheiden.
Stimme: Die Balz des ♂ beginnt mit dem „Zischen“ oder „Fauchen“, das sich etwa wie „tschuchih“ anhört, dem das „Kullern“ oder „Trudeln“ folgt, ein brodelndes „ur rut rututur rutturucke“. ♂ ruft bei Revierverteidigung „kokrokraio“, beim Auffliegen pfeift es; das ♀ ruft laut „gaggag“.
Biotop: Wechselt je nach Lage des Brutgebiets. Moorige, mit Birken- und Erlengebüsch durchsetzte Wiesen, Torfmoore und Heiden, lichte Laub- und Mischwälder mit Lichtungen und Niederwald, im Hochgebirge moorige Matten am oberen Rand der Baumgrenze. In der SU Waldsteppen, die Taiga und Hochgebirgswälder.
Verbreitung: Anschließend an das europäische Brutgebiet im gesamten mittleren Asien.

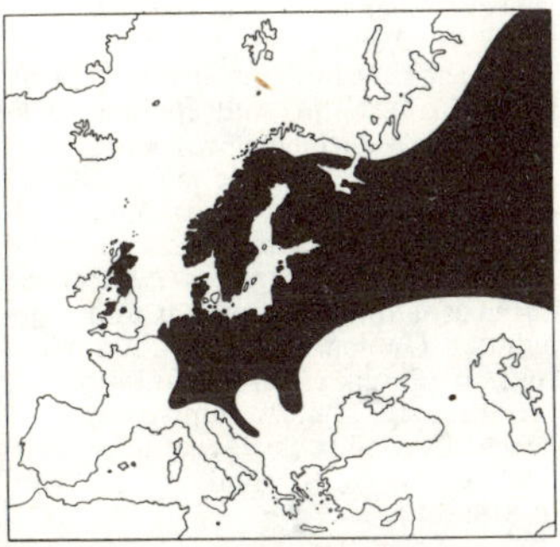

Wanderungen: Standvogel.
Nest und Eier: Nest am Boden; 7–12 auf ockergelblichem Grund rötlichbraun gefleckte Eier (50,2 mm × 36,1 mm), Mitte Mai/Juni.
Unterarten: a) L. t. britannicus Witherby & Lönnberg: Schottland und England; b) L. t. tetrix (L.): Europa mit Ausnahme der unter a und c genannten Gebiete; c) L. t. viridanus (Lorenz): Südöstliche europäische Sowjetunion (und Südwest-Sibirien).

Kaukasus-Birkhuhn
Lyrurus mlokosiewiczi (Taczanowski)

E Caucasian Black-Grouse
R Кавказский тетерев
C Tetřivek kavkazský
F Kaukaasianteeri
U Kaukázus nyírfajd

Kennzeichen: 50 cm. Sehr ähnlich unserem Birkhuhn, mit dem es aber nicht verwechselt werden kann, da das Kaukasus-Birkhuhn auf den Kaukasus beschränkt ist und L. tetrix im gesamten Kaukasus-Gebiet fehlt. ♂: bis auf die inneren Unterflügeldecken schwarz, ein weißes Flügelfeld fehlt, die äußeren Steuerfedern nicht so stark leierförmig gekrümmt, sondern flach sichelförmig abwärts gebogen. ♀ Schwanz nicht schwach eingekerbt wie bei L. tetrix-♀, sondern gerundet; außerdem ist die Unterseite fein grau und schwarz gewellt, die Unterschwanzdecken sind rostbraun und schwarz gebändert und haben einen weißen Endsaum.
Stimme: Die morgens und abends stattfindende Balz ist stumm, nur das Flügelgeräusch der springenden Hähne ist zu hören; die Stimme der Henne gleicht der der Birkhenne. Von auffliegenden Kaukasus-Birkhühnern hört man ein zischendes Pfeifen.
Biotop: Mit Rhododendron und niedrigem Buschwerk bestandene Hänge und Matten in Höhenlagen zwischen 1500 und 3000 m.
Verbreitung: Auf den Kaukasus beschränkt.
Wanderungen: Standvogel.
Nest und Eier: Nest am Boden; die Eier gleichen denen des Birkhuhns (48,9 mm × 35,0 mm), wahrscheinlich Juni.

GATTUNG: Tetrao Linné

s. Tafel S. 69, 71

Auerhuhn

Tetrao urogallus L.

E Capercaillie
R Глухарь
C Tetřev hlušec
F Metso (♂), koppelo (♀)
P Głuszec
U Siketfajd

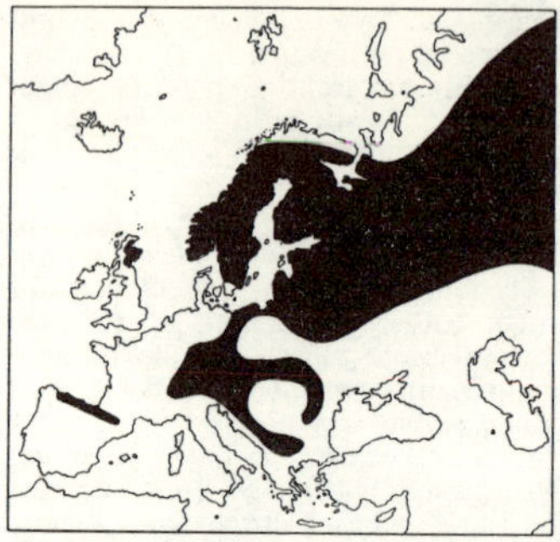

Kennzeichen: ♂ 94 cm, ♀ 67 cm. Unser größter Hühnervogel; ♂ unverkennbar, schwarz mit dunkelbraunen Flügeln, Schwanz beim ♂ und dem kleineren, rotbräunlichen ♀ abgerundet. Der Birkhahn ist kleiner, hat auffallend weiße Flügelbinden und leierförmigen Schwanz, Birkhenne kleiner als Auerhenne mit leicht eingekerbtem Schwanz. Flug geräuschvoll polternd. Kreuzungen zwischen Auer- und Birkwild kommen in freier Wildbahn vor und werden als Rackelwild bezeichnet.
Stimme: Beim Balzlied des Auerhahns unterscheidet man vier Teile: zunächst hört man einen doppeltönigen, 5- bis 15mal wiederholten Schnalzlaut, dann folgt der Triller, ein kurzes, leiseres Geräusch, dem der Hauptschlag, ein heller und lauter Ton folgt. Zum Abschluß kommt das Schleifen, das so klingt, als ob eine Sense gewetzt würde. Die Henne ruft „back back“ oder „göck göck“.
Biotop: Große zusammenhängende, urwüchsige und unterholzreiche Waldungen vor allem im Hoch- und Mittelgebirge, weniger in der Ebene.
Verbreitung: In Mitteleuropa ist das Auerhuhn überall selten geworden und brütet nur noch spärlich in Brandenburg und in der Lausitz, ferner in den sächsischen Gebirgen, im Thüringer Wald, im Harz, in den Mittelgebirgen der BRD und im Alpengebiet. Anschließend an das europäische Brutgebiet im nördlichen Asien ostwärts bis zum Baikalsee.
Wanderungen: Standvogel.
Nest und Eier: Nest am Boden; 5–8 auf ockergelblichem Grund rotbraun gefleckte Eier (57,7 mm × 41,6 mm), Ende April/Juni.
Unterarten: Von dem im Europa brütenden Auerhuhn sind mehrere Unterarten beschrieben worden; es ist aber zu vertreten, die europäischen Auerhühner in den nachstehend aufgeführten Unterarten zusammenzufassen: a) T. u. urogallus L.: Europa mit Ausnahme der unter b und c genannten Gebiete; b) T. u. aquitanicus Ingram: Pyrenäen und Kantabrisches Gebirge; c) T. u. taczanowskii Stejneger: Europäische Sowjetunion südlich des 60° n. B. (und anschließend in Sibirien).

GATTUNG: Tetrastes Keyserling & Blasius

s. Tafel S. 69, 71

Haselhuhn

Tetrastes bonasia (L.)

E Hazel Hen
R Рябчик
C Jeřábek lesní
F Pyy
P Jarząbek
U Császármadár

Kennzeichen: ♂ 36,5 cm, ♀ 34 cm. Kleiner als Birkhuhn, nur gut rebhuhngroß. Gesamteindruck rostbraun, schwarz und weiß. ♂ mit Federholle und schwarzer Kehle, die ihm sonst recht ähnliche Henne ist unterseits dunkler; der kurze Schwanz hat eine schwarze, weißgesäumte Endbinde.
Stimme: Meisenartig pfeifend, der

Balzruf des ♂ klingt wie „tihitititititih“.
Biotop: Abwechslungsreiche Mischwälder mit Unterholz und beerentragenden Sträuchern sowie Heidelbeer- und Preißelbeerbeständen.
Verbreitung: Anschließend an das europäische Brutgebiet im gesamten mittleren Asien.
Wanderungen: Standvogel.
Nest und Eier: Nest am Boden; 7–10 auf ockergelblichem Grund hellbraun gefleckte Eier (40,8 mm × 28,9 mm), Anfang Mai/Juni.
Unterarten: a) T. b. bonasia (L.): Skandinavien, Finnland, Polen und Sowjetunion südwärts bis etwa zum 55.° n. Br.; b) T. b. rupestris (C. L. Brehm): Mittel- und Südosteuropa; c) T. b. sibiricus Buturlin: Nordöstliche europäische SU (Petschora-Niederung und Ural), anschließend in Sibirien.

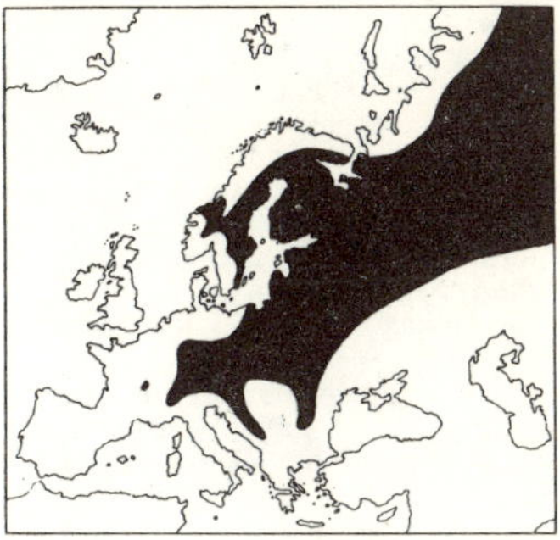

FAMILIE: Phasianidae **Steinhühner, Rebhühner, Wachteln, Fasane**

Unterscheiden sich von den Rauhfußhühnern durch unbefiederte Läufe. Bodenvögel, die mehr oder weniger offenes Gelände bewohnen. Außer bei den Fasanen besteht kein ausgeprägter Geschlechtsdimorphismus; meist in Einehe lebend. Nester am Boden, umfangreiche Gelege, Eier einfarbig oder gefleckt. Außer der Wachtel Stand- bzw. Strichvögel. Nahrung ähnlich wie bei Rauhfußhühnern. 8 Arten Brutvögel.

Bestimmungsschlüssel für die Gattungen

1 Schwanz auffallend lang **Phasianus** S. 239
1* Schwanz nicht auffallend lang 2
2 Deutlich über Haushuhngröße **Tetraogallus** S. 235
2* Deutlich unter Haushuhngröße 3
3 Schnabel und Füße rot **Alectoris** S. 236
3* Schnabel und Füße andersfarbig 4
4 Schwanz einfarbig rotbraun **Perdix** S. 238
4* Schwanz dunkelbraun mit Querbinden, kleiner als vorige **Coturnix** S. 239

GATTUNG: Tetraogallus J. E. Gray s. Tafel S. 69

Kaukasisches Königshuhn
Tetraogallus caucasicus (Pallas)

E Caucasian Snow-Partridge
R Кавказский улар
C Velekur kavkazský
F Alppikana
U Kaukázusi siketfajd

Kennzeichen: 55 cm. Auerhuhngroß, Gestalt rebhuhnartig; Größe, Vorkommen und Biotop schließen eine Verwechslung mit anderen Arten völlig aus. Oberkopf grau mit rostgelblichem Anflug, zum Hinterhals in Rötlichbraun übergehend. Vorderrücken schwarz und rahmfarben quergewellt, übrige Oberseite schwarzgrau mit blaß rostgelblicher Zeichnung. Kehle und Halsseiten weiß, in der Mitte der Halsseite ein längsverlaufendes schmales Band. Übrige Unterseite schwarz und hell rostbraun gezeichnet. Schwanz braunschwarz, Unterschwanzdecken weiß. Das ♀ gleicht weitgehend dem ♂.
Stimme: Von ♂ und ♀ hört man häufig ein helles „tju tju“, vom Hahn

außerdem noch einen lauten Pfiff; Radde schreibt auch von „gackernden Trillerrufen“.
Biotop: Hochalpine Zone des Kaukasus zwischen 2300 und 3600 m, wo sich unterhalb der Schneegrenze und oberhalb des Rhododendrongürtels noch eine kümmerliche Vegetation befindet.
Verbreitung: Auf den Kaukasus beschränkt.
Wanderungen: Standvogel, der im Winter tiefere Lagen aufsucht, aber noch oberhalb der Waldzone bleibt.

Nest und Eier: Nest am Boden; 8–10 auf grünlichgrauem Grund dunkelbraun gefleckte Eier (66,9 mm × 45,2 mm), Ende April/Mai.

GATTUNG: Alectoris Kaup

s. Tafel S. 72, 73

Die vier für Europa in Frage kommenden Arten sehen sich von weitem recht ähnlich, während sie in der Nähe an der Kopf- und Halsbefiederung erkannt werden können. Für die Bestimmung sind ferner Verbreitung und Biotop maßgebend. Die ♀♀ gleichen den ♂♂, die Ruhekleider den Brutkleidern. Monogam, außerhalb der Brutzeit gesellig.

Bestimmungsschlüssel

1 Weiße, schwarz eingefaßte Kehle 2
1* Graue, braun eingefaßte Kehle **Felsenhuhn** S. 237
2 Schwarze Einfassung löst sich allmählich in Flecken auf der graubraunen Brust auf, Oberseite dunkelbraun **Rothuhn** S. 237
2* Schwarze Einfassung hebt sich scharf gegen die lichtgraue Brust ab, Oberseite grau 3
3 Zügel schwarz **Steinhuhn** S. 236
3* Zügel weiß, vom Steinhuhn im Felde kaum zu unterscheiden **Chukarhuhn** S. 237

Steinhuhn

Alectoris graeca (Meisner)

E Rock Partridge
R Кеклик
C Orebice horská
F Kivikkopyy
P Kuropatwa skalna
U Szirttifogoly

Kennzeichen: 35 cm. Reichlich rebhuhngroß; vom Rothuhn von weitem nicht zu unterscheiden, doch schließt der Biotop eine Verwechslung beider Arten weitgehend aus. Von nahem an der weißen, schwarz eingefaßten Kehle, die sich scharf gegen die lichtgraue Vorderbrust abhebt, zu erkennen. Oberseite grau. ♂ und ♀ sind gleichgefärbt. Lebt in Einehe, nach der Brutzeit gesellig.
Stimme: Als Lockton ein weithin vernehmbares „teréktek teréktek“, beim Abstreichen ein pfeifendes „piiju“.
Biotop: Von Geröll und Felsbrocken übersäte und mit nur wenig Pflanzenwuchs bestandene oder auch völlig vegetationslose Berghänge und Hochebenen bis hinauf zur Schneegrenze.
Verbreitung: Anschließend an das europäische Brutgebiet im südwestlichen und mittleren Asien ostwärts bis China.

Wanderungen: Standvogel; bei Einbruch des Winters werden tiefere Lagen aufgesucht.
Nest und Eier: Nest am Boden; 9–15 auf sandfarbenem Grund bräunlich gefleckte Eier (41,1 mm × 30,6 mm), Mitte April/Juni.
Unterarten: a) A. g. saxatilis (Bechstein): Alpengebiet von Frankreich und Italien bis zur Schweiz und Oberbayern, sporadisch in Österreich; b) A. g. graeca (Meisner): Mittel- und Süditalien, Jugoslawien ostwärts bis

Bosnien und Serbien; westliches und südliches Bulgarien, südwärts bis Griechenland einschließlich der Ionischen Inseln, ostwärts bis in die Gegend von Xanthi; c) A. g. whitakeri Schiebel: Sizilien.

Chukarhuhn

Alectoris chukar (J. E. Gray)

E Chukar-Partridge
R Западнотуркменский равнинныв кеклик

Kennzeichen: 35 cm. Dem Steinhuhn sehr ähnlich, die Zügel sind jedoch beim Chukarhuhn weiß statt schwarz, außerdem fehlt ihm der durchgehende schwarze Überaugenstreif des Steinhuhns.
Stimme: Mehr hühnerartig gackernd und nicht pfeifend wie beim Steinhuhn.
Biotop: Wie beim Steinhuhn.
Verbreitung: Von Südosteuropa durch Vorderasien ostwärts bis Zentralasien.

Wanderungen: Standvogel; bei Einbruch des Winters werden tiefere Lagen aufgesucht.
Nest und Eier: Wie beim Steinhuhn.
Unterarten: a) A. ch. cypriotes (Hartert): Thrakien, Ostbulgarien, Ägäische Inseln, Kreta, Rhodos, Zypern und Kleinasien; b) A. ch. kurdestanica (Meinertzhagen): Kaukasus (und anschließend Transkaukasien, Nordwestiran und Kurdistan).

Felsenhuhn

Alectoris barbara (Bonnaterre)

E Barbary Partridge
R Берберская каменная куропатка
C Orebice skalní
F Kalliopyy
U Barnanyaku szirtifogoly

Kennzeichen: 33 cm. Da das Vorkommen des Felsenhuhns in Europa auf Sardinien und Gibraltar beschränkt ist, kann es nicht mit Stein- oder Rothuhn, von denen es von weitem kaum zu unterscheiden ist, verwechselt werden. In der Nähe fällt die graue Kehle auf (bei Stein- und Rothuhn ist sie weiß!), die von einem kastanienbraunen Band eingefaßt ist. Lebt wie alle Alectoris-Arten monogam, außerhalb der Brutzeit gesellig.
Stimme: Klingt wie „krriaup“.
Biotop: Steinige, mit Gebüsch bestandene Hänge; trockene Felder, gern in Wassernähe.
Verbreitung: Das europäische Vorkommen ist auf Sardinien und Gibraltar beschränkt. Außerhalb Europas in Nordafrika und auf den Kanarischen Inseln.

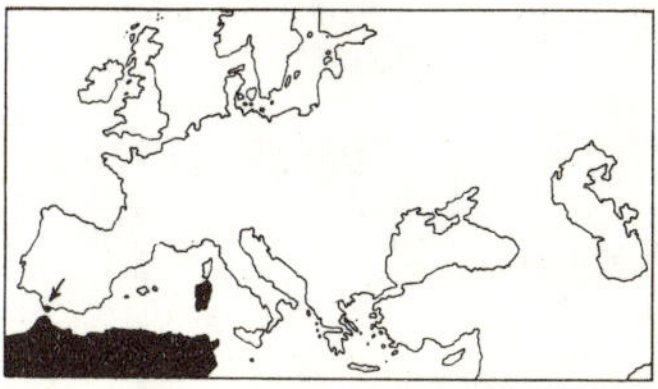

Wanderungen: Standvogel.
Nest und Eier: Nest am Boden; 10–18 auf rötlich sandfarbenem Grund braun gefleckte Eier (37,8 mm × 30,5 mm), Mitte April/Mai.
Unterarten: A. b. barbara (Bonnaterre).

Rothuhn

Alectoris rufa (L.)

E Red-legged Partridge
R Красная каменная куропатка
C Orebice rudá
F Punapyy
P Kuropatwa czerwona
U Vörös szirtifogoly

Kennzeichen: 32 cm. So groß wie Steinhuhn, dem es von weitem ähnlich sieht. Wie bei allen Alectoris-Arten gleicht auch beim Rothuhn das ♀ dem ♂. Das schwarze Kehlband löst sich nach unten in Flecken auf, ist also nicht wie beim Steinhuhn deutlich gegen die Brust abgesetzt. Oberseite

olivbraun, nicht grau wie beim Steinhuhn. Flanken schwarz, weiß und kastanienbraun gebändert, Schnabel und Füße rot. Der geräuschvolle Flug führt ohne Schwenkungen dicht über den Boden hin.
Stimme: Das ♂ lockt mit „rerreckeckeck", das ♀ gackert haushuhnartig „gagaga gago gö ...", beim Auffliegen hört man ein „schörk scherk schörk scherk", bei Laufen ein leises „üück".
Biotop: Felder, Weinberge, mit Gebüsch bestandenes Ödland in der Ebene wie im Hügelland.
Verbreitung: Außer in Europa nur noch auf den Azoren, Madeira und Gran Canaria (Kanarische Inseln).
Wanderungen: Standvogel.
Nest und Eier: Nest am Boden; 10–16 auf hell sandbraunem Grund hellbraun gefleckte Eier (41,4 mm × 31,0 mm), Ende April/Mitte Juni.

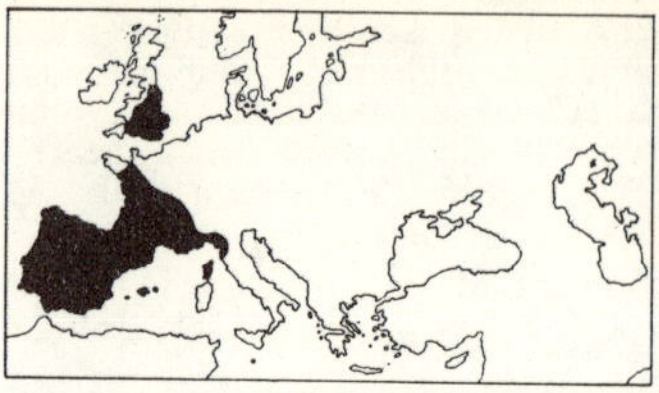

Unterarten: a) A. r. rufa (L.): Mittel- und Südfrankreich und Norditalien; auf den Balearen und in England eingeführt. Gelegentlich in Nordfrankreich, Belgien und in den Niederlanden. b) A. r. hispanica (Seoane): Nord- und Nordwestspanien, nördliches Portugal; c) A. r. intercedens (A. E. Brehm): Südspanien und wahrscheinlich auch Südportugal; d) A. r. corsa (Parrot): Korsika.

GATTUNG: Perdix Brisson

s. Tafel S. 72, 73

Rebhuhn

Perdix perdix (L.)

E Partidge
R Серая куропатка
C Koroptev polní
F Peltopyy
P Kuropatwa
U Fogoly

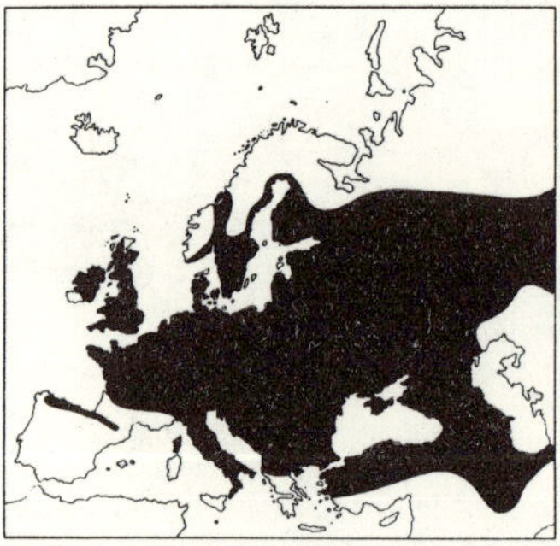

Kennzeichen: 29 cm. Durch seine gedrungene Gestalt, seine Kurzschwänzigkeit, den dicht über den Boden hinführenden Flug mit keiner anderen im gleichen Gelände vorkommenden Art zu verwechseln. Der Hahn unterscheidet sich von der Henne durch den hufeisenförmigen, dunkel rötlichbraunen Fleck auf der Unterseite, der bei der Henne zwar auch vorhanden sein kann, aber nie so ausgeprägt ist wie beim Hahn. Das sog. Heiderebhuhn, P. p. sphagnetorum ist dunkler und etwas kleiner als die Nominatform.
Stimme: Das bekannte „kirr-hek, kirr-hek", das man namentlich in der Abenddämmerung oft zu hören bekommt.
Biotop: Bebaute und unbebaute Felder und Wiesen in der Ebene und im Hügelland; P. p. sphagnetorum bewohnt Heiden und Moore; P. p. hispaniensis die alpinen Matten in den Pyrenäen.
Verbreitung: Anschließend an das europäische Brutgebiet in Kleinasien und im mittleren Asien ostwärts bis zum Baikalsee.
Wanderungen: Standvogel.
Nest und Eier: Nest am Boden; 12–20 einfarbig olivbraune Eier (35,5 mm × 27,0 mm), Mitte Mai/Juni, Nachgelege bis Anfang August.
Unterarten: a) P. p. perdix (L.): Europa mit Ausnahme der unter b bis f genannten Gebiete; b) P. p. armoricana Hartert: Bretagne und Norman-

die; c) P. p. sphagnetorum (Altum): Westliches Niedersachsen und angrenzende Gebiete der Niederlande; d) P. p. hispaniensis Reichenow: Pyrenäen und Nordspanien; e) P. p. italica Hartert: Italien; f) P. p. lucida (Altum): Sowjetische Ostseegebiete, Polen östlich der Weichsel, die Ostgrenze bildet eine von Leningrad zur Wolgamündung verlaufende Linie.

GATTUNG: Coturnix Bonnaterre

s. Tafel S. 72, 73

Wachtel

Coturnix coturnix (L.)

E Quail
R Обыкновенный перепел
C Křepelka obecná
F Viiriäinem
P Przepiórka
U Füri

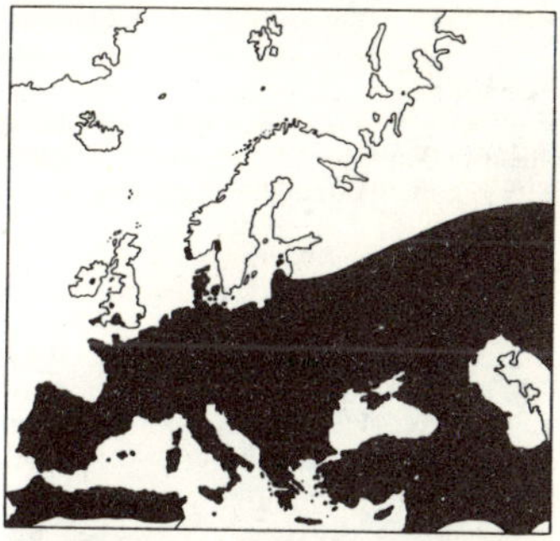

Kennzeichen: 17,5 cm. Unser kleinster Hühnervogel, wesentlich kleiner als Rebhuhn, dem es in der Gestalt ähnelt, Gelblichbraun, ♀ dem ♂ sehr ähnlich, nur ist beim ♀ die Kehle grauweiß und die Kropfgegend schwarzbraun gefleckt, während beim ♂ die Kehlfärbung von rötlichweiß bis rotbraun variiert; außerdem ist beim ♂ die Kehle durch ein dunkles Band, das sich bis zu den Ohrdecken hinzieht, eingefaßt.
Stimme: Der „Wachtelschlag", ein taktmäßiges, für die Kleinheit des Vogels recht lautes „pickperwick", den das ♂ nach seiner Ankunft bis in den Hochsommer hinein hören läßt. Erschreckt rufen Wachteln „tih rek rek".
Biotop: Felder, besonders Getreide-, Klee- und Luzernefelder, Wiesen und gelegentlich auch Ödland.
Verbreitung: Anschließend an das europäische Brutgebiet im gesamten mittleren Asien ostwärts bis Japan, Nordwest-, Ost- und Südafrika.
Wanderungen: Der einzige Zugvogel unter den europäischen Hühnervögeln, der teilweise schon in Nordafrika, vielfach aber auch in West- und Ostafrika sowie in Arabien überwintert. Mitte April (Südeuropa)/ Mai – Ende August/September (Oktober).
Nest und Eier: Nest am Boden; 9–13 auf gelblichem Grund schwarzbraun geflatschte Eier (30,1 mm × 23,0 mm) Ende Mai/Mitte Juli. Der Brutbestand ist in den einzelnen Jahren erheblichen Schwankungen unterworfen.
Unterarten: C. c. coturnix (L.).

GATTUNG: Phasianus Linné

s. Tafel S. 73

Jagdfasan

Phasianus colchicus L.

E Pheasant
R Обыкновенный фазан
C Bažant kolchický
F Fasaani
P Bażant bezobrożny
U Fácán

Kennzeichen: ♂ 79 cm, ♀ 60 cm. Durch ihren langen spitz zulaufenden Schwanz sind ♂ und ♀ hinreichend gekennzeichnet; das ♂ ist kupferfarbig, Kopf und Hals sind dunkelgrün mit metallischem Glanz. Im einzelnen variiert das Gefieder stark, da die wenigsten in Mittel- und Westeuropa vorkommenden Fasane noch reinrassige colchicus sein dürften, denn im Laufe der Jahrhunderte sind die europäischen Bestände namentlich mit Ringfasanen (Ph. c. torquatus) und anderen Unterarten gekreuzt worden. Bei vielen ♂ tritt deshalb ein weißer Halsring mehr

oder weniger deutlich in Erscheinung. Juv. gleichen weitgehend dem bodenfarbig gefärbten♀.
Stimme: Vom ♂ hört man bes. zur Paarungszeit den lauten, nicht gerade schön klingenden Ruf, der wie „kokock" klingt.
Biotop: Offenes, abwechslungsreiches Gelände: lichte Wälder und unterholzreiche Feldgehölze, Auwälder schilfbestandene Uferdickichte von stehenden und fließenden Gewässern.
Verbreitung: Nach Europa eingeführt; anschließend in zahlreichen Unterarten im südlichen paläarktischen Asien.
Wanderungen: Standvogel.
Nest und Eier: Nest am Boden; 8–15 einfarbig olivbraune Eier (45,9 mm × 36,0 mm), Mai/Juni.
Unterarten: a) P. c. septentrionalis Lorenz: Nördlich des Kaukasus in den Tälern des Kuban, Terek und der

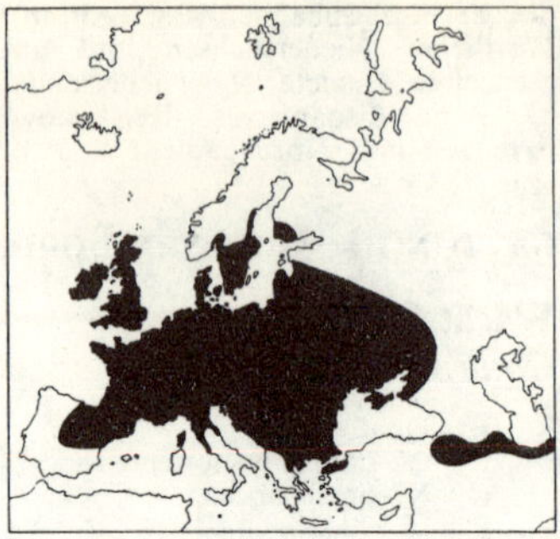

Kuma; Westküste des Kaspischen Meeres von der Wolga-Mündung bis zum Kap Apscheron; b) P. c. colchicus L.: Westliches Transkaukasien sowie die Ost- und Südostküsten des Schwarzen Meeres.

ORDNUNG: GRUIFORMES

FAMILIE: Gruidae — Kraniche

Große langhalsige und langbeinige Bodenvögel mit verhältnismäßig kurzem Schnabel. Bewohnen offenes Gelände und vermögen nicht aufzubaumen; fliegen mit ausgestrecktem Hals in keilförmiger Flugordnung. Nester am Boden, die beiden Eier gefleckt. Nahrung animalisch und vegetabilisch. Zugvögel. 2 Arten Brutvögel, 2 Irrgäste.

Bestimmungsschlüssel für die Gattungen

1 Mit Rot am Kopf **Grus** S. 240

1* Ohne Rot am Kopf **Anthropoïdes** S. 241

GATTUNG: Grus Pallas — s. Tafel S. 74

Bestimmungsschlüssel

1 Gefieder überwiegend weiß **Schneekranich** S. 493

1* Gefieder nicht weiß 2

2 Hals bei ad. schwarz und weiß **Kranich** S. 240

2* Hals auch bei ad. einfarbig grau **Kanadakranich** S. 493

Kranich

Grus grus (L.)

E Crane
R Серый журавль
C Jeráb popelavý
F Kurki
P Żuraw pospolity
U Daru

Kennzeichen: ♂ 122 cm, ♀ 113 cm. Unverkennbar durch seine Größe und Gestalt, das ♀ ist etwas kleiner als das ♂. Trotz ihrer Größe fallen Kraniche am Brutplatz infolge ihres grauen Gefieders wenig auf, da sie sich zur Brutzeit sehr heimlich verhalten. Auf dem Zug sehr gesellig, fliegt in keilförmiger Flugordnung und mit ausgestrecktem Hals, Kraniche können – im Gegensatz zu Störchen und Reihern – nicht aufbaumen. Immat. mehr bräunlichgrau, ohne Rot am Kopf und ohne die schwarzweiße Halszeichnung. Dunenjunge rötlichbraun.
Stimme: Laute, weithin vernehmbare, schmetternde Trompetentöne; in

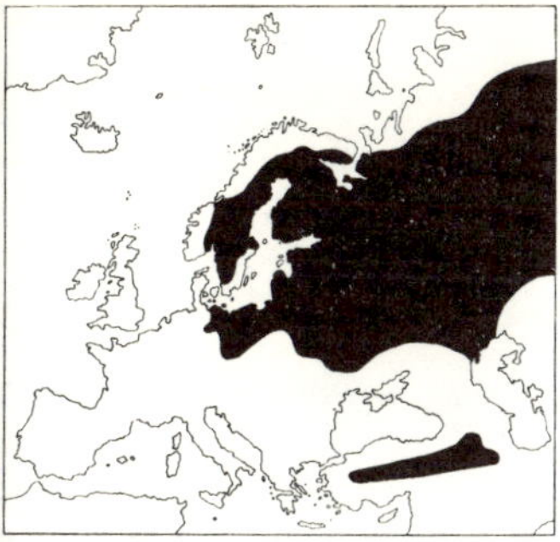

Nestnähe gedämpft „grrrk, grrrk". Juv. trillern und piepen in den ersten Tagen.
Biotop: Ausgedehnte Sumpfgebiete, Niedermoore, Brüche, Luche, Verlandungszonen von Seen und Teichen, lichte, sumpfige Wälder mit sog. Fennen.
Verbreitung: Anschließend an das europäische Brutgebiet im mittleren Asien bis Ostsibirien.
Wanderungen: Zugvogel, dessen westliche Populationen in Nordwest- und Ostafrika (Sudan, Äthiopien) überwintern, in geringer Zahl auch schon in Südeuropa; Mitte März/April – September/Oktober. Vor dem Abzug versammeln sich die Kraniche in großer Zahl an bestimmten Plätzen. Ausnahmsweise überwinternd. Als Irrgast bzw. Durchzügler wiederholt in Großbritannien, in den Niederlanden und in Belgien festgestellt.
Nest und Eier: Großes flaches Nest an einer trockeneren Stelle (Kaupen, Inselchen); 2 auf bräunlichen oder grünlichgrauen Grund gefleckte Eier (96,9 mm × 61,1 mm), Ende März/Anfang Mai.
Unterarten: G. g. grus (L.)

GATTUNG: Anthropoïdes Vieillot s. Tafel S. 74

Jungfernkranich
Anthropoïdes virgo (L.)

E Demoiselle Crane
R Журавль-красавка
C Jeráb panenský
F Neitokurki
P Żuraw stepowy
U Pártás daru

Kennzeichen: ♂ 75 cm, ♀ 68 cm. Kleiner als unser Kranich, von dem er sich durch verlängerte weiße Federbüschel an den Kopfseiten und die verlängerten schwarzen Brustfedern unterscheidet. Bei immat. sind Kopf und Hals grau, die Ohrbüschel sind kürzer und ebenfalls grau, die Brustfedern sind nur unmerklich verlängert. Dunenjunge oberseits bräunlichgrau, unterseits hell aschgrau.
Stimme: Das Trompeten ist lauter und rauher als bei unserem Kranich und klingt wie „rahó, kroaau, kroaau".
Biotop: Ausgedehnte Ebenen, besonders Steppen und Hochsteppen, ferner Getreidefelder.
Verbreitung: Südliche Sowjetunion vom Dnjestr ostwärts durch das mittlere Asien bis zum Oberlauf des Amur. Möglicherweise noch in Nordwestafrika.

Wanderungen: Zugvogel, dessen westliche Populationen in Nordostafrika und Südwestasien (Syrien, Israel, Irak) überwintern; als Irrgast wiederholt im übrigen Europa angetroffen, so u. a. in Schottland, Schweden, Dänemark, BRD, Polen, ČSSR, Ungarn und Griechenland.

FAMILIE: Otididae — Trappen

Große bis mittelgroße Landvögel mit verhältnismäßig kurzen, kräftigen Beinen und hühnerartigem Schnabel. ♂♂ erheblich größer und schwerer als die ♀♀. Bewohnen ebenes, offenes und trockenes Gelände. Nahrung animalisch und vegetabilisch. Die 2–4 Eier werden fast ohne jede Unterlage auf den Boden abgelegt. 3 Arten Brutvögel.

Bestimmungsschlüssel für die Gattungen

1 Etwa Haushuhngröße; Hals schwarz-weiß gezeichnet (♂) oder dunkel längsgefleckt (♀) **Tetrax** S. 242

1* Deutlich größer als Haushuhn 2

2 Mit Federhaube und Federkragen **Chlamydotis** S. 243

2* Ohne Federhaube und Federkragen **Otis** S. 242

GATTUNG: Otis Linné

s. Tafel S. 75

Großtrappe
Otis tarda L.

E Great Bustard
R Дрофа
C Drop velký
F Isotrappi
P Drop
U Tuzok

Kennzeichen: ♂ 102 cm, ♀ 80 cm. Durch ihre auffallende Größe und Gestalt mit keiner anderen Art zu verwechseln. Zwischen ♂ und ♀ besteht ein erheblicher Größenunterschied. Beim Fluge wird der Hals geradeaus gestreckt; die großen weißen Felder auf den Flügeln fallen dann besonders auf, die Füße überragen den Schwanz nur ganz knapp. Kopf, Nacken und Kehle sind grau, Oberseite hell rostbräunlich mit schwarzer Querbänderung. Handschwingen dunkelbraun, Schwanz mit schmaler weißer Endbinde, Unterseite einschließlich der Unterschwanzdecken weiß.
Stimme: Dumpfe oder zischende Laute, die nur selten und nicht auf größere Entfernung zu hören sind.
Biotop: Ausgedehnte Ebenen wie Felder und Wiesen, in Ungarn die Pußta, im Osten des Brutgebietes auch Steppen.
Verbreitung: Anschließend an das europäische Brutgebiet im mittleren Asien bis zum Amur- und Ussuri-Gebiet.
Wanderungen: In den östlichen Brutgebieten Zugvogel, in Mitteleuropa vorwiegend Strichvogel, allerdings wurden auch hier Wanderungen in westlicher, südlicher und südöstlicher Richtung festgestellt. In den südlichen Ländern Standvogel. Irrgast in Großbritannien, Norwegen und Schweden.
Nest und Eier: Eine mit wenig Genist ausgelegte Mulde; 2–3 auf olivgrünem bis bräunlichem Grund gefleckte Eier (78,9 mm × 56,1 mm). Ende April/Anfang Juni.
Unterarten: O. t. tarda L.

GATTUNG: Tetrax T. Forster

s. Tafel S. 75

Zwergtrappe
Tetrax tetrax (L.)

E Little Bustard
R Стрепет
C Drop malý
F Pikkutrappi
P Strepet
U Reznek

Kennzeichen: 43 cm. Wesentlich kleiner als Großtrappe, etwa so groß wie Haushuhn, nur hochbeiniger. Das ♂ ist oberseits sandfarben mit schwarzer Zeichnung. Kopfseiten und Kinn grau, Hals schwarz mit auffallend weißer Zeichnung, unterseits rein weiß. Das ♀ ist insgesamt mehr sandfarben mit dunkler Zeichnung, di

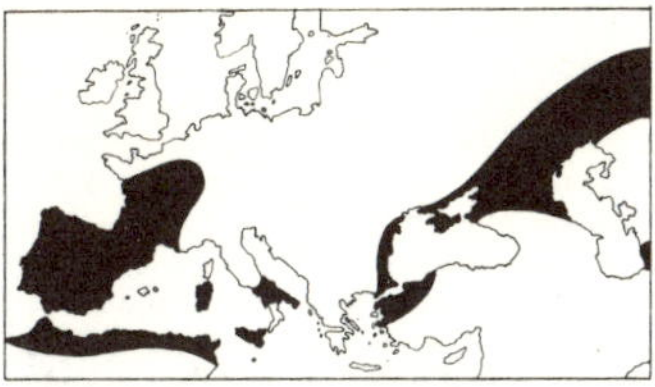

sich auch auf Hals und Brust erstreckt, unterseits weißlich mit wenigen dunklen Flecken. ♂ im Ruhekleid und juv. wie ♀.
Stimme: Klingt so, als wenn man mit einem Holzstöckchen über engstehende Zaunlatten dahinfährt.
Biotop: Ausgedehnte Ebenen mit Feldern, wenig kultiviertes Land und Steppen.
Verbreitung: Anschließend an das europäische Brutgebiet in Kleinasien und in der südlichen Sowjetunion ostwärts bis Turkestan sowie in Nordwestafrika.
Wanderungen: In West- und Südwesteuropa Stand- bzw. Strichvogel, in Osteuropa Zugvogel, der in Vorderasien und Pakistan überwintert. Beide Unterarten wurden als Irrgäste in fast ganz Europa festgestellt; im Norden bis Irland, Großbritannien, Skandinavien, Finnland und nördliche Sowjetunion.
Nest und Eier: Eine mit wenig Genist ausgelegte Mulde; 2–4 auf olivgrünem Grund dunkel gewölkte Eier (51,9 mm × 38,5 mm), Mitte Mai/Juni.
Unterarten: a) T. t. tetrax (L.): West- und Südwesteuropa (und Nordwestafrika); b) T. t. orientalis (Hartert): Südost- und Osteuropa (und Asien, s. o.).

Oben: Großtrappe, Mitte: Zwergtrappe ♀ und ♂, unten: Kragentrappe

GATTUNG: Chlamydotis Lesson s. Tafel S. 75

Kragentrappe
Chlamydotis undulata (Jacquin)

- E Macqueen's Bustard
- R Вихляй
- C Drop chocholatý
- F Kaulustrappi
- P Hubara
- U Galléros túzok

Kennzeichen: 63,5 cm. Etwa so groß wie das ♀ der Großtrappe. Unterscheidet sich von den anderen Trappen durch eine Scheitelhaube, deren weiße Federn schwarze Spitzen haben und lange, auffallende schwarz-weiße Federbüschel an den Halsseiten. Kopf und Hals grau, Oberseite sandfarben mit sparsamer dunkler Zeichnung, Unterseite weißlich. ♀ und juv. dem ♂ sehr ähnlich, nur sind Haube und Halskragen kürzer; Ruhekleid wie Brutkleid.
Stimme: Offenbar stumm.
Biotop: Steppen und Halbwüsten, gelegentlich auch auf Feldern.
Verbreitung: Außerhalb des auf der Karte angegebenen noch in Europa liegenden kleinen Brutareals anschließend von Vorder- bis Zentralasien sowie in Nordafrika.
Wanderungen: In Nordafrika Stand- bzw. Strichvogel; als Irrgast in Spanien, auf Malta, Sizilien und in Italien nachgewiesen. Die östliche

Unterart überwintert in Arabien und Pakistan. Wurde wiederholt im übrigen Europa als Irrgast nachgewiesen; nord- bzw. westwärts bis Finnland, Schweden, Großbritannien und Frankreich.

Nest und Eier: Die 2–4 auf olivgrünlichem oder bräunlichem Grund gefleckten Eier (62,2 mm × 44,9 mm) liegen in einer vom ♀ ausgescharrten Mulde am Boden; Mitte April Juni.

Unterarten: a) Ch. u. undulata (Jacquin): Nordafrika; b) Ch. u. macqueenii (J. E. Gray): Von Vorderasien und den Steppen am unteren Ural ostwärts bis Zentralasien.

FAMILIE: Rallidae **Rallen**

Bodenvögel, einige etwa haushuhngroß (Bleßralle, Purpurralle), die meisten Arten jedoch wesentlich kleiner, die in ihrem Körperbau dem Leben in dichter Vegetation angepaßt sind: Körper seitlich zusammengedrückt und langzehige Füße, die den Rallen das Laufen über das mit einer dünnen Pflanzendecke bedeckte Wasser gestatten (nur bei der auch auf offenen Wasserflächen vorkommenden Bleßralle haben die Zehen Schwimmlappen). Bewohnen vorwiegend dichtbewachsene Pflanzendickichte in stehenden Gewässern oder Wiesen (Wiesenralle). Nester in dichter Vegetation am Boden bzw. über dem Wasser; umfangreiche Gelege, Eier gefleckt. Junge bedaunte Nestflüchter, bei einigen Arten mit bunten Signalfarben am Kopf. Nahrung überwiegend animalisch, teilweise auch vegetabilisch. Die Mehrzahl der Arten überwintert nicht im Brutgebiet. 13 Arten, davon 9 Arten Brutvögel.

Bestimmungsschlüssel für die Gattungen

1 Gefieder schwarz, zumindest dunkel 2
1* Gefieder weder schwarz noch dunkel 4
2 Stirnplatte weiß, Haushuhngröße **Fulica** S. 249
2* Stirnplatte nicht weiß, deutlich unter Haushuhngröße 3
3 Stirnplatte rot **Gallinula** S. 248
3* Stirnplatte dunkel grünlichblau oder lichtblau **Porphyrula** S. 494
4 Gefieder blau **Porphyrio** S. 248
4* Gefieder andersfarbig 5
5 Schnabel deutlich länger als der Kopf **Rallus** S. 244
5* Schnabel kürzer als der Kopf 6
6 Rebhuhngroß, Gesamteindruck bräunlich, nur in trockenem Gelände **Crex** S. 247
6* Kleiner als Rebhuhn, stets in sumpfigem Gelände **Porzana** S. 245

GATTUNG: Rallus Linné s. Tafel S. 76

Wasserralle
Rallus aquaticus L.

E Water-Rail
R Пастушок
C Chřástal vodní
F Luhtakana
P Wodnik
U Guvat

Kennzeichen: 28 cm. Unterscheidet sich von den anderen kleinen Rallen durch überkopflangen roten Schnabel. ♂ und ♀ sind oberseits dunkel olivbraun mit schwarzen Längsflecken; Kopfseiten, Kehle und Brust sind hellgrau, die Flanken schwarz und weiß gestreift. Ruhekleid ähnelt dem Brutkleid. Juv. haben bräunliche Kopfseiten, Hals und Brust sind rötlichgrau mit schwarzbrauner Querzeichnung. Dunenjunge schwarz mit hellem Schnabel.

Stimme: Erinnert entfernt an das Quieken eines Schweinchens; es setzt etwas grunzend ein, geht quiekend

aufwärts und läßt sich am besten mit „krruih" wiedergeben; daneben hört man öfters ein kurzes, wiederholtes „pit". Balzrufreihe: „köp-köp-köp . . .", langsam beginnend und schneller werdend und dann wie „köp-köp-köp-kep-kep-kip-kip-kirrr" klingend (Feindt).
Biotop: Verlandungszonen von stehenden Gewässern mit dichtem Pflanzenwuchs, versumpfte Wiesen, Sümpfe, Brüche und Moore.
Verbreitung: Außer in Europa in Asien ostwärts bis Japan sowie in Nordwestafrika.
Wanderungen: In klimatisch günstig gelegenen Gebieten überwintert die Wasserralle teilweise schon im Brutgebiet, sonst in Südwesteuropa und im gesamten Mittelmeergebiet bis Südwestasien. Ende März/April bis September/Oktober.
Nest und Eier: Gut versteckt über sumpfigem Boden oder auf Kaupen

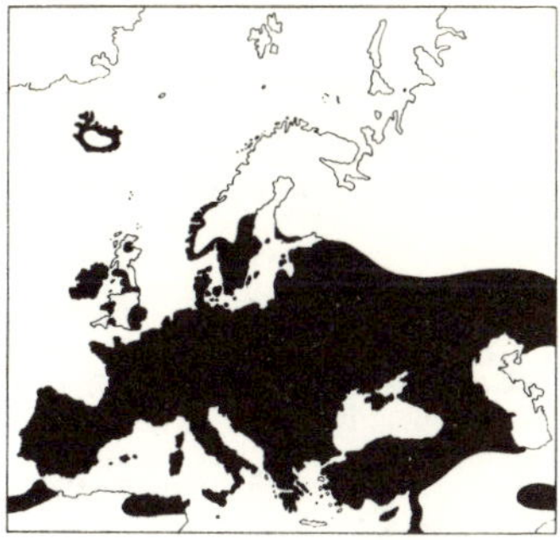

im Seichtwasser; 6–11 gefleckte Eier (36,1 mm × 26,2 mm), Ende April bis Juni, gewöhnlich 2 Bruten.
Unterarten: a) R. a. aquaticus L.: Europa mit Ausnahme von Island; b) R. a. hibernans Salomonsen: Island.

GATTUNG: Porzana Vieillot

s. Tafel S. 76

Bestimmungsschlüssel

1 Hals- und Brustseiten weiß getüpfelt 2
1* Hals- und Brustseiten ohne weiße Tüpfelung 3
2 Kehle weiß getüpfelt **Tüpfelralle** S. 245
2* Kehle schwarz **Karolinaralle** S. 494
3 An der Schnabelwurzel ein roter Fleck, Füße grünlich **Kleinralle** S. 246
3* An der Schnabelwurzel kein roter Fleck, Füße hell rötlichgrau **Zwergralle** S. 246

Tüpfelralle
Porzana porzana (L.)

E Spotted Crake
R Погоныш
C Chřástal kropenatý
F Luhtahuitti
P Kureczka nakrapiana
U Pettyes vizicsibe

Kennzeichen: 23 cm. Wie alle Rallen mit Ausnahme der Bleßralle bekommt man auch die Tüpfelralle nur selten einmal zu sehen. Kleiner als Teichralle. Aufgescheucht fliegt sie mit hängenden Füßen eine kurze Strecke, um alsbald wieder einzufallen; dabei fallen die kurzen breiten Flügel und die weiße Tüpfelung auf, die auf der Oberseite schwach, auf der Unterseite stärker ist. Schnabel – im Gegensatz zur Wasserralle – kurz. ♀ dem ♂ sehr ähnlich; das Ruhekleid gleicht bei ♂ und ♀ weitgehend dem Brutkleid, das Jugendkleid dem Ruhekleid des ♀. Dunenjunge schwarz.
Stimme: Zur Brutzeit hört man pfeifende „huit"-Rufe, die oft wiederholt werden, besonders in der Dämmerung und nachts.

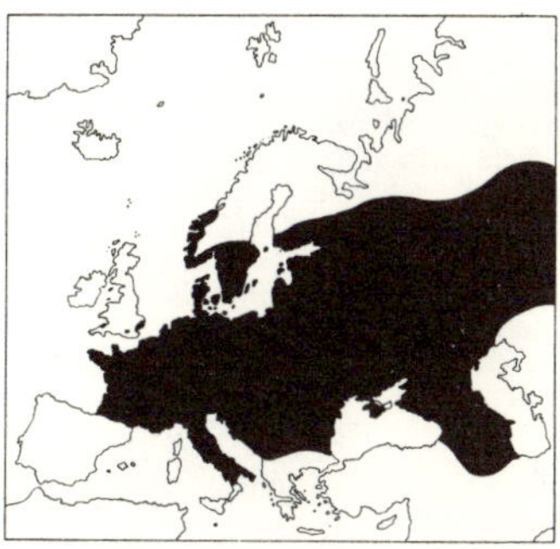

Biotop: Ähnlich wie Wasserralle, besonders an verschlammten vegetationsreichen Ufern von stehenden und fließenden Gewässern, Sumpfgebiete, Brüche, versumpfte Wiesen und gelegentlich auch in Torfstichen.
Verbreitung: Anschließend an das europäische Brutgebiet in der Sowjetunion ostwärts bis zum Oberlauf des Jenissei.
Wanderungen: Überwintert ausnahmsweise schon in Westeuropa, in der Mehrzahl jedoch in den Mittelmeerländern und in Afrika, besonders in Nordwest- und Ostafrika. Mitte April/Mai – September/Oktober.
Nest und Eier: Gut versteckt in dichtem Pflanzenwuchs; 7–11 gefleckte Eier (33,6 mm × 24,0 mm), 2 Bruten, Ende April – Mitte Juli.

Zwergralle

Porzana pusilla (Pallas)

E Baillon's Crake
R Курочка-крошка
C Chřástal nejmenši
F Kääpiöhuitti
P Karliczka
U Törpevizicsibe

Kennzeichen: 18 cm. Die kleinste europäische Ralle; unterscheidet sich von der etwas größeren Kleinralle wie folgt: der gleichfalls grüne Schnabel ohne Rot an der Basis, Füße hellrötlichgrau, nicht grünlich; der Rükken auf tabakbraunem Grund fein weiß gezeichnet (bei der Kleinralle ist der Rücken dunkel olivbraun mit nur vereinzelten weißen Federchen). Bei der Zwergralle sind Bauch und Unterschwanzdecken schwarzweiß gebändert, bei der Kleinralle hingegen nur die Flanken und Unterschwanzdecken. Auch im Jugendkleid ist der Rücken stärker mit weißen Federchen durchsetzt, die Unterseite ist stärker gebändert als bei der Kleinralle im gleichen Kleid.
Stimme: Ein ab- und wieder ansteigender vokalloser und harter Roller „errrrrrrr ...", den man namentlich in der Dämmerung und nachts hört (Feindt).
Biotop: Sumpfgebiete aller Art mit dichter Vegetation, versumpfte Wiesen und Brüche, Verlandungszonen stehender Gewässer.

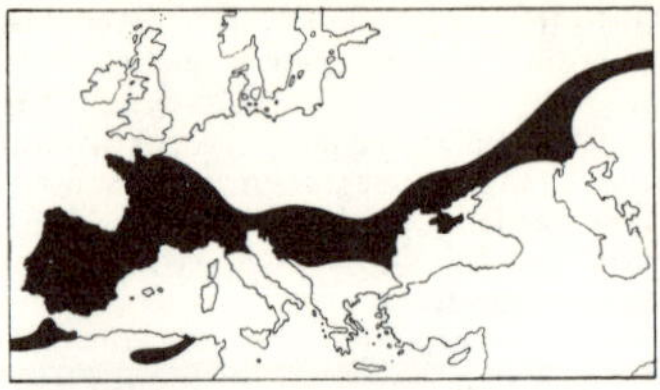

Verbreitung: Außer in Europa im mittleren und südlichen Asien ostwärts bis Japan, Nordwest-, Ost- und Südafrika, Madagaskar, Australien und Neuseeland.
Wanderungen: Durchzieht das Mittelmeergebiet und überwintert wahrscheinlich im nördlichen Afrika; als Irrgast in Großbritannien, Schweden und Dänemark nachgewiesen.
Nest und Eier: Gut versteckt in dichter Vegetation; 6–8 gefleckte Eier (28,9 mm × 20,6 mm), ? 2 Bruten, Anfang Mai/Juli.
Unterarten: a) P. p. intermedia (Hermann): Europa mit Ausnahme der unter b genannten Gebiete; b) P. p. pusilla (Pallas): Südliche europäische Sowjetunion und anschließend im mittleren Asien ostwärts bis Japan.

Kleinralle

Porzana parva (Scopoli)

E Little Crake
R Малый погоныш
C Chřástal malý
F Pikkuhuitti
P Zielonka
U Kisvizicsibe

Kennzeichen: 19 cm. Kleiner als Tüpfelralle, nur etwa starengroß. Beim ♂ sind Kopfseiten, Hals und übrige Unterseite aschgrau (beim ♀ hell rostbräunlich), Flanken schwarzweiß gebändert, Schnabel grün mit rötlicher Basis, Füße grünlich. Über die Unterschiede zwischen Klein- und Zwergralle s. bei dieser. Ruhekleider bei ♂ und ♀ = Brutkleider. Juv. unterseits mehr hell rostgelblich mit dunkler Querzeichnung an den Seiten, Dunenjunge schwarz.
Stimme: „ke ke ke ...", zunächst langsam, dann schneller werdend (nach Feindt ist das der Ruf des ♂, den er mit „wäb wäb wäb ..." wiedergibt). Es klingt so, als ob

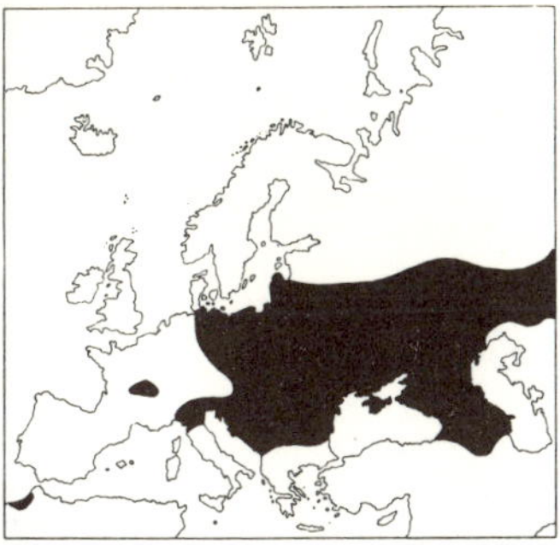

Wassertropfen kurz hintereinander in einen fast vollen Eimer fallen. Das ♀ ruft nach Feindt „pöp pöp pörrr", bisweilen nur „pöp" oder „pörrr". Ich hörte vom ♀ in Nestnähe einzelne „pet" oder kurze „queck". Warnt kurz mit „purüpe".
Biotop: Versumpftes Gelände mit reichlichem Pflanzenwuchs.
Verbreitung: Anschließend an das europäische Brutgebiet in Südwestsibirien und Turkestan; isolierte Brutvorkommen befinden sich in Marokko und Unter-Ägypten.
Wanderungen: Zugvogel, der in den Mittelmeerländern sowie in Nordost- und Ostafrika überwintert; Mitte April – September. Irrgast in Großbritannien, Irland, Schweden und Finnland.
Nest und Eier: Gut versteckt in dichter Vegetation; 7–8 gefleckte Eier (30,7 mm × 22,0 mm), wahrscheinlich 2 Bruten, Mitte Mai/Anfang Juli.
Unterarten: P. p. parva (Scopoli).

GATTUNG: Crex Bechstein

s. Tafel S. 76

Wiesenralle
Crex crex (L.)

E Corncrake
R Коростель
C Chrástal polní
F Ruisrääkkä
P Derkacz
U Haris

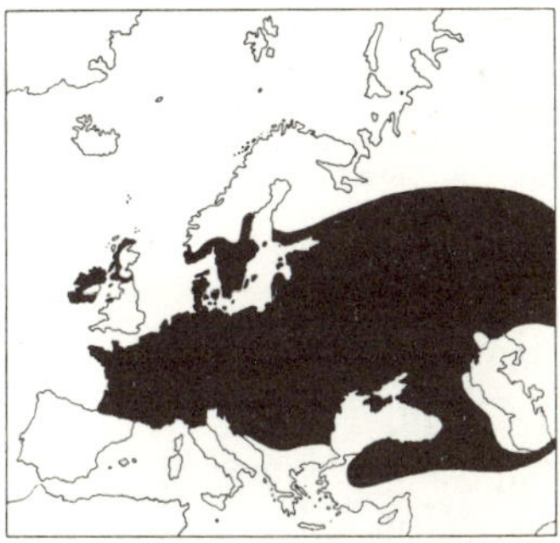

Kennzeichen: 26,5 cm. Ein insgesamt fahlbräunlicher, knapp rebhuhngroßer Vogel, der wie alle Rallen versteckt lebt, allerdings im Gegensatz zu den anderen Arten nur auf trokkenem Boden. ♂ und ♀ sind gleichgefärbt, das Ruhekleid ist dem Brutkleid sehr ähnlich, nur sind dann die Kopf- und Halsseiten sowie die Kropfgegend nicht bläulichgrau, sondern hellrostbraun. Bei juv. sind die Fanken weniger gebändert, Dunenjunge sind schwarz. Im Fluge fallen die kastanienbraunen Flügeldecken und die herabhängenden Füße auf, wodurch sich die Wiesenralle (= Wachtelkönig) leicht von dem im gleichen Biotop lebenden Rebhuhn und der Wachtel unterscheidet.
Stimme: Knarrende „rerrp rerrp rerrp . . ."-Rufe, die mit großer Ausdauer namentlich in den Morgen- und Abendstunden und auch nachts zu hören sind; in der Nähe vernimmt man bisweilen noch dumpfe knurrende „kurr"-Laute.
Biotop: Trockene Wiesen aller Art, besonders in der Ebene und im Hügelland, gelegentlich auch im Gebirge.
Verbreitung: Anschließend an das europäische Brutgebiet in der Sowjetunion ostwärts bis zum Baikalsee, im Süden bis Kleinasien und Iran.
Wanderungen: Zugvogel, der z. T. schon im Mittelmeergebiet, zumeist aber im tropischen und südlichen Afrika überwintert, Mai – Ende August/September.
Nest und Eier: Eine mit Halmen ausgelegte Mulde am Boden, 7–12 gefleckte Eier (39,7 mm × 26,8 mm), Mitte Mai/Juni, Nachgelege noch später.

GATTUNG: Porphyrio Brisson

s. Tafel S. 77

Bestimmungsschlüssel

1 Rücken blau **Purpurralle** S. 248
1* Rücken grün **Smaragdralle** S. 494

Purpurralle

Porphyrio porphyrio (L.)

E Purple Gallinule
R Султанка
C Slipka modrá
F Purppurakana
P Modrzyk modroskrzydły
U Kékfú

Kennzeichen: 48 cm. Reichlich so groß wie eine Bleßralle, bis auf die schwarzen Schwingen, den rußschwarzen Bauch und die weißen Unterschwanzdecken mattblau bis lebhaft blau mit purpurnem Anflug; Stirnplatte und Schnabel scharlachrot, Füße korallenrot. Juv. matter, Kopf und Hals fast schwarz; pull. schwarz mit weißlichem Schnabel. Bewegt sich geschickt laufend und kletternd im Rohr.
Stimme: Mehrsilbiger, lauter trompetenartiger Ruf, der beim ♂ tiefer, beim ♀ höher, schriller wie „krik kri krik" klingt.

Biotop: Vegetationsreiche, stehende Gewässer.
Verbreitung: Außer in Europa in Afrika, Südwest- und Südasien, Australien und Neuseeland.

Wanderungen: Stand- und Strichvogel. Irrgast in den Niederlanden.
Nest und Eier: Gleicht einem großen Nest der Teichralle; 3–7 gefleckte Eier (54,8 mm × 37,3 mm), März/Juni.
Unterarten: a) P. p. porphyrio L.: Südliche Iberische Halbinsel, Sardinien, Sizilien (und Nordwestafrika); b) P. p. seistanicus Zarudny & Härms: West- und Südrand des Kaspischen Meeres; Wolgamündung (sowie Vorderasien).

GATTUNG: Gallinula Brisson

s. Tafel S. 77

Teichralle

Gallinula chloropus (L.)

E Moorhen
R Камышница
C Slípka zelenonohá
F Liejukana
P Kurka wodna
U Vizityuk

Kennzeichen: 33 cm. Kleiner als Bleßralle, infolge seiner versteckten Lebensweise nicht so auffallend wie diese. An der roten Stirnplatte leicht von anderen einheimischen Rallen zu unterscheiden; beim Schwimmen und Laufen wird der kurze Schwanz gestelzt, wobei die weißen Unterschwanzdecken sichtbar werden. Juv. oberseits dunkelbraun. Kinn und Kehle trübweiß, übrige Unterseite bräunlich, Stirnplatte und Schnabel grünlichbraun, pull. schwarz, der Schnabel rot mit schwarzer Spitze.

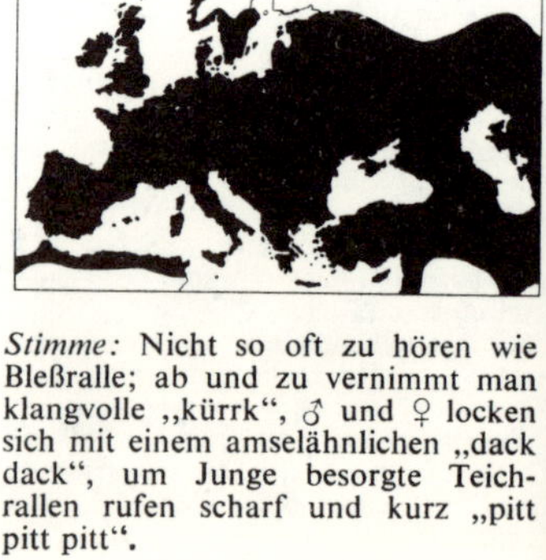

Stimme: Nicht so oft zu hören wie Bleßralle; ab und zu vernimmt man klangvolle „kürrk", ♂ und ♀ locken sich mit einem amselähnlichen „dack dack", um Junge besorgte Teichrallen rufen scharf und kurz „pitt pitt pitt".

Biotop: Vegetationsreiche Gewässer aller Art, auch kleinste Lachen und Tümpel.
Verbreitung: Außer in Europa in Asien, Afrika, Nord-, Mittel- und Südamerika sowie in Australien.
Wanderungen: Je nach Lage des Brutgebietes Stand-, Strich- oder Zugvogel, der als solcher in West- und Südeuropa überwintert. Ankunft im Brutgebiet von Mitte März an, Wegzug von September an. Irrgast in Spitzbergen.
Nest und Eier: In dichter Vegetation über dem Wasser; 7–10 gefleckte Eier (43,3 mm × 30,7 mm), 2 Bruten, April/Juli.
Unterarten: G. ch. chloropus (L.)

GATTUNG: Fulica Linné

s. Tafel S. 77

Bestimmungsschlüssel

1 Stirnplatte weiß, ohne rote Höcker **Bleßralle** S. 249

1* Stirnplatte bläulichweiß, auf dem Scheitel zwei rote Höcker **Kammbleßralle** S. 249

Bleßralle
Fulica atra L.

E Coot
R Лысуха
C Lyska černá
F Nokikana
P Łyska
U Szárcsa

Kennzeichen: 38 cm. Ein gedrungener, schieferschwarzer Wasservogel mit weißer Stirnplatte und hellem Schnabel, Füße gelappt. Juv. dunkel graubraun mit weißer Kehle und Vorderhals. Pull. schwarz mit bunten Abzeichen am Kopf. Bei Gefahr läuft die Bleßralle gewissermaßen über die Wasserfläche hin, wobei das Wasser aufspritzt und eine lange Spur hinterläßt. Flug schwerfällig und niedrig über das Wasser hinführend. Überall häufig und außerhalb der Brutzeit gesellig.

Stimme: Lockt mit einem hellen „köw" oder „kröw", erregt rufen sie kurz und scharf „pix".
Biotop: Stehende und teilweise auch fließende Gewässer mit Schilf- und Rohrbeständen; fehlt im Gegensatz zur Teichralle auf kleinen Teichen und Lachen.
Verbreitung: Anschließend an das europäische Brutgebiet in großen Teilen Asiens, in Nordwestafrika und Australien.
Wanderungen: Stand-, Strich- und Zugvogel, der in West-, Südwest- und Südeuropa, teilweise auch in Nordwestafrika überwintert. Mitteleuropäische Bleßrallen verbringen den Winter z. T. im Brutgebiet und erhalten noch Zuzug aus Nord- und Osteuropa; März – Oktober/November.
Nest und Eier: In lockeren Schilf- und Rohrbeständen; 7–9 gefleckte Eier (52,1 mm × 36,1 mm), Mitte März/Juni.
Unterarten: F. a. atra L.

Kammbleßralle
Fulica cristata Gmelin

E Crested Coot
R Хохлатая лысуха
C Lyska hřebenatá
F Kruununokikana
P Łyska czubata
U Taréjos szárcsa

Kennzeichen: 40,5 cm. Sehr ähnlich Bleßralle, von der sie sich durch eine bläulichweiße Stirnplatte und zwei fleischige dunkelrote Höcker auf dem Scheitel unterscheidet. Verhalten wie Bleßralle. Auch zur Brutzeit gesellig.
Stimme: Nach Mackworth-Praed und Grant ein lautes „kwon" oder „crornk", in Nestnähe ein leises „kiow-kiow".
Biotop: Wie Bleßralle.

Verbreitung: Stellenweise im Süden der Iberischen Halbinsel; außerhalb Europas in Afrika und Madagaskar.
Wanderungen: Stand- bzw. Strichvogel.
Nest und Eier: Wie bei der Bleßralle; 5–7 gefleckte Eier, die solchen von Fulica atra ähnlich sehen (54,4 mm × 37,5 mm), April/Mai.

FAMILIE: Turnicidae **Laufhühnchen**

Die Laufhühnchen sind wachtelähnliche, anatomisch zwischen den Hühnern und Rallen stehende Vögel, die in Europa nur durch eine Art vertreten sind. Von den Wachteln unterscheiden sie sich u. a. durch das Fehlen einer Hinterzehe. Die ♀♀ sind größer und ausdrucksvoller gezeichnet als die ♂♂, um deren Besitz die ♀♀ Kämpfe aufführen. Nestmulde am Boden, die meist 4 Eier werden von den ♂♂ bebrütet; die Jungen sind Nestflüchter und werden von den ♂♂ geführt. Die Nahrung besteht aus Sämereien und Insekten.

GATTUNG: Turnix Bonnaterre s. Tafel S. 72

Laufhühnchen
Turnix sylvatica
(Desfontaines)

E Andalusian Hemipode
R Пятнистая трехперстка
C Perepel obecný
F Viiriäispyy
P Przepiórnik biegacz
U Európai guvatfürj

Kennzeichen: 16,5 cm. Ein kleiner, am Boden lebender Vogel vom ungefähren Aussehen einer Wachtel, von der sich das Laufhühnchen durch einen großen rostfarbenen Fleck auf der hell rahmfarbenen Brust und die schwarze Fleckung der Brustseiten unterscheidet. Das ♂ ist etwas kleiner, der Brustfleck etwas blasser rostfarben. Das Ruhekleid gleicht dem Brutkleid, die juv. ähneln den ad. ♂♂.
Stimme: Lockt mit einem tiefen „kru krru, krrrou", „außerdem hört man ein tiefes, klagendes Brummen, das mit dem Brüllen einer Kuh im kleinen, oder fernem, verhaltenem Rohrdommelgebrüll verglichen wurde" (Hartert).
Biotop: Unkultiviertes, ebenes Gelände mit Zwergpalmengebüsch, gebüschbestandenes Ödland und ähnliche Örtlichkeiten.
Verbreitung: Südliches Spanien und Portugal, im Anschluß daran in Nordwestafrika. Weitere Unterarten im tropischen und südlichen Afrika und im südlichen Asien.

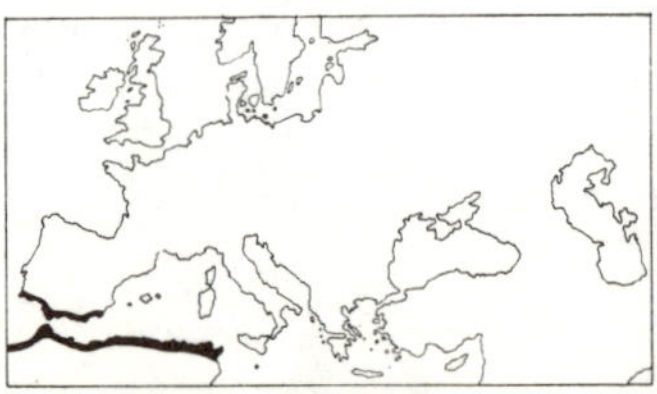

Wanderungen: Standvogel.
Nest und Eier: Flache, mit einigen Halmen ausgelegte Mulde am Boden, stets gut versteckt; meist 4 gefleckte Eier (25,9 mm × 20,4 mm), 2 Bruten, April/August.
Unterarten: T. s. sylvatica (Desfontaines).

ORDNUNG: CHARADRIIFORMES

FAMILIE: Haematopodidae **Austernfischer**

Regenpfeiferartige, schwarz-weiße Vögel von über Kiebitzgröße mit über kopflangem roten keilförmigen Schnabel und verhältnismäßig kurzen roten Füßen; eine Art Brutvogel.

GATTUNG: Haematopus Linné s. Tafel S. 80, 83

Austernfischer
Haematopus ostralegus L.

E Oystercatcher
R Кулик-сорока
C Ústřičník velký
F Meriharakka
P Ostrygojad
U Csigaforgató

Kennzeichen: 43 cm. Ein gedrungen wirkender, schwarz-weißer Vogel von über Kiebitzgröße mit rotem Schnabel und roten Füßen. Ruhekleid dem Brutkleid sehr ähnlich. Bei Vögeln im Jugendkleid ist die Schnabelspitze dunkelbräunlich, vielfach sind junge Vögel von den alten auch durch das Vorhandensein einer weißen Kinnbinde zu unterscheiden.
Stimme: Laut gellend „qui qui quit quit quit"; bei der Gruppenbalz rufen die Austernfischer fortwährend taktmäßig „püt".
Biotop: Flache Meeresküsten und Inseln, Mündungsgebiete von Strömen und Flüssen; gelegentlich auf Feldern und Wiesen in Küstennähe. In der Sowjetunion auch an stehenden und fließenden Gewässern des Binnenlandes.
Verbreitung: Brütet außerhalb Europas in zahlreichen Unterarten in allen Erdteilen.
Wanderungen: Überwintert vielfach im Brutgebiet oder unternimmt nur Wanderungen kleineren Ausmaßes innerhalb des Brutgebietes. Teilweise ziehen die Austernfischer weiter bis Nordwestafrika. Der Zug verläuft hierbei entlang der Küsten, selten durchs Binnenland. April – Mitte August/Oktober.
Nest und Eier: Oft mit Muscheln oder etwas Genist ausgelegte Nestmulde; 3–4 gefleckte Eier (56,3 mm × 39,9 mm), Mitte Mai/Juni.
Unterarten: a) H. o. ostralegus L.: Europa außer den unter b genannten Gebieten; b) H. o. longipes Buturlin: In der Sowjetunion von der Nordküste des Schwarzen Meeres bis zum Unterlauf des Ob, im Südosten bis zum Kaukasus und zum Kaspischen Meer.

FAMILIE: Charadriidae **Regenpfeifer**

Zu dieser Familie gehören die Kiebitze, Regenpfeifer und Steinwälzer, deren feldornithologische Bestimmung auch in den Ruhekleidern im allgemeinen nicht schwierig ist. Kleine bis mittelgroße Vögel von höchstens Kiebitzgröße, Schnabel nie länger als der Kopf. Füße nicht übermäßig lang. Bewohnen offenes, trockenes oder sumpfiges Gelände wie Flachküsten, Wiesen, Steppen, Tundren oder kurzgrasige Bergrücken. Nester am Boden, die Gelege bestehen aus 4, bei See-, Wermut- und Mornellregenpfeifer nur aus drei gefleckten Eiern.

Junge wie bei allen zu dieser Ordnung gehörigen Arten Nestflüchter in einem gescheckten Dunenkleid. Die Mehrzahl der Arten überwintert nicht im Brutgebiet. 17 Arten, davon 11 Arten Brutvögel.

Bestimmungsschlüssel für die Gattungen

1 Mit deutlichem Federschopf **Vanellus** S. 253
1* Ohne Federschopf 2
2 Oberkopf schwarz, Rücken tabakbraun **Hoplopterus** S. 253
2* Anders 3
3 Unterseite weiß mit geschlossenem oder offenem schwarzen Brustband **Charadrius** S. 254
3* Anders 4
4 Kopf, Hals und Brust schwarzweiß gescheckt, Rücken rotbraun **Arenaria** S. 259
4* Anders 5
5 Brust graubraun und rostbraun, durch schmales weißes Band getrennt **Eudromias** S. 258
5* Anders 6
6 Schwanz weiß, mit oder ohne schwarze Endbinde **Chettusia** S. 252
6* Schwanz weiß oder goldbraun mit dunkler Bänderung **Pluvialis** S. 257

GATTUNG: Chettusia Bonaparte s. Tafel S. 80, 83

Bestimmungsschlüssel

1 Schwanz völlig weiß **Weißschwanzkiebitz** S. 494
1* Schwanz weiß mit schwarzer Endbinde **Steppenkiebitz** S. 252

Steppenkiebitz

Chettusia gregaria (Pallas)

E Sociable Plover
R Кречетка
C Keptuška stepní
F Arohyyppä
P Czajka towarzyska
U Lilebíbic

Kennzeichen: 30 cm. Etwas kleiner und hochbeiniger als Kiebitz. Der schwarze Oberkopf wird durch einen auffallenden weißen, von der Stirn bis zum Nacken verlaufenden Streifen eingefaßt, unter dem ein schmälerer schwarzer Augenstreif verläuft. Bei juv. ist die Kopfplatte braun und der weiße Streif noch nicht so scharf ausgeprägt. Oberseite fahl braungrau, Oberschwanzdecken und Schwanz weiß bis auf die breite schwarze Endbinde. Kopf- und Halsseiten blaß fahlgelb. Brust bräunlich aschgrau (bei juv. schwarzbraun gefleckt), Bauch schwarz mit großem rotbraunem Fleck. Füße schwarz (beim Weißschwanzkiebitz hellgelb!). Im Ruhekleid ist die Stirn dunkel gestrichelt und die gesamte Unterseite weißlich, nur die Brustseiten sind mit dunklen Federn untermischt.

Stimme: Kurz und schrill „kretsch".
Biotop: Trockene Steppen mit spärlichem Bewuchs von Stipa-Gras und Artemisia.
Verbreitung: Mittlere südliche Sowjetunion von der Wolga bis zum Oberlauf des Irtysch; die Nordgrenze bildet etwa der 55.° n. Br., im Süden reicht das Brutgebiet bis zum Nordrand vom Kaspischen Meer und Aralsee.

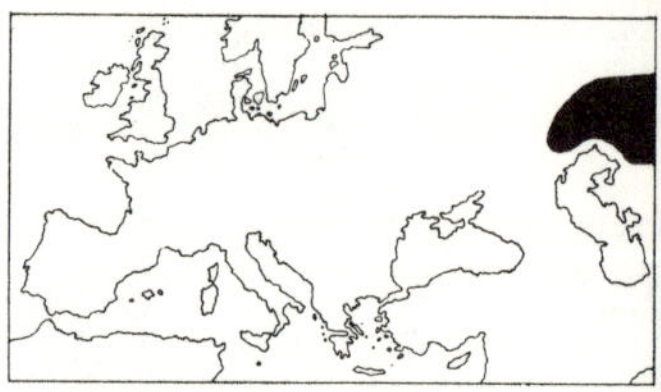

Wanderungen: Zugvogel, der im Irak sowie in Nordostafrika von Ägypten bis Somalia und gelegentlich auch in Pakistan überwintert; Ende März/April, Abzug setzt im August ein. Als Irrgast westwärts in Großbritannien, Belgien, in den Niederlanden, in der BRD und DDR, in Österreich, Ungarn und Spanien sowie auf Malta und in Griechenland nachgewiesen.
Nest und Eier: Nistet gesellschaftlich, mit wenigen Halmen ausgelegte Nestmulde; 4 kiebitzähnliche Eier (46,6 mm × 33,9 mm), Mitte April/Mai.

GATTUNG: Vanellus Brisson s. Tafel S. 80, 83

Kiebitz

Vanellus vanellus (L.)

E Lapwing
R Чибис
C Čejka chocholatá
F Töyhtöhyyppä
P Czajka pospolita
U Bíbic

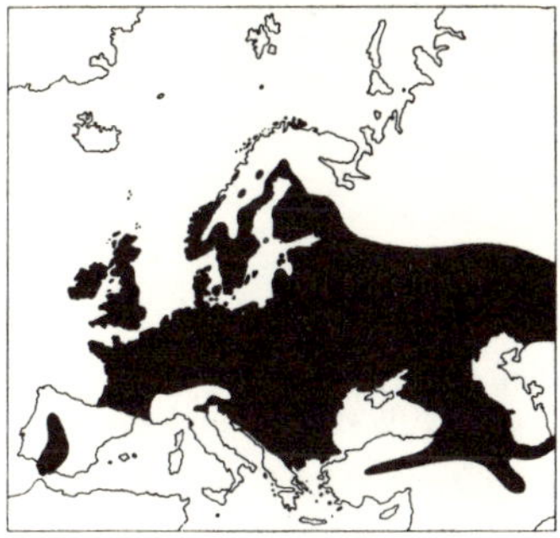

Kennzeichen: 32 cm. In allen Kleidern leicht an dem Federschopf, dem schwarz-weißen, oberseits metallisch grün schillernden Gefieder und im ziemlich langsamen Fluge an den breiten, abgerundeten Flügeln zu erkennen. Beim ähnlichen ♀ ist der Federschopf kürzer, Hinterkopf und Kehle sind mit weißen Federchen untermischt. Im Ruhekleid sind sich ♂ und ♀ ähnlich, Kopfseiten sind dann mehr bräunlichweiß, Kinn und Kehle weiß. Jugendkleid gleicht weitgehend dem Ruhekleid. Dunenjunge braungescheckt mit auffallendem weißem Nackenring.
Stimme: Das bekannte „kieh-wit", bei den Balzflügen Laute, die sich etwa mit „chärrrchui qui qui knui" wiedergeben lassen.
Biotop: Feuchte Wiesen und Äcker, trocken gelegte oder verlandende Teiche, Mündungsgebiete von Strömen und Flüssen, gelegentlich auch auf kurzgrasigen, trockenen Inseln.
Verbreitung: Anschließend an das europäische Brutgebiet durch das gesamte mittlere Asien bis Ostasien.
Wanderungen: Überwintert in West- und Südwesteuropa sowie in Nordwestafrika, west- und südeuropäische Populationen vielfach im Brutgebiet; vor dem eigentlichen Zug der sog. „Frühsommerzug" ab Mitte Mai; Anfang März – August/Oktober.
Nest und Eier: Mit Genist ausgelegte Bodenmulde; 4 gefleckte Eier (47,1 mm × 33,7 mm), Ende März/Mai.

GATTUNG: Hoplopterus Bonaparte s. Tafel S. 80, 83

Spornkiebitz

Hoplopterus spinosus (L.)

E Spur-winged Plover
R Африканский шпорцевый чибис
C Čejka trnitá
F Kynsihyyppä
U Tüskés bíbic

Kennzeichen: 28 cm. Etwas kleiner als unser Kiebitz, infolge der längeren Beine schlanker wirkend. Unverkennbar durch das schwarzweiße Gefieder von Kopf, Hals und Unterseite und die fahlbraune Oberseite. Der kleine Sporn am Flügelbug ist nur in der Nähe zu erkennen. Im Jugendkleid Oberkopf mattschwarz mit hellbraunen Federspitzen, das Schwarz der Unterseite bräunlich.
Stimme: Laute, metallisch klingende „pitt, pitt"-Rufe, die oft wiederholt werden.
Biotop: Ebenes, mit spärlicher Vegetation bedecktes Gelände in der Nähe von Lagunen, Seen oder Flußmündungen.
Verbreitung: Auf Nordgriechenland (Thrakien, Makedonien) beschränkt; außerhalb Europas in der Türkei, in

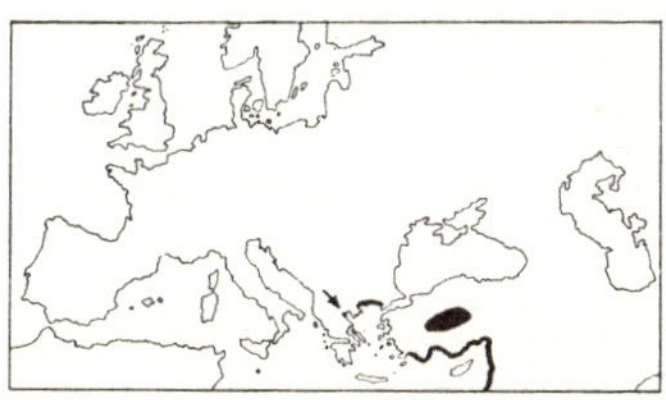

Syrien, Israel, Ägypten, Ost- und Westafrika südlich der Sahara. Es hat den Anschein, als ob die Art ihr Brutareal in Südosteuropa ausdehnt, da Spornkiebitze auch an der Südwestküste des Schwarzen Meeres beobachtet wurden.
Wanderungen: Die in Europa brütenden Spornkiebitze sind Zugvögel, die sehr wahrscheinlich in Afrika überwintern. Als Irrgast in Westfalen und Niedersachsen nachgewiesen.
Nest und Eier: Mit etwas Genist ausgelegte Mulde; 4 oft kleinen Kiebitzeiern ähnlich aussehende Eier (40,9 mm × 28,8 mm), Ende April/Mai.

GATTUNG: Charadrius Linné

s. Tafel S. 78, 82

Bestimmungsschlüssel

1 Mit deutlich ausgeprägtem Brustband 2
1* Ohne Brustband, dieses ist an den Seiten nur angedeutet, Füße schwarz **Seeregenpfeifer** S. 255
2 Brustband rostrot 3
2* Brustband schwarz 4
3 Breites rostrotes, unten schwarz eingefaßtes Brustband, weißer Überaugenstreif **Wermut-Regenpfeifer** S. 256
3* Rostrotes Brustband ohne schwarze Einfassung, kein weißer Überaugenstreif **Wüstenregenpfeifer** S. 496
4 Brustband einfach 5
4* Brustband doppelt, Bürzel und Oberschwanzdecken in allen Kleidern hell rostfarben **Keilschwanzregenpfeifer** S. 495
5 Brustband breit, Schnabel orange mit schwarzer Spitze **Sandregenpfeifer** S. 254
5* Brustband schmal, Schnabel schwarz **Flußregenpfeifer** S. 255

Sandregenpfeifer
Charadrius hiaticula L.

E Ringed Plover
R Галстучник
C Kulík písečný
F Tylli
P Sieweczka obrożna
U Parti lile

Kennzeichen: 19 cm. Knapp drosselgroß; fällt im Brutkleid durch die kontrastreiche Schwarzweiß-Zeichnung des Vorderkörpers auf: Stirnband, Halsring und ein Fleck hinter dem Auge sind weiß; Oberkopf, Zügel, Kopfseiten und ein nach hinten schmäler werdendes Kropfband indessen schwarz. Hinterkopf und übrige Oberseite sind dunkel sandfarben, Unterseite weiß. ♀ gleicht weitgehend dem ♂, doch ist die Schwarzweiß-Zeichnung am Kopf nicht so ausgedehnt, dem Auge fehlt der weiße Ring. Ruhekleid bei ♂ und ♀ oberseits dunkler, die schwarzen Partien am Kopf und Hals mit braunen Federn untermischt. Vom ähnlichen Flußregenpfeifer unterscheidet sich der Sandregenpfeifer durch seine beträchtlichere Größe, die gedrungenere Gestalt und das breite schwarze Kropfband. Im Fluge fällt beim Sandregenpfeifer eine deutliche schmale weiße Flügelbinde auf, die dem Flußregenpfeifer fehlt.
Stimme: Ein oft wiederholtes, melodisches „diü diü“ oder ein trillerndes „drü drü“.
Biotop: Flacher, sandiger oder kiesiger Meeresstrand sowie gelegentlich sandige Ufer von Seen und fließenden Gewässern des Binnenlandes, in Skandinavien auch auf den hochgelegenen Fjälls, im Norden des Brutgebiets die Tundren des Binnenlandes bis zur Küste.
Verbreitung: Außer in Europa einschließlich Spitzbergen und Bäreninsel im gesamten nördlichen Asien,

in Nordamerika (Ellesmere- und Baffinland) sowie an den Küsten Grönlands.
Wanderungen: Überwiegend Zugvogel der an den Küsten des Mittelmeeres, Afrikas und Südwestasiens überwintert; in Westeuropa vereinzelt auch im Brutgebiet überwinternd. Mitte März/Mitte April – Juli/August. Ch. h. tundrae ist Durchzügler in Mitteleuropa (März/Mai und August/ Oktober).
Nest und Eier: Eine flache Mulde, vielfach ohne jedes Genist; 4 auf sandfarbenem Grund gefleckte Eier (35,7 mm × 25,9 mm), Mai/Juni.
Unterarten: a) Ch. h. hiaticula L.: Verbreitung s. o.; b) Ch. h. tundrae (Lowe): Arktische Tundren vom nördlichen Skandinavien und Finnland durch die nördliche SU bis zur Tschuktschenhalbinsel; Büreninsel und Spitzbergen.

Flußregenpfeifer
Charadrius dubius Scopoli

E Little Ringed Plover
R Малый зуек
C Kulík říční
F Pikkutylli
P Sieweczka rzeczna
U Kis lile

Kennzeichen: 15 cm. Ähnlich Sandregenpfeifer, doch kleiner. ♂ und ♀ sind an dem weißen Halsring, der hellbraunen Oberseite und der weißen Unterseite zu erkennen. Unterscheidet sich vom Sandregenpfeifer in allen Kleidern durch das Fehlen der weißen Flügelbinde und durch die Schnabelfärbung: dieser ist beim Flußregenpfeifer bis auf einen kleinen

Sandregenpfeifer

Flußregenpfeifer

blaßgelblichen Fleck an der Wurzel schwarz, beim Sandregenpfeifer jedoch orangefarbig mit schwarzer Spitze. Ruhekleid ähnlich Brutkleid. Im Jugendkleid ist der Kopf bis auf die weiße Stirn sandfarben, das Kropfband nur durch je einen braungrauen Fleck an den Brustseiten angedeutet. Hinter dem Auge befindet sich – im Gegensatz zum juv. Sandregenpfeifer – kein weißer Fleck.
Stimme: Meist ein pfeifendes, bisweilen oft wiederholtes „diü", in der Erregung „gigigig".
Biotop: Vegetationslose Sand-, Kies- und trockene Schlammflächen an fließenden und stehenden Gewässern, ferner in Sand- und Kiesgruben sowie stillgelegten Braunkohlentagebauen, stellenweise auch auf Ruderalflächen.
Verbreitung: Außer in Europa in großen Teilen Asiens sowie in Nordwestafrika.

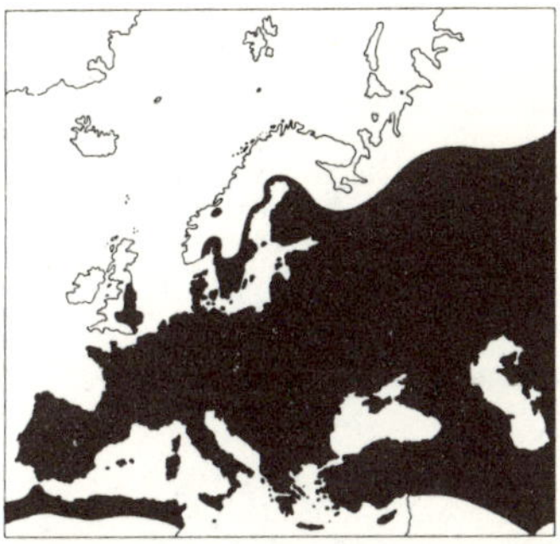

Wanderungen: Überwintert in den Mittelmeerländern und in Afrika südwärts bis zum Äquator; Mitte April – August/September.
Nest und Eier: Eine flache, bisweilen mit etwas Genist ausgelegte Mulde am Boden; 4 auf sandfarbenem Grund gefleckte Eier (29,8 mm × 22,1 mm).
Unterarten: Ch. d. curonicus Gmelin.

Seeregenpfeifer
Charadrius alexandrinus L.

E Kentish Plover
R Морской зуек
C Kulík mořský
F Mustajalkatylli
P Sieweczka morska
U Széki lile

Kennzeichen: 16 cm. Kleiner als Sandregenpfeifer; von diesem und dem Flußregenpfeifer sofort dadurch zu unterscheiden, daß er kein geschlossenes Brustband hat, sondern an den Brustseiten nur je einen schwarzen Fleck, der im Jugendkleid nur angedeutet ist. Dadurch und durch die fahl rötlichbraune Oberseite wirkt der Seeregenpfeifer im ganzen heller als die beiden anderen Arten. Stirn, der durchgehende Überaugenstreif, Nackenring und Unterseite sind weiß. Oberhalb der Stirn fällt ein schmales schwarzes Scheitelband auf, die schwarzen Zügel verbreitern sich hinter den Augen zu kleinen Flecken. Füße und Schnabel sind schwarz. *Beim* ♀ sind die schwarzen Federpartien graubraun.
Stimme: Die Rufe klingen wie „püit“, „gügüg“ oder „gilück“.
Biotop: An Salzwasser gebunden, also vor allem an flachen, vegetationslosen Meeresküsten; im Binnenland an salzhaltigen Seen und Sümpfen (Ungarn, Sowjetunion).
Verbreitung: Außerhalb Europas in zahlreichen Unterarten an den Küsten und zum Teil auch im Binnenland aller Erdteile.

Wanderungen: Die Winterquartiere liegen in Afrika, die der weiter östlich beheimateten Populationen im südlichen Asien. Ende März/Mitte April – Ende Juli/Anfang September. An den deutschen Küsten zahlreicher Durchzügler, selten im Binnenland; seltener Durchzügler auf den Britischen Inseln. Irrgast in Norwegen.
Nest und Eier: Die flache Nestmulde wird bisweilen mit etwas Genist ausgelegt; 3 auf trüb sandfarbenem Grund gefleckte Eier (33,1 mm × 23,5 mm).
Unterarten: Ch. a. alexandrinus L.

Wermut-Regenpfeifer
Charadrius asiaticus Pallas

E Caspian Plover
R Каспийский зуек
C Kulík asijský
F Kaspiantylli
P Siewka długonoga
U Azsiai lile

Kennzeichen: 20 cm. Größer als Sandregenpfeifer, Kopf und Brust ohne jede Schwarzweiß-Zeichnung. Kopf bis auf Scheitel, Nacken und einen braunen Augenstreif weiß, ebenso die Unterseite bis auf das breite rostrote, unten schmal schwarz eingefaßte Brustband. Scheitel und übrige Oberseite fahl braun. ♀ wie ♂, doch mit blasserem Brustband. Im Ruhekleid sind bei ♂ und ♀ die weißen Federpartien am Kopf und auf der Unterseite hell rahmfarben, das Brustband ist hellbräunlich. Füße grünlich. Jugendkleid ähnlich Ruhekleid.
Stimme: „kuit“ oder „kwhit“ (Elliot), bei der Flugbalz hört man eine angenehm klingende dreisilbige Tonreihe.
Biotop: Steppen und Halbwüsten mit spärlicher Vegetation und salzhaltigen Böden in der Nähe von stehenden Gewässern.
Verbreitung: Steppengebiete beiderseits der unteren Wolga bis etwa zum 51.° n. Br., ostwärts bis zu den westlichen Ausläufern des Tienschan, südwärts bis zum Amudarja und im östlichen Iran.

Wanderungen: Überwintert in Arabien und in Afrika vom Sudan bis zum Kapland. Als Irrgast in England, zweimal auf Helgoland, in Italien und

Bulgarien nachgewiesen. Erstnachweis für Norwegen Juni 1978 auf der Varanger-Halbinsel. Auf dem Zug – bes. im Frühjahr (April) – sehr zahlreich am Westrand des Kaspischen Meeres.

Nest und Eier: Eine flache, bisweilen mit etwas Genist ausgelegte Mulde am Boden. 3 auf lehmbraunem Grund gefleckte Eier (38,3 mm × 27,5 mm), Ende April/Mai.

GATTUNG: Pluvialis Brisson

s. Tafel S. 79, 87

Bestimmungsschlüssel

1 Unterflügel (und Achselfedern) graubraun **Kleiner Goldregenpfeifer** S. 496
1* Unterflügel weiß 2
2 Achselfedern weiß **Goldregenpfeifer** S. 257
2* Achselfedern schwarz **Kiebitzregenpfeifer** S. 257

Kiebitzregenpfeifer
Pluvialis squatarola (L.)

E Grey Plover
R Тулес
C Kulík ledý
F Tundrakurmitsa
P Siewnica
U Ujjas lile

Kennzeichen: 28 cm. Fast kiebitzgroß. Im Brutkleid ähneln sich Kiebitzregenpfeifer und die nördl. Unterart des Goldregenpfeifers, und auch im Ruhekleid sehen sich beide Arten ähnlich. Der Kiebitzregenpfeifer kann in allen Kleidern an dem auffallenden schwarzen Achselfleck, dem weißlichen Bürzel und Flügelband vom Goldregenpfeifer unterschieden werden. Die Oberseite ist nicht goldbraun, sondern mehr schwarzbraun mit breiten weißen Federsäumen; dadurch erscheint der Vogel von weitem silbergrau. Das ♀ ähnelt dem ♂, die Unterseite ist jedoch mehr braun und mit weißen Federchen durchsetzt. Im Ruhekleid sind bei ♂ und ♀ Stirn und ein nicht deutlich ausgeprägter Überaugenstreif weißlichgrau, die übrige Oberseite aschgrau, die Unterseite weiß.
Stimme: Ein dreisilbiger flötender Pfiff, nicht unähnlich dem des Goldregenpfeifers.
Biotop: Arktische Tundren, besonders die feuchten und sumpfigen Stellen.

Verbreitung: Zirkumarktisch; in Europa nur in der nördlichen Sowjetunion von der Halbinsel Kanin ostwärts.

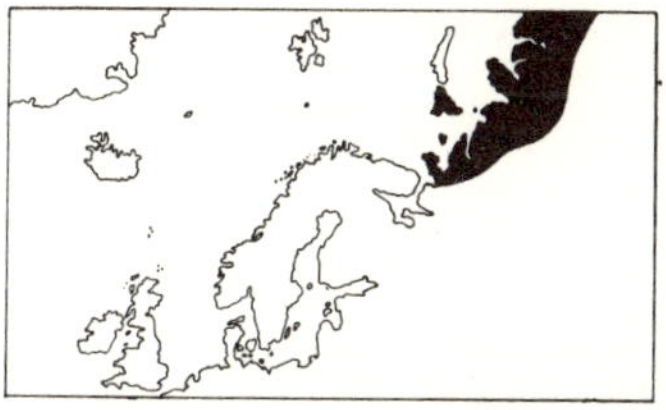

Wanderungen: Zu den Zugzeiten und im Winter ist der Kiebitzregenpfeifer an fast allen Küsten der Erde zu finden. Zum Teil überwintern die im nördlichen Europa und Westasien beheimateten Populationen bereits an den Küsten Mittel- und Südeuropas. Zu den Zugzeiten (Ende März / Anfang Juli, Ende Juli/November) ist die Art an den deutschen Küsten häufig und wird dann gelegentlich auch im Binnenland angetroffen. Bisweilen übersommernd.
Nest und Eier: Eine dürftig mit Moos und Flechten ausgelegte Mulde; 4 auf rötlichgelbem bis steingrauem Grund gefleckte Eier (51,7 mm × 35,9 mm), Mitte Juni/Anfang Juli.

Goldregenpfeifer
Pluvialis apricaria (L.)

E Golden Plover
R Золотистая ржанка
C Kulík zlatý
F Kapustarinta
P Siewka złota
U Pettyeslile

Kennzeichen: 28 cm. Knapp kiebitzgroß. Über die Unterschiede zwischen Gold- und Kiebitzregenpfeifer s. bei

diesem. Ad. sind in allen Kleidern an den schwarzbraunen, breit goldgelblich gesäumten Federn der Oberseite und an den weißen Unterflügeln und Achselfedern zu erkennen. Die nördliche Unterart unterscheidet sich von der südlichen durch ausgedehntere Schwarzzeichnung an den Kopfseiten, Vorderhals und Bauch. Im Ruhekleid sind beide Unterarten nicht zu unterscheiden; Oberseite wie im Brutkleid, Brust hell goldgelblich mit verwaschenen bräunlichen Flecken, übrige Unterseite weiß.
Stimme: Schöne flötende „tüht"-Rufe.
Biotop: Hauptsächlich Tundren, Hochmoore und Torfmoore, ferner mit Heidekraut und Moos bewachsene Bergrücken und Hochebenen.
Verbreitung: Außer in Europa in der nördlichen Sowjetunion ostwärts bis zur Jenissei-Mündung.
Wanderungen: Zieht durch Europa und Westasien (überwiegend durchs Binnenland) und überwintert im Mittelmeergebiet und in Südwestasien; März/April – Ende Juli/Oktober. P. a. altifrons ist zahlreicher Durchzügler in Mitteleuropa (Mitte März/April, Ende Juli/November).
Nest und Eier: Eine mit Pflanzenmaterial ausgelegte Mulde am Boden; 4 auf lehmfarbenem bis rötlichbraunem Grund dunkel gefleckte Eier (51,8 mm × 35,9 mm), Ende April/Juni.
Unterarten: a) P. a. apricaria (L.): Großbritannien und Irland, vereinzelt noch in Niedersachsen, Dänemark, Südnorwegen und Südschweden und sowjetische Ostseerepubliken; b) P. a. altifrons (C. L. Brehm): Island, Färöer, Skandinavien (mit Ausnahme der unter a genannten Gebiete), Südwest- und Nordfinnland und nördliche Sowjetunion.

GATTUNG: Eudromias C. L. Brehm s. Tafel S. 79, 87

Mornellregenpfeifer
Eudromias morinellus (L.)

E Dotterel
R Хрустан
C Kulík hnědý
F Keräkurmisa
D Mornel
U Havasilile

Kennzeichen: 21,5 cm. Etwa drosselgroß; Unterscheidet sich im Brutkleid von verwandten Arten durch einen auffälligen weißen bis zum Nacken reichenden Überaugenstreif, die weiße Kehle und ein weißes halbkreisförmiges Band, das die graubraune Vorder- gegen die rostbraune Hinterbrust abgrenzt. Oberkopf schwarzbraun, Oberseite graubraun mit hell rostfarbenen Säumen, Bauch schwarz, zum Schwanz zu wieder weiß. Im Ruhekleid ähneln ♂ und ♀ einem kleinen, oberseits dunklen Goldregenpfeifer, unterscheiden sich aber von diesem durch geringere Größe, das mehr erdgraue Gefieder und den auch im Ruhekleid deutlich erkennbaren Überaugenstreif, während das Brustband nur angedeutet ist. Der Bauch ist im Ruhekleid weiß.
Stimme: Ein sanftes, flötendes „dürr", dem oft ein gedämpftes „düt" angehängt wird.
Biotop: Steinige, kurzgrasige Bergrücken; in Skandinavien brütet die Art auf den Fjälls, höher im Norden in der Tundra.
Verbreitung: Hat 1964 und 1965 in den Schweizerischen Ostalpen gebrütet. Für 1952, 1953, 1974 und 1975 liegen Brutnachweise aus den Abruzzen (Italien) vor. Von 1961 an

wurden fast alljährlich Bruten in den Niederlanden nachgewiesen. Außerhalb Europas befinden sich noch größere isolierte Brutgebiete in Asien (Ural, Taimyr-Halbinsel, Nord- und Nordostsibirien, Gebirge Zentralasiens).
Wanderungen: Zieht durch Europa und Asien und überwintert in Nordafrika und Vorderasien (April/Mai – Ende Juli/Oktober); im Binnenland wesentlich seltener als der Goldregenpfeifer.
Nest und Eier: Eine sparsam mit Moos, Flechten und Halmen ausgelegte Mulde am Boden; 3 auf olivbraunem Grund schwarzbraun gefleckte Eier (41,1 mm × 28,9 mm), Ende Mai/Anfang Juli.

GATTUNG: Arenaria Brisson

s. Tafel S. 78, 82

Steinwälzer
Arenaria interpres (L.)

E Turnstone
R Камнешарка
C Ústřičník malý
F Karikukko
P Kamusznik
U Köforgató

Kennzeichen: 23 cm. Drosselgroß mit auffälliger Zeichnung: Kopf, Hals und Brust sind schwarz-weiß gescheckt, ein breites schwarzes Brustband fällt besonders auf. Die Oberseite ist rotbraun mit schwarzen Federpartien, der schwarze Schnabel und die gelben Füße sind auffallend kurz. Im Fluge kommen die weißen Flügelbinden und der weiße Hinterrücken besonders zur Geltung. Das ♀ gleicht dem ♂, nur ist die Zeichnung nicht so lebhaft. Im Ruhekleid sind ♂ und ♀ bis auf die weiße Kehle und den weißen Bauch schwarzbraun mit weißlichen Federsäumen.
Stimme: Wenig ruffreudig; man hört ein hartes hohes „khikhikikikik", erregt rufen sie „tjück tjück tjück ürrürrürrürr".
Biotop: Trockene steinige Küsten mit spärlicher Vegetation, gern auf kleinen der Küste vorgelagerten Inseln.
Verbreitung: Außerhalb Europas an den Küsten und auf diesen vorgelagerten Inseln Nord- und Nordostsibiriens, des arktischen Nordamerika und Grönlands.

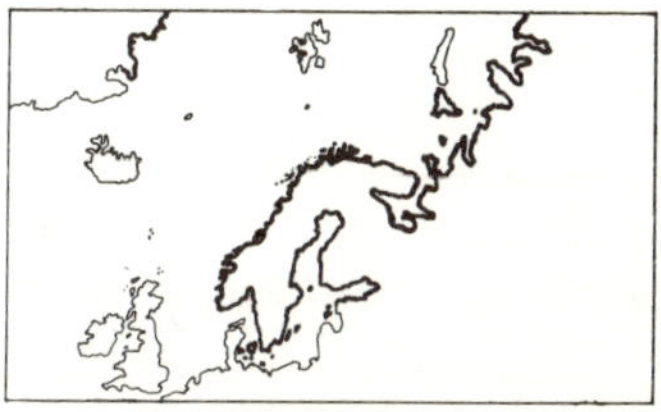

Wanderungen: Scheint vorwiegend die Küsten entlang zu ziehen, im Binnenland wird er nur selten auf dem Durchzug beobachtet (April/Anfang Juni, Ende Juli/Oktober). Überwintert z. T. schon im Nordseegebiet, meist jedoch an den Küsten Südwesteuropas, auf den Atlantischen Inseln und an den Küsten Afrikas. Übersommert bisweilen in den Winterquartieren oder Durchzugsgebieten. Die nordamerikanische Unterart A. i. morinellus wurde als Irrgast in England nachgewiesen.
Nest und Eier: Eine mit Pflanzenmaterial dürftig ausgelegte Mulde; 4 auf graugrünem Grund braun gefleckte Eier (39,7 mm × 28,9 mm), Mitte Mai/Mitte Juni.
Unterarten: A. i. interpres (L.)

FAMILIE: Scolopacidae **Schnepfenvögel**

Diese Familie umfaßt die Hauptmasse der Limikolen: Schnepfen, Brachvögel, Uferschnepfen, Wasserläufer, Strandläufer u. a. Die Bestimmung der einzelnen Arten im freien Felde macht bisweilen auch erfahreneren Ornithologen Schwierigkeiten, zumal wir gerade bei dieser Familie immer wieder mit Irrgästen rechnen müssen. Die größten Arten sind die Brachvögel, die kleinsten gewisse Strandläufer. Bewohnen meist offenes Gelände wie Flachküsten, sumpfiges Gelände aller Art, Wiesen, Fluß- und Bachufer und teilweise auch Wälder. Nester mit Ausnahme des Waldwasserläufers (s. S. 271) stets am Boden; das Gelege besteht aus 4 gefleckten Eiern. Die gescheckten Dunenjungen sind Nestflüchter. Die Mehrzahl der Arten überwintert nicht im Brutgebiet. 47 Arten, davon 25 Brutvögel.

Bestimmungsschlüssel für die Gattungen

1 Schnabel abwärts gebogen **Numenius** S. 264
1* Schnabel nicht abwärts gebogen 2
2 Über Kiebitzgröße 3
2* Kiebitzgröße und darunter 4
3 Schnabel gerade oder etwas aufwärts gebogen **Limosa** S. 266
3* Schnabel gerade, auffallend schwarz-weiße Flügel **Catoptrophorus** S. 498
4 Gefieder herbstlaubfarbig, auffallend große Augen, kurzbeinig **Scolopax** S. 264
4* Anders 5
5 Drosselgroß, hellbraun mit schwarzbrauner Zeichnung, helle Rückenstreifen, sehr langschnäblig **Gallinago** S. 260
5* Anders 6
6 Oberkopf und Rücken mit 2 hellen Längsstreifen, Rücken metallisch grün glänzend, lerchengroß **Lymnocryptes** S. 263
6* Oberkopf und Rücken anders gefärbt 7
7 Größe und Schnabel wie Bekassine, Unterseite rostbraun, im Ruhekleid grau, Schwanz dunkelbraun und weiß gebändert **Limnodromus** S. 497
7* Anders 8
8 Gesperberte Unterseite (im Ruhekleid unterseits weiß, langbeinig) **Micropalama** S. 502
8* Unterseite nicht gesperbert 9
9 Braun, auffallend kleiner Kopf und dünner Hals, Schwanz lang und gestuft **Bartramia** S. 499
9* Anders 10
10 Größe wie Flußuferläufer, unterseits hellbraun, Füße gelblich **Tryngites** S. 502
10* Anders 11
11 Schnabel an der Spitze von oben plattgedrückt, über dem Auge 2 helle Streifen **Limicola** S. 279
11* Anders 12
12 Bürzel weiß oder weiß eingefaßt **Tringa** S. 268
12* Bürzel höchstens in der Mitte meist reinweiß 13
13 Hochbeinig, ♂ im Brutkleid mit buntem Halskragen **Philomachus** S. 280
13* Nicht hochbeinig, überwiegend sehr kleine Arten **Calidris** S. 274

GATTUNG: Gallinago Brisson s. Tafel S. 81, 86

Bestimmungsschlüssel

1 Äußere Schwanzfedern überwiegend weiß **Doppelschnepfe** S. 262
1* Äußere Schwanzfedern nie rein weiß 3
2 Äußere Schwanzfedern auffallend schmal, Breite unter 2 mm **Stiftbekassine** S. 260
2* Äußere Schwanzfedern normal breit, stets über 2 mm **Bekassine** S. 261

Stiftbekassine

Gallinago stenura (Bonaparte)

E Pin-tailed Snipe
R Азиатский бекас
C Bekassina asijská
F Tundrakurppa
U Asziai sárszalonka

Kennzeichen: 27 cm. Unserer Bekassine sehr ähnlich, doch etwas dunkler und mit weniger Weiß auf den Flügeln. Im freien Feld sind beide Arten kaum zu unterscheiden, es sei denn durch die allerdings sehr wenig verschiedene Stimme und durch den langsameren, schwerfälligeren Flug. Hat man dagegen eine Stiftbekassine in der Hand, so ist die Bestimmung leicht: während der Schwanz bei G. gallinago normalerweise aus 14 Steuerfedern besteht, besitzt G. stenura 26 Steuerfedern, und zwar 10

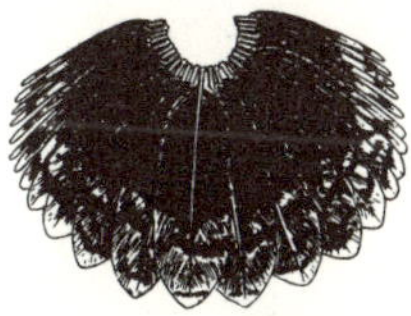

Stiftbekassine, ½ nat. Gr.

normal breite, die beiderseits von je 8 ganz schmalen, stiftförmigen und nur 1 bis 1,5 mm breiten, steifen Federchen eingefaßt werden.
Stimme: Sehr ähnlich der von G. gallinago. Auch der Balzflug ähnelt dem unserer Bekassine. In etwa 50 m Höhe werden unregelmäßige Kreise gezogen, dabei ertönen Laute, die an das Wetzen einer Sense erinnern. Bei den häufigen Sturzflügen wird mit Flügeln und Schwanz ein anschwellender zischend-surrender Ton erzeugt. Beim erneuten Aufsteigen hört man eigenartig quietschende Laute (Johansen).
Biotop: Sumpfige Strauchtundra; nicht selten auch auf trockenem Boden.
Verbreitung: In Europa auf die Tundren der nordöstlichen Sowjetunion beschränkt. Anschließend im

nördlichen Sibirien bis zum Anadyr-Gebiet, im Süden von Ost-Turkestan bis zum Ussuri-Gebiet.
Wanderungen: Überwintert in Süd- und Südostasien; Anfang Mai – August/Anfang September.
Nest und Eier: Ähnlich wie bei G. gallinago; die 4 Eier sind auf lehmgelben Grund ganz wie Bekassinen-Eier hell- und dunkelbraun gefleckt (39,5 mm × 28,2 mm), Mai/Juni.

Bekassine
Gallinago gallinago (L.)

E Common Snipe
R Бекас
C Sluka otavní
F Taivaanvuohi
P Kszyk
U Középso sárszalonka

Kennzeichen: 26,5 cm. Drosselgroß, Schnabel (6 cm) wesentlich länger als der Kopf, Beine relativ kurz. Das Gefieder bis auf die weiße Unterseite auf dunkelbraunem Grund rostbraun und rahmfarben gezeichnet, über den Rücken verlaufen 2 bis 4 hell rostbraune Streifen. Das Ruhekleid gleicht dem Brutkleid, und auch das Jugendkleid ist diesem sehr ähnlich. Dunenjunge rostbraun mit dunkler Zeichnung und eigenartigen weißen Tüpfel-

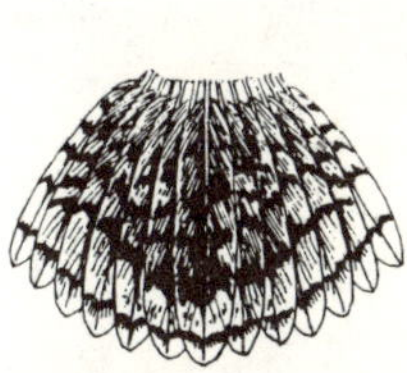

Bekassine, ½ nat. Gr.

chen auf der Oberseite. – Bekassinen drücken sich bei Gefahr und fliegen erst im letzten Augenblick mit einem heiseren „ätsch“ in raschem Zickzackflug auf. Über die Unterschiede zwischen Bekassine, Doppel- und Zwergschnepfe s. bei diesen Arten.
Stimme: Von am Boden sitzenden Bekassinen hört man ein gleichmäßiges „ticke ticke ticke“, das ♂ „meckert beim Balzflug (das „Mek-

kern" entsteht dadurch, daß die Luft durch die beim Absturz breit gefächerten Schwanzfedern streicht).
Biotop: Sumpfiges Gelände, Verlandungszonen von Teichen, nasse, mit Erlen- und Weidengebüsch bestandene Wiesen.
Verbreitung: Anschließend an das europäische Brutgebiet im gesamten nördlichen und mittleren Asien sowie in Nordamerika.

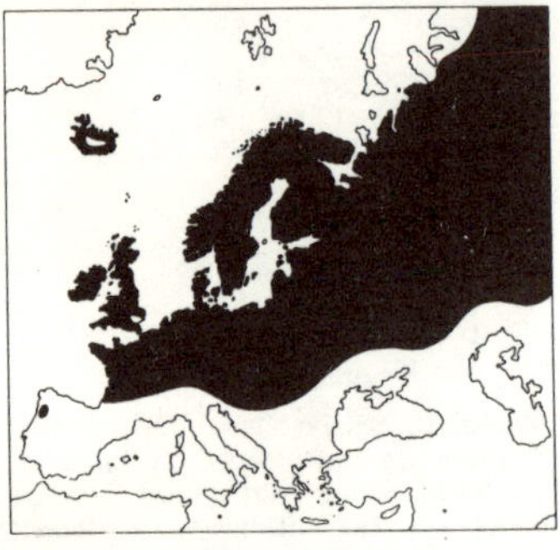

Wanderungen: Überwintert in Afrika (südwärts bis Senegal und Uganda), häufig auch in West- und Südeuropa und bisweilen sogar im Brutgebiet, März/April – Juli/Oktober. Für G. g. faeroeensis liegt ein Nachweis von Helgoland vor.
Nest und Eier: Gut versteckt und durch überhängende Halme gegen Sicht geschützt, die Mulde wird mit trockenen Halmen und Blättern ausgelegt; 4 variable, meist auf bräunlichem Grunde gefleckte Eier (39,3 mm × 28,6 mm), April/Juni.
Unterarten: a) G. g. faeroeensis (C. L. Brehm): Island, Färöer, Orkney- und Shetland-Inseln; b) G. g. gallinago (L.): Übriges Europa (und Asien); c) G. g. delicata (Ord): Nordamerika. Einmal als Irrgast auf den Hebriden nachgewiesen.

Doppelschnepfe
Gallinago media (Latham)

E Great Snipe
R Дупель
C Sluka prostřední
F Heinäkurppa
P Dubelt
U Nagy sárszalonka

Kennzeichen: 28 cm. Etwas größer als die Bekassine, ihr aber sonst recht ähnlich. Die Doppelschnepfe wirkt gedrungener und ist an den Flanken stärker gebändert. Etwas leichter ist es, beide Arten im Flug zu unterscheiden: die Doppelschnepfe fliegt stumm auf, der Flug ist nicht so rasant wie bei der Bekassine und führt geradeaus. Hat man viel Glück,

Doppelschnepfe
½ nat. Gr.

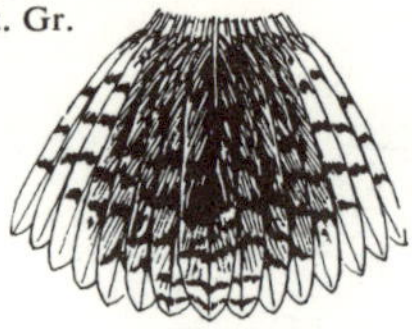

so sieht man die fast weißen Schwanzkanten, da die äußeren Steuerfedern weniger stark gebändert sind als bei der Bekassine.
Stimme: Fliegt meist stumm auf, gelegentlich läßt sie dabei ein sehr gedämpftes „bäd bäd bäd" hören. Die ♂♂ „knebbern" bei der Balz mit dem Schnabel, indem sie die beiden Schnabelhälften zusammenschlagen, und lassen dann noch ab und zu Töne hören, die wie „bibbellibibibibibibibiibii ..." klingen, die bisweilen noch von einem dumpfen „orrorrorrorrorr" unterbrochen werden.
Biotop: Sumpfiges, vegetationsreiches Gelände wie Luche und Moore, im Norden auch Tundren mit spärlichem Birkenbestand.

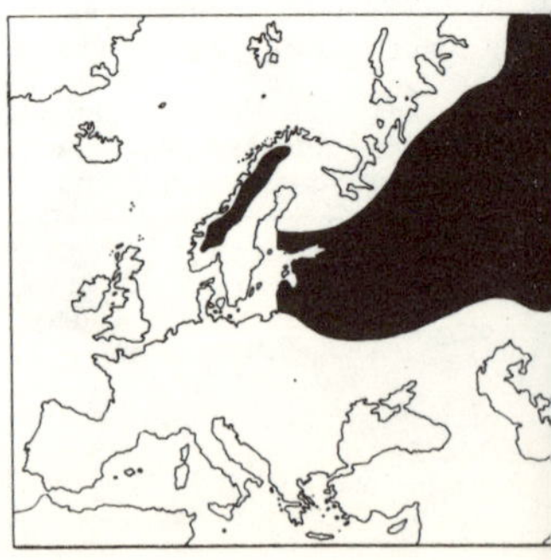

Verbreitung: Außer in Europa in Asien ostwärts bis zum Jenissei, im Süden bis zu den Nordausläufern des Altai.
Wanderungen: Überwintert vor allem in Ost- und Südafrika; auch auf dem Durchzug ist die Art sehr selten geworden; Ende März/Anfang Mai – August/Oktober. Irrgast in Großbritannien.
Nest und Eier: Eine mit trockenen Gräsern ausgelegte und durch die umgebende Vegetation gegen Sicht geschützte Mulde; 4 auf steingrauem bis olivgelblichem Grunde gefleckte Eier (45,5 mm × 31,6 mm); Anfang Mai/Anfang Juli.

GATTUNG: Lymnocryptes Boie s. Tafel S. 81, 86

Zwergschnepfe
Lymnocryptes minimus (Brünnich)

E Jack Snipe
R Гаршнеп
C Sluka menší
F Jänkäkurppa
P Ficlauz
U Kis sárszalonka

Kennzeichen: 19 cm. Kleiner als Bekassine, nur etwa lerchengroß. Drückt sich länger als die Bekassine und fliegt im Gegensatz zu dieser lautlos auf, um bald wieder einzufallen; sie fliegt nicht so schnell wie die Bekassine und nicht im Zickzack-Flug. Schnabel kürzer (4 cm), Scheitel schwarz mit hellbrauner Einfassung (bei der Bekassine Scheitelmitte hell mit dunkler Einfassung!). Hat man die Möglichkeit eine Zwergschnepfe aus der Nähe zu beobachten, so bemerkt man auf dem Rücken zwei längsverlaufende, beiderseits hell eingefaßte grünlich oder purpurn schillernde Streifen. Schwanz braun und ohne auffallendes Weiß, das mittlere Steuerfederpaar spitz auslaufend.

Zwergschnepfe
½ nat. Gr.

Stimme: Im Fluge bisweilen ein feines und scharfes „kitz“ oder „kütz“. Beim Balzflug ein „eiliges, aber abgehacktes ‚tettettettettett . . .‘, das an entferntes Pferdegetrampel“ erinnert (Ruthke).
Biotop: Sumpfiges Gelände wie Moore und Luche.
Verbreitung: Anschließend an das europäische Brutgebiet in der Sowjetunion bis Nordsibirien.

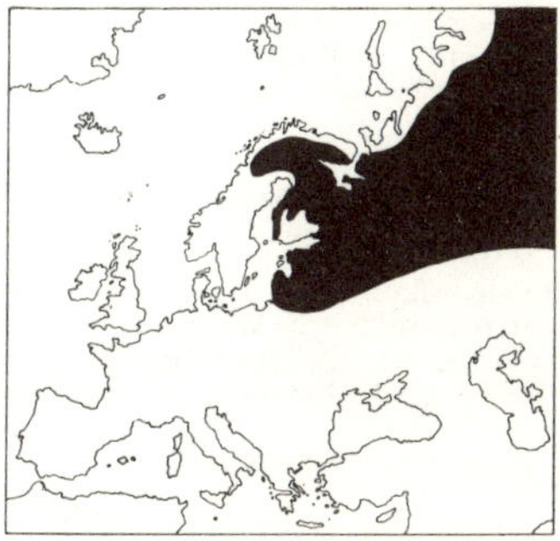

Wanderungen: Zieht durch Europa und überwintert im Mittelmeergebiet, seltener in Mittel- und Westeuropa sowie in Nordwest- und Ostafrika, die weiter östlich beheimateten Populationen im südlichen Asien. März/Mai – September/November. Gelegentlich in Mitteleuropa überwinternd.
Nest und Eier: Nistet an ähnlichen Stellen wie die Bekassine; auch die Eier sind denen der Bekassine ähnlich, im allgemeinen sind sie jedoch kleiner und ihr Schalengewicht wesentlich geringer (38,6 mm × 27,4 mm), Mai/Juli.

GATTUNG: Scolopax Linné s. Tafel S. 81, 86

Waldschnepfe
Scolopax rusticola (L.)

E Woodcock
R Вальдшнеп
C Sluka lesní
F Lehtokurppa
P Słonka
U Erdeiszylonka

Kennzeichen: 34 cm. Ein gedrungen gebauter, langschnäbliger (7,5 cm) und kurzbeiniger Vogel von etwa Kiebitzgröße, dessen Gefieder in unübertrefflicher Weise dem Boden angepaßt ist. Dämmerungsvogel, der sich tagsüber in Deckung aufhält. Oberseits ist das Gefieder „herbstlaubfarbig", unterseits auf hell bräunlichweißem Grund dunkel quergebändert. Oberkopf und Nacken sind schwarzbraun gebändert; auffallend sind die hochliegenden großen Augen. Ruhekleid = Brutkleid. Dunenjunge sind hell- und dunkelrötlichbraun gescheckt.
Stimme: Das ♂ läßt bei der Flugbalz ein dumpfes, tiefes „Quarren" und ein helles, hohes „Puitzen" hören.
Biotop: Waldungen aller Art, besonders Laub- und Mischwald; mancherorts werden die Wälder des Hügellandes denen der Ebene vorgezogen.
Verbreitung: Anschließend an das europäische Brutgebiet quer durch Asien ostwärts bis Sachalin und Japan; isolierte Brutgebiete finden sich auf den Atlantischen Inseln, im Kaukasus und im Himalaja.

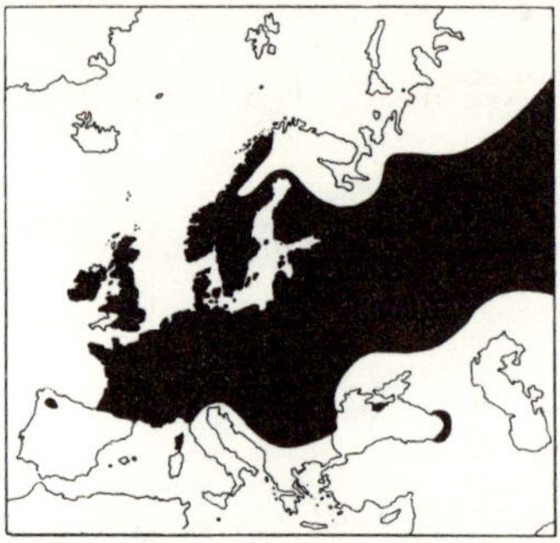

Wanderungen: Meist Zugvogel, der zum großen Teil in West- und Südwesteuropa überwintert, zum Teil aber bis in die Mittelmeerländer zieht und den Winter gelegentlich auch im Brutgebiet verbringt. März/April – Mitte September/Oktober.
Nest und Eier: Eine mit altem Laub und Halmen ausgelegte Mulde; 4 auf bräunlichem bis rahmfarbenem Grund gefleckte Eier (43,6 mm × 33,8 mm), zwei Bruten, April/Juli.

GATTUNG: Numenius Brisson s. Tafel S. 84, 85

Bestimmungsschlüssel
1 Oberkopf mit hellem, dunkel eingefaßtem Längsstreifen **Regenbrachvogel** S. 265
1* Oberkopf nicht auffällig gezeichnet 2
2 Brust und Flanken herz- bis tropfenförmig gefleckt **Dünnschnabel-Brachvogel** S. 266
2* Größer als voriger, Unterseite deutlich längsgefleckt **Großer Brachvogel** S. 264

Großer Brachvogel
Numenius arquata (L.)

E Curlew
R Большой кроншнеп
C Koliha velká
F Isokuovi
P Kulik wielki
U Nagypóling

Kennzeichen: 57 cm. Die größte

Limikolen-Art; durch den etwa 12 cm langen, sanft abwärts gebogenen Schnabel sowie das braune, dunkel gefleckte Gefieder gut kenntlich. Vom kleineren Regenbrachvogel unterscheidet sich der Große Brachvogel durch seine Größe und den relativ kürzeren Schnabel, außerdem ist beim Regenbrachvogel der helle Scheitel beiderseits dunkel eingefaßt. Ruhe- und Jugendkleid sind dem Brutkleid recht ähnlich. Dunenjunge rostbräunlich und oberseits dunkel gefleckt.
Stimme: Klangvoll, laut und flötend „tla-ü", der trillernde Balzruf des ♂ klingt wie „tui tui truih trüih ... trüi-ih ... trrüi-ih ... trrrüi-ih".
Biotop: Nicht zu nasse Wiesen, Luche, Hoch- und Niederungsmoore, Heiden mit eingesprengten Mooren, gelegentlich auch in Dünentälern in Strandnähe.
Verbreitung: Im Anschluß an das europäische Brutgebiet im nördlichen und mittleren Asien ostwärts bis zum Amur.

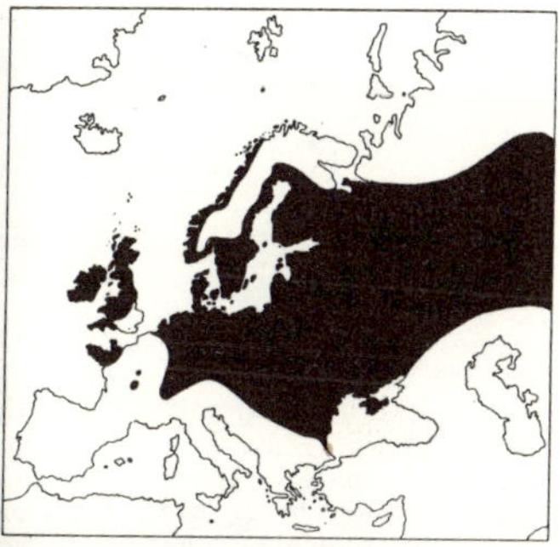

Wanderungen: Überwintert im Mittelmeergebiet und in Afrika südwärts bis zum Kapland sowie auf Madagaskar, ferner an den Küsten West- und Südwesteuropas, gelegentlich auch im Gebiet der südlichen Nord- und Ostsee; März/April – Juli/September.
Nest und Eier: Eine mit wenig trockenem Pflanzenmaterial ausgelegte Mulde; 4 auf olivgrünlich bis -bräunlichem Grund gefleckte Eier (67,3 mm × 47,0 mm), Ende März/Mai.
Unterarten: a) N. a. arquata (L.): s. oben unter „Verbreitung"; b) N. a. orientalis C. L. Brehm: Anschließend an das Brutgebiet der Nominatform in den Steppen östlich der unteren Wolga.

Regenbrachvogel
Numenius phaeopus (L.)

E Whimbrel
R Средний кроншнеп
C Koliha malá
F Pikkukuovi
P Kulik mniejszy
U Kispóling

Kennzeichen: 39 cm, Schnabel 8,5 cm. Die „kleine Ausgabe" des Großen Brachvogels, dem er auch in der Färbung weitgehend gleicht. Auf die Unterschiede zwischen beiden Arten hatte ich bereits beim Großen Brachvogel hingewiesen. Wichtig für die Bestimmung ist der gelblichweiße, dunkel eingefaßte Scheitel und die hellen Überaugenstreifen. Ruhe- und Jugendkleid ähneln dem Brutkleid.
Stimme: Klangvolle, auf- und absinkende Rufreihen, die wie „tütji ..." klingen.
Biotop: Moore und Heiden.
Verbreitung: Außer in Europa in Nordwest- und Ostsibirien sowie in Nordamerika.

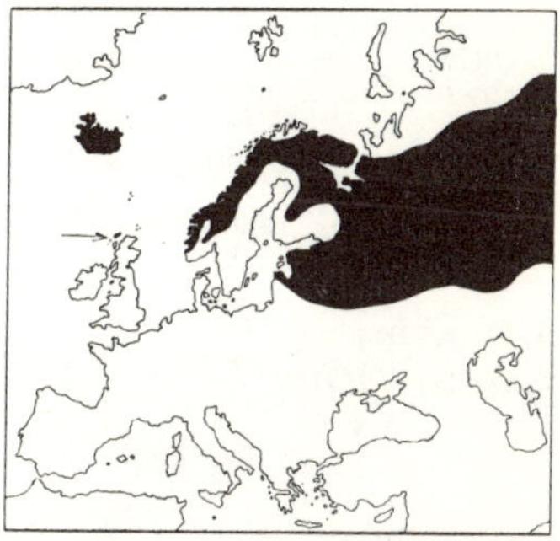

Wanderungen: Zieht vor allem längs der Küsten Europas und Westasiens und überwintert in Nordwest-, Ost- und Südafrika sowie in Südasien. Im Binnenland ein regelmäßiger, doch seltener Durchzügler; Mitte April/Mai – Juli/September.
Nest und Eier: Eine mit Moos, Flechten und Halmen ausgelegte

Mulde. 4 Eier, ähnlich denen von N. arquata, nur entsprechend kleiner (58,4 mm × 41,6 mm), Ende Mai/ Juni.
Unterarten: a) N. ph. phaeopus (L.): Europa einschließlich Island (und Nordwestsibirien); b) N. ph. hudsonicus Latham: Die nordamerikanische Unterart wurde bisher dreimal für Großbritannien und Irland festgestellt und damit erstmals für Europa nachgewiesen.

Dünnschnabel-Brachvogel
Numenius tenuirostris Vieillot

E Slender-billed Curlew
R Малый кроншнеп
C Koliha tenkozobá
F Kaitanokkakuovi
P Kulik cienkodzioby
U Vékonycsörü póling

Kennzeichen: 39 cm, Schnabel 7,5 cm. Größe und Schnabellänge wie Regenbrachvogel, jedoch ohne jede dunkle Kopfzeichnung. Die Oberseite ist blasser als beim Großen- und Regenbrachvogel, die Unterseite ist rein weiß, auf der Brust und an den Flanken finden sich scharf begrenzte tropfen- bis herzförmige dunkle Flekken. Hinterrücken und Bürzel rein weiß, ebenso der Schwanz, der eng dunkelbraun gebändert ist. Im Ruhekleid ist die Unterseite schwächer gefleckt, das Jugendkleid ist oberseits bräunlicher, die Flanken sind ungefleckt.
Stimme: Ein dumpfer, vibrierender Pfiff, der wesentlich von den Stimmen anderer Brachvögel verschieden ist und nach Johansen an den Ruf der Rohrweihe erinnert.
Biotop: Außerhalb der Brutzeit wie andere Brachvögel.
Verbreitung: Die Brutgebiete liegen im südwestlichen Sibirien. In Europa ist die Art nur Durchzügler und Wintergast.
Wanderungen: Durchzieht Südosteuropa und Südwestasien und überwintert im Mittelmeergebiet; wurde wiederholt in den Niederlanden, Belgien, Frankreich, Portugal, in der BRD, in der Schweiz, in Österreich, in der ČSSR sowie in den Balkanländern nachgewiesen.

GATTUNG: Limosa Brisson

s. Tafel S. 84, 85

Bestimmungsschlüssel
1 Schwanz mit schwarzer Endbinde, breite weiße Flügelbinde
Uferschnepfe S. 266
1* Schwanz gebändert, Flügelbinde nur angedeutet
Pfuhlschnepfe S. 267

Uferschnepfe
Limosa limosa (L.)

E Black-tailed Gotwit
R Большой Веретенник
C Břehouš černoocasý
F Mustapyrstökuiri
P Rycyk
U Nagygoda

Kennzeichen: 40,5 cm. Körper reichlich kiebitzgroß, doch erscheint der hochbeinige Vogel infolge seines 10 cm langen, geraden Schnabels größer als dieser. Kopf, Hals und Brust sind im Brutkleid beim ♂ und dem ihm ähnlichen ♀ rostbraun, die übrige Unterseite ist weiß. Brust und Flanken mit schwarzbrauner Querzeichnung. Bei der fliegenden Uferschnepfe überragen die Füße den Schwanz; die breiten weißen Flügelbinden, die weißen Oberschwanzdecken und der an der Wurzel weiße, sonst schwarze Schwanz kommen dabei besonders zur Geltung. Ruhekleid heller als Brutkleid, mehr fahl graubraun statt rotbraun, Unterseite fast reinweiß, Jugendkleid ähnelt dem Ruhekleid. Die hochbeinigen Dunenjungen sind rostbräunlich mit verwaschener dunkler Zeichnung.
Stimme: Ruft „greta greta".
Biotop: Wiesen in wasserreichem Gelände, Luche, noch nicht völlig ausgetrocknete Teiche, bültenreiches Sumpfgelände, gelegentlich auch auf Heiden, dann aber nicht weit vom Wasser entfernt.

Verbreitung: Brütete 1977 in Oberitalien. Anschließend an das europäische Brutgebiet quer durch Asien ostwärts bis Kamtschatka.

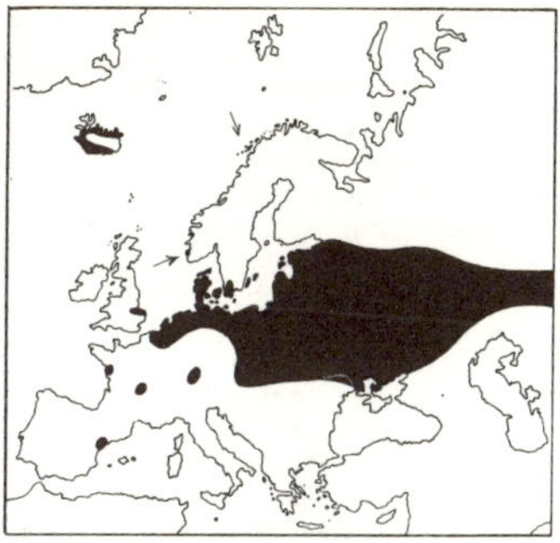

Wanderungen: Überwintert vorzugsweise im Mittelmeergebiet, bisweilen auch in küstennahen Gebieten Westeuropas; März/April – Ende Juli/September. Auf dem Durchzug in Mitteleuropa. Irrgast in Norwegen.
Nest und Eier: Eine durch die umgebende Vegetation geschützte, mit trockenen Halmen ausgelegte Mulde; 4 auf braunem bis olivgrünlichem Grund gefleckte Eier (54,7 mm × 37,5 mm), April/Anfang Juni.
Unterarten: a) L. l. limosa (L.): s. oben unter „Verbreitung"; b) L. l. islandica C. L. Brehm: Island.

Pfuhlschnepfe
Limosa lapponica (L.)

E Bar-tailed Godwit
R Малый Веретенник
C Brehous rudý
F Punakuiri
P Szlamnik rdzawy
U Kisgoda

Kennzeichen: Etwas kleiner als Uferschnepfe, infolge der etwas kürzeren Beine gedrungener wirkend. Der Schnabel ist kürzer (knapp 9 cm) als bei der Uferschnepfe und an der Spitze sanft aufwärts gebogen. Brutkleid beim ♂ unterseits rostrot, beim ♀ hell rostbraun. Im Ruhekleid gleichen sich ♂ und ♀: Oberseite aschbraun mit breiten hell rostfarbenen Säumen, Brust rostfarben überflogen, übrige Unterseite weiß. In allen Kleidern unterscheidet sich die Pfuhlschnepfe von der Uferschnepfe durch das Fehlen der weißen Flügelbinde (bei der Pfuhlschnepfe nur angedeutet) und die Schwanzzeichnung: bei der Pfuhlschnepfe schwarz-weiß gebändert.
Stimme: Diese ähnelt der der Uferschnepfe; auf dem Durchzug ist sie selten einmal zu hören.
Biotop: Offene nasse und sumpfige Tundra jenseits der Baumgrenze sowie mit Mooren und sumpfigen Tümpeln durchsetzte Heiden am Rande von Waldungen.
Verbreitung: Nördlichstes Skandinavien einschl. Finnland, nördlichste Sowjetunion von der Kola-Halbinsel ostwärts bis zur Tschuktschen-Halbinsel und Alaska.

Wanderungen: Zieht durch Europa und Asien und überwintert auf den Britischen Inseln, im Mittelmeergebiet, in Westafrika und am Roten Meer, die östlichen Populationen an den Küsten Süd- und Südostasiens sowie Australiens. Im Binnenland ein seltener Durchzügler, häufiger an den Küsten, wo sie auch zahlreich übersommert; April/Anfang Juni – Mitte August/September.
Nest und Eier: Eine mit Flechten und trockenen Blättchen ausgelegte Mulde; die 4 Eier ähneln denen der Uferschnepfe (53,1 mm × 37,3 mm), Ende Mai/Juni.
Unterarten: a) L. l. lapponica (L.); b) L. l. baueri Naumann: Irrgast aus Nordostsibirien, zwei Nachweise für Mitteleuropa (Oder-Mündung und Langenwerder bei Poel).

Bestimmungsschlüssel

1	Füße mehr oder weniger rot	2
1*	Füße nicht rot	3
2	Mit weißer Flügelbinde **Rotschenkel** S. 269	
2*	Ohne weiße Flügelbinde **Dunkler Wasserläufer** S. 268	
3	Füße gelb	4
3*	Füße nicht gelb	6
4	Langer, leicht aufwärts gebogener Schnabel **Terek-Wasserläufer** S. 272	
4*	Schnabel gerade	5
5	Kleiner als Rotschenkel **Gelbschenkel** S. 498	
5*	Deutlich größer als Rotschenkel **Großer Gelbschenkel** S. 498	
6	Schnabel leicht aufgeworfen, größer als Rotschenkel **Grünschenkel** S. 270	
6*	Schnabel gerade, kleiner als Rotschenkel	8
7	Oberseite mit hellen Federsäumen	7
7*	Oberseite einfarbig olivbraun	11
8	Bürzel reinweiß **Teichwasserläufer** S. 269	
8*	Bürzel nicht reinweiß	9
9	Unterflügel hell **Bruchwasserläufer** S. 271	
9*	Unterflügel dunkel	10
10	Oberschwanzdecken weiß **Waldwasserläufer** S. 271	
10*	Oberschwanzdecken mehr oder weniger weiß und schwarzbraun gebändert, das mittlere Paar olivbraun **Einsamer Wasserläufer** S. 498	
11	Unterseite rein weiß **Flußuferläufer** S. 273	
11*	Unterseite mit vereinzelten schwarzen Tropfenflecken **Drosseluferläufer** S. 498	

Dunkler Wasserläufer

Tringa erythropus (Pallas)

E Spotted Redshank
R Щеголь
C Vodouš tmavý
F Mustaviklo
P Brodziec śniady
U Füstöscanko

Kennzeichen: 30,5 cm. Etwas größer als Rotschenkel; der an der Basis rote Schnabel und die roten Beine länger als bei diesem. Brutkleid dunkel schieferfarben; Vorderrücken, Schultern, Oberflügeldecken, Flanken und Bauch mit weißen Federsäumen. Hinterrücken und Bürzel in allen Kleidern weiß, Schwanz aschbraun mit enger weißer Bänderung. Ruhekleid oberseits aschgrau mit schwacher weißer Fleckung, unterseits überwiegend weißlich; Oberflügeldecken weiß gebändert. Im Fluge fällt in allen Kleidern die weiße Fleckung der Armschwingen auf; dadurch ist der Dunkle Wasserläufer leicht vom Grünschenkel und durch das Fehlen der weißen Unterflügel vom Rotschenkel zu unterscheiden. Im Jugendkleid einem jungen Rotschenkel ähnlich, unterscheidet sich aber von diesem durch die weiße Tüpfelung der Oberseite.
Stimme: Ein kiebitzähnliches „kiewit“ oder pfeifend „tjüt“; Balzrufe brachvogelähnlich.
Biotop: Sumpfige, lichte Waldungen, auch in größeren und kleineren Sümpfen in waldigen Gegenden, gelegentlich auch auf trockeneren Heiden.
Verbreitung: Anschließend an das europäische Brutgebiet im gesamten nördlichen Sibirien.

Wanderungen: Überwintert vor allem im Gebiet des Mittelmeeres und des Schwarzen Meeres, die östlichen Populationen entsprechend weiter östlich. In Mitteleuropa ein regelmäßiger und häufiger Durchzügler; spärlich Mitte April/Mai – häufiger August/Oktober. Gelegentlich hier übersommernd.
Nest und Eier: Eine spärlich mit etwas Pflanzenmaterial ausgelegte Mulde; 4 auf olivgrünlichem Grund gefleckte

Eier (47,4 mm × 32,6 mm), Mitte Mai/Juni.

Rotschenkel
Tringa totanus (L.)

E Redshank
R Травник
C Vodouš rudonohý
F Punajalkaviklo
P Brodziec krwawodzioby
U Piroslábú cankó

Kennzeichen: 28 cm. Wohl überall der häufigste Wasserläufer; lange, orangerote Beine, der an der Wurzel ebenso gefärbte Schnabel ist überkopflang. Im Fluge fallen der weiße Hinterrücken und Bürzel sowie die weißen Armschwingen auf, während Oberschwanzdecken und Schwanz schmal schwarzbraun und weiß gebändert sind. Ruhekleid etwas heller als Brutkleid, die Fleckung auf der Unterseite ist nicht so ausgeprägt. Das Jugendkleid ähnelt dem Ruhekleid, Schnabelwurzel und Beine sind mehr orangegelblich. Dunenjunge hellbräunlich mit dunkelbrauner Zeichnung, unterseits heller, Beine orangegelblich.
Stimme: Ein schönes flötendes „djüü"; zur Paarungszeit hört man vom ♂ diese langgezogenen Töne abwechselnd mit kürzeren Trillern; ängstlich rufen die Rotschenkel „gip gip".
Biotop: Feuchtes bzw. sumpfiges Wiesengelände, Moore, kurzgrasige Wiesen in der Nähe von Steppenseen, verlandende Teiche, Mündungsgebiete von Strömen, an der Küste auch auf trockenen Wiesen.

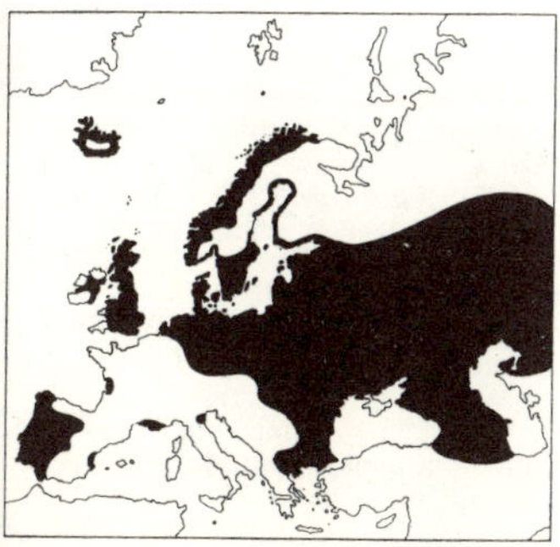

Verbreitung: Anschließend an das europäische Brutgebiet im mittleren Asien ostwärts bis zum Amur-Gebiet.
Wanderungen: Überwintert vor allem im Mittelmeergebiet und an den westeuropäischen Küsten, ferner in Nordostafrika, nur vereinzelt weiter südlich; Mitte März/April – Juli/September. T. t. robusta überwintert im Brutgebiet, teilweise auch an den Westküsten Europas. In geringer Zahl wurde diese Unterart auch als Durchzügler und Wintergast im südlichen Nordseeküstengebiet, selten auch weiter östlich nachgewiesen.
Nest und Eier: Eine mit trockenen Halmen ausgelegte und durch die umgebende Vegetation gegen Sicht geschützte Mulde; 4 auf gelblichbraunem Grund gefleckte Eier (44,4 mm × 31,2 mm), Mitte April/Mitte Juni.
Unterarten: a) T. t. robusta (Schiøler): Island und Färöer; b) T. t. britannicus Mathews: Britische Inseln; c) T. t. totanus (L.): Übriges Europa (und Westsibirien).

Teichwasserläufer
Tringa stagnatilis (Bechstein)

E Marsh-Sandpiper
R Поручейник
C Vodouš štíhlý
F Lampiviklo
P Brodziec pławny
U Tavicankó

Kennzeichen: 23 cm. Der zierlichste aller Wasserläufer, wesentlich kleiner als Rotschenkel. Von verwandten Arten unterscheidet er sich durch den sehr dünnen, schwarzen Schnabel, den weißen Hinterrücken und Bürzel und die mehr oder weniger schwarz und weiß gebänderten Oberschwanzdecken. Die gelblichgrünen Füße ragen beim Fluge weit über den Schwanz hinaus. Brutkleid oberseits graubraun mit rotbraunem Anflug und schwarzer Fleckung, unterseits weiß mit schwarzer Fleckung an Vorderhals, Brustseiten und Flanken; Steuerfedern weiß mit dunkelbrauner Zeichnung. Ruhekleid oberseits graubraun, unterseits weiß.
Stimme: Ähnlich der des Grünschenkels, nur schwächer und höher, etwa wie „djidjidjidji".
Biotop: Ufer von stehenden Gewäs-

sern und Sümpfen, an Wasserlachen in Steppengebieten, in sumpfigem Gelände und auf kurzgrasigen nassen Wiesen.
Verbreitung: Hat ausnahmsweise einmal in Finnland gebrütet. Anschließend an das europäische Brutgebiet in Südwestsibirien; ein weiteres isoliertes Brutgebiet im östlichen Sibirien (Transbaikalien bis Ussuri-Gebiet).

Wanderungen: Überwintert im tropischen und südlichen Afrika sowie im südlichen Asien, auf dem Durchzug berührt er die östlichen Mittelmeerländer; als Irrgast auf den Britischen Inseln, in Belgien, Luxemburg, Frankreich, in der Schweiz, der DDR und BRD, Dänemark, Schweden und Finnland nachgewiesen; Ende März/Juni – August/Oktober.
Nest und Eier: Eine spärlich mit Halmen ausgelegte Mulde; 4 auf blaß ockergelblichem Grunde gefleckte Eier (38,4 mm × 26,9 mm), Anfang Mai/Juni.

Grünschenkel

Tringa nebularia (Gunnerus)

E Greenshank
R Вольшой улцт
C Vodouš šedý
F Valkoviklo
P Kwokacz szary
U Szürke cankó

Kennzeichen: 30,5 cm. Größer und hochbeiniger als Rotschenkel, wirkt im Gegensatz zu diesem mehr grau. Der schieferfarbene, an der Spitze schwarzbraune Schnabel ist relativ länger und leicht aufgeworfen. Von verwandten Arten unterscheidet sich der Grünschenkel außerdem durch den weißen Hinterrücken und Bürzel, die weißen Oberschwanzdecken, das Fehlen von Weiß auf den einfarbig braunen Flügeln und die in allen Kleidern olivgrünlichen Beine. Im Brutkleid sind Kopf und Hals auf weißem Grunde dunkel längsgefleckt, die übrige Oberseite ist schwarzbraun mit weißlichen und bräunlichen Federsäumen. Unterseite weiß mit dunkler Fleckung an der Kehle, Schwanz weiß mit schwarzbrauner Bänderung. Im Ruhekleid oberseits wesentlich heller, unterseits fast reinweiß.
Stimme: Die Rufe erinnern an die des Grünspechts und klingen wie „kjükjükjük", ängstlich rufen sie „kri kri kri".
Biotop: Baumlose mit Heidekraut bedeckte Moore, baumlose Tundren, auch trockene wie moorige Blößen in Wäldern, besonders in der Nähe von Gewässern.
Verbreitung: Anschließend an das europäische Brutgebiet im nördlichen Asien ostwärts bis Kamtschatka.

Wanderungen: Überwintert vom Mittelmeergebiet an südwärts in ganz Afrika, die östlichen Populationen im südlichen Asien und Australien. Zu den Zugzeiten häufig im Binnenland. Mitte April/Mai – Mitte Juli/September, vereinzelt noch im Oktober. Gelegentlich in den Durchzugsgebieten übersommernd und ausnahmsweise überwinternd.
Nest und Eier: Eine mit trockenen Halmen ausgelegte Mulde; 4 auf gelblichbraunem Grund gefleckte Eier (51,4 mm × 34,8 mm), Mai/Juni.

Waldwasserläufer
Tringa ochropus L.

E Green Sandpiper
R Черныш
C Vodouš kropenatý
F Metsäviklo
P Brodziec samotny
U Erdei cankó

Kennzeichen: 23 cm. In der Größe zwischen Rotschenkel und Flußuferläufer stehend. Mit diesem und dem Bruchwasserläufer sind Verwechslungen möglich. Der Waldwasserläufer ist oberseits am dunkelsten, fast schwarzbraun mit weißer Tüpfelung; die weiße Schwanzwurzel und die weiße Unterseite heben sich kontrastreich ab. Der kleinere Bruchwasserläufer ist oberseits heller, die dunkelbraunen Federn haben weiße Flecken und Säume, so daß der Vogel gescheckt erscheint. Der etwas kleinere Flußuferläufer hingegen ist oberseits dunkel olivbraun und hat – im Gegensatz zu den beiden Wasserläufern – auffällig helle Flügelbinden. Die Unterseite ist bei allen 3 Arten mehr oder weniger weiß, also kein zuverlässiges Unterscheidungsmerkmal. Recht unterschiedlich ist auch die Schwanzzeichnung der drei Arten: Beim Waldwasserläufer ist der weiße Schwanz nur am Ende, beim Bruchwasserläufer jedoch durchgehend schwarzbraun gebändert. Beim Flußuferläufer ist der Schwanz bräunlichgrau mit weißem Rand (s. Abb.). Schließ-

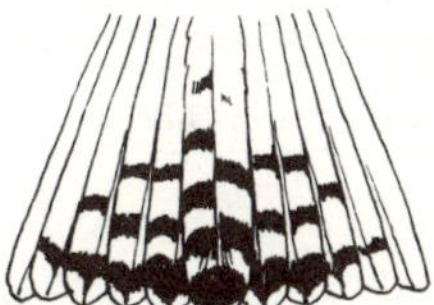

½ nat. Gr.

lich beachte man noch die Unterflügel bei den beiden Wasserläufern: sie sind beim Waldwasserläufer schwärzlich, beim Bruchwasserläufer hingegen lichtgrau.
Stimme: Vom auffliegenden Waldwasserläufer hört man angenehm klingende „dlüi", häufig rufen sie auch „djü it it it" oder ähnlich. Erschreckt rufen sie „gipgipgip". Die dreisilbigen Balzrufe klingen wie „dji-dlü-die", meist wird die letzte Silbe betont.
Biotop: Ältere Waldbestände, die versumpfte Stellen, Moore und Fenne aufweisen und von Bächen mit versumpften Ufern durchzogen sind.
Verbreitung: Anschließend an das europäische Brutgebiet quer durch Asien bis Ostsibirien.

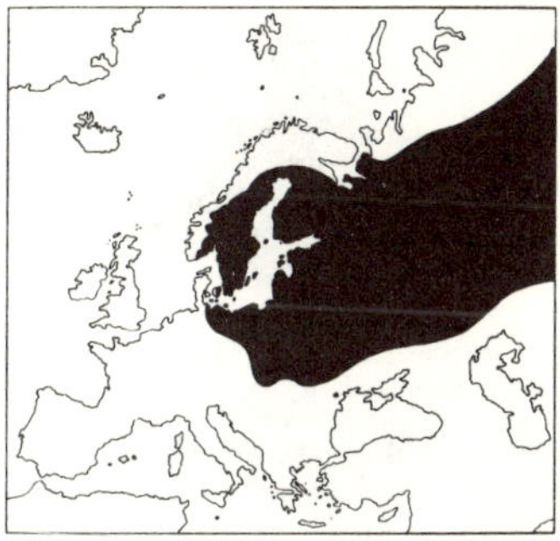

Wanderungen: Überwintert teilweise schon in Westeuropa und in den Mittelmeerländern, meist jedoch in Afrika bis zum Äquator, selten südlicher. Die asiatischen Populationen überwintern im südlichen Asien. Ende März/Mitte Mai – Ende Juli/September.
Nest und Eier: Benutzt zur Eiablage alte Nester anderer Vogelarten (Drosselarten, Eichelhäher u. a.); 4 auf grünlichem bis rötlichgelbem Grund gefleckte Eier (Mitte April/Juni) (39,1 mm × 28,0 mm), Mitte April/Juni.

Bruchwasserläufer
Tringa glareola L.

E Wood-Sandpiper
R Фифи
C Vodouš Bahenní
F Liro
P Brodziec leśny
U Réti cankó

Kennzeichen: 20 cm. Der kleinste europäische Wasserläufer; über die Unterschiede zwischen dieser Art und dem Waldwasserläufer s. oben. Brutkleid oberseits schwarzbraun mit weißen Säumen und Flecken, die dem Vogel ein weißgeschecktes Aussehen verleihen. Kopf- und Halsseiten, Brust und Flanken sind auf hellem Grund braun gezeichnet, die übrige Unterseite ist weiß. Oberschwanzdecken mehr oder weniger weiß, der Schwanz schwarzbraun gebändert (s. Abb.). Ruhekleid ähnlich Brutkleid,

Knapp
½ nat. Gr.

die weiße Zeichnung auf der Oberseite jedoch nicht so ausgeprägt, die Unterseite mehr verwaschen gezeichnet. Das Jugendkleid gleicht weitgehend dem Ruhekleid.
Stimme: Beim Auffliegen hastig „giggig", bei Flugspielen „gif gif gif gif", am Nest ängstlich „gip gibib gip gip", Balztriller des ♂ wie „witewitewite".
Biotop: Sumpfiges Gelände aller Art wie versumpfte Ufer von Gewässern, Moore oder Sümpfe in Wäldern, in Nordeuropa die mit Birken und Weiden bestandene Tundra.
Verbreitung: Sehr seltener Brutvogel in Schottland. Anschließend an das europäische Brutgebiet in Asien ostwärts bis Kamtschatka und zum Amurgebiet.

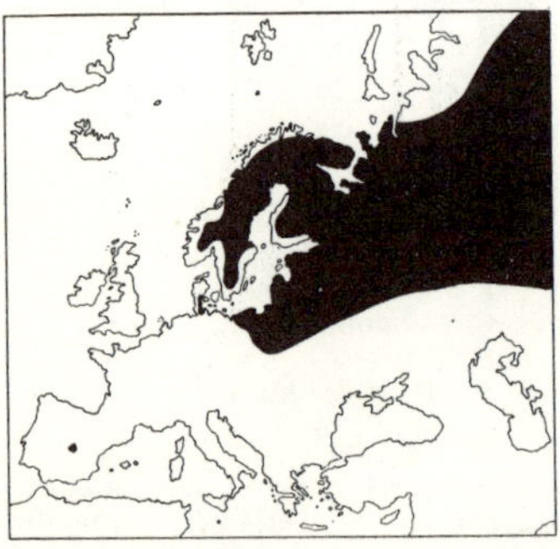

Wanderungen: Überwintert von den Mittelmeerländern an südwärts in ganz Afrika, ferner im südlichen Asien und Australien. Auf dem Zug eine häufige Erscheinung im Binnenland, Mitte April/Mai – Mitte Juli/September.
Nest und Eier: Die mit Halmen und Blättchen ausgelegte Nestmulde ist durch die umgebende Vegetation sehr gut gegen Sicht geschützt; 4 auf grünlichem bis rötlichgelbem Grund gefleckte Eier (38,3 mm × 27,0 mm), Ende Mai/Juni.

Terek-Wasserläufer

Tringa terek (Latham)

E Terek Sandpiper
R Мородунка
C Vodouš malý
F Rantakurvi
P Terekia szara
U Terekcankó

Kennzeichen: 22,5 cm. Ein drosselgroßer, oberseits grauer, unterseits weißer Wasserläufer mit deutlich leicht aufwärts gebogenem Schnabel und gelben Beinen. Der auffällige Schnabel sowie der aschgraue Bürzel und die ebenso gefärbten Oberschwanzdecken kennzeichnen diesen munteren Vogel, der wie ein Flußuferläufer oft mit dem Körperende wippt, hinreichend.
Stimme: Oft wiederholte, helle dreisilbige Rufe wie „kuwitrrüü", auch sanft flötend „hahiah, haiah hahiah".
Biotop: Versumpfte, teilweise mit Gebüsch bestandene Ufer von stehenden und fließenden Gewässern und auf sumpfigen Wiesen innerhalb von Waldungen.
Verbreitung: Anschließend an das

europäische Brutgebiet in Asien ostwärts bis zum Anadyr- und Amurgebiet.
Wanderungen: Berührt auf dem Durchzug Mittel- und Südosteuropa sowie Südwestasien und überwintert in Südafrika, die weiter östlich beheimateten Populationen in Südostasien und Australien; als Irrgast wiederholt in Mittel-, West- und Südeuropa nachgewiesen, westwärts bis Norwegen, Großbritannien, Frankreich und Spanien. Ende April/Mitte Juni, Anfang Juli/Ende September.
Nest und Eier: In Wassernähe und durch die umgebende Vegetation gut geschützt, Nestmulde mit Halmen u. a. ausgelegt; 4 auf hell bräunlichgelbem Grund gefleckte Eier (37,5 mm × 26,9 mm), Ende Mai/Mitte Juni.

Flußuferläufer
Tringa hypoleucos (L.)

E Common Sandpiper
R Перевозчик
C Pisík obecný
F Rantasipi
P Brodziec piskliwy
U Billegetö cankó

Kennzeichen: 19,5 cm. Ein lerchengroßer Vogel, der wie ein kleiner Wasserläufer aussieht (auf die Unterschiede zwischen Flußuferläufer und Bruchwasserläufer bzw. Waldwasserläufer wies ich schon bei diesem hin). Oberseite einschließlich Rücken, Bürzel und Oberschwanzdecken olivbraun, Unterseite rein weiß; beim Flug, der unter eigentümlich zuckenden Flügelbewegungen dicht über die Wasserfläche hinführt, fallen die weißen Flügelbinden und der weißumrandete Schwanz auf. Hat man den Vogel nahe genug vor sich, dann erkennt man den weißen Überaugenstreif und die schwarzbraune Fleckung des Rückens. Ruhe- und Jugendkleid ähneln dem Brutkleid.

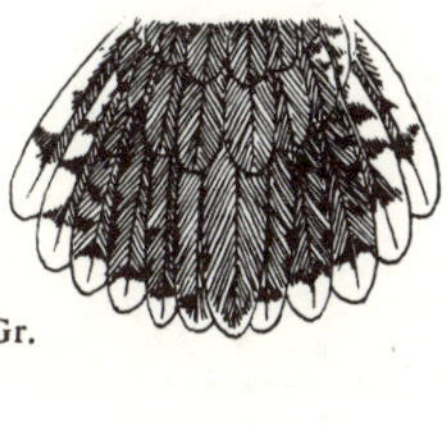

Knapp
½ nat. Gr.

Stimme: Beim Abfliegen hört man oft das bezeichnende „hididi hididi", der Paarungsruf klingt trillernd „titihidi titihidi".
Biotop: Flache, gebüschbestandene, schlammig-sandige Ufer von fließenden Gewässern, Altwässern, bisweilen auch von stehenden Gewässern wie Teichen und Lagunen. In Finnland auch auf den Schären.
Verbreitung: Anschließend an das europäische Brutgebiet in Asien bis zum Anadyr-Gebiet und Japan.

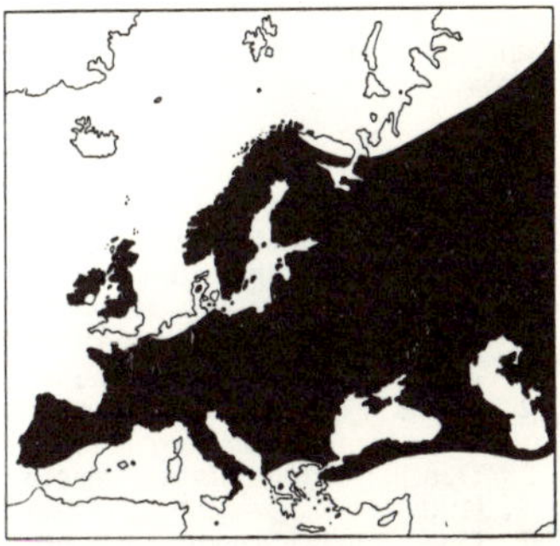

Wanderungen: Überwintert teilweise in den Mittelmeerländern (gelegentlich auch in Westeuropa), vor allem aber in Afrika und auf Madagaskar; Mitte April/Mai – Mitte Juli/Oktober.
Nest und Eier: Gut versteckt zwischen der Ufervegetation; die Nestmulde ist sorgfältig mit Halmen und Blättchen ausgelegt. 4 auf rötlichgelbem Grund gefleckte Eier (36,3 mm × 26,0 mm), Mai/Juni.

Eine Gattung, die auch dem fortgeschrittenen Ornithologen Schwierigkeiten macht, da viele Arten feldornithologisch schwer zu unterscheiden sind, zumal bei der Mehrzahl der Arten auffallende Kennzeichen, die die Bestimmung erleichtern würden, fehlen. Einschließlich der für Europa nachgewiesenen Irrgäste kommen für uns 15 Arten in Frage. Die größte ist C. canutus, die kleinste C. minutilla. Länge der Schnäbel und Füße verschieden. Die Schnäbel sind dünn, gerade oder leicht abwärts gebogen, im allgemeinen länger als der Lauf. Die ♀♀ sind durchschnittlich etwas größer und haben längere Flügel und Schnäbel; Ruhekleid vom Brutkleid verschieden. Als Vergleichsgröße wurde der starengroße Alpenstrandläufer gewählt.

Bestimmungsschlüssel

1 Deutlich größer als Alpenstrandläufer, Schnabel kurz und gerade, Brutkleid unterseits rostrot, Ruhekleid oberseits aschgrau **Küstenstrandläufer** S. 274
1* Kleiner als Küstenstrandläufer 2
2 Etwas größer oder ebensogroß wie Alpenstrandläufer 3
2* Deutlich kleiner als Alpenstrandläufer 10
3 Oberschwanzdecken rein weiß 4
3* Oberschwanzdecken nicht rein weiß 5
4 Schnabel gerade **Weißbürzelstrandläufer** S. 500
4* Schnabel leicht nach unten gebogen **Sichelstrandläufer** S. 278
5 Oberschwanzdecken weiß mit dunkler Mitte 6
5* Oberschwanzdecken anders 7
6 Schnabel gerade **Spitzschwanzstrandläufer** S. 501
6* Schnabel leicht nach unten gebogen **Meerstrandläufer** S. 276
7 Brust im Brutkleid schwarz **Alpenstrandläufer** S. 277
7* Brust im Brutkleid nicht schwarz 8
8 Füße in allen Kleidern gelblich **Graubruststrandläufer** S. 501
8* Füße in allen Kleidern schwarz 9
9 Oberseite im Brutkleid rostbraun, im Ruhekleid blaßgrau, dunkel gefleckt **Sanderling** S. 278
9* Oberseite im Brut- und Ruhekleid schwarzbraun **Baird-Strandläufer** S. 501
10 Äußere Schwanzfedern weiß **Temminck-Strandläufer** S. 276
10* Äußere Schwanzfedern nicht weiß 11
11 Füße meist gelblichgrün **Amerikanischer Zwergstrandläufer** S. 500
11* Füße schwarz bzw. schwärzlich 12
12 Schnabel etwa ebenso lang wie der Kopf (s. Abb.) **Alaska-Strandläufer** S. 499
12* Schnabel kürzer als der Kopf 13
13 Oberseite im Brutkleid graubraun mit rotbraunen Säumen, im Ruhekleid einfarbig graubraun **Sandstrandläufer** S. 499
13* Oberseite im Brutkleid rostrot 14
14 In allen Kleidern äußere Schwanzfedern gräulich, Brust im Brutkleid mit rötlichgelbem Band. Oberseite im Ruhekleid graubraun mit schwarzen Federmitten **Zwergstrandläufer** S. 275
14* Sehr ähnlich voriger Art, Kehle und Brust im Brutkleid auffallend rötlich **Rotkehlstrandläufer** S. 500

Küstenstrandläufer

Calidris canutus (L.)

E Knot
R Исландский песочник
C Jespák islandský
F Isosiri
P Biegus rdzawy
U Sarki partfutó

Kennzeichen: Mit 25,5 cm der größte der Strandläufer; in der Größe steht er zwischen Kiebitz und Alpenstrandläufer. Wirkt gedrungen und unterscheidet sich von verwandten Arten durch seine Größe und den kurzen, geraden Schnabel. Im Brutkleid ist das ♂ oberseits rostbraun mit schwarzbrauner Fleckung, unterseits rostrot; das ♀ dem ♂ sehr ähnlich, doch Unterseite mehr oder weniger

mit weißen Federn durchsetzt. Ruhekleid bei ♂ und ♀ oberseits aschgrau mit dunklen Schaftstrichen und hellen Säumen, unterseits weiß mit schwacher dunkler Fleckung.
Stimme: Nicht oft zu hören, klingt rauh flötend „tuih" oder auch wie „twiedewät", außerdem ist noch ein gedämpftes „djug" oder „dschög" zu hören.
Biotop: Trockene und steinige Ebenen sowie hocharktische Tundra.
Verbreitung: Der hohe Norden der Alten und Neuen Welt; die Nominatform brütet im nördlichen Alaska, auf der Ellesmere-Insel, im nördlichen Grönland, auf Spitzbergen, der Taimyr-Halbinsel sowie auf den Neusibirischen Inseln und auf der Wrangel-Insel.

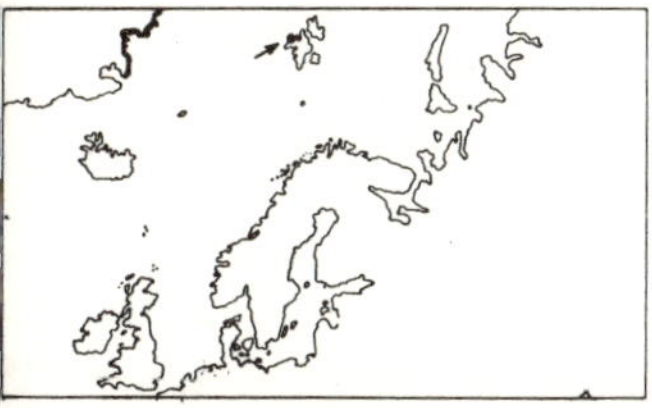

Wanderungen: Die Überwinterungsgebiete liegen im Mittelmeerraum, am Schwarzen Meer und teilweise auch an der Westküste Afrikas; bzw. in Südamerika, in Südasien, Australien und Neuseeland. Gelegentlich schon an der Nordseeküste überwinternd; oft übersommern hier große Scharen. Häufiger Durchzügler an Nord- und Ostseeküste von Ende Juli/Oktober, seltener auf dem Frühjahrszug (April/Juni). Gelegentlich auch im Binnenland. Die nordamerikanische Unterart C. canutus rufa wurde einmal in England nachgewiesen.
Nest und Eier: Eine mit Flechten und Hälmchen ausgelegte Mulde; 4 auf graugrünem bis olivrötlichgelbem Grund grob gefleckte Eier (42,9 mm × 29,9 mm), Juni.
Unterarten: a) C. c. canutus (L.): s. „Verbreitung"; b) C. canutus rufa (Wilson): Nordamerika von der Victoria-Halbinsel und der nördlichen Melville-Halbinsel südwärts bis zur Southampton-Insel.

Zwergstrandläufer
Calidris minuta (Leisler)

E Little Stint
R Кулик-воробей
C Jespák malý
F Pikkusirri
P Biegus malutki
U Rozsdás törpepartfutó

Kennzeichen: 14,5 cm. Zwerg- und Temminck-Strandläufer sind die kleinsten europäischen Vertreter ihrer Gattung. Durch seine Kleinheit unterscheidet er sich von verwandten Arten, vom Temminck-Strandläufer in allen Kleidern

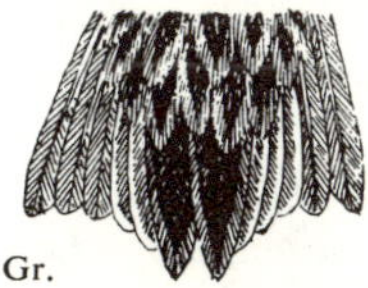

½ nat. Gr.

durch den rein aschgrauen Schwanz (bei temminckii sind die 3 äußeren Steuerfedern weiß!) und durch die schwarzen (nicht olivbraunen) Füße, im Brutkleid außerdem noch durch die überwiegend rostrote Oberseite. Vom größeren Alpenstrandläufer unterscheidet sich C. minuta durch den kurzen, geraden Schnabel und die weißliche bzw. reinweiße Brust. Ruhekleid oberseits graubraun mit dunklen Schaftstrichen, unterseits weiß, nur an den Brustseiten dunkler gestrichelt.
Stimme: Sanft und angenehm trillernd oder schwirrend wie „dürrr dürrrü" oder „dirrrit-it-it" oder auch nur „tit tit tit".
Biotop: Grasbewachsene Sümpfe wie auch die trockenere Tundra und Fjälls, nicht so sehr ans Wasser gebunden wie der Temminck-Strandläufer.
Verbreitung: Anschließend an das

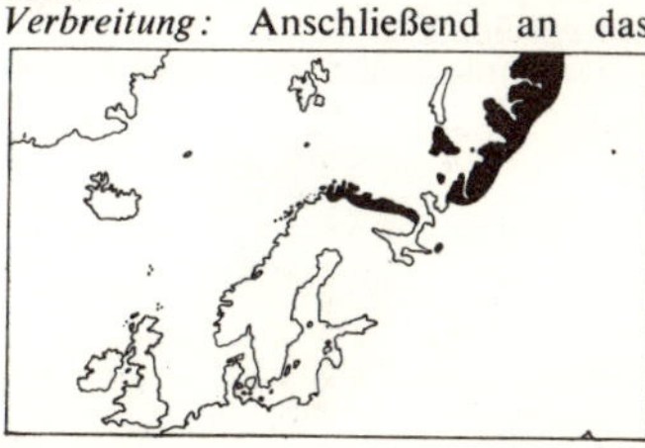

europäische Brutgebiet im nördlichen Sibirien ostwärts bis zum Unterlauf der Lena und auf den vorgelagerten Inseln.
Wanderungen: Zieht durch das Mittelmeergebiet nach Afrika, südwärts bis zum Kapland, in Asien an die Küsten des Indischen Ozeans von Arabien bis Sri Lanka. An den Nord- und Ostseeküsten sowie im Binnenland zu den Zugzeiten nicht selten, besonders im Herbst; Mai/Anfang Juni – Ende Juli/Oktober.
Nest und Eier: Die Nestmulde wird mit trockenen Halmen und Blättchen ausgelegt und liegt oft im Schutze von niedrigem Gesträuch; 4 auf grünlichem Grund gefleckte Eier (28,8 mm × 20,7 mm), Mitte Juni/Mitte Juli.

Temminck-Strandläufer
Calidris temminckii (Leisler)

E Temminck's Stint
R Белохвостый песочник
C Jespák šedý
F Lapinsirri
P Biegusik Temmincka
U Szürke törpepartfutó

Kennzeichen: 14 cm. Auf die Größe und den Unterschied zwischen dieser Art und dem Zwergstrandläufer wurde bereits bei diesem hingewiesen. Der Temminck-Strandläufer ist in allen Kleidern viel grauer als der Zwergstrandläufer und das Gefieder ist eintöniger gefärbt. Brutkleid oberseits aschbraun mit dunklen Schaftstrichen und rostbraunen Säumen, Kehle und Brustseiten rötlich rahmfarben, übrige Unterseite weiß. Im Ruhekleid dem Zwergstrandläufer ähnlich, doch Oberseite fast einfarbig bräunlichaschgrau, während beim Zwergstrandläufer die Federn dunkle Schaftstriche und deutliche weiße Spitzensäume aufweisen, die Brust ist ausgedehnter grau, die übrige Unterseite weiß. Die äußeren weißen Steuerfedern erscheinen beim stehenden Vogel als weiße Schwanzkanten.

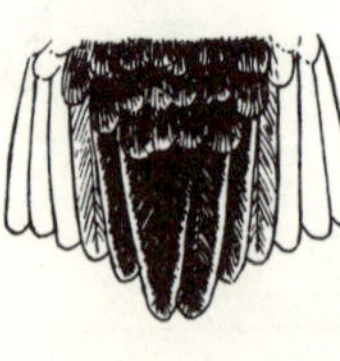

½ nat. Gr.

Stimme: Klingt wie „tirrr" oder „trrri", ähnlich dem „trrrieh" der Feldlerche.
Biotop: Kurzgrasige, steinige, hier und da mit Zwergweidengestrüpp bestandene Flächen in der Nähe fließender oder stehender Gewässer, gern in Meeresnähe (also wesentlich anders als beim Zwergstrandläufer!)
Verbreitung: Brütete 1971 erstmals in Schottland. Anschließend an das europäische Brutgebiet im nördlichen Sibirien ostwärts bis zur Tschuktschen-Halbinsel. Fehlt auf Nowaja Semlja und der Taimyr-Halbinsel.

Wanderungen: Überwintert im östlichen Mittelmeergebiet, in Afrika südwärts bis etwa zum Äquator sowie im südlichen Asien; zu den Zugzeiten regelmäßig an den Küsten der Nord- und Ostsee sowie im Binnenland, Ende April/Mai – Mitte Juli/September.
Nest und Eier: Eine mit trockenen Halmen und Blättchen ausgelegte Mulde, gern im Schutze größerer Steine; 4 auf grünlichgrauem Grund gefleckte Eier (28,0 mm × 20,4 mm), Mitte Juni/Anfang Juli.

Meerstrandläufer
Calidris maritima (Brünnich)

E Purple Sandpiper
R Морской песочник
C Jespák mořský
F Merisirri
P Biegus morski
U Tengeri partfutó

Kennzeichen: 21 cm. Ein gedrungener und kurzbeiniger Standläufer, der in der Größe zwischen dem Küsten- und Alpenstrandläufer steht. Die dunkle purpurglänzende Oberseite und die gelblichen Füße unterscheiden ihn von anderen Strandläufern. Im Brutkleid ist die Oberseite einschließlich der Kopfseiten dunkelgraubraun, die Federn auf dem Rücken sind rostbraun gesäumt und purpurglänzend; das Kinn ist weiß, die übrige Unterseite hellgrau, Brust und Flanken dunkel gefleckt. Der schwärzliche Schnabel ist an der Basis ockergelb. Das Ruhekleid ist mehr schwarzgrau, Bauch und Unterschwanzdecken wie im Brutkleid weiß.

Stimme: Klingt wie „wit wiet", am Brutplatz eine flötende Balzstrophe.

Biotop: Steinige Flachküsten und Inseln, in Island und Skandinavien steinige Hochflächen im Inneren des Landes, im hohen Norden die Tundra.

Verbreitung: Außerhalb Europas im hohen Norden der Alten und Neuen Welt.

Wanderungen: Die nordeuropäischen Populationen überwintern an den Küsten der Nord- und Ostsee sowie des Atlantik, gelegentlich auch im Mittelmeergebiet, November – März. Nur selten wird die Art im Binnenland festgestellt.

Nest und Eier: Eine mit wenig trokkenem Pflanzenmaterial ausgelegte Mulde; 4 auf grünlichem bis olivbräunlichem Grund gefleckte Eier (37,3 mm × 26,2 mm), Ende Mai/Juni.

Alpenstrandläufer

Calidris alpina (L.)

E Dunlin
R Чернозобик
C Jespák obecný
F Suosirri
P Biegus zmienny
U Havasi partfutó

Kennzeichen: 19 bzw. 17 cm (C. a. alpina bzw. C. a. schinzii). Etwa starengroß und der überall häufigste Strandläufer; von verwandten Arten ist er im Brutkleid leicht an der schwarzen (ad.) bzw. gefleckten Brust (juv.) zu unterscheiden. Der Sichelstrandläufer hat weiße, nicht schwarzbraune Oberschwanzdecken, der Sanderling ist im Ruhekleid unterseits völlig weiß. Der Schnabel ist länger

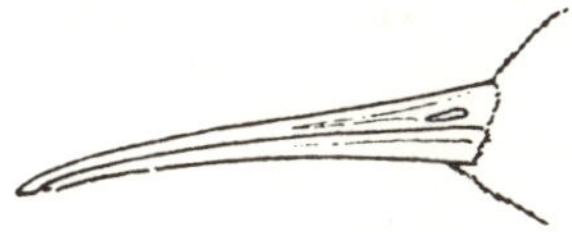

Schnabel und Schwanz des Alpenstrandläufer-♀ (C. a. alpina), nat. Gr.

als der Kopf und sanft abwärts gebogen. Ruhekleid oberseits bräunlichgrau, Federmitten schwarz, Kehle trübweiß, Brust weißlich mit grauen Flecken, übrige Unterseite weiß. Die unten aufgeführten beiden Unterarten sind im Freien im Ruhekleid nicht und im Brutkleid nicht immer sicher zu unterscheiden.

Stimme: Einzelne „trü"-Rufe, außerdem leise „wiwiwiwi".

Biotop: Nach Lage des Brutgebiets verschieden: in Mitteleuropa Strandwiesen an den Küsten, im Binnenland feuchte Niederungen und Moore, im Norden die Tundra.

Verbreitung: Anschließend an das europäische Brutgebiet im arktischen Asien und Nordamerika.

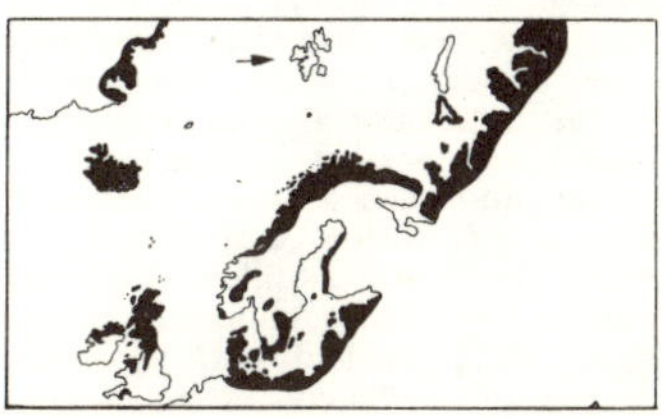

Wanderungen: Die europäischen Populationen überwintern im südlichen Nordseegebiet, an den Küsten Nordwest- und Südwesteuropas, vor allem aber an den Küsten des Mittelmeeres, Nordwest- und Nordafrikas. Auf dem Durchzug an den Küsten und im Binnenland der häufigste Strandläufer, bisweilen in riesigen Schwärmen, gelegentlich übersommernd. März/Mai – Juli/Anfang November. Nordamerikanische C. a. sakhalina wurden in Großbritannien und aus Nordost-Grönland stammende C. a. arctica ebenda und in Irland als Irrgäste nachgewiesen.
Nest und Eier: Eine durch die umgebende Vegetation geschützte und mit trockenem Pflanzenmaterial ausgelegte Mulde; 4 auf grünlichem bis bräunlichem Grund gefleckte Eier (34,7 mm × 24,7 mm), Ende April/Juni.
Unterarten: a) C. a. alpina (L.): Norwegen, nördliches Schweden und Finnland, anschließend in der nördlichen Sowjetunion; b) C. a. schinzii (C. L. Brehm): Britische Inseln, Niederlande, küstennahe Gebiete der BRD und DDR, Dänemark, südliches Skandinavien, Südfinnland, sowjetische Ostseerepubliken, Island und Färöer.

Sichelstrandläufer

Calidris ferruginea (Pontoppidan)

E Curlew Sandpiper
R Краснозовик
C Jespák křivozobý
F Kuovisirri
P Biegus krzywodzioby
U Sarlós partfutó

Kennzeichen: 19 cm. Durch den leicht abwärts gebogenen Schnabel, die weißen Oberschwanzdecken und die im Brutkleid rostrote Unterseite unterscheidet sich der starengroße Sichelstrandläufer von anderen Strandläufern. Ruhekleid oberseits graubraun mit hellen Säumen, ein Überaugenstreif, Kehle und Kopfseiten weiß, Brust mit dunklen Federchen untermischt, übrige Unterseite wieder weiß. Im Ruhekleid sind Verwechslungen mit anderen Arten, bes. C. alpina, möglich. Hat man beide nebeneinander vor sich, so wirkt der Sichelstrandläufer hochbeiniger, der Schnabel ist jedoch kein sicheres Unterscheidungsmerkmal, denn bisweilen gleicht er fast völlig dem des Alpenstrandläufers (s. Abb.): Jugendkleid dem ad. Ruhekleid sehr ähnlich, doch sind die Brustseiten hellrostbräunlich überflogen.

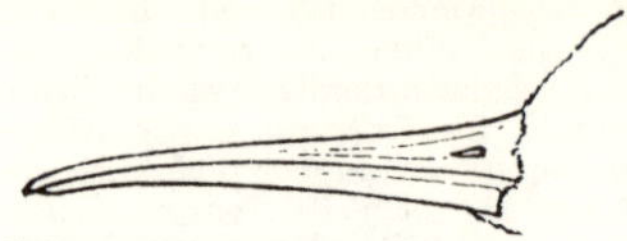

Schnabel und Schwanz des Sichelstrandläufer-♂, nat. Gr.

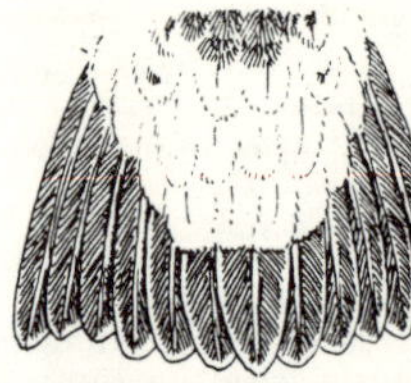

Stimme: Weich, hell und schnurrend „djürri", „drüit", „dürritit", „dirrit" und ähnlich.
Biotop: Außerhalb der Brutzeit wie Alpenstrandläufer: flache Küsten, Lagunen und sumpfige Ränder von Binnengewässern.
Verbreitung: Brütet im arktischen Asien (Taimyr-Halbinsel, Kolyma-Mündung und Neusibirische Inseln). In Europa ist die Art nur Durchzügler und Wintergast.
Wanderungen: Zieht regelmäßig durch Europa und Asien und überwintert im tropischen und südlichen Afrika, in Südasien, im Malaiischen Archipel sowie an den Küsten Australiens. Auf dem Durchzug sowohl an den Küsten wie im Binnenland; selten April/Mai, häufig Juli/September.

Sanderling

Calidris alba (Pallas)

E Sanderling
R Песчанка
C Jespák písečný
F Pulmussirri
P Piaskowiec
U Fenyérfutó

Kennzeichen: 20 cm. Etwas größer als ein Alpenstrandläufer, der gerade schwarze Schnabel ist jedoch kürzer als bei diesem. Brutkleid überwiegend rostbraun, die schwarzbraunen Federn der Oberseite breit rostbraun gesäumt. Kinn, Kehle und Vorderbrust rostbraun mit schwarzbrauner Fleckung, übrige Unterseite weiß. ♀ ähnlich, doch unterseits etwas lichter. Ruhekleid oberseits blaß grau mit dunklen Flecken, Kopf fast und die Unterseite völlig weiß. Im Fluge fallen in allen Kleidern ein weißes Flügelband sowie die dunkle, beiderseits weiß eingefaßte Schwanzmitte auf. Von nahestehenden Arten unterscheidet sich der Sanderling im Brutkleid durch rostrote Brust und Kehle, im Ruhe- und Jugendkleid durch die weiße Unterseite.
Stimme: Sanfte „pitt pitt"-Rufe.
Biotop: Die hocharktische Tundra. Zu den Zugzeiten an flachen Küsten und am Rand von Binnengewässern.
Verbreitung: Zirkumarktisch: in Europa nur auf Spitzbergen.
Wanderungen: Überwintert je nach Lage der Brutgebiete in Amerika

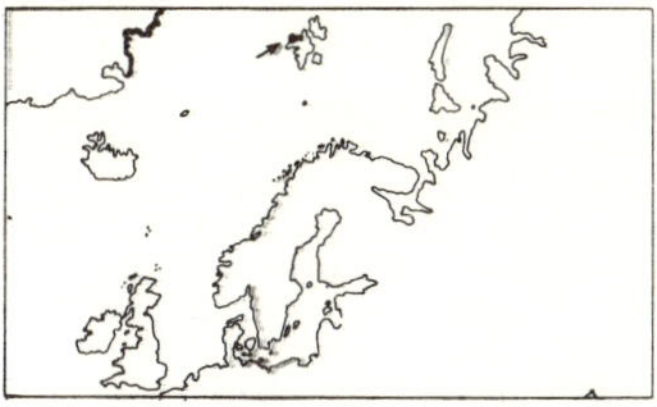

(von den südlichen USA bis zur Südspitze Südamerikas), von Europa und Asien südwärts bis Südafrika, an den Küsten des Indischen Ozeans, Südostasiens und Australiens. In Europa überwintert der Sanderling an den Küsten der Nordsee, an der Atlantikküste sowie im Mittelmeergebiet. Auf dem Durchzug auch im Binnenland, oft in Gesellschaft von Strandläufern; März/Mai und (häufiger) August/Oktober.
Nest und Eier: Eine mit wenig Pflanzenteilen ausgelegte Mulde, gewöhnlich nicht weit vom Wasser entfernt. 4 auf grünlicholivfarbenem Grund gefleckte Eier (35,3 mm × 24,6 mm), Ende Juni/Juli.

GATTUNG: Limicola Koch

s. Tafel S. 92, 94

Sumpfläufer
Limicola falcinellus (Pontoppidan)

- E Broad-billed Sandpiper
- R Грязовик
- C Jespák ploskozobý
- F Jänkäsirriäinen
- P Biegus płaskodzioby
- U Sárjáró

Kennzeichen: 16,5 cm. Ähnelt im Ruhekleid einem kleinen Alpenstrandläufer, die Beine sind jedoch kürzer; die weiße Kehle und der weiße Überaugenstreif sind dann ein sicheres Unterscheidungsmerkmal. Ruhekleid oberseits graubraun mit dunkelbraunen Schaftflecken, Brust dunkel gefleckt, übrige Unterseite rein weiß. Der schwärzliche Schnabel ist an der Spitze leicht abwärts gebogen. Brutkleid dem Ruhekleid ähnlich, die Oberseite ist jedoch mehr schwarzbraun mit rostbraunen und weißlichen Säumen, während Kehle, Halsseiten und Brust auf weißlichem Grund dunkel gefleckt sind.
Stimme: Ähnlich der des Temminck-Strandläufers, doch kürzer, etwa wie „trii trii trit".
Biotop: Mit Bülten und Wollgras bestandene Moore im Innern des Landes, sowohl im Tiefland wie auch im Gebirge bis stellenweise in 1000 m Höhe.
Verbreitung: Anschließend an das

europäische Brutgebiet im nördlichen Sibirien.
Wanderungen: Zieht durch Europa (einschl. Großbritannien) in die Mittelmeerländer und zum Schwarzen Meer und durch das westliche Asien bis Ägypten, Südwestasien und Indien. Zu den Zugzeiten auch im Binnenland, doch weniger häufig als die Strandläufer-Arten, mit denen er sich oft vergesellschaftet; Mai – Mitte Juli/September.
Nest und Eier: Eine mit trockenen Blättchen sorgfältig ausgelegte Mulde; 4 auf hell rötlichweißem Grund über und über rot- oder dunkelbraun gefleckte Eier (32,1 mm × 22,8 mm), Juni.
Unterarten: L. f. falcinellus (Pontoppidan).

GATTUNG: Philomachus Merrem s. Tafel S. 81, 86

Kampfläufer
Philomachus pugnax (L.)

E Ruff ♂, Reeve ♀
R Турухтан
C Jespák bojovný
F Suokukko
P Batalion
U Pajzsos cankó

Kennzeichen: ♂ 25,4 cm, ♀ 23,5 cm. ♂ im Brutkleid unverkennbar; ♀ kleiner, knapp so groß wie Rotschenkel, im Brutkleid oberseits braun mit hellen Federsäumen, wodurch das Gefieder ein geschecktes

Aussehen erhält. Der kurze, gerade schwarzbraune Schnabel ist nicht so lang wie der des Rotschenkels. Im Fluge fällt der beiderseits weiß eingefaßte dunkle Schwanz auf. Bauch und Unterschwanzdecken bei ♂ und ♀ in allen Kleidern weiß. Ruhekleid (♂ und ♀): Oberkopf und Hinterhals braun, fein schwarz gestrichelt, übrige Oberseite schwarzbraun mit hellen Federsäumen, Kinn und Kehle weißlich, Brust fahl aschbraun, übrige Unterseite weiß. Das Jugendkleid ähnelt dem Ruhekleid, nur ist die Unterseite rostbräunlich mit verwaschener dunkler Zeichnung.
Stimme: Selten einmal zu hören, gelegentlich hört man gedämpfte „wägögäg.
Biotop: Feuchte Niederungswiesen und Hochmoore, im Norden die Tundra; zu den Zugzeiten im Binnenland auf abgelassenen Teichen.
Verbreitung: Neuerdings wieder Brutvogel in England; 1971 wurden in den Ouse Washes (Cambridge, Norfolk) 21 Nester gefunden. Anschließend an das europäische Brutgebiet im gesamten nördlichen Asien.
Wanderungen: Zieht durchs Binnenland und überwintert vor allem im tropischen und südlichen Afrika, gelegentlich schon in den Mittelmeerländern, ausnahmsweise auch in West- und Mitteleuropa; Mitte März/Anfang Mai – Mitte Juli/Oktober.
Nest und Eier: Eine flache mit wenig Genist ausgelegte Mulde; 4 auf olivgrünlichem bis hell lehmbraunen Grund gefleckte Eier (44,9 mm × 31,3 mm), Ende April/Mai.

FAMILIE: Recurvirostridae **Säbelschnäbler**

Unterscheiden sich von den anderen Limikolen durch sehr lange Beine; gesellig lebend und oft in lockeren Kolonien brütend. 2 Arten Brutvögel.

Bestimmungsschlüssel für die Gattungen

1 Schnabel dünn und gerade **Himantopus** S. 281

1* Schnabel aufwärts gebogen **Recurvirostra** S. 281

GATTUNG: Recurvirostra Linné s. Tafel S. 80, 83

Säbelschnäbler
Recurvirostra avosetta L.

E Avocet
R Шилоклювка
C Tenkozobec opačný
F Avosetti
P Szablodzióbi
U Gulipán

Kennzeichen: 43 cm. Unverkennbar durch die auffallende Gestalt und das schwarzweiße Gefieder; im übrigen ist der Säbelschnäbler reichlich kiebitzgroß, hat lange, blaugraue Beine und einen schwarzen, sanft aufwärts gebogenen Schnabel. ♂ und ♀ gleichen sich.
Stimme: Flötende „klüüt"-Rufe, außerdem „quik-quik".
Biotop: Wattküsten und Brackwasserzonen, Lagunen, Mündungsgebiete von Strömen, im Binnenland an salzhaltigen Gewässern.
Verbreitung: 1974 brütete die Art erstmals im südwestlichen Norwegen. Anschließend an das europäische Brutgebiet in Südwest- und Zentralasien ostwärts bis Transbaikalien und nördliche Mongolei, ferner in Nordwest-, Ost- und Südafrika.
Wanderungen: Die im Norden des Brutgebiets beheimateten Säbelschnäbler sind Zugvögel, die in Afrika und Südasien überwintern; die südeuropäischen Brutvögel überwintern teilweise schon im Brutgebiet; März/Anfang Mai – Ende Juli/November.
Nest und Eier: Brütet meist in lockeren Kolonien; Nestmulde mit etwas Genist ausgelegt, 4 auf hell lehmbraunem Grund gefleckte Eier (50,6 mm × 35,1 mm), Ende April/Juni.

GATTUNG: Himantopus Brisson s. Tafel S. 80, 83

Stelzenläufer
Himantopus himantopus (L.)

E Black-winged Stilt
R Ходулочник
C Tenkozobec čáponohý
F Pitkäjalka
P Szczudłak
U Gólyatöcs

Kennzeichen: 38 cm. Eine der auffallendsten Vogelgestalten, die mit keiner anderen Art verwechselt werden kann. Etwas kleiner als ein Kiebitz, schwarz-weißes Gefieder, langer, dünner Schnabel und überlange rote Beine charakterisieren die Art hinreichend. Bei dem sehr ähnlichen ♀ sind Vorderrücken und Schultern mehr schwarzbraun.
Stimme: Ein etwas heiser klingendes „bät, bät", das von den um ihre Brut besorgten Vögeln unaufhörlich wiederholt wird.
Biotop: Lagunen und andere flache Gewässer mit schlammigem Grund

sowie Moräste, die locker mit Gräsern, Binsen und Tamarisken bestanden sind; Im Binnenland außer an salzhaltigen – auch an Süßwasserseen.
Verbreitung: Anschließend an das europäische Brutgebiet im mittleren und südlichen Asien, ferner in Nord- und Südamerika sowie in Australien.

Seit Anfang der dreißiger Jahre wurden von Mitte April bis September Stelzenläufer vielfach in Mitteleuropa beobachtet, die teilweise mit Erfolg brüteten. Zur gleichen Zeit wurde die Art auch in den Niederlanden festgestellt; hier wurde der Stelzenläufer erstmalig 1931 als Brutvogel nachgewiesen und seit 1960 brütet er auf Sardinien.
Wanderungen: In den nördlichen Brutgebieten Zugvogel, der in Afrika und im südlichen Asien überwintert; Mitte April – September. Erscheint gelegentlich außerhalb der Brutgebiete und wurde nordwärts bis Großbritannien, in der BRD und DDR sowie in Dänemark und Polen festgestellt.
Nest und Eier: Brütet meist gemeinschaftlich; eine mit Pflanzenmaterial ausgelegte Nestmulde in Wassernähe; 4 auf lehmbraunem Grund gefleckte Eier (44,0 mm × 31,0 mm), Ende April/Anfang Juni.
Unterarten: H. h. himantopus (L.)

FAMILIE: Phalaropodidae **Wassertreter**

Kleine strandläuferartige Vögel, die sich von allen anderen Limikolen durch ihre gelappten Füße unterscheiden. Bewohnen von Tümpeln durchsetzte Tundren und schwimmen mehr als andere Limikolen, wobei sie korkleicht auf dem Wasser liegen. Nester in lockeren Kolonien am Boden, 4 gefleckte Eier, die vom ♂ bebrütet werden. 3 Arten, davon 2 Arten Brutvögel.

GATTUNG: Phalaropus Brisson s. Tafel S. 91, 96

Bestimmungsschlüssel
(Brutkleider)
1 Unterseite rostrot
Rostroter Wassertreter S. 282
1* Unterseite weiß
Halsbandwassertreter S. 283

(Ruhekleider)
1 Oberseite einförmig blaugrau, Schnabel kurz und kräftig
Rostroter Wassertreter S. 282
1* Oberseite blaugrau, weiß gefleckt, Schnabel dünn und lang
Halsband wassertreter S. 283

Rostroter Wassertreter
Phalaropus fulicarius (L.)

E Grey Phalarope
R Плоскононосый плавунчик
C Lyskonoh ploskozobý
F Isovesipääsky
P Płatkonóg płaskodzioby
U Laposcsörü viztaposó

Kennzeichen: 20 cm. Knapp starengroß; im Brutkleid überwiegend rostrot mit weißen Kopfseiten, Oberseite dunkelbraun mit rostbraunen Federsäumen. Schnabel gelb mit schwarzer Spitze. Das Ruhekleid hat eine mehr möwenartige Färbung: oberseits blaugrau und ungestreift, unterseits weiß, durch das Auge verläuft ein auffälliger schwarzer Streif. Im Ruhekleid sehen sich Rostroter- und Halsbandwassertreter ähnlich; fulicarius ist jedoch etwas größer, der Schnabel ist kürzer und kräftiger und

die Oberseite ist einförmiger blaugrau und wesentlich blasser als die Flügel.
Stimme: Rufe wie „twiet".
Biotop: Grasige Flächen in der Nähe stehender Gewässer; in der Tundra besonders in der Nähe von Tümpeln, auch auf kleinen, der Küste vorgelagerten Inseln.
Verbreitung: Zirkumarktisch.

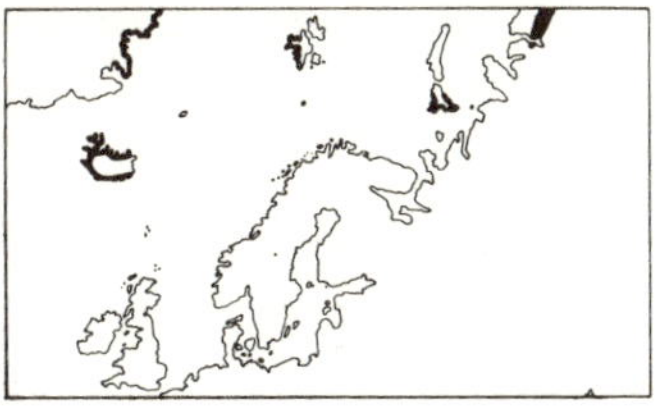

Wanderungen: Überwintert an den Küsten des südlichen Atlantik (Westküste Afrikas und Ostküste Südamerikas) sowie an der Westküste Amerikas von Kalifornien bis Chile. An der Nord- und Ostseeküste ein unregelmäßiger Durchzügler, sehr selten im Binnenland, März/Juni, häufiger September/Oktober.
Nest und Eier: Gern gesellschaftlich brütend; eine mit Flechten und Moos ausgekleidete Nestmulde; 4 auf grünlichem bis rotbraunem Grund gefleckte Eier (30,2 mm × 21,8 mm), Ende Juni/Mitte Juli.

Halsbandwassertreter
Phalaropus lobatus (L.)

E Red-necked Phalarope
R Круглоносый плавунчик
C Lyskonoh úzkozobý
F Vesipääsky
P Płatkonóg rdzawosyi
U Vékonycsörü viztaposó

Kennzeichen: 16,5 cm. Kleiner und zierlicher als der Rostrote Wassertreter. ♂ und ♀ sind im Brutkleid durch ein auffallendes, rotbraunes Band kenntlich, das von der Kehle beiderseits an den Halsseiten zum Hinterkopf verläuft. Kinn und übrige Unterseite weiß; Oberkopf, Nacken, Vorderrücken und Brustseiten schiefergrau, übrige Oberseite schwarz-

Rostroter Wassertreter (oben) und Halsbandwassertreter (unten) im Ruhekleid

braun mit rostbraunen Säumen. Der dünne schwärzliche Schnabel ist so lang wie der Kopf, Füße dunkelgrau. Im Ruhekleid fulicarius ähnlich, aus der Nähe jedoch an dem dünneren, etwas längeren Schnabel und an der dunkleren, weiß längsgefleckten Oberseite von diesem zu unterscheiden.
Stimme: Diese ähnelt der des Rostroten Wassertreters.
Biotop: Nasse grasige Flächen und Moore, die von Seen und Tümpeln durchsetzt sind.
Verbreitung: In Schottland und Irland etwa 50 Brutpaare. Außerhalb Europas im hohen Norden Asiens und Amerikas, doch reicht das Brutgebiet dieser Art wesentlich weiter nach Süden als das von Ph. fulicarius.

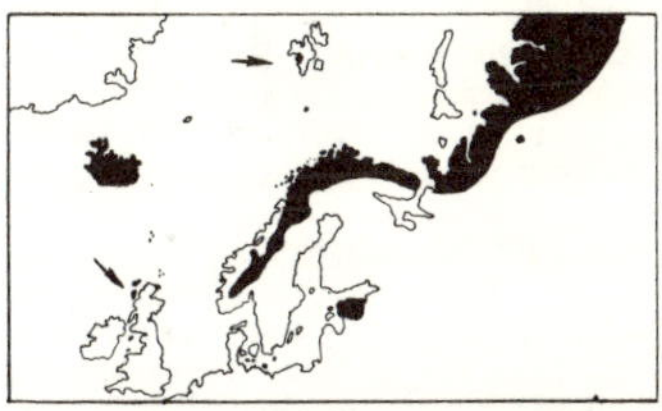

Wanderungen: Die euroasiatischen Populationen durchziehen Europa und Asien und überwintern in Westafrika, am Indischen Ozean, im Malaiischen Archipel und auf den Molukken. Auf dem Zug auch im Binnenland; Mai/Juli, häufiger August/November.
Nest und Eier: Brütet gern gesellschaftlich; die Nestmulde ist mit trockenem Pflanzenmaterial ausgelegt; 4 auf steingrauem bis olivfarbenem Grund gefleckte Eier (29,9 mm × 21,0 mm), Ende Mai/Juni.

FAMILIE: Burhinidae **Triele**

Große, regenpfeiferartige und langbeinige Vögel mit dicken Kopf, großen Augen und kurzem, kräftigem Schnabel. Dämmerungsvögel; bewohnen trockenes vegetationsarmes Gelände. Nahrung kleine Wirbeltiere und Insekten. Eine Art Brutvogel.

GATTUNG: Burhinus Illiger s. Tafel S. 80, 83

Triel

Burhinus oedicnemus (L.)

E Stone-Curlew
R Авдотка
C Dytik obecný
F Paksujalkakurmitsa
P Kulon
U Ugartyûk

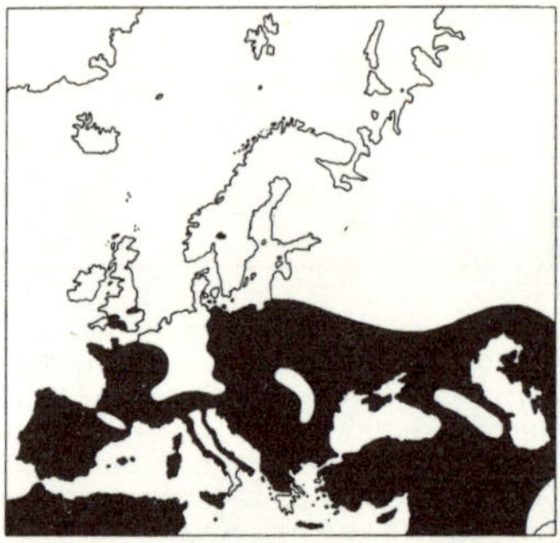

Kennzeichen: Ein Triel ist so groß wie ein Austernfischer. Die Erscheinung ist regenpfeiferartig, doch ist ein Triel in allen Bewegungen bedächtiger; der auf hell sandfarbenem Grund dunkel gezeichnete Triel mit seinem kurzen Schnabel, den großen schwefelgelben Augen und den verhältnismäßig hohen, gelben Beinen kann mit keiner anderen Art verwechselt werden. Im Fluge fallen die beiden weißen Flügelbinden besonders auf. Das ♀ gleicht dem ♂, ein Unterschied zwischen Ruhekleid und Brutkleid besteht nicht, das Jugendkleid gleicht weitgehend dem Alterskleid. Dunenjunge sandfarben mit schwarzer Längszeichnung.
Stimme: In der Morgen- und Abenddämmerung und nachts hört man ein laut flötendes, langgezogenes „trie-il" oder auch ein „chrrä-i".
Biotop: Ödland, brachliegende und z. T. auch bebaute Felder auf sandigen und mageren Böden; steppenartiges Gelände mit wenig Vegetation.
Verbreitung: Anschließend an das europäische Brutgebiet in Südwest- und Südasien sowie in Nordafrika.

Wanderungen: Überwintert z. T. schon in West- und Südwesteuropa, teilweise zieht der Triel bis Nordwestafrika, Südarabien und Ostafrika; in Südeuropa ist der Triel Standvogel. April – August/Mitte Oktober. Irrgast in Norwegen.
Nest und Eier: Die 2 auf sandfarbenem Grund gefleckten Eier (53,8 mm × 38,4 mm) liegen ohne jede Unterlage auf dem Boden: Ende April/Juni, bisweilen noch später.
Unterarten: a) B. oe. oedicnemus (L.): Europa mit Ausnahme der unter b und c genannten Gebiete; b) B. oe. harterti Vaurie: Südöstliche europäische Sowjetunion (bis Afghanistan); c) B. oe. saharae (Reichenow): Mittelmeerinseln und Griechenland. Anschließend an das europäische Brutgebiet in Vorderasien und Nordafrika.

FAMILIE: Glareolidae **Brachschwalben**

Kleinere regenpfeiferartige Vögel: Brachschwalben mit langen Flügeln und kurzen Beinen, Rennvögel mit kurzen Flügeln und längeren Beinen. Brachschwalben leben gesellig und nisten kolonieweise in steppenartigem Gelände, Rennvögel leben paarweise in Wüsten und Halbwüsten. Die 2 bis 3 gefleckten Eier werden meist ohne jede Unterlage auf den Boden abgelegt. Nahrung,

Insekten aller Art, die bei den Brachschwalben teilweise im Fluge erbeutet werden. 2 Arten Brutvögel, eine Art (Rennvogel) Irrgast.

Bestimmungsschlüssel für die Gattungen

1 Hochbeinig, Schwanz nicht gegabelt **Cursorius** S. 503
(S. 503)

1* Kurzbeinig, Schwanz gegabelt **Glareola** S. 285

GATTUNG: Glareola Brisson s. Tafel S. 91, 96

Bestimmungsschlüssel

1 Sämtliche Unterflügeldecken schwarz **Schwarzflügel-Brachschwalbe** S. 285

1* Innere Unterflügeldecken rostrot **Rotflügel-Brachschwalbe** S. 285

Rotflügel-Brachschwalbe
Glareola pratincola (L.)

E Collared Pratincole
R Луговая тиркушка
C Ouhorlik obecný
F Kahlaajapääsky
P Żwirowiec obrożny
U Székicsér

Kennzeichen: 25 cm. Größe und Gestalt entspricht einer kleineren Seeschwalbe (in der Größe zwischen Fluß- und Trauerseeschwalbe stehend). Im Brutkleid ist die hell sandfarbene Kehle beim ♂ von einem schmalen schwarzen, beim ♀ von einem dunkelbraunen Band eingefaßt. Der kurze breite Schnabel schwarz, an der Basis rot. Oberseite bis auf die weißen Oberschwanzdecken olivbraun, tief gegabelter Schwanz. Brust hell graubraun, Bauch und Unterschwanzdecken weiß. Stets gesellig; jagt Insekten in der Luft.
Stimme: Rufe wie „tri" und „tirrä".
Biotop: Steppenartiges Gelände und kurzgrasige Weiden.
Verbreitung: Anschließend an das europäische Brutgebiet in Südwestasien bis Südostasien und in Afrika.
Wanderungen: Die europäischen Populationen überwintern in Afrika, Mai – August; als Irrgast vielfach im übrigen Europa nordwärts bis zu den Britischen Inseln, Dänemark, BRD, DDR und Polen nachgewiesen.
Nest und Eier: Brütet in lockeren Kolonien, bisweilen mit Seeregenpfeifern und Zwergseeschwalben vergesellschaftet; die 3 auf sandfarbenem Grund dunkel gefleckten Eier liegen meist ohne Nistmaterial am Boden, Mai/Juni.
Unterarten: G. p. pratincola (L.)

Schwarzflügel-Brachschwalbe
Glareola nordmanni Nordmann

E Black-winged Pratincole
R Степная тиркушка
C Ouhorlík Nordmannův
F Arokahlaajapääsky
P Żwirowiec stepowyi
U Feketeszárnyú székcsér

Kennzeichen: 25 cm. Sehr ähnlich der Rotflügel-Brachschwalbe, von der sich diese Art durch schwarze Unterflügel unterscheidet, bei G. pratincola sind diese rostrot und dunkelbraun.
Stimme: Ähnlich wie die der Rotflügel-Brachschwalbe.
Biotop: Steppenartiges Gelände.
Verbreitung: 1966 hat die Art bei Hildesheim (Niedersachsen) gebrütet. Weitere Brutnachweise liegen für die Camargue und die Hortobágy (Un-

garn) vor. Anschließend an das europäische Brutgebiet in Innerasien ostwärts bis zum Saissan-nor.
Wanderungen: Überwintert in Afrika südlich des Äquators und berührt auf dem Zug Südosteuropa; als Irrgast auf den Britischen Inseln, in den Niederlanden, in Frankreich, Dänemark, Norwegen, Schweden, Finnland, in der DDR, in Polen und Italien nachgewiesen.
Nest und Eier: Wie bei G. pratincola.

FAMILIE: Stercorariidae **Raubmöwen**

Raubmöwen ähneln den Möwen, doch ist ihr Gefieder braun oder doch überwiegend braun und die mittelsten Steuerfedern überragen das Schwanzende meist deutlich. Brüten im hohen Norden Europas, Asiens, Amerikas, als Durchzügler erscheinen sie auch im Binnenland. Alters- und Jugendkleider sind wesentlich voneinander verschieden, eine Ausnahme macht nur die Große Raubmöwe, bei der sich Brut-, Ruhe- und Jugendkleid fast gleichen, ♂♂ und ♀♀ sehen sich gleich. Bei einigen Arten kommen die ad. Vögel in zwei Färbungsphasen vor, einer hellen und einer dunklen; dazwischen gibt es alle möglichen Übergänge. Infolgedessen kann z. B. die Spatelraubmöwe mit der Schmarotzer-Raubmöwe im Jugendkleid leicht verwechselt werden. 4 Arten Brutvögel.

GATTUNG: Stercorarius Brisson

s. Tafel S. 97

Bestimmungsschlüssel

1 So groß wie Silbermöwe; mittleres Steuerfederpaar kaum länger als die übrigen. **Große Raubmöwe** S. 287
1* Kleiner als Silbermöwe; mittleres Steuerfederpaar die anderen deutlich überragend 2
2 So groß wie Sturmmöwe; mittleres Steuerfederpaar schraubig gedreht **Spatelraubmöwe** S. 287
2* Kleiner als Sturmmöwe 3
3 Mittleres Steuerfederpaar überragt die anderen um etwa 9 cm **Schmarotzer-Raubmöwe** S. 286
3* Mittleres Steuerfederpaar sehr lang, die anderen etwa 19 cm überragend **Falkenraubmöwe** S. 288

Schmarotzerraubmöwe

Stercorarius parasiticus (L.)

E Arctic Skua
R Короткохвостый поморник
C Chaluha obecná
F Merikihu
P Wydrzyk pasożytny
U Ékfarku halfarkas

Kennzeichen: 46 cm. Kleiner als pomarinus und nur etwa so groß wie eine Lachmöwe. In der Färbung gleicht die Schmarotzer-Raubmöwe weitgehend der Spatelraubmöwe, doch läuft das mittlere Steuerfederpaar, das die übrigen Schwanzfedern um etwa 9 cm überragt, spitz zu und ist nicht abgerundet wie bei pomarinus und auch im Jugendkleid gerade noch erkennbar. Das Jugendkleid ähnelt der dunklen Phase des Alterskleides; das Ruhekleid gleicht weitgehend dem Alterskleid. Raubvogelartiger Flug, bei dem anderen Vögeln die Beute abgejagt wird.
Stimme: Klangvoll „a-u-eli", miauend wie „je-äu" und laut gellend „jia-a-, jah".
Biotop: Von Wasserlachen und Seen durchsetzte Moore, bes. in Küstennähe, teilweise auch im Innern des Landes, ferner auf kleinen küstennahen Inseln, im hohen Norden die Tundra.
Verbreitung: Zirkumarktisch.

Wanderungen: Überwintert an den Küsten Südamerikas, an der Westküste Afrikas, im Persischen Golf sowie an der Ost- und Südostküste Australiens. Der Zug führt hauptsächlich entlang der Küsten, teilweise auch durchs Binnenland, besonders im Herbst. In Mitteleuropa erscheint die Schmarotzer-Raubmöwe in geringer Zahl an den Küsten, gelegentlich auch im Binnenland (Juli – Oktober).
Nest und Eier: Nistet meist kolonieweise, Nestmulde meist ohne Auskleidung, 2 auf bräunlich olivfarbenem Grund gefleckte Eier (57,2 mm × 40,2 mm), Ende Mai/Juni.

Große Raubmöwe

Stercorarius skua (Brünnich)

- E Great Skua
- R Большой поморник
- C Chaluha velká
- F Isokihu
- P Wydrzyk wielki
- U Nagy halfarkas

Kennzeichen: 58,5 cm. Sieht von weitem im Fluge wie eine große, dunkelbraune und verhältnismäßig kurzschwänzige Möwe aus, auf den Flügeln fällt an der Basis der Handschwingen ein großer weißlicher Fleck auf. Schnabel und Füße sind schwarz. Brut-, Ruhe- und Jugendkleid gleichen sich, Flug möwenartig.
Stimme: Tiefe „ga ga"-Rufe, im Sitzen öfters ein rauhes „ja", am Brutplatz schallende „hoo"-Rufe.
Biotop: Moore, grasbewachsene Flächen und Fjälls in der Nähe der Küste.
Verbreitung: Auf Island, die Färöer, Shetland- und Orkney-Inseln beschränkt; seit 1975 Brutvogel in Finnmark (Norwegen), 1977 Brut auf Spitzbergen, 6 weitere Unterarten brüten in der Antarktis.

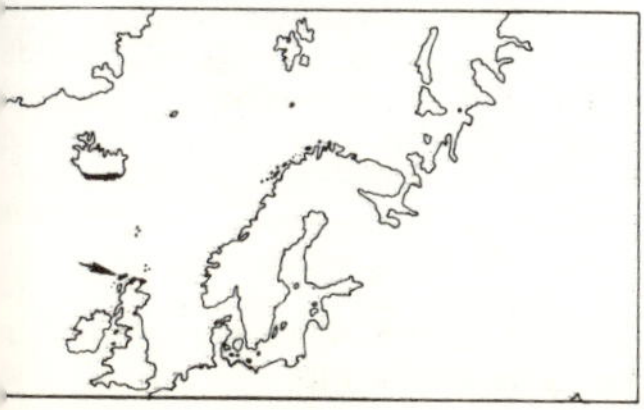

Wanderungen: Nichtbrütende Vögel sind im Sommer im Nordatlantik anzutreffen; im Winter im östlichen Atlantik südwärts bis etwa zum 25.° n. Br. Als Irrgast zwischen September – Januar gelegentlich im Ostseebereich, ausnahmsweise in Mittel-, Südost- und Südeuropa (BRD, DDR, Österreich, Ungarn, Italien).
Nest und Eier: Eine mit wenigen Halmen ausgelegte Mulde; 2 auf braunem bis olivgrünlichem Grund gefleckte Eier (70,6 mm × 49,2 mm), Mitte Mai/Anfang Juni.
Unterarten: St. s. skua (Brünnich)

Spatelraubmöwe

Stercorarius pomarinus (Temminck)

- E Pomatorhine Skua
- R Средний поморник
- C Chaluha pomořanská
- F Leveäpyrstökihu
- P Wydrzyk żołtoszyi
- U Szélesfarkú halfarkas

Kennzeichen: 51 cm. So groß wie eine Sturmmöwe, größenmäßig also etwa in der Mitte zwischen St. skua und parasiticus stehend. Unterscheidet sich von den anderen Raubmöwen durch das gewöhnlich schraubig gedrehte mittlere Steuerfederpaar, das die übrigen Schwanzfedern um 4 bis 10 cm überragt und das Fehlen von Weiß auf den Handschwingen. Bei der hellen Phase sind Oberkopf, Rücken und Unterschwanzdecken braun, das übrige Gefieder mehr oder weniger weiß, an Kopf- und Halsseiten gelblich überflogen. Die dunkle Phase ist einfarbig dunkelbraun. Das Jugendkleid ähnelt der dunklen Phase des Alterskleides, bei der hellen Phase haben die dunklen Federn namentlich der Unterseite hellere Säume, bei juv. ist das mittlere verlängerte Steuerfederpaar noch nicht sichtbar. Das Ruhekleid gleicht weitgehend dem Brutkleid.
Stimme: Ein zweisilbiges „ja"- oder „jo"-Geschrei.
Biotop: Sumpfige Tundren, außerhalb der Brutzeit in Küstennähe.
Verbreitung: Zirkumarktisch; in Europa brütet die Art auf der Bären-Insel und Spitzbergen, in der nördlichen Sowjetunion und auf Nowaja Semlja.

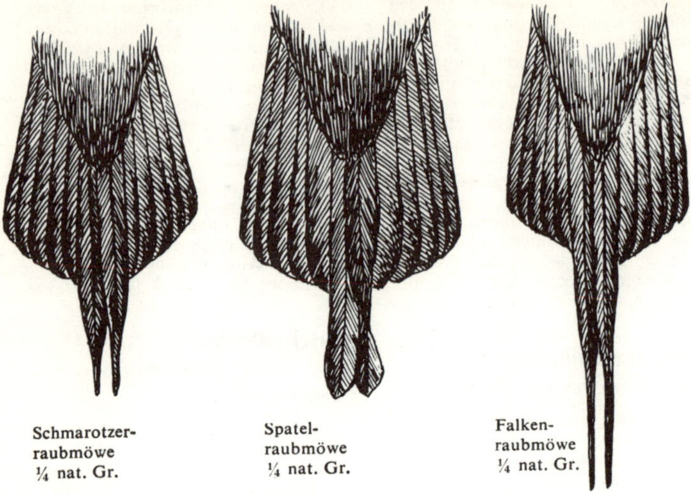

Schmarotzer-raubmöwe ¼ nat. Gr.

Spatel-raubmöwe ¼ nat. Gr.

Falken-raubmöwe ¼ nat. Gr.

Wanderungen: Außerhalb der Brutzeit auch an den Küsten der Südhemisphäre anzutreffen; gelegentlich an den Küsten der Nord- und Ostsee, selten einmal im Binnenland (bes. juv. im Herbst). Ausnahmsweise im östlichen Mittelmeer (Ägäis).
Nest und Eier: Meist einzeln nistend: eine in den Bodenbewuchs gedrückte Mulde; 2 Eier (64,0 mm × 45,0 mm), die in der Färbung den Eiern der anderen Raubmöwen gleichen.

Falkenraubmöwe

Stercorarius longicaudus Vieillot

E Long-tailed Skua
R Длиннохвостый поморник
C Chaluha malá
F Tunturikihu
P Wydrzyk długoogonowy
U Nyilfarkú halfarkas

Kennzeichen: 53 cm. Ähnelt eine Schmarotzer-Raubmöwe von der hellen Phase, ist aber etwas kleiner und schlanker und unterscheidet sich von dieser vor allem durch das stark verlängerte und spitz zulaufende mittlere Steuerfederpaar, das die übrigen Steuerfedern um etwa 19 cm überragt (bei jungen Vögeln ist e entsprechend kürzer). Auch diese Art kommt in zwei Färbungsphasen vor, die dunkle ist jedoch sehr selten. Oberseite meist heller als bei der anderen Arten; das Ruhekleid gleich weitgehend dem Brutkleid. Flu raubvogelartig, jagt anderen Vögel die Beute ab.
Stimme: Ein schrilles „kri-kri-kri“ oft gehen diesem Rufe „kr-r-r-r“ Laute voran.
Biotop: Tundren, trockene, steinig Ebenen, in Skandinavien die Fjälls gelegentlich auch auf Mooren in Binnenland.
Verbreitung: Zirkumarktisch.
Wanderungen: Überwiegend Strich vogel, der nur vereinzelt im Küsten gebiet der Nord- und Ostsee, im Kanal und an der Westküste Frankreich erscheint. Häufiger – namentlic juv. – im östlichen Ostseegebiet un gelegentlich auch im Binnenlan Bei kleinen Raubmöwen, die im Bin nenland beobachtet wurden, hande

es sich zumeist um longicaudus, während parasiticus mehr an die See gebunden ist. Als Irrgast in Oberitalien nachgewiesen.
Nest und Eier: Die Nestmulde wird gelegentlich mit Moos und Flechten ausgekleidet, oft aber liegen die beiden auf grünlichem oder olivbraunem Grund gefleckten Eier (55, 4 mm × 38,5 mm) auf dem bloßen Boden; Juni.

FAMILIE: Laridae **Möwen und Seeschwalben**

Möwen und Seeschwalben sind hinreichend bekannt und werden kaum mit anderen Vögeln verwechselt werden. Die typischen Möwen und Seeschwalben sind oberseits möwengrau, manche Arten auch schieferschwarz und einige haben im Brutkleid schwarze oder braune Köpfe. Eine Unterscheidung der einzelnen Arten im Jugendkleid ist manchmal schwierig, zumal bei den größeren Arten das Alterskleid erst nach 3½ bis 4 Jahren angelegt wird. Wichtig ist es, dann auch auf die Zeichnung der Flügel und die Farbe der Füße zu achten. Zwischen Brut- und Ruhekleidern bestehen außer bei den dunkelköpfigen Möwenarten keine größeren Unterschiede. Von den Seeschwalben unterscheiden sich die Möwen durch den besonders bei den größeren Arten hakig gebogenen Schnabel und den nicht gegabelten Schwanz (eine Ausnahme macht hier nur die Schwalbenmöwe). Die Mehrzahl der Arten kommt zur Brutzeit nur an den Küsten vor, einige auch gleichzeitig oder sogar ausschließlich im Binnenland. Die Nahrung wird normalerweise nicht durch Stoßtauchen – wie bei den Seeschwalben – gewonnen. Möwen und Seeschwalben brüten in mehr oder weniger großen Kolonien, bisweilen mit anderen Arten vergesellschaftet. Die Gelege bestehen aus 2 bis 3 gefleckten, bei manchen Arten außerordentlich variablen Eiern. Die Jungen tragen ein geschecktes Dunenkleid und sind unvollkommene Nestflüchter, d. h., sie müssen noch eine Zeitlang von ihren Eltern gefüttert werden. Die Mehrzahl der Arten überwintert nicht im Brutgebiet. 38 Arten, davon 25 Arten Brutvögel.

Bestimmungsschlüssel für die Gattungeu

1 Schwanz gegabelt 2
1* Schwanz nicht gegabelt 3
2 Kopf im Brutkleid dunkel aschgrau **Xema** S. 298
2* Kopf nie dunkel aschgrau 6
3 Schwanz keilförmig **Rhodostethia** S. 505
3* Schwanz nicht keilförmig 4
4 Hinterzehe nur angedeutet **Rissa** S. 299
4* Hinterzehe deutlich ausgebildet 5
5 Gefieder rein weiß, Unterschenkel fast bis zum Fersengelenk befiedert **Pagophila** S. 290
5* Gefieder nicht rein weiß, Unterschenkel nur teilweise befiedert **Larus** S. 290
6 Gefieder insgesamt braun **Anous** S. 507
6* Gefieder andersfarbig 7
7 So groß wie Silbermöwe **Hydroprogne** S. 302
7* Deutlich kleiner 8
8 Gefieder unterseits ± schieferschwarz, Schwanz nur leicht ausgeschnitten **Chlidonias** S. 299
8* Gefieder unterseits weiß, Schwanz ± tief gegabelt 9
9 Schnabel kurz und hoch, Schwanz kürzer als die halbe Flügellänge **Gelochelidon** S. 301
9* Schnabel schlank, spitz zulaufend, Schwanz länger als die halbe Flügellänge **Sterna** S. 303

GATTUNG: Pagophila Kaup

s. Tafel S. 99, 101

Elfenbeinmöwe

Pagophila eburnea (Phipps)

E Ivory Gull
R Белая чайка
C Racek sněžní
F Valkolokki
P Mewa modrodzioba
U Hósirály

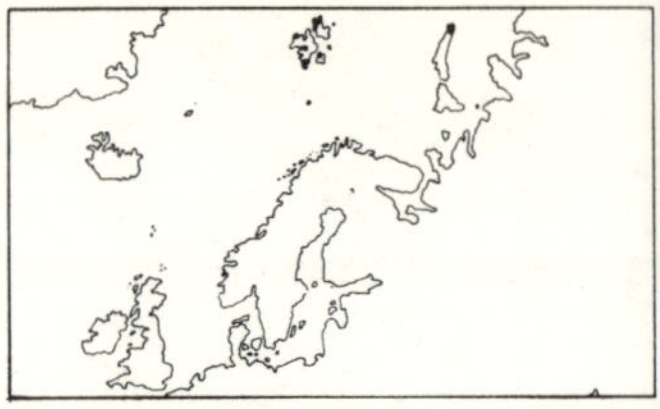

Kennzeichen: 44,5 cm. So groß wie Sturmmöwe; ad. rein weiß mit schwarzen Füßen und gelblichem Schnabel. Bei Jungvögeln und Vögeln im 1. Jahreskleid sind Stirn, Kopfseiten und Kehle weißlichgrau und die Oberseite mehr oder weniger sparsam schwarz gefleckt; der Schwanz hat eine schwarze Endbinde. Flug mehr seeschwalben- als möwenartig.
Stimme: Ein ein- oder zweimal im Flug wiederholter schriller, mißtönender, an Seeschwalben erinnernder Ruf.
Biotop: Brütet auf Inseln bzw. an Küsten, die vom Packeis eingeschlossen sind und hält sich auch außerhalb der Brutzeit vornehmlich in der Packeiszone auf.
Verbreitung: Der höchste Norden der Alten und Neuen Welt; in Europa nur auf Spitzbergen und auf der Nordinsel von Nowaja Semlja.
Wanderungen: Auch im Winter hält sich die Elfenbeinmöwe in den arktischen Gewässern auf und wird nur gelegentlich an den Küsten Islands, der Färöer, der Britischen Inseln, Skandinaviens und Finnlands festgestellt. Als Irrgast in Großbritannien, Dänemark, in den Niederlanden, in Frankreich und in der Schweiz nachgewiesen.
Nest und Eier: Nistet in kleinen Kolonien, Nester aus verschiedenen Pflanzenteilen gebaut; meist zwei Eier, die denen der Sturmmöwe ähneln (60,7 mm × 42,9 mm), Ende Juni/Juli.

GATTUNG: Larus Linné

s. Tafel S. 98–101

Bestimmungsschlüssel

1 Kopf schwarz oder braun 2
1* Kopf weiß 6
2 Größer als Silbermöwe, Kopf schwarz **Fischmöwe** S. 295
2* Kleiner als Silbermöwe 3
3 Kopf schokoladenbraun **Lachmöwe** S. 296
3* Kopf schwarz oder schwärzlich 4
4 Schnabel in allen Kleidern schwarz **Bonaparte-Möwe** S. 505
4* Schnabel rot 5
5 Unterflügel weiß, etwas größer als Lachmöwe **Schwarzkopfmöwe** S. 295
5* Unterflügel dunkel, kleiner als Lachmöwe **Zwergmöwe** S. 297
6 Rücken ± schieferschwarz 7
6* Rücken möwengrau 8
7 Größer als Silbermöwe, Füße fleischfarben **Mantelmöwe** S. 293
7* So groß wie Silbermöwe, Füße gelb **Heringmöwe** S. 292
8 Schnabel deutlich rot 9
8* Schnabel nicht rot 10
9 Füße dunkel **Korallenmöwe** S. 291
9* Füße rot **Dünnschnabelmöwe** S. 297
10 Handschwingen weiß, Rücken sehr blaß grau 11
10* Handschwingen nicht rein weiß, Rücken dunkler 12
11 Fast so groß wie Mantelmöwe **Eismöwe** S. 294
11* Kleiner, so groß wie Heringmöwe **Polarmöwe** S. 294
12 Schnabel gelb mit roten Abzeichen **Silbermöwe** S. 292
12* Schnabel grünlichgelb, kleiner als vorige **Sturmmöwe** S. 291

Korallenmöwe

Larus audouinii Payraudeau

E Audouin's Gull
R Чайка одуэна
C Racek Audouinův
F Välimerenlokki
U Korallsirály

Kennzeichen: 49,5 cm. In der Größe zwischen Silber- und Sturmmöwe stehend. Im Brutkleid ist die Korallenmöwe unverkennbar, da der rote Schnabel schon aus größerer Entfernung auffällt; in der Nähe ist eine schwarze Binde vor dessen gelblicher Spitze zu erkennen. Die Füße sind olivfarben oder grauschwarz. Im übrigen trägt die Korallenmöwe das übliche weiße Möwengefieder mit blaugrauem Rücken. Im Jugendkleid sind Oberkopf und Nacken grau, die übrige Oberseite blaß braun.
Stimme: Anders als die der Silbermöwe: ein an Hausgänse erinnerndes Gackern.
Biotop: Kleine unbewohnte Felsinseln.
Verbreitung: Auf das Mittelmeer beschränkt; zur Zeit sind Brutplätze an der Küste Marokkos, auf den Pityusen (Ibiza), bei Korsika und Sardinien, in der Ägäis, auf Inseln vor der Südküste Anatoliens und bei Zypern bekannt; die Korallenmöwe dürfte eine der seltensten Möwen sein.

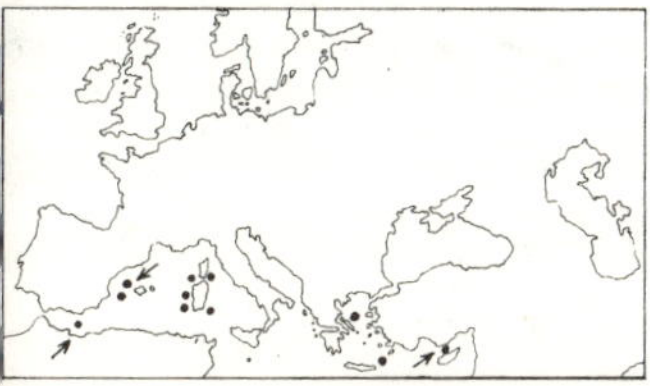

Wanderungen: Wahrscheinlich halten sich die Korallenmöwen auch außerhalb der Brutzeit in der weiteren Umgebung ihrer Brutplätze auf. Als Irrgast in Portugal, in der Schweiz und in Österreich festgestellt.
Nest und Eier: Nistet in kleinen Kolonien, nicht mit Silbermöwen vergesellschaftet; die 2–3 Eier (62,8 mm × 43,3 mm) ähneln den Eiern anderer Möwenarten und liegen auf einer dürftigen Unterlage von trockenem Pflanzenmaterial.

Sturmmöwe

Larus canus L.

E Common Gull
R Сизая чайка
C Racek bouřní
F Kalalokki
P Mewa pospolita
U Viharsirály

Kennzeichen: 40,5 cm. In der Gefiederfärbung ist die Sturmmöwe die kleine Ausgabe der Silbermöwe, in der Größe steht sie zwischen dieser und der Lachmöwe. Füße und Schnabel sind gelblichgrün, dieser ist schlanker und weist keinen roten Fleck auf. Im Ruhekleid sind Oberkopf und Nacken graubraun gestrichelt, das Jugendkleid ist wie bei allen hier besprochenen Möwen bräunlich.
Stimme: „hähä" oder „gägä", beunruhigt „giä".
Biotop: An Küsten aller Art und auf den ihr vorgelagerten Inseln; vielfach auch im Binnenland an Seen und auf Mooren.
Verbreitung: Brütete 1977 ausnahmsweise in Frankreich. Anschließend an das europäische Brutgebiet in großen Teilen des mittleren Asien.

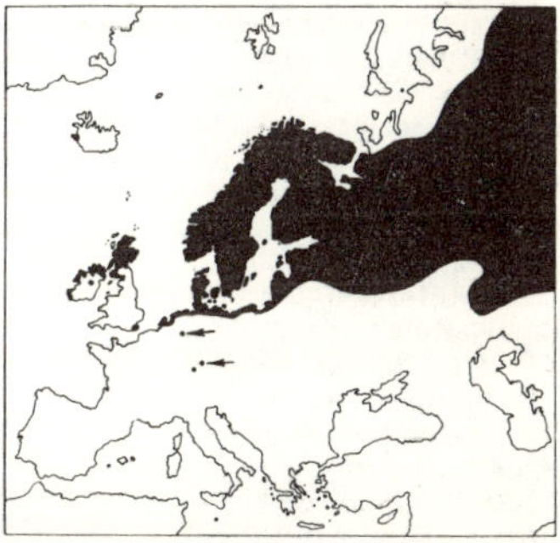

Wanderungen: Die in Mitteleuropa brütenden Sturmmöwen ziehen zum Teil an den Küsten entlang in südwestlicher Richtung ab, um im Mittelmeergebiet zu überwintern, teilweise überwintern sie auch im Brutgebiet; nordeuropäische Sturmmöwen überwintern an den Küsten der Nord- und Ostsee; Ende Juli/November – März/April.
Nest und Eier: Nistet in teilweise großen Kolonien, Nest wie das der ande-

ren Arten; 3 auf bräunlichem Grund gefleckte Eier (58,6 mm × 41,8 mm), Mai/Juni.
Unterarten: a) L. c. canus L.: s. unter „Verbreitung"; b) L. c. heinei Homeyer: Ostwärts an das Brutgebiet der Nominatform anschließend von der nordöstlichen europäischen Sowjetunion bis zum Jenissei, im Süden bis zum Aral- und Balchasch See.

Silbermöwe

Larus argentatus Pontoppidan

E Herring-Gull
R Серебристая чайка
C Racek stříbřitý
F Harmaalokki
P Mewa strebrzysta
U Ezüstsirály

Kennzeichen: 56 cm. Die an unseren Küsten häufigste Möwenart, die durch ihre Größe und ihr weißes Gefieder mit dem hellblaugrauen Mantel auffällt. Von etwa gleichgroßen anderen Möwen unterscheidet sich die Silbermöwe durch die weißen Spitzen der dunklen Handschwingen. Der kräftige Schnabel ist gelb mit rotem Fleck, die Füße sind fleischfarben (bei L. a. omissus und michahellis jedoch gelb!). Im Ruhekleid sind Oberkopf und Nacken dunkelgrau gestrichelt. Juv. sind zunächst bräunlich und von Heringsmöwen im gleichen Alter nicht leicht zu unterscheiden (s. bei Heringsmöwe).
Stimme: Recht vielfältig; meist hört man Rufreihen, die mit tiefen „kjau-kjau"-Rufen einsetzen, an die sich längere „kjau-kjaukjaukjakkjakja"-Reihen anschließen. In Nestnähe „ga ga, gagaga" und „hau hau-hau hau hau", oft auch kläglich und fast katzenartig „kjau kiau", von sitzenden Silbermöwen hört man noch ein leises „quo quo".
Biotop: Küsten aller Art, sowohl am Meer wie auch an größeren Binnengewässern, Inseln in Küstennähe; zu den Zugzeiten gelegentlich auch im Binnenland.
Verbreitung: Außer in Europa in großen Teilen Asiens – auch Innerasiens – sowie in Nordamerika.
Wanderungen: Im gemäßigten und südlichen Europa mehr oder weniger Standvogel; die in Nordeuropa beheimateten Populationen unternehmen teilweise größere Wanderungen, die sie bis an die Küsten Afrikas führen; die Brutplätze werden im zeitigen Frühjahr besetzt und nach der Brutzeit wieder verlassen (Ende Juli/Mitte August).
Nest und Eier: Nistet in teilweise sehr großen Kolonien; umfangreiche Nester aus trockenem Pflanzenmaterial; 3 gefleckte, variable Eier (70,9 mm × 49,0 mm), Ende April/Mitte Juni.
Unterarten: a) L. a. argentatus Pontoppidan: Europa mit Ausnahme der unter b bis d genannten Gebiete; b) L. a. heuglini Bree: Nördliche europäische Sowjetunion (und Nordwestsibirien); c) L. a. cachinnans Pallas: Küsten des Schwarzen und Kaspischen Meeres; d) L. a. michahellis Naumann: Mittelmeergebiet; vereinzelt und ausnahmsweise auch im Binnenland [Südfrankreich, Genfer und Neuenburger See (Schweiz)].
Von manchen Autoren werden die an der Küste der Kola-Halbinsel brütenden Silbermöwen als L. a. omissus von der Nominatform abgetrennt.

Heringsmöwe

Larus fuscus L.

E Lesser Black-backed Gull
R Клуша
C Racek žlutonohý
F Selkälokki
P Mewa żółtonoga
U Heringsirály

Kennzeichen: 53 cm. Die kleine Ausgabe einer Mantelmöwe; von dieser außer durch die Größe, durch gelbe Füße unterschieden. Die skandina-

vische Unterart ist oberseits ebenso schwarz wie die Mantelmöwe, die britische Unterart ist oberseits heller, etwa schiefergrau. Im Ruhekleid sind Hinterkopf und Nacken dunkelgrau gestrichelt. Jugendkleid zunächst bräunlich; eine Unterscheidung von Herings- und Silbermöwen im 1. Jugendkleid ist nicht immer, doch meist möglich, besonders dann, wenn die Möwen sitzen oder schwimmen: bei juv. Heringsmöwen ragen dann die gekreuzten Schwingen ziemlich weit über das Schwanzende hinaus. Erst im 2. Winterkleid werden die Unterschiede deutlich: der Rücken der Heringsmöwe bleibt dunkelbraun mit hellen Federsäumen, bei der Silbermöwe beginnt in diesem Alter das Rückengefieder die endgültige möwengraue Färbung anzunehmen.
Stimme: Klingt ähnlich wie die der Mantelmöwe, liegt aber höher.
Biotop: Steile wie auch flache Küsten; in Großbritannien und Finnland auch an Binnengewässern und auf Mooren.
Verbreitung: Brütete 1977 in Nordwestspanien.

Wanderungen: Überwintert teilweise im Brutgebiet, der größte Teil wandert südwärts. L. f. fuscus zieht ins östliche Mittelmeer, ins Rote Meer zum Persischen Golf und bis Ostafrika. An der südlichen Ostseeküste zu allen Jahreszeiten, Durchzug März/Mai, August/November. L. f. graellsii überwintert an der Atlantikküste von Frankreich bis Nigeria sowie im westlichen Mittelmeer. Wie L. f. intermedius ist auch L. f. graellsii Durchzügler (Februar/Mitte März, August/November –) und Übersommerer an der deutschen Nordseeküste; ausnahmsweise auch im Binnenland.
Nest und Eier: Nistet kolonieweise; Nest aus Pflanzenstoffen des Brutplatzes; 3 auf bräunlichem Grund gefleckte Eier (66,8 mm × 46,2 mm), Mai/Juni.
Unterarten: a) L. f. fuscus L.: Europa mit Ausnahme der unter b bis c genannten Gebiete. Hat 1943 auf dem Langenwerder bei Poel gebrütet; b) L. f. graellsii A. E. Brehm: Island, Färöer, Britische Inseln, Kanalinseln, Küste der Bretagne. Sehr seltener Brutvogel an der deutschen Nordseeküste; c) L. f. intermedius Schiøler: Westküste Schwedens und Norwegen.

Mantelmöwe

Larus marinus L.

E Great Black-backed Gull
R Большая морская чайка
C Racek mořský
F Merilokki
P Mewa siodłata
U Dolmányos sirály

Kennzeichen: 66 cm. Im Brut- und Ruhekleid von den anderen Möwenarten leicht durch ihre Größe, den schwarzen Rücken und die schwarzen Flügel sowie die hell fleischfarbenen Füße zu unterscheiden; das übrige Gefieder ist rein weiß. Nicht ganz so leicht ist die Unterscheidung von anderen Möwenarten im Jugendkleid, bei dem die Oberseite braun mit weißen Federsäumen und die Unter-, seite weiß mit braunen Flecken ist, aber auch dann fällt die Mantelmöwe durch ihre Größe auf.
Stimme: Rufreihen, die wie „ga-ag-ag-ag ..." klingen und oft mit vorgestrecktem Vorderkörper und weitgeöffnetem Schnabel vorgetragen werden. Ferner einzelne Rufe, die wie dumpfe „gog" oder rauhe rabenartige „grö" oder „gra" klingen.
Biotop: Steinige und felsige Küsten und auf küstennahen Inseln; in Nordeuropa auch im Binnenland auf Süßwasserseen, Mooren, Heiden und niedriger gelegenen Fjälls.
Verbreitung: Um 1900 kaum 100, heute etwa 3000 Brutpaare auf den Britischen Inseln. Außer in Europa noch im nordöstlichen Nordamerika und auf Grönland.

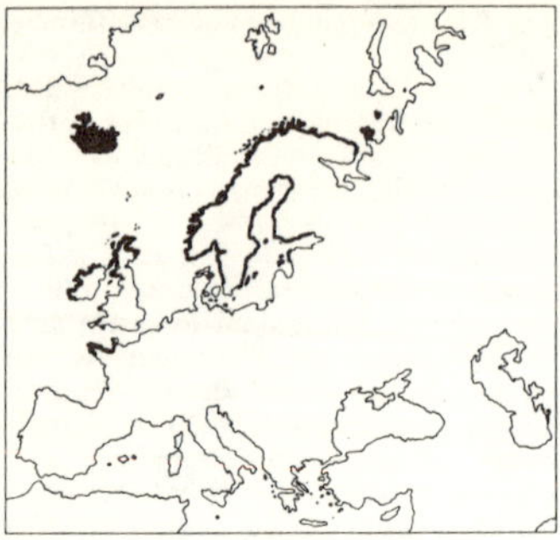

Wanderungen: Wird im Winter südlich bis zum Mittelmeer, Schwarzen und Kaspischen Meer angetroffen; an den Küsten der Nord- und Ostsee Gast zu allen Jahreszeiten, besonders im Winter; sehr selten einmal im Binnenland.
Nest und Eier: Nistet kolonieweise, umfangreiches Nest aus am Brutplatz vorgefundenem Pflanzenmaterial; 2–3 auf bräunlichem Grund gefleckte Eier (76,6 mm × 53,9 mm), Mai/Juni.

Polarmöwe

Larus glaucoides Meyer

E Iceland Gull
R Малая полярная чайка
C Racek bělokřídlý
F Grönlannin lokki
P Mewa polarna
U Sarki sirály

Kennzeichen: 53 cm. Die kleine Ausgabe der Eismöwe, der sie im Brut-, Ruhe- und Jugendkleid sehr ähnlich sieht, nur ist sie kleiner, etwa so groß wie eine Silbermöwe. Große Exemplare der Polarmöwe erreichen bisweilen die Größe kleiner Exemplare der Eismöwe, dann kann man beide Arten daran unterscheiden, daß die Augenlider bei der Eismöwe gelb, bei der Polarmöwe hingegen rot sind. Ferner sind die Flügel bei der Polarmöwe relativ länger und spitzer, sie überragen – im Gegensatz zur Eismöwe – die Steuerfedern.
Stimme: Ähnlich wie Eismöwe, doch sanfter, etwa wie „gag gagag gogogogog gigigigig".
Biotop: Zur Brutzeit im Gegensatz zur Eismöwe mehr im Inneren der Fjorde.
Verbreitung: Grönland und Baffinland, nördlichstes Labrador; hat 1939 auf den Westmänner-Inseln bei Island gebrütet.

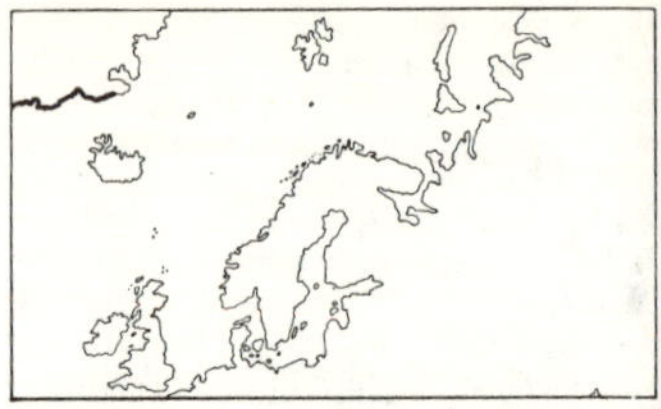

Wanderungen: Im Winter südlich bis zur Nordsee, gelegentlich auch weiter südlich (Portugal, Italien) und in der Ostsee. Irrgast an den deutschen Küsten.
Nest und Eier: Nistet kolonieweise mit anderen Seevögeln vergesellschaftet; Nest wie das anderer großer Möwenarten; 2–3 Eier, die denen der anderen Arten in der Färbung gleichen (68,6 mm × 48,3 mm), Mitte Mai/Mitte Juni.
Unterarten: a) L. g. glaucoides Meyer: s. unter „Verbreitung"; b) L. g. kumlieni Brewster: arktisches NO-Kanada; wurde als Irrgast für Großbritannien und Irland nachgewiesen.

Eismöwe

Larus hyperboreus Gunnerus

E Glaucous Gull
R Большая полярная чайка
C Racek šedý
F Isolokki
P Mewa blada
U Jeges siralý

Kennzeichen: 68,5 cm. Eine sehr helle Möwe von der Größe einer Mantelmöwe mit weißen Handschwingen, fleischfarbenen Füßen und gelbem Schnabel mit hellrotem Fleck; im Ruhekleid sind Kopf und Hals braun längsgefleckt. Auch Eismöwen im Jugendkleid sind wesentlich blasser als die Jungen anderer großer Möwenarten; das Gefieder ist oberseits auf rahmfarbenem Grund graubraun gefleckt und gebändert, unterseits fast einfarbig fahl braungrau.

Stimme: Mannigfaltig; wie „kau kau kaw kaw kaw" klingende Rufe, ferner gellende „gagagak" oder „gogogok" sowie „kuija kuija kia".
Biotop: Steil- und Flachküsten sowie Inseln der Arktis.
Verbreitung: Zirkumarktisch.

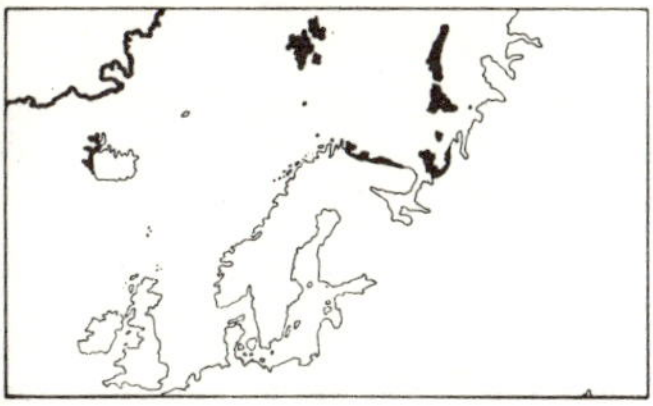

Wanderungen: Im Winter - ausnahmsweise auch im Sommer – werden Eismöwen im Bereich der Nord- und Ostsee angetroffen (September/April, meist im Januar), gelegentlich auch noch weiter südlich bis Spanien und Portugal sowie im Mittelmeer. Ausnahmsweise im Binnenland.
Nest und Eier: Nistet kolonieweise, vielfach an steilen Felswänden; Nest wie das anderer Möwen, Eier ähnlich denen der Mantelmöwe (76,8 mm × 54,0 mm), Ende Mai/Juni.
Unterarten: L. h. hyperboreus Gunnerus

Fischmöwe

Larus ichthyaëtus Pallas

E Great Black-headed Gull
R Черноголовый хохотун
C Racek velký
F Mustapäälokki
P Mewa orlica
U Nagy feketefejü sirály

Kennzeichen: 63,5 cm. Eine Möwe von der Größe einer Mantelmöwe mit einem im Brutkleid schwarzen Kopf; der verhältnismäßig schwache Schnabel ist gelb mit einer schwarzen Binde vor der Spitze; Füße bei ad. grünlichgelb, bei juv. graubraun. Im Ruhekleid ist der Kopf weißlich, Scheitel, Nacken und Kopfseiten mit schwarzen Federchen durchsetzt. Jugendkleid: oberseits dunkelbraun, Kopf heller, Brust bräunlich gefleckt, übrige Unterseite weiß. Handschwingen dunkelbraun, Armschwingen schwarzbraun mit breiten weißen Spitzen und Außensäumen; durch das zuletzt erwähnte Merkmal unterscheidet sich die juv. Fischmöwe von anderen großen Möwen im Jugendkleid.
Stimme: Laut, heiser und rabenartig.
Biotop: Flachküsten von Binnenmeeren und größeren Seen sowie Mündungsgebiete von Strömen.
Verbreitung: Brutplätze befinden sich am Asowschen – und am Kaspischen Meer, am Aralsee sowie an weiteren Steppenseen Südwest- und Innerasiens.

Wanderungen: Überwintert im östlichen Mittelmeergebiet, im Roten Meer, an der Mekran-Küste sowie im Golf von Bengalen. Als Irrgast westwärts bis Großbritannien, Belgien und Sardinien.
Nest und Eier: Nistet kolonieweise; das Nest ist eine flache Vertiefung im Sande, 2–3 Eier (77,8 mm × 53,6 mm) Mitte April/Anfang Juni.

Schwarzkopfmöwe

Larus melanocephalus Temminck

E Mediterranean Black-headed Gull
R Черноголовая чайка
C Racek cernohlavý
F Mustanmeren lokki
P Mewa czarnogłowa
U Szerecsensirály

Kennzeichen: 38,5 cm. Etwas größer als eine Lachmöwe, von der sich die Schwarzkopfmöwe im Brutkleid durch den tiefschwarzen Kopf und das Fehlen von Schwarz an den Flügeln unterscheidet. Der Schnabel ist kräftiger als bei der Lachmöwe und die Füße dunkelrot. Oberhalb und unterhalb des Auges ist in der Nähe ein

auffallender weißer Fleck zu erkennen Im Ruhekleid ist der Kopf weiß mit aschgrauer und mattschwarzer Strichelung. Juv. ähneln jungen Lachmöwen, doch ist der Vorderrand der Flügel braun, nicht weiß wie bei ridibundus. Ferner sind die Handschwingen – namentlich die drei ersten – bei der Schwarzkopfmöwe überwiegend schwarzbraun, bei der Lachmöwe hingegen schwarz und weiß.
Stimme: Im Fluge ein weithin vernehmbares „äah-äah-äah" (zweisilbig).
Biotop: Vegetationsreiche Seen und größere Teiche, Lagunen.
Verbreitung: Vereinzelte Brutplätze gibt es im nördlichen Griechenland, in der Dobrudscha und auf der Krim. Bisweilen erscheinen Schwarzkopfmöwen weit außerhalb des geschlossenen Brutareals, oft mit Lachmöwen vergesellschaftet. So befindet sich ein isolierter Brutplatz in Ungarn (Fehér tó), der 1966 wieder besetzt war; 1958 Brutversuch auf der Fährinsel bei Rügen, 1963 erste erfolgreiche Brut auf der Insel Riems bei Rügen. Weitere Bruten bzw. Brutversuche am Neusiedler See, in Großbritannien, in den Niederlanden und in der BRD, in Schweden (Halland), in der ČSSR (Mähren), in der Schweiz, in Südfrankreich und in Südspanien. Außerhalb Europas in Anatolien.

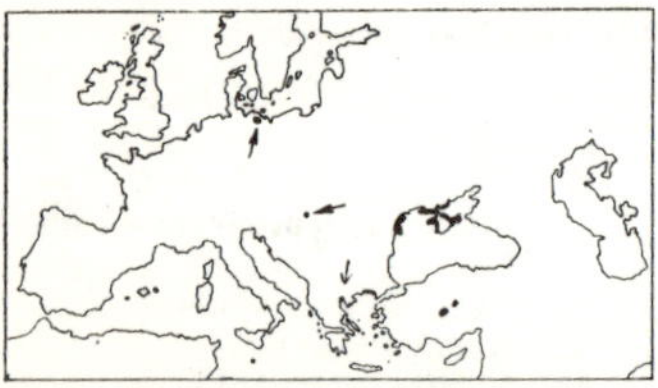

Wanderungen: Überwintert im Mittelmeergebiet und in der Biskaya. Als Irrgast in Europa nordwärts bis England, Norwegen und die Estnische SSR festgestellt.
Nest und Eier: Nistet kolonieweise, bisweilen mit Lachmöwen vergesellschaftet; Nester ähnlich wie die der Lachmöwe; Eier vielfach mit Schnörkeln und Haarzügen (53,7 mm × 38,1 mm), Mitte Mai/Anfang Juni.

Lachmöwe
Larus ridibundus L.

E Black-headed Gull
R Обыкновенная чайка
C Racek chechtavý
F Naurulokki
P Mewa śmieszka
U Dankasirály

Kennzeichen: Eine der häufigsten und bekanntesten Möwen; kleiner als Sturmmöwe. Im Brutkleid an der schokoladenbraunen Kopfmaske zu erkennen; über die Unterschiede zwischen der Lachmöwe und den anderen dunkelköpfigen Möwenarten s. bei diesen (S. 295, 297). Im Fluge von anderen Möwenarten leicht an den in allen Kleidern breiten weißen Vorderrand der Flügel sowie an den weißen, schwarz gesäumten Handschwingen zu unterscheiden (s. Abb.). Schnabel und Füße sind rot. Im Ruhekleid weiß mit dunklem Fleck in der Ohrgegend. Jugendkleid: Hinterkopf hellbraun, Rücken dunkelbraun mit rahmfarbenen Federsäumen, Schwanz mit schwarzer Endbinde.
Stimme: Ein oft wiederholtes „kirrä" und kürzere „kr kr kr".
Biotop: Stehende, vegetationsreiche Gewässer des Binnenlandes; gelegentlich auch auf Mooren, überschwemmten Wiesen und Altwässern sowie an flachen – bisweilen auch steilen – Küsten.
Verbreitung: Anschließend an das europäische Brutgebiet im mittleren Asien ostwärts bis Kamtschatka. Neuerdings wurden Brutplätze in Südspanien und in der Türkei festgestellt.

Wanderungen: Überwintert teilweise in den Hafen- und Großstädten des Binnenlandes, meist in West- und Südwesteuropa sowie im Mittelmeergebiet; zahlreicher Durchzügler. März/April – Juli/August.
Nest und Eier: Nistet kolonieweise; Nester aus Pflanzenmaterial, 3 variante Eier (52,3 mm × 36,9 mm), Ende April/Anfang Juni.

Dünnschnabel-Möwe

Larus genei Brème

E Slender-billed Gull
R Морской голубок
C Racek tenkozobý
F Kaitanokkalokki
U Galambsirály

Kennzeichen: 43 cm. So groß wie eine Sturmmöwe. Weiß mit lichtgrauem Rücken, Unterseite zart lachsrosa überflogen, der schlanke Schnabel ist korallenrot, die Füße rot. Da Dünnschnabel- und Korallenmöwe zumindest zur Brutzeit nicht in der gleichen Gegend vorkommen, sind Verwechslungen ausgeschlossen, ganz abgesehen davon, daß die Korallenmöwe dunkle Füße hat. Im Ruhekleid ist der lachsrosa Anflug geringer, außerdem finden sich in der Ohrgegend dunkle Federchen. Von Lachmöwen im Ruhekleid unterscheidet sich die Dünnschnabelmöwe außer durch ihre Größe vor allem durch die Körperhaltung und den dünneren Schnabel (s. Abb.). Juv. ohne lachsrosa An-

Dünnschnabelmöwe (links) und Lachmöwe (rechts), beide im Ruhekleid. Vergleiche die Körperhaltung

flug, Kopf wie bei ad. im Ruhekleid, schwarzbraune Schwanzbinde, Schnabel und Füße gelblich.
Biotop: Flache Küsten mit Lagunen und vorgelagerten kleinen Inseln; bevorzugt wird Brackwasser bzw. Salzwasser und sumpfiges, vegetationsarmes Gelände.
Verbreitung: Weitere, mehr oder weniger isolierte Brutgebiete finden sich in der Sowjetunion nördlich des

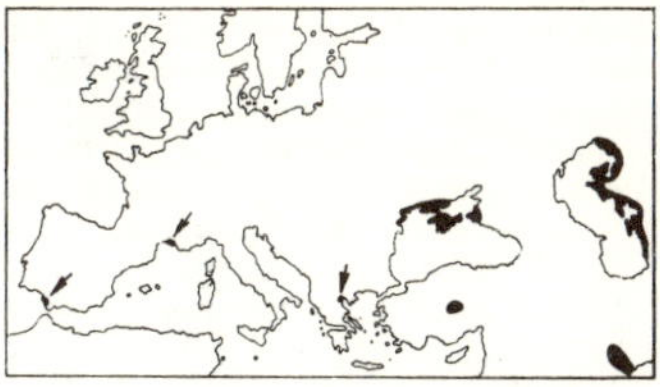

Aralsees sowie in Vorderasien, ostwärts bis Pakistan.
Wanderungen: Überwintert im Mittelmeer, an der nordwestafrikanischen Küste sowie im Roten Meer. Als Irrgast in der BRD und Großbritannien beobachtet.
Nest und Eier: Nistet kolonieweise; Nest aus Pflanzenteilen, 2–3 auf rahmweißen Grund dunkel gefleckte Eier (55,9 mm × 38,9 mm), Ende April/Juni.

Zwergmöwe

Larus minutus Pallas

E Little Gull
R Малая чайка
C Racek malý
F Pikkulokki
P Mewa mała
U Kissirály

Kennzeichen: 30 cm. Die kleinste Möwe; im Brutkleid unterscheidet sich die Zwergmöwe von der deutlich größeren Lachmöwe durch den schwarzen Kopf (wobei das Schwarz bis zum Genick reicht, also nicht nur eine Kopfmaske bildet) und schieferschwarze Unterflügel (die Lachmöwe hat helle Unterflügel und schwarze Flügelspitzen). Außerdem sind die Flügel mehr abgerundet. Das übrige Gefieder ist weiß mit zart graublauem Mantel. Im Ruhekleid ist der Kopf weiß, nur Hinterkopf und Ohrgegend sind graublau. Schnabel schwärzlichrot, Füße wie bei der Lachmöwe zinnoberrot. Juv. oberseits schwarzbraun mit dunklem, diagonal verlaufendem Band auf den Armschwingen, Schwanz mit schwarzer Endbinde.
Stimme: Einzelne „gä“, seltener kurze „gäg“-Rufe, die teilweise an solche der Dohle erinnern; im Fluge „kek-kek-kek“.
Biotop: Vegetationsreiche größere Binnengewässer.

Verbreitung: Außerhalb Europas finden sich Brutgebiete in West- und Ostsibirien. Sehr seltener Brutvogel im Ostsee-Küstengebiet östlich der Oder. 1951 brütete die Zwergmöwe auf dem Schollener See bei Rathenow, 1956 und 1972 in den Niederlanden und 1976 erstmals in Norwegen. 1975 eine mißglückte Brut in Norfolk, England.
Wanderungen: Zieht an den Küsten, zum Teil in geringer Zahl aber auch durchs Binnenland und überwintert im Mittelmeergebiet, gelegentlich in sehr geringer Zahl schon an der Nord- und Ostseeküste. April/Juni, August/Oktober. Nichtbrütende Zwergmöwen können zur Brutzeit auch außerhalb des Brutgebiets angetroffen werden.
Nest und Eier: Nistet kolonieweise, meist mit Lachmöwen und Trauerseeschwalben vergesellschaftet; Nester aus z. T. frischen Pflanzenteilen; 2–3 Eier (41,7 mm × 30,0 mm), Ende Mai/Juni.

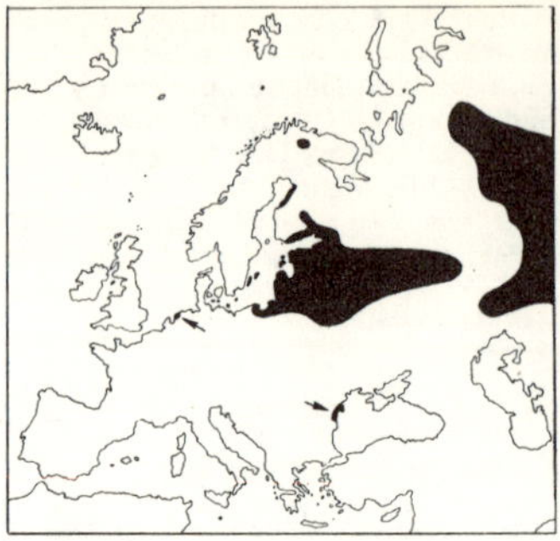

GATTUNG: Xema Leach s. Tafel S. 99, 101

Schwalbenmöwe
Xema sabini (Sabine)

E Sabine's Gull
R Вилохвостая чайка
C Racek Sabinův
F Tiiralokki
P Mewa obrożna
U Fecskesirály

Kennzeichen: 33 cm. Eine kleine, in der Größe zwischen L. ridibundus und minutus stehende Möwe mit gegabeltem Schwanz (bei der juv. Dreizehenmöwe ist der Schwanz nur schwach gegabelt, außerdem ist für diese das dunkle Nackenband sehr bezeichnend). Im Brutkleid ist der Kopf dunkel aschgrau, gegen den weißen Hals durch einen schmalen schwarzen Ring begrenzt. Schnabel schwarz mit gelber Spitze. Füße schwarzgrau. Im Ruhekleid Kopf und oberer Hals weiß, Scheitel, Hinterkopf und Ohrdecken schiefergrau, Schwanz mit schwarzer Endbinde. Im Fluge fallen in allen Kleidern die tiefschwarzen äußeren Handschwingen auf, gegen die sich kontrastreich ein breites weißes Dreieck auf den Hinterflügeln abhebt (s. Abb. S. 99).
Stimme: Einzelne, rauhe und knarrende Rufe, die an die der Küstenseeschwalbe erinnern.
Biotop: Flache Küsten und Inseln der Arktis; hier brütet sie in der von Sümpfen und Seen durchsetzten Tundra.
Verbreitung: Der hohe Norden der Alten und Neuen Welt; in Europa nur auf Spitzbergen.

Wanderungen: Zieht im Herbst südwärts, Überwinterungsplätze unbekannt; gelegentlich an den Küsten von Jan Mayen, Island, Färöer, Großbritannien sowie in der Nord- und Ostsee und in der Biscaya; als Irrgast in Norwegen, Schweden, in der BRD und DDR, in Österreich, in der Schweiz und auf den Balearen nachgewiesen. Ausnahmsweise im Binnenland (Leipzig 1963).
Nest und Eier: Brütet in kleinen Kolonien auf küstennahen Inseln,

an flachen Küsten oder in der Tundra, bisweilen mit Küstenseeschwalben vergesellschaftet; Mulde mit wenig Genist ausgelegt, 2–3 auf bräunlichem Grund gefleckte Eier (44,4 mm × 32,2 mm), Juni/Juli.

GATTUNG: Rissa Stephens s. Tafel S. 99, 101

Dreizehenmöwe
Rissa tridactyla (L.)

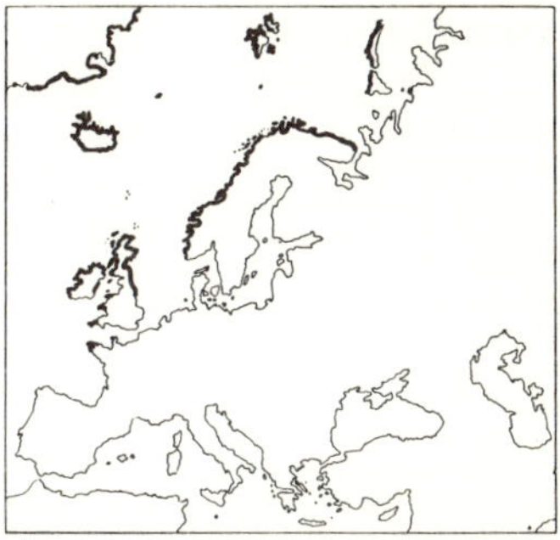

E Kittiwake
R Трехпалая чайка
C Racek tříprstý
F Pikkukajava
P Mewa trzypalcowa
U Csüllö

Kennzeichen: 40,5 cm. Etwa so groß wie eine Sturmmöwe, der sie auch im Gefieder ähnelt, die Flügelspitzen sind jedoch auffallend schwarz ohne jedes Weiß, die Füße sind schwärzlich, der Schnabel gelb. Im Ruhekleid ist der Oberkopf bis zum Hinterhals zart graublau. Jungvögel haben ein dunkles, nach vorn offenes Nackenband und sind namentlich im Fluge leicht von anderen Möwen zu unterscheiden: über die Flügel verläuft ein dunkles Diagonalband, der leicht gegabelte Schwanz hat eine schwarze Endbinde (s. auch Schwalbenmöwe); Schnabel bei juv. schwärzlich, Füße braun.
Stimme: Durchdringende Rufe, die wie „gägägägägä", „kie kie kie" oder auch wie „kiau" klingen.
Biotop: Steil ins Meer abfallende Felsküsten, ausnahmsweise auch niedrige felsige Inseln (Kattegat).
Verbreitung: Brütet auf Helgoland und seit 1967 an der schwedischen Westküste. Außer in Europa an den arktischen Küsten Asiens und Nordamerikas.
Wanderungen: Die nordatlantischen Populationen überwintern von Oktober/Ende November bis Februar/Anfang April vor allem im Atlantik zwischen dem 60° und 40° n. Br. sowie in der Nordsee; gelegentlich in der Ostsee und im Mittelmeer, nur selten einmal im Binnenland. Wurde als Irrgast für Ungarn und Rumänien nachgewiesen.
Nest und Eier: Nistet in großen Kolonien; Nester aus Tangen und Moos; 2–3 auf grauem bis bräunlichem Grund gefleckte Eier (54,8 mm × 40,2 mm), Ende Mai/Juni.
Unterarten: R. t. tridactyla (L.)

GATTUNG: Chlidonias Rafinesque s. Tafel S. 103, 104

Bestimmungsschlüssel
(ad. im Brutkleid)
1 Kopf völlig schwarz 2
1* Nur Oberkopf schieferschwarz, Wangen weiß
Weißbartseeschwalbe S. 301
2 Bürzel und Schwanz weiß
Weißflügelseeschwalbe S. 300
2* Bürzel und Schwanz schwarzgrau
Trauerseeschwalbe S. 299

Trauerseeschwalbe
Chlidonias niger (L.)

E Black Tern
R Черная крачка
C Rybák černý
F Mustatiira
P Rybitwa czarna
U Kormos szerkö

Kennzeichen: 25 cm. Brutkleid: Kopf, Hals und Unterseite bis auf die weißen Unterschwanzdecken schieferschwarz, die Oberseite, Flügel und der leicht ausgeschnittene Schwanz mehr schiefergrau, Flügelunterseiten lichtgrau; das ♀ insgesamt heller. Schnabel schwarz, Füße dunkelrotbraun. Die Mauser vom Brut- zum Ruhekleid setzt oft schon während der Brutzeit ein, die Trauerseeschwalben haben dann an Kopf, Hals und Brust schon weiße Federchen. So leicht eine Unterscheidung der 3 Chlidonias-Arten im Brutkleid ist, umso schwieriger ist es, diese – vor allem Trauer- und Weißflügelseeschwalbe – im Ruhe- und Jugendkleid auseinanderzuhalten. Folgendes ist für die Unterscheidung wichtig: Bei Trauer- und Weißflügelseeschwalbe sind Scheitel, Hinterkopf und Ohrdecken schwärzlich und die Oberseite grau. Die Unterseite ist weiß, jedoch mit dem Unterschied, daß sich bei der Trauerseeschwalbe beiderseits auf der Oberbrust ein dunkelschiefergrauer Fleck findet, der bei der Weißflügelseeschwalbe fehlt.
Stimme: Ein kurzes „krek" und „krrr".
Biotop: Flache, vegetationsreiche Teiche, verlandende Seen, Brüche und Moore.
Verbreitung: Brütete 1967 erstmals in Irland. 1975 Brutversuch in England. Anschließend an das europäische Brutgebiet in Westsibirien und Nordamerika.

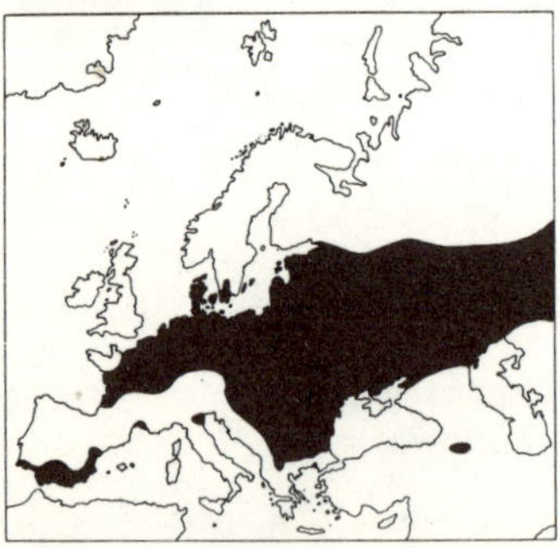

Wanderungen: Überwintert im tropischen Afrika; Ende April/Anfang Mai – August/Anfang September.
Nest und Eier: Nistet kolonieweise; Nester aus Schilfhalmen u. a., 3 auf lehmbraunem Grund dunkel gefleckte Eier (34,6 mm × 25,0 mm), Mitte Mai/Juni.
Unterarten: C. n. niger (L.)

Weißflügelseeschwalbe
Chlidonias leucopterus (Temminck)

E White-winged Black Tern
R Белокрылая крачка
C Rybák bělokřídlý
F Valkosiipitiira
P Rybitwa białoskrzydła
U Fehérszárnyú szerkö

Kennzeichen: 23 cm. Im Brutkleid von der Trauerseeschwalbe leicht zu unterscheiden: Kopf und Körper schwarz, Ober- und Unterschwanzdecken sowie Schwanz weiß, Flügel oberseits heller als bei der Trauerseeschwalbe (die kleinen Flügeldecken

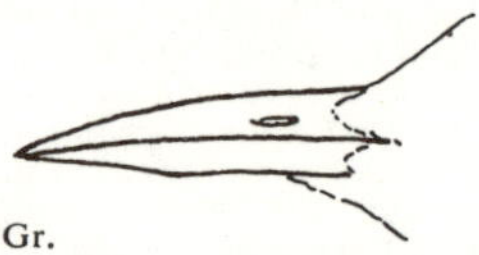

nat. Gr.

sind weiß), unterseits dunkel, Schnabel und Füße rot. Ruhe- und Jugendkleid sehr ähnlich Trauerseeschwalbe; ein einigermaßen brauchbares Unterscheidungsmerkmal ist lediglich der bei der Weißflügelseeschwalbe fehlende dunkle Fleck an der Brustseite.
Stimme: Laut schnarrend „kerrr", „krrrräg" oder „krrrk".

Biotop: Vegetationsreiche flache Binnengewässer.
Verbreitung: Hat 1936 bei Bentheim (Niederlande) gebrütet Anschließend an das europäische Brutgebiet in Südwestsibirien und in Ostasien.
Wanderungen: Zieht durch das Mittelmeergebiet und überwintert in Afrika, Mai – August/September. Gelegentlich in Großbritannien, in den Niederlanden, Dänemark, Norwegen und Schweden. Seltener Durchzügler bzw. Irrgast in der BRD und DDR; Mai/Juni, weniger August/Oktober.
Nest und Eier: Wie Trauerseeschwalbe.

Weißbartseeschwalbe
Chlidonias hybrida (Pallas)

E Whiskered Tern
R Белощекая крачка
C Rybák bahenni
F Valkoposkitiira
P Rybitwa białowąsa
U Fattyú szerkö

Kennzeichen: 33 cm. Etwas größer als Trauerseeschwalbe, Brutkleid: Stirn, Scheitel und Hinterkopf tiefschwarz, übrige Oberseite (in allen Kleidern) hellgrau. An den Kopfseiten ein breiter weißer Streif, der sich ebenso wie die weißen Unterschwanzdecken

nat. Gr.

kontrastreich gegen die schiefergraue bis schwärzliche Unterseite abhebt. Unterflügel weiß, Schnabel und Füße rot. Im Ruhe- und Jugendkleid ist die Weißbartseeschwalbe schwer von der Weißflügelseeschwalbe zu unterscheiden, allenfalls an dem kräftigeren roten – nicht schwärzlichen – Schnabel, von der Trauerseeschwalbe durch das Fehlen der dunklen Flecke an den Brustseiten.
Stimme: Ein knarrendes „schrähb", „schriä" oder „skriäh", am Brutplatz auch „skihrerrerk".
Biotop: Wie die anderen Chlidonias-Arten: in Küstennähe auch versumpfte Lagunen.
Verbreitung: Hat 1931 am Bodensee gebrütet; 1957 Brutversuch in Belgien. Anschließend an das europäische Brutgebiet in Südwest-, Süd- und Ostasien, Australien und Ostafrika.

Wanderungen: Zieht durch das Mittelmeergebiet und überwintert im tropischen Afrika. Seltener Durchzügler bzw. Irrgast in der BRD (Bayern) und DDR, Mai/Juni, weniger August/Oktober. Irrgast in Großbritannien.
Nest und Eier: Nistet kolonieweise, Nester aus Wasserpflanzen, 3 auf bräunlichem bis hellgrünlichem Grund gefleckte Eier (39,3 mm × 28,4 mm), Mitte Mai/Juni.
Unterarten: Ch. h. hybrida (Pallas)

GATTUNG: Gelochelidon C. L. Brehm s. Tafel S. 102, 104

Lachseeschwalbe
Gelochelidon nilotica (Gmelin)

E Gull-billed Tern
R Чайконосая крачка
C Rybák anglický
F Hietatiira
P Rybitwa krótkodzioba
U Kacogócsér

Kennzeichen: 39 cm. So groß wie Lachmöwe, mit schwarzer Kopfplatte, kräftigem schwarzen Schnabel und ziemlich hohen schwarzen Beinen. Von der Brandseeschwalbe unterscheidet sie sich durch den kürzeren und kräftigeren, im Brut- wie im Ruhekleid völlig schwarzen Schnabel; der Schnabel der Brandseeschwalbe ist schlanker, länger und

hat im Brut- und Ruhekleid eine gelbe Spitze. Im Ruhekleid sind Stirn und Oberkopf weiß, der weiße Nakken ist mit dunklen Federchen untermischt, die Wangen sind schwärzlich. Jugendkleid ähnlich, aber auf Schultern und Rücken mit braunen Federchen durchsetzt.
Stimme: Ruft laut lachend „hägägäg".
Biotop: Bevorzugt salzhaltige Binnengewässer, aber auch an sandigen Küsten und auf Inseln von fließenden Gewässern.
Verbreitung: Hat 1960 in Schleswig-Holstein gebrütet. Anschließend an das europäische Brutgebiet in Nordwestafrika und Südwestasien; weitere isolierte Brutgebiete in Ostasien, Australien und Amerika.
Wanderungen: Zieht durch West- und Südeuropa und überwintert in West- und Ostafrika, am Roten Meer und Persischen Golf, Ende April/Mitte

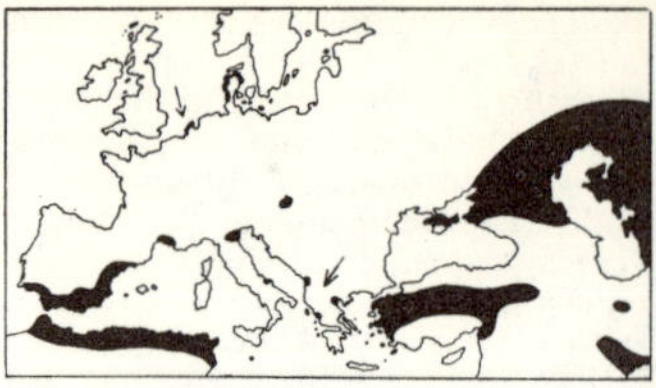

Mai – August/Mitte September. Selten an den deutschen Küsten, ausnahmsweise im Binnenland. Irrgast in Großbritannien, Irland, Norwegen, Schweden und Finnland.
Nest und Eier: Nistet kolonieweise; umfangreiche Nester aus Pflanzenmaterial oder auch nur dürftig mit solchem ausgelegte Nestmulden, 2 bis 3 auf bräunlichem Grund gefleckte Eier (48,7 mm × 34,9 mm), Mitte Mai/Juni.
Unterarten: G. n. nilotica (Gmelin)

GATTUNG: Hydroprogne Kaup s. Tafel S. 102, 104

Raubseeschwalbe
Hydroprogne caspia (Pallas)

E Caspian Tern
R Чеграва
C Rybák kaspický
F Räyskä
P Rybitwa wielkodzioba
U Lócsér

Kennzeichen: 51 cm. Die größte Seeschwalbenart, erreicht fast die Größe einer Silbermöwe, von der sie sich durch die schwarze Kopfkappe, den kräftigen roten Schnabel, den gegabelten Schwanz und die schwarzen Füße unterscheidet. Oberseite möwengrau, Unterseite weiß. Im Ruhekleid ist die Kopfkappe mehr bräunlich und mit weißen Federn durchsetzt. Juv. ähneln ad. im Ruhekleid, der Rücken jedoch mit braunen Federn untermischt.
Stimme: Fischreiherartige Rufe, die wie „kriä" oder „kräi" klingen.
Biotop: Küsten mit sandigem oder steinigem Strand, vor der schwedischen und finnischen Küste auf den Schären.
Verbreitung: Außerhalb Europas isolierte Brutgebiete in allen Erdteilen (außer Südamerika). Von 1956 bis 1971 vereinzelte Bruten bzw. Brutversuche auf der Heuwiese bei Rügen.
Wanderungen: Überwintert an den tropischen Küsten, auf dem Zug gelegentlich auch im Binnenland; selten an den Küsten Westeuropas;

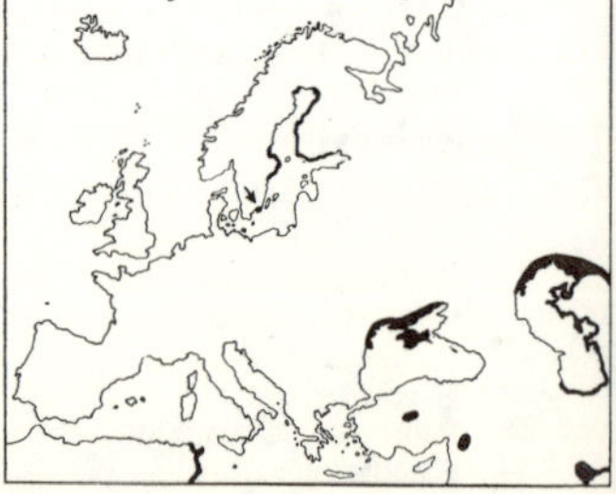

für Großbritannien und Norwegen wiederholt nachgewiesen. Irrgast in Italien (Sizilien). April/Mai – Ende Juli/August.
Nest und Eier: Nistet kolonieweise; Nistmulde gelegentlich mit etwas Nistmaterial ausgelegt, 2–3 auf sandfarbenem Grund gefleckte Eier (63,9 mm × 44,9 mm), Mitte Mai/Juni.

GATTUNG: Sterna Linné

s. Tafel S. 102–105

Bestimmungsschlüssel

1 Oberseite dunkel 2
1* Oberseite möwengrau 3
2 Durchgehend schwarz **Rußseeschwalbe** S. 506
2* Nacken weißlich **Zügelseeschwalbe** S. 506
3 Deutlich größer als Lachmöwe **Königseeschwalbe** S. 506
3* So groß wie Lachmöwe und kleiner 4
4 Stirn weiß **Zwergseeschwalbe** S. 305
4* Stirn nicht weiß 5
5 Schnabel gelb oder orange **Rüppell-Seeschwalbe** S. 507
5* Schnabel andersfarbig 6
6 Schnabel schwarz mit gelber Spitze **Brandseeschwalbe** S. 306
6* Schnabel andersfarbig 7
7 Schwanzspieße überragen die Flügel (s. Abb.), Schnabel schwärzlich **Rosenseeschwalbe** S. 304
7* Schwanzspieße ebensolang wie die Flügel (s. Abb.), Schnabel rot 8
8 Schnabel einfarbig rot **Küstenseeschwalbe** S. 304
8* Schnabel rot mit schwarzer Spitze **Flußseeschwalbe** S. 303

Flußseeschwalbe

Sterna hirundo L.

E Common Tern
R Обыкновенная крачка
C Rybák obecný
F Kalatiira
P Rybitwa pospolita
U Küszvágócsér

Kennzeichen: 35 cm. Brutkleid weiß mit möwengrauem Mantel und schwarzer Kopfplatte, Schwanz tief gegabelt, Füße orangerot. Kann leicht mit der Küstenseeschwalbe und der (seltenen) Rosenseeschwalbe verwechselt werden; eine sichere Unterscheidung ist nur im Brutkleid in der Nähe möglich: Die Flußseeschwalbe hat einen scharlach- oder orangeroten Schnabel mit schwarzer Spitze, bei der Küstenseeschwalbe ist er einfarbig blutrot, bei der Rosenseeschwalbe ist der Schnabel schwärzlich mit roter Basis. Hat man Fluß- und Küstenseeschwalbe nebeneinander stehend vor sich, dann sieht man, daß die Küstenseeschwalbe etwas kürzere Beine hat. Auch die Länge der Schwanzspieße ist bei diesen 3 Arten verschieden: diese überragen bei der Flußseeschwalbe die Flügelspitzen nicht, bei der Küstenseeschwalbe etwas und bei der Rosenseeschwalbe beträchtlich. Noch schwieriger ist die Unterscheidung der 3 Arten im Ruhekleid: alle haben dann eine weiße Stirn, die Schnäbel sind schwärzlich (bei der Flußseeschwalbe jedoch mit rötlicher Basis); allenfalls ist eine Unterscheidung an der Färbung der Füße möglich: bei der Flußseeschwalbe sind sie rötlich, bei der Küstenseeschwalbe schwärzlich und bei der Rosenseeschwalbe orangerot. – Juv.: Rücken hellbräunlich mit dunkler Querbänderung, Kopfplatte schwarzbraun, Stirn weiß und mit dunklen Federchen untermischt.
Stimme: Am häufigsten ein „krrriä“, oft auch nur kurze „kick“ oder „keck“-Rufe.
Biotop: Binnengewässer aller Art, flache Meeresküsten und auf dem Festland vorgelagerten Inseln.
Verbreitung: Anschließend an das europäische Brutgebiet in großen Teilen Asiens, in Nordwestafrika, auf den Atlantischen Inseln sowie in Nordamerika.
Wanderungen: Zug verläuft meist entlang der Küsten; überwintert vom Mittelmeergebiet an südwärts an der Westküste Afrikas, an den Küsten Madagaskars, im Roten

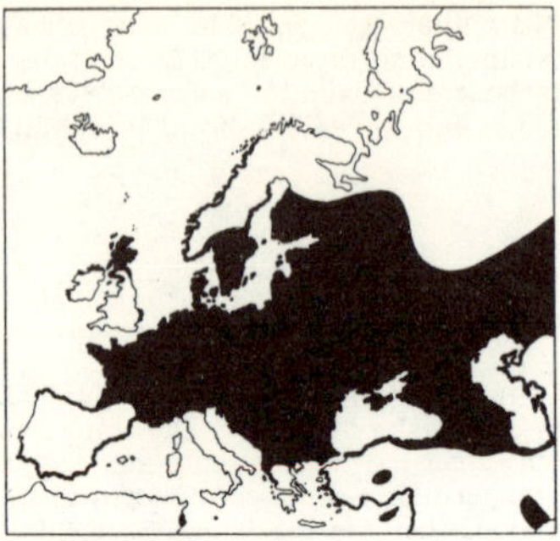

Meer sowie im Persischen Golf; Ende April/Anfang Mai – Ende Juli/September – Oktober.
Nest und Eier: Nistet kolonieweise, bisweilen mit Lachmöwen oder anderen Seeschwalben vergesellschaftet. Nistmulde mit einigen Halmen ausgelegt; 3 Eier (41,0 mm × 30,3 mm), Mitte Mai/Anfang Juni.
Unterarten: St. h. hirundo L.

Küstenseeschwalbe
Sterna paradisaea Pontoppidan

E Arctic Tern
R Полярная крачка
C Rybák dlouhoocasý
F Lapintiira
P Rybitwa popielata
U Sarki csér

Kennzeichen: 35,5 cm. Brut- und Ruhekleid wie Flußseeschwalbe, Mantel jedoch grauer; auf die Unterschiede zwischen Küsten-, Fluß- und Rosenseeschwalbe wurde bereits hingewiesen (s. Flußseeschwalbe).
Stimme: Sehr ähnlich der Flußseeschwalbe. Am häufigsten „kriääh" und „kräh", ferner „krie-krieh" oder „krirr, krirr" u. a.
Biotop: Flache Meeresküsten aller Art, gern auf den der Küste vorgelagerten kleinen Inseln, im Norden auch an Binnengewässern der küstennahen Tundra.
Verbreitung: Anschließend an das europäische Brutgebiet im nördlichen Asien sowie in Nordamerika.
Wanderungen: Zieht an den Küsten entlang und überwintert in der Antarktis, Ende April/Anfang Mai – Ende Juli/Oktober. Ausnahmsweise im Binnenland.
Nest und Eier: Nistet kolonieweise; die 2 Eier (40,2 mm × 29,4 mm) liegen meist ohne jeder Unterlage in einer flachen Mulde.

Rosenseeschwalbe
Sterna dougallii Montagu

E Roseate Tern
R Розовая крачка
C Rybák rajský
F Ruusutiira
P Rybitwa różowa
U Rózsás csér

Kennzeichen: 38 cm. Ähnlich Fluß- und Küstenseeschwalbe (über die Unterschiede s. bei Flußseeschwalbe), Mantel jedoch sehr blaß grau, Unterseite rosa überflogen, Schwanz sehr tief gegabelt.
Stimme: Ganz anders als Fluß- und Küstenseeschwalbe; ein langgezogenes, kreischendes „aaach", ein weiches sehr bezeichnendes „tschu-ick" und ängstlich keckernd „kekekekek", ähnlich wie bei den anderen erwähnten Arten.
Biotop: Flache, sandige oder kiesige Küsten und Inseln.
Verbreitung: Brütet vereinzelt an der niedersächsischen Nordseeküste. Mitte der 60er Jahre brüteten auf den Britischen Inseln noch 3500 Paare, 1977 waren es nur noch 600. Außer in Europa an den Küsten von Afrika, Südostasien, Nord- und Mittelamerika und Australien.

Beachte die Länge der Schwanzspieße bei den folgenden drei Seeschwalben: Bei der Rosenseeschwalbe werden die Flügelspitzen weit und bei der Küstenseeschwalbe nur etwas überragt, während bei der Flußseeschwalbe die Schwanzspieße die Flügelspitzen gerade erreichen.

Flußseeschwalbe

Küstenseeschwalbe

Rosenseeschwalbe

Wanderungen: Europäische Brutvögel überwintern auf den Atlantischen Inseln sowie an der Westküste Afrikas; Ende April/Mai – Mitte Juli/Mitte September. Gelegentlich an der deutschen Nordseeküste.
Nest und Eier: Nistet kolonieweise, gewöhnlich mit anderen Seeschwalben vergesellschaftet; 2–3 Eier (44,0 mm × 30,0 mm), Juni.
Unterarten: St. d. dougallii Montagu.

Zwergseeschwalbe
Sterna albifrons Pallas

E Little Tern
R Малая крачка
C Rybák malý
F Pikkutiira
P Rybitwa białoczelna
U Kiscsér

Kennzeichen: 24 cm. Unsere kleinste Seeschwalbenart; sie kann in allen Kleidern an der weißen Stirn erkannt werden, das übrige Gefieder wie bei anderen Seeschwalben. Schnabel gelb mit schwarzer Spitze, Füße gelb. Im Ruhe- und Jugendkleid ist der Oberkopf mehr grau und geht allmählich in das Schwarz des Hinterkopfs über.
Stimme: „witt“ oder „wätt“, zwei- bis dreimal wiederholt; ferner härtere „trrr“ oder „krrt“. Am Brutplatz ängstlich „chrüit, chrüit“-Rufe, ferner rauchschwalbenähnliche „üat üat“.
Biotop: Flache, möglichst vegetationslose Küsten mit Sand- oder Kiesstrand, an Flußmündungen und Lagunen auch auf trockenen Lehmböden; im Binnenland an Strömen und Seen mit entsprechenden Ufern bzw. Inseln.
Verbreitung: Neuerdings Brutvogel in Mittel- und Süditalien. Anschließend an das europäische Brutgebiet in Südwest-, Süd- und Ostasien, Afrika, Australien sowie in Nord- und Mittelamerika.

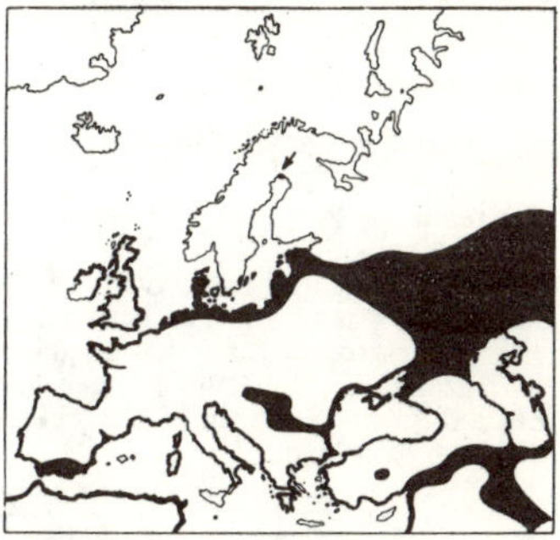

Wanderungen: Überwintert an den Küsten des Indischen Ozeans; Ende April/Anfang Mai – Ende Juli/September. Auf dem Zug auch im Binnenland. Irrgast in Norwegen.

Nest und Eier: Nistet kolonieweise; die 2–3 auf sandfarbenem Grund gefleckten Eier (32,9 mm × 23,8 mm) liegen meist ohne jede Unterlage am Boden; Mitte Mai/Juni.
Unterarten: St. a. albifrons Pallas.

Brandseeschwalbe
Sterna sandvicensis Latham

E Sandwich Tern
R Пестроносая крачка
C Rybák severni
F Riuttatiira
P Rybitwa czubata
U Kenti csér

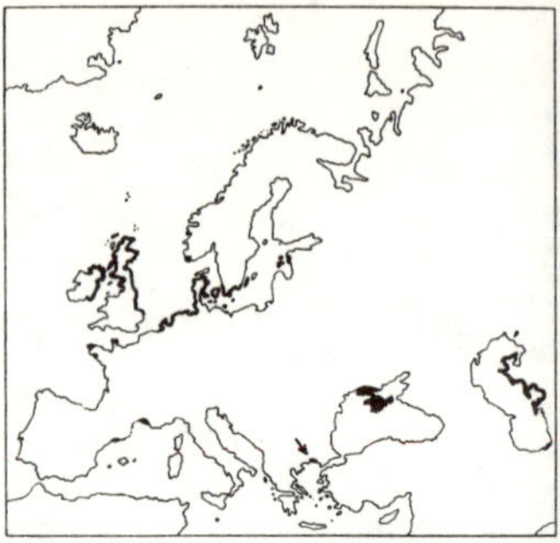

Kennzeichen: 43 cm. Eine lachmöwengroße Seeschwalbe; die schwarzen Federn des Oberkopfes laufen im Nacken in einen Schopf aus. Schnabel schwarz mit gelber Spitze, Oberseite möwengrau, Unterseite weiß, Schwanz tief gegabelt, Füße schwarz. Ruhekleid: Stirn weiß, Oberkopf mit weißen Federn durchsetzt; juv. ähnlich ad. Ruhekleid, doch oberseits mit braunen und schwarzen Federn untermischt.
Stimme: Rauhe „kerr“ oder „kirrick“ ferner „gerräk, gerräk“.
Biotop: Flache Meeresküsten mit spärlicher Vegetation sowie auf entsprechenden küstennahen Inseln.
Verbreitung: Brütete 1974 erstmals in Norwegen. Außerhalb Europas finden sich weitere isolierte Brutgebiete an der Küste Tunesiens, an der Ost- und Südküste des Kaspischen Meeres sowie an der Atlantik- und Golfküste Nord- bzw. Mittelamerikas
Wanderungen: Auf ihren Wanderungen berührt die Brandseeschwalbe die West- und Südküsten Europas, die Atlantischen Inseln, Nordafrika und den Nahen Osten und überwintert an den Küsten West- und Südafrikas, des Roten Meeres und Persischen Golfes ostwärts bis zur Indusmündung; Mitte April/Mai – Mitte Juli/August. Ausnahmsweise im Binnenland.
Nest und Eier: Nistet kolonieweise; Nistmulde meist ohne Material, 2–3 auf hell sandfarbenem Grund gefleckte Eier (51,7 mm × 36,1 mm), Mai/Juni.
Unterarten: St. s. sandvicensis Latham.

FAMILIE: Alcidae — **Alken**

Vertreten die Pinguine, mit denen sie jedoch nicht verwandt sind, auf der nördlichen Hemisphäre. Streng an das Meer gebundene schwarzweiße, kurzfüßige Vögel, die an Land mehr oder weniger aufrecht stehen. Die kurzen Flügel werden unter Wasser zur Fortbewegung benutzt. Leben gesellig und brüten in teilweise sehr großen Kolonien an felsigen Küsten. Ein (beim Gryllteist 2) relativ sehr großes Ei; die Dunenjungen verlassen die Nistplätze vor Erreichung ihrer Flugfähigkeit. Nahrung Fische, bei kleineren Arten auch Krebstierchen. 8 Arten, davon 6 Brutvögel.

GATTUNG: Alca Linné — s. Tafel S. 106

Bestimmungsschlüssel für die Gattungen
1 Gefieder überwiegend schwarz, weißer Flügelfleck — **Cepphus S. 310**
1* Kein weißer Flügelfleck — 2
2 Auf der Stirn ein nach vorn überhängender Schopf — **Aethia S. 508**

2* Ohne Schopf 3
3 Schnabel kurz und rot **Cyclorrhynchus** S. 507
3* Schnabel anders, Gefieder schwarz und weiß 4
4 Etwa so groß wie ein Star **Plautus** S. 308
4* Wesentlich größer 5
5 Schnabel auffallend bunt **Fratercula** S. 311
5* Schnabel schwarz 4
6 Schnabel hoch, seitlich zusammengedrückt **Alca** S. 307
6* Schnabel schmal und spitz zulaufend **Uria** S. 308

Tordalk

Alca torda L.

E Razorbill
R Гагарка
C Alka malá
F Ruokki
P Alka krzywonosa
U Alka

Kennzeichen: 42 cm. Ein schwarzweißer, an Land aufrecht sitzender Vogel von der Größe einer mittel-

großen Ente und mit hohem, seitlich zusammengedrückten Schnabel. Kopf, Hals und übrige Oberseite sind schwarz, Unterseite rein weiß. Über den Schnabel läuft eine weiße Linie, eine weitere vom First des Oberschnabels zum Auge und über die Flügel ein schmales weißes Band. Im Ruhekleid sind Kehle, Kopf- und Halsseiten weiß, alles übrige wie im Brutkleid. Jugendkleid gleicht weitgehend dem Ruhekleid, nur ist der Schnabel noch nicht so kräftig entwickelt.

Stimme: Knarrende „karrr"-Rufe.

Biotop: Am Meer gelegene Steilküsten.

Verbreitung: Außer in Europa im nordöstlichen Nordamerika und Grönland.

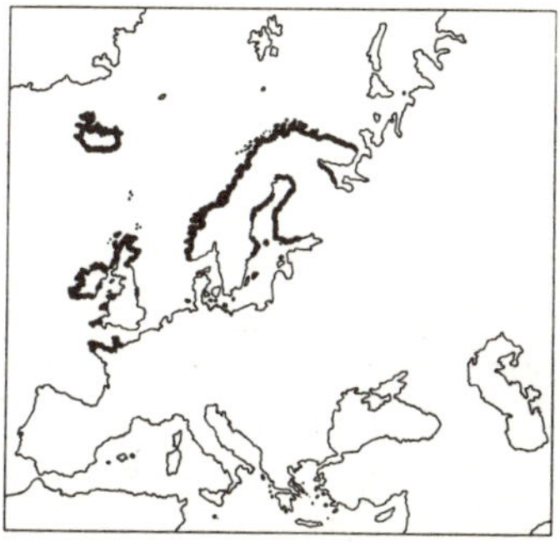

Wanderungen: Überwintert an den Küsten der westlichen Ostsee, der Nordsee, des Kanals und an der Atlantikküste südwärts bis Nordwestafrika sowie im westlichen Mittelmeer. Als Irrgast gelegentlich ins Binnenland verschlagen.

Nest und Eier: Nistet kolonieweise, vielfach mit Lummen vergesellschaftet; das auf weißlichem Grund gefleckte Ei (73,1 mm × 46,9 mm) wird ohne jede Unterlage auf den Fels abgelegt.

Unterarten: a) A. t. torda L.: Grönland und Europa mit Ausnahme der unter b) genannten Gebiete; b) A. t. islandica C. L. Brehm: Island, Färöer, Großbritannien, Kanalinseln, Küste der Bretagne und Helgoland.

GATTUNG: Plautus Gunnerus s. Tafel S. 106

Krabbentaucher

Plautus alle (L.)

E Little Auk
R Люрик
C Alkoun malý
F Jääkyyhky
P Trczyk lodowy
U Alkabukó

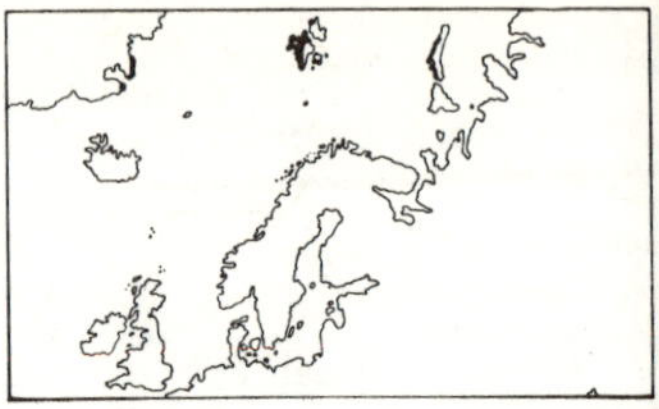

Kennzeichen: 20 cm. Die kleinste Alkenart, gerade so groß wie ein Star. Außer an seinem schwarz-weißen Gefieder und seiner Kleinheit ist der Krabbentaucher an seinem kurzen Schnabel zu erkennen. Über die schwarzen Flügel zieht sich ein schmales weißes Band. Im Ruhekleid ist die gesamte Unterseite vom Kinn an weiß.
Stimme: Am Brutplatz ein schrilles „kraak-aak-ak-ak-ak . . .".
Biotop: Felsige Küsten.
Verbreitung: Die hocharktischen Küsten von Ellesmere-Land über Grönland, Spitzbergen, Nowaja Semlja bis Swernaja Semlja: brütet möglicherweise auch auf Grimsey, Jan Mayen und der Bäreninsel.
Wanderungen: Im Winter südwärts bis Island und Norwegen, gelegentlich auch noch südlicher (Nord- und Ostsee); die Südgrenze des jeweiligen Winteraufenthaltes ist beträchtlichen jährlichen Schwankungen unterworfen. Ausnahmsweise im Binnenland.
Nest und Eier: Nistet kolonieweise unter Felstrümmern und in Gesteinsspalten; ein meist ungeflecktes blaßblaues Ei (48,1 mm × 33,7 mm), Mitte Juni/Juli.
Unterarten: a) P. a. alle (L.): Die obengenannten Gebiete mit Ausnahme von Franz-Joseph-Land, wo b) P. a. polaris (Stenhouse) brütet.

GATTUNG: Uria Brisson s. Tafel S. 106

Bestimmungsschlüssel
1 Schnabel lang und dünn **Trottellumme** S. 308
1* Schnabel kurz und dick (s. Abb.) **Dickschnabellumme** S. 309

Trottellumme

Uria aalge (Pontoppidan)

E Guillemot
R Тонкоклювая кайра
C Alkoun úzkozobý
F Etelänkiisla
P Nurzyk podbielały
U Vékonycsörü lumma

Kennzeichen: 43 cm. Die Schwarzweiß-Verteilung im Brut- und Ruhekleid wie beim Tordalk, Kopf und Hals jedoch tief schwarzbraun. Bei manchen Trottellummen ist das Auge von einem Kranz weißer Federchen umstellt, die nach hinten in einen Strich auslaufen; solche „Ringellummen" sind lediglich eine Mutante. Im Ruhekleid sind Kopfseiten und Kehle weiß; vom Auge zieht sich ein schmaler schwarzer Strich in das Weiß der Ohrgegend (bei der Dickschnabellumme ist auch im Ruhekleid die Ohrgegend schwarzbraun!) Die Trottellumme unterscheidet sich vom Tordalk durch den dünneren,

Schnabel, ½ nat. Gr.

spitz zulaufenden Schnabel und den schlankeren Hals, von der Dickschnabellumme durch den dünneren und längeren Schnabel.

Stimme: „arr“ oder „örr“.

Biotop: Mehr oder weniger steile Meeresküsten.

Verbreitung: Außer in Europa an den Küsten Ostasiens, Nordamerikas und Grönlands.

Wanderungen: Nach der Brutzeit zerstreuen sich die Lummen und werden dann – bes. die juv. – oft in erheblicher Entfernung vom Brutplatz angetroffen, südwärts bis zur nordwestafrikanischen Küste und im westlichen Mittelmeer. Nichtbrütende Trottellummen zu allen Jahrzeiten an den Küsten der Nord- und Ostsee. Ausnahmsweise im Binnenland.

Nest und Eier: Nistet kolonieweise an Felswänden, oft mit Tordalken vergesellschaftet. Das einzige sehr variable Ei (81,5 mm × 49,7 mm) wird ohne jede Unterlage abgelegt, Mitte Mai/Juni.

Unterarten: a) U. a. aalge (Pontoppidan): Island, Färöer, Hebriden, Orkney- und Shetland-Inseln, Schottland (im Süden Übergänge zu albionis), Helgoland, Norwegen (nordwärts bis etwa zum 69.° n. Br., hier Übergänge zu hyperborea), Inseln in der Ostsee (Gotland, Bornholn) und Südküste Finnlands. Außerhalb Europas an der Ostküste Nordamerikas und an der Westküste Grönlands; b) U. a. albionis Witherby: Britische Inseln einschl. Irland, doch mit Ausnahme der unter a genannten Gebiete, Kanal-Inseln, Küsten Frankreichs, Nordwest-Spaniens bis Portugal; c) U. a. hyperborea Salomonsen: Nördliches Norwegen, Murman-Küste, Bären-Insel und Westküste von Nowaja Semlja.*) Zwei weitere Unterarten in Ostasien und an der Westküste Nordamerikas südwärts bis Kalifornien.

Dickschnabellumme

Uria lomvia (L.)

E Brünnich's Guillemot
R Толстоклювая кайра
C Alkoun tlustozobý
F Pohjankiisla
P Nurzyk Brunnicha
U Vastagcsörü lumma

Kennzeichen: 45 cm. Der Trottellumme ähnlich; da die Dickschnabellumme jedoch mit Ausnahme des nördlichen Norwegen nicht an den

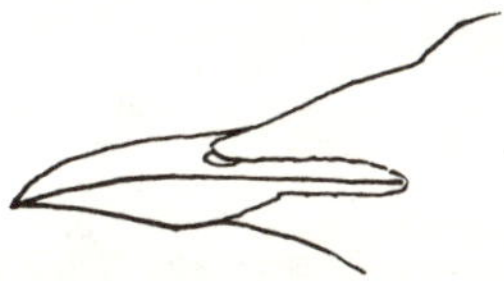

Schnabel, ½ nat. Gr.

europäischen Küsten brütet, sind alle hier brütenden Lummen Trottellummen. In der Nähe ist die Dickschnabellumme an ihrem kürzeren und dickeren Schnabel (s. Abb.) und

*) Von manchen Autoren werden die Trottellummen der Färöer als U. a. spiloptera Salomonsen und die auf Gotland und Bornholm brütenden Trottellummen als U. a. intermedia Nilsson abgetrennt.

einen hellen Längsstrich zwischen Ober- und Unterschnabel an der inneren Schnabelhälfte zu erkennen. Weitere Unterschiede s. Trottellumme.
Stimme: wie Trottellumme.
Biotop: wie Trottellumme.
Verbreitung: Island, Jan Mayen, Bären-Insel, Spitzbergen, Franz-Joseph-Land, Murmansk-Küste, Lofoten; weitere Brutplätze in Nord- und Ostasien, in Nordamerika und auf Grönland.
Wanderungen: Im Winter an der norwegischen Küste, gelegentlich auch noch weiter südlich (Britische Inseln,

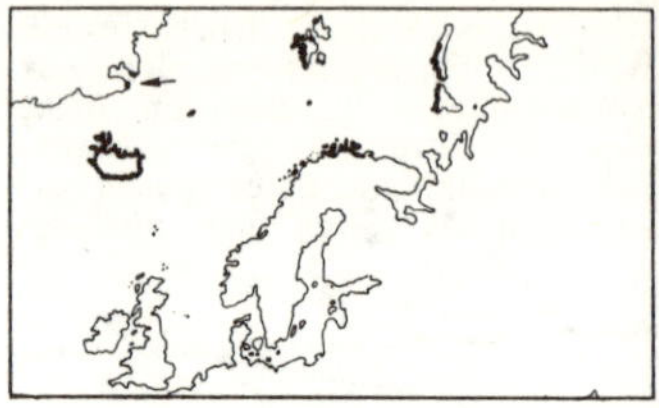

französische Atlantikküste, ausnahmsweise südliche Ostseeküste).
Nest und Eier: wie bei Trottellumme
Unterarten: U. l. lomvia (L.)

GATTUNG: Cepphus Pallas

s. Tafel S. 106

Gryllteist
Cepphus grylle (L.)

E Black Guillemot
R Обыкновенный чистик
C Alkoun obecný
F Riskilä
P Nrzyk białoskrzydły
U Fekete lumma

Kennzeichen: 33 cm. Kleiner als Trottellumme und etwa so groß wie ein Schwarzhalstaucher. Im Brutkleid völlig schwarz bis auf ein großes weißes Flügelfeld. Schnabel schwarz, an der Basis rot, Füße rot. Im Ruhekleid oberseits schwarz-weiß gescheckt, unterseits schwarz-weiß gefleckt oder auch ganz weiß. Juv. ähnlich ad. im Ruhekleid. Unterscheidet sich von allen anderen Alken und Lummen durch den großen weißen Flügelfleck.
Stimme: Ein feines Pfeifen, das etwa wie „sssie ssie ssie“ oder „fiep fiep fiep“ klingt.
Biotop: Felsige und geröllbedeckte Küsten und Inseln.
Verbreitung: Außer in Europa an den Küsten Nord- und Ostasiens, Nordamerikas und Grönlands.
Wanderungen: C. g. grylle überwintert an den Küsten der Nord- und

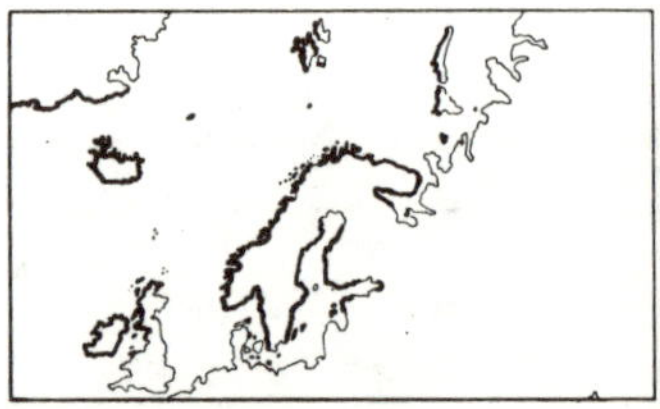

Ostsee, gelegentlich auch weiter südlich auch weiter südlich an der Kanal- und französischen Atlantikküste. Ausnahmsweise im Binnenland. C. g. mandtii wurde einmal bei Helgoland nachgewiesen.
Nest und Eier: Nistet in kleinen Kolonien unter Felstrümmern; 2 auf licht bläulichgrünem Grund gefleckte Eier (58,1 mm × 39,5 mm), Ende Mai/Juni.
Unterarten: a) C. g. mandtii (Mandt): Nordamerika, nördliches Grönland, Jan Mayen, Bären-Insel, Spitzbergen, Franz-Joseph-Land, Nowaja Semlja, Küsten und Inseln des nördlichen Sibirien; b) C. g. grylle (L.): Östliches Nordamerika, südliches Grönland, Färöer, Britische Inseln, Kola-Halbinsel, Küsten Skandinaviens und Finnlands sowie Inseln der Ostsee; c) C. g. islandicus Hörring: Island.

GATTUNG: Fratercula Brisson s. Tafel S. 106

Papageitaucher
Fratercula arctica (L.)

E Puffin
R Тупик
C Papuchalk bělobradý
F Lunni
P Maskonur
U Lunda

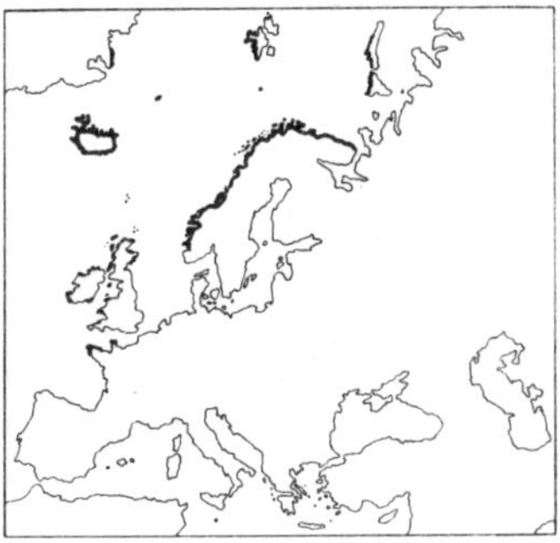

Kennzeichen: 32 cm. Kleiner als Tordalk; unterscheidet sich von verwandten Arten durch seinen grotesken, dreieckigen, rot, blau und gelb gezeichneten Schnabel; im Ruhekleid ist der Schnabel kleiner und blasser, bei juv. wesentlich kleiner als bei Altvögeln. Oberkopf, ein Halsband und übrige Oberseite sind schwarz, alles übrige weiß bis auf die hellgrauen Kopfseiten. Füße mennigrot, im Ruhekleid gelb.
Stimme: Knarrende „arrr"- oder „orrr"-Rufe.
Verbreitung: Außer in Europa im nordöstlichen Nordamerika und auf Grönland.
Biotop: Grasbewachsene, erdige Abhänge an Küsten und auf Inseln.
Wanderungen: Überwintert in der Nordsee und im nördlichen Atlantik südwärts bis zu den Atlantischen Inseln, an der nordwestafrikanischen Küste sowie im westlichen Mittelmeer. Ausnahmsweise in der Ostsee und im Binnenland.
Nest und Eier: Nistet kolonieweise in meist selbstgegrabenen Höhlen: ein auf weißlichem Grunde schwach geflecktes Ei (60,9 mm × 42,3 mm), Ende April/Mai.
Unterarten: a) F. a. naumanni Norton: Spitzbergen; b) F. a. arctica (L.): Island, Jan Mayen, Bären-Insel, nördliches Skandinavien, Murman-Küste und Nowaja Semlja; c) F. a. grabae (C. L. Brehm): Färöer, Britische Inseln, Irland, Südwestküste Skandinaviens, Kanalinseln und Bretagne.

ORDNUNG: COLUMBIFORMES

FAMILIE: Pteroclidae **Flughühner**

Taubenartige Vögel mit sehr kurzen Schnäbeln, kurzen Füßen und spitzen Flügeln, die dem Leben in Steppen und Wüsten angepaßt sind. ♂♂ und ♀♀ unterscheiden sich im Gefieder. Leben gesellig. Nahrung Sämereien. Die 2 bis 3 langelliptischen gefleckten Eier liegen ohne jede Unterlage auf dem Boden. Die Dunenjungen sind ausgesprochene Nestflüchter. 5 Arten, davon 3 Brutvögel.

Bestimmungsschlüssel für die Gattungen
1 Lauf mit Ausnahme der Hinterseite befiedert **Pterocles** S. 312
1* Lauf rundum befiedert **Syrrhaptes** S. 313

Bestimmungsschlüssel

1 Mittleres Steuerfederpaar kaum merklich verlängert 2
1* Mittleres Steuerfederpaar deutlich verlängert 3
2 Brust einfarbig **Sandflughuhn** ♂ S. 312
2* Brust gefleckt **Sandflughuhn** ♀ S. 312
3 Kehle schwarz, Bauch weiß **Spießflughuhn** ♂ S. 312
3* Kehle rahmfarben, Bauch weiß **Spießflughuhn** ♀ S. 312

Sandflughuhn

Pterocles orientalis (L.)

E Black-bellied Sandgrouse
R Чернобрюхий рябок
C Stepokur pisečný
F Hietakana
P Stepówka ciemnobrzucha
U Feketehasú pusztaityúk

Kennzeichen: 35 cm. Größer als Spießflughuhn. Unterscheidet sich von den anderen hier besprochenen Flughühnern durch nicht verlängerte mittlere Steuerfedern. ♂ oberseits sandfarben mit schwarzer Zeichnung auf Rücken, Schultern und Flügeldecken; Halsseiten und die unten schwarz eingefaßte Kehle rotbraun, Brust isabellfarben mit schmalem schwarzen Querband, Bauch schwarz. Hand- und Armschwingen grau, unterseits schwarz, Unterflügeldecken und Achseln weiß. ♀ ähnlich, doch Kopf und Hals fein schwarz längsgefleckt, Kehle hell sandfarben, unten schwarz eingefaßt, Vorderbrust auf isabellfarbigem Grund tropfenartig schwarz gefleckt, unten schwarz eingefaßt, Hinterbrust isabellfarbig, Bauch schwarz; im übrigen wie ♂ Juv. ähnlich ad. ♀.
Stimme: Tief und glucksend „jürrr, jürrr, jürrr".
Biotop: Steppengebiete, auf brachliegenden Feldern, in Spanien in den Marismas.
Verbreitung: Iberische Halbinsel, anschließend in Nordwestafrika sowie in Vorder- und Südwestasien.
Wanderungen: Stand- bzw. Strichvogel.

Nest und Eier: Die 3 auf rötlichbraunem Grund gefleckten Eier (47,7 mm × 32,7 mm) werden auf den bloßen Boden abgelegt.
Unterarten: a) P. o. orientalis (L.): Iberische Halbinsel; b) P. o. arenarius (Pallas): Von den Steppengebieten nördlich des Kaspischen Meeres ostwärts bis zum Altai.

Spießflughuhn

Pterocles alchata (L.)

E Pin-tailed Sandgrouse
R Белобрюхий
C Stepokur krásný
F Jouhihieta
P Stepówka białobrzucha
U Nyársfarkú pusztaityúk

Kennzeichen: 32 cm. Etwas kleiner als Sandflughuhn, von dem es sich durch die weiße Unterseite und die stark verlängerten mittleren Steuerfedern unterscheidet. ♂: Stirn, Augenstreif und Kopfseiten lebhaft ockerfarben, hinter dem Auge ein schmaler schwarzer Strich; übrige Oberseite gelblichgrau, mit dunkelgrauen Säumen und gelben Flecken. Kinn und Kehle schwarz, dunkelockerfarben eingefaßt, Rest des Vorderhalses gelblicholivgrau, auf der Vorderbrust ein breites, oben und unten schwarz eingefaßtes bräunlichockerfarbenes Band, übrige Unterseite weiß. Schwingen unterseits schieferschwarz, Unterflügeldecken und Achseln weiß, ♀: Ganze Oberseite gelblichgrau und schwarz gebändert, Kehle rahmfarben, Kropf und Vorderbrust rötlichgelb, oben und unten schwarz eingefaßt und von einer schwarzen Querbinde durchzogen, übrige Unterseite weiß.

Stimme: Rufen im Fluge, weithin klingend „gettar gettar“ oder „katarr, katarr“.
Biotop: Mit Halfagras, Wermut und anderen Pflanzen dürftig bestandene Steppengebiete; in Südfrankreich in der fast völlig vegetationslosen, steinübersäten Crau.
Verbreitung: Südfrankreich (Crau) und Iberische Halbinsel; ferner in Nordwestafrika und Südwestasien.
Wanderungen: Stand- bzw. Strichvogel.
Nest und Eier: Die 3 auf hell bräunlichen Grund gefleckten Eier (45,9mm × 30,6 mm) werden ohne jede Unterlage auf den Boden abgelegt.

Unterarten: P. a. alchata (L.)

GATTUNG: Syrrhaptes Illiger

s. Tafel S. 107

Steppenhuhn
Syrrhaptes paradoxus (Pallas)

E Pallas's Sand-Grouse
R Саджа
C Stepokur kirgizský
F Arokana
P Pustynnik
U Pusztai talpastyúk

Kennzeichen: 37 cm (einschl. der verlängerten Schwanzfedern). Etwa taubengroß, spitzschwänzig. ♂: Stirn, Scheitel und Kehle orangegelblich, Hinterkopf grau; ein grauer Streif hinter dem Auge verbindet sich mit dem Grau der Halsseiten und des Kropfes; die ebenfalls graue Vorderbrust wird von einigen schwarzen, halbmondförmigen Flecken abgeschlossen; übrige Unterseite hell sandfarben mit schwarzem Fleck auf dem Bauch. Übrige Oberseite rötlich sandfarben, schwarz gefleckt und gebändert. ♀ ähnlich, doch ganze Oberseite einschl. Oberkopf und Nacken gefleckt; die gleichfalls orangegelbliche Kehle schwarz eingefaßt.
Stimme: Beim Auffliegen ziemlich schrill „töck tick tick“, lockt „kiirik“ oder „kürr kürr“ oder dreisilbig „köckerick“.
Biotop: Steppen und Halbwüsten.
Verbreitung: In Europa nur im äußersten Südosten der Sowjetunion; von hier reicht das Brutgebiet ostwärts durch das mittlere Asien bis in die östliche Mongolei.

Wanderungen: Stand- bzw. Strichvogel, hat jedoch in großer Zahl und in unregelmäßigen Abständen Wanderungen in westlicher Richtung unternommen und wurde in vielen europäischen Ländern nachgewiesen. Im Norden bis Norwegen, im Westen bis Großbritannien, Frankreich und Spanien, im Süden bis Italien.
Nest und Eier: Brütet gesellschaftlich, die 2–3 auf sandfarbenem Grund gefleckten Eier (42,8 mm × 29,3 mm) werden ohne Unterlage auf den Boden abgelegt. Wahrscheinlich 2 Bruten.

FAMILIE: Columbidae **Tauben**

Eine gut kenntliche Familie; Tauben bewohnen Waldungen, parkartiges Gelände und Gärten, Felsentauben felsige Landschaften. Nahrung rein vegetabilisch. Kunstlose offene Nester auf Bäumen und Sträuchern oder in Baumhöhlen und Felslöchern. 2 weiße Eier, denen blinde mit haarartigen Dunen bedeckte Junge entschlüpfen, die von den Eltern zunächst mit der sog. „Kropfmilch" gefüttert werden. 7 Arten, davon 6 Arten Brutvögel.

Bestimmungsschlüssel für die Gattungen

1 Rücken mehr oder weniger graublau **Columba** S. 314

1* Rücken mehr oder weniger braun, stets kleiner als vorige **Streptopelia** S. 316

GATTUNG: Columba Linné s. Tafel S. 108

Bestimmungsschlüssel

1 Mit weißem Flügelfeld
1* **Ringeltaube** S. 315
1* Ohne Weiß auf den Flügeln 2
2 Mit 2 deutlichen schwarzen Flügelbinden, Rücken weiß **Felsentaube** S. 314
2* Ohne deutliche Flügelbinden, Rücken grau **Hohltaube** S. 314

Felsentaube

Columba livia (Gmelin)

E Rock-Dove
R Сузый голубь
C Holub skalní
F Kalliokyyhky
P Gołab skalny
U Szirti galamb

Kennzeichen: 33 cm. So groß wie Hohltaube. Sieht wie die Wildform unserer Haustaube aus und unterscheidet sich von Ringel- und Hohltaube in allen Kleidern durch die beiden auffallenden schwarzen Flügelbinden und den weißen Hinterrücken.
Stimme: Wie Haustaube.
Biotop: Vegetationsarme Felslandschaften an der Küste oder im Binnenland.
Verbreitung: Anschließend an das europäische Brutgebiet in ganz Nordafrika sowie in Vorder-, Südwest- und Südasien ostwärts bis Assam.
Wanderungen: Stand- bzw. Strichvogel.
Nest und Eier: Nistet gemeinschaftlich an Felswänden; kunstloses Nest aus dürren Zweigen; 2 weiße Eier (39,3 mm × 29,1 mm), April/Juli 2–3 Bruten.

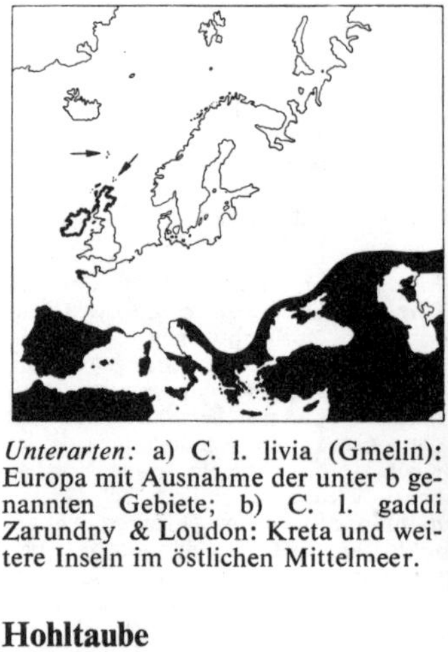

Unterarten: a) C. l. livia (Gmelin): Europa mit Ausnahme der unter b genannten Gebiete; b) C. l. gaddi Zarundny & Loudon: Kreta und weitere Inseln im östlichen Mittelmeer.

Hohltaube

Columba oenas L.

E Stock-Dove
R Клинтух
C Doupňák obecný
F Uuttukyyhky
P Siniak
U Kék galamb

Kennzeichen: 33 cm. Kleiner als Ringeltaube, von der sie sich durch Fehlen von Weiß im Gefieder unterscheidet. Dunkel graublau, Kehle und Brust weinrötlich überflogen, Schwingen schwarzbraun, Schwanz blaugrau mit schwarzer Endbinde. Von der gleichgroßen Felsentaube unterschei-

det sie sich durch grauen – nicht weißen – Bürzel; die schwarzen Flügelbinden sind nur eben angedeutet. ♂ = ♀, Ruhekleid = Brutkleid, juv. ähneln den ad.
Stimme: Heulend „huuh huu hu hu huhhuhhuhhuhhuh".
Biotop: Weiträumige Laub- und Mischwälder, auch lichte Nadelwälder sowie Parkanlagen mit altem Baumbestand.
Verbreitung: Anschließend an das europäische Brutgebiet im westlichen Asien und Nordwestafrika.

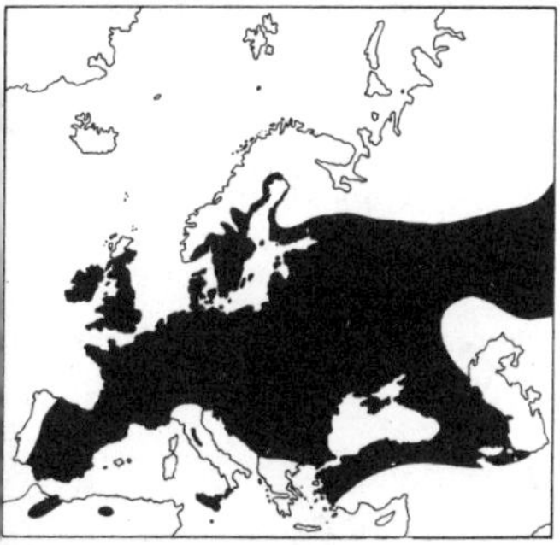

Wanderungen: In Westeuropa und in den Mittelmeerländern Standvogel, bisweilen auch in Mitteleuropa überwinternd, sonst in Südwesteuropa; März–Ende September/Oktober.
Nest und Eier: Brütet in Baumhöhlen; 2 weiße Eier (37,9 mm × 29,0 mm), 2 Bruten, Ende März/Anfang August.
Unterarten: C. oe. oenas L.

Ringeltaube

Columba palumbus L.

E Wood-Pigeon
R Вяхирь
C Hřivnáč obecný
F Sepelkyyhky
P Grzywacz
U Örvös galamb

Kennzeichen: 40,5 cm. Größer als die anderen hier besprochenen Tauben. Im Sitzen wie im Fliegen fallen die weißen Abzeichen auf den Flügeln auf. Die Halsseiten glänzen grün und purpurn, ad. mit weißen Flecken an den Halsseiten. Bürzel und Oberschwanzdecken taubenblau, Schwanz mit breiter schwarzer Endbinde. Juv. gleichen Altvögeln bis auf die erwähnten Abzeichen am Hals.
Stimme: Klingt wie „gruh gru gru gruh gru grugru . . .", beim Balzflug und beim Abfliegen oft lautes Flügelklatschen.
Biotop: Waldungen aller Art, parkartiges Gelände und größere Gärten.
Verbreitung: Anschließend an das europäische Brutgebiet im westlichen und südlichen Asien sowie in Nordwestafrika.

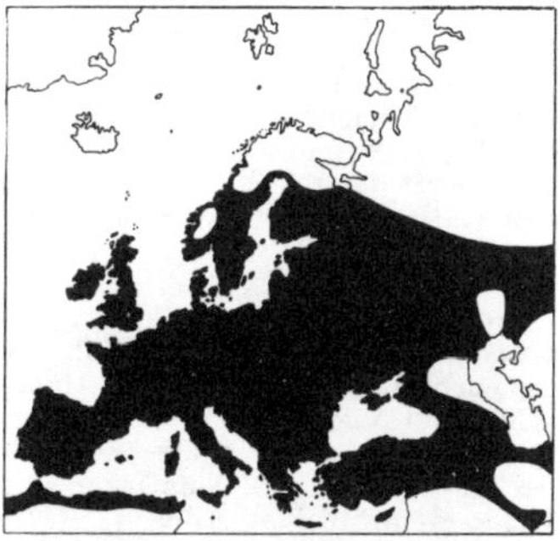

Wanderungen: Je nach Witterungsverhältnissen und Nahrungsangebot Stand-, Strich- oder Zugvogel; Ringeltauben aus Nordeuropa überwintern z. T. schon in Mitteleuropa, meist aber in Westeuropa.
Nest und Eier: Flaches Reisignest auf Bäumen; 2 weiße Eier (40,1 mm × 28,7 mm), 2–3 Bruten, April/Juli, bisweilen noch eher und auch später.
Unterarten: C. p. palumbus L.

GATTUNG: Streptopelia Bonaparte s. Tafel S. 108

Bestimmungsschlüssel

1 Brust ungefleckt 2

1* Brust dunkel gefleckt **Palmtaube** S. 317

2 Rücken gefleckt, ohne schwarzes Nackenband **Turteltaube** S. 316

2* Rücken ungefleckt, mit schwarzem Nackenband **Türkentaube** S. 316

Turteltaube

Streptopelia turtur (L.)

E Turtle Dove
R Горлица
C Hrdlička divoká
F Turturikyyhky
P Turkawka
U Gerle

Kennzeichen: 27 cm. Wesentlich kleiner als Ringeltaube; von der ähnlichen Türkentaube unterscheidet sie sich durch das schwarzweiße Feld an den Halsseiten (die Türkentaube hat einen schwarzen, weiß eingefaßten, halbmondförmigen Nackenfleck). Oberkopf und Nacken blaugrau, Rücken und Flügeldecken rostbraun mit schwarzen Federmitten, Handschwingen und der lange Schwanz dunkelbraun, dieser mit breiter weißer Endbinde. Kinn, Kopfseiten und Kehle weinrötlich überflogen, übrige Unterseite trübweiß. Juv. ähnlich ad., Oberkopf, Kopfseiten und Nakken jedoch braun, die schwarzweißen Federchen an den Halsseiten fehlen.
Stimme: Lange „turr, turr-turr"-Reihen.

Biotop: Lichte, unterholzreiche Mischwälder, Feldgehölze, Hecken an Feldrändern, gebüschbestandene Ufer, auch Parkanlagen.
Verbreitung: Hat ausnahmsweise in Dänemark gebrütet. Anschließend an das europäische Brutgebiet in Westasien und Nordafrika.
Wanderungen: Zugvogel, der die Mittelmeerländer durchwandert und im tropischen Afrika überwintert; April/Anfang Mai – August/September.
Nest und Eier: Flaches Reisignest niedrig auf Bäumen oder im Gebüsch; 2 weiße Eier (30,7 mm × 23,0 mm), 2 Bruten, Mitte Mai/Juli.
Unterarten: a) S. t. turtur (L.): Europa mit Ausnahme der unter b genannten Gebieter; b) S. t. arenicola (Hartert): Balearen (und Nordwestafrika sowie von Vorder- bis Zentralasien).

Türkentaube

Streptopelia decaocto (Frivaldsky)

E Collared Turtle-Dove
R Кольчатая
C Hrdlička zahradni
F Turkin kyyhky
P Synogarlica turecka
U Balkáni gerle

Kennzeichen: 28 cm. Etwa so groß wie Turteltaube, doch langschwänziger. Oberseits ungefleckt isabell-

Beachte die Unterschiede in der Schwanzzeichnung bei der Turteltaube (links) und der Türkentaube (rechts)

farben, unterseits grau, zartrosa überflogen. Unterscheidet sich von der Turteltaube durch halbmondförmigen schwarzen Nackenring und graue Unterschwanzdecken und durch die Stimme (s. u.). Juv. unterseits bräunlicher und ohne schwarzes Nackenband.
Stimme: Ein charakteristischer Ruf, der wie „du-duh-du" klingt; im Fluge heiser „wäh".
Biotop: Durch Gärten und Parkanlagen aufgelockerte Siedlungen.
Verbreitung: Die Ausbreitung in Europa hält an; unterdessen wurden Island, die Färöer und das nördliche Spanien erreicht. Anschließend an das europäische Brutgebiet in Vorder- und Südasien sowie in Nordafrika.

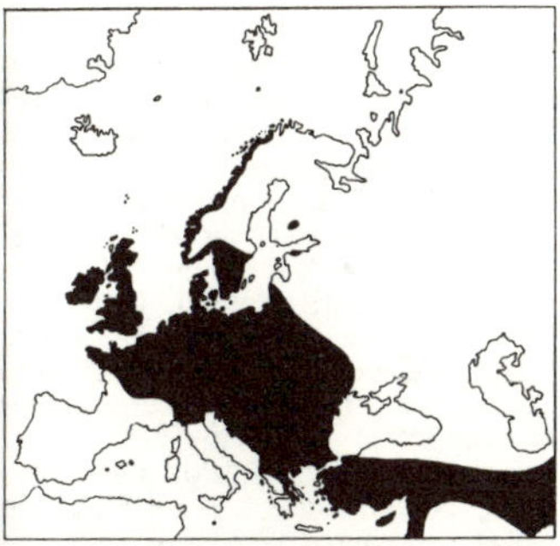

Wanderungen: Standvogel.
Nest und Eier: Nistet auf Bäumen und an Gebäuden; flaches Reisignest; 2 weiße Eier (31,9 mm × 24,0 mm), 3, bisweilen auch 4 normale Bruten, März – Oktober.
Unterarten: S. d. decaocto (Frivaldsky)

Palmtaube

Streptopelia senegalensis (L.)

E Palm Dove
R Малая горлица
C Hrdlička egyptská

Kennzeichen: 21,5 cm. ♂ und ♀ fast gleich. Kleiner als Turtel- und Türkentaube, von denen sie sich durch die dunkel gefleckte Brust unterscheidet. Kopf und Hals hell weinrötlich, Oberseite dunkel rostbräunlich, Bürzel grau, Schwanz mit weißen Spitzen.

Brust weinrötlich mit schwarzen Flecken, Bauch und Unterschwanzdecken weiß. Auf den bräunlichen Flügeln fallen die hellgrauen Flügeldecken auf. Augenring und Füße himbeerrot. Juv. trüber gefärbt.
Stimme: Die auf- und abklingenden Rufreihen bestehen aus schnell wiederholten „wu wu wu"-Lauten.
Biotop: Baum- und gebüschbestandenes Gelände wie Palmenhaine, Parks und Gärten, gern in und bei Ortschaften.
Verbreitung: Afrika und Asien von Kleinasien bis Indien. Brütet neuerdings auch in der europäischen Türkei.

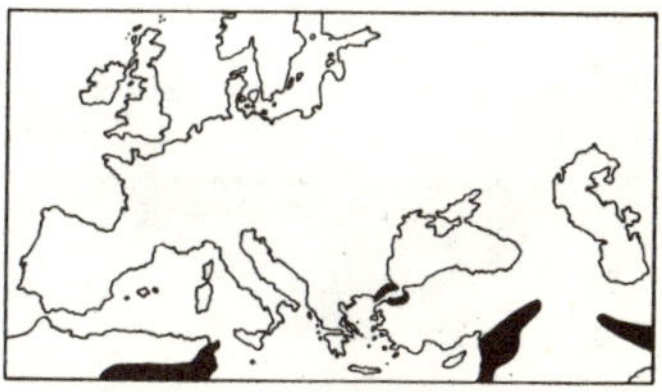

Wanderungen: Standvogel.
Nest und Eier: Flaches Reisignest auf Bäumen, Sträuchern und in Opuntienhecken; 2 weiße Eier (27,6 mm × 21,3 mm).
Unterarten: St. s. senegalensis (L.)

ORDNUNG: CUCULIFORMES **Kuckucke**

FAMILIE: Cuculidae

Langschwänzige drossel- bis hähergroße Vögel, bei denen je zwei Zehen nach vorn und hinten gerichtet sind und die jeweils in den von ihren Wirten bevorzugten Biotopen vorkommen. Die drei regelmäßig in Europa vorkommenden Arten sind Brutparasiten, die ihre Eier in die Nester von Singvögeln legen. Die Jungen schlüpfen nackt und blind und werden teilweise zusammen mit den Jungen ihrer Wirte großgezogen (Näheres s. Makatsch, W., Der Brutparasitismus in der Vogelwelt). Zwei weitere Arten sind Irrgäste.

Bestimmungsschlüssel für die Gattungen

1 Unterseite gesperbert **Cuculus** S. 318

1* Unterseite nicht gesperbert

2 Mit Federholle **Clamator** S. 319

2* Ohne Federholle **Coccyzus** S. 509

GATTUNG: Cuculus Linné s. Tafel S. 109

Bestimmungsschlüssel

1 Unterflügeldecken weiß und regelmäßig gebändert **Kuckuck** S. 318

1* Unterflügeldecken hell rostgelblich, unregelmäßig gebändert **Waldkuckuck** S. 319

Kuckuck

Cuculus canorus L.

E Cuckoo
R Обыкновенная кукушка
C Kukačka obecná
F Käki
P Kukułka
U Kakuk

Kennzeichen: 33 cm. Erinnert im Fluge an einen Sperber, von dem er sich jedoch durch die spitzen Flügel

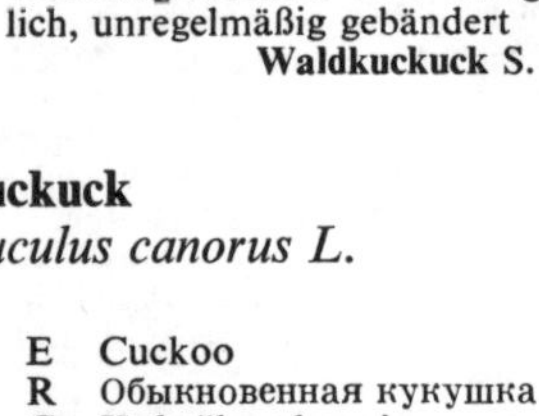

und den langen, stufigen, weißgefleckten Schwanz unterscheidet. Oberseite und Brust blaugrau, übrige Unterseite auf weißlichem Grund gesperbert. ♀ sehr ähnlich, doch mit rostfarbenem Anflug an Kopf- und Halsseiten. Daneben kommt noch – allerdings selten – eine rostrote Varietät des ♀ vor: oberseits rötlichbraun mit schwarzbrauner Querzeichnung (einem juv. Turmfalken ähnlich), Unterseite bis zur Kehle heller rostrot, übrige Unterseite weiß und gesperbert. Juv. ähnlich ad., bezeichnend ein weißer Nackenfleck.

Stimme: ♂ „kuckuck", oft auch dreisilbig „kuckuckuck"; in der Nähe ein heiseres „hachachach"; ♀ ruft kichernd „kwickkwickkwick". Juv. „zisszississ", später schirkend wie „zir zirk zorkirk".

Biotop: Der Kuckuck kommt überall dort vor, wo auch seine von ihm bevorzugten Wirte leben.

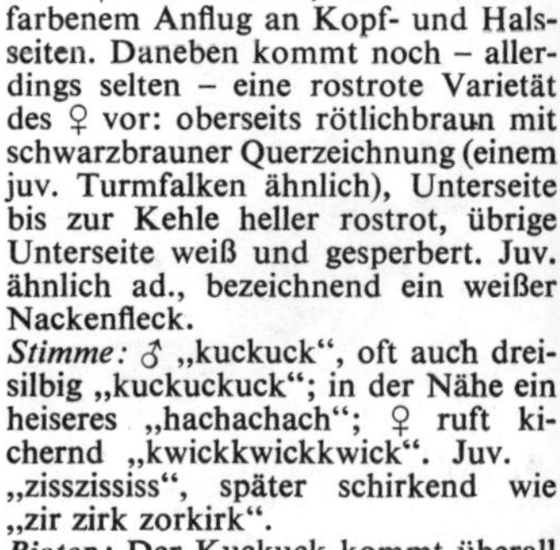

Verbreitung: Anschließend an das europäische Verbreitungsgebiet in fast ganz Asien sowie in Afrika.
Wanderungen: Überwintert im tropischen und südlichen Afrika; Mitte April/Anfang Mai – Ende Juli/Anfang September.
Nest und Eier: Brutparasit. Die Eier (22,4 mm × 16,5 mm) sind denen ihrer Wirte vielfach hervorragend angepaßt. Legezeit Mai – Juli.
Unterarten: a) C. c. canorus L.: Europa mit Ausnahme der unter b genannten Gebiete; b) C. c. bangsi Oberholser: Iberische Halbinsel (und Nordwestafrika).

Waldkuckuck
Cuculus saturatus Blyth

E Himalayan Cuckoo
R Глухая кукушка
C Kukačka mensi
F Aasian käki
U Azsiai kakuk

Kennzeichen: 30,5 cm. Etwas kleiner als unser Kuckuck, diesem aber sonst recht ähnlich. Oberseits etwas dunkler, Bänderung der Unterseite dunkler und oft breiter. Die rotbraune Varietät des ♀ nicht selten. Unterflügeldecken nicht weiß und regelmäßig gebändert wie bei C. canorus, sondern hell rostgelblich mit unregelmäßiger, oft teilweise fehlender Bänderung.
Stimme: Ganz anders wie die unseres Kuckucks, nie zweisilbig, sondern viersilbig wie „bu-bu bu-bu“ oder wiedehopfartig wie „hud-hud-hud-hud“ oder „up-up-up-up“.
Biotop: Vor allem Nadelwaldungen, auch im Gebirge, teilweise auch in Birkenwäldern in der Übergangszone von Wald und Steppe.
Verbreitung: Anschließend an das europäische Verbreitungsgebiet in Asien bis Ost- und Südostasien.

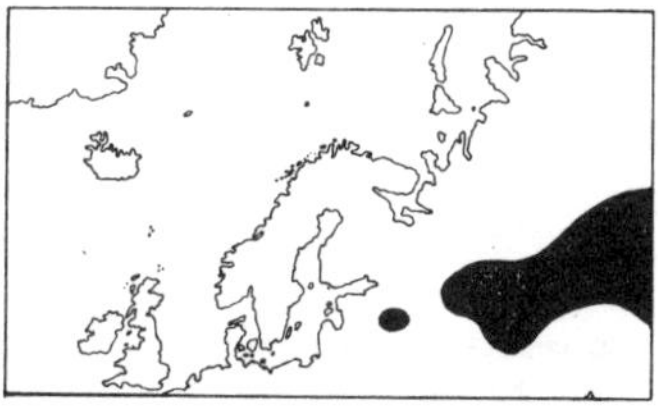

Wanderungen: Überwintert im tropischen Süd- und Südostasien.
Nest und Eier: Brutparasit. Die Eier (20,1 mm × 14,3 mm) sind denen ihrer Wirte teilweise angepaßt. Legezeit Mai bis Juli.
Unterarten: C. s. horsfieldi Moore

GATTUNG: Clamator Kaup s. Tafel S. 109

Häherkuckuck
Clamator glandarius (L.)

E Great Spotted Cuckoo
R Хохлатая кукушка
C Kukačka jižni
F Harakkakäki
P Kukułka czubata
U Szajkókakuk

Kennzeichen: 39 cm. Größer als unser Kuckuck; leicht kenntlich an der Federhaube und dem langen, stufigen, Schwanz. Haube, Kopfseiten und Nacken hellgrau, übrige Oberseite graubraun, weiß gefleckt. Kinn, Kehle und Kropf hell ockergelb, übrige Unterseite weiß. ♀ dem ♂ sehr ähnlich. Bei Juv. ist der Oberkopf schwarz und die Haube kurz. Im Fluge fallen der weißgesäumte Schwanz und die weißgefleckten Schwingen auf.
Stimme: Durchdringende, schakkernde Rufe wie „krischikschick-schick“, und krähenartige Warnrufe wie „kark, kark“.
Biotop: Lichte Wälder und Waldränder, Ölbaumhaine, offenes, mit Buschwerk und einzelnen Bäumen bestandenes Gelände.

Verbreitung: Wurde 1972 bei Rom erbrütet und erstmals für Sardinien nachgewiesen. Außer in Europa in Vorderasien, Nord-, Ost- und Südafrika.
Wanderungen: Überwintert im tropischen und südlichen Afrika. Als Irrgast in Europa nordwärts bis zu den Britischen Inseln, Norwegen, Dänemark und in der südlichen europäischen Sowjetunion nachgewiesen.
Nest und Eier: Brutparasit (bes. bei Corviden). Die Eier (32,1 mm × 24,0 mm)

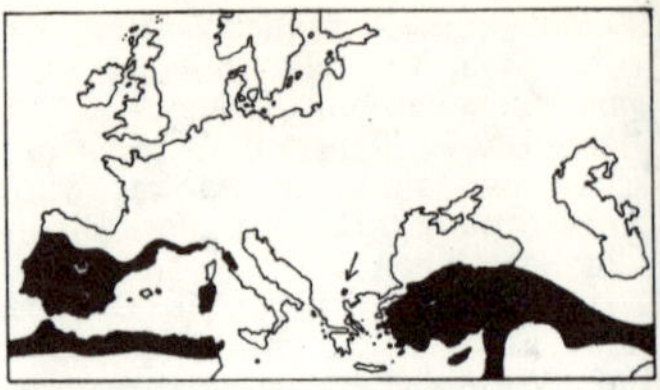

ähneln Elstereiern. Legezeit April bis Juni.

ORDNUNG: STRIGIFORMES

FAMILIE: Tytonidae **Schleiereulen**

Auf Grund anatomischer Merkmale werden die Schleiereulen von den übrigen Eulen abgetrennt. Ein herzförmiger Gesichtsschleier ist besonders deutlich ausgeprägt, Unterseite ungefleckt oder mit Tropfenflecken, nie gebändert oder längsgefleckt. Lebensweise wie die andererEulen (s. Strigidae). Eine Art Brutvogel.

GATTUNG: Tyto Billberg s. Tafel S. 111

Schleiereule
Tyto alba (Scopdli)

E Barn-Owl
R Сипуха
C Sova pálená
F Tornipöllö
P Płomykówka
U Gyöngybagoly

Kennzeichen: 34 cm. Alle anderen Eulenarten, die gegebenenfalls auch innerhalb der Siedlungen angetroffen werden können (Waldkauz, Waldohreule, Steinkauz), sind auf der Unterseite längsgestreift, die Schleiereule hingegen ist unterseits rostgelb oder rostbraun, bisweilen auch reinweiß mit dunklen vereinzelten Fleckchen, nie jedoch gestreift. Ein deutlich ausgeprägter, herzförmiger Schleier, dessen Farbe der der Unterseite entspricht, umgibt das Gesicht. Die bis zu den Zehen befiederten Füße wirken besonders bei der sitzenden Schleiereule auffallend lang. Oberseits fein rostgelb und grau gezeichnet.
Stimme: Kreischende und schnarchende Töne, die sich etwa mit „chrüüh" oder „chrrraihch" wiedergeben lassen.
Biotop: Menschliche Siedlungen, besonders Dörfer und kleinere Städte, in denen sie Brutplätze auf Türmen, Scheunen, Ruinen und dgl. findet, gelegentlich auch abseits von Siedlungen in alten Baumbeständen.
Verbreitung: Außerhalb Europas in Vorder- und Südasien, Afrika, Nord-, Mittel- und Südamerika sowie in Australien.

Wanderungen: Im allgemeinen Standvogel, bisweilen auch größere Zugbewegungen (Ausbreitung von Jungen) oder durch Nahrungsmangel bedingt. Irrgast in Norwegen.
Nest und Eier: Die 6–8 weißen Eier (39,2 mm × 30,8 mm) werden auf den bloßen Boden in Kirchtürmen, Scheunen u. a. abgelegt; Mitte April – August, ein bis zwei Bruten.

Unterarten: a) T. a. alba (Scopoli): Diese unterseits rein weiße Unterart brütet auf den Britischen Inseln, in West- und Südwesteuropa sowie im Mittelmeergebiet, mit Ausnahme von Korsika und Sardinien, wo b) T. a. ernesti (Kleinschmidt) brütet; c) T. a. guttata (C. L. Brehm): Übriges Europa.

FAMILIE: Strigidae — Eulen

Eulen sind meist nächtlich lebende Raubvögel mit weichem Gefieder, geräuschlosem Flug, dickem rundlichen Kopf, der um fast 180° gedreht werden kann, so daß die Eulen trotz ihrer großen, nach vorn gerichteten Augen ein großes Gesichtsfeld haben. Manche Arten haben „Federohren" und einen mehr oder weniger deutlich ausgeprägten Gesichtsschleier. ♂♂ und ♀♀ sind gleichgefärbt, die ♀♀ meist etwas größer. Nahrung rein animalisch, unverdauliche Beutereste werden als Gewölle ausgewürgt. Mit Ausnahme der Sumpfohreule baut keine Art ein Nest; die Eier werden in Höhlen – natürliche Baumhöhlen, Spechthöhlen, bisweilen auch Nistkästen –, in alte Nester anderer Arten oder auf den Boden abgelegt. Alle Eulen legen meist rundliche, weiße Eier. Die weißbedaunten Jungen schlüpfen mit geschlossenen Augen und Ohren; sie sind ausgesprochene Nesthocker. 12 Arten Brutvögel, ein Irrgast.

Bestimmungsschlüssel für die Gattungen

1 Unterseite rein weiß, ungefleckt oder schwach gebändert — **Nyctea** S. 323
1* Unterseite nicht rein weiß — 2
2 Mit mehr oder wenig deutlich sichtbaren Federohren — 3
2* Ohne Federohren — 5
3 Wesentlich über Krähengröße — **Bubo** S. 322
3* Etwa Krähengröße und darunter — 4
4 Etwa Krähengröße — **Asio** S. 327
4* Deutlich unter Krähengröße, braungrau oder roströtlich — **Otus** S. 321
5 Unterseite eng quergewellt („gesperbert"), langschwänzig — **Surnia** S. 323
5* Unterseite längsgefleckt — 6
6 Über Krähengröße — **Strix** S. 325
6* Deutlich unter Krähengröße — 7
7 Zehen nicht befiedert — **Athene** S. 324
7* Zehen dicht befiedert — 8
8 So groß wie Steinkauz, doch mit dickerem Kopf und deutlichem Schleier — **Aegolius** S. 328
8* Sehr klein, etwa starengroß — **Glaucidium** S. 324

GATTUNG: Otus Pennant — s. Tafel S. 111

Zwergohreule
Otus scops (L.)

E Scops-Owl
R Обыкновенная сплюшка
C Výreček obecný
F Kääpiöpöllö
P Syczek
U Füles kuvik

Kennzeichen: 19 cm. Etwas kleiner als Steinkauz. Verbringt den Tag im Versteck oder eng an Baumstämme angeschmiegt und verrät seine Anwesenheit vor allem durch die bezeichnenden Rufe. Die kleinste „Ohr"-Eule, doch sind die Federohren nicht immer deutlich sichtbar; die Zwergohreule unterscheidet sich aber auch dann durch ihre Gestalt von Stein- und Rauhfußkauz mit ihren dickeren Köpfen. Gefieder braungrau oder roströtlich mit feiner dunkler Zeichnung.

Stimme: Ein langgezogener, sanfter und oft wiederholter Pfiff, der wie „klüh" klingt.
Biotop: Offenes, parkartiges Gelände wie Bachufer mit altem Baumbestand, Alleen, Ölbaumhaine, Obstgärten und lichte Eichenwälder.
Verbreitung: Hat 1960 erstmals in Bayern gebrütet; seit 1968 wieder Brutvogel im Elsaß. Außerhalb Europas weitere Unterarten in Afrika und Asien.
Wanderungen: Überwintert im tropischen Afrika; als Irrgast gelegentlich in Mittel- und Nordeuropa (Island, Britische Inseln, Irland, Norwegen, Schweden, Dänemark, Niederlande und Belgien).
Nest und Eier: Brütet in Baumhöhlen, 4–5 weiße Eier (31,3 mm × 27,0 mm), Ende April/Mitte Juni.
Unterarten: a) O. s. scops (L.): Europa (und Nordwestafrika) mit Ausnahme

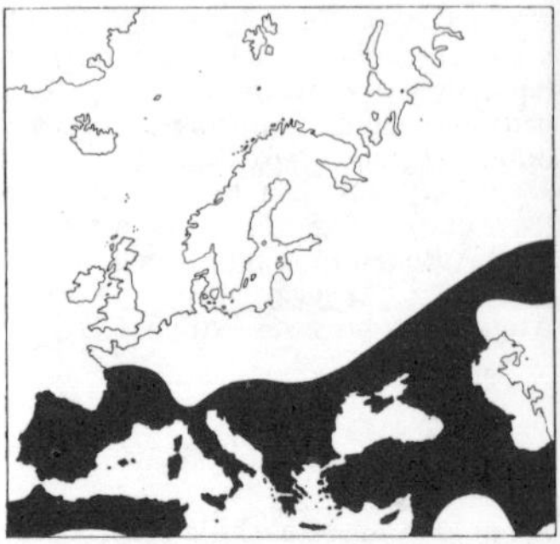

der unter b bis d genannten Gebiete; b) O. s. cycladum (Tschusi): Kykladen und Kreta; c) O. s. pulchellus (Pallas): Sowjetunion östlich des 35.° ö. L. und Kaukasus; d) O. s. mallorcae v. Jordans: Iberische Halbinsel und Balearen.

GATTUNG: Bubo Duméril s. Tafel S. 110

Uhu

Bubo bubo (L.)

E Eagle-Owl
R Филин
C Výr velký
F Huuhkaja
P Puchacz
U Buhu

Kennzeichen: 67 cm. Die größte europäische Eule, das ♀ ist etwas größer als das ♂ (Flügellänge durchschnittlich 472 bzw. 445 mm). Durch seine Größe und die auch im Fluge auffallenden Federohren unterscheidet sich der Uhu von allen anderen bei uns brütenden Eulenarten. ♂ und ♀ gleichen sich und sind oberseits auf rötlichbraunem, auf der Unterseite hellerem Grund schwarzbraun längs- und am Bauch auch quergestreift. Flügel und Schwanz sind schwarz gebändert.
Stimme: Die weithin hörbaren Rufe klingen wie „buhu" oder „uhuhu-uuhuhuhuhu".
Biotop: Ausgedehnte, urwüchsige Wälder, zerklüftete Gebirge. Felswände – auch in offenem Gelände –, stellenweise auch in großen Rohrbeständen und in Steppen.
Verbreitung: Außerhalb Europas in zahlreichen Unterarten in fast ganz Asien und in Nordafrika.

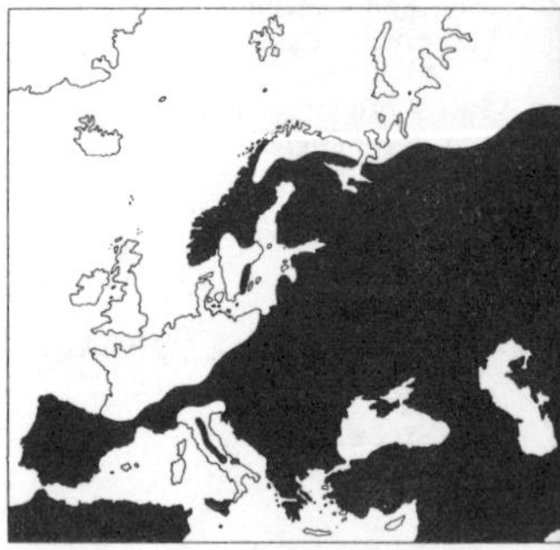

Wanderungen: Stand- und Strichvogel.
Nest und Eier: Die 2–4 weißen Eier (59,8 mm × 49,7 mm) werden in Felsnischen, am Boden oder in alte Raubvogelhorste gelegt; Ende März, April.

Unterarten: a) B. b. bubo (L.): Europa mit Ausnahme der unter b bis e genannten Gebiete; b) B. b. hispanus Rothschild & Hartert: Iberische Halbinsel; c) B. b. interpositus Rothschild & Hartert: Südliche Ukraine, Krim, Kaukasus; d) B. b. ruthenus Buturlin & Zhitkov: Südöstliche europäische Sowjetunion; e) B. b. sibiricus (Gloger): Westabhänge des Ural (und Westsibirien).

GATTUNG: Nyctea Stephens

s. Tafel S. 110

Schnee-Eule
Nyctea scandiaca (L.)

E Snowy Owl
R Белая сова
C Sova sněžni
F Tunturipöllö
P Sowa śnieżna
U Hóbagoly

Kennzeichen: 57 cm. Neben dem Uhu die größte in Europa vorkommende Eulenart, die wir nur in offenem Gelände antreffen. ♂ reinweiß und nur gelegentlich auf den Schultern, Flügeln sowie auf der Unterseite braun gefleckt und gebändert; bei dem etwas größeren ♀ ist das weiße Gefieder stets in der angegebenenen Weise gezeichnet.
Stimme: Ein rauhes Krächzen und mitunter ein helles „rick rick rick".
Biotop: Tundren und Fjälls.
Verbreitung: Zirkumarktisch.
Wanderungen: Überwiegend Stand- bzw. Strichvogel; alljährlich werden in wechselnder Stärke auch weite Wanderungen unternommen – die bisweilen invasionsartigen Charakter annehmen können – und dann werden Schnee-Eulen auch in Mitteleuropa (südwärts bis Österreich, Ungarn und Jugoslawien) und in Westeuropa (Britische Inseln, Frankreich) angetroffen.
Nest und Eier: Die 4–10 weißen Eier (57,3 mm × 45,2 mm) Eier werden in eine flache Bodenmulde abgelegt; Mitte April/Juni.

GATTUNG: Surnia Duméril

s. Tafel S. 111

Sperbereule
Surnia ulula (L.)

E Hawk-Owl
R Ястребиная сова
C Sova krahujová
F Hiiripöllö
P Sowa jarzebata
U Karvalybagoly

Kennzeichen: 37 cm. Etwa so groß wie eine Waldohreule und durch die schwarzbraune „Sperberung" der weißlichen Unterseite hinreichend gekennzeichnet. Auffällig sind der lange Schwanz und die kurzen spitzen Flügel, die dieser Eule im Fluge ein raubvogelähnliches Aussehen geben. Mehr als die übrigen Eulenarten ist die Sperbereule auch tagsüber rege.
Stimme: Ein falkenähnliches „kikiki".
Biotop: Mehr oder weniger dichte Nadel-, insbesondere Lärchenwälder, teilweise auch Mischwälder.
Verbreitung: Anschließend an das europäische Brutgebiet im nördlichen Asien ostwärts bis Kamtschatka sowie in Nordamerika.
Wanderungen: Vorwiegend Stand- bzw. Strichvogel, was aber nicht ausschließt, daß manche Sperbereulen sich weiter von ihrem Brutgebiet ent-

fernen; sie werden dann auf den Britischen Inseln, im südlichen Skandinavien und in den sowjetischen Ostseerepubliken, z. T. auch noch weiter südlich angetroffen (BRD, DDR, Niederlande, Belgien, Frankreich, Schweiz, Österreich und Ungarn). Die nordamerikanische Unterart Surnia ulula caparoch (Müller) wurde als Irrgast in Großbritannien nachgewiesen.
Nest und Eier: Nistet in Baumhöhlen oder alten Raubvogelhorsten; 4–7 weiße Eier (40,0 mm × 31,8 mm), April/Anfang Mai.
Unterarten: S. u. ulula (L.)

GATTUNG: Glaucidium Boie

s. Tafel S. 111

Sperlingskauz
Glaucidium passerinum (L.)

E Pygmy Owl
R Воробьиный сыч
C Sýc nejmenši
F Varpuspöllö
P Sóweczka
U Törpe kuvik

Kennzeichen: 16,5 cm. Die kleinste europäische Eule, sie wiegt nur 75 g, also etwa ebensoviel wie ein Star. In der Färbung ähnelt der Sperlingskauz einem Steinkauz, die Unterseite ist jedoch heller, grauweiß mit schwärzlicher Streifung, der Schwanz weist weiße Querbinden auf. Auch tagsüber lebhaft, wippt oft mit dem Schwanz.
Stimme: Ein gimpelähnlicher Pfiff, außerdem ein waldkauzähnliches „kuwitt", nur pfeifender und heller.
Biotop: Alte Nadelwälder in der Ebene und im Gebirge.
Verbreitung: Anschließend an das europäische Brutgebiet im mittleren

Asien ostwärts bis zum Amur-Gebiet.
Wanderungen: In Mitteleuropa Standvogel; Sperlingskäuze aus Nord- und Osteuropa wahrscheinlich z. T. Strichvögel.
Nest und Eier: Brütet in Baumhöhlen und alten Spechtlöchern; 4–6 weiße Eier (28,8 mm × 22,8 mm), Ende April/Mai.
Unterarten: G. p. passerinum (L.)

GATTUNG: Athene Boie

s. Tafel S. 111

Steinkauz
Athene noctua (Scopoli)

E Little Owl
R Домовый сыч
C Sýc obecný
F Minervan pöllö
P Pódźka
U Kuvik

Kennzeichen: 23 cm. Durch seine Kleinheit – nach Zwergohreule und Sperlingskauz ist der Steinkauz unsere kleinste Eule – und Kurzschwänzigkeit sowie durch das Fehlen von Federohren unterscheidet sich der Steinkauz leicht von den anderen Eulenarten. Allenfalls könnte er mit dem Rauhfußkauz verwechselt werden, doch schließt eigentlich schon der Aufenthaltsort (s. Biotop) dieser beiden Eulen eine Verwechslung von vornherein aus (über weitere Unterschiede s. Rauhfußkauz). Wie alle Eulen kann auch der Steinkauz seine Gestalt rasch verändern; bald wirkt er klein und gedrungen, dann wieder streckt er sich, macht sich schlank und wirkt entsprechend größer. Gefieder graubraun mit weißlicher Zeichnung, auffällig die bernsteingelbe Iris. Nicht ausschließlich nachts aktiv.

Stimme: Ein sanftes „ghuk", ferner kurze „kuitt-kuitt"-Rufe, die sich in der Erregung zu einer Reihe von „kiff kiff kiff kiff"-Rufen steigern.

Biotop: Offenes Gelände mit Steilwänden (Steinbrüche, Sandgruben, Erdwände), Landstraßen mit alten Obstbäumen, gern in der Nähe von bzw. in Ortschaften mit alten Gebäuden, Scheunen und Obstgärten.

Verbreitung: Außerhalb Europas in Vorder- und Zentralasien ostwärts bis Korea und zum Amur-Gebiet, ferner in Nord- und Nordostafrika.

Wanderungen: Stand- und Strichvogel.

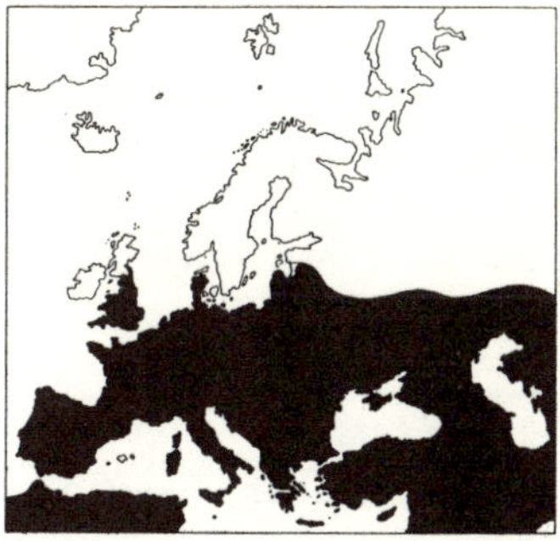

Nest und Eier: Nistet in Höhlen aller Art; 4–5 weiße Eier (33,6 mm × 28,1 mm), Ende April/Mai.

Unterarten: a) A. n. vidalii A. E. Brehm: West- und Südwesteuropa; b) A. n. noctua (Scopoli): Mittel- und Osteuropa mit Ausnahme der unter d genannten Gebiete; c) A. n. sarda (Kleinschmidt): Sardinien und (?) Korsika; d) A. n. indigena C. L. Brehm: Balkan-Halbinsel, Inseln der Ägäis, südliche europäische Sowjetunion.

GATTUNG: Strix Linné

s. Tafel S. 110

Bestimmungsschlüssel

1 Fast so groß wie Uhu, Augen gelb **Bartkauz** S. 326
1* Deutlich kleiner als Uhu 2
2 Gefieder braun, Unterseite kräftig längsgestreift **Habichtskauz** S. 326
2* Kleiner, Gefieder graubraun oder rostbraun, Unterseite mit pfeilförmigen Flecken **Waldkauz** S. 325

Waldkauz
Strix aluco L.

E Tawny Owl
R Обыкновенная Неясыть
C Puštik obecný
F Lehtopöllö
P Puszczyk
U Macskabagoly

Kennzeichen: 38 cm. Kleiner als Bartkauz und Habichtskauz. An dem großen rundlichen Kopf, den schwarzen Augen und dem rindengrauen oder rostbraunen Gefieder gut kenntlich. Im Fluge fallen die breiten, abgerundeten Flügel auf. Die Waldohreule ist kleiner, hat deutlich sichtbare Federohren und rötlichgelbe Augen.

Stimme: Der Paarungsruf des ♂ ist

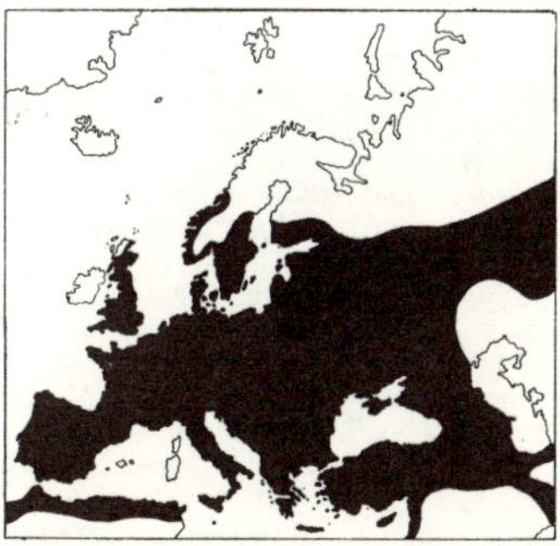

ein pfeifendes „huu, hu, huuuuuuuuh“, das gegen Ende hin absinkt. Sonst hört man ein durchdringendes „juik“ oder „kuwitt“.
Biotop: Wälder mit altem Baumbestand, Parkanlagen, Alleen mit alten Bäumen und größere Gärten.
Verbreitung: Anschließend an das europäische Brutgebiet in Westsibirien, im südlichen Asien sowie in Nordwestafrika.
Wanderungen: Standvogel.
Nest und Eier: Nistet in Höhlen aller Art, gelegentlich auch in alten Raubvogelhorsten; 3–4 weiße Eier (48,2 mm × 38,7 mm), Ende Februar/April.
Unterarten: a) St. a. sylvatica Shaw: Großbritannien, West- und Südwesteuropa; b) St. a. aluco L.: Europa mit Ausnahme der unter a, c und d genannten Gebiete: c) St. a. siberiae Dementiew: Mittlerer Ural (und anschließend in Westsibirien); d) St. a. willkonskii (Menzbier): Kaukasus.

Bartkauz

Strix nebulosa J. R. Forster

E Great Grey Owl
R Бородатая Неясыть
C Sova vousatá
F Lapinpöllö
P Sowa mszarna
U Szakállas bagoly

Kennzeichen: 72 cm. Fast so groß wie Uhu, doch ohne Federohren, mit kleinen gelben Augen und verhältnismäßig langem Schwanz, insgesamt mehr grau erscheinend. Oberseits rahmfarben mit bräunlichschwarzen Längs- und Querstreifen, unterseits weißlich mit breiten schwarzbraunen Längsflecken. Der Schleier besteht aus konzentrischen dunklen Ringen auf lichtgrauem Grund; auffallend sind die verlängerten schwarzen Kinnfedern.
Stimme: Das Heulen ähnlich wie das des Waldkauzes, doch lauter wie „hu hu, hu-hu-u“.
Biotop: Urwüchsige Nadelwälder, sowohl Kiefernwälder wie moorige, flechtenbegangene Fichtenwälder.
Verbreitung: Anschließend an das europäische Brutgebiet im nördlichen Asien und nordwestlichen Nordamerika.
Wanderungen: Standvogel, der nur

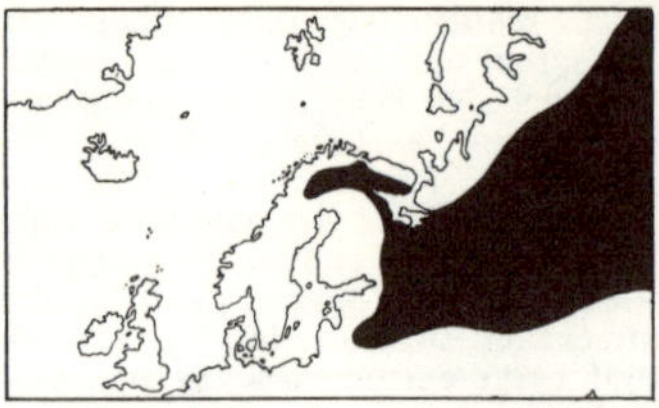

bei Nahrungsmangel Wanderungen unternimmt und dann ausnahmsweise auch einmal südlich seines Brutgebietes angetroffen wird (Norwegen, Südschweden, Südfinnland und Polen).
Nest und Eier: Nistet in verlassenen Raubvogelhorsten, ausnahmsweise auch am Boden; 4–5 weiße Eier (55,8 mm × 42,5 mm).
Unterarten: St. n. lapponica Thunberg.

Habichtskauz

Strix uralensis Pallas

E Ural Owl
R Длиннохвостая Неясыть
C Sova bělavá
F Viirupöllö
P Sowa uralska
U Hosszúfarkú bagoly

Kennzeichen: 56 cm. Größer und insgesamt heller als Waldkauz, mit dessen graubrauner Varietät er indessen eine gewisse Ähnlichkeit hat. Zeichnung auf der Unterseite jedoch nur längsgefleckt (weist also nicht die pfeilspitzenförmigen Flecke wie der Waldkauz auf). Gesichtsschleier deutlich ausgebildet, die dunklen Augen sind auffallend klein. Schwanz verhältnismäßig lang mit engen dunklen Querbinden. Jagt auch tagsüber.
Stimme: Der Paarungsruf des ♂ klingt ähnlich wie beim Waldkauz, nur hohler und dumpfer; ferner ein tief bellendes „hauhauhau“; dem „kuwiet“ des Waldkauzes entspricht ein heiseres „chwä“ oder „chuch“.
Biotop: Urwüchsige Nadel-, Laub- und Mischwälder in der Ebene wie im Gebirge.
Verbreitung: 1962 erstmals für Ungarn (Sator-Berge) als Brutvogel nachgewiesen. Anschließend an das europäische Brutgebiet im nördlichen

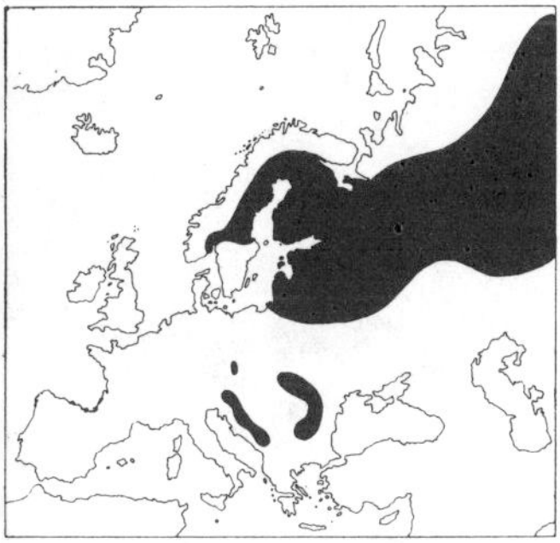

Asien ostwärts bis Sachalin und Japan.
Wanderungen: Standvogel; die westsibirische Unterart St. u. uralensis Pallas wird im Winter in der europäischen Sowjetunion angetroffen.
Nest und Eier: Nistet in Baumhöhlen und alten Raubvogelhorsten; 3–4 weiße Eier (49,4 mm × 41,9 mm), Ende März/April.
Unterarten: a) St. u. liturata Tengmalm: Europa mit Ausnahme der unter b genannten Gebiete; b) St. u. uralensis Pallas: Östliche europäische Sowjetunion im Anschluß an liturata (und Westsibirien).

GATTUNG: Asio Brisson

s. Tafel S. 111

Bestimmungsschlüssel
1 Unterseite längs- und quergezeichnet, deutliche Federohren **Waldohreule** S. 327
1* Unterseite nur längsgezeichnet, Federohren kurz **Sumpfohreule** S. 327

Waldohreule
Asio otus (L.)

E Long-eared Owl
R Ушастая сова
C Kalous ušatý
F Sarvipöllö
P Sowa uszata
U Erdei fülesbagoly

Kennzeichen: 34 cm. Kleiner als der Waldkauz und von diesem durch die Federohren und die feuriggelben Augen unterschieden. Über die Unterschiede zwischen Wald- und Sumpfohreule s. bei dieser. Gefieder rostgelblich mit dunkelbrauner Längsflekkung und feinen Querwellen; der Gesichtsschleier ist deutlich ausgeprägt.
Stimme: Bei der Balz weithin vernehmbare „hu hu hu"-Rufe, ferner halb schreiende, halb pfeifende Laute; ad. warnen mit „wüpp, wüpp".
Biotop: Größere und kleinere Waldungen, sowohl im Nadel- wie auch im reinen Laubwald, gern in Feldgehölzen.
Verbreitung: Anschließend an das europäische Brutgebiet im mittleren Asien ostwärts bis Japan, in Nordwestafrika sowie in Nordamerika.

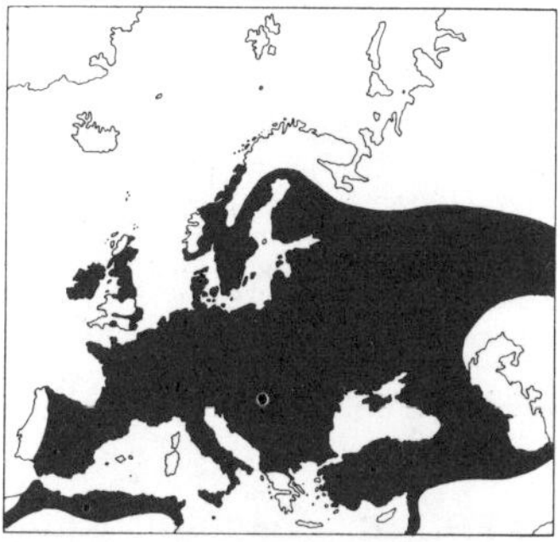

Wanderungen: Je nach dem winterlichen Nahrungsangebot Stand-, Strich- oder Zugvogel, der dann größere Wanderungen in westlicher und südwestlicher Richtung unternimmt.
Nest und Eier: Nistet in verlassenen offenen Nestern anderer Vogelarten, meist in Krähen- und auch Elsternestern; 4–6 weiße Eier (40,9 mm × 32,7 mm), Ende März/April.
Unterarten: A. o. otus (L.)

Sumpfohreule
Asio flammeus (Pontoppidan)

E Short-eared Owl
R Болотная сова
C Pustovka obecná
F Suopöllö
P Sowa błotna
U Réti fülesbagoly

Kennzeichen: 37 cm. Etwa so groß wie eine Waldohreule, der sie im Gefieder ähnelt, doch sind die kürzeren Federohren kaum zu sehen. Im Gegensatz zur Waldohreule ist die Sumpfohreule weit mehr Tagvogel, im Fluge fallen die schmalen, verhältnismäßig langen Flügel auf. Die Fleckung auf der Oberseite ist nicht so verwaschen wie bei der Waldohreule, die Brust ist auf hell rostgelblichem bis fast weißlichem Grund stark dunkelbraun längsgestreift, Bauch und Flanken hingegen nur mit feinen dunklen Längsstrichen gezeichnet (Waldohreulen weisen außer der Längsfleckung noch eine Querzeichnung auf).
Stimme: Von fliegenden oder sitzenden Sumpfohreulen hört man dumpfe „bububu"-Rufe, außerdem noch kläffende Laute, die wie „käwkäwkäw" klingen.
Biotop: Stets offenes Gelände wie feuchte Wiesen, Verlandungsgebiete, Moore, Heiden, Dünengelände, zu den Zugzeiten auch auf Feldern.
Verbreitung: Sehr seltener und unregelmäßiger Brutvogel in Belgien. Hat im Ebro-Delta gebrütet. Anschließend an das europäische Brutgebiet im nördlichen und mittleren Asien

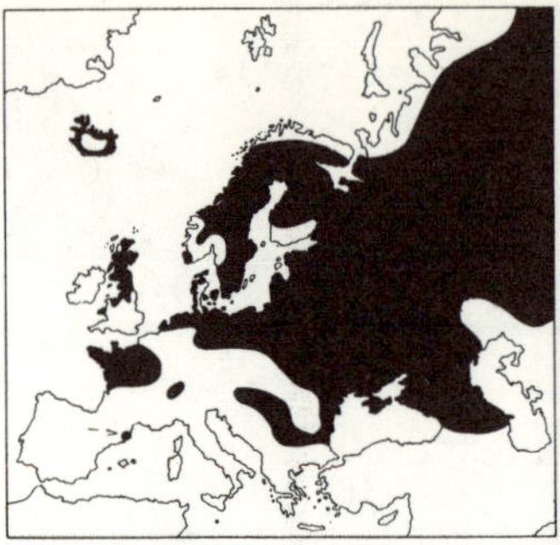

ostwärts bis Kamtschatka und Sachalin, Nord-, Mittel- und Südamerika.
Wanderungen: Je nach den Nahrungsverhältnissen Strich- oder Zugvogel, der durch die Mittelmeerländer bis ins tropische Afrika, Südwest- und Südasien zieht. In Mäusejahren Invasionen. Mitte März/Mitte April bis September.
Nest und Eier: Baut als einzige Eule ein Nest aus Halmen am Boden; 4–8 weiße Eier (40,1 mm × 31,8 mm), Mitte April/Mai.
Unterarten: A. f. flammeus (Pontoppidan)

GATTUNG: Aegolius Kaup

s. Tafel S. 111

Rauhfußkauz
Aegolius funereus (L.)

E Tengmalm's Owl
R Мохноногий сыч
C Sýc rousný
F Helmipöllö
P Włochatka
U Gatyás kuvik

Kennzeichen: 25 cm. Etwas größer als Steinkauz, erscheint vor allem großköpfiger. Der Schleier ist deutlich ausgebildet, und hat man Gelegenheit, diese Eule aus der Nähe zu beobachten, so bemerkt man, daß die Füße – im Gegensatz zum Steinkauz – stärker befiedert sind, der Scheitel ist fein und der Rücken stärker weiß gefleckt (nicht gestreift), die Schweden nennen diese Eule deshalb bezeichnenderweise „Pärluggla". Im Gegensatz zum Steinkauz führt der Rauhfußkauz eine rein nächtliche Lebensweise und verschläft den Tag im dichten Nadelholz.

Stimme: ♂ und ♀ rufen „gu ug"; der Paarungsruf ist eine schnelle Folge von sanft flötenden oder trillernden „dududu"-Rufen, die von fern an Wiedehopfrufe erinnern.
Biotop: Nadelwälder in der Ebene und im Gebirge.
Verbreitung: Brütete 1977 in den Niederlanden. Anschließend an das europäische Brutgebiet im nördlichen Asien ostwärts bis Kamtschatka und Amurgebiet sowie in Nordamerika.
Wanderungen: Stand- und Strichvogel, der im Herbst aus den Gebirgen in die Ebene streicht. Gelegentlich in den Niederlanden, Luxemburg, Südfrankreich und Nordspanien.
Nest und Eier: Nistet in Höhlen, besonders alten Schwarzspechthöhlen; 4–6 weiße Eier (32,2 mm × 26,3 mm), Mitte April/Mai.
Unterarten: a) Ae. f. funereus (L.); b) Ae. f. caucasicus (Buturlin): Nördlicher Kaukasus.

ORDNUNG: CAPRIMULGIFORMES

FAMILIE: Caprimulgidae — **Nachtschwalben**

Nachtschwalben sind Dämmerungsvögel mit großen Augen, einer sehr großen Mundspalte, weichem, rinden- oder bodenfarbigem Gefieder, langen spitzen Flügeln, langem, gerundetem Schwanz und sehr kleinen Füßen. Insektenfresser, die den Tag längs auf Ästen sitzend oder am Boden verbringen. Die beiden marmorierten Eier werden ohne Nestbau auf den Boden abgelegt, Junge bedaunte Nestflüchter. 2 Arten Brutvögel, 2 Irrgäste.

Bestimmungsschlüssel für die Gattungen

1 Unterseite nicht gesperbert **Caprimulgus** S. 329

1* Unterseite gesperbert **Chordeiles** S. 510

GATTUNG: Caprimulgus Linné — s. Tafel S. 109

Bestimmungsschlüssel

1 Gefieder baumrindenfarbig, ohne auffallenden weißen Kehlfleck **Nachtschwalbe** S. 329

1* Gefieder mehr rostfarben, mit auffallendem weißen Kehlfleck und rotgelblichem Nackenband **Rothalsnachtschwalbe** S. 330

Nachtschwalbe

Caprimulgus europaeus L.

E Nightjar
R Обыкновенный козодой
C Lelek obecný
F Kehrääjä
P Lelek kozodój
U Kecskefejö

Kennzeichen: 27 cm. Ein drosselgroßer, langschwänziger Vogel. Beim ♂ fallen die weißen Flecken an den Handschwingen und die weißen Abzeichen auf den äußeren Steuerfedern auf; Schnabel und Füße sind sehr klein, unverhältnismäßig groß ist hingegen die Mundspalte. Juv. gleichen ad. ♀; Dunenjunge oberseits bräunlich, unterseits hell gelblichgrau.
Stimme: Bei Auffliegen ein leises „dag dag", bei eintretender Dämmerung beginnen die ♂♂ zur Paarungszeit (Mai/Juni) mit ihrem eigenartigen „Gesang", einem monotonen, langanhaltendem Schnurren, das wie „errrrrr – örrr – errrrrr – örrr – errrrrr . . ." klingt. Dieses Schnurren wird im Sitzen vorgetragen. Beim Fliegen schlägt das ♂ ab und zu die Flügel klatschend über dem Rücken zusammen, wobei noch ein eulenartiges „gruid" oder „schrui" zu hören ist.
Biotop: Lichte trockene Nadel- und Mischwälder, bes. Kiefernheiden, Waldränder und Kahlschläge von der Ebene bis ins Gebirge.
Verbreitung: Anschließend an das europäische Brutgebiet in Asien ostwärts bis zum Baikalsee, im Südosten bis Afghanistan sowie Nordwestafrika.

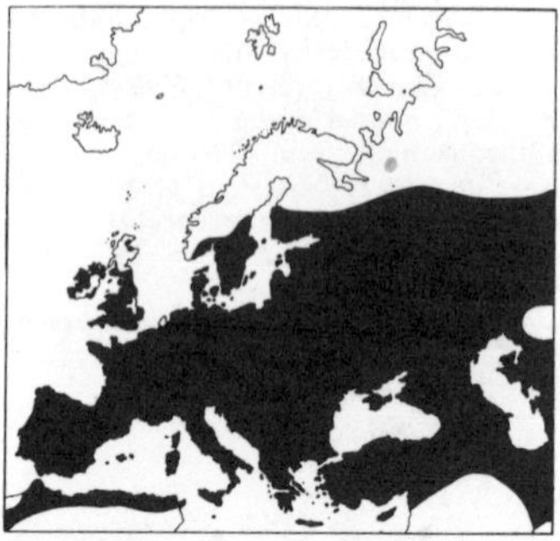

Wanderungen: Uberwintert in Ost- und Südafrika; Ende April/Anfang Mai – August/September.
Nest und Eier: Die beiden marmorierten Eier (31,9 mm × 22,5 mm) werden ohne Nestbau auf den Boden abgelegt; 2 Bruten, Ende Mai/Juli.
Unterarten: a) C. eu. europaeus L.: Europa mit Ausnahme der unter b genannten Gebiete; b) C. eu. meridionalis Hartert: Südeuropa, Balkanhalbinsel, südliche europäische Sowjetunion (und Nordwestafrika).

Rothalsnachtschwalbe

Caprimulgus ruficollis Temminck

E Red-necked Nightjar
R Красношейный козодой
C Lelek rudokrký
F Ruosteniskakehrääjä
P Lelek rdzawoszyi
U Rozsdástorkú kecskefejö

Kennzeichen: 30,5 cm. Etwas größer und blasser als unsere Nachtschwalbe, mit rötlichem Nackenband und großem weißen Kehlfleck. Auch das übrige Gefieder ist rötlicher. Die weißen Abzeichen auf Flügel und Schwanz finden sich – im Gegensatz zu unserer Nachtschwalbe – bei ♂ und ♀.
Stimme: Ganz anders als die unserer Nachtschwalbe; zur Paarungszeit hört man meist zweisilbige, oft wiederholte Rufe, die wie „kukuk, kukuk . . .“ klingen.
Biotop: Offenes, trockenes Gelände mit spärlicher Vegetation.
Verbreitung: Brütet in Portugal, im südlichen Spanien (und Nordwestafrika).

Wanderungen: Überwintert wahrscheinlich im tropischen Westafrika. Die in Algerien und Tunis brütende Unterart -C. r. desertorum Erlanger- wurde einmal als Irrgast in England nachgewiesen.
Nest und Eier: Die beiden Eier (32,0 mm × 23,0 mm) werden wie bei unserer Nachtschwalbe auf den bloßen Boden angelegt; Anfang Mai/Juli.

ORDNUNG: APODIFORMES

FAMILIE: Apodidae — Segler

Schwalbenähnliche, doch nicht mit diesen verwandte, dem Leben im freien Luftraum angepaßte Vögel mit sehr langen und schmalen Flügeln, breiter Mundspalte, sehr kleinen Füßen und mehr oder weniger stark gegabeltem Schwanz. Insektenjäger und ausgesprochene Zugvögel. Nisten an Felswänden, Gebäuden oder in Bäumen. Die Nester werden aus in der Luft ergriffenem Material erbaut und mit dem bald erhärtendem Speichel überzogen. 2–3 weiße Eier Junge schlüpfen nackt und blind. 4 Arten Brutvögel, zwei Irrgäste.

Bestimmungsschlüssel für die Gattungen
1 Flügel und Schwanz ohne metallisch-grünem Schimmer **Apus** S. 331
1* Flügel und Schwanz mit metallisch-grünem Schimmer **Chaetura** S. 511

Bestimmungsschlüssel

1 Unterseite bis auf das braune Kropfband weiß **Alpensegler** S. 331
1* Unterseite bis auf die weiße Kehle dunkel 2
2 Bürzel weiß, kleiner als Mauersegler **Kaffernsegler** S. 332
2* Bürzel nicht weiß 3
3 Gefieder bis auf die weißliche Kehle rußschwarz **Mauersegler** S. 331
3* Gefieder braungrau, das Weiß der Kehle ausgedehnter **Fahlsegler** S. 332

Alpensegler
Apus melba (L.)

E Alpine Swift
R Белобрюхий стриж
C Rorýs velký
F Alppitervapääsky
P Jerzyk skalny
U Havasi sarlósfecske

Kennzeichen: 21 cm. Wesentliche größer als Mauersegler; Gefieder braun, nicht rußschwarz, unterseits bis auf das gleichfalls braune Kropfband weiß. Juv. gleichen weitgehend den Altvögeln.
Stimme: Klingt ganz anders als die des Mauerseglers; ein lautes, auf- und absteigendes Trillern, das man namentlich am Brutplatz vernimmt.
Biotop: Zur Brutzeit auf Felswände und höhere Gebäude (Kirchtürme u. a.) angewiesen.
Verbreitung: Außer in Europa in Vorderasien und Indien, in Nordwest-, Ost- und Südafrika.
Wanderungen: Überwintert im tropischen – sowie in Südwestafrika und in Südasien; Anfang April – Mitte September/Anfang Oktober. Als Irrgast nordwärts bis Schottland, Norwegen, Dänemark und in der südlichen Sowjetunion nachgeweisen.
Nest und Eier: Nistet kolonieweise an Felswänden oder in Gebäuden; Nestmaterial wird im Flug ergriffen und mit dem bald erhärtendem Speichel überzogen; 2–3 weiße Eier (31,1 mm × 19,3 mm), Ende Mai/Anfang Juni.
Unterarten: a) A. m. melba (L.): Europa einschließlich Kreta, aber nicht auf Rhodos; hier brütet b) A. m. tuneti Tschusi.

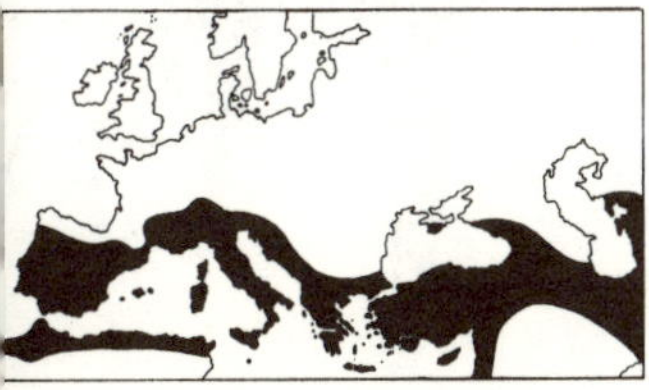

Mauersegler
Apus apus (L.)

E Swift
R Черный стриж
C Rorýs obecný
F Tervapääsky
P Jerzyk
U Sarlósfecske

Kennzeichen: 16,5 cm. Größer als die in Europa, vorkommenden Schwalbenarten, und von ihnen durch das infolge der langen, schmalen Flügel mondsichelförmige Flugbild unterschieden. Gefieder bis auf die weißliche Kehle rußschwarz. Der kurze Schwanz ist gegabelt. Gesellig.
Stimme: Durchdringend und schrill „srie-srie“.
Biotop: Überall dort, wo sich geeignete Nistmöglichkeiten bieten, ursprünglich an Felswänden, teilweise auch noch in höhlenreichen Wäldern, heute zumeist in Siedlungen mit höheren Gebäuden.
Verbreitung: Außer in Europa im mittleren Asien ostwärts bis Nordost-China und in Nordwestafrika.
Wanderungen: Überwintert in Afrika südlich der Sahara; er verbringt nur ¼ des Jahres in der Brutheimat, Ende April/Anfang Mai – Ende Juli/Anfang August.
Nest und Eier: Nistet gern gemein-

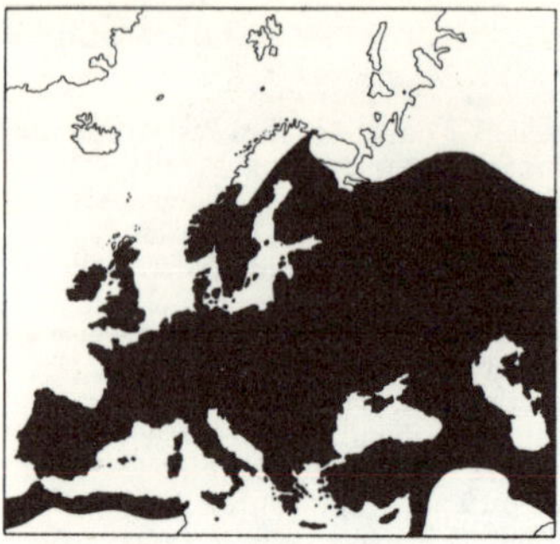

schaftlich, bisweilen mit Alpenseglern vergesellschaftet; Nest in Löchern und Nischen, gelegentlich auch in Baumhöhlen, wie das des Alpenseglers, nur kleiner; 2–3 weiße Eier (25,0 mm × 16,3 mm), Ende Mai/Anfang Juni.
Unterarten: A. a. apus (L.)

Fahlsegler
Apus pallidus (Shelley)

E Pallid Swift
R Бледный стриж
C Rorýs šedohnědý
F Vaalea tervapääsky
P Jerzyk blady
U Dalmát sarlósfecske

Kennzeichen: 16,5 cm. Dem Mauersegler sehr ähnlich, jedoch blasser und mehr mausbraun, besonders hell an Stirn, Armschwingen, Unterschwanzdecken und Schwanz, das Weiß der Kehle ist ausgedehnter, der Schwanz nicht so tief gegabelt.
Stimme: Ähnlich der des Mauerseglers, doch rauher und tiefer, nicht so durchdringend.

Biotop: Felswände und Steilküsten, felsige Inseln und auch in Siedlungen wie die anderen Seglerarten.
Verbreitung: Außer in Europa auf den Kanarischen Inseln und Madeira, in Nordwestafrika, Ägypten und Vorderasien.
Wanderungen: Überwintert wahrscheinlich im tropischen Afrika. Als Irrgast für Großbritannien nachgewiesen.
Nest und Eier: Nistet kolonieweise, bisweilen mit Alpen- und Mauerseglern vergesellschaftet; Nest besteht aus ähnlichem Material wie das des Mauerseglers, wird aber an senkrechte Wände geklebt; 2–3 weiße Eier (25,5 mm × 16,8 mm).
Unterarten: a) A. p. brehmorum Hartert: Westliches Mittelmeergebiet; b) A. p. illyricus Tschusi: Jugoslawische Adriaküste.

Kaffernsegler
Apus caffer (Lichtenstein)

E White-rumped Swift

Kennzeichen: 16 cm, also knapp so groß wie unser Mauersegler. Gefieder blauschwarz, Kehle und Bürzel weiß, Schwanz tief gegabelt.
Stimme: Einzelne, anschwellende Pfiffe, die wie „huii“ klingen (König).

Verbreitung: Tropisches und südliches Afrika. 1966 und in den darauf folgenden Jahren haben einige Paare des Kaffernseglers bei Cadiz (Spanien) gebrütet.
Wanderungen: Hält sich außerhalb der Brutzeit innerhalb seines Verbreitungsgebietes auf.

Nest und Eier: In Afrika brütet der Kaffernsegler vorzugsweise in den retortenförmigen Nestern verschiedener Schwalbenarten; auch die bei Cadiz brütenden Paare benutzen Rötelschwalbennester. Die 2 bis 3 Eier gleichen anderen Seglereiern (23,0 mm × 15,0 mm).

ORDNUNG: CORACIIFORMES

FAMILIE: Alcedinidae **Eisvögel**

„Kopflastige", vielfach sehr bunte kurzschwänzige Vögel mit großem, seitlich zusammengedrückten Schnabel und kurzen Füßen. ♂ und ♀ fast gleich. Stand- bzw. Strichvögel. Nahrung Fische, Krebstiere und Wasserinsekten, die durch Stoßtauchen erbeutet werden. Nisten in horizontalen, selbstgegrabenen Röhren in steilen Uferwänden. Weiße, porzellanglänzende Eier. Junge schlüpfen nackt, später igeliges Aussehen, da die Hüllen der wachsenden Federn erst spät aufplatzen. Eine Art Brutvogel, 3 Irrgäste.

Bestimmungsschlüssel für die Gattungen

1 Oberkopf und Nacken schillernd blaugrün **Alcedo** S. 333
1* Oberkopf und Nacken andersfarbig 2
2 Oberkopf und Nacken kastanienbraun **Halcyon** S. 512
2* Oberkopf und Nacken schwarz oder blaugrün **Ceryle** S. 512

GATTUNG: Alcedo Linné

s. Tafel S. 112

Eisvogel
Alcedo atthis L.

E Kingfisher
R Обыкновенный зимородок
C Ledňáček obecný
F Kuningaskalastaja
P Zimorodek zwyczajny
U Jégmadár

Kennzeichen: 16,5 cm. Ein bunter, langschnäbliger (fast ¼ der Körperlänge entfallen auf den Schnabel!) und kurzschwänziger Vogel, der mit keiner anderen Art verwechselt werden kann. Oberseits leuchtend blaugrün, unterseits bis auf die etwas hellere Kehle rostbraun. ♂ = ♀, juv. wie ad., die Farben jedoch nicht so leuchtend. Fliegt mit schnellen Flügelschlägen dicht über die Wasseroberfläche hin. Nie gesellig.

Stimme: Von fliegenden Eisvögeln hört man ein langgezogenes „tieht" oder einige kurze „tit tit tit".
Biotop: Stehende und fließende Gewässer aller Art.
Verbreitung: Hat im südlichen Norwegen gebrütet. Außer in Europa in großen Teilen Asiens, ostwärts bis Sa-

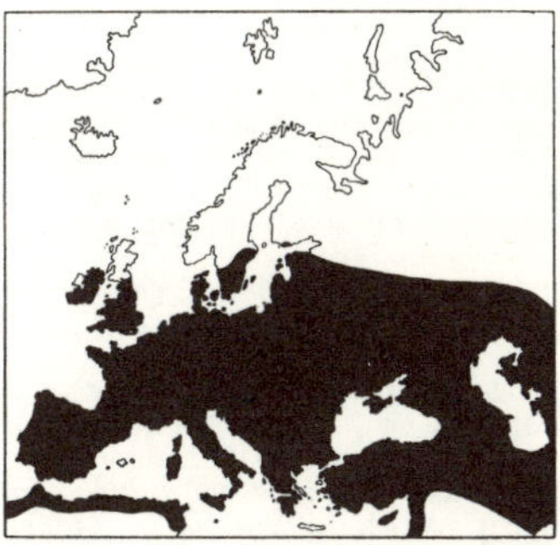

chalin und Japan sowie in Nordafrika.
Wanderungen: Überwintert im Brutgebiet; bei strenger Kälte werden eisfreie Gewässer aufgesucht.
Nest und Eier: Nistet in selbstgegrabenen Röhren in sandigen oder lehmigen Steilwänden; 6–7 weiße Eier (22,6 mm × 18,7 mm), Ende April/Juli, 2 Bruten.
Unterarten: a) A. a. ispida L.: Europa mit Ausnahme der unter b genannten Gebiete; b) A. a. atthis (L.): Süditalien, Südosteuropa und südliche Sowjetunion.

FAMILIE: Meropidae — Bienenfresser

Bunte schlanke Vögel mit langem, leicht abwärts gebogenem Schnabel und gerundetem Schwanz, dessen mittleres Steuerfederpaar verlängert ist. ♂ und ♀ sehen sich sehr ähnlich. Nahrung Insekten, die im Flug erbeutet werden. Ausgesprochene Zugvögel. Sehr gesellig, nisten kolonieweise in selbstgegrabenen horizontalen Röhren in Steilwänden. Weiße, porzellanglänzende Eier; Junge schlüpfen nackt und blind, später igelartiges Aussehen wie junge Eisvögel. Zwei Arten Brutvögel.

GATTUNG: Merops Linné

s. Tafel S. 112

Bestimmungsschlüssel

1 Rücken rotbraun
Bienenfresser S. 334

1* Rücken grün
Blauwangen-Bienenfresser S. 334

Bienenfresser
Merops apiaster L.

E Bee-eater
R Золотистаящурка
C Vlha evropská
F Mehiläissyöjä
P Szczurek pszczołojad
U Gyurgyalag

Kennzeichen: 28 cm. Ein knapp drosselgroßer, schlanker langschnäbliger und bunter Vogel. Oberseits kastanienbraun, Kehle gelb, schwarz eingefaßt, unterseits türkisblau. Stets gesellig, ihre charakteristischen Rufe lassen die Bienenfresser vor allem im Fluge hören, wobei die verlängerten mittleren Steuerfedern auffallen.
Stimme: Meist im Fluge: „prürrr" oder „krük, krük".
Biotop: Offenes Gelände, gern in der Nähe von Flüssen oder Bächen, deren Ufer Nistgelegenheiten bieten.
Verbreitung: Hat ausnahmsweise in England, in den Niederlanden, in Schweden, in der DDR und in der BRD gebrütet bzw. zu brüten versucht. Außer in Europa in Vorder- und Südwestasien und Nordwestafrika.
Wanderungen: Überwintert in Afrika und Arabien; als häufiger Irrgast in vielen europäischen Ländern festgestellt, nordwärts bis Großbritannien, Skandinavien und Finnland.
Nest und Eier: Nistet kolonieweise in selbstgegrabenen Röhren an sandigen oder lehmigen Steilwänden; 4–7 weiße Eier (25,6 mm × 21,8 mm), Mitte Mai/Juni.

Blauwangen-Bienenfresser
Merops superciliosus L.

E Blue-ceeked Bee-eater
R Зеленая щурка
C Vlha egyptská
F Vihreä mehiläissyöjä
U Zöld gyurgyalag

Kennzeichen: 30,5 cm. Ein leuchtend grüner Bienenfresser, nur die Stirn ist weiß, das Kinn blaß gelb, die

Kehle rostrot, durch die Augen zieht sich ein schwarzer, beiderseits blau eingefaßter Streif; im Fluge fallen die rostroten Unterflügel auf. Verhalten wie Bienenfresser.
Stimme: Wie Bienenfresser.
Biotop: Offenes, oft steppenartiges Gelände.
Verbreitung: Anschließend an das europäische Brutvorkommen in Transkaspien und Westturkestan, südwärts bis Ägypten, Irak und Pakistan. Weitere Unterarten in Süd- und Südostasien und in Afrika.
Wanderungen: Überwintert im tropischen und südlichen Afrika sowie im südlichen Arabien. Als Irrgast in

Griechenland, Jugoslawien (subsp.?), Italien, auf Malta, in Südfrankreich, in den Niederlanden und in England (Scilly-Inseln) nachgewiesen.
Nest und Eier: Wie Bienenfresser.
Unterarten: M. s. persicus Pallas.

FAMILIE: Coraciidae **Racken**

Bunte Vögel von krähenartiger Gestalt, in Europa nur durch eine Art vertreten. ♂ und ♀ gleichgefärbt. Nahrung überwiegend animalisch; größere Insekten, die vom Boden aufgenommen werden. Ausgesprochene Zugvögel. Brütet in Baum- oder Erdhöhlen, weiße porzellanglänzende Eier, Junge schlüpfen nackt und haben später ein igelartiges Aussehen, da die Hüllen der wachsenden Federn erst spät aufplatzen. Eine Art Brutvogel.

GATTUNG: Coracias Linné s. Tafel S. 112

Blauracke
Coracias garrulus L.

E Roller
R Сизоворонка
C Mandelik obecný
F Sininärhi
P Kraska
U Szalakóta

Kennzeichen: 30,5 cm. Größe und Gestalt eines Eichelhähers; Verwechslungen sind dank des auffallenden Gefieders nicht möglich: Kopf, Nacken und Unterseite sind grünlichblau, Rücken und Schultern zimtbraun, im Fluge fällt besonders die türkisblaue Farbe der Flügel auf. Ruhe- und Jugendkleid etwas matter, Kopf, Nacken und Unterseite mehr bräunlichgrün.
Stimme: Ein lautes „rack rack rack"; bei den Balzflügen, bei denen sich das ♂ aus größerer Höhe trudelnd herabstürzt, ruft es außerdem „rä rä".
Biotop: Offeneres Gelände mit einzelnen Baumgruppen, lichte Waldbestände mit alten Bäumen, bisweilen auch in fast baumlosem Gelände an Flußufern.
Verbreitung: Außer in Europa im südwestlichen Asien sowie in Nord-

Wanderungen: Überwintert in Ostafrika; Anfang Mai – Ende August/ Mitte September. Erscheint gelegentlich außerhalb ihrer Brut- und Durchzugsgebiet und wurde in Europa nordwärts bis Island, Großbritannien, Norwegen, Finnland und in der nördlichen europäischen Sowjetunion festgestellt.

Nest und Eier: Nistet in Baumhöhlen, bisweilen auch in Erdlöchern; 4–5 weiße Eier (35,4 mm × 28,4 mm), Mitte Mai/Juni.
Unterarten: C. g. garrulus L.

FAMILIE: Upupidae **Wiedehopfe**

Drosselgroße, rötlichbraune Vögel mit langem, leicht abwärts gebogenem Schnabel und aufrichtbarer Federholle, ♂ und ♀ fast gleich. Nahrung hauptsächlich Insekten, die vom Boden aufgenommen werden. Ausgesprochene Zugvögel. Brütet in Höhlen und Halbhöhlen aller Art. Eier grünlichgrau. Junge bedaunte Nesthocker. Eine Art Brutvogel.

GATTUNG: Upupa Linné

s. Tafel S. 112

Wiedehopf
Upupa epops L.

E Hoopoe
R Удод
C Dudek chocholatý
F Harjalintu
P Dudek
U Búbos banka

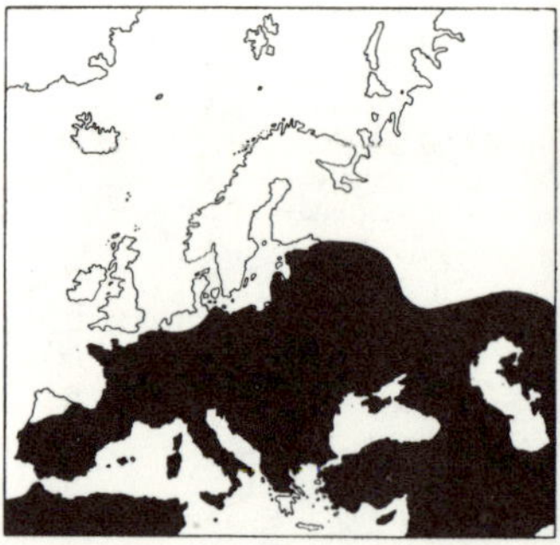

Kennzeichen: 28 cm. Etwa so groß wie eine Misteldrossel; durch sein rötlich-isabellfarbenes Gefieder, die schwarzweiß gebänderten Flügel, den schwarzen Schwanz mit der breiten weißen Querbinde, den langen, leicht abwärts gekrümmerten Schnabel und schließlich durch die aufrichtbare Federholle so gut kenntlich, daß Verwechslungen mit anderen Arten ausgeschlossen sind. ♂ = ♀, juv. den ad. sehr ähnlich, die Federn der Holle kürzer.
Stimme: Zur Brutzeit hört man unaufhörlich weithin das dreisilbige „hupupup"; die ad. locken mit einem rauhen „chärr", ängstlich rufen sie „wieh-wieh".
Biotop: Offenes, mit Baumgruppen bestandenes Gelände, Obstgärten, vielfach auch inmitten von weiträumigen Siedlungen.
Verbreitung: Hat 1970 und 1977 in Dänemark (Jütland) gebrütet. Außer in Europa in fast ganz Mittel- und Südasien sowie in fast ganz Afrika.
Wanderungen: Überwintert im tropischen Afrika; April-September. Als gelegentlicher Gast bzw. Irrgast wurde der Wiedehopf auch nördlich seines Brutgebietes angetroffen (Großbritannien, Färöer, Island, Spitzbergen, Skandinavien, Finnland und nördliche Sowjetunion).
Nest und Eier: Nistet in Höhlen und Halbhöhlen aller Art (Baumhöhlen, Steinhaufen, unter Hausdächern u. a.); 6–8 grünlichgraue Eier (25,9 mm × 17,9 mm), Mitte April/Juni.
Unterarten: U. e. epops L.

ORDNUNG: PICIFORMES

FAMILIE: Picidae **Spechte**

Dem Baumleben angepaßte Vögel mit kräftigem Schnabel, langer, vorstreckbarer Zunge, hartfedrigem Stützschwanz und Kletterfüßen. Nahrung Insekten und deren Larven, die an Bäumen oder am Boden aufgenommen werden, sowie Sämereien. Brüten (mit Ausnahme des Wendehalses) in selbstgezimmerten Nisthöhlen; weiße, porzellanglänzende Eier. Überwiegend Stand- und Strichvögel. ♂♂ und ♀♀ unterscheiden sich teilweise durch die Kopfzeichnung. Junge schlüpfen nackt und blind. 10 Arten Brutvögel, ein Irrgast.

Bestimmungsschlüssel für die Gattungen

1 Gefieder überwiegend schwarz **Dryocopus** S. 342
1* Gefieder nicht überwiegend schwarz 2
2 Gefieder überwiegend grün oder graugrün **Picus** S. 337
2* Gefieder anders 3
3 Gefieder rindenfarben **Jynx** S. 343
3* Gefieder nicht rindenfarben 4
4 Gefieder stets ohne Rot, 3 Zehen **Picoïdes** S. 342
4* Gefieder meist mit mehr oder weniger Rot, 4 Zehen 5
5 Kehle bei ♂ und ♀ stets weißlich **Dendrocopos** S. 338
5* Kehle bei ad. rot **Sphyrapicus** S. 512

GATTUNG: Picus Linné s. Tafel S. 113

Bestimmungsschlüssel

1 Scheitel ohne alles Rot **Grauspecht** ♀ S. 338
1* Scheitel völlig oder nur teilweise rot 2
2 Scheitel nur bis zur Mitte rot **Grauspecht** ♂ S. 338
2* Scheitel rot 3
3 Roter, schwarz eingefaßter Bartstreif **Grünspecht** ♂ S. 337
3* Schwarzer Bartstreif ohne Rot **Grünspecht** ♀ S. 337

Grünspecht
Picus viridis L.

E Green Woodpecker
R Зеленый дятел
C Žluna zelená
F Vihertikka
P Dzięcioł zielony
U Zöld küllö

Kennzeichen: 32 cm. Ein hähergroßer, oberseits grüner, unterseits hellgrüner Specht, mit einer bis in den Nacken reichenden roten Kopfplatte; das ♂ hat einen roten, schwarz eingefaßten Bartstreif, der des ♀ ist nur schwarz. Vom ähnlichen Grauspecht unterscheidet sich der Grünspecht durch die Kopfzeichnung: der Grauspecht hat einen grauen Kopf, das Rot der Stirn reicht beim ♂ nur bis zur Kopfmitte, beim ♀ fehlt alles Rot am Kopfe und beide haben nur einen schmalen schwarzen Bartstreif.
Stimme: Der Paarungsruf des ♂ ist ein lautes, helles Lachen, das etwa wie „glühglüh glück glück glückglückglück" klingt; die Rufreihe des ♀ ist kürzer. Trommelt nicht.
Biotop: Parkartiges Gelände, Obstplantagen und Feldgehölze.
Verbreitung: Außer in Europa in Vorderasien und Nordwestafrika.

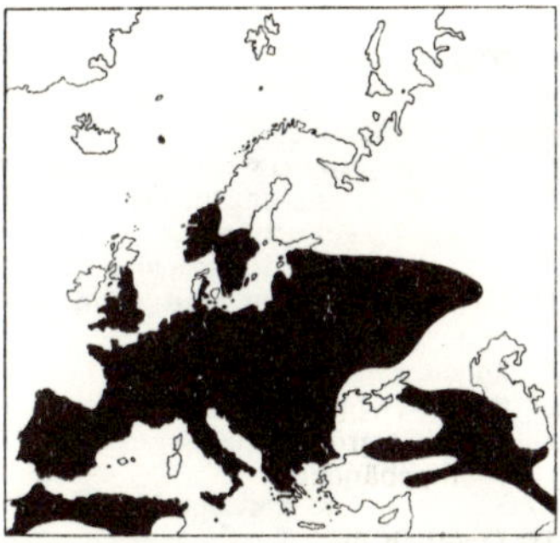

Wanderngen: Stand- bzw. Strichvogel.
Nest und Eier: Selbstgezimmerte Nisthöhlen, meist in Laubbäumen; 5–7 weiße Eier (30,9 mm × 22,9 mm), Ende April/Mai.
Unterarten: Von den in Europa brütenden Grünspechten wurden mehrere Unterarten beschrieben (pluvius, pronus, dofleini, romaniae, saundersi); neuerdings werden diese Unterarten als Synonyme der Nominatform betrachtet. a) P. v. viridis L.: Europa (und Vorderasien) mit Ausnahme von b) P. v. sharpei (Saunders): Iberische Halbinsel.

Grauspecht

Picus canus Gmelin

E Grey-headed Woodpecker
R Седой дятел
C Žluna šedá
F Harmaapäätikka
P Dzięcioł zielonosiwy
U Szürke küllö

Kennzeichen: 30 cm. Ähnlich Grünspecht, doch etwas kleiner und an dem stets grauen Hinterkopf sicher zu erkennen. Beim Grauspecht hat nur das ♂ eine rote Stirn, beim ♀ ist der Oberkopf grau ohne jedes Rot, beim Grünspecht hingegen ist der ganze Oberkopf bei ♂ und ♀ rot; Grauspecht-♂ und ♀ haben einen schmalen schwarzen Bartstreif. Juv. ähneln den ad., unterseits mit verschwommener Fleckung.
Stimme: ♂ ruft im Frühling in abfallender Tonreihe von 4–10 Tönen, die wie „düdüdüdüdü ...“ klingen, das ♀ antwortet mit einigen „qwä“- oder „gliä“-Rufen. Außerdem ♂ und ♀ leise „gjägjägjä“. Trommelt – im Gegensatz zum Grünspecht – im Frühling ausdauernd.
Biotop: Parkartiges Gelände, lichte Laub- und Mischwälder in der Ebene wie im Gebirge; teilweise kommen Grün- und Grauspecht nebeneinander vor.
Verbreitung: Außer in Europa im mittleren, östlichen und südöstlichen Asien. Brutvogel besonders im Berg- und Hügelland; die Nordgrenze des Vorkommens in Mitteleuropa verläuft etwa in einer vom Teutoburger Wald bis zur Oberlausitz verlaufenden Linie; nur stellenweise weiter nördlich.

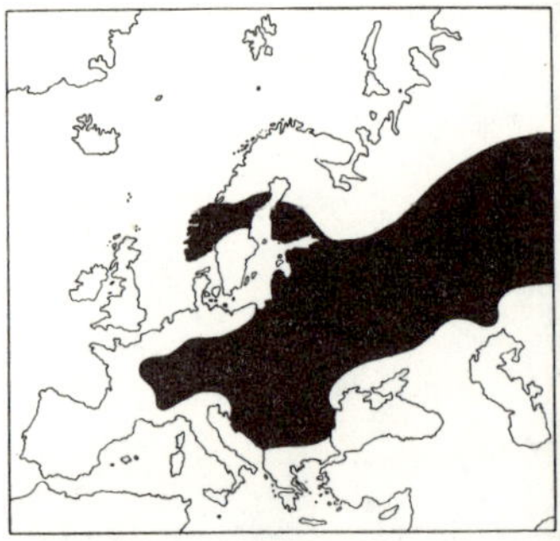

Wanderungen: Standvogel, im Norden des Brutgebiets teilweise Strichvogel.
Nest und Eier: Selbstgezimmerte Nisthöhlen in Laubbäumen; 5–7 weiße Eier (27,7 mm × 20,4 mm), Mai/Mitte Juni.
Unterarten: P. c. canus Gmelin.

GATTUNG: Dendrocopos Koch s. Tafel S. 113

Bestimmungsschlüssel

1 Gefieder schwarz und weiß ohne alles Rot, sperlingsgroß, Rücken schwarz-weiß gebändert **Kleinspecht** ♀ S. 340
1* Gefieder schwarz und weiß mit mehr oder weniger Rot 2
2 Scheitel rot 3
2* Scheitel schwarz 5
3 Sperlingsgroß, Rücken schwarz-weiß gebändert **Kleinspecht** ♂ S. 340
3* Deutlich über Sperlingsgröße 4
4 Große weiße Schulterflecke, Rükken schwarz **Mittelspecht** ♂♀ S. 341
4* Keine weißen Schulterflecke, Rükken weiß **Weißrückenspecht** ♂ S. 340
5 Rücken schwarz 6
5* Rücken weiß **Weißrückenspecht** ♀ S. 340
6 Kopf- und Halsseiten durchgehend weiß **Blutspecht** ♂♀ S. 339
6* Weiße Kopf- und Halsseiten durch ein schwarzes Band unterbrochen **Buntspecht** ♂♀ S. 339

Buntspecht

Dendrocopos major (L.)

E Great Spotted Woodpecker
R Большой пестрый дятел
C Strakapúd velký
F Käpytikka
P Dzięcioł pstry wielki
U Nagyfakopáncs

Kennzeichen: 23 cm. Drosselgroß, der häufigste der schwarz-weiß-rot gezeichneten „Buntspechte". Für ihre Bestimmung ist außer der Größe die Farbverteilung an Kopf und Hals sowie die Rückenzeichnung maßgebend. Beim Buntspecht sind ♂, ♀ und juv. an dem großen weißen Schulterfleck kenntlich. ♂ und ♀ haben einen schwarzen Oberkopf, das ♂ außerdem ein rotes Nackenband. Juv. haben in beiden Geschlechtern einen roten Scheitel. Die bei ♂ und ♀ roten Unterschwanzdecken sind scharf gegen die schmutzig-weiße Unterseite abgesetzt.
Stimme: Ein lautes, hartes und kurzes „kik"; außerdem lebhafte „gigigigig ..."-Rufreihen; im Frühjahr trommeln ♂ und ♀ lebhaft.
Biotop: Wälder aller Art, besonders Nadelwälder, auch in parkartigem Gelände und in Feldgehölzen.
Verbreitung: Außer in Europa in Asien ostwärts bis Kamtschatka und Südost-China sowie in Nordwestafrika.

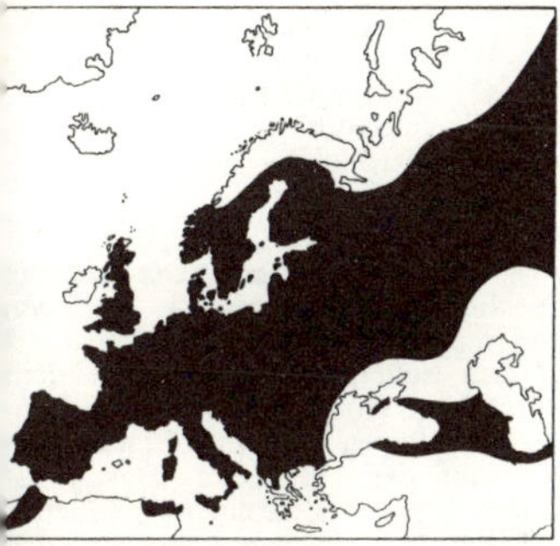

Wanderungen: Stand- bzw. Strichvogel, in Nordeuropa z. T. Zugvogel, der in manchen Jahren weitere Wanderungen (fast ausschließlich juv.) unternimmt, die invasionsartigen Charakter annehmen können.

Nest und Eier: Selbstgezimmerte Höhlen in Laub- und Nadelbäumen; 5–6 weiße Eier (25,8 mm × 29,0 mm), Anfang Mai/Anfang Juni.
Unterarten: a) D. m. major (L.): Skandinavien und nördliche europäische Sowjetunion; b) D. m. pinetorum (C. L. Brehm): Europa mit Ausnahme der unter a und c–h genannten Gebiete; c) D. m. anglicus (Hartert): England und Schottland; d) D. m. italiae (Stresemann): Südfrankreich, Pyrenäen, Schweiz und Italien; e) D. m. harterti (Arrigoni): Korsika und Sardinien; f) D. m. hispanus (Schlüter): Portugal und Südspanien; g) D. m. candidus (Stresemann): Bulgarien, Rumänien und südliche europäische Sowjetunion; h) D. m. tenuirostris (Buturlin): Krim, Kaukasus (und Transkaukasien).

Blutspecht

Dendrocopos syriacus (Ehrenberg)

E Syrian Woodpecker
R Сирийский дятел
C Strakapúd jižni
F Syyrian tikka
P Dzięcioł syryjski
U Balkáni fakopáncs

Kennzeichen: 23 cm. So groß wie Buntspecht und diesem sehr ähnlich, doch Kopf- und Halsseiten durchgehend weiß und nicht wie beim Buntspecht durch ein schwarzes Band an den Halsseiten unterbrochen.
Stimme: Ähnlich Buntspecht, doch nicht so hart.
Biotop: Offenes, parkartiges Gelände mit einzelnen Bäumen bzw. Baumgruppen, Obstgärten, auch inmitten von Siedlungen. Im Witoscha-Gebirge (Bulgarien) bis in 1000 m Höhe.
Verbreitung: Seit 1949 Besiedlung der ČSSR in nördlicher und nordwest-

licher Richtung. Anschließend an das europäische Brutgebiet in Vorderasien.
Wanderungen: Stand- bzw. Strichvogel. 1967 erstmals für Mitteleuropa (Steckby, Kreis Zerbst) und 1976 für Dänemark nachgewiesen.
Nest und Eier: Selbstgezimmerte Nisthöhlen in Laubbäumen; 4–5 weiße Eier (26,2 mm × 19,5 mm), Ende April/Mai.
Unterarten: D. s. balcanicus (Gengler & Stresemann)

Weißrückenspecht

Dendrocopos leucotos (Bechstein)

E White-backed Woodpecker
R Белоспинный дятел
C Strakapúd bělohřbetý
F Valkoselkätikka
P Dzięcioł białogrzbietny
U Fehérhátú fakopáncs

Kennzeichen: 27 cm. Etwas größer als Buntspecht; unterscheidet sich von den anderen „Buntspechten" durch schwarzen Rücken (bei D. l. lilfordi ist er allerdings gebändert), schwarze Schultern und weißen Bürzel, vom Bunt- und Mittelspecht außerdem noch durch das Fehlen der weißen Schulterflecke. Das ♂ hat einen roten Scheitel, sieht also dem ♂ des Mittelspechts ähnlich, das ♀ hat einen schwarzen Scheitel. Durch die von diesen beiden Arten bewohnten verschiedenartigen Biotope sind jedoch Verwechslungen von vornherein ausgeschlossen. Die roten Unterschwanzdecken gehen allmählich in die weiße auffällig schwarzgestrichelte Unterseite über. Juv. ähneln den ad., haben aber nur wenig Rot am Scheitel und an den Unterschwanzdecken.
Stimme: Ähnlich der des Buntspechts.
Biotop: Laubwald, im Gebirge auch Mischwald (bes. Buchen); alte, urwüchsige Bestände werden bevorzugt.
Verbreitung: Außer in Europa in Asien ostwärts bis Sachalin und Kamtschatka. In Mitteleuropa in den Alpen, im Voralpengebiet, im Bayerischen Wald und anschließend in den Kleinen und Weißen Karpaten sowie in den Beskiden. Möglicherweise Brutvogel im zentralen Apennin.

Wanderungen: Stand- bzw. Strichvogel, der außerhalb seines Verbreitungsgebiets nur sehr selten angetroffen wird.
Nest und Eier: Selbstgezimmerte Nisthöhlen in Laub- und Nadelbäumen; mit Vorliebe in kernfaulen Laubbäumen; 3–5 weiße Eier (28,1 mm × 20,4 mm), Mitte April/Mai.
Unterarten: a) D. l. leucotos (Bechstein): Nord-, Ost- und Mitteleuropa, ferner Pyrenäen und Abruzzen; b) D. l. lilfordi (Sharpe & Dresser): Balkan-Halbinsel.

Kleinspecht

Dendrocopos minor (L.)

E Lesser Spotted Woodpecker
R Малый пестрый дятел
C Strakapúd malý
F Pikkutikka
P Dzięciołek
U Kisfakopáncs

Kennzeichen: 14,5 cm. Der kleinste Specht, nur sperlingsgroß. Von den anderen Buntspechten unterscheidet er sich außer durch seine Kleinheit durch den eng schwarz-weiß gebänderten Rücken und das Fehlen von Rot auf der Unterseite. Das ♂ hat einen roten, das ♀ einen weißlichen Scheitel. Juv. gleichen weitgehend den ad., nur ist bei den juv. ♂♂ das Rot des Scheitels noch nicht so deutlich.
Stimme: Ein helles „kikikikikik", besonders häufig im Frühjahr zu hören. Außerdem Trommeln.
Biotop: Laub- und Mischwälder, Obstplantagen und Parkanlagen.

Verbreitung: Hat vereinzelt in Schottland und Dänemark gebrütet. Außer in Europa in Asien ostwärts bis Kamtschatka und Nord-Japan, Vorderasien und Nordwestafrika.

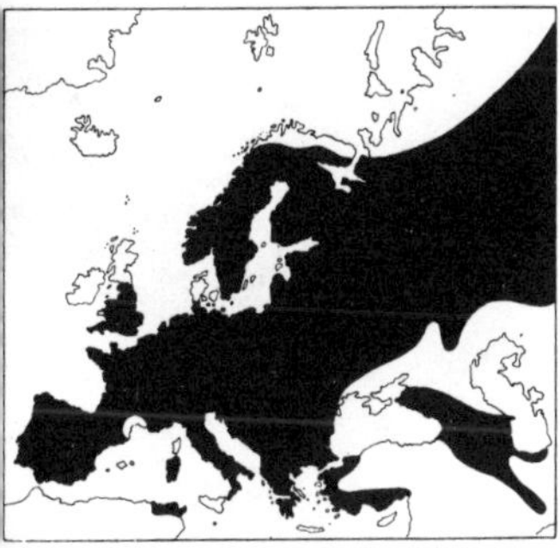

Wanderungen: Stand- und Strichvogel. Nord- und osteuropäische Kleinspechte (diese früher als D. m. transitivus (Loudon) abgetrennt) überwintern gelegentlich in Mitteleuropa.
Nest und Eier: Selbstgezimmerte Nisthöhlen in weichen bzw. mehr oder weniger morschen Laubbäumen; 5–6 weiße Eier (18,7 mm × 14,4 mm), Mai/Anfang Juni.
Unterarten: a) D. m. comminutus (Hartert): England; b) D. m. hortorum (C. L. Brehm): Europa mit Ausnahme der unter a, c–e genannten Gebiete; c) D. m. buturlini (Hartert): Südostfrankreich, Schweiz und Italien; d) D. m. colchicus (Buturlin): Kaukasus; e) D. m. minor (L.): Skandinavien, nördliche und mittlere europäische Sowjetunion (und nördliches Westsibirien).

Mittelspecht
Dendrocopos medius (L.)

E Middle Spotted Woodpecker
R Средний пестрый дятел
C Strakapúd prostredni
F Tammitikka
P Dzięcioł pstry średni
U Középfakopáncs

Kennzeichen: 21,5 cm. Etwas kleiner als Buntspecht; er kann mit diesem und dem Blutspecht verwechselt werden. Folgende Kennzeichen sind für die sichere Bestimmung wichtig: ♂ und ♀ haben einen roten Scheitel, der beim ♂ bis zum Nacken reicht, beim ♀ jedoch kürzer und matter ist; er ist also nicht schwarz wie bei erwachsenen Bunt- und Blutspechten. Die weißen Schulterflecken sind schmaler als beim Buntspecht. Die trübweiße Unterseite geht allmählich in die rosa Unterschwanzdecken über. Juv. dem ad. ♀ ähnlich, aber verwaschener gefärbt.
Stimme: Deutlich von der des Buntspechtes verschieden! ♂ quäkt zur Paarungszeit heiser, sonst hört man „gägägäg" und ab und zu einzelne „gig" und „gäg". Aufgeregt ruft er „djetjetjet . . .", trommelt seltener als der Buntspecht.
Biotop: Laub- und Auwälder, besonders alte Eichen- und Hainbuchenbestände mit abgestorbenen Bäumen sowie in Parks; vor allem in der Ebene, stellenweise auch in den Mittelgebirgen (Ungarn, Südslowakei).
Verbreitung: Der Mittelspecht ist nur stellenweise häufig, im allgemeinen spärlich oder selten, wie z. B. in den Niederlanden und Dänemark. In Schweden nimmt der Bestand katastrophal ab. In manchen Gebieten wie in Schleswig und Oberbayern fehlt er völlig. Außer in Europa in Vorderasien.

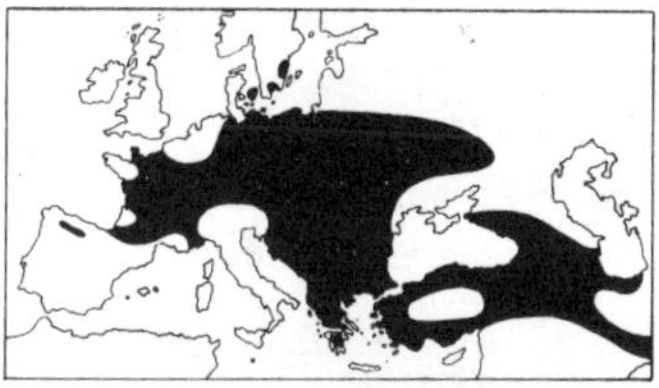

Wanderungen: Stand- bzw. Strichvogel.
Nest und Eier: Selbstgezimmerte Nisthöhlen in Laubbäumen; 5–6 weiße Eier (22,6 mm × 17,9 mm), Ende April/Mai.
Unterarten: a) D. m. medius (L.): Europa mit Ausnahme der unter b genannten Gebiete; b) D. m. caucasicus (Bianchi): Nordwestlicher Kaukasus.

GATTUNG: Picoïdes Lacépède s. Tafel S. 113

Dreizehenspecht
Picoïdes tridactylus (L.)

E Three-toed Woodpecker
R Трехпалый дятел
C Datel tříprstý
F Pohjantikka
P Dzięcioł trójpalczasty
U Höcsik

Kennzeichen: 22 cm. So groß wie Buntspecht. Der einzige bei uns vorkommende Specht, der kein Rot im Gefieder hat (außer den ♀♀ von Grau- und Kleinspecht). ♂ mit zitronengelbem, ♀ mit silbergrauem Scheitel, Hinterkopf bei beiden schwarz, Kopf- und Halsseiten schwarz-weiß gezeichnet, Rücken, Bürzel und Brust sind weiß, die Flanken schwarz-weiß gebändert, übriges Gefieder schwarz, so daß dieser Specht besonders beim Abfliegen dunkel erscheint. Juv. mehr grau mit weißem, schwarzgefleckten Rücken.
Stimme: Die Rufe dem „kik" des Buntspechtes sehr ähnlich, nur liegen sie etwas tiefer und lassen ein „ü" durchklingen.
Biotop: Geschlossene Nadelwälder, im Norden auch Weidendickichte an Taiga-Flüssen und subarktischen Birkengehölze (Voous).

Verbreitung: Außer in Europa in Asien ostwärts bis Nordsibirien und Nord-Japan sowie Nordamerika.

Wanderungen: Standvogel, der nur selten außerhalb seines Verbreitungsgebiets angetroffen wird.
Nest und Eier: Selbstgezimmerte Nisthöhlen in Nadelbäumen; 4–5 weiße Eier (24,8 mm × 18,0 mm), Ende Mai/Juni.
Unterarten: a) P. t. tridactylus (L.): Nordeuropa; b) P. tridactylus alpinus C. L. Brehm: Alpen, Karpaten und Gebirge Südeuropas.

GATTUNG: Dryocopus Boie s. Tafel S. 113

Schwarzspecht
Dryocopus martius (L.)

E Black Woodpecker
R Желна
C Datel černý
F Palokärki
P Dzięcioł czarny
U Feketeharkály

Kennzeichen: 45 cm. Der größte europäische Specht; ♂ und ♀ bis auf die rote Kopfplatte schwarz, beim ♂ reicht das Rot bis zum Genick, beim ♀ ist nur der Hinterkopf rot. Juv. mehr schwarzbraun. Juv. ♂ mit schwarzbrauner Stirn und rotem Oberkopf, juv. ♀ wie ad. ♀.
Stimme: Ein weithinschallendes und langgezogenes „kliööh", abfliegend ruft er „krikrikrikri ...". Zur Paarungszeit ein klangschönes, oft wiederholtes „quickwickwick ...", das

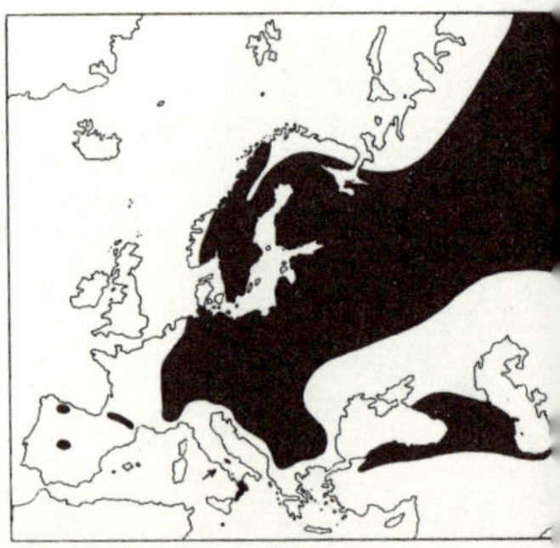

an das Lachen des Grünspechtes erinnert. ♂ und ♀ trommeln kräftig.
Biotop: Vor allem in Nadelwäldern von der Ebene bis ins Gebirge, ferner in Misch- und stellenweise auch in reinen Laubwäldern (alte Buchenbestände).
Verbreitung: Außer in Europa in Asien ostwärts bis Kamtschatka und Japan.
Wanderungen: Standvogel, juv. führen teilweise größere Wanderungen aus.
Nest und Eier: Selbstgezimmerte Nisthöhlen in Laub- und Nadelbäumen; 4–5 weiße Eier (34,9 mm × 25,9 mm), Mitte April/Mai.
Unterarten: D. m. martius (L.)

GATTUNG: Jynx Linné

s. Tafel S. 113

Wendehals
Jynx torquilla L.

E Wryneck
R Вертишейка
C Krutihlav obecný
F Käenpiika
P Krętogłów
U Nyaktekercs

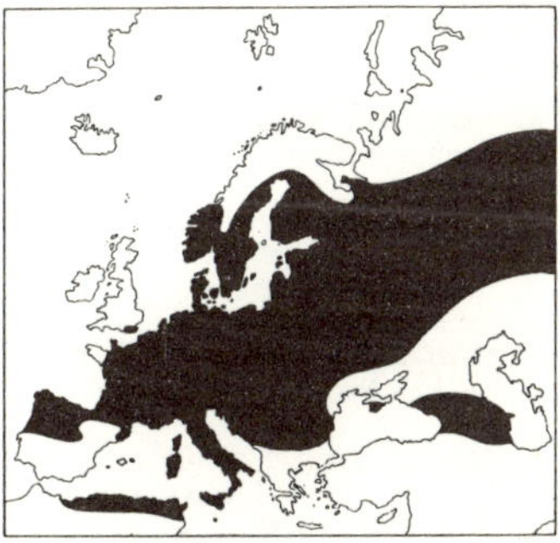

Kennzeichen: 16,5 cm. Etwas größer als ein Sperling, oberseits baumrindenfarbig gemustert, unterseits auf rahmgelblichem Grund dicht dunkel quergewellt. Bei der Nahrungssuche am Boden wird der Schwanz etwas hochgehalten, in der Erregung werden die Scheitelfedern zu einer kleinen Haube gesträubt und überrascht man einen Wendehals in der Nisthöhle, so verdreht er den Hals.
Stimme: Von Mitte April an hört man von ♂ und ♀ 8–12-silbige Rufreihen, klagende „gähgähgäh . . .“ oder „wihwihwih . . .“, aufgeregt ruft der Wendehals unausgesetzt und hastig „tä tä . . .“.
Biotop: Lichter Laub- und Mischwald in der Ebene und im Hügelland, auch im Nadelwald, ferner Alleen, Obstplantagen, parkartiges Gelände und größere Gärten.
Verbreitung: Neuerdings als Brutvogel für Schottland und Griechenland (Thrakien) nachgewiesen. Außer in Europa, in Asien, ostwärts bis Sachalin und Nord-Japan sowie in Nordwestafrika.
Wanderungen: Überwintert im tropischen West- und Ostafrika sowie in Indien. Mitte April/Anfang Mai – Ende August/Mitte September.
Nest und Eier: In natürlichen oder künstlichen Nisthöhlen, kein Nistmaterial, 7–10 weiße Eier (20,8 mm × 15,4 mm), Mitte Mai/Juni.
Unterarten: a) J. t. torquilla L.: Europa (und Sibirien) mit Ausnahme der unter b genannten Gebiete; b) J. torquilla tschusii Kleinschmidt: Italien, Dalmatien, Sardinien und Korsika.

ORDNUNG: PASSERIFORMES

FAMILIE: Alaudidae — Lerchen

Lerchen sind knapp sperlingsgroße bis gut sperlingsgroße am Boden lebende Vögel und finden sich in offenem Gelände, in Gebirgen oberhalb der Baumgrenze. Ihr graues, braunes oder sandfarbenes Gefieder ist der Umgebung hervorragend angepaßt; ♂♂ und ♀♀ gleichen sich völlig oder weitgehend in der Gefiederfärbung (Ausnahme Mohrenlerche). Ruhe- und Brutkleider fast gleich. Die ♂♂ singen vielfach im Flug. Außerhalb der Brutzeit meist in mehr oder weniger großen Flügen. Je nach Lage des Brutgebiets Stand- und Strich- oder Zugvögel. Bodenbrüter, 3 bis 6 auf hellerem Grund dicht dunkel gefleckte Eier. Junge verlassen das Nest vor Erlangen der Flugfähigkeit. Nahrung Insekten und pflanzliche Stoffe. 10 Arten Brutvögel und 7 Irrgäste.

Bestimmungsschlüssel für die Gattungen

1 Schnabel lang und leicht abwärts gebogen 2
1* Schnabel gerade 3
2 Oberseite ungefleckt, Flügel auffallend schwarz-weiß, größer als Feldlerche **Alaemon** S. 514
2* Oberseite gefleckt, etwas kleiner als Feldlerche **Chersophilus** S. 514
3 Oberseite ungefleckt rötlich sandfarben **Ammomanes** S. 514
3* Oberseite gefleckt 4
4 Mit deutlicher Federhaube **Galerida** S. 347
4* Ohne Federhaube 5
5 Kehle gelblich **Eremophila** S. 349
5* Kehle nicht gelblich 6
6 Deutlicher heller Augenstreif **Lullula** S. 348
6* Kein heller Augenstreif 7
7 Deutlich größer als Feldlerche **Melanocorypha** S. 334
7* So groß wie Feldlerche oder kleiner 8
8 Feldlerchengröße **Alauda** S. 349
8* Kleiner als Feldlerche **Calandrella** S. 346

GATTUNG: Melanocorypha Boie — s. Tafel S. 115

Bestimmungsschlüssel

1 Gefieder schwarz **Mohrenlerche** ♂ S. 344
1* Gefieder bodenfarbig 2
2 Mit weißem Flügelfleck **Weißflügellerche** ♂♀ S. 345
2* Ohne weißen Flügelfleck
3 Mit schwarzem Halsfleck **Kalanderlerche** ♂♀ S. 345
3* Ohne schwarzen Halsfleck **Mohrenlerche** ♀ S. 344

Mohrenlerche

Melanocorypha yeltoniensis (Forster)

E Black Lark
R Черный жаворонок
C Skřivan černý
F Mustakiuru
P Kalandra czarna
U Szerecsenpacsirta

Kennzeichen: 20 cm. Größer als Feldlerche. Das ♂ unterscheidet sich von allen anderen Lerchen durch sein bräunlichschwarzes Gefieder mit fahl bräunlichweißen Federsäumen; irgendwelche weiße Federn an Flügeln und Schwanz fehlen; ♀ erinnert an eine Kalanderlerche, ist aber blasser, unterseits weiß, Unterflügeldecken bräunlichschwarz.
Stimme: Lockton ähnlich dem der Feldlerche; der Gesang erinnert an den der Kalanderlerche.
Biotop: Mit Stipagras und Artemisia bestandene Steppen, gern in Wassernähe; auch in Salzsteppen.
Verbreitung: Südliche Sowjetunion von der unteren Wolga bis zum Altai.
Wanderungen: Außerhalb der Brutzeit in der südlichen Sowjetunion von der westlichen Ukraine ostwärts bis zum westlichen Altai, im Süden bis Aserbaidshan und Turkmenistan.

Als Irrgast in den Niederlanden und in der BRD (Helgoland), in der Schweiz, Italien, Rumänien und in der mittleren europäischen Sowjetunion nachgewiesen.
Nest und Eier: Nest am Boden; 4–5 auf grauweißem Grund gefleckte Eier (25,1 mm × 18,1 mm), Mai.

Weißflügellerche
Melanocorypha leucoptera (Pallas)

E White-winged Lark
R Белокрылый жаворонок
C Skřivan sibiřský
F Valkosiipikiuru
P Kalandra białoskrydła
U Szibériai pacsirta

Kennzeichen: 19 cm. Größer als Feldlerche. Unterscheidet sich von anderen Lerchen vor allem durch die besonders im Fluge auffallenden weißen Flügelspiegel, das ♂ außerdem durch zimtbraunen, das etwas kleinere ♀ durch hell bräunlichgrauen, schwarzbraun gestreiften Oberkopf; Unterseite bei ♂ und ♀ weißlich.
Stimme: Gesang kräftig, ähnlich Kalanderlerche, steigt beim Singen nicht so hoch wie Feldlerche, sondern kehrt nach kurzem Flug wieder zum Boden zurück.
Biotop: Trockene Grassteppen und Felder.
Verbreitung: Anschließend an das

europäische Brutgebiet ostwärts bis zum Altai.
Wanderungen: Außerhalb der Brutzeit häufig in Südosteuropa, besonders in der Türkei, im nördlichen Iran bis Turkestan. Als Irrgast in England, Norwegen, in der BRD und DDR (Helgoland bzw. Niederwartha bei Dresden), in der Schweiz, in Italien und Jugoslawien sowie auf Mallorca und Malta nachgewiesen.
Nest und Eier: Nest am Boden; 3–5 auf rahmfarbenem Grund gefleckte Eier (22,6 mm × 16,4 mm), Mitte April/Mai.

Kalanderlerche
Melanocorypha calandra (L.)

E Calandra Lark
R Степной жаворонок
C Kalandra zpěvná
F Arokiuru
P Kalandra suliszka
U Kalandrapacsirta

Kennzeichen: 20 cm. Größer als Feldlerche. Unterscheidet sich von den anderen Lerchen durch auffallende, beim ♀ meist kleinere, schwarze Flecke an den Kropfseiten und kräftigeren Schnabel.
Stimme: Wohlklingender, lauter und volltönender Gesang, im Fluge und am Boden.
Biotop: Trockene Weiden, Felder und steppenartiges Gelände.
Verbreitung: Außer in Europa im südwestlichen Asien und Nordwestafrika.

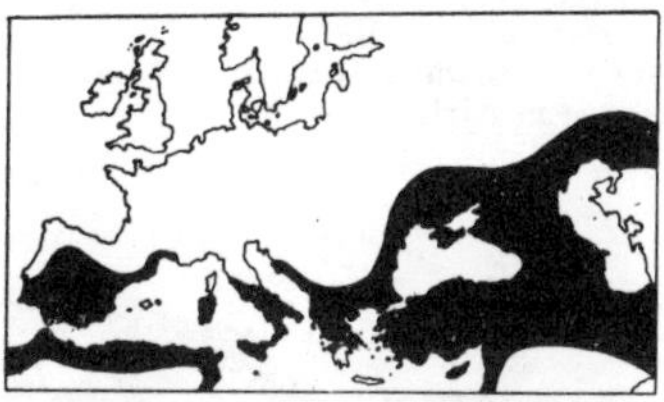

Wanderungen: Außerhalb der Brutzeit in Flügen innerhalb des Brutgebiets; als Irrgast in Skandinavien, West- und Mitteleuropa und auf den Britischen Inseln nachgewiesen.
Nest und Eier: Nest am Boden; 4–5 auf trüb weißem Grund gefleckte Eier (24,2 mm × 17,8 mm), 2 Bruten, April/Juni.
Unterarten: M. c. calandra (L.)

GATTUNG: Calandrella Kaup

s. Tafel S. 115

Bestimmungsschlüssel
1 Brust ungestreift
Kurzzehenlerche S. 346
1* Brust gestreift
Stummellerche S. 346

Kurzzehenlerche
Calandrella cinerea (Gmelin)

E Short-toed Lark
R Европейский малый жаворонок
C Skřivan krátkoprstý
F Lythytvarvaskiuru
P Skowronek krótkopalcowy
U Rövidujjú pacsirta

Kennzeichen: 14 cm. Wesentlich kleiner als Feldlerche; unterscheidet sich von anderen Lerchen durch blasses, sandfariges Gefieder und ungefleckte weißliche Unterseite. Die dunklen Flecken an den Halsseiten sind für die Bestimmung im Felde kein sicheres Kennzeichen, da sie nicht immer sichtbar sind und bei Jungvögeln fehlen.
Stimme: Lockruf schwächer und schriller als der der Feldlerche. Gesang laut flötend wenig zusammenhängend, die einzelnen Strophen werden oft wiederholt. Im Fluge und am Boden singend.
Biotop: Trockene Weiden, Felder und steppenartiges Gelände.
Verbreitung: Außer in Europa in Asien ostwärts bis zur Mongolei sowie in Afrika.

Wanderungen: C. c. brachydactyla zieht durch Nordwestafrika, Ägypten und Arabien und überwintert in der Sahara und im Sudan. Als Irrgast auf den Britischen Inseln, in Nordfrankreich, Belgien, in den Niederlanden, in der DDR und BRD (fast alljährlich auf Helgoland), in Norwegen und Dänemark, in der ČSSR, in der Schweiz und Österreich festgestellt.
Nest und Eier: Nest am Boden; 3–5 auf bräunlichgelben Grund gefleckte Eier (19,6 mm × 14,6 mm), 2 Bruten, Mitte April/Juli.
Unterarten: a) C. c. longipennis (Eversmann): Innerasien, wurde dreimal in Schottland nachgewiesen; b) C. c. artemisiana Banjkowski: Kaukasus (und Südwestasien); c) C. c. brachydactyla (Leisler): Europa mit Ausnahme der unter b genannten Gebiete.

Stummellerche
Calandrella rufescens (Vieillot)

E Lesser Short-toed Lark
R Серый жаворонок
C Skřivan malý
F Pikkukiuru
P Skowronek karłowaty
U Keleti rövidujjú pacsirta

Kennzeichen: 14 cm. Wesentlich kleiner als Feldlerche; der teilweise im gleichen Gebiet vorkommenden Kurzzehenlerche sehr ähnlich, von ihr durch ausgeprägte Längsfleckung von Kropf, Brust und teilweise auch der Flanken unterschieden.
Stimme: Singt im Fluge, Gesang beginnt erst, wenn der Vogel eine gewisse Höhe erreicht hat und wird beim Herabgleiten beendet. Gesang sehr schön, doch an Stärke, Dauer und Reichhaltigkeit sehr wechselnd.
Biotop: Trockenes, steppenartiges Gelände, Weiden, brachliegende und bebaute Felder, in Spanien besonders die Marismen.
Verbreitung: Außer in Europa in Nordafrika und von Vorderasien ostwärts durch das südliche Asien bis zur Mongolei und China. Wahrscheinlich Brutvogel in Bulgarien.
Wanderungen: Die spanischen Populationen überwintern wahrscheinlich in Nordwestafrika, die osteuropä-

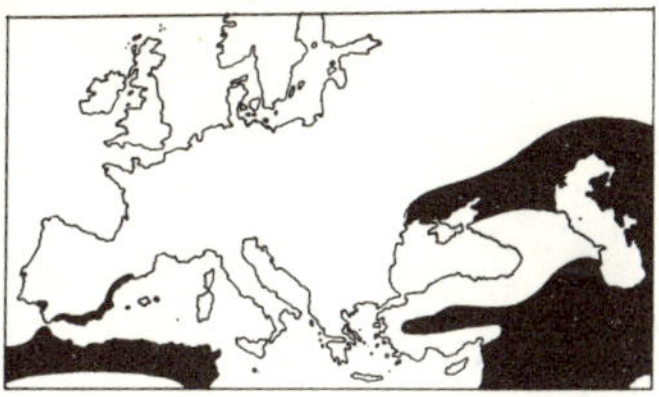

ischen in Vorderasien und Ägypten; als Irrgast in Finnland, Schweden, auf Helgoland (C. r. heinei), in Rumänien, Italien und auf Malta nachgewiesen.
Nest und Eier: Nest am Boden; 3–4 auf weißlichem Grund gefleckte Eier (18,8 mm × 14,6 mm), April/Juni.
Unterarten: a) C. r. apetzii (A. E. Brehm): Südliches Spanien; b) C. r. heinei (Homeyer): Südöstliche europäische Sowjetunion (und Südwestsibirien).

GATTUNG: Galerida Boie

s. Tafel S. 115

Bestimmungsschlüssel
1 Unterflügeldecken rötlich isabellfarben ohne grauen Anflug **Haubenlerche** S. 347
1* Unterflügeldecken mit deutlichem grauen Anflug, zur Brutzeit nur auf der Iberischen Halbinsel **Theklalerche** S. 347

Haubenlerche
Galerida cristata (L.)

E Crested Lark
R Хохлатый жаворонок
C Chocholouš obecný
F Töyhtökiuru
P Dzierlatka
U Búbos pacsirta

Kennzeichen: 17 cm. Diese und die folgende Art unterscheiden sich von den anderen Lerchen durch die spitze Federhaube. Von der gleichgroßen Feldlerche durch kürzeren Schwanz und durch sandfarbene, nicht weiße Schwanzkanten. Hauben- und Theklalerche sind im Felde schwer zu unterscheiden; Verwechslungen sind aber nur in Südwesteuropa möglich, da nur dort beide Arten nebeneinander vorkommen.
Stimme: Lockt langgezogen mit „di-di-drieh", Gesang erinnert an den der Feldlerche und wird zumeist vom Boden oder einem erhöhten Platz aus vorgetragen, seltener im Fluge.
Biotop: Ödland aller Art, trockenes, steppenartiges Gelände.
Verbreitung: Außer in Europa in Nordafrika und Asien, ostwärts bis Korea, im Süden bis Pakistan und Arabien.

Wanderungen: Überwintert im Brutgebiet; auch außerhalb der Brutzeit meist paarweise, gern in Ortschaften.
Nest und Eier: Nest am Boden; 3–5 auf grauweißem Grund gefleckte Eier (22,7 mm × 16,8 mm), 2 Bruten, Ende April bis Juni.
Unterarten: a) G. c. pallida (C. L. Brehm): Spanien und Portugal; b) G. c. cristata (L.): Europa mit Ausnahme der unter a, c und d genannten Gebiete; c) G. c. meridionalis C. L. Brehm: Dalmatien bis Nordgriechenland, Mittelitalien bis Sizilien; d) G. c. caucasica Taczanowski: Kreta, Rhodos und Kaukasus.

Theklalerche
Galerida theklae (C. L. Brehm)

E Thekla-Lark
R Коротконалый хохлатый жаворонок
C Chocholouš vavřinový
U Spanyol bubós pacsirta

Kennzeichen: 16 cm. Etwas kleiner als Haubenlerche, von der sie aber im Felde schwer zu unterscheiden ist, es sei denn, man hat zufällig beide Arten nebeneinander in der Nähe vor sich. Die Theklalerche hat einen kürzeren und verhältnismäßig dickeren Schnabel, die Oberseite ist grauer und dunkler und nicht sandfarben wie bei der Haubenlerche; die Unterseite ist weiß mit schwachem rahmgelblichen Anflug, wodurch sich die dunkle Fleckung der Kropfgegend schärfer abhebt als bei der Haubenlerche. Sitzt im Gegensatz zur Haubenlerche oft auf Bäumen und Sträuchern und ist nach Niethammer nicht so scheu wie cristata.

Stimme: Gesang nach Hartert „noch schöner, voller, länger, lauter, mehr an den der Feldlerche erinnernd".

Biotop: Ähnlich Haubenlerche, bevorzugt jedoch steinige Höhenrücken und Abhänge.

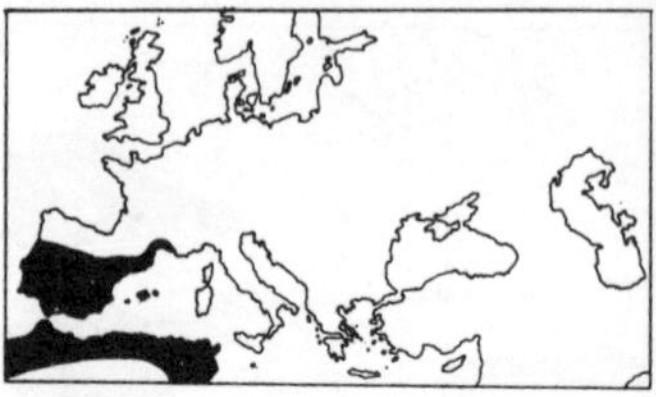

Verbreitung: Iberische Halbinsel; weitere Unterarten in Nord- und Ostafrika.

Wanderungen: Stand- bzw. Strichvogel, der im Brutgebiet überwintert.

Nest und Eier: Nest am Boden; 3–5 auf weißlichem Grund gefleckte Eier (22,7 mm × 16,8 mm), Ende April/Anfang Juni.

Unterarten: G. t. theklae (C. L. Brehm)

GATTUNG: Lullula Kaup

s. Tafel S. 115

Heidelerche
Lullula arborea (L.)

E Wood-Lark
R Лесной жаворонок
C Skřivan lesní
F Kangaskiuru
P Lerka
U Erdei pacsirta

Kennzeichen: 15 cm. Etwas kleiner als Feldlerche, von dieser durch die hellen im Nacken zusammenstoßenden Augenstreifen, kürzeren Schwanz ohne weißen Kanten, Brutbiotop und Stimme unterschieden.

Stimme: Lockt mit „didli" oder „didelith". Die einzelnen Strophen des Gesangs werden durch Pausen getrennt und bestehen aus schneller werdenden absinkenden Tonreihen, die sich mit „lulululul . . ." wiedergeben lassen. Singt gelegentlich im Sitzen am Boden oder von einem Baum herab, meist jedoch im Fluge, auch in der Dämmerung und nachts.

Biotop: Trockene Kieferheiden, Kahlschläge, steinige, mit Gebüsch bestandene Abhänge von der Ebene bis ins Gebirge.

Verbreitung: Außer in Europa in Nordwestafrika und Vorderasien.

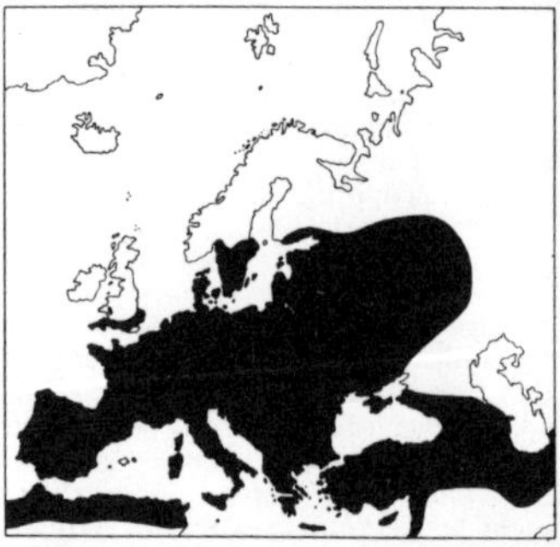

Wanderungen: Überwintert teilweise schon in Westeuropa, überwiegend jedoch in den Mittelmeerländern, gelegentlich auch im Brutgebiet. Ende Februar/März – September/Oktober.

Nest und Eier: Nest am Boden; 4–5 auf grauweißem Grund gefleckte Eier (21,6 mm × 16,3 mm), 2 Bruten, Ende März – Juli/August.

Unterarten: a) L. a. arborea (L.): Europa mit Ausnahme der unter b genannten Gebiete; b) L. a. pallida Sarudny: Südspanien, Süditalien, Balkanhalbinsel und Mittelmeerinseln.

GATTUNG: Alauda Linné

s. Tafel S. 115

Feldlerche
Alauda arvensis L.

E Skylark
R Полевой жаворонок
C Skřivan polní
F Kiuru
P Skowronek
U Mezei pacsirta

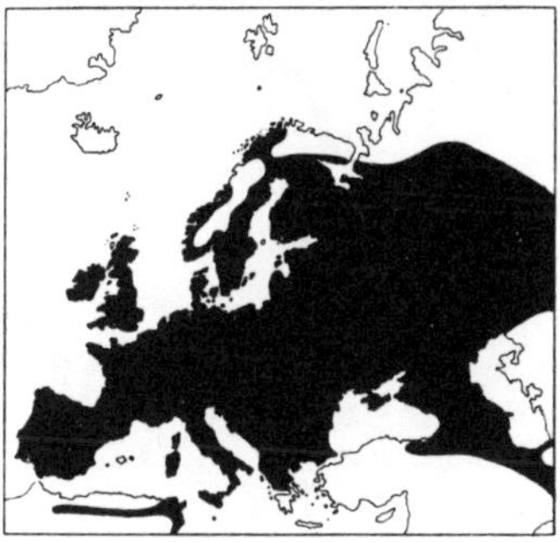

Kennzeichen: 18 cm. Reichlich sperlingsgroß, doch schlanker; oberseits erdbraun mit dunkler Längsfleckung, unterseits licht bräunlichweiß, Kropf und Flanken dunkel gefleckt, äußerste Steuerfedern weiß mit bräunlichem Saum. Kann allenfalls mit der Heidelerche verwechselt werden, über die Unterschiede zwischen dieser und Feldlerche s. bei Heidelerche. Erregt sträubt die Feldlerche die Scheitelfedern zu einer kleinen Haube.
Stimme: Ruft „trrieh", Gesang sehr mannigfaltig, wird ohne Zwischenpausen meist im steilen Emporflug vorgetragen, bisweilen auch vom Boden aus.
Biotop: Felder, Wiesen, Brachland, auch auf größeren Kahlschlägen bzw. Aufforstungsflächen.
Verbreitung: Außer in Europa in Asien bis Nordostsibirien und Japan sowie in Nordwestafrika.
Wanderungen: Meist in Südeuropa überwinternd, west- und mitteleuropäische Populationen überwintern bisweilen im Brutgebiet; Ende Februar/März – September/Oktober (November).
Nest und Eier: Nest am Boden; 3–5 auf trübweißem Grund gefleckte Eier (24,1 mm × 16,8 mm), 2 Bruten Mitte April/Juli.
Unterarten: a) A. a. arvensis L.: Europa mit Ausnahme der unter b–c genannten Gebiete; b) A. a. sierrae Weigold: Portugal und Spanien mit Ausnahme von Nordost-Spanien, wo A. a. cantarella brütet; c) A. a. cantarella Bonaparte: Südeuropa vom nordöstlichen Spanien, Südfrankreich, Italien, Mittelmeerinseln, Balkanhalbinsel, Südost-Ukraine, Krim bis Kaukasus.

GATTUNG: Eremophila Boie

s. Tafel S. 115

Ohrenlerche
Eremophila alpestris (L.)

E Shore-Lark
R Рюм
C Skřivan ušatý
F Tunturiiuru
P Górniczek
U Havasi fülespacsirta

Kennzeichen: 16,5 cm. Fast so groß wie Feldlerche; von anderen Lerchen durch den auffallend schwarz und gelb gezeichneten Kopf unterschieden. Ein schwarzer Streif auf der Stirn läuft beim ♂ nach hinten in kleine „Federöhrchen" aus, die dem ♀ fehlen. Das schwarze Brustband ist beim ♀ schmaler als beim ♂. Im Ruhekleid etwas matter gefärbt.
Stimme: Lockruf klingt wie „dididü" der klangschöne Gesang wird im Fluge oder Sitzen vorgetragen.
Biotop: Trockene Tundren bzw. trockenes und steiniges Gelände oberhalb bzw. nördlich der Baumgrenze.
Verbreitung: Sehr seltener Brutvogel in Schottland. Außer in Europa im arktischen Asien, Vorder- und Zentralasien, Nordafrika, Nord- und Mittelamerika sowie im nördlichen Südamerika.
Wanderungen: Die nordeuropäischen Populationen überwintern vor allem an den Küsten Großbritanniens, der BRD, der Niederlande, Belgiens und

Nordfrankreichs. An der südlichen Nordseeküste Durchzügler und Wintergast von März/Mai und von Oktober/November; nur unregelmäßig an der Ostseeküste und im Binnenland. E. a. alpestris Irrgast in Schottland.

Nest und Eier: Nest am Boden; 3–5 auf grünlichweißem Grund gefleckte Eier (22,7 mm × 16,2 mm), meist 2 Bruten, Mitte Mai/Juni.

Unterarten: a) E. a. flava (Gmelin): Nordeuropa; b) E. a. balcanica (Reichenow): Gebirge Südosteuropas einschließlich der Südkarpaten; c) E. a. alpestris (L.): Nordamerika.

FAMILIE: Hirundinidae — **Schwalben**

Knapp sperlingsgroße, schlanke Vögel mit langen, schmalen Flügeln, kurzem breiten Schnabel und kurzen Füßen. ♂♂ und ♀♀ gleichen sich im Gefieder. Nahrung Insekten, die im Flug erbeutet werden. Bis auf die südeuropäischen Populationen der Felsenschwalbe ausgesprochene Zugvögel. Brüten gesellig oder in größeren Kolonien an oder in Gebäuden, an Felswänden oder in sandigen Steilwänden. Lehmnester (mit Ausnahme der Uferschwalbe), Eier rein weiß oder auf weißem Grund gefleckt. 5 Arten Brutvögel.

Bestimmungsschlüssel für die Gattungen

1 Schwanz tief gegabelt. Bürzel schwarzblau oder rostgelblich **Hirundo** S. 350

1* Schwanz nicht tief gegabelt, Bürzel weiß oder erdbraun 2

2 Bürzel und ganze Unterseite rein weiß **Delichon** S. 351

2* Bürzel braun, Unterseite nie rein weiß 3

3 Unterseite weiß mit braunem Brustband **Riparia** S. 352

3* Unterseite weißlich bis graubraun, ohne Brustband **Ptyonoprogne** S. 353

GATTUNG: Hirundo Linné — s. Tafel S. 114

Bestimmungsschlüssel

1 Bürzel wie die Oberseite schwarzblau **Rauchschwalbe** S. 350

1* Bürzel rostgelblich **Rötelschwalbe** S. 351

Rauchschwalbe
Hirundo rustica L.

E Swallow
R Деревенская ласточка
C Vlaštovka obecná
F Haarapääsky
P Jaskółka dymówka
U Füstifecske

Kennzeichen: 18 cm. Durch die glänzend schwarzblaue Oberseite, die braunrote Kehle, die rahmweiße Unterseite und den tiefgegabelten Schwanz hinreichend gekennzeichnet; ♀ mit etwas kürzeren Schwanzspießen. Juv. matter gefärbt. Von der Rötelschwalbe unterscheidet sie sich durch die völlig dunkle Oberseite (Rötelschwalbe mit auffallendem rostgelblichen Bürzel) und dunkle Kehle (Rötelschwalbe hat helle Kehle).

Stimme: Gesang ein plauderndes, ab und zu durch ein Schnurren unterbrochenes Gezwitscher, im übrigen das bekannte „wit wit".

Biotop: Menschliche Siedlungen mit ländlichem Charakter, im Gebirge bis zur Baumgrenze.

Verbreitung: Außer in Europa in Asien, Nordafrika und Nordamerika.

Wanderungen: Überwintert im tropi-

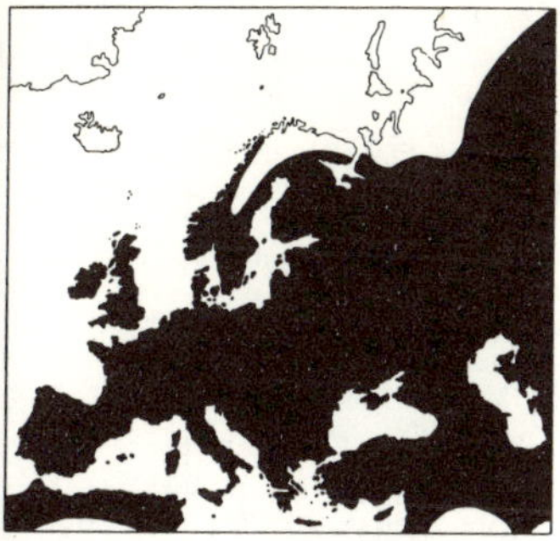

schen – und in Südafrika sowie in Indien; Ende März/Mitte April – September/Anfang Oktober.
Nest und Eier: Nistet gesellig fast ausnahmslos im Inneren von Gebäuden; Lehmnest in Form einer Viertelkugel; meist 5 auf weißem Grund gefleckte Eier (19,3 mm × 13,5 mm), meist 2 Bruten, Ende Mai/Juli.
Unterarten: H. r. rustica L.

Rötelschwalbe
Hirundo daurica L.

- E Red-rumped Swallow
- R Рыжепоясничная ласточка
- C Vlaštovka skalni
- F Ruostepääsky
- P Jaskółka rudawa
- U Vörhenyes fecske

Kennzeichen: 18 cm. Unterscheidet sich von den anderen Schwalben durch rostrotes Nackenband und rostgelblichen Bürzel und rostgelbliche Unterseite. Schwanz fast so tief wie bei der Rauchschwalbe gegabelt.
Stimme: Gesang ähnlich dem der Rauchschwalbe.
Biotop: Offenes, felsiges Gelände mit Steilwänden und Höhlen, gern in Küstennähe.
Verbreitung: In Europa nur im Süden der Iberischen Halbinsel und auf der Balkanhalbinsel; anschließend in Marokko, im tropischen Afrika und von Vorderasien durch Süd- bis Ostasien.

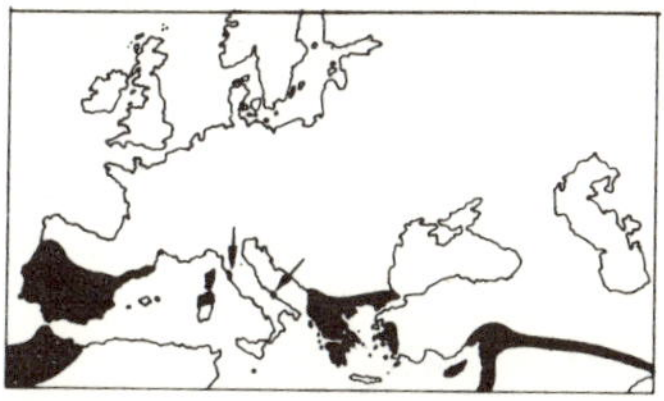

Wanderungen: Überwintert in Ostafrika; Ende März – Oktober. Als Irrgast in Großbritannien, in der BRD (Helgoland, Westfalen, Bayern, Bodensee), in Schweden, Rumänien, Südfrankreich, Italien und auf Malta festgestellt.
Nest und Eier: Nistet einzeln oder in kleinen Kolonien an Felswänden, in größeren Höhlen sowie unter Brücken; retortenförmiges Lehmnest; meist 5 weiße Eier (20,0 mm × 14,3 mm), 2 Bruten, Anfang Mai/Juli.
Unterarten: H. d. rufula Temminck

GATTUNG: Delichon Horsfield & Moore s. Tafel S. 114

Mehlschwalbe
Delichon urbica (L.)

- E House-Martin
- R Городская ласточка
- C Jiřička obecná
- F Räystäspääsky
- P Jaskółka oknówka
- U Molnárfecske

Kennzeichen: 13 cm. Durch den weißen Bürzel, der sich kontrastreich von der völlig blauschwarzen Oberseite abhebt, und die reinweiße Unterseite unterscheidet sich die Mehlschwalbe von allen anderen europäischen Schwalben. Schwanz nur leicht gegabelt.
Stimme: Ruft im Fluge „tschirp tschirp“, Gesang schwätzend.
Biotop: Ähnlich Rauchschwalbe und oft mit dieser zusammen vorkommend; besiedelt in höherem Maße die Städte und kommt auch abseits von Siedlungen in Felslandschaften vor.
Verbreitung: Außer in Europa in

Asien ostwärts bis Nordostsibirien und Japan sowie in Nordwestafrika.

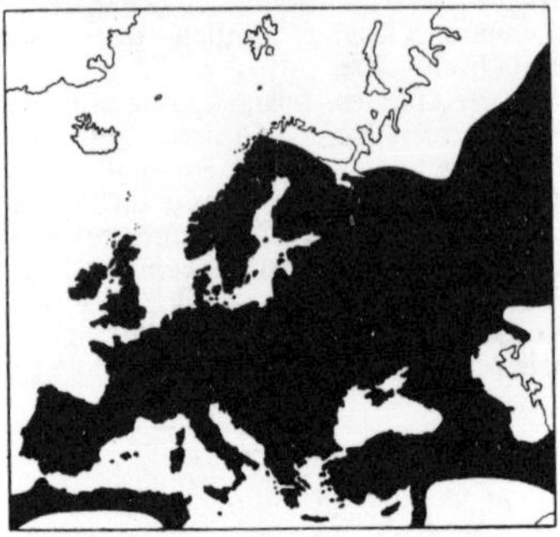

Wanderungen: Überwintert in Afrika südlich der Sahara; Ende April/Anfang Mai – Mitte September/Oktober.
Nest und Eier: Nistet in kleinen oder größeren Kolonien fast ausnahmslos an der Außenseite von Gebäuden, teilweise auch an Felswänden; Lehmnest in Form einer von oben durch eine überhängende Wand abgeschlossenen Viertelkugel mit seitlichem Eingang; meist 5 weiße Eier (18,3 mm × 13,2 mm), 2 Bruten, Ende Mai/Anfang August.
Unterarten: a) D. u. urbica (L.): Europa mit Ausnahme der unter b genannten Gebiete; b) D. u. meridionalis (Hartert): Südspanien, Balearen, Kreta, Krim und Kaukasus.

GATTUNG: Riparia Forster

s. Tafel S. 114

Uferschwalbe
Riparia riparia (L.)

E Sand-Martin
R Береговая ласточка
C Břehule obecná
F Törmäpääsky
P Jaskółka brzegówka
U Parti fecske

Kennzeichen: 12 cm. Kleiner als Rauch- und Mehlschwalbe und von diesen durch einfarbig erdbraune Oberseite und von der Felsenschwalbe durch breites braunes Brustband unterschieden. Schwanz nur ganz schwach gegabelt.
Stimme: Im Fluge ein scheuernder Ton, der wie „dschr-dschr" klingt.
Biotop: Offene Landschaft mit stehenden und fließenden Gewässern, in deren Nähe sich geeignete Nistmöglichkeiten (Uferwände, Sandgruben u. ä.) befinden müssen.
Verbreitung: Außer in Europa in großen Teilen Asiens sowie in Nordamerika.

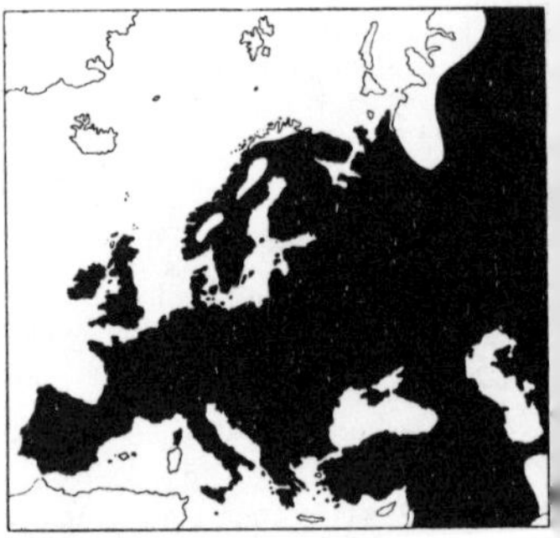

Wanderungen: Überwintert in Ostafrika; Ende April/Anfang Mai – August/September (Anfang Oktober).
Nest und Eier: Nistet kolonieweise in sandigen Steilwänden, in die sie sich horizontale Röhren gräbt; 5–6 weiße Eier (17,4 mm × 12,7 mm), 2 Bruten, Mitte Mai/Juli.
Unterarten: R. r. riparia (L.)

GATTUNG: Ptyonoprogne Reichenbach s. Tafel S. 114

Felsenschwalbe
Ptyonoprogne rupestris (Scopoli)

- E Crag Martin
- R Скалистая ласточка
- C Břehule skalní
- F Kalliopääsky
- P Jaskółka skalna
- U Szirti fecske

Kennzeichen: 14,5 cm. Ähnelt auf den ersten Blick infolge ihres oberseits gleichfalls braunen Gefieders einer Uferschwalbe, unterscheidet sich aber von dieser durch das Fehlen des braunen Brustbandes. Kehle und Kropf sind weißlich rahmfarben, die übrige Unterseite fahl graubraun. Der Schwanz ist nicht gegabelt; wird er gespreizt, so sind auf den Steuerfedern (mit Ausnahme des äußersten Paares) weiße Flecken zu sehen.
Stimme: Selten zu hören, klingt etwa wie „tsir“ oder „trt trt“.
Biotop: Trockene und sonnige Felshänge, Steinbrüche, tiefe Felsschluchten und enge Flußtäler mit steilen, felsigen Hängen von der Ebene bis ins Hochgebirge.

Verbreitung: Außer in Europa in Vorder- und Zentralasien sowie in Afrika. Selten in den Alpen.

Wanderungen: Überwintert in Nordwest- und in Nordostafrika südwärts bis Äthiopien; in Südeuropa – ausnahmsweise auch in der Schweiz – Standvogel; Mitte März – September/Anfang Oktober.
Nest und Eier: Nistet einzeln oder in kleinen Kolonien; Nest dem der Rauchschwalbe ähnlich, an zerklüfteten Felswänden und zwar stets so, daß es von oben her geschützt ist; meist 5 auf weißem Grund gefleckte Eier (20,1 mm × 14,0 mm), Mitte Mai.
Unterarten: P. r. rupestris (Scopoli).

FAMILIE: Oriolidae **Pirole**

Drosselgroße Vögel, ♂ und ♀ verschieden: überwiegend gelb oder grünlichgrau. Eine Art Brutvogel.

GATTUNG: Oriolus Linné s. Tafel S. 136

Pirol
Oriolus oriolus (L.)

- E Golden Oriole
- R Обыкновенная иволга
- C Žluva obecná
- F Kuhankeittäjä
- P Wilga
- U Sárgarigó

Kennzeichen: 24 cm. Drosselgroß. ♂ unverkennbar leuchtend gelb. Flügel und Schwanz schwarz mit gelben Kanten; ♀ und juv. oberseits grünlichbraun, unterseits schmutzigweiß mit feiner dunkler Längsstrichelung.
Stimme: Ein wohlklingender, flötender Pfiff, etwa wie „düdlüoh“; außerdem hört man von ♂ und ♀ ein unschönes Kreischen, das wie „krä-äk“ klingt. Der nicht sehr laute eigentliche Gesang besteht aus schwatzenden und zwitschernden Tönen.
Biotop: Lockere Laub- und Auwälder mit hohem Baumbestand, gelegent-

lich auch in lichten Kiefernbeständen, Feldgehölze, parkartiges Gelände, selbst in kleinen Baumgruppen in der Kulturlandschaft in unmittelbarer Nähe von Siedlungen.

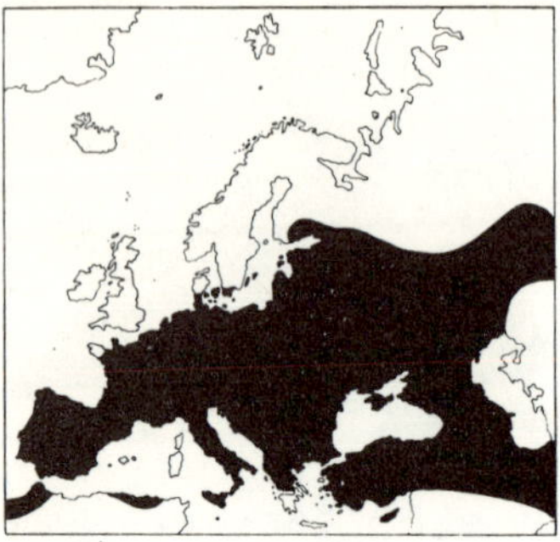

Verbreitung: Brütet vereinzelt in Dänemark, Norwegen und Schweden (Schonen) sowie in England. Außer in Europa im westlichen Asien sowie in Nordwestafrika.
Wanderungen: Überwintert vor allem in Ostafrika, möglicherweise auch im tropischen Westafrika; Ende April/Anfang Mai – August. Irrgast in Norwegen.
Nest und Eier: In einer Astgabel hängendes Nest, meist hoch auf Bäumen; 3–5 auf rosaweißem Grund gefleckte Eier (30,8 mm × 21,3 mm), Ende Mai/Juni.
Unterarten: O. o. oriolus (L.)

FAMILIE: Corvidae — **Krähenvögel**

Die größten Sperlingsvögel, die in allen Biotopen von der Ebene bis ins Hochgebirge, in der offenen Landschaft wie in dichten Wäldern zu finden sind. ♂♂ und ♀♀ gleichen sich im Gefieder, die Jungen ähneln den Altvögeln. Im Felde sind alle Arten gut kenntlich und können kaum zu Verwechslungen Anlaß geben. Überwiegend Stand- und Strichvögel; Allesfresser. Teilweise sehr gesellig und kolonieweise brütend. Nester auf Bäumen, an Felswänden oder Gebäuden; 3–7 gefleckte Eier. Junge wie bei allen zu dieser Ordnung gehörigen Arten ausgesprochene Nesthocker. 11 Arten Brutvögel, eine Art Irrgast.

Bestimmungsschlüssel für die Gattungen

1 Gefieder schwarz oder schwarz und grau, Schnabel schwarz **Corvus** S. 354
1* Gefieder schwarz, Schnabel jedoch nicht schwarz 2
2 Schnabel rot oder gelb **Pyrrhocorax** S. 361
2* Schnabel anders 3
3 Gefieder braun mit weißen Tropfenflecken **Nucifraga** S. 359
3* Anders 4
4 Auffallend langschwänzig 5
4* Schwanz normal lang 6
5 Gefieder schwarz und weiß **Pica** S. 358
5* Gefieder bräunlichgrau und blau **Cyanopica** S. 359
6 Gefieder überwiegend graubraun ohne auffallende Kennzeichen **Perisoreus** S. 361
6* Gefieder überwiegend rötlichbraun, Bürzel weiß **Garrulus** S. 360

GATTUNG: Corvus Linné — s. Tafel S. 116

Bestimmungsschlüssel

1 Deutlich über Krähengröße. Schwanz keilförmig **Kolkrabe** S. 355
1* Krähengroß oder kleiner 2
2 Gefieder schwarz und grau 3
2* Gefieder völlig schwarz 4
3 Krähengroß **Nebelkrähe** S. 356
3* Kleiner, nur Kopfseiten und Nacken grau **Dohle** S. 357
4 Schnabel gedrungen, Schnabelwurzel stets befiedert **Rabenkrähe** S. 356
4* Schnabel schlank, Schnabelwurzel bei ad. unbefiedert grau **Saatkrähe** S. 357

Kolkrabe

Corvus corax L.

E Raven
R Ворон
C Krkavec velký
F Korppi
P Kruk
U Holló

Kennzeichen: 63,5 cm. Von der gleichfalls völlig schwarzen Rabenkrähe unterscheidet sich der Kolkrabe durch seine bedeutendere Größe, den kräftigen Schnabel und die Stimme (s. u.) sowie durch den besonders im Fluge auffallenden keilförmigen Schwanz. Juv. mattschwarz.
Stimme: Im Fluge tiefe, wiederholte „korrk"-Rufe, ferner Rufe, die wie „rrab" und „klong" klingen.
Biotop: Der Kolkrabe ist sehr anpassungsfähig und der Biotop infolgedessen je nach Lage des Brutgebiets recht verschieden; im Norden die Strauchtundra, ferner steile Meeresküsten, offenes, von Wäldern und Feldgehölzen unterbrochenes Gelände, in Südosteuropa kahles Bergland und steppenartiges Gelände.
Verbreitung: Wieder häufiger Brutvogel in Schleswig-Holstein, Niedersachsen und Mecklenburg sowie in den Alpen. Außer in Europa in Nord- und

Ostafrika, in fast ganz Asien (mit Ausnahme des Südens und Südostens) und in Nord- und Mittelamerika.
Wanderungen: Standvogel; nach der Brutzeit streichen die Kolkraben – mitunter in größeren Flügen – innerhalb des Brutgebiets umher.
Nest und Eier: Nistet auf Bäumen oder an Felswänden; Horst wie ein sehr großes Krähennest; 4–7 auf grünlichem Grund gefleckte Eier (49,7 mm × 33,4 mm), Ende Februar/April.
Unterarten: a) C. c. varius Brünnich: Island und Färöer; b) C. c. corax L.: Europa mit Ausnahme der unter a und c genannten Gebiete; c) C. c.

Flugbilder von Kolkrabe, Nebelkrähe und Dohle

subcorax Severtzov: Ostgriechenland und (?) Kreta, anschließend in Südwestasien.

Rabenkrähe

Corvus corone corone L.

E Carrion-Crow
R Черная ворона
C Vrána obecná černá
F Nokivaris
P Czarnowron
U Kormos varjú

Kennzeichen: 47 cm. Die Rabenkrähe unterscheidet sich von der Nebelkrähe durch ihr reinschwarzes, oberseits glänzendes Gefieder, vom Kolkraben durch geringere Größe und schwächeren Schnabel Bei juv. sind Flügel und Schwanz mehr schwarzbraun.
Stimme: Ein tiefes „kraah" oder quarrend „aark"; im Frühjahr eine Art „Gesang", der im Sitzen unter Verbeugungen und Hin- und Herdrehen des Körpers vorgetragen wird.
Biotop: Offenes, von Feldgehölzen unterbrochenes Gelände, auch in mittleren Höhenlagen, lichte Auwälder, bisweilen auch in Parkanlagen.
Verbreitung: Europa und anschließend das nördliche und mittlere Asien ostwärts bis Kamtschatka und Japan sowie Ägypten. C. c. corone ist auf Westeuropa beschränkt.

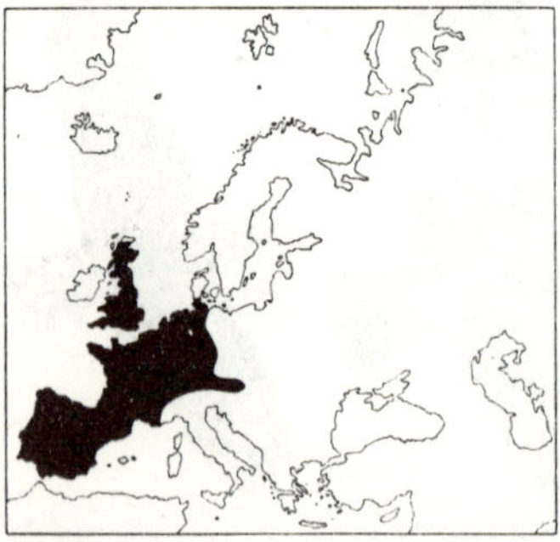

Wanderungen: Stand- und Strichvogel.
Nest und Eier: Nistet auf Bäumen, selten an Felswänden; 4–6 auf grünlichem Grund gefleckte Eier (43,5 mm × 30,1 mm), Ende März/Mitte Mai.
Unterarten: a) C. c. cornix L.: s. unten; b) C. c. sardonius Kleinschmidt: Mittelmeerländer (mit Ausnahme von Spanien, Frankreich und Norditalien), Jugoslawien und Südosteuropa südlich der Donau, ferner Korsika, Sardinien, Sizilien und Kreta; c) C. c. sharpii Oates: Kaukasus (anschließend in West- und Südwestasien).

Nebelkrähe

Corvus corone cornix L.

E Hooded Crow
R Серая ворона
C Vrána obecná šedá
F Varis
P Wrona siwa
U Dolmányos varjú

Kennzeichen: 47 cm. Durch das in Grau und Schwarz gehaltene Gefieder kann die Nebelkrähe mit keiner anderen Krähenart verwechselt werden. Bei Bastarden zwischen Raben- und Nebelkrähen, die im Mischgebiet beider Unterarten häufig vorkommen, sind die schwarzen Gefiederpartien zum Teil durch graue Federn ersetzt und umgekehrt.
Stimme: Wie Rabenkrähe.
Biotop: Wie Rabenkrähe.
Verbreitung: Europa mit Ausnahme der von corone, sardonius und sharpii bewohnten Gebiete; in den Grenzgebieten Mischzonen zwischen Raben- und Nebelkrähe. Auf der Karte ist außer dem Brutgebiet von Corvus corone cornix auch das von sardonius und sharpii angegeben;

über die Verbreitung der beiden letztgenannten Unterarten s. bei Rabenkrähe.
Wanderungen: Nord- und osteuropäische Populationen überwintern in Mittel- und Westeuropa, teilweise sogar in Südwesteuropa. Sonst Stand- bzw. Strichvogel.
Nest und Eier: Wie Rabenkrähe.

Saatkrähe
Corvus frugilegus L.

E Rook
R Грач
C Havran polní
F Mustavaris
P Gawron
U Vetési varjú

Kennzeichen: 46 cm. Schlanker als Rabenkrähe, von der sich ad. Saatkrähen durch die weißlichgraue, nackte Schnabelwurzel und den purpurrötlichen Glanz des Gefieders unterscheiden. Juv. Saatkrähen, denen die nackte Schnabelwurzel noch fehlt, könnten mit Rabenkrähen verwechselt werden. Saatkrähen sind aber schlanker, auch bei juv. glänzt das Gefieder und außerdem erscheinen die Saatkrähen meist in großen Flügen, die Rabenkrähe zumindest während der Brutzeit nur paarweise.
Stimme: Tiefe „gag"- und „kro"-Rufe, im Winter dohlenartige „kjä"-Rufe.
Biotop: Bevorzugt Ackerbaugebiete mit eingestreuten Gehölzen, Wiesen und Weiden; neuderdings vielfach auch inmitten von Siedlungen. Fehlt im Gebirge.

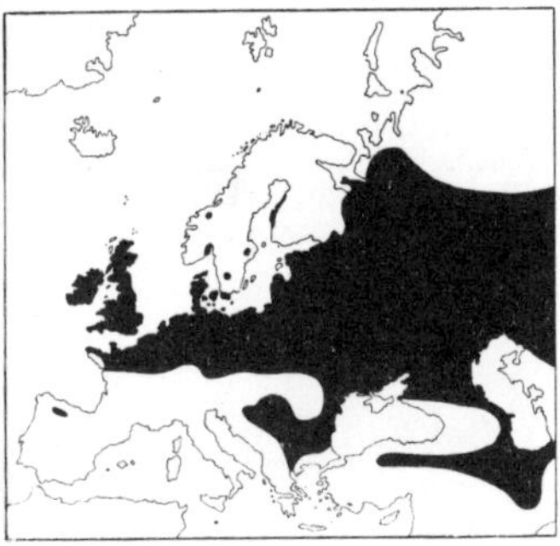

Verbreitung: Breitet sich in Schweden nordwärts aus und hat Västerbotten erreicht. Anschließend an das europäische Brutgebiet in Asien.
Wanderungen: In Osteuropa ausgesprochener Zugvogel, in Mitteleuropa, noch mehr aber in Westeuropa, Strich- bzw. Standvogel. März – September/Oktober. Ost- und teilweise auch mitteleuropäische Saatkrähen überwintern in Westeuropa.
Nest und Eier: Nistet stets in mehr oder weniger großen Kolonien, Nester meist hoch auf Laub- und Nadelbäumen; 4–6 auf grünlichem Grund gefleckte Eier (41,0 mm × 28,3 mm), Ende März/April.
Unterarten: C. f. frugilegus L.

Dohle
Corvus monedula L.

E Jackdaw
R Галка
C Kavka obecná
F Naakka
P Kawka
U Csóka

Kennzeichen: 33 cm. Unterscheidet sich von den größeren Krähen durch verhältnismäßig kurzen Schnabel sowie grauen Nacken und Ohrdecken. In der Nähe fällt das bläulichweise Auge auf. Juv. mehr bräunlichgrau ohne den Gefiederglanz der Altvögel. Stets gesellig, z. T. mit Saatkrähen vergesellschaftet. Osteuropäische Dohlen (C. m. soemmeringii) unterscheiden sich von den beiden anderen Unterarten durch einen blassen Halsring und einen deutlichen rahmweißen Fleck an den Halsseiten.

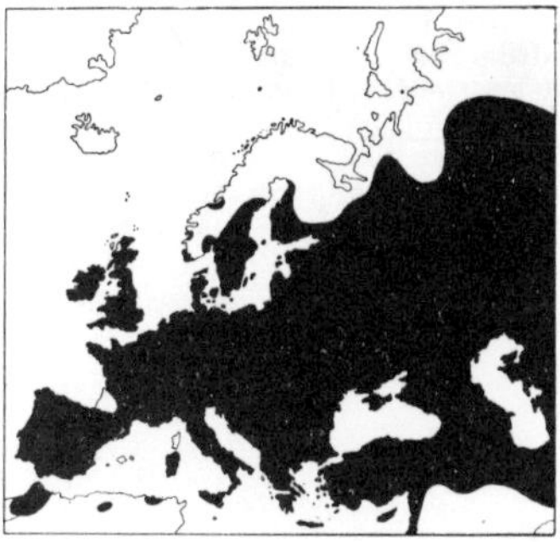

Stimme: Ein helles „kjack“, das oft mehrmals wiederholt wird.
Biotop: Offenes, parkartiges Gelände mit Beständen alter Bäume, gern in oder in der Nähe von Siedlungen, sofern sich hier Brutmöglichkeiten bieten, teilweise auch an Steilwänden im Binnenland und an der Küste.
Verbreitung: Außer in Europa im westlichen Asien sowie in Nordwestafrika.
Wanderungen: Nord- und osteuropäische Dohlen überwintern in Mittel-, mehr noch in Westeuropa. Durchzug: Februar/Mai, Oktober/November. Im Westen und Süden des Verbreitungsgebietes mehr oder weniger Stand- bzw. Strichvögel.
Nest und Eier: Nistet meist gesellig in Höhlen aller Art (Baumhöhlen, Mauerlöcher u. a.); 5–7 auf hellblaugrünem Grund gefleckte Eier (33,7 mm × 25,2 mm), Mitte April/Mai.
Unterarten: a) C. m. monedula L.: Norwegen, Schweden, Südwestfinnland und Dänemark (Jütland); b) C. m. spermologus Vieillot: Brütet in Europa westlich einer etwa von Südwestjütland durch Polen, Ungarn, Westrumänien, Italien bis Sizilien verlaufenden Linie; c) C. m. soemmeringii Fischer: Europa mit Ausnahme der unter a und b genannten Gebiete.

GATTUNG: Pica Brisson

s. Tafel S. 117

Elster
Pica pica (L.)

E Magpie
R Сорока
C Straka obecná
F Harakka
P Sroka
U Szarka

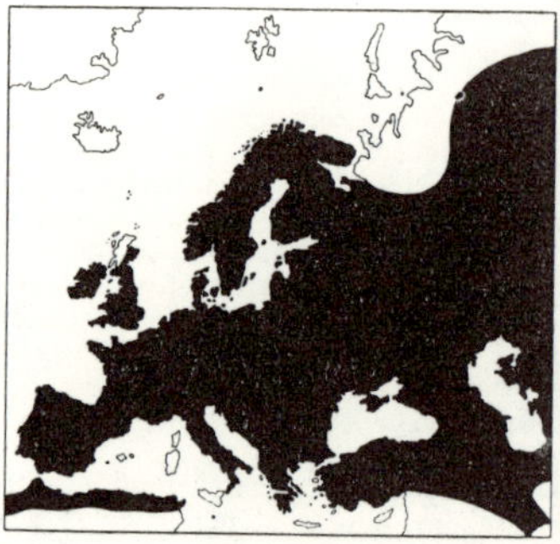

Kennzeichen: 46 cm, wovon 23 cm auf den Schwanz entfallen. Unverkennbar durch das schwarz-weiße Gefieder und den langen, gestuften Schwanz. Juv. ähneln den ad., Gefieder aber mit weniger Glanz.
Stimme: Schackert.
Biotop: Offenes parkartiges Gelände mit Feldgehölzen, Alleen, Obstbaumplantagen, Gebüschstreifen, oft in der Nähe von und auch in Siedlungen; in der Ebene und im Hügelland.
Verbreitung: Außer in Europa in großen Teilen Asiens, in Nordwestafrika sowie in Nordamerika.
Wanderungen: Überwintert im Brutgebiet.
Nest und Eier: Überdachtes Reisignest niedrig in Hecken, dort, wo sie verfolgt wird, meist auf hohen Bäumen; 5–7 auf gelblich- bis graugrünem Grund gefleckte Eier (34,1 mm × 24,2 mm), April/Mai.
Unterarten: a) P. p. pica (L.): Europa mit Ausnahme der unter b bis d genannten Gebiete; b) P. p. fennorum Lönnberg: Nördliches Skandinavien (in Schweden südwärts bis Jämtland), Finnland, nördliche europäische Sowjetunion; c) P. p. galliae Kleinschmidt: Belgien, Frankreich und Rheinland; d) P. p. melanotos A. E. Brehm: Iberische Halbinsel.

GATTUNG: Cyanopica Bonaparte s. Tafel S. 117

Blauelster

Cyanopica cyana (Pallas)

E Azure-winged Magpie
R Голубая сорока
C Straka modrá
F Siniharakka
P Sroka modra
U Kékszarka

Kennzeichen: 34,5 cm. Wesentlich kleiner als Elster. Oberkopf bis zum Nacken und Kopfseiten tiefschwarz, übrige Oberseite bräunlichgrau. Flügel und der lange, gestufte Schwanz hellblau, Unterseite bis auf die weiße Kehle aschbraun. Gesellig.
Stimme: Klingt wie „krrrih" oder „prrrih", oder schwatzend „klikkiklikkiklikki" (Hartert).
Biotop: Lichte Wälder mit immergrünen Eichen, Korkeichen, Edelkastanien und Kiefern; Ölbaumbestände und Obstgärten.

Verbreitung: Auf die Iberische Halbinsel beschränkt; im übrigen nur noch in Ostasien.

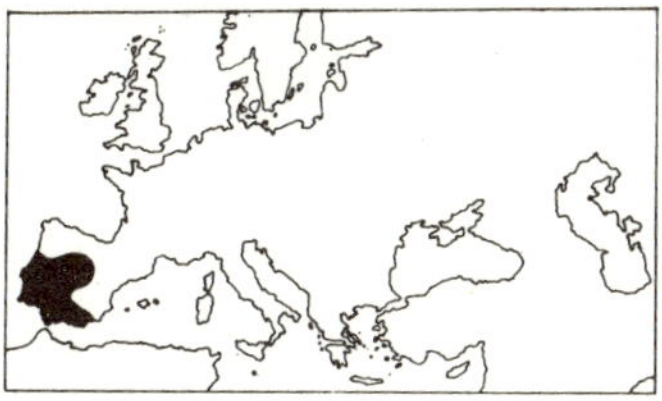

Wanderungen: Stand- und Strichvogel. Irrgast in Italien.
Nest und Eier: Nistet auf Bäumen, Nest wie kleines Eichelhähernest; 5–7 auf bräunlichgelbem Grund gefleckte Eier (26,7 mm × 19,5 mm), Mai.
Unterarten: C. c. cooki Bonaparte.

GATTUNG: Nucifraga Brisson s. Tafel S. 117

Tannenhäher

Nucifraga caryocatactes (L.)

E Nutkracker
R Кедровка
C Ořešnik kropenatý
F Pähkinähakki
P Orzechówka
U Fenyöszajkó

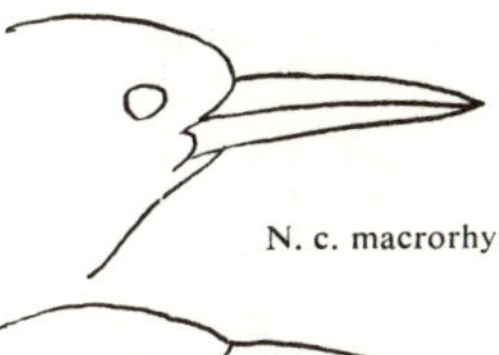

N. c. macrorhynchos

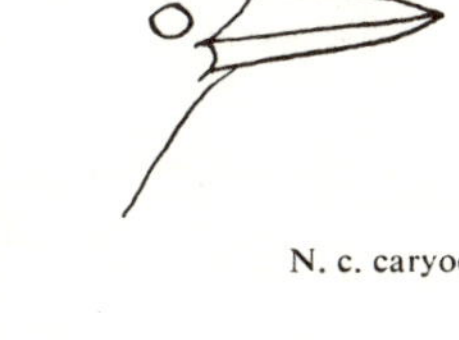

N. c. caryocatactes

Kennzeichen: 32 cm. Ein hähergroßer, dunkelbrauner Vogel mit weißer Tropfenfleckung; der kräftige Schnabel ist länger als beim Eichelhäher. Im Fluge fallen die weißen Unterschwanzdecken und der besonders unterseits breite weiße Endsaum des verhältnismäßig kurzen Schwanzes auf. Juv. sind heller braun und sparsamer gefleckt.
Stimme: Ein eichelhäherartiges Rätschen, ferner schnarrende Rufe, die wie „garrr" klingen; zur Paarungszeit außerdem ein plaudernder „Gesang".
Biotop: Nadelwälder; in Mittel- und Südosteuropa nur im Gebirge; in den deutschen Mittelgebirgen in Höhenlagen über 300 m, in den Alpen zwischen 800 und 1950 m und hier an das Vorhandensein der Zirbelkiefer gebunden; in Nordeuropa auch in der Ebene.
Verbreitung: Außer in Europa in Asien ostwärts bis Kamtschatka und Japan.
Wanderungen: Stand- und Strichvogel. Der dünnschnäblige sibirische

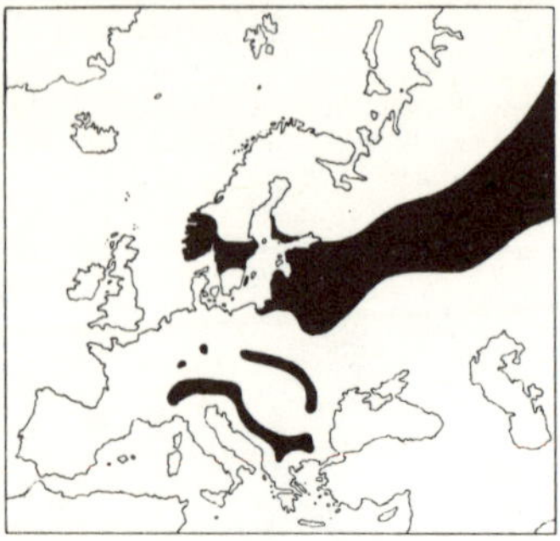

Tannenhäher erscheint ab und zu im Herbst invasionsartig in mehr oder weniger großen Flügen in Skandinavien, Großbrittannien und Mitteleuropa, um hier zu überwintern; die Anzahl ist in den einzelnen Jahren erheblichen Schwankungen unterworfen. Ausnahmsweise bleiben im Anschluß an solche Invasionen einzelne Paare zum Brüten in Mitteleuropa zurück.

Nest und Eier: Umfangreiches und tiefnapfiges Nest auf Nadelbäumen; 3–4 auf licht blaugrünem Grund gefleckte Eier (33,9 mm × 24,9 mm), März.

Unterarten: N. c. caryocatactes (L.): s. Verbreitungskarte; b) N. c. macrorhynchos C. L. Brehm: Wintergast aus Sibirien, im Westen bis Großbritannien, Frankreich, Pyrenäen und Norditalien. Hat ausnahmsweise vereinzelt in Südschweden und in der BRD gebrütet, zuletzt 1948 bei Wolfenbüttel, 1955 bei München und 1969 bei Hamburg.

GATTUNG: Garrulus Brisson

s. Tafel S. 117

Eichelhäher
Garrulus glandarius (L.)

E Jay
R Сойка
C Sojka obecná
F Närhi
P Sójka pospolita
U Szajkó

Kennzeichen: 34 cm. Gesamteindruck rötlichbraun, Flügelspiegel und der sich scharf vom schwarzen Schwanz abhebende Bürzel sind weiß, Oberflügeldecken schwarz-blau gebändert. Die Scheitelfedern können zu einer Holle aufgerichtet werden Juv. gleichen weitgehend den ad.

Stimme: Ein heiseres Rätschen; außerdem ahmt der Eichelhäher häufig die Stimme anderer Tiere – nicht nur von Vögeln – nach.

Biotop: Unterholzreiche Waldungen aller Art von der Ebene bis ins Gebirge.

Verbreitung: Außer in Europa in Asien und Nordwestafrika.

Wanderungen: Im allgemeinen Stand- und Strichvogel; im Herbst finden sich Eichelhäher aus Nordeuropa in Mitteleuropa ein, um hier zu überwintern; der Umfang dieser Züge ist in den

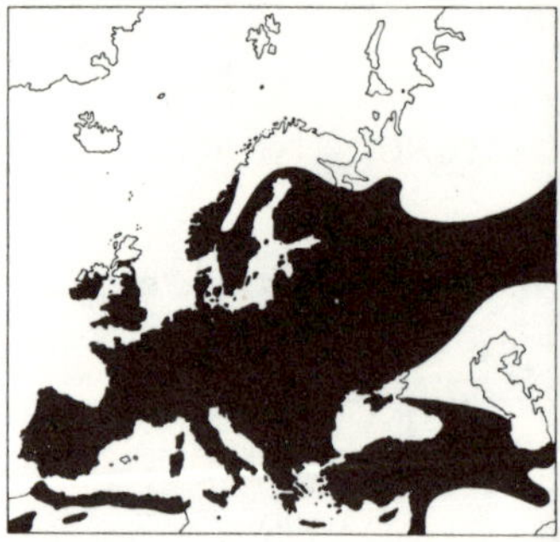

einzelnen Jahren Schwankungen unterworfen.

Nest und Eier: Nistet auf Sträuchern und Bäumen; 5–7 auf graugrünem oder olivbräunlichem Grund über und über fein gefleckte Eier (31,6 mm × 23,0 mm), Ende April/Juni.

Unterarten: a) G. g. glandarius (L.): Europa mit Ausnahme der unter b bis m genannten Gebiete; b) G. g. rufitergum Hartert: England und Wales bis Süd-Schottland; c) G. g. hibernicus Witherby & Hartert: Irland und Schottland nördlich von rufitergum; d) G. g. fasciatus A. E. Brehm: Iberische Halbinsel; e) G. g.

ichnusae Kleinschmidt: Sardinien; f) G. g. corsicanus Laubmann: Korsika; g) G. G. albipectus Kleinschmidt: Italien, Sizilien, Jugoslawien bis (?) Albanien; h) G. g. cretorum Meinertzhagen: Griechenland und Kreta; i) G. g. rhodius Salvadori & Festa: Rhodos; j) G. g. krynicki Kaleniczenko: Östliche Ägäische Inseln bis Kaukasus; k) G. g. iphigenia Suschkin & Ptuschenko: Krim; l) G. g. sewertzowii Bogdanow: Nördliche europäische Sowjetunion im Anschluß an die Nominatform; m) G. g. brandtii Eversmann: Nordöstliche europäische Sowjetunion.

GATTUNG: Perisoreus Bonaparte s. Tafel S. 117

Unglückshäher
Perisoreus infaustus (L.)

E Siberian Jay
R Кукша
C Sojka zlověstná
F Kuukkeli
P Sójka złowroga
U Eszaki szajkó

Kennzeichen: 30,5 cm. Kleiner als Eichelhäher. Gesamteindruck graubraun ohne besonders auffallende Kennzeichen. Oberkopf und Genick fahl rauchbraun, übrige Oberseite hellgrau, bräunlich überflogen; Unterseite hellgrau bis rötlichbraun, im Fluge fallen die hell fuchsroten Flügel und Schwanz auf. Fliegt häherartig und turnt meisenartig im Gezweig herum, zur Brutzeit sehr heimlich und im Winter recht zutraulich.
Stimme: Beim Abfliegen schrill „skrih, skruih“, außerdem noch eigentlich miauende und heisere Laute.
Biotop: Nadelwälder.
Verbreitung: Anschließend an das europäische Brutgebiet im gesamten nördlichen Asien.
Wanderungen: Standvogel. Seit 1944 dreimal als Irrgast in der DDR und in Bayern beobachtet.

Nest und Eier: Nistet auf Bäumen, Nest ähnlich dem des Eichelhähers; 3–5 Eier (29,9 mm × 21,8 mm), wie kleine Elsterneier; April.
Unterarten: a) P. i. infaustus (L.): Nördliches Skandinavien ostwärts bis zur Kola-Halbinsel; b) P. i. ruthenus Buturin: Mittleres Norwegen und Schweden, Ostfinnland sowie nördliche und mittlere europäische Sowjetunion (anschließend in Westsibirien).

GATTUNG: Pyrrhocorax Tunstall s. Tafel S. 117

Bestimmungsschlüssel
1 Schnabel rot, gebogen **Alpenkrähe** S. 361
1* Schnabel gelb, gerade **Alpendohle** S. 362

Alpenkrähe
Pyrrhocorax pyrrhocorax (L.)

E Chough
R Клушица
C Kavče červenozobé
F Alppivaris
P Wrończyk
U Havasi varjú

Kennzeichen: 38 cm, wovon 4,5 bis 5 cm auf den Schnabel entfallen. Ein hähergroßer, glänzend purpurschwarzer Vogel mit langem, sanft abwärts gebogenem roten Schnabel und roten Füßen. Könnte allenfalls mit der Alpendohle verwechselt werden, aber diese hat einen kürzeren geraden gelben Schnabel. – Juv. haben einen orangeroten Schnabel, sonst wie ad., gesellig.
Stimme: Gewöhnlich ein dohlenartiges „kiah“, ferner ein tieferes, fast möwenartiges „kaah“ und ein sanftes „tschaf“, außerdem noch schrille „kria“ und „skirri“ u. ä.

Biotop: Steile Felswände an der Küste wie auch im Hochgebirge.

Verbreitung: Außer in Europa in Nordwest- und Ostafrika, Vorder- und Zentral- bis Ostasien.
Wanderungen: Standvogel, der im Winter die tiefer gelegenen Täler aufsucht. Gelegentlich in Oberbayern; zweimal als Irrgast auf Helgoland.
Nest und Eier: Nistet kolonieweise an Felswänden; Nester in Felsspalten; 3–5 auf rahmfarbenem Grund gefleckte Eier (39,4 mm × 27,9 mm), Ende April/Mai.
Unterarten: a) P. p. pyrrhocorax (L.): Britische Inseln; b) P. p. erythrorhamphos Vieillot: Frankreich, Schweiz, Italien einschl. Sardinien und Sizilien und Iberische Halbinsel; c) P. p. docilis (Gmelin): Balkanhalbinsel einschließlich Kreta.

Alpendohle

Pyrrhocorax graculus (L.)

E Alpine Chaugh
R Альпийская галка
C Kavče žlutozobé
F Alppinaakka
P Wieszczek
U Havasi csóka

Kennzeichen: 38 cm. Ein hähergroßer, glänzend schwarzer Vogel mit gelbem Schnabel und roten Füßen. Gesellig, segelt an den Berghängen entlang.
Stimme: Hell trillernd „drrü" oder „krrie".
Biotop: Die alpine Zone der Hochgebirge bis zur Schneegrenze.

Verbreitung: Außer in Europa in den Hochgebirgen Nordwestafrikas, Vorder- und Zentralasien.

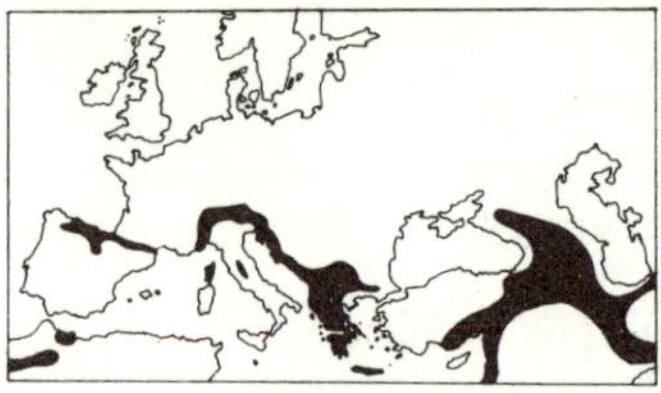

Wanderungen: Standvogel, der im Winter die tiefer gelegenen Täler aufsucht und sogar in die Städte kommt (Reichenhall, Mittenwald). Nur ausnahmsweise außerhalb der Brutgebiete.
Nest und Eier: Nistet kolonieweise in Felsspalten, ausnahmsweise auch an Türmen; 4–5 auf weißlichem Grund gefleckte Eier (37,2 mm × 29,5 mm), Mai/Juni.
Unterarten: P. p. graculus (L.)

Flugbilder von Alpenkrähe (links) und Alpendohle (rechts)

FAMILIE: Paridae — Meisen

Kleine, rundliche und sehr bewegliche Vögel mit kurzem, kräftigem Schnabel, breiten und kurzen Flügeln und abgerundetem oder nur wenig gekerbtem Schwanz. Ehemals wurden auch die Beutel-, Schwanz- und Bartmeisen mit zu dieser Familie gestellt, auf Grund verschiedener Merkmale bilden sie heute selbständige Familien. ♂♂ und ♀♀ gleichen sich weitgehend, die Jungen ähneln den Altvögeln. Bewohnen Wälder, parkartiges Gelände und Gärten und turnen bei der Nahrungssuche geschickt im Gezweig herum; Nahrung Insekten und Sämereien. Überwintern im Brutgebiet und streifen nach der Brutzeit in kleinen, z. T. gemischten Flügen umher. Alle Arten brüten in irgendwelchen Höhlen und bauen mit Tierhaaren ausgepolsterte Moosnester. 6 bis 14 auf weißem Grund rostrot gefleckte Eier; die Mehrzahl der Arten brütet zweimal im Jahr. 9 Arten Brutvögel.

GATTUNG: Parus Linné — s. Tafel S. 118

Bestimmungsschlüssel

1 Mit spitzer Haube **Haubenmeise** S. 365
1* Ohne Haube 2
2 Scheitel blau **Blaumeise** S. 364
2* Scheitel andersfarbig 3
3 Oberkopf weiß **Lasurmeise** S. 364
3* Oberkopf nicht weiß 4
4 Oberkopf bräunlich 5
4* Oberkopf schwarz 6
5 Oberkopf graubraun, Kehle tiefbraun, nur in Nordeuropa **Lapplandmeise** S. 366
5* Oberkopf dunkel rußbraun, Kehle matt rußbraun, nur in Südosteuropa **Trauermeise** S. 366
6 Unterseite gelb mit schwarzem Mittelstrich **Kohlmeise** S. 363
6* Unterseite anders 7
7 Mit auffallendem weißen Nackenfleck **Tannenmeise** S. 365
7* Ohne Nackenfleck 8
8 Oberkopf matt glänzend **Sumpfmeise** S. 367
8* Oberkopf ohne deutlichen Glanz **Weidenmeise** S. 367

Kohlmeise
Parus major L.

E Great Titmouse
R Большая синица
C Koňadra obecná
F Talitiainen
P Sikora bogatka
U Széncinege

Kennzeichen: 14 cm. Größte Meisenart. Oberkopf glänzend blauschwarz, großer weißer, schwarz eingerahmter Wangenfleck, Unterseite schwefelgelb mit schwarzem Mittelstreif. Juv. blasser.

Stimme: Im Frühjahr besonders „zizi-däh, zizi-däh“, ferner ein helles „pink pink“, besorgt zetern sie „dzädzädzädzä“ und schließlich ein lockendes „si tuit“.

Biotop: Wälder aller Art, parkartiges Gelände, Gärten.

Verbreitung: Außer in Europa in Asien (im Norden bis etwa zum 60° n. Br.) sowie in Nordwestafrika.

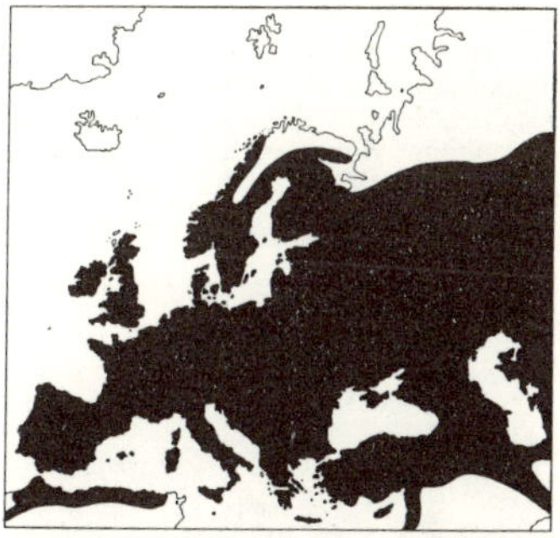

Wanderungen: Überwintert im allgemeinen im Brutgebiet; nach der Brutzeit – z. T. mit anderen Meisenarten vergesellschaftet – umherstreifend. Gelegentlich auch Wanderungen in südwestlicher Richtung.

Nest und Eier: Nistet in Höhlen aller Art; wie bei allen Meisenarten der Gattung Parus ein weich mit Tierhaaren ausgefüttertes Moosnest; 8–10

(bisweilen auch mehr) Eier (17,3 mm × 13,5 mm), 2 Bruten, April/Juli.
Unteraten: a) P. m. major L.: Europa mit Ausnahme der unter b bis d genannten Gebiete; b) P. m. newtoni Pražak: Britische Inseln; c) P. m. corsus Kleinschmidt: Korsika und Sardinien; d) P. m. aphrodite Madarász: Balearen, Griechenland (mit Ausnahme Makedoniens) und Kreta.

Blaumeise
Parus caeruleus L.

E Blue Titmouse
R Лазоревка
C Modřinka obecná
F Sinitiainen
P Sikora modra
U Kék cinege

Kennzeichen: 11,5 cm. Kleiner als Kohlmeise. Unverkennbar an der kobaltblauen Kopfplatte und der schwefelgelben Unterseite; juv. blasser.
Stimme: Eine Reihe gleichhoher Töne wie „tetetetet", im Frühjahr ein glockenhelles „zi zi zirrrr", aufgeregt zetert sie ähnlich wie die Kohlmeise „zerretett".
Biotop: Wie Kohlmeise.
Verbreitung: Außer in Europa in Vorderasien und Nordwestafrika.
Wanderungen: Überwintert zumeist im Brutgebiet, daneben sind ausgesprochene Zugbewegungen in west- bis südwestlicher Richtung festgestellt worden.

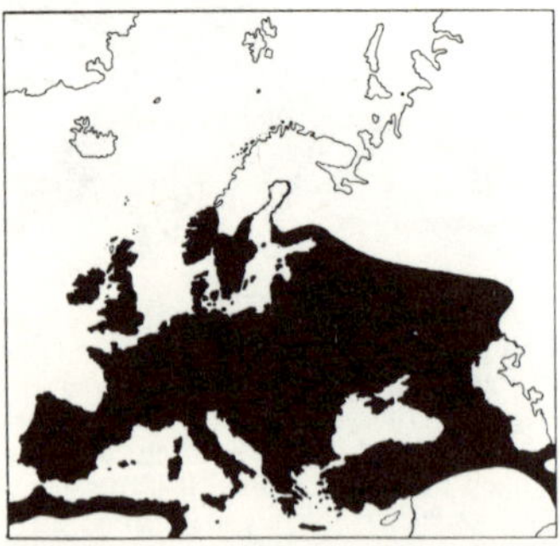

Nest und Eier: In Höhlen, Nest ähnlich dem der Kohlmeise; 10–12 Eier (15,4 mm × 11,9 mm), 2 Bruten, Ende April/Juli.
Unterarten: a) P. c. caeruleus L.: Europa mit Ausnahme der unter b bis e genannten Gebiete; b) P. c. obscurus Pražak: Britische Inseln; c) P. c. ogliastrae Hartert: Iberische Halbinsel, Korsika, Sardinien, Peloponnes und Kreta; d) P. c. satunini Zarudny: Krim und Kaukasus; e) P. c. balearicus v. Jordans: Balearen.

Lasurmeise
Parus cyanus Pallas

E Azure Tit
R Белая лазоревка
C Modřinka sibiřská
F Valkopäätiainen
P Sikora lazurowa
U Lazurcinege

Kennzeichen: 13,5 cm. Etwas kleiner als Kohlmeise. Unterscheidet sich von allen anderen Meisenarten durch weißen Kopf mit schmalem, blauschwarzen Augenstreif und schneeweiße Unterseite. Über den Hinterhals läuft ein tiefblaues Band, übrige Oberseite hell blaugrau, Schwanzkanten weiß. Im Fluge fallen zwei weiße Flügelbinden auf. Juv. oberseits dunkler, mehr schiefergrau.
Stimme: Im Fluge „tirr", aufgeregt „tscherpink, tscherpink"; der Gesang ist laut und besteht aus Trillern, die mit Lockrufen abwechseln.
Biotop: Mit Laubhölzern und Gebüsch bestandene Ufer von stehenden und fließenden Gewässern, Birkenwälder der Waldsteppe.
Verbreitung: Außer in Europa in Asien ostwärts bis zum Amurgebiet, südwärts bis Turkestan.

Wanderungen: Überwintert im Brutgebiet; nur ausnahmsweise werden Lasurmeisen einmal außerhalb ihres

Brutareals angetroffen; vereinzelt wurde die Art im westlichen Europa nachgewiesen (westwärts bis Schweden, Niederlande und Frankreich). Für die zentralasiatische Lasurmeise P. c. tianschanicus (Menzbier) liegt ein Nachweis aus Thüringen vor.
Nest und Eier: Nistet in Baumhöhlen und verlassen Spechthöhlen; Nest wie das anderer Meisen, 10–11 Eier (16,00 mm × 11,9 mm), Mai.
Unterarten: P. c. cyanus Pallas.

Tannenmeise

Parus ater L.

E Coal-Titmouse
R Московка
C Uhelniček lesni
F Kuusitianen
P Sikora sosnówka
U Fenyves cinege

Kennzeichen: 11 cm. Eine kleine, fast ausnahmslos auf den Nadelwald beschränkte schwarzköpfige Meise, deren auffallenstes Merkmal der große weiße Nackenfleck ist. Oberseits graublau, Unterseite und Wangen weißlich, Kinn und Vorderbrust schwarz.
Stimme: Im Frühling hört man das charakteristische „wietze wietze wietze“, der Lockton ist ein feines „si si“.
Biotop: Hoher und dichter Nadelwald von der Ebene bis ins Gebirge, nur ausnahmsweise im Mischwald (Großbritannien und Irland).
Verbreitung: Außer in Europa in Asien ostwärts bis Kamtschatka und Südostchina, Vorderasien und Nordwestafrika.
Wanderungen: Mittel- und westeuropäische Tannenmeisen überwintern im Brutgebiet, während die Populationen aus Nord- und Osteuropa im Herbst oft in großen Schwärmen und invasionsartig nach Mitteleuropa einströmen.
Nest und Eier: Nistet in Höhlen und Löchern aller Art; typisches Meisennest; 7–10 Eier (14,7 mm × 11,6 mm), 2 Bruten, Ende April/Juni.
Unterarten: a) P. a. ater L.: Europa mit Ausnahme der unter b bis g genannten Gebiete; b) P. a. hibernicus Ogilvie-Grant: Irland; c) P. a. britannicus Sharpe & Dresser: Britische Inseln; d) P. a. vieirae Nicholson: Iberische Halbinsel; e) P. a. sardus Kleinschmidt: Korsika und Sardinien; f) P. a. moltchanovi Menzbier: Südliche Krim; g) P. a. michalowskii Bogdanov: Kaukasus (und Transkaukasien).

Haubenmeise

Parus cristatus L.

E Crested Tit
R Хохлатая синица
C Parukářka lesni
F Töyhtötiainen
P Sikora czubatka
U Búbos cinege

Kennzeichen: 11,5 cm. Durch ihre spitze Federhaube und den schwarzweißen Kopf unterscheidet sich die im übrigen oberseits bräunlichgraue, unterseits weißliche Haubenmeise von allen anderen Meisenarten.
Stimme: Ein sehr charakteristisches „zi zi gürrr“, oft auch nur „gürrr“, das oft zu hören ist.

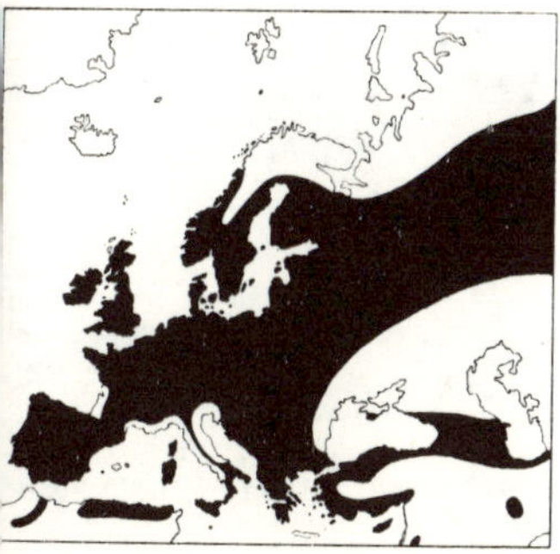

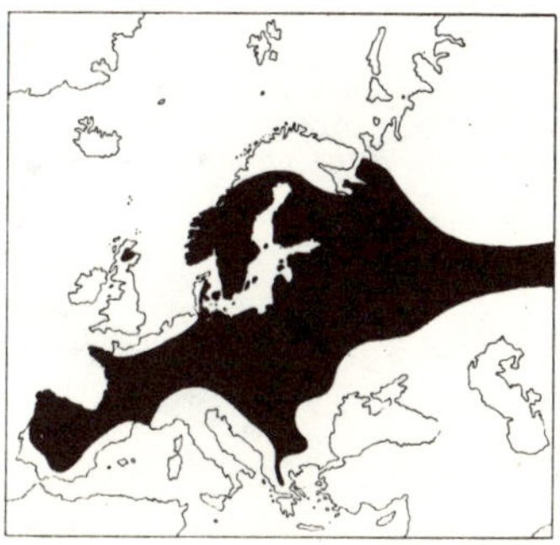

Biotop: Fast ausschließlich auf hohen Nadelwald beschränkt, von der Ebene bis ins Gebirge.
Verbreitung: Außer in Europa nur noch in Westsibirien.
Wanderungen: Überwintert im Brutgebiet und streicht nach der Brutzeit – z. T. mit anderen Meisenarten vergesellschaftet – umher.
Nest und Eier: Nistet in Höhler aller Art; Nest wie das anderer Meisenarten; 7–10 Eier (16,0 mm × 12,4 mm) 2 Bruten, April/Juni.
Unterarten: a) P. c. mitratus C. L. Brehm: Europa mit Ausnahme der unter b bis e genannten Gebiete; b) P. c. scoticus (Pražak): Schottland; c) P. c. cristatus L.: Nord-, Ost- und Südosteuropa; d) P. c. abadiei Jouard: Nordwestfrankreich (Bretagne); e) P. c. weigoldi Tratz: Portugal und Südspanien.

Lapplandmeise

Parus cinctus Boddaert

E Siberian Tit
R Сероголовая гаичка
C Babka laponská
F Lapintiainen
P Sikora sybirska
U Lappföldi barátcinege

Kennzeichen: 13,5 cm. Fast so groß wie eine Kohlmeise; unterscheidet sich von Sumpf- und Weidenmeise durch den graubraunen (nicht schwarzen) Oberkopf und Nacken. Zügel, Wangen und Halsseiten sind weiß, die übrige Oberseite fahl rötlichbraun, die tiefbraune Kehle ist nicht scharf gegen die weiße Brust abgesetzt, die Flanken sind lebhaft hell rostfarben.
Stimme: Ähnlich der Weidenmeise.
Biotop: Nadelwälder (Taiga), daneben auch Misch- und Birkenwald.
Verbreitung: Außer in Europa im nördlichen Asien sowie in Alaska.

Wanderungen: Überwintert im Brutgebiet. Irrgast in Großbritannien.
Nest und Eier: Nistet in Höhlen, bes. in alten Spechthöhlen; Nest wie das anderer Meisenarten; 5–7 Eier (16,5 mm × 12,6 mm), Ende Mai/Mitte Juni.
Unterarten: a) P. c. lapponicus Lundahl: Skandinavien, Finnland und nördliche Sowjetunion ostwärts bis zur Petschora; b) P. c. cinctus Boddaert: Nördliche Sowjetunion östlich der Petschora.

Trauermeise

Parus lugubris Temminck

E Sombre Tit
R Средиземноморская гаичка
C Babka temná
F Balkanintiainen
P Sikora żałobna
U Füstös cinege

Kennzeichen: 14 cm. So groß wie eine Kohlmeise. Sieht fast wie eine sehr große Sumpfmeise aus. Von der im gleichen Gebiet vorkommenden Sumpf- und Weidenmeise durch dunkel rußbraunen (nicht schwarzen) Oberkopf und Nacken unterschieden. Zügel, Wangen und Halsseiten weiß, übrige Oberseite graubraun; Kehle matt rußbraun, übrige Unterseite trübweiß, Flanken bräunlich rahmfarben überflogen. Scheu und im Gegensatz zu anderen Meisen ungesellig.
Stimme: Lockt mit „szi szi terr-err".
Biotop: Lichter Eichenwald, in Nordgriechenland auch Bergwälder mit Schwarzkieferbestand, ferner lichter Auwald, Obst- und Weingärten.
Verbreitung: Anschließend an das europäische Brutgebiet in Vorderasien.

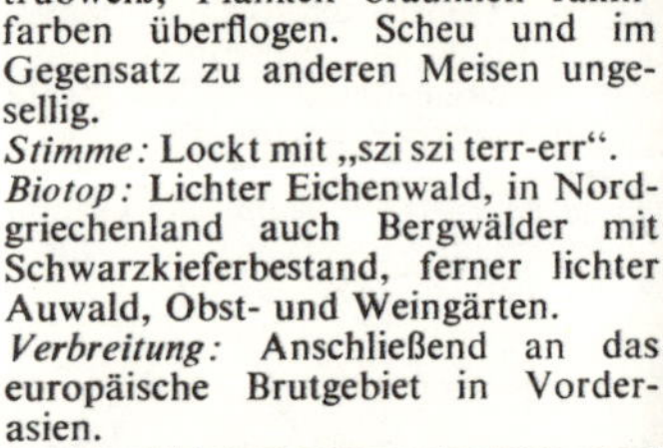

Wanderungen: Überwintert im Brutgebiet.

Nest und Eier: Nistet in Höhlen, Nest wie das anderer Meisenarten; 7–8 Eier (17,0 mm × 13,7 mm), April/Mai.
Unterarten: a) P. l. lugubris Temminck: Balkanhalbinsel mit Ausnahme von: b) P. l. lugens C. L. Brehm: Mittel- und Südgriechenland.

Sumpfmeise
Parus palustris L.

E Marsh-Titmouse
R Черноголовая гаичка
C Babka leskohlavá
F Suotiainen
P Sikora uboga
U Fényesfejú barátcinege

Kennzeichen: 11,5 cm. Eine kleine graue, oberseits mehr graubraune Meise mit schwarzer Kopfplatte und schwarzem Kinn, die leicht mit der ihr sehr ähnlichen Weidenmeise verwechselt werden kann. Die Sumpfmeise hat aber (außer im Jugendkleid) eine glänzend schwarze, die Weidenmeise hingegen eine matt schwarze Kopfplatte. Am sichersten wird man beide Arten an ihrem Lockruf unterscheiden können (s. Stimme).
Stimme: Nicht zu oft zu hören; am häufigsten hört man ein kräftiges „zjä", „psi" oder „zi-dä", von zeternden Sumpfmeisen vernimmt man ein „zjädädädä", also ganz andere Laute als das gedehnte „däh-däh" der Weidenmeise. Gesang einförmig klappernd.
Biotop: Laub- und Mischwälder, auch Parkanlagen und größere Gärten.
Verbreitung: Außerhalb Europas befindet sich zweites Verbreitungsareal in Ostasien.
Wanderungen: Überwintert im Brutgebiet. Irrgast in Finnland.
Nest und Eier: Nistet in Höhlen; Nest wie das anderer Meisenarten; 7–10 Eier (16,1 mm × 12,2 mm), Ende April/Mai, nur eine Brut.
Unterarten: a) P. p. palustris L.: Europa mit Ausnahme der unter b bis d genannten Gebiete; b) P. p. dresseri Stejneger: Großbritannien und Nordwestfrankreich; c) P. p. italicus Tschusi & Hellmayr: Italien; d) P. p. brandtii (Bogdanow): Kaukasus.

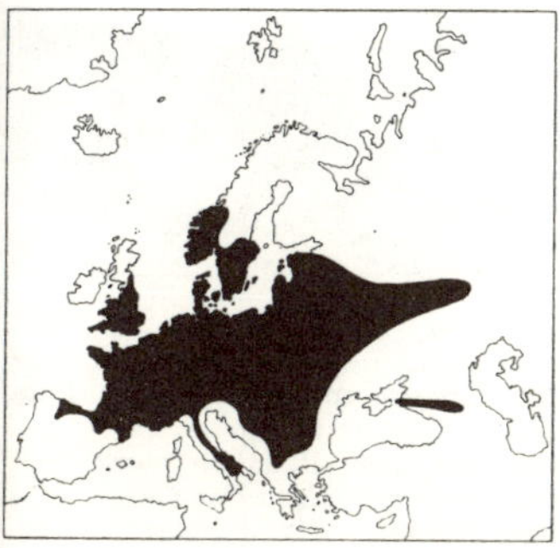

Weidenmeise
Parus montanus Baldenstein

E Willow Tit
R Буроголовая гаичка
C Babka luzní
F Hömötiainen
P Sikora czarnogłowa
U Kormosfejú barátcinege

Kennzeichen: 11,5 cm. Der Sumpfmeise ähnlich, doch ist der schwarze Oberkopf völlig glanzlos. Im Freien ist dieses Unterscheidungsmerkmal schwer feststellbar, außerdem sind junge Sumpfmeisen ebenfalls mattköpfig. Das beste Unterscheidungsmerkmal ist der charakteristische Lockruf der Weidenmeise (s. Stimme). Im übrigen reicht das Schwarz des Oberkopfes bei der Weidenmeise weiter nach hinten, Wangen und Halsseiten sind von reinerem Weiß und der schwarze Kehlfleck ist ausgedehnter.

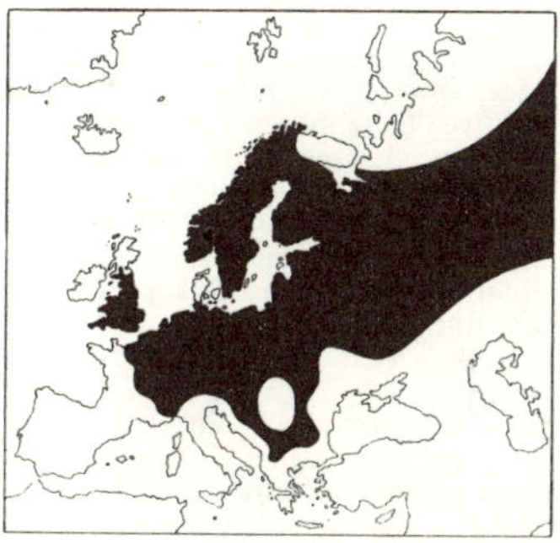

Stimme: Am Brutplatz als Lock- und Warnruf ein langgezogenes wiederholtes „däh, däh", bisweilen durch kurze „zizi"-Laute eingeleitet. Vom ♂ hört man außerdem noch eine Reihe heller Pfeiflaute.
Biotop: Geschlossene, etwas feuchte Nadelwälder in der Ebene wie im Gebirge, ferner feuchter Mischwald.
Verbreitung: Außer in Europa in Asien bis Nordostsibirien und Japan.
Wanderungen: Überwintert im Brutgebiet.
Nest und Eier: Meißelt sich selbst Nisthöhlen in morschen Stämmen aus, Nest wie das anderer Meisenarten; 6–8 Eier (15,6 mm × 12,2 mm), offenbar nur eine Brut, Mai.
Unterarten: P. m. borealis Selys-Longchamps: Nord- und Osteuropa; b) P. m. salicarius C. L. Brehm: Mitteleuropa; c) P. m. rhenanus Kleinschmidt: Westeuropa einschl. Rheinland und Nordwesten der BRD; d) P. m. kleinschmidti Hellmayr: Großbritannien; e) P. m. montanus Baldenstein: Alpengebiet einschließlich Norditalien und Nordjugoslawien; f) P. m. transsylvanicus Kleinschmidt: Transsylvanische Alpen, Balkan- und Rhodope-Gebirge.

FAMILIE: Remizidae — **Beutelmeisen**

Kleine, meisenartige Vögel mit spitzen Schnäbeln, die sich hinsichtlich ihrer Brutbiologie wesentlich von den Meisen unterscheiden; Näheres s. Text. Eine Art Brutvogel.

GATTUNG: Remiz Jarocki — s. Tafel S. 118

Beutelmeise
Remiz pendulinus (L.)

E Penduline Tit
R Обыкновенный ремез
C Moudivláček obecný
F Pussitiainen
P Remiz
U Függö cinege

Kennzeichen: 11 cm. Eine kleine bräunliche, meist am Rande stehender oder fließender Gewässer vorkommende Meise mit schwarzer Stirn und auffallendem breiten schwarzen Augenstreif. Kopf, Nacken und Kehle sind weißlichgrau, der Vorderrücken rotbraun, Hinterrücken und Bürzel gelblichbraun, Unterseite rahmfarben. ♀ etwas heller als das ♂; im Ruhe- und Jugendkleid fehlt die schwarze Kopfzeichnung, Zügel und Ohrdecken sind dann mehr graubraun.
Stimme: Ein sehr bezeichnendes, langgezogenes „zieh", durch das die Beutelmeise oft ihre Anwesenheit verrät. Außerdem ein leise zwitschernder Gesang.
Biotop: Randzonen stehender und fließender Gewässer mit Buschwerk (Weiden, Tamarisken u. a.).
Verbreitung: Ausbreitungstendenz nach N und W: Lettische und Litauische SSR, Brutnachweise für Schweden und die Schweiz, Brutversuche in den Niederlanden und in Dänemark. Anschließend an das europäische Brutgebiet ostwärts bis Ostasien.

Wanderungen: Überwintert im Brutgebiet; nach der Brutzeit streichen die Beutelmeisen umher. Irrgast in England und Luxemburg.
Nest und Eier: Baut ein meist über Wasser hängendes Beutelnest aus Samenhaaren von Pflanzen, Tier-

wolle und Bastfasern; 6–8 rein weiße Eier (16,3 mm × 10,8 mm), 2 Bruten, Mai/Juni.
Unterarten: a) R. p. pendulinus (L.): Europa mit Ausnahme des unter b genannten Gebiets; b) R. p. caspius (Pelzam): Wolga-Mündungsgebiet.

FAMILIE: Aegithalidae — **Schwanzmeisen**

Kleine, langschwänzige meisenartige Vögel mit sehr kurzen Schnäbeln. Nest und Eier anders als bei den Meisen. Näheres s. Text. Eine Art Brutvogel.

GATTUNG: Aegithalos Hermann — s. Tafel S. 118

Schwanzmeise

Aegithalos caudatus (L.)

E Long-tailed Titmouse
R Длиннохвостая синица
C Mlynařík dlouhoocasý
F Pyrstötiainen
P Raniuszek
U Öszapó

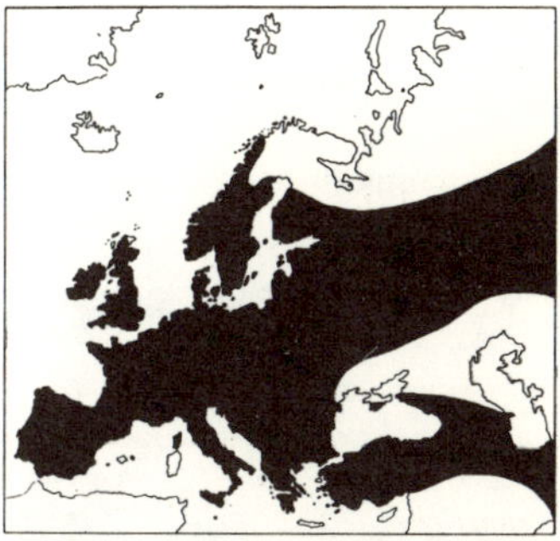

Kennzeichen: 14 cm, davon entfallen 7,5 cm auf den Schwanz. Ein schwärzlich-weißlich-rötliches Federbällchen mit einem langen gestuften Schwanz, mit anderen Arten nicht zu verwechseln. Die nördliche Unterart mit reinweißem Kopf, daran schließen sich im Süden und Westen Schwanzmeisen an, deren weißer Scheitel durch breite schwärzliche Streifen eingefaßt ist. In Mitteleuropa Übergänge zwischen beiden. Juv. haben dunkle Wangen und kein Rotbraun im Gefieder.
Stimme: Ein wiederholtes „tserrrp", mit dem sich die Schwanzmeisen lokken; außerdem ein feines „si si si".
Biotop: Feuchte und unterholzreiche Laub- und Mischwälder, parkartiges Gelände und größere Gärten mit entsprechendem Baumbestand.
Verbreitung: Außer in Europa in Vorderasien sowie quer durch Asien ostwärts bis Kamtschatka, Japan und China.
Wanderungen: Überwintert meist im Brutgebiet; in manchen Jahren erscheinen größere Flüge weißköpfiger Schwanzmeisen aus dem Osten.
Nest und Eier: Baut ein beutelförmiges, mit Flechten verkleidetes Nest mit seitlichem Einschlupfloch; dieses steht in Hecken, Stammgabeln u. ä. Plätzen 6–12 auf gelblichweißem Grund fein gefleckte Eier (13,6 mm × 10,9 mm), 2 Bruten, April/Juni.
Unterarten: a) Ae. c. caudatus (L.): Skandinavien, Finnland, Sowjetunion ostwärts bis zum Ural, im Süden bis Polen und Ukraine; b) Ae. c. europaeus (Hermann): Mitteleuropa und teilweise Südosteuropa, mit Ausnahme der unter c bis k genannten Gebiete; c) Ae. c. rosaceus Mathews: Britische Inseln; d) Ae. c. aremoricus Whistler: Westfrankreich und Kanal-Inseln; e) Ae. c. taiti Ingram: Südwestfrankreich und nördliche Iberische Halbinsel; f) Ae. c. macedonicus (Dresser): Südliche Balkan-Halbinsel; g) Ae. c. tauricus (Menzbier): Krim; h) Ae. c. irbii Sharpe & Dresser: Südliche Iberische Halbinsel und Korsika; i) Ae. c. italiae Jourdain: Italien; j) Ae. c. siculus (Whitaker): Sizilien; k) Ae. c. major (Radde): Kaukasus.

Lebhafte, kleine braune Vögel mit langem, dünnem und gebogenem Schnabel und gestuftem Stützschwanz, die man gewöhnlich an alten Baumstämmen aufwärts rutschend sieht. ♂ = ♀. Nahrung Insekten, Standvögel. 2 Arten Brutvögel.

GATTUNG: Certhia Linné

s. Tafel S. 119

Bestimmungsschlüssel

1 Oberseits tabakbraun, Stirn deutlich gefleckt, Kralle der Hinterzehe lang und wenig gekrümmt **Waldbaumläufer** S. 370

1* Oberseits dunkel graubraun, Stirn undeutlich gefleckt, Kralle der Hinterzehe kurz und stark gekrümmt. **Gartenbaumläufer** S. 370

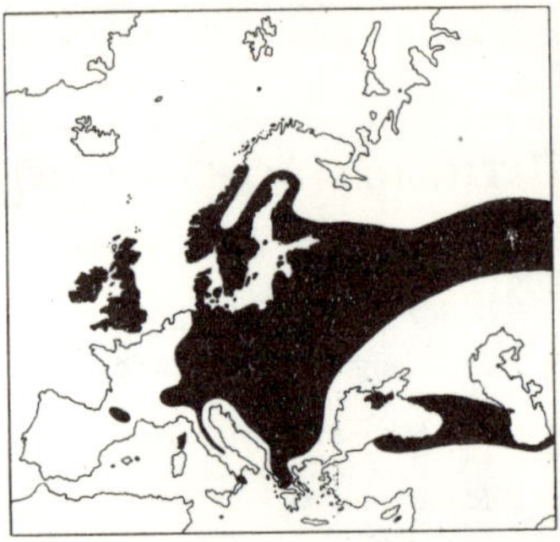

Waldbaumläufer

Certhia familiaris L.

E Tree-Creeper
R Обыкновенная пищуха
C Šoupálek dlouhoprstý
F Puukiipijä
P Pelzacz zaskórnik
U Erdei fakúsz

Kennzeichen: 12,5 cm. Die beiden Baumläuferarten sind im Freien kaum zu unterscheiden, zumal der „Garten"-baumläufer auch im Wald vorkommt. Man achte deshalb besonders auf die Stimmen der beiden Baumläufer, an denen sie sicher zu unterscheiden sind. Der Waldbaumläufer ist oberseits tabakbraun mit dunkler Strichelung, unterseits reinweiß, juv. jedoch mit lichtbräunlichem Anflug.
Stimme: Nicht so ruffreudig wie der Gartenbaumläufer, die Stimme ist weicher, vor allem hört man ein heiseres „srihih". Der laute Gesang enthält blaumeisenähnliche Trillerchen und erinnert an das Lied von Blaumeise und Zaunkönig.
Biotop: Vorwiegend Nadelwälder von der Ebene bis ins Gebirge, selten in Laubwäldern.
Verbreitung: Außer in Europa in Asien ostwärts bis Japan sowie in Nord- und Mittelamerika.
Wanderungen: Überwintert im Brutgebiet.
Nest und Eier: In Baumspalten hinter abgesprungener Rinde u. ä. Plätzen; aus Reisern, Bast und Pflanzenwolle (also ganz anders als Meisennester); 5–7 auf weißem Grund rostrot gefleckte Eier (15,9 mm × 12,2 mm), Mitte April/Juni, 2 Bruten.
Unterarten: a) C. f. familiaris L.: Nord-, Ost- und Südosteuropa; b) C. f. macrodactyla C. L. Brehm: West-, Mittel- und Südeuropa; c) C. f. britannica Ridgway: Britische Inseln; d) C. f. corsa Hartert: Korsika.

Gartenbaumläufer

Certhia brachydactyla C. L. Brehm

E Short-toed-Tree-Creeper
R Короткопалая пищуха
C Šoupálek krátkoprstý
F Etelänpuukipijä
P Pelzacz ogrodowy
U Kerti fakús

Kennzeichen: 12,5 cm. Der Gartenbaumläufer ist oberseits mehr dunkel graubraun und die Unterseite nicht so reinweiß wie beim Waldbaum-

läufer, doch diese Kennzeichen sind bei der Bestimmung wenig brauchbar. Im Felde mit Sicherheit nur an der Stimme zu unterscheiden.
Stimme: Ein feines „sit“ sowie laute und scharfe „ti ti ti“-Laute; auffällig ist der laute Gesang, der ungefähr wie „ti ti titirititit“ klingt, wobei der Ton auf der vorletzten Silbe liegt.
Biotop: Laubwald von der Ebene bis ins Gebirge, auch lichter Kiefernwald, parkartiges Gelände, Alleen mit alten Bäumen; teilweise im gleichen Biotop wie der Waldbaumläufer.
Verbreitung: Brütet vereinzelt in Großbritannien. Außer in Europa in Nordwestafrika und Kleinasien.
Wanderungen: Überwintert im Brutgebiet.
Nest und Eier: Neststand und Nest ähnlich wie beim Waldbaumläufer;

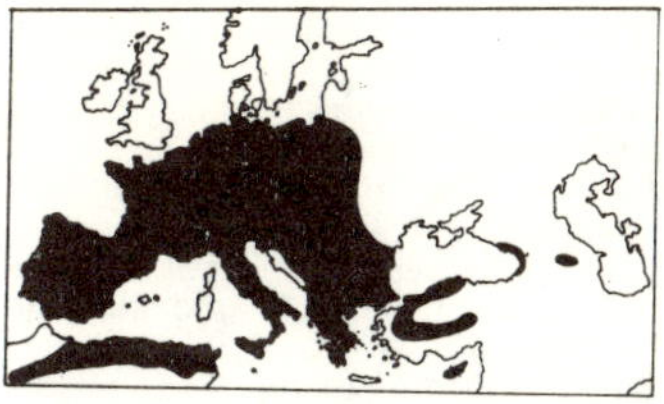

6–7 Eier (16,1 mm × 12,1 mm), meist stärker gefleckt als die des Waldbaumläufers, 2 Bruten, Mitte April/Juni.
Unterarten: a) C. b. brachydactyla C. L. Brehm: Europa mit Ausnahme der unter b genannten Gebiete; b) C. b. megarhynchos C. L. Brehm: Westeuropa von den Niederlanden, Belgien, dem Rheinland, Westfalen und Hessen an.

FAMILIE: Sittidae **Kleiber**

Kleiber sind kleine, gedrungene, kurzschwänzige, spechtähnliche Vögel mit einem langen, geraden und kräftigen Schnabel. Standvögel. Nahrung Insekten und Sämereien. Nester in Baumhöhlen oder Felsspalten, 5 bis 7 auf weißem Grund rostrot gefleckte Eier. Zu dieser Familie wird neuerdings auch der Mauerläufer gestellt. 5 Arten Brutvögel, ein Irrgast.

Bestimmungsschlüssel für die Gattungen
1 Schnabel gerade, Gefieder nicht mausgrau **Sitta** S. 371
1* Schnabel gebogen, Gefieder mausgrau **Tichodroma** S. 374

GATTUNG: Sitta Linné

s. Tafel S. 119

Bestimmungsschlüssel
1 Mit auffallendem rostbraunem Brustfleck **Krüpers Kleiber** S. 372
1* Ohne rostbraunen Brustfleck 2
2 Deutlicher weißen Überaugenstreif 3
2* Ohne weißen Überaugenstreif 4
3 Oberkopf schwarz (♂) bzw. blaugrau (♀), Unterseite hellgrau **Korsika-Kleiber** S. 372
3* Wie voriger, doch Unterseite rostbraun **Kanada-Kleiber** S. 515
4 Äußere Steuerfedern mit weißen Enden **Kleiber** S. 371
4* Äußere Steuerfedern ohne weiße Enden **Felsenkleiber** S. 373

Kleiber
Sitta europaea L.

E Nuthatch
R Обыкновенный поползень
C Brhik obecný
F Pähkinänakkeli
P Kowalik
U Csúszka

Kennzeichen: 14 cm. Oberseite blaugrau, von der Schnabelwurzel bis zum Halsansatz ein auffälliger schwarzer Augenstreif, Unterseite variiert bei den einzelnen Unterarten von Weiß bis Rostbräunlich, Flanken stets kastanienbraun. ♀ gleicht weitgehend

dem ♂, juv. ähnelt den ad., Oberseite jedoch mehr grau und Augenstreif bräunlich. An alten Bäumen, klettert auch kopfabwärts.
Stimme: Im Frühjahr laute und klangschöne Pfiffe: „tüh, tüh, tüh", Lockruf meisenartig „sit sit", ferner noch „twit twit"-Rufe und ähnliche Laute.
Biotop: Lichte Laub- und Mischwälder, auch im Nadelwald; parkartiges Gelände mit altem Baumbestand.
Verbreitung: Außer in Europa in Asien nordwärts bis zur Baumgrenze sowie in Nordwestafrika.

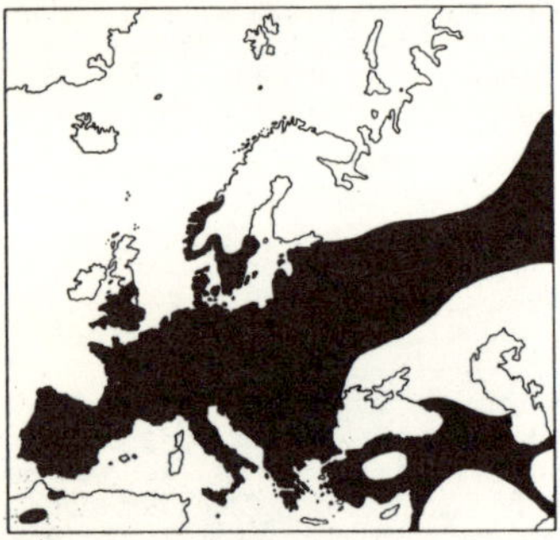

Wanderungen: Überwintert im Brutgebiet. Die Unterart S. eu. asiatica erscheint bisweilen im Herbst invasionsartig in Finnland.
Nest und Eier: Brütet in Baumhöhlen, zu große Öffnungen werden mit lehmiger Erde bis auf ein enges Schlupfloch zugemauert; 6–8 Eier (19,9 mm × 14,6 mm), Ende April/Mai.
Unterarten: S. eu. europaea L.: Nord- und Osteuropa; b) S. eu. homeyeri Seebohm: Brutvogel im Grenzgebiet zwischen europaea und caesia; c) S. eu. asiatica Gould: mittlere und südliche europäische Sowjetunion im Anschluß an S. eu. europaea; d) S. eu. caesia Wolf: West-, Mittel- und Südosteuropa; e) S. eu. cisalpina Sachtleben: Südostfrankreich, südliche Schweiz, Italien einschließlich Sizilien, Jugoslawien (Bosnien und Dalmatien); f) S. eu. hispaniensis Witherby: Portugal und Spanien (mit Ausnahme des Nordens); g) S. eu. caucasica Reichenow: Kaukasus.

Korsika-Kleiber
Sitta whiteheadi Sharpe

E Corsican Nuthatch
R Черноголовый поползень
C Brhlík kanadský
F Mustapäänakeli
P Kowalik korsykański
U Korzikai csúszka

Kennzeichen: 12 cm. Kleiner als unser Kleiber, unterscheidet sich von den anderen Kleibern durch weißen Überaugenstreif; ♂ mit schwarzer, ♀ mit blaugrauer Kopfplatte.
Stimme: Gesang besteht aus rollend aneinandergereihten Pfeiflauten; außerdem Pfeif- und in der Erregung Rätschlaute (Löhrl).
Biotop: Gebirgswälder mit Kiefernbestand.
Verbreitung: Auf Korsika beschränkt.
Wanderungen: Überwintert im Brutgebiet.
Nest und Eier: Nistet in selbstgezimmerten Höhlen abgebrochener morscher Nadelbäume; 5–6 Eier (17,4 mm × 13,0 mm), Nest aus Rindenstückchen und Moos; Brutzeit im Mai.

Krüpers Kleiber
Sitta krüperi Pelzeln

E Krüper's Nuthatch
R Рыжергудый поползень
C Brhlík černohlavý
P Kowalik czarnogłowy
U Krüper csuszkája

Kennzeichen: 12 cm. Ein kleiner Kleiber mit glänzend schwarzer Stirn und schwarzem Scheitel (beim ♀ reicht das Schwarz nur bis zur Scheitelmitte), Oberseite blaugrau, Kopfseiten weiß mit schwarzem Augenstreif, Kehle, ebenfalls weiß, Kropfgegend mit großem kastanienbraunen Fleck, übrige Unterseite fahlgrau, Unterschwanzdecken ebenfalls kastanienbraun mit weißen Spitzen.
Stimme: Sehr typisch ist ein kanarienvogelähnlicher ansteigender Pfeifton, der mit „doid" wiedergegeben werden kann; in der Erregung läßt er ein krächzendes wie „schrä" klingendes Rätschen hören. Der Gesang, dessen Länge sehr variabel ist, besteht aus einem einförmigen Triller (Löhrl in litt.).
Biotop: Auf Lesbos nach Löhrl Kiefernwälder zwischen 500 und 700 m, anderswo auch in Zedern- und Wacholderbeständen.
Verbreitung: Insel Lesbos (möglicherweise auch andere griechische Inseln vor der Westküste Kleinasiens). Kleinasien, ostwärts bis Transkaukasien und südlicher Kaukasus.
Wanderungen: Standvogel.

Nest und Eier: Nest wie ein Meisennest in morschen Bäumen, Eingang wird nicht durch lehmige Erde zugemauert; die 5–6 Eier ähneln Haubenmeiseneiern (16,5 mm × 13,0 mm), April.

Felsenkleiber

Sitta neumayer Michahelles

E Rock Nuthatch
R Скалистый поползень
C Brhlík skalni
F Kallionakkelf
P Kowalki skalny
U Szirti csúszka

Kennzeichen: 14 cm. Unserem Kleiber ähnlich, doch blasser, unterseits weißlich, Bauch und Unterschwanzdecken sowie Flanken blaß rostfarben bis rahmgelblich, also nicht kastanienbraun, der schiefergraue Schwanz ohne weiße Abzeichen. ♂ wie ♀. Auf Südosteuropa beschränkt und nur an Felswänden.
Stimme: Durchdringende, hohe Rufe, die bald zu einem Triller zusammengereiht werden, bald einzeln erklingen.
Biotop: Trockene, mit Buschwerk bestandene Felshänge in der Ebene wie im Gebirge.
Verbreitung: Anschließend an das europäische Brutgebiet in Vorderasien.

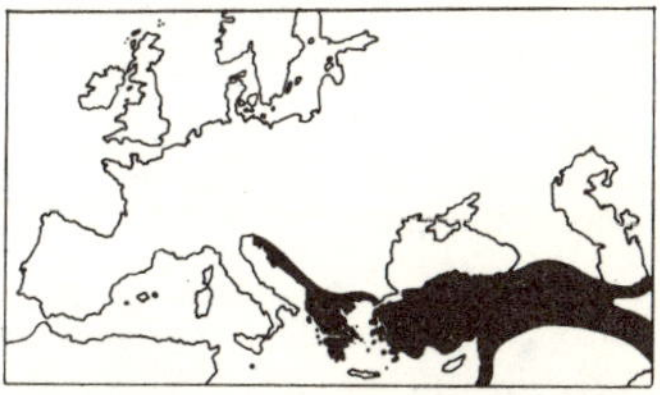

Wanderungen: Standvogel.
Nest und Eier: Nistet an Felswänden; entweder wird eine Felsspalte bis auf ein Einschlupfloch zugemauert oder unter überhängendem Fels ein retortenförmiges Nest gebaut, das mit Federn, Stücken von Schlangenhaut u. ä. ausgekleidet wird. 6–8 Eier (20,6 mm × 15,3 mm), April/Mai.
Unterarten: S. n. neumayer Michahelles.

GATTUNG: Tichodroma Illiger

s. Tafel S. 119

Mauerläufer

Tichodroma muraria (L.)

E Wall-Creeper
R Кранокрылый стенолаз
C Šoupaíek skalni
F Kalliokiipijä
P Pomurnik
U Hajnalmadár

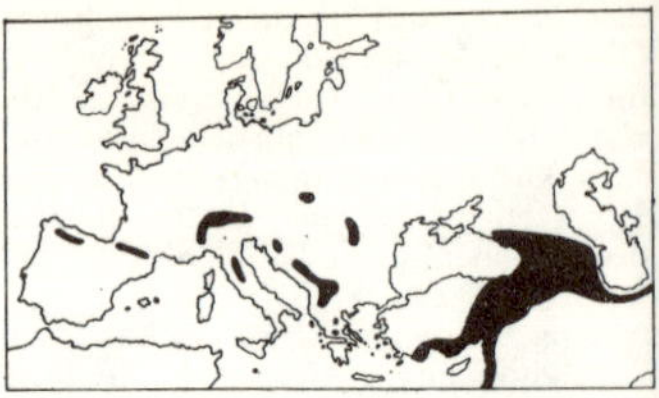

Kennzeichen: 16,5 cm. Ein überwiegend mausgrauer Vogel von der ungefähren Größe eines Kleibers und der Gestalt eines Baumläufers. Schnabel lang, leicht abwärts gebogen. An den gerundeten schwarzbraunen Flügeln mit den lebhaft rosenroten Flügeldecken fallen die weißen Flecke auf den Innenfahnen der äußeren Handschwingen auf. Das ♀ ist matter, der schwarze Kehlfleck kleiner.
Stimme: Dünn pfeifend „tih tiü itie", Gesang wie „zizizitüi zizizitü".
Biotop: Steile Felswände, meist im Hochgebirge bis zur Schneegrenze.
Verbreitung: Außer in Europa in den Hochgebirgen Vorder- und Mittelasiens.
Wanderungen: Überwintert im Brutgebiet und sucht im Winter tiefere Lagen auf; ausnahmsweise wird er auch einmal außerhalb seines Brutgebietes angetroffen wie z. B. in Finnland, Großbritannien, in den Niederlanden und Portugal.
Nest und Eier: Umfangreiches aus Moos, Halmen u. a. gebautes Nest in Felsspalten; 4–5 auf weißem Grund braunrot gefleckte Eier (21,3 mm × 14,3 mm).
Unterarten: T. m. muraria (L.)

FAMILIE: Timaliidae — **Timalien**

Diese altweltliche, artenreiche Familie ist in Europa nur durch die Gattung Panurus, Bartmeise, vertreten. Bartmeisen sind kleine langschwänzige meisenartige Vögel, die sich wie die Schwanz- und Beutelmeisen hinsichtlich ihres Nestbaues und ihrer Eier wesentlich von den Meisen unterscheiden. Eine Art Brutvogel.

GATTUNG: Panurus Koch

s. Tafel S. 118

Bartmeise

Panurus biarmicus (L.)

E Bearded Titmouse
R Усатая синица
C Sýkora vousatá
F Partatiainen
P Wąsatka
U Barkós cinege

Kennzeichen: 16,5 cm, davon entfallen 7,5 cm auf den Schwanz. Könnte allenfalls mit einer Schwanzmeise verwechselt werden, doch ist die Bartmeise in allen Kleidern überwiegend tabakbraun, außerdem schließt der Biotop eine Verwechslung der beiden Arten eigentlich von vornherein aus. ♂ mit zartgrauem Kopf und schwarzem Bartstreif; beim ♀ ist der Kopf braun, der Bartstreif fehlt. Juv. ähneln dem ♀, juv. ♂ durch schwarzen Zügelstreif vom gleichaltrigen ♀ zu unterscheiden.
Stimme: Lockt kurz „zit zit", warnt mit „tink, tink" (als ob man zwei Kieselsteine gegeneinander schlägt),

ferner Rufe, die sich mit „dschin dschin“ und „dschu“ wiedergeben lassen. Der Gesang ein leises Gezwitscher.
Biotop: Ausgedehnte Rohrwälder in Seen oder Brackwassersümpfen.
Verbreitung: Im letzten Jahrzehnt wurden weitere Gebiete West- und Mitteleuropas besiedelt; Brutnachweise liegen vor für Anglesey (Westküste Englands), Belgien, die BRD (Norderney, Ostfriesland, Hamburg, Schleswig-Holstein, Niedersachsen, Oberbayern), die DDR (Mecklenburg, Bezirke Potsdam, Magdeburg, Halle, Frankfurt/Oder) und das westliche Polen (Liegnitz/Legnica). Seit 1952 vereinzelter Brutvogel in der Schweiz und seit 1972 stetig zunehmend in Schweden. Außer in Europa in Südwestasien; ein isoliertes Brutareal befindet sich in Ostasien.
Wanderungen: Im allgemeinen überwintert die Bartmeise im Brutgebiet; es kommen aber auch Wanderungen

in südlicher Richtung vor. Als Irrgast in Schottland, Irland, Dänemark und Luxemburg nachgewiesen.
Nest und Eier: Offenes Nest zwischen Rohrstengeln dicht über dem Wasser; 5–7 auf rahmweißem Grund schwarzbraun gefleckte Eier. 2 Bruten, Ende April/Juli,
Unterarten: a) P. b. biarmicus (L.): Europa mit Ausnahme der unter b genannten Gebiete; b) P. b. russicus (C. L. Brehm): Ost- und Südosteuropa.

FAMILIE: Cinclidae — **Wasseramseln**

Drosselgroße, kurzflügelige und kurzschwänzige Vögel, die an fließenden Gewässern besonders in bergigem Gelände vorkommen und sich von allen anderen Singvögeln durch die Art ihres Nahrungserwerbs unterscheiden. Näheres s. Text. Eine Art Brutvogel.

GATTUNG: Cinclus Borkhausen — s. Tafel S. 119

Wasseramsel
Cinclus cinclus (L.)

E Dipper
R Обыкновенная оляпка
C Skorec obecný
F Koskikara
P Pluszcz
U Vizirigó

Kennzeichen: 18 cm. Infolge des kurzen, oft gestelzten Schwanzes wirkt die drosselgroße, schwarzbraune Wasseramsel mit ihrem großen weißen Brustlatz gedrungen. ♂ = ♀, juv. oberseits schiefergrau, unterseits grau und weiß gefleckt. Sucht ihre Nahrung – Gliederfüßler und kleinste Fische – am Grunde der Gewässer.
Stimme: Von der dicht über das Wasser dahinfliegenden Wasseramsel hört man ein kurzes „zrrb zrrb“; Gesang erinnert an den des Zaunkönigs und besteht aus pfeifenden und schnarrenden Tönen, singt auch im Winter.
Biotop: Schnell fließende klare Bäche und kleine Flüsse im Hügelland und im Gebirge bis über die Baumgrenze hinaus.
Verbreitung: Brütet vereinzelt auf Bornholm, auf Fünen (Dänemark) und in Nordschleswig. Außer in Europa in Vorder- und Zentralasien sowie in Nordwestafrika.
Wanderungen: Überwintert im Brutgebiet und sucht notfalls tiefere Lagen auf.
Nest und Eier: Backofenförmiges Moosnest mit seitlichem Eingang; in Halbhöhlen aller Art, in Mauern, unter Brücken und dgl.; 4–6 weiße Eier

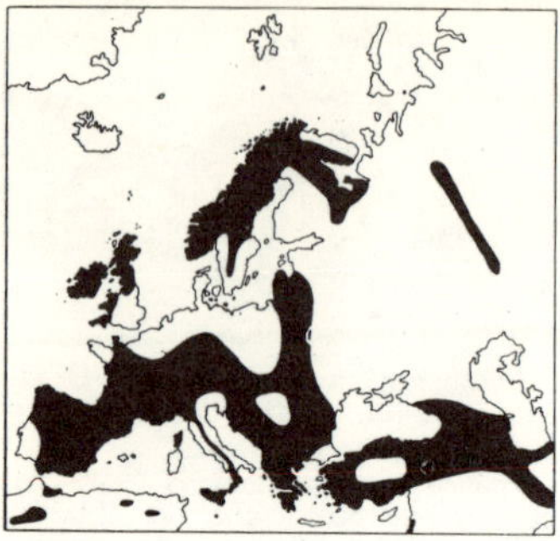

(25,1 mm × 18,5 mm), 2 Bruten, April/Juli.
Unterarten: a) C. c. aquaticus (Bechstein): Europa mit Ausnahme der unter b bis f genannten Gebiete; b) C. c. hibernicus Hartert: Irland, Äußere Hebriden und West-Schottland; c) C. c. gularis (Latham): Orkney-Inseln, übriges Schottland, England u. Wales; d) C. c cinclus (L.): Skandinavien, Finnland, westliche Sowjetunion südwärts bis Nordpolen, Nordwestfrankreich; e) C. c. uralensis Serebrowski: Ural; f) C.c. caucasicus Madarász: Kaukasus.

FAMILIE: Troglodytidae **Zaunkönige**

Kleine kurzschwänzige Vögel mit kurzen, abgerundeten Flügeln, kräftigen Füßen und verhältnismäßig langem dünnem Schnabel. ♂ und ♀ gleich. Standvögel. Eine Art Brutvogel.

GATTUNG: Troglodytes Vieillot s. Tafel S. 119

Zaunkönig
Troglodytes troglodytes (L.)

E Wren
R Крапивник
C Střízlík obecný
F Peukaloinen
P Strzyżyk wole-oczko
U Ökörszem

Kennzeichen: 9,5 cm. Ein kleines, stets munteres Vögelchen mit einem kurzen Stelzschwänzchen. ♂ und ♀ gleichen sich im Aussehen, die Oberseite ist braun, Schwanz, Flügel und Flanken sind verschwommen gebändert, die Unterseite ist fahlbraun. Juv. gleichen den Altvögeln, nur sind sie unterseits dunkel gewölkt.
Stimme: Ein lautes „tit-tit-tit", erregt ein schnarrendes „zerr". Den für die Kleinheit des Vogels erstaunlich laut schmetternden Gesang bekommt man auch im Winter zu hören.
Biotop: Unterholzreiche Waldungen aller Art, gern in der Nähe von Bächen und Wassergräben; auf Island an Gebirgsbächen und mit Felsen und Gesträuch bestandenen Flächen.
Verbreitung: Außer in Europa in Vorderasien, in Mittel- und Ostasien sowie in Nordwestafrika und Nordamerika.

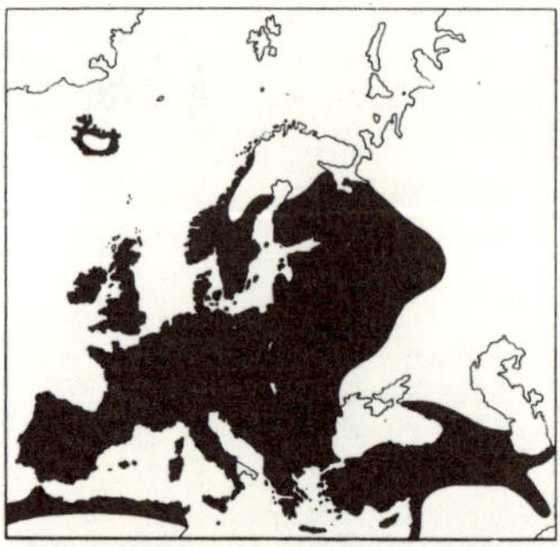

Wanderungen: Überwintert im allgemeinen im Brutgebiet; nordeuropäische Populationen scheinen zu wandern.
Nest und Eier: Kugeliges Moosnest dicht über dem Boden zwischen Wurzeln, in Stammausschlägen und an ähnlichen Plätzen; 5–7 auf weißem Grund fein gefleckte Eier (16,1 mm

× 12,0 mm), 2 Bruten, Ende April/Juli. Kuckuckswirt.
Unterarten: a) T. t. troglodytes (L.): Europa mit Ausnahme der unter b bis l genannten Gebiete; b) T. t. islandicus Hartert: Island; c) T. t. borealis Fischer: Färöer; d) T. t. zetlandicus Hartert: Shetland-Inseln; e) T. t. fridariensis Williamson: Fair-Insel (südlich der Shetland-Inseln); f) T. t. hebridensis Meinertzhagen: Äußere Hebriden; g) T. t. hirtensis Seebohm: St. Kilda (westlich der Äußeren Hebriden); h) T. t. indigenus Clancey: Innere Hebriden, Schottland, England und Irland; i) T. t. koenigi Schiebel: Korsika und Sardinien; j) T. t. kabylorum Hartert: Balearen (und Nordwestafrika); k) T. t. cypriotes (Bate): Kreta, Rhodos (Zypern und Vorderasien); l) T. t. hyrcanus Sarudny & Loudon: Krim, Kaukasus (und Transkaukasien).

FAMILIE: Turdidae — **Drosseln**

Zu dieser umfangreichen Familie gehören die Drosseln, Steinschmätzer, Heckensänger, Wiesenschmätzer, Rotschwänze, Nachtigallen und Rotkehlchen. Knapp sperlingsgroße bis drosselgroße Vögel, ♂♂ und ♀♀ im Gefieder zum Teil verschieden. Jugendkleid gefleckt. Bewohnen Wälder aller Art, Parkanlagen und Gärten, offenes Kulturland, steppenartiges Gelände und öde Felslandschaften. Meist Zugvögel. Nester offen, am oder dicht über dem Boden oder auch höher auf Bäumen, zum Teil auch Höhlen- und Halbhöhlenbrüter. Eier einfarbig oder gefleckt. Ernährung animalisch und vegetabilisch. 44 Arten, davon 26 Arten Brutvögel.

Bestimmungsschlüssel für die Gattungen

1 Drosselgroß 2
1* Unter Drosselgröße 4
2 Ober- und Unterseite schuppenartig gefleckt **Zoothera** S. 378
2* Ober- und Unterseite anders gefleckt 3
3 Schwanzlänge normal **Turdus** S. 378
3* Relativ kurzschwänzig, ♂♂ schieferblau oder mit orangeroter Brust; in felsigem Gelände **Monticola** S. 383
4 Einer kleinen Singdrossel etwas ähnlich, nur Irrgäste **Hylocichla** S. 518
4* Anders aussehend 5
5 Steuerfedern völlig oder nur teilweise trübblau **Tarsiger** S. 392
5* Steuerfedern anders 6
6 Steuerfedern schwarz, beim ♂ Kehle weiß, Brust und Flanken rotbraun **Irania** S. 521
6* Steuerfedern nicht schwarz 7
7 Kopfseiten, Kehle und Brust einfarbig orangerot **Erithacus** S. 396
7* Kopfseiten, Kehle und Brust andersfarbig 8
8 Bürzel und Basis der äußeren Steuerfedern überwiegend weiß **Oenanthe** S. 384
8* Bürzel und Basis der äußeren Steuerfedern nicht überwiegend weiß 9
9 Steuerfedern größtenteils fuchsigrot **Phoenicurus** S. 390
9* Steuerfedern nicht oder höchstens an der Basis rostrot 10
10 Kehle schwarz bzw. schwarzbraun oder rostbraun **Saxicola** S. 389
11 Steuerfedern einfarbig olivbraun **Luscinia** S. 393
11* Steuerfedern olivbraun mit schwarzweißen Enden **Cercotrichas** S. 388

GATTUNG: Zoothera Vigors

s. Tafel S. 121

Erddrossel

Zoothera dauma (Latham)

E White's Trush
R Пестый дрозд
C Drozd Whiteův
F Kultarastas
P Drozd pstry
U Himalájai rigó

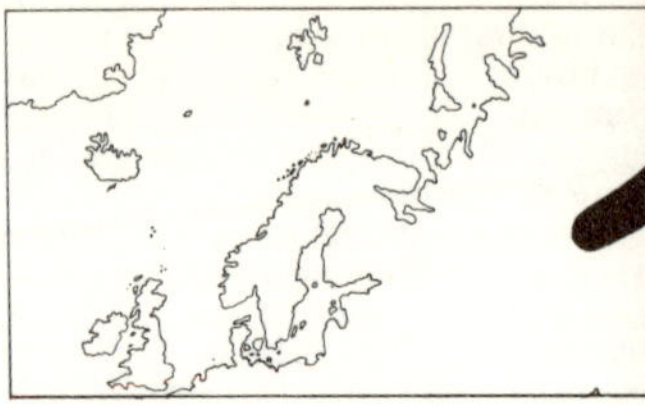

Kennzeichen: 26,5 cm. So groß wie Misteldrossel. Ober- und Unterseite auf gelblich olivbraunem Grund schuppenartig schwarz gefleckt, Flügel und Schwanz schwarzbraun; im Fluge fallen die schwarz-weißen Unterflügel auf. ♂ und ♀ gleichen sich im Gefieder, juv. den ad. sehr ähnlich.
Stimme: Selten zu hören; wird als ein gimpelähnlicher Pfiff beschrieben.
Biotop: Dichte, unterholzreiche Waldungen.
Verbreitung: Brütet am Oberlauf von Petschora und Kama in der nordöstlichen europäischen Sowjetunion und anschließend in einem schmalen Streifen quer durch Westsibirien bis zur Mittleren Tunguska; von da an ostwärts bis zur Mandschurei und Korea.
Wanderungen: Überwintert im südlichen Asien; als Irrgast wiederholt im übrigen Europa westwärts bis zu den Britischen Inseln, den Niederlanden, Belgien und Italien festgestellt.
Nest und Eier: Ein umfangreicher Bau aus Zweigen und Moos, auf Bäumen; 4–5 auf grünlichblauem Grund rötlich gefleckte Eier (32,8 mm × 23,9 mm), wahrscheinlich 2 Bruten, Mitte Mai/Juli.
Unterarten: Z. d. aureus Holandre.

GATTUNG: Turdus Linné

s. Tafel S. 120, 121

Bestimmungsschlüssel

1 Gefieder völlig oder überwiegend schwarz — 2
1* Gefieder nicht schwarz — 3
2 Schwarz mit gelbem Schnabel — **Amsel** ♂ S. 382
2* Schwarz mit weißem (♂) oder schmutzig weißem (♀) halbmondförmigem Brustfleck — **Ringdrossel** S. 381
Anders gefleckt — 4
3 Oberkopf, Nacken und Bürzel grau **Wacholderdrossel** ♂, ♀ S. 379
3* Oberkopf, Nacken und Bürzel nicht grau — 5
4 Oberseite mehr oder weniger olivbraun — 6
4* Oberseite nicht olivbraun — 9
5 Mit rahmfarbenem Überaugenstreif **Rotdrossel** ♂, ♀ S. 380
5* Ohne rahmfarbenen Überaugenstreif — 7
6 Ganze Unterseite gefleckt — 8
6* Nur Kehle und Vorderbrust gefleckt, übrige Unterseite weißlich — **Schwarzkehldrossel** ♀ S. 381
7 Unterflügel ockerfarben — **Singdrossel** ♂, ♀ S. 380
7* Unterflügel weiß, größer als vorige — **Misteldrossel** ♂, ♀ S. 378
8 Kehle und Vorderbrust schwarz, übrige Unterseite weiß — **Schwarzkehldrossel** ♂ S. 381
8* Unterseite dunkelbraun, Kehle und Brust verwaschen gefleckt — **Amsel** ♀ S. 382

Misteldrossel

Turdus viscivorus L.

E Mistle-Thrush
R Деряба
C Brávnik obecný
F Kulorastas
P Paszkot
U Léprigó

Kennzeichen: 26,5 cm. Die größte in Europa brütende Drossel, größer als Singdrossel, von der sie sich durch die

grauere Oberseite, die auf lichterem Grund kräftiger dunkelbraun gefleckte Unterseite und schließlich auch durch die Stimme unterscheidet. Im Gegensatz zu Erd- und Singdrossel hat die Misteldrossel weiße Unterflügel. ♂ = ♀, bei juv. haben die Federn der Oberseite gelblichweiße Längsflecken und schwarze Spitzen und erscheinen dadurch gefleckt, unterseits weiß und nicht gelblichweiß wie bei ad.
Stimme: Lockt und warnt durch ein lautes Schnärren. Der volltönende Gesang erinnert an den der Amsel, die einzelnen Strophen sind jedoch durch kleine Pausen voneinander getrennt.
Biotop: Nadel- und Mischwälder von der Ebene bis ins Gebirge; in Westeuropa mehr in parkartigem Gelände.
Verbreitung: Außer in Europa in Vorder- und Westasien sowie in Nordwestafrika.
Wanderungen: Überwiegend Zugvogel, der in Südwesteuropa und Nordwestafrika überwintert; Februar/März – Mitte Oktober/Anfang November. Westeuropäische Populationen überwintern teilweise im Brutgebiet.

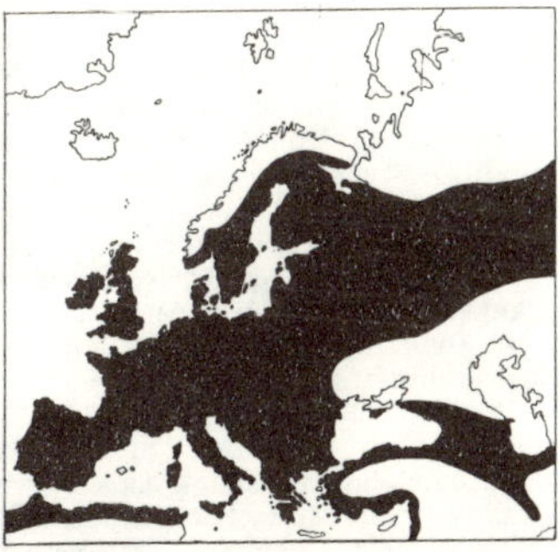

Nest und Eier: Nest meist ziemlich hoch auf Bäumen; umfangreicher Bau aus Reisern, Moos, Halmen u. a., Wände durch feuchte Erde verstärkt; 4–5 auf grünlichem Grund gefleckte Eier (31,2 mm × 22,3 mm), 2 Bruten Ende März/Juni.
Unterarten: a) T. v. viscivorus L.: Europa mit Ausnahme der unter b bis c genannten Gebiete; b) T. v. tauricus Portenko: Krim; c) T. v. deichleri Erlanger: Korsika und Sardinien.

Wacholderdrossel

Turdus pilaris L.

E Fiedlfare
R Рябинник
C Kvičala obecná
F Räkättirastas
P Kwiczoł
U Fenyörigó

Kennzeichen: 25,5 cm. So groß wie eine Amsel. Von den anderen Drosseln leicht an dem schiefergrauen Kopf, Nacken und Bürzel zu unterscheiden. Rücken braun, Schwanz schwärzlich. Im Fluge fallen die hellen Flügelunterseiten auf. Kehle und Brust auf goldbraunem Grund schwarz gefleckt, ebenso die Flanken, übrige Unterseite weiß, ♀ dem ♂ sehr ähnlich; juv. oberseits braun, Bürzel noch mit braunen Feldern durchsetzt, unterseits wie ad., doch stärker gefleckt. Auch zur Brutzeit gesellig.
Stimme: Ein lautes „schack, schack", ferner „terrr terrr"; der Gesang ist ein hartes Gezwitscher und wird meist im Fluge vorgetragen. Von abfliegenden Wacholderdrosseln hört man oft ein gedehntes „zieh".
Biotop: Feldgehölze, lichte Birken- und Kiefernwälder in offenem Gelände, baumbestandene Bachufer, Parkanlagen.
Verbreitung: Die Wacholderdrossel dehnt ihr Brutgebiet weiter nach N, W und S aus; sie wurde neuerdings auf Island, in Schottland, England, Dänemark, in den Niederlanden, in Belgien, Frankreich, am Niederrhein, in Österreich, im nördlichen Jugoslawien, in Oberitalien, in der Schweiz und Rumänien als Brutvogel festgestellt. Außer in Europa im nördlichen Asien.

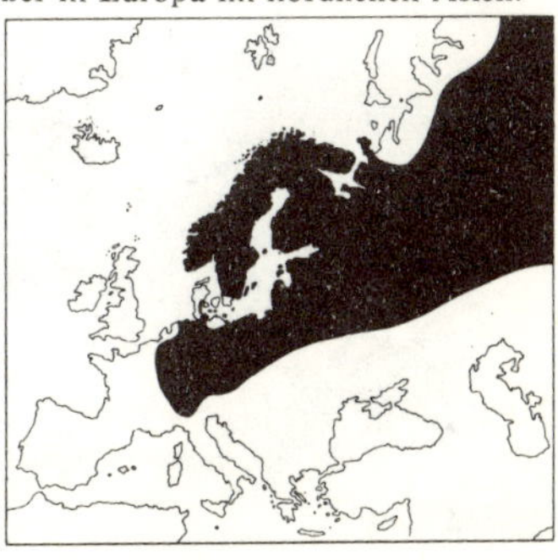

Wanderungen: Überwiegend Zugvogel, der in West- und Südeuropa überwintert, März/April – Oktober. Teilweise auch im Brutgebiet überwinternd, im Oktober Zuzug aus den nördlichen und östlichen Brutgebieten.
Nest und Eier: Nistet in kleinen Kolonien auf Bäumen; Nest und Eier ähnlich wie bei der Amsel (28,8 mm × 20,9 mm), Ende April/Mai.

Singdrossel
Turdus philomelos C. L. Brehm

E Song-Thrush
R Певчий дрозд
C Drozd zpěvný
F Laulurastas
P Drozd śpiewak
U Énekes rigó

Kennzeichen: 23 cm. Etwas kleiner als eine Amsel. ♂ und ♀ oberseits olivbraun, unterseits auf weißlichem Grund schwarzbraun gefleckt. Unterscheidet sich von der Rotdrossel durch Fehlen des rahmfarbenen Überaugenstreifs und rahmgelbliche, nicht kastanienbraune Unterflügel.
Stimme: Lockt „zip“, bei Gefahr „gik gik gik“, ab und zu leise „dag dag“. Gesang volltönend und wechselvoll, kurze Strophen, deren jede zwei- oder mehrmals wiederholt wird und aus denen man Worte wie „Judith, Judith“ heraushören kann.
Biotop: Laub- und Nadelwälder mit dichtem Unterwuchs von der Ebene bis ins Gebirge; Parkanlagen und größere Gärten.
Verbreitung: Außer in Europa in Vorder- und Westasien.

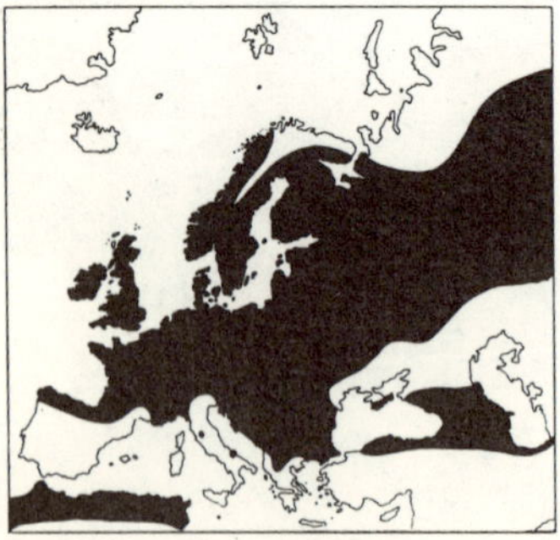

Wanderungen: Überwiegend Zugvogel, der in Südwesteuropa und in Nordwestafrika überwintert, Ende Februar/März – September/Oktober; westeuropäische Populationen überwintern teilweise im Brutgebiet.
Nest und Eier: Nest auf Bäumen und in Sträuchern; aus Reisern, Halmen, Moos gebaut und innen mit Holzmulm glatt ausgestrichen; meist fünf auf blaugrünem Grund schwach sparsam schwarz gepunktete Eier (27,3 mm × 20,4 mm), 2 Bruten, Mitte April/Juli.
Unterarten: a) T. ph. philomelos C. L. Brehm: Europa mit Ausnahme der unter b bis c genannten Gebiete; b) T. ph. hebridensis Clarke: Äußere Hebriden; c) T. ph. clarkei Hartert: Nordwesteuropa (Britische Inseln bis Nordwestfrankreich).

Rotdrossel
Turdus iliacus L.

E Redwing
R Белобровик
C Cvrčala obecná
F Punakylkirastas
P Drozd rdzawoboczny
U Szölörigó

Kennzeichen: 21 cm. Etwas kleiner als eine Singdrossel, der sie sonst recht ähnlich sieht, sich von ihr aber stets durch den rahmweißen Überaugenstreif und die rostroten Achselfedern und Flanken unterscheidet. Juv. sehen, da sie weniger Rostrot an den Flanken haben, juv. Singdrosseln recht ähnlich, sind aber auch dann an dem rahmfarbenen Überaugenstreif als Rotdrosseln zu erkennen.
Stimme: Ein gedehntes „zieh“ und singdrosselähnliche „dack dack“. Der Gesang besteht aus schäckernden und zwitschernden Tönen; aufgeregt schnärren sie ähnlich wie Misteldrosseln, nur nicht so laut.
Biotop: Lichte Birkenwälder, in Skandinavien auch in Parkanlagen.
Verbreitung: Außer in Europa im nördlichen Asien. Ausnahmsweise hat die Rotdrossel auch in Großbritannien, Oberbayern, Österreich (Tirol, Kärnten), in der Niederlausitz und in der Slowakei gebrütet.
Wanderungen: Überwintert in West- und Südeuropa sowie in Nordwestafrika; Mitte März/Mitte April bis

Mitte Oktober/Anfang November; häufiger und regelmäßiger Durchzügler in Mitteleuropa.
Nest und Eier: Nistet bisweilen in kleinen Kolonien; Nester niedrig in Sträuchern oder am Boden; 5–6 Eier (25,8 mm × 19,2 mm), wie kleine Amseleier, Mitte Mai/Juli.
Unterarten a) T. i. coburni Sharpe: Island und Färöer; b) T. i. iliacus L.: Übriges Europa (und Nordasien).

Schwarzkehldrossel
Turdus ruficollis atrogularis Jarocki

E Black-throated Thrush
R Чернозобый дрозд
C Drozd proměnlivý
F Mustakaularastas
P Drozd czarnogardisty
U Feketetorkú rigó

Kennzeichen: 23,5 cm. Das Gegenstück zur Rotkehldrossel (s. S. 518): ♂ statt mit rostroter mit schwarzer Kehle; das ♀ hat eine weißliche Unterseite, Kehle und Oberbrust schwarz gefleckt; Steuerfedern – im Gegensatz zur Rotkehldrossel – ohne alles Rostrot. Juv. ähneln dem ad. ♀.
Stimme: Warnt ähnlich wie Amsel, doch nicht so durchdringend; andere Laute sollen denen der Rotdrossel ähneln; der variationsreiche Gesang besteht aus pfeifenden Tönen und erinnert an den der Singdrossel, doch ohne die Wiederholungen (Popham).
Biotop: Lichte Nadelwälder und deren Ränder, weniger in Misch- und Laubwäldern.

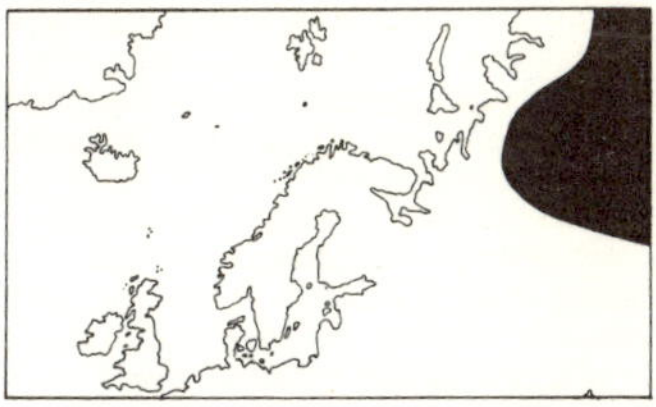

Verbreitung: Brütet am Oberlauf von Petschora und Kama in der östlichen europäischen Sowjetunion, von da an im nördlichen Sibirien ostwärts bis zum Jenissei und zur Untern Tunguska, südwärts bis zum nördlichen Altai.
Wanderungen: Überwintert vereinzelt im Brutgebiet, meist jedoch im südlichen Asien von Iran bis Burma. Wiederholt im übrigen Europa westwärts bis zu den Britischen Inseln, Frankreich und Italien festgestellt.
Nest und Eier: Ähnlich wie ein Amselnest, auf Bäumen; 4–6 amselähnliche Eier (29,1 mm × 21,2 mm), Mitte Mai/Juni.

Ringdrossel
Turdus torquatus L.

E Ring-Ouzel
R Белозобый дрозд
C Kolohřivec horský
F Sepelrastas
P Drozd obrożny
U Örvös rigó

Kennzeichen: 24 cm. Fast so groß wie eine Amsel. Ad. von allen anderen bei uns vorkommenden Drosseln durch einen halbmondförmigen weißen Fleck auf der Brust unterschieden. ♂ rußschwarz; ♀ schwarzbraun, der Brustfleck ist trüber und die Federn der Unterseite haben weißliche Säume. Juv. sehen einer jungen Amsel mit sehr heller Kehle und stärker gefleckter Unterseite ähnlich. Die Unterart alpestris (s. u.) wirkt insgesamt heller, da die Federn bei ♂ und ♀ breitere weiße Säume haben.
Stimme: Lockt mit „tack tack"; Gesang erinnert entfernt an den der Singdrossel, ist jedoch einförmiger und durch kurze schirkende Laute unterbrochen. Von ziehenden R. hört man ein etwas schnarrendes „dscharr" oder „scherr".

Biotop: In Nordeuropa mooriges Gelände und gebüschbestandene und mit Felsblöcken übersäte Berghänge; lichte Nadel- und Laubwälder an der Baumgrenze sowie die Knieholzregion.
Verbreitung: Hat neuerdings auch im Harz, in Belgien und in der Bretagne gebrütet. Außer in Europa nur noch in Transkaukasien und im nördlichen Iran.

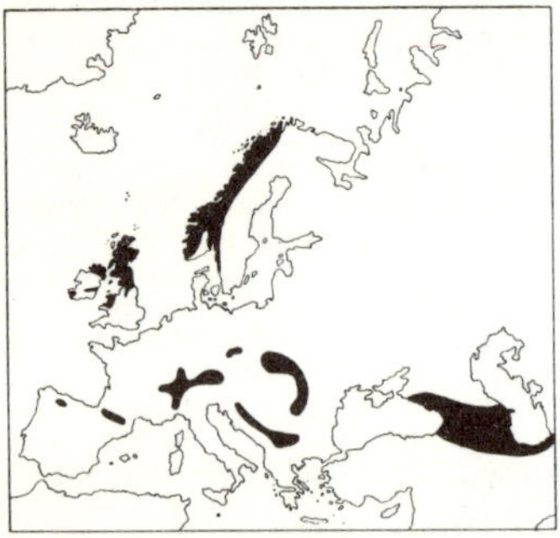

Wanderungen: Überwintert in den Mittelmeerländern; Mitte März/April – September/November; in Westeuropa Durchzug nordischer Ringdrosseln im März/April und Mitte September/ Mitte Oktober.
Nest und Eier: Nester wie Amselnester, in niedrigen Bäumen oder am Boden; 4–5 Eier (30,4 mm × 21,5 mm) Amseleiern sehr ähnlich.
Unterarten: a) T. t. torquatus L.: Irland, Großbritannien und Skandinavien; b) T. t. alpestris (C. L. Brehm): Mittel- und Südeuropa; c) T. t. amicorum Hartert: Kaukasus (und Vorderasien).

Amsel
Turdus merula L.

E Blackbird
R Черный дрозд
C Kos černý
F Mustarastas
P Kos
U Feketerigó

Kennzeichen: 25,5 cm. ♂ schwarz mit gelbem Schnabel, ♀ oberseits einfarbig dunkelbraun, Kehle hellbraun mit dunkler Fleckung, Bauch graubraun. Juv. ähneln dem ♀, sind aber unterseits heller.
Stimme: Lockt mit einem weichen „dag dag“, außerdem hört man ein gedehntes „srieh“. Gesang laut flötend.
Biotop: Möglichst unterholzreiche Wälder aller Art, von der Ebene bis ins Gebirge, Parkanlagen und Gärten; in West- und Mitteleuropa ausgesprochener Kulturfolger.
Verbreitung: Anschließend an das europäische Brutgebiet von Vorder- bis Südostasien sowie in Nordwestafrika.

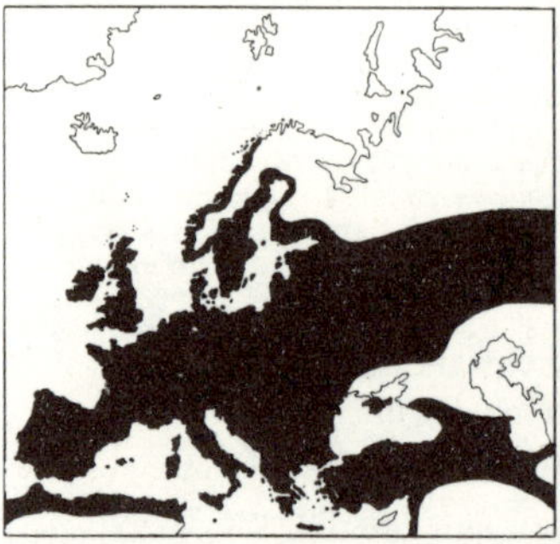

Wanderungen: In Mittel- und Westeuropa größtenteils im Brutgebiet überwinternd, z. T. – besonders Jungvögel – in südwestlicher Richtung abziehend, um in West- bzw. Südwesteuropa zu überwintern. Nord- und osteuropäische Populationen ziehen bis in die Mittelmeerländer.
Nest und Eier: Nest auf Bäumen, Sträuchern, aber auch in Spalieren, in Gartenlauben u. a. Orten; durch eingebaute Erde verfestigter Bau; 4–5 auf grünlichem Grund rostrot gefleckte Eier (28,6 mm × 21,0 mm), 2 Bruten, Anfang April/Juli.
Unterarten: a) T. m. merula L.: Europa mit Ausnahme der unter b genannten Gebiete; b) T. m. aterrimus Madarász: Balkanhalbinsel einschließlich Kreta und Inseln der Ägäis, Krim, südliche Ukraine und Kaukasus.

GATTUNG: Monticola Boie

s. Tafel S. 120

Bestimmungsschlüssel

1 Oberschwanzdecken völlig und Steuerfedern überwiegend rostrot 2

1* Oberschwanzdecken und Steuerfedern nicht rostrot 3

2 Kopf einfarbig aschblau **Steinrötel** ♂ S. 383

2* Kopf grau und gefleckt **Steinrötel** ♀ S. 383

3 Kopf einfarbig schieferblau **Blaumerle** ♂ S. 383

3* Kopf graubraun und gefleckt **Blaumerle** ♀ S. 383

Steinrötel

Monticola saxatilis (L.)

E Rock-Thrush
R Пестрый каменный дрозд
C Drozd skalní
F Kivikkorastas
P Drozd skalny
U Kövirigó

Kennzeichen: 19 cm. Knapp so groß wie eine Singdrossel, kurzschwänzig, daher gedrungen wirkend. ♂ unverkennbar; das ♀ unterscheidet sich von dem der Blaumerle durch rostrote Oberschwanzdecken und Steuerfedern (nur das mittlere Paar ist graubraun); im übrigen oberseits graubraun mit dunklen Schaftstrichen, die rötlichgelben Federn der Unterseite braun gesäumt. Juv. ähneln den ad. ♀.
Stimme: Lockt schmatzend „tack tack", der abwechslungsreiche, volltönende, flötende Gesang wird bisweilen im Balzflug vorgetragen.
Biotop: Sonnige und trockene Felshänge von der Ebene bis ins Gebirge mit möglichst wenig höherer Vegetation; auch in Steinbrüchen und an Ruinen sowie in Weinbergen.
Verbreitung: Außer in Europa in Vorder-, Zentral- und Ostasien sowie in Nordwestafrika.
Wanderungen: Überwintert im tropischen Afrika, April – September. Als Irrgast in Mitteleuropa sowie in England, Dänemark und Norwegen nachgewiesen.
Nest und Eier: Nest aus Halmen, Würzelchen und Moos in Gesteinsspalten; 4–5 meist ungefleckte blaßblaue Eier (26,9 mm × 19,5 mm), Mai/Juni.

Blaumerle

Monticola solitarius (L.)

E Blue Rock-Trush
R Синий каменный дрозд
C Drozd modrý
F Sinirastas
P Modrak
U Kék kövirigó

Kennzeichen: 19,5 cm. Größe und Gestalt wie Steinrötel, das ♂ durch sein fast einfarbig schieferblaues Gefieder unverkennbar; ♀ ohne jedes Rostrot im Gegensatz zum Steinrötel, braungrau, Kehle rostbräunlich, dunkel gefleckt, Federn der übrigen Unterseite dunkelbraun gesäumt, Flügel und Schwanz dunkelbraun. Juv. ähnlich ad. ♀.
Stimme: Lockt tief „tack tack", Gesang ist volltönend und melodisch, die gleichen Strophen werden öfters wiederholt und so erinnert er etwas an den der Misteldrossel. Oft wird der Gesang im Balzflug vorgetragen.
Biotop: Trockene, warme Felshänge mit spärlicher Vegetation, ähnlich Steinrötel. Auch an – meist älteren – Gebäuden in Ortschaften, gelegentlich sogar in Großstädten wie z. B. in Rom.

Verbreitung: Anschließend an das europäische Brutgebiet von Kleinasien bis Südchina.
Wanderungen: Überwiegend Zugvogel dessen europäische Populationen in Nordafrika überwintern; in Südeuropa wahrscheinlich teilweise im Brutgebiet überwinternd. Als Irrgast auf Helgoland, in Niedersachsen und Kärnten nachgewiesen.
Nest und Eier: Wie beim Steinrötel; Eier etwas heller als die des Steinrötels (27,5 mm × 19,7 mm), Ende April/Mai.
Unterarten: M. s. solitarius (L.).

GATTUNG: Oenanthe Vieillot s. Tafel S. 122

Bodenvögel, so groß oder etwas größer als ein Sperling; ♂♂ und ♀♀ meist verschieden. Bewohnen offenes, vegetationsarmes Gelände. Auffällig durch weißen Bürzel und weiße Schwanzwurzel; für die Bestimmung der Arten ist teilweise die Verteilung von Schwarz und Weiß auf den Steuerfedern wichtig. Höhlen- und Halbhöhlenbrüter, teilweise Zugvögel.

Bestimmungsschlüssel

1 Gefieder überwiegend schwarz 2
1* Gefieder nicht überwiegend schwarz 3
2 Schwarz bis schwarzbraun, Aftergegend schwarz **Trauersteinschmätzer** ♂ ♀ S. 387
2* Glänzend blauschwarz, Aftergegend weiß **Sahara-Steinschmätzer** ♂♀ S. 520
3 Schwanz fast ganz schwarz 4
3* Schwanz schwarz und weiß 5
4 Kehle schwarz **Wüstensteinschmätzer** ♂ S. 520
4* Kehle sandfarben **Wüstensteinschmätzer** ♀ S. 520
5 Oberkopf und Rücken hell- (♂) oder dunkel-(♀)aschgrau **Steinschmätzer** S. 384
5* Oberkopf und Rücken nicht aschgrau 6
6 Gefieder fast einfarbig sandfarben **Isabellsteinschmätzer** ♂ ♀ S. 386
6* Gefieder anders 7
7 Rücken schwarz **Nonnensteinschmätzer** ♂ S. 387
7* Rücken nicht schwarz 8
8 Rücken erdbraun **Nonnensteinschmätzer** ♀ S. 387
8* Rücken sandfarben 9
9 Kehle oder Ohrdecken schwarz **Mittelmeersteinschmätzer** ♂ S. 385
9* Kehle gelblichweiß **Mittelmeersteinschmätzer** ♀ S. 385

Steinschmätzer
Oenanthe oenanthe (L.)

E Wheatear
R Обыкновенная каменка
C Bělořit sedý
F Kivitasku
P Białorzytka
U Hantmadár

Kennzeichen: 14 cm. Bürzel und Schwanzwurzel in allen Kleidern weiß, sich scharf gegen die schwarze Endbinde des Schwanzes abhebend. ♂ im Brutkleid Oberkopf, Nacken und Rücken hellgrau, schmaler weißer Überaugenstreif, Zügel und Wangen schwarz, Unterseite rahmfarben. ♀ im Brutkleid oberseits graubraun, unterseits dunkler als ♂. Ruhekleid ähnlich, die schwarzbraunen Handschwingen mit breiten rotbraunen Säumen. Ruhekleid des ♂ ähnlich dem des ♀, doch oberseits teilweise noch grau. Steinschmätzer aus Grönland und Island (leucorhoa) sind etwas größer: ♂ Flügel 103–108 mm, ♀ Flügel 96–104 mm (bei oenanthe ♂ 94–98 mm, ♀ 89–96 mm).
Stimme: Warnt mit einem kurzen Pfiff, dem ein „töck töck" folgt; den Gesang hört man selten, er besteht aus gepreßten und gequetschten Tönen.
Biotop: Ödland aller Art (Bahndämme, Kahlschläge, sandige Felder, Ziegeleien, Sandgruben u. ä.) und steppenartiges Gelände, geröllbedeckte Abhänge im Gebirge.
Verbreitung: Außer in Europa in

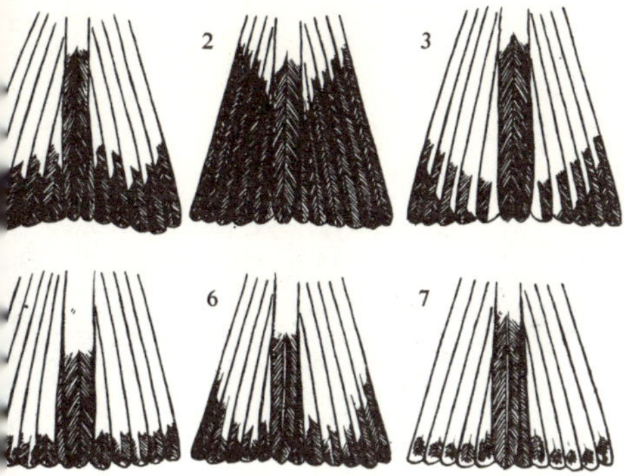

1 Steinschmätzer
2 Wüstensteinschmätzer
3 Mittelmeerschmätzer
4 Isabellsteinschmätzer
5 Nonnensteinschmätzer
6 Trauersteinschmätzer
7 Weißbürzelsteinschmätzer
¼ nat. Gr.

Nordwestafrika, Asien, Nordamerika und Grönland.

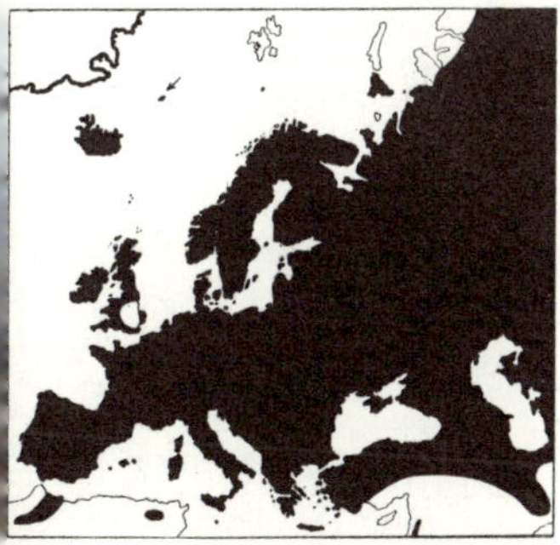

Wanderungen: Überwintert im tropischen Afrika; Ende März/April – Ende August/Oktober. Zu den Zugzeiten besonders in Westeuropa Durchzug von Steinschmätzern aus Grönland und Island.

Nest und Eier: Neststandort sehr verschieden, am oder dicht über dem Boden in Höhlen oder Halbhöhlen aller Art; aus Halmen und reichlich mit Haaren und Federn ausgepolstert; 5–6 blaßblaue Eier (21,2 mm × 15,9 mm), Mai.

Unterarten: a) Oe. oe. oenanthe (L.): Europa (Nordamerika und Asien) mit Ausnahme der unter b genannten Gebiete; b) Oe. oe. leucorhoa (Gmelin): Von Nordost-Kanada bis Grönland, Island, Jan Mayen und Färöer.

Mittelmeersteinschmätzer

Oenanthe hispanica hispanica (L.)

E Western Black-eared Wheatear
R Черноперая каменка
C Bělořit okrověhřbetý
F Rusotasku
P Białorzytka czarnogardlista
U Nyugati középtengeri hantmadár

Kennzeichen: 14,5 cm. Ein rötlich-sandfarbener Steinschmätzer mit schwarzen Flügeln und schwarzweißem Schwanz. Die ♂♂ kommen in 2 Mutanten vor: einer schwarzkehligen und einer weißkehligen (s. S. 122). Dem ♀ fehlt alles Schwarz am Kopf. Vom Steinschmätzer-♂ unterscheidet sich das ♂ der weißkehligen Mutante durch sandfarbenen, nicht grauen Rücken, das gleiche gilt für die Unterscheidung der ♀♀ beider Arten. Die ♀♀ vom Mittelmeer- bzw. Gilbsteinschmätzer und Nonnensteinschmätzer sind im Felde kaum zu unterscheiden; über die Unterschiede s. Nonnensteinschmätzer.

Stimme: Gesang erinnert an den von Oe. oenanthe, oft werden Stimmen anderer Vögel nachgeahmt. In Nestnähe kratzender Warnruf, dem bisweilen ein Pfiff folgt.

Biotop: Steiniges, trockenes und vegetationsarmes Gelände in der Ebene wie in niederen Gebirgslagen, auch in

Erosionsschluchten und trockenen Flußbetten.
Verbreitung: Außer in Europa in Nordwestafrika bzw. Vorderasien.

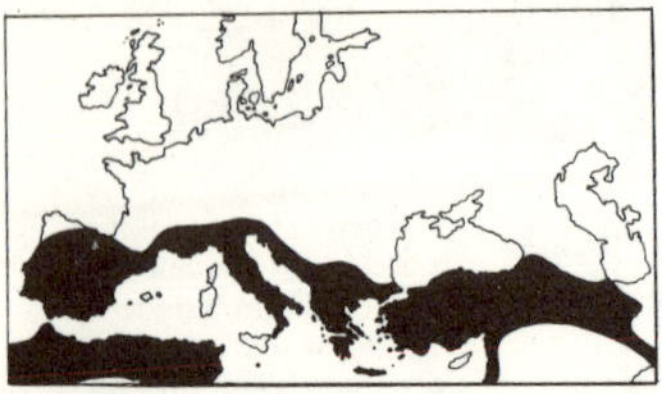

Wanderungen: Überwintert im tropischen Westafrika; als Irrgast auf den Britischen Inseln, auf Helgoland, in den Niederlanden, in Schweden und in der Schweiz nachgewiesen.
Nest und Eier: Nistet in Höhlen bzw. Halbhöhlen; 4–5 blaugrüne, schwach rostrot gefleckte Eier (19,5 mm × 15,0 mm), wahrscheinlich 2 Bruten, Mai/Juli.
Unterarten: a) Oe. h. hispanica (L.): Westliches Mittelmeergebiet ostwärts bis Mittelitalien, Nordwest-Jugoslawien und Sizilien; b) Oe. h. melanoleuca (Güldenstädt): anschließend an hispanica in Südosteuropa (s. unten).

Gilbsteinschmätzer
Oenanthe hispanica melanoleuca (Güldenstädt)

E Eastern Black-eared Wheatear
R Кавказкая черноneгая каменка
C Bělořit okrový balkánský
U Keleti középtengeri hantmadár

Kennzeichen: 14,5 cm. Sehr ähnlich dem Mittelmeersteinschmätzer; die Unterschiede zwischen beiden Unterarten sind folgende: Beim ♂ der weißkehligen Mutante ist das Schwarz an Stirn und Zügeln ausgedehnter, bei der schwarzkehligen Mutante reicht das Schwarz weiter nach unten. Oberkopf, Nacken und Rücken vielfach mit weißen Federn durchsetzt, bisweilen fast rein weiß (auch im Ruhekleid heller). Die ♀♀ beider Unterarten sehr ähnlich und bisweilen nicht zu unterscheiden; gewöhnlich ist das Gilbsteinschmätzer-♀ dunkler braun und nicht sandfarben. Juv. beider Unterarten nicht zu unterscheiden.
Stimme: Wie Oe. h. hispanica.
Biotop: Wie Oe. h. hispanica.
Verbreitung: s. Karte.
Wanderungen: Überwintert im tropischen Ostafrika und im Sudan; als Irrgast in England, in den Niederlanden, auf der Kurischen Nehrung (Kurskaja kosa), in Lettland, Norwegen, Rumänien und auf Malta nachgewiesen.
Nest und Eier: Wie Oe. h. hispanica; die Eier meist etwas stärker gefleckt (18,9 mm × 14,9 mm), Ende April/Juni.
Unterarten: s. oben.

Isabellsteinschmätzer
Oenanthe isabellina (Temminck)

E Isabelline Wheatear
R Каменка-плясунья
C Bělořit hnědokřídlý
F Arotasku
P Białorzytka płowa
U Pusztai hantmadár

Kennzeichen: 16,5 cm. Etwas größer als unser Steinschmätzer. Gesamteindruck fahl sandfarben, unterseits heller. ♂ und ♀ fast gleich, die Schwarzweiß-Zeichnung der Steuerfedern wie bei Oe. oenanthe. Kann leicht mit sehr blassen ♀♀ oder juv. ♂♂ von Oe. oe. leucorhoa verwechselt werden, doch sind beim Isabellsteinschmätzer die Ohrdecken nicht so dunkel wie bei diesem und der Schnabel ist länger.
Stimme: Nach Knötzsch sehr vielfältig; das Lied besteht neben gepreßten Lauten auch aus schönen Pfeiftönen und erinnert teilweise an das der Kappenammer. Bezeichnend ist ein lauter, wie „huit" klingender Pfiff, dem der Pfeifente täuschend ähnlich.
Biotop: Steppen und steinige Ebenen.

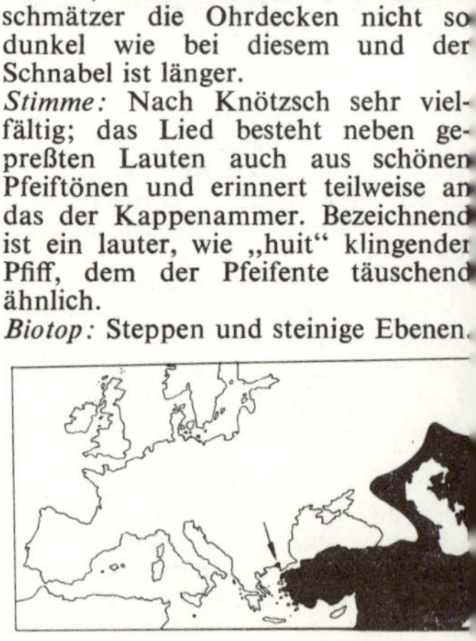

Verbreitung: Anschließend an das europäische Brutvorkommen in Vorderasien sowie im mittleren Asien ostwärts bis zur nordwestlichen Mongolei. Wurde 1962 als Brutvogel für Griechenland nachgewiesen, nachdem er hier schon früher wiederholt beobachtet worden war. Vermutlich Brutvogel an der südlichen bulgarischen Schwarzmeerküste. Für Rumänien als Brutvogel nachgewiesen.
Wanderungen: Überwintert in Ostafrika und im südlichen Asien von Arabien bis Nordwest-Indien. Wurde als Irrgast in Norwegen, Finnland, England, Frankreich, Italien und auf Malta festgestellt. Ende März/Anfang April – Mitte August/September.
Nest und Eier: Nistet in Löchern, mit Vorliebe in verlassenen Bauen kleinerer Säugetiere; 4–6 blaßblaue Eier (22,2 mm × 16,6 mm), April/Mai.

Nonnensteinschmätzer

Oenanthe pleschanka (Lepechin)

E Pied-Wheatear
R Плешанка
C Bělořit bělohlavý
F Nunnatasku
P Białorzytka łysak
U Apácahantmadár

Kennzeichen: 14 cm. So groß wie Oe. oenanthe. Das ♂ unterscheidet sich von anderen Steinschmätzern durch sein auffallendes schwarzweißes Gefieder. Dagegen ist es schwierig, die ♀♀ vom Nonnen- und Gilbsteinschmätzer im Felde zu unterscheiden. Beim Nonnensteinschmätzer ist die Oberseite mehr erdbraun, beim Gilbsteinschmätzer hingegen sandfarben. Da die beiden Arten jedoch nur in einem beschränkten Areal nebeneinander vorkommen, so sind Verwechslungen der ♀♀ beider Arten kaum möglich. Die juv. beider Arten können dagegen nicht mit Sicherheit unterschieden werden.
Stimme: Lockruf rauh „säck säck"; Gesang sehr variabel, manchmal lerchenähnlich, mit Pfeiflauten und Stimmen anderer Vögel durchsetzt; wird von einem erhöhten Platz aus oder im Fluge vorgetragen.
Biotop: Steppenartiges Gelände, grasbewachsene steinübersäte Hänge, Erosionsrinnen und Steilwände an Flüssen.
Verbreitung: Außer in Europa im gesamten Innerasien ostwärts bis zur Mongolei.

Wanderungen: Überwintert in Nordostafrika. Irrgast in Finnland, Großbritannien, auf Helgoland und Wangerooge, in Ungarn und Italien.
Nest und Eier: Nistet in Höhlungen aller Art (in Uferwänden, unter Steinhaufen u. dgl.), 4–6 auf hellgrünlichblauem Grund schwach rostrot gefleckte Eier (19,3 mm × 15,1 mm), Mai.
Unterarten: Oe. p. pleschanka (Lepechin).

Trauersteinschmätzer

Oenanthe leucura (Gmelin)

E Black Wheatear
R Чернобрюхая каменка
C Bělořit hnědý
F Mustatasku
P Białorzytka żałobna
U Kormos hantmadár

Kennzeichen: 18 cm. Größer als Oe. oenanthe. Unterscheidet sich von den anderen Steinschmätzern durch überwiegend schwarzes (♂) oder schwarzbraunes (♀) Gefieder. Vom Weißbürzelsteinschmätzer unterscheidet sich der Trauersteinschmätzer durch schwarze – nicht weiße – Aftergegend. Königstedt weist darauf hin, daß Weißbürzelsteinschmätzer zumindest im Sommerhalbjahr in jedem Alter einen weißen Bauch haben, der beim Trauersteinschmätzer im Brutkleid schwarz und im Ruhekleid grau ist. Bürzel-, Ober- und Unterschwanzdecken weiß, ebenso die Steuerfedern mit Ausnahme des mittleren Paares und der Endbinde (s. Diagramm).
Stimme: Die kurze schwätzende Strophe erinnert an die der Blau-

merle, ist jedoch nicht so laut; sie beginnt und endet mit knarrenden Tönen. Warnruf „tschek tschek".
Biotop: Trockene, vegetationsarme Felslandschaften, besonders im Gebirge, geröllbedeckte Abhänge, teilweise auch an felsigen Steilküsten.
Verbreitung: Anschließend an das

europäische Brutgebiet im nordwestlichen Afrika.
Wanderungen: Überwintert im Brutgebiet; als Irrgäste wurden beide Unterarten auf den Britischen Inseln festgestellt. Oe. l. leucura außerdem noch in Bayern, an der Emsmündung, in den Niederlanden und in der Schweiz sowie in Norwegen und Bulgarien.
Nest und Eier: Nistet in Höhlungen aller Art; gewöhnlich ist vor dem Nesteingang ein kleiner Wall aus zusammengetragenen Steinchen errichtet; 4–6 auf bläulichweißem Grund fein rostrot gefleckte Eier (24,5 mm × 17,8 mm), April/Mai.
Unterarten: a) Oe. l. leucura (Gmelin): s. Karte; b) Oe. l. syenitica (Heuglin): Nordwestafrika.

GATTUNG: Cercotrichas Boie

s. Tafel S. 126

Heckensänger
Cercotrichas galactotes (Temminck)

E Rufous Warbler
R Рыжехвостая славка
C Pěvec ryšavý
F Ruostekerttu
P Pokrzewky rdzawoczerwona
U Tüskebujkáló

Kennzeichen: 15 cm. Fällt am Brutplatz sofort auf, wenn er auf der Spitze eines Strauches sitzt und den

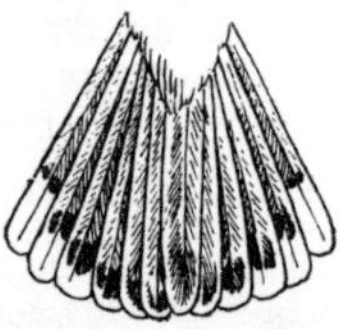

¼ nat. Größe

gerundeten braunroten Schwanz fächerförmig spreizt und nach oben stelzt; dabei werden die schwarzweißen Enden der Steuerfedern sichtbar (nur das mittelste Paar ist einfarbig). Außerdem fällt der rahmfarbene Überaugenstreif auf. Im übrigen oberseits rötlichbraun, unterseits rahmfarben, rötlichbraun überflogen. Bei der südosteuropäischen Unterart (s. u.) sind Ober- und Unterseite mehr graubraun.

Stimme: Lockt schnalzend „tak tak", der Gesang ist eine Mischung von grasmückenartig schwätzenden und flötenden Tönen und besteht aus einer kurzen, ansteigenden Strophe.
Biotop: Offenes, trockenes mit Buschwerk durchsetztes Ödland, Opuntien- und Agavenhecken, auch Weinfelder und Ölbaumhaine.
Verbreitung: Außer in Europa von Nordafrika bis Südwestasien sowie in Afrika südlich der Sahara vom Senegal bis Äthiopien.

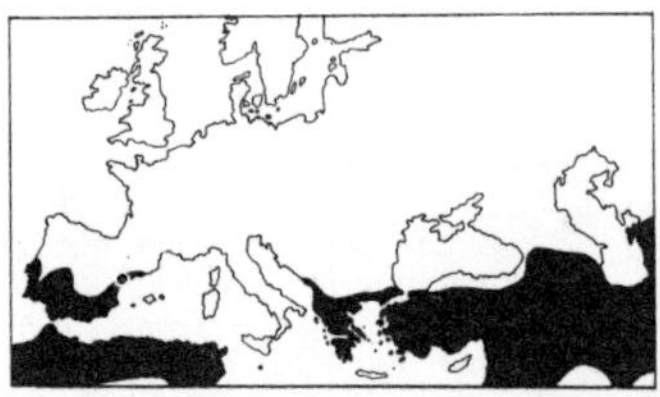

Wanderungen: Überwintert in Afrika südlich der Sahara. Ende April/Anfang Mai – Ende August/September. Heckensänger wurden einigemale im übrigen Europa als Irrgäste nachgewiesen. C. g. galactotes in Italien und Großbritannien, C. g. syriacus ebenfalls in Italien, bei den 3 in der BRD (davon 2 auf Helgoland) nachgewiesenen Heckensängern ist nicht mehr

feststellbar, zu welcher Unterart sie gehörten. 1970 Erstnachweis für die Schweiz und 1974 für Rumänien.
Nest und Eier: Locker gebautes Nest niedrig in dichten Sträuchern; 4–5 auf grünlichgrauem Grund dicht gefleckte Eier (22,4 mm × 16,4 mm), Mitte Mai/Anfang Juni.
Unterarten: a) C. g. galactotes (Temminck): Iberische Halbinsel; b) C. g. syriacus (Hemprich & Ehrenberg): Südosteuropa.

GATTUNG: Saxicola Bechstein s. Tafel S. 123

Bestimmungsschlüssel

1 Kehle schwarz oder schwarzbraun 2
1* Kehle rostbraun 3
2 Kopf und Kehle schwarz **Schwarzkehlchen** ♂ S. 389
2* Kopf dunkelbraun, Kehle schwarzbraun **Schwarzkehlchen** ♀ S. 389
3 Flügel mit Weiß **Braunkehlchen** ♂ S. 390
3* Flügel ohne Weiß **Braunkehlchen** ♀ S. 390

Schwarzkehlchen
Saxicola torquata (L.)

E Stonechat
R Черноголовый чекан
C Bramborníček černohlavý
F Mustapäätasku
P Opocznik czarnogłowy
U Cigánycsuk

Kennzeichen: 12,5 cm. Sitzt gern auf erhöhten Plätzen (Büsche, Telegraphendrähte u. a.), wobei es mit den Flügeln zuckt und den Schwanz spreizt. ♂ unverkennbar: schwarzer Kopf, weiße Flecke an den Halsseiten und auf den Flügeln. Vom Braunkehlchen in allen Kleidern durch die mehr oder weniger schwarze Kehle unterschieden. ♀ matter gefärbt: Kehle schwarzbraun, weißer Fleck an den Halsseiten nur angedeutet; hat im Gegensatz zum Braunkehlchen keinen weißen Überaugenstreif. Juv. ähnlich ad. ♀.
Stimme: Lockt und warnt mit „fit, kr-kr"; Gesang besteht aus kurzen, wenig abwechslungsreichen Strophen und erinnert an den des Braunkehlchens; bisweilen sind es nur oft wiederholte klare Pfiffe, die wie „wid wid . . ." klingen.
Biotop: Offenes und trockenes, von Wiesen und Buschwerk unterbrochenes Gelände, besonders in der Ebene und im Hügelland. Bevorzugt im Gegensatz zum Braunkehlchen mehr unkultiviertes Gelände. Bisweilen kommen beide Arten nebeneinander vor.
Verbreitung: Seit 1974 brütet das Schwarzkehlchen in Norwegen. Außer in Europa in großen Teilen Asiens und Afrikas. In Mitteleuropa vor allem im Westen und Nordwesten.

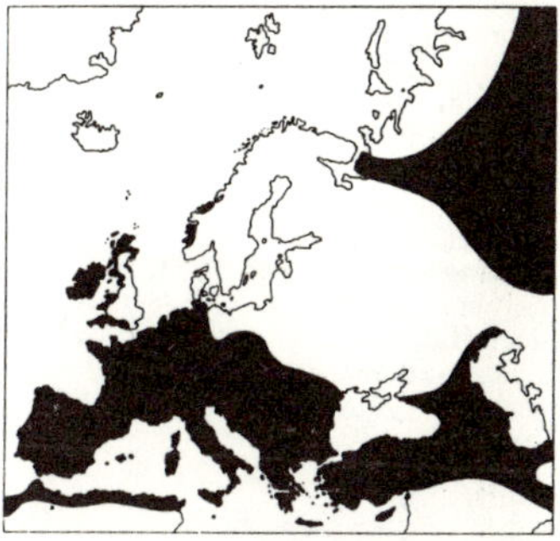

Wanderungen: West- und südeuropäische Populationen überwintern im Brutgebiet, die östlichen Populationen sind überwiegend Zugvögel, die im Mittelmeergebiet überwintern; Ende Februar/März – Mitte September/Oktober. S. t. maura wurde als Irrgast für Großbritannien, Irland, Norwegen und Dänemark nachgewiesen.
Nest und Eier: Gut gedeckt am Boden; 5–6 auf graugrünem Grund fein rostrot gefleckte Eier (18,9 mm × 14,4 mm), 2 Bruten, April/Juli.
Unterarten: a) S. t. rubicola (L.): Europa mit Ausnahme der unter b bis d genannten Gebiete; b) S. t. hibernans (Hartert): Britische Inseln und Küstengebiete Portugals; c) S. t. variegata (Gmelin): Kaukasus und Nord-

rand des Kaspischen Meeres; d) S. t. maura (Pallas): Nordöstliche Sowjetunion.

Braunkehlchen
Saxicola rubetra (L.)

E Whinchat
R Луговой чекан
C Bramborníček hnědý
F Pensastasku
P Opocznik białobrwisty
U Rozsdás csuk

Kennzeichen: 12,5 cm. Sitzt gern auf einem erhöhten Platz wie z. B. auf der Spitze einer Staude oder eines Busches. Unterscheidet sich in allen Kleidern vom Schwarzkehlchen durch einen beim ♂ deutlichen, beim ♀ und juv. weniger deutlich ausgeprägten Überaugenstreif und das Fehlen von Schwarz an der Kehle. Oberseite schwarzbraun mit rostbraunen Säumen, Zügel und Ohrdecken dunkelbraun und weiß eingefaßt, beim ♀ ähnlich, jedoch heller. Kehle und Brust hell rostbraun, übrige Unterseite hell rahmfarben. ♂ mit, ♀ ohne Weiß auf den Flügeln.
Stimme: Lockt mit „dü – teck teck", Gesang besteht aus pfeifenden und rauhen Tönen und erinnert an den des Hausrotschwanzes; oft werden Laute anderer Vögel täuschend nachgeahmt. Juv. rufen unablässig „dscherr".

Biotop: Feuchte, gebüschbestandene Wiesen, an Bahndämmen und Landstraßen mit Graswuchs und einzelnen Büschen, auch auf nicht zu trockenen Heiden und Mooren. Kann mit dem Schwarzkehlchen im gleichen Biotop vorkommen, bevorzugt aber dann die feuchteren Stellen.
Verbreitung: Außer in Europa in Westsibirien und Südwestasien.

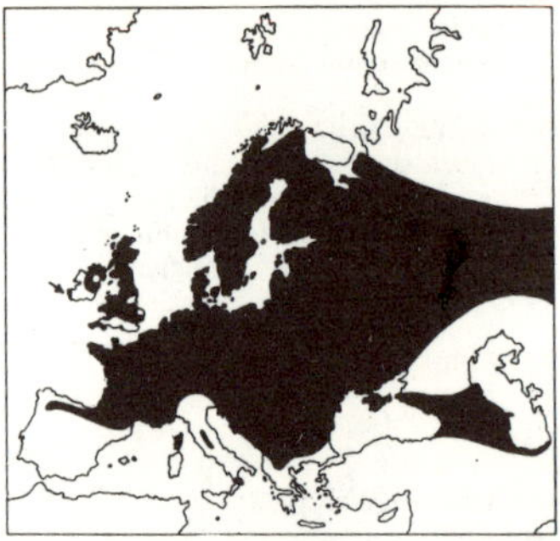

Wanderungen: Zahlreicher Durchzügler. Überwintert in Afrika südlich der Sahara; ausnahmsweise auch im Brutgebiet (Schweiz). Ende April/Anfang Mai – August/September.
Nest und Eier: Gut gedeckt am Boden; meist 6 tief blaugrüne Eier (19,2 mm × 14,8 mm), Mitte Mai/Juni. Gelegentlich Kuckuckswirt.

GATTUNG: Phoenicurus Forster s. Tafel S. 123

Bestimmungsschlüssel

1 Gefieder überwiegend schieferschwarz **Hausrotschwanz** ♂ S. 391
1* Gefieder nicht überwiegend schieferschwarz 2
2 Oberkopf rahmweiß, Rücken mattschwarz **Güldenstädts-Rotschwanz** ♂ S. 392
2* Oberkopf und Rücken anders 3
3 Stirn weiß, Rücken hellgrau **Gartenrotschwanz** ♂ S. 390
3* Stirn und Rücken anders 4
4 Schwanz mit dunkler Endbinde **Güldenstädts-Rotschwanz** ♀ S. 392
4* Schwanz ohne Endbinde 5
5 Oberseite matt graubraun **Gartenrotschwanz** ♀ S. 390
5* Oberseite düster aschgrau **Hausrotschwanz** ♀ S. 391

Gartenrotschwanz
Phoenicurus phoenicurus (L.)

E Redstart
R Горихвостка-лысушка
C Rehek zahradní
F Leppälintu
P Pleszka
U Kerti roszdafarkú

Kennzeichen: 14 cm. ♂ unverkennbar: Oberkopf und Rücken grau, Stirn weiß, Kopfseiten und Kehle schwarz, Brust und Flanken orangerötlich. Das ♀ ist oberseits verwaschen graubraun, unterseits hell rotbraun und nie so dunkel wie das düster graubraune ♀ des Hausrotschwanzes. ♂ und ♀ gemeinsam ist der stets zitternde rostrote Schwanz und Bürzel.
Stimme: Lockt „fuid", dem oft ein oder mehrere „tek" folgen, besonders in der Erregung; der klangvolle Gesang ist individuell verschieden, oft mit Lauten anderer Vogelarten vermischt und beginnt stets mit einem etwas längerem Ton, dem zwei kürzere folgen.
Biotop: Lichte Laub-, Misch- und auch Nadelwälder (mit Ausnahme reiner Fichtenbestände), die genügend Unterholz aufweisen; ferner Parkanlagen und Gärten.
Verbreitung: Seit 1968 sehr starker Rückgang in fast ganz Europa. Außer in Europa in Asien ostwärts bis zum Baikalsee, in Vorderasien sowie in Nordwestafrika.

Wanderungen: Überwintert in Südarabien und im tropischen Afrika; April – September/Anfang Oktober.
Nest und Eier: Nistet in Höhlen und Halbhöhlen aller Art; Nest aus Moos, Halmen, Blättern u. a. gebaut und meist mit Federn ausgepolstert; 6–7 einfarbig blaugrüne Eier (18,7 mm × 13,8 mm), 2 Bruten, Mai/Juli. Kuckuckswirt.
Unterarten: a) Ph. ph. phoenicurus (L.): Europa mit Ausnahme der unter b genannten Gebiete; b) Ph. ph. samamisicus (Hablizl): Krim, Kaukasus (und Vorderasien). Nordwest-Griechenland.

Hausrotschwanz

Phoenicurus ochruros (Gmelin)

E Black-Redstart
R Горихвостка-чернушка
C Rehek domáci
F Mustaleppälintu
P Kopciuszek
U Házi rozsdafarkú

Kennzeichen: 14 cm. ♂ düster schieferschwarz mit weißem Flügelspiegel (der jedoch jüngeren, bisweilen schon brütenden ♂♂) fehlt, ♀ unterseits graubraun, nicht hellrotbraun wie das ♀ des Gartenrotschwanzes. Beiden gemeinsam ist der fuchsigrote Schwanz, der sich in ständig zitternder Bewegung befindet. Juv. gleichen weitgehend dem ♀.
Stimme: Lockt unter fortwährendem Knixen „huid tze, huid tze tze tze", erregt „fuid teck teck". Gesang anspruchslos und eigentümlich scheuernd.
Biotop: Ursprünglich felsiges, sonniges Gelände bis ins Hochgebirge; außerdem in Siedlungen, selbst inmitten von Großstädten; hier fand die Art in den Nachkriegsjahren in den zerbombten Gebäuden geeignete Nistmöglichkeiten.
Verbreitung: Außer in Europa von Vorder- bis Zentralasien sowie in Nordwestafrika. Seite Mitte des 19. Jahrhunderts hat die Art ihr Brutareal in Europa in nördlicher und nordwestlicher Richtung ständig erweitert und ist noch im Vordringen begriffen.
Wanderungen: West- und südeuropäi-

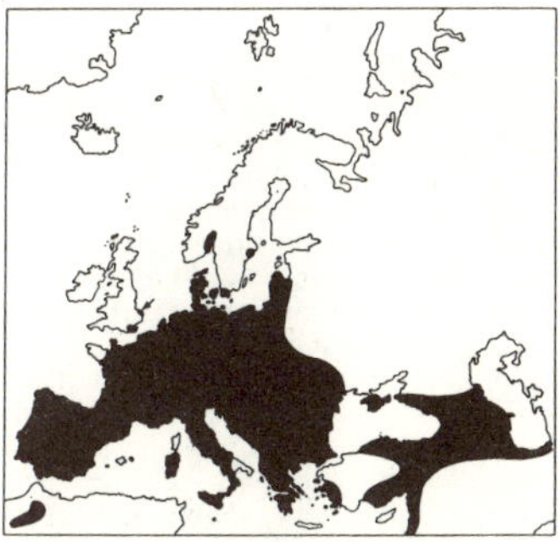

sche Populationen sind Standvögel; die übrigen Zugvögel, die in den Mittelmeerländern und in Nordafrika überwintern; März – Oktober.
Nest und Eier: Nest in Höhlen und Nischen aller Art; meist 5 weiße Eier (19,4 mm × 14,4 mm), 2 Bruten, Mitte April/Juli.
Unterarten: a) Ph. o. gibraltariensis (Gmelin): Europa mit Ausnahme der unter b bis c genannten Gebiete; b) Ph. o. aterrimus v. Jordans: Portugal, Zentral- und Südspanien; c) Ph. o. ochruros (Gmelin): Kaukasus.

Güldenstädts Rotschwanz

Phoenicurus erythrogaster (Güldenstädt)

E Güldenstädt's Redstart
R Кавказская краснобрюхая горихвостка
C Rehek bělotemenný
F Valkopääleppälintu
U Güldenstädt rozsdafarkuja

Kennzeichen: 17,5 cm. ♂: Oberkopf und Genick rahmweiß, Stirn, Kopf- und Halsseiten, Rücken, Oberflügeldecken, Kinn, Kehle und Kropf mattschwarz, übrige Unterseite lebhaft kastanienbraun, ebenso Bürzel und Schwanz; Flügel auffallend schwarzweiß; ♀: oberseits und Flügel graubraun (ohne Weiß), Unterseite heller, rötlich überflogen.
Biotop: Felshänge im Hochgebirge, alpine Tundren und steinige Hochsteppen.
Verbreitung: Vom mittleren Kaukasus bis Zentralasien.

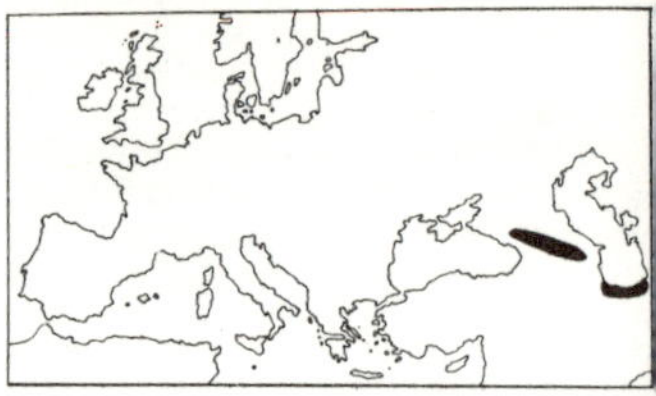

Wanderungen: Überwintert im Brutgebiet und sucht im Winter tiefere Lagen auf.
Nest und Eier: Nistet in Felsspalten; Eier auf rahmweißem Grund rostrot gefleckt (22,2 mm × 16,2 mm), Mai/Juni.
Unterarten: Ph. e. erythrogaster (Güldenstädt): Mittlerer Kaukasus (bis Transkaukasien).

GATTUNG: Tarsiger Hodgson

s. Tafel S. 124

Blauschwanz

Tarsiger cyanurus (Pallas)

E Red-flanked Bluetail
R Синехвостка
C Modruška sibiřská
F Sinipyrstö
U Kékfarku

Kennzeichen: 14 cm. Größe, Gestalt und Verhalten wie Gartenrotschwanz. Beim ♂ sind Oberseite einschließlich Schwanz, Kopf- und Halsseiten trübblau. Der von der Schnabelwurzel bis übers Auge hinausreichende Überaugenstreif zunächst weiß, dann blau. Brustseiten lebhaft rostbraun, übrige Unterseite einschließlich der Unterflügeldecken rahmfarben. ♀ oberseits olivbraun, Bürzel, Oberschwanzdekken und die Außenfahnen der braunen Steuerfedern trüb blau. Um das Auge ein bräunlichweißer Ring. Unterseite wie beim ♂, Kropfgegend jedoch bräunlich. Juv. wie ad. ♀.
Stimme: Lockt „teckteck, teckteck", dem gelegentlich ein „errr" angehängt wird; der eindrucksvolle Gesang ist ungewöhnlich laut und klingt ungefähr wie „titi triliyy-tiliyy lilili" (Hildén).
Biotop: Sumpfige, mit Fichten und Tannen bestandene Wälder.
Verbreitung: Anschließend an das europäische Brutvorkommen im

nördlichen Asien ostwärts bis Kamtschatka und Japan sowie Zentralasien. *Wanderungen:* Überwintert in Südostasien; als Irrgast in Großbritannien in den Niederlanden, Norwegen, in Schweden, in der BRD (Helgoland, Insel Mellum, Oberfranken), in der DDR (Mecklenburg), in Italien sowie auf Zypern nachgewiesen.
Nest und Eier: Am Boden, ähnlich wie Rotkehlchen; 3–6 auf bläulichweißem Grund fein braun gefleckte Eier (17,8 mm × 13,8 mm), Juni.
Unterarten: T. c. cyanurus (Pallas)

GATTUNG: Luscinia Forster s. Tafel S. 124

Bestimmungsschlüssel

1 Schwanz einfarbig rotbraun 2
1* Schwanz an der Wurzel rötlichbraun 5
2 Kehle scharlachrot
Rubinkehlchen ♂ S. 395
2* Kehle nicht scharlachrot 3
3 Kopf braun mit weißem Überaugenstreif
Rubinkehlchen ♀ S. 395
3* Kopf ohne Überaugenstreif 4
4 Unterseite fast einfarbig trübweiß bis graubraun
Nachtigall ♂♀ S. 393
4* Unterseite ebenso, doch Kropfgegend dunkel gewölkt
Sprosser ♂♀ S. 394
5 Kehle blau mit weißem oder rotem Stern
Blaukehlchen ♂ S. 394
5* Kehle überwiegend rahmfarben, vielfach ohne Blau
Blaukehlchen ♀ S. 394

Nachtigall
Luscinia megarhynchos C. L. Brehm

E Nightingale
R Западный соловей
C Slavik obecný
F Etelänsatakieli
P Słowik rdzawy
U Kisfülemüle

Kennzeichen: 16,5 cm. Macht sich meist durch ihren eindrucksvollen und unverkennbaren Gesang bemerkbar. Gefieder oberseits rötlichbraun, Oberschwanzdecken und Schwanz rotbraun, Kehle weißlichgrau, übrige Unterseite blaß gräulichbraun. Juv. gefleckt, im Gegensatz zu juv. Rotkehlchen mit rötlichbraunem Schwanz. Vom Sprosser unterscheidet sich die Nachtigall durch die nicht gewölkte Brust, von anderen bräunlichen Vögeln etwa gleicher Größe durch den rostbraunen Schwanz.
Stimme: Lockt mit „hüit“, beunruhigt läßt sie ein tiefes „karr“ hören. Der Gesang gehört zu den schönsten Vogelliedern; nach einigen Vortönen verfällt die Nachtigall in einen Hauptton, der in längerer oder kürzerer Reihe wiederholt wird.
Biotop: Nicht zu trockene, lichte Laubwälder mit dichtem Unterholz; Parkanlagen und größere Gärten mit genügend Buschwerk; vor allem in der Ebene und im Hügelland.
Verbreitung: Außer in Europa im südwestlichen Asien und in Nordwestafrika.

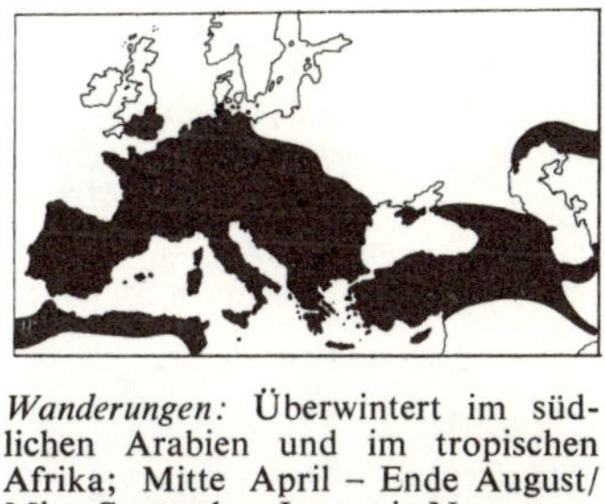

Wanderungen: Überwintert im südlichen Arabien und im tropischen Afrika; Mitte April – Ende August/Mitte September. Irrgast in Norwegen. L. m. hafizi wurde zweimal in Schweden sowie einmal in Schottland (Fair-Insel) fesgestellt und damit erstmalig für Europa nachgewiesen.
Nest und Eier: Nest unmittelbar am oder dicht über dem Boden; meist 5 olivbraune Eier (21,0 mm × 15,6 mm), Mai/Juni.
Unterarten: a) L. m. megarhynchos C. L. Brehm: Europa mit Ausnahme der unter b bis c genannten Gebiete;

b) L. m. hafizi Sewertzow: Vom Wolga-Delta an ostwärts; c) L. m. africana (Fischer & Reichenow): Krim, Kaukasus (und Teile Vorderasiens).

Sprosser

Luscinia luscinia (L.)

E Thrush Nightingale
R Восточный соловей
C Slavik uherský
F Satakieli
P Słowík szary
U Nagyfülemüle

Kennzeichen: 16,5 cm. Ähnlich Nachtigall, oberseits rötlichbraun, unterseits grauweißlich, Kropfgegend jedoch im Gegensatz zur Nachtigall gewölkt. Juv. gefleckt.

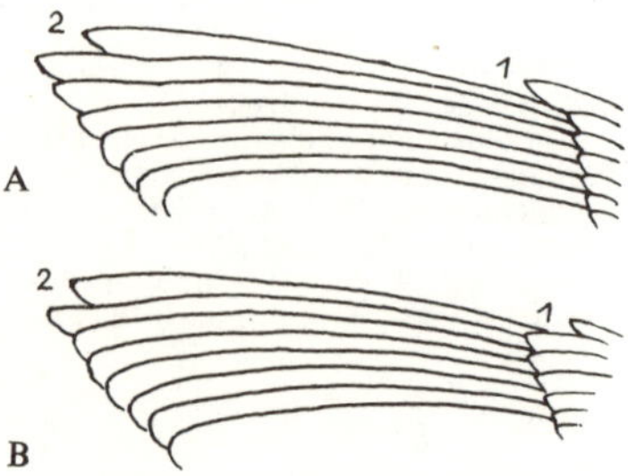

Handschwingen von Nachtigall (A) und Sprosser (B); beachte die Längenunterschiede der ersten und zweiten Schwinge

Stimme: Lock- und Warnrufe nicht von denen der Nachtigall zu unterscheiden; lockt mit „hüit" und warnt mit „karr"; Gesang ähnlich dem der Nachtigall.

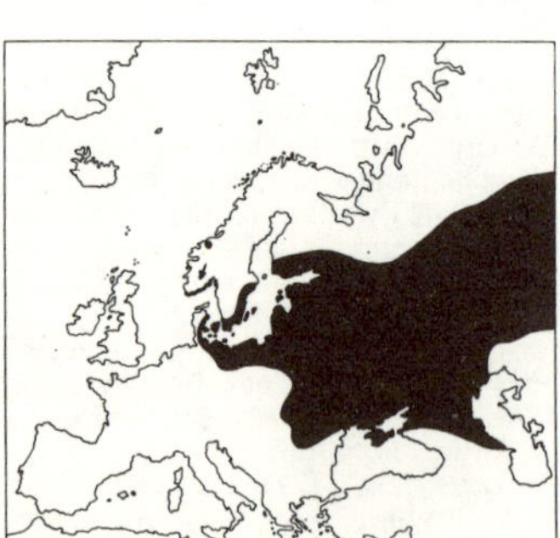

Biotop: Lichte, feuchte Auwälder mit dichtem Unterholz sowie Erlen- und Weidenbrüche.
Verbreitung: Erweitert neuerdings in Mitteleuropa das Brutgebiet nach Südwesten. Außer in Europa in Westsibirien zwischen dem 50° und 60° n. Br.
Wanderungen: Überwintert im tropischen Ost- und Südostafrika; Ende April/Anfang Mai – August. Als Irrgast für Großbritannien, die Niederlande, Frankreich, Norwegen und für die Schweiz nachgewiesen.
Nest und Eier: Wie Nachtigall, Eier durchschnittlich etwas größer (21,7 mm × 16,2 mm), Mai/Juni.

Weißstern-Blaukehlchen

Luscinia svecica cyanecula (Meisner)

E White-spotted Bluethroat
R Среднеевропейская варакушка
C Modráček obecný
F Valkotäpläsinirinta
U Fehércsillagos kékbegy

Kennzeichen: 14 cm. ♂ mit kornblumenblauer, schwarz und rostrot eingefaßter Kehle, in deren Mitte mehr oder weniger deutlich ein halbmondförmiger glänzend weißer Fleck prangt. Der dunkelbraune Schwanz bei ♂ und ♀ an der Basis rostrot. Beim ♀ ist die blaßgelbliche Kehle schwarz eingefaßt. Brut- und Ruhekleider gleichen sich bei ♂ und ♀ jeweils weitgehend. Juv. gefleckt. Eine sichere Unterscheidung der ♀♀ und juv. des Rotstern- und Blaustern-Blaukehlchens ist meist nicht möglich.
Stimme: Lockt rotschwanzartig „tack". Der abwechslungsreiche, bisweilen im Balzflug vorgetragene Gesang wird gewöhnlich durch wie „dip dip dip" klingende Schläge eingeleitet und erinnert an den von Nachtigall und Sumpfrohrsänger.
Biotop: Unterwuchsreiche, dichte und versumpfte Gehölze am Rand von Flüssen und Seen, besonders dort, wo diese in die rohrbestandene Verlandungszone übergehen.

Verbreitung: Außer in Europa im nördlichen und mittleren Asien.

Wanderungen: Zieht durch die Mittelmeerländer und überwintert in Nord- und Nordostafrika; Mitte März/Mitte April – Ende August/September.
Nest und Eier: Nest gut gedeckt am Boden; 5–6 auf grünlichgrauem Grund rötlichbraun gefleckte bzw. gewölkte Eier (18,9 mm × 14,2 mm), Ende April/Mai.
Unterarten: a) L. s. cyanecula (Meisner): Europa mit Ausnahme der unter c bis e genannten Gebiete sowie des von L. s. svecica bewohnten Areals; b) L. s. svecica (L.): s. unten; c) L. s. volgae (Kleinschmidt): Mittlere europäische Sowjetunion bis zur Wolga; d) L. s. pallidogularis (Sarudny): Sowjetunion ostwärts der Wolga; e) L.s. magna (Sarudny & Loudon): Nordöstlicher Kaukasus und Terek-Niederung.

Rotstern-Blaukehlchen

Luscinia svecica svecica (L.)

E Red-spotted Bluethroat
R Северная варакушка
C Modrák obecný
F Sinirinta
P Podróznicek
U Kékbegy

Kennzeichen: 14 cm. ♂ mit rostrotem statt weißem Stern, sonst wie Weißstern-Blaukehlchen.
Stimme: Wie Weißstern-Blaukehlchen.
Biotop: Sumpfiges Birken- und Weidengestrüpp.
Verbreitung: s. Karte S. 395. Das Rotstern – Blaukehlchen brütet in Skandinavien, Finnland und in der Sowjetunion, südwärts bis etwa zum 60° n. Br. Brütet seit einigen Jahren in Salzburg, im Riesengebirge und im Donau-Delta.
Wanderungen: Die europäischen Populationen ziehen durch West-, Mittel- und Südeuropa und überwintern in Vorderasien und Nordostafrika; Ende April/Mai – August/September.
Nest und Eier: Nest gut gedeckt am Boden; 5–7 auf grünlichblauem Grund rötlichbraun gefleckte Eier (18,5 mm × 14,0 mm), Mitte Juni.
Unterarten: s. oben.

Rubinkehlchen

Luscinia calliope (Pallas)

E Siberian Rubythroat
R Соловей-красношейка
C Kaliopa-kamčatská
F Rubiinisatakieli
U Kolliópe

Kennzeichen: 14 cm. ♂ unverkennbar: Kinn und Kehle scharlachrot. Überaugenstreif und Bartstreif weiß, Oberseite einschließlich Schwanz olivbraun, Kropfgegend aschgrau verwaschen, übrige Unterseite braun, in der Mitte weißlich. ♀ mit rahmfarbenem Überaugenstreif, Kinn und Kehle weiß, Vorderbrust und Flanken rostgelblichbraun, übrige Unterseite weißlich. Juv. oberseits graubraun und hell gefleckt, unterseits weißlich, Brust grau gewölkt.
Stimme: Den schönen und kräftigen Gesang hört man besonders in den Morgen- und Abendstunden, bisweilen auch nachts.
Biotop: Feuchte, unterholzreiche Nadelwälder.
Verbreitung: Nordöstliche europäische Sowjetunion am Oberlauf von Petschora und Kama; von da ost-

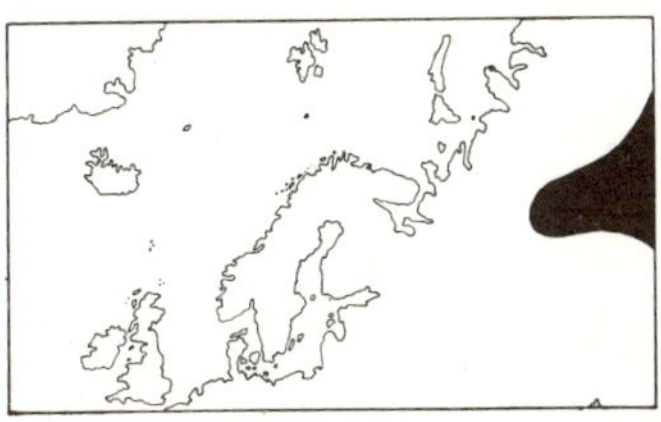

wärts bis Nordostsibirien, Kamtschatka und Nord-Japan.
Wanderungen: Überwintert in Südasien; als Irrgast im Kaukasus, in Großbritannien, Frankreich und Italien nachgewiesen.

Nest und Eier: Nest am Boden, überdacht und mit seitlichem Eingang; 5 auf grünlichblauem Grund rotbraun gefleckte Eier (21,2 mm × 15,5 mm), Juni.

GATTUNG: Erithacus Cuvier

s. Tafel S. 124

Rotkehlchen

Erithacus rubecula (L.)

E Robin
R Зарянка
C Červenka obecná
F Punarinta
P Rudzik
U Vörösbegy

Kennzeichen: 14 cm. Unverkennbar; Oberseite einschließlich Schwanz olivbraun, Kehle und Brust gelbrot; Juv. oberseits rostgelblich, unterseits gelblichbraun, alle Federn mit schmalen schwarzen Säumen, Bauch weißlich.
Stimme: Lockton klingt wie „zick" oder „tsi", aneinandergereiht ergeben diese Töne das bekannte „Schnickern" das besonders in der Abenddämmerung zu hören ist. Der Gesang beginnt mit einigen halblauten Tönen und wird mit einer Reihe perlender Töne fortgesetzt und beendet.
Biotop: Unterholzreiche Laub-, Misch- und Nadelwälder von der Ebene bis ins Gebirge; in Westeuropa auch in Parkanlagen und größeren Gärten.
Verbreitung: Außer in Europa in Vorderasien, Westsibirien und Nordwestafrika.
Wanderungen: Überwintert teilweise im Brutgebiet; die nördlichen und

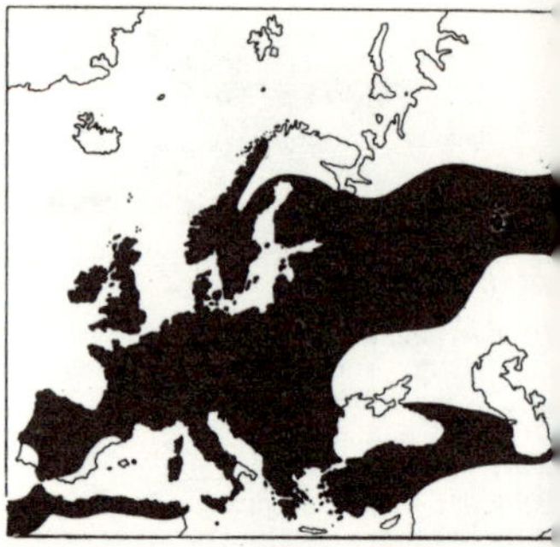

östlichen Populationen ziehen und überwintern in Westeuropa, teilweise auch in Südeuropa und Nordafrika. März – Ende September/Oktober.
Nest und Eier: Gut gedeckt am oder dicht über dem Boden in irgendeiner passenden Halbhöhle (unter Wurzeln, ausgefaulten Stubben u. a.); 5–7 auf weißlichem Grund rötlichbraun gefleckte Eier (19,4 mm × 14,8 mm); 2 Bruten, April/Juli; Kuckuckswirt.
Unterarten: a) E. r. rubecula (L.): Europa mit Ausnahme der unter b bis d genannten Gebiete; b) E. r. melophilus Hartert: Britische Inseln; c) E. r. valens Portenko: Krim; d) E. r. caucasicus Buturlin: Kaukasus.

:u dieser artenreichen Familie gehören außer den Grasmücken der Seidensänger, ie Schwirle, der Tamariskensänger, die Rohrsänger, Spötter, der Cistensänger, ie Laubsänger und Goldhähnchen. Die meisten Arten sind kleiner als ein perling, die Goldhähnchen sind sogar die kleinsten europäischen Vögel. Bei ıanchen Gattungen weichen ♂♂ und ♀♀ zum Teil in der Gefiederfärbung ab Grasmücken, Goldhähnchen), bei den anderen Gattungen besteht kaum ein Jnterschied zwischen ♂♂ und ♀♀. Bewohnen Wälder aller Art, Parkanlagen nd Gärten, offenes, gebüschbestandenes Gelände, Schilfwälder und sumpfiges ielände sowie Wiesen. Vorwiegend Insektenfesser und Zugvögel. Nester am der dicht über dem Boden bzw. über dem Wasser (nur die Goldhähnchen auen meist hoch), offen oder backofenartig (Laubsänger), zum Teil auch kunstoll an Pflanzenstengeln befestigt (Rohrsänger, Cistensänger); Eier überwiegend efleckt. 50 Arten, davon 43 Arten Brutvögel.

:s ist nicht möglich, allein auf Grund feldornithologischer Kennzeichen einen rauchbaren Bestimmungsschlüssel für die Gattungen dieser Familie zu geben, a viele Arten besondere Kennzeichen vermissen lassen und sich nicht nur die ırten einer Gattung, sondern teilweise auch die Arten verschiedener Gattungen echt ähnlich sehen. Der Anfänger mag sich durch diese Feststellung nicht entıutigen lassen. Zur Bestimmung der einzelnen Arten müssen dann neben den ußeren Kennzeichen auch die stimmlichen Äußerungen, Bewegungsweise, iotop und Verbreitung mit herangezogen werden.

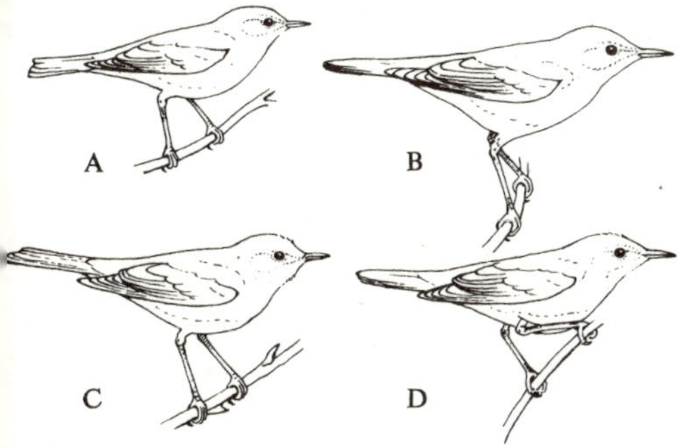

Vier Vertreter der Familie Sylviidae, um deren charakteristisches Aussehen und typische Haltung zu zeigen: A ein Laubsänger (Ph. trochilus), B ein Spötter (H. icterina), C eine Grasmücke (S. communis), D ein Rohrsänger (A. scirpaceus)

estimmungsschlüssel für die Gattungen

Kleiner als eine Blaumeise, mit orangerotem oder gelben Scheitel **Regulus** S. 424

* Größer als eine Blaumeise 2

Steuerfedern mit schwarz-weißen Spitzen, Oberseite dunkelbraun, hellgestreift **Cisticola** S. 417

* Steuerfedern ohne schwarz-weiße Spitzen 3

Schnabel an der Wurzel breit und flach 5

* Schnabel an der Wurzel nicht breit und flach 7

Schwanz gerade oder nur schwach gerundet **Hippolais** S. 406

* Schwanz stark gerundet 6

Schwanz stark stufig gerundet, die äußersten Federn erreichen nur $^3/_4$ der Länge der mittelsten **Locustella** S. 398

5* Schwanz stufig gerundet, die äußersten Federn jedoch länger als $^3/_4$ der mittelsten **Acrocephalus** S. 401

6 Die Unterschwanzdecken überragen die Schwanzmitte **Cettia** S. 398

6* Die Unterschwanzdecken überragen die Schwanzmitte nicht 8

7 Oberseite olivbraun bis olivgrün, ungestreift **Phylloscopus** S. 418

7* Oberseite anders 9

8 Oberseite rostbraun, dunkel gestreift **Lusciniola** S. 401

8* Oberseite grau oder bräunlich, stets ungestreift **Sylvia** S. 409

GATTUNG: Cettia Bonaparte

s. Tafel S. 12(

Seidensänger

Cettia cetti (Temminck)

E Cetti's Warbler
R Соловьиная камышевка
C Rákosník Cettiův
F Sikkikertunen
P Gajówka czarnouzda
U Berki poszáta

Kennzeichen: 14 cm. Meist verrät der Seidensänger seine Anwesenheit durch seinen charakteristischen Gesang (s. u.), zu sehen bekommt man den oberseits dunkel rötlichbraunen, unterseits grauweißen Vogel höchst selten, da er sich fast stets im Pflanzendickicht aufhält. Von ähnlichen Arten unterscheidet er sich durch einen weißlichen Überaugenstreif und den gestuften und abgerundeten Schwanz.
Stimme: Lockt schnalzend „tack tack", der überaus laute Schlag klingt wie „tiwi tiwi tiwi tiwít" und ist mit keinem anderen Vogelgesang zu verwechseln, er setzt plötzlich ein und hört ebenso schlagartig wieder auf.
Biotop: Pflanzendickichte an Bächen, Gräben und Lachen.
Verbreitung: Dehnt in Westeuropa das Brutareal nach Norden aus und brütet bereits im nördlichen Frankreich, in Belgien, in den Niederlanden und im südlichen England. 1975 brütete ei Paar bei Hildesheim, Niedersachsen Möglicherweise Brutvogel in der süd lichen Schweiz. Außer in Europa i Vorder- und Südwestasien sowie i Nordwestafrika.

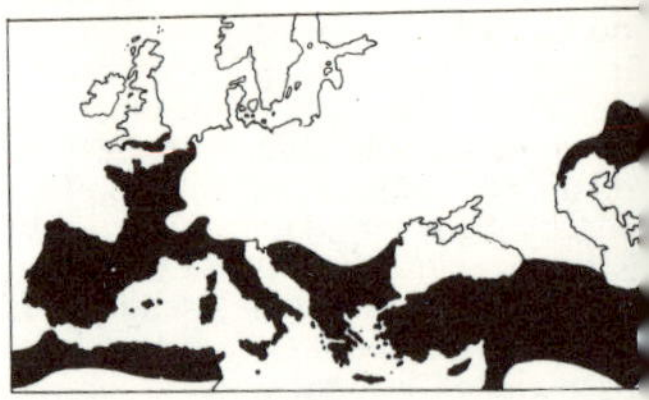

Wanderungen: Überwintert im Brutge biet (jedenfalls die europäischen Popu lationen). Als Irrgast in Großbritan nien, Frankreich, in der BRD un DDR, in Schweden, Norwegen un Bulgarien sowie auf Spitzbergen nach gewiesen.
Nest und Eier: Nest im dichteste Pflanzenwuchs am Boden; meis 4 terrakottfarbige Eier (18,0 mm × 13,9 mm), Ende April/Mai.
Unterarten: a) C. c. cetti (Temminck) Europa mit Ausnahme der unter genannten Gebiete; b) C.c. albiventri Sewertzow: Gebiet zwischen Wolga Mündung und Ural.

GATTUNG: Locustella Kaup

s. Tafel S. 12(

Bestimmungsschlüssel

1	Oberseite deutlich gefleckt	2
1*	Oberseite einfarbig	3
2	Kropfgegend und Flanken mit deutlichen schwarzbraunen Längsflecken	**Strichelschwirl** S. 400
2*	Höchstens am Kopf vereinzelte kleine Flecke, größer als voriger	**Feldschwirl** S. 400
3	Oberseite olivbraun, Kehle deutlich gefleckt	**Schlagschwirl** S. 398
3*	Oberseite rötlichbraun, Kehle ungefleckt	**Rohrschwirl** S. 399

Schlagschwirl

Locustella fluviatilis (Wolf)

E River Warbler
R Речной сверчок
C Rákosník říční
F Viitasirkkalintu
P Strumieniówka
U Berki tücsökmadár

Kennzeichen: 12,5 cm. Wie alle Schwir le ein in dichter Bodenvegetatio lebender Vogel mit stufigem Schwanz Oberseits einfarbig olivbraun, unter seits weißlich, Kehle und Kropf ve waschen dunkel gefleckt.
Stimme: Der schwirrende Gesan klingt wie „dzedzedze . . ." ode wetzend „sesesese . . .", im allge meinen in der Dämmerung einsetzen wird auch nachts fortgesetzt.
Biotop: Bruchwälder mit dichter Unterwuchs, sumpfige Lichtungen i Wäldern.
Verbreitung: In Mitteleuropa selte

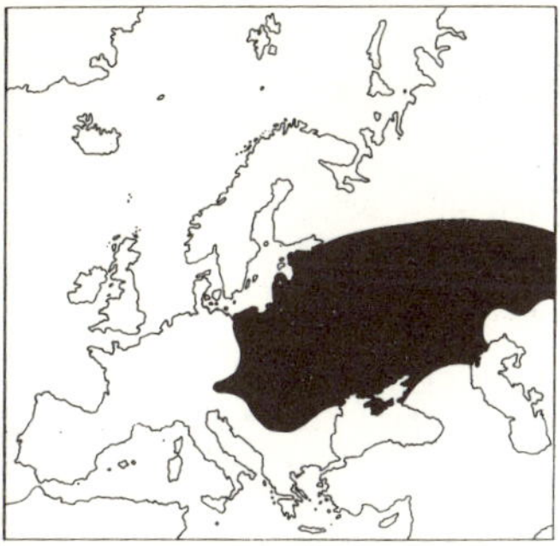

und nur in wenigen Gebieten brütend (Schleswig-Holstein, Niedersachsen, Unterfranken, Oberbayern, Mecklenburg, Brandenburg). Außer in Europa im westlichen Sibirien.
Wanderungen: Überwintert im tropischen Ostafrika, Mitte Mai August/September. Irrgast in Großbritannien, Norwegen, in den Niederlanden und in Frankreich.
Nest und Eier: Nest in dichter Vegetation am Boden; 4–5 auf weißem Grund graubraun gefleckte Eier (20,0 mm × 15,1 mm), Ende Mai/Anfang Juli.

Rohrschwirl
Locustella luscinioides (Savi)

E Savi's Warbler
R Соловьиный сверчок
C Rákosnik slavíkový
F Ruokosirkkalintu
P Brzęczka
U Nádi tücsömadár

Kennzeichen: 14 cm. Sieht wie ein kleiner Drosselrohrsänger aus, von dem er sich jedoch durch den relativ langen, stufigen Schwanz und die Stimme (s. u.) unterscheidet. Oberseits einfarbig rötlichbraun, unterseits heller, Kinn und Kehle weißlich. Irgendwelche besondere Kennzeichen fehlen.
Stimme: Gedämpft „gäck", Gesang ähnlich Feldschwirl, doch kürzer und tiefer schnurrend, etwa wie „örrrrr . ." oder „ürrrrr . .". Das ♂ sitzt hierbei oft auf einem erhöhten Platz.
Biotop: Ausgedehnte dichtverwachsene Rohrbestände in flachen Seen, besonders dort, wo Nachtschatten u. a. eine Decke über dem Wasser bildet.
Verbreitung: In Mitteleuropa selten und nur in wenigen Gegenden Brutvogel: Schleswig-Holstein, Hamburg, am Niederrhein, Westfalen, Niedersachsen, Oberhessen, Franken, Oberbayern; in der DDR in Mecklenburg, Brandenburg, Thüringen (Kreis Schmalkalden) und seit 1970 in der Oberlausitz. Seit 1960 wieder Brutvogel in England (Kent und Suffolk). Neuerdings erstmalig als Brutvogel für Dänemark nachgewiesen. Seit einigen Jahren Brutvogel in der Estnischen und Lettischen SSR. Außer in Europa in Nordwestafrika und Südwestasien.

Wanderungen: Überwintert in Ostafrika und Südwestasien; Mitte April–September. Als Irrgast in Großbritannien, Norwegen, Schweden (Tåkern), Dänemark, Luxemburg und in der Schweiz nachgewiesen.
Nest und Eier: Nest in dichter Vegetation dicht über dem Boden bzw. Wasser; 4–5 auf weißlichem Grund graubraun gefleckte Eier (19,7 mm × 14,5 mm), 2 Bruten, Mitte Mai/Juli.
Unterarten: L. l. luscinioides (Savi).

Feldschwirl
Locustella naevia (Boddaert)

E Grasshopper-Warbler
R Обыкновенный сверчок
C Rákosnik zelený
F Pensassirkkalintu
P Swierszczak
U Rétitücsökmadár

Kennzeichen: 12,5 cm. Oberseits auf gelblich olivbraunem Grund dunkel längsgefleckt, unterseits trübweiß mit einigen Flecken auf der Brust.
Stimme: Lockt mit kurzen „tze tze"; der Gesang – besonders in den Morgen- und Abendstunden – ist ein eigenartiges, unermüdlich vorgetragenes wie „sirrrrr . . ." klingendes Schwirren, bei dem das ♂ meist frei auf einem erhöhten Platz sitzt.
Biotop: Nicht zu trockene und feuchte Wiesen mit hohem Gras und Gebüsch; Verlandungszonen von Teichen; Blößen und Gestrüpp von Brombeeren, Himbeeren und Brennesseln; Getreide-, Raps- und Kleefelder.
Verbreitung: Außer in Europa in Südwestsibirien.

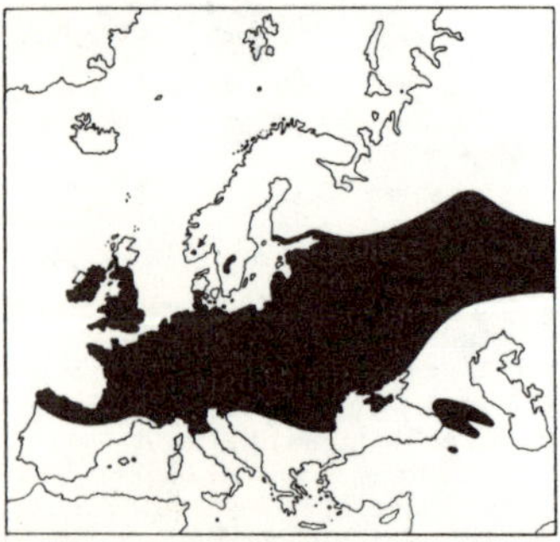

Wanderungen: Überwintert in Nordafrika und Südwestasien. Ende April/Mai – August/September.
Nest und Eier: Nest am Boden in dichter Vegetation; 5–6 auf rötlichweißem Grund rostrot gefleckte Eier (18,1 mm × 13,8 mm), Ende Mai/Juli.
Unterarten: a) L. n. naevia (Boddaert): Europa mit Ausnahme der unter b und c genannten Gebiete; b) L. n. obscurior Buturlin: Nördlicher Kaukasus; c) L. n. straminea Seebohm: Östliche europäische Sowjetunion östlich des 55° ö. L.

Strichelschwirl
Locustella lanceolata (Temminck)

E Lanceolated Warbler
R Пятнистый сверчок
C Rákosnik žíhaný
F Viirusirkkalintu
P Strumieniówka prażkowana
U Foltos tücsökmadár

Kennzeichen: 11,5 cm. Ähnelt einem Feldschwirl, ist jedoch kleiner und oberseits, auf der Brust und an den Flanken stärker gefleckt. Oberseits weniger olivbraun, sondern mehr braun. Unterseite meist weißer als beim Feldschwirl.
Stimme: Erinnert an die des Feldschwirls.
Biotop: Nasse, gebüschbestandene Wiesen und schilfbestandenes, versumpftes Gelände.
Verbreitung: Vereinzelt in der nördlichen europäischen Sowjetunion (Wjatka, Kama); das geschlossene Brutareal liegt in Asien östlich des Ob und reicht bis Nordostsibirien, Nordkorea und Japan.

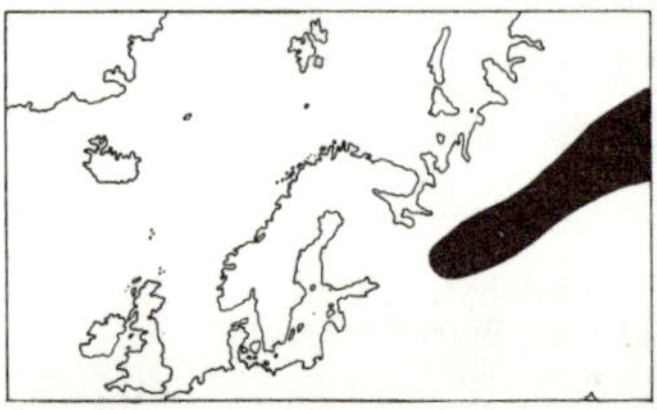

Wanderungen: Überwintert in Süd- und Südostasien; als Irrgast wiederholt im übrigen Europa festgestellt: Schweden, Dänemark, Großbritannien, Niederlande, BRD (Helgoland), auf der Kurischen Nehrung (Kurskaja kosa) und in Jugoslawien.
Nest und Eier: Nest in dichter Vegetation am Boden; die 5 Eier (17,8 mm × 13,3 mm) gleichen bis auf die geringere Größe denen des Feldschwirls, Juni.

GATTUNG: Lusciniola Gray s. Tafel S. 126

Tamariskensänger
Lusciniola melanopogon (Temminck)

E Moustached Wabler
R Тонкоклювая камышевка
C Rákosnik tamaryškový
F Tamariskikerttunen
P Gajówka oliwna
U Fülemilesitke

Kennzeichen: 12,5 cm. Ähnelt einem Schilfrohrsänger, unterscheidet sich jedoch von diesem durch die rostbraune Oberseite und die fast weiße Kehle. Der Überaugenstreif ist deutlich weiß, nicht rahmfarben wie beim Schilfrohrsänger. Die schwarzen, braungesäumten Scheitelfedern und die Wangen sind merklich dunkler als beim Schilfrohrsänger. Schulter- und Rückenfedern weisen breite, schwarzbraune Schaftstriche auf. Unterseite hell rötlichbraun. Stelzt im Gegensatz zu den Rohrsängern das abgerundete Schwänzchen.

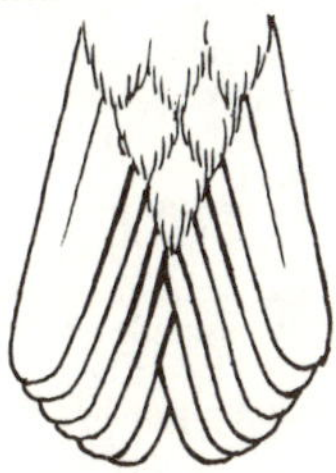

Unterseite des Schwanzes, ¾ nat. Gr.

Stimme: Das beim Singen freisitzende ♂ hält den Schwanz in auffälliger Weise senkrecht nach unten; der wohlklingende Gesang erinnert an den des Schilfrohrsängers und wird gewöhnlich mit einigen ansteigenden Tönen – wie bei einer Nachtigall – eingeleitet.
Biotop: Mehr oder weniger große mit Igelkolben und Binsen durchsetzte Schilfbestände in oder am Rande von Seen oder Brackwassersümpfen.
Verbreitung: Außer in Europa in Südwestsibirien ostwärts bis zum Balchasch-See, im Süden bis zum Irak und Afghanistan. Lokal in Nordwestafrika.

Wanderungen: Überwintert in Nord- und Nordostafrika; März/Anfang April – Oktober. Wurde als Irrgast in England, in der BRD, in Dänemark und in der Schweiz nachgewiesen.
Nest und Eier: Nistet im Schilf über seichtem Wasser; Nest nicht zwischen Pflanzenstengeln befestigt, aber von oben gut gedeckt. Meist 4 dicht grünlichgrau gefleckte Eier (17,8 mm × 13,1 mm), 2 Bruten, Mitte April/Juni.
Unterarten: a) L. m. melanopogon (Temminck): Europa mit Ausnahme der unter b genannten Gebiete; b) L. m. mimica Madarász: Südöstliche Sowjetunion vom Wolga-Mündungsgebiet an ostwärts.

GATTUNG: Acrocephalus J. A. & F. Naumann s. Tafel S. 127

Bestimmungsschlüssel
1 Über Sperlingsgröße **Drosselrohrsänger** S. 402
1* Deutlich unter Sperlingsgröße 2
2 Oberseite gestreift 3
2* Oberseite einfarbig 4
3 Scheitelmitte dunkel längsgefleckt **Schilfrohrsänger** S. 405
3* Scheitelmitte mit deutlichem hellen Längsstreif **Seggenrohrsänger** S. 405

4 Nur in Osteuropa
Feldrohrsänger*) S. 404
Buschrohrsänger*) S. 404
4* Auch im übrigen Europa
Teichrohrsänger*) S. 402
Sumpfrohrsänger*) S. 403

Drosselrohrsänger

Acrocephalus arundinaceus (L.)

E Great Reed-Warbler
R Дроздовидная камышевка
C Rákosník velký
F Rastaskerttunen
P Trzciniak
U Nádirigó

Kennzeichen: 19 cm. Größte unserer Rohrsängerarten, reichlich sperlingsgroß. Ober- und Unterseite ungefleckt, oberseits rostbraun, unterseits wesentlich heller. Juv. mehr rotbraun, unterseits bis auf die weißliche Kehle lebhaft isabellfarben.
Stimme: Warnend „karrr karrr", Gesang laut und unverkennbar „karre karre kiet kiet kiet karre kiet".
Biotop: Schilfbestände an Seen, Schilfstreifen an Teichen, im allgemeinen in höheren und größeren Beständen als der Teichrohrsänger.
Verbreitung: Brütet neuerdings im südlichen Schweden. Außer in Europa in Südwestasien und Nordwestafrika.

Wanderungen: Überwintert im tropischen Afrika; Anfang Mai – August/September. Irrgast in Großbritannien und Norwegen.
Nest und Eier: Tiefnapfiges, am Schilfstengeln befestigtes Nest; meist 5 auf bläulichgrünem Grund gefleckte Eier (22,6 mm × 16,3 mm), Mitte Mai/Juni. Kuckuckswirt.
Unterarten: a) A. a. arundinaceus (L.): Europa mit Ausnahme der unter b genannten Gebiete; b) A. a. zarudnyi Hartert: Südliche Sowjetunion östlich der unteren Wolga (und Westsibirien).

Teichrohrsänger

Acrocephalus scirpaceus (Hermann)

E Reed-Warbler
R Тростниковая камышевка
C Rákosnik obecný
F Rytikerttunen
P Tzrcionka
U Cserregö nádiposzáta

Kennzeichen: 12,5 cm. Die kleine Ausgabe des Drosselrohrsängers; von den anderen einfarbigen Rohrsängern (Sumpfrohrsänger, Feldrohrsänger und Buschrohrsänger) im Felde nicht zu unterscheiden, vom Schilf- und Seggenrohrsänger dadurch, daß er völlig ungefleckt ist. Für die feldornithologische Bestimmung sind deshalb Stimme, Verbreitung und Biotop wichtig.
Stimme: Lockt schnalzend „tschätsch' erregt gedämpft „scharr"; Gesang erinnert etwas an den des Drosselrohrsängers, ist aber nicht so laut, wird jedoch ebenso gleichmäßig vorgetragen; „tiri tiri tiri tier tier tier zäck zäck zerr zerr tiri schwerk . . .".
Biotop: Schilfbestände auch kleineren Ausmaßes, oft mit dem Drosselrohrsänger zusammen im gleichen Bestand.
Verbreitung: Im südlichen Finnland hat der Brutbestand in den letzten 10 Jahren erheblich zugenommen.

1973 erste Brut in Schottland. Außer in Europa im südwestlichen Asien und in Nordwestafrika.
Wanderungen: Überwintert im tropischen Afrika; Anfang Mai – Ende September/Anfang Oktober.
Nest und Eier: Nest ähnlich dem des Drosselrohrsängers, nur kleiner; 4–5 auf weißlichem Grund grob gefleckte Eier (18,3 mm × 13,6 mm), Ende Mai/Juni. Kuckuckswirt.
Unterarten: a) A. s. scirpaceus (Hermann): Europa mit Ausnahme der unter b genannten Gebiete; b) A. s. fuscus (Hemprich & Ehrenberg): Südöstliche Sowjetunion ostwärts der unteren Wolga (und Vorderasien).

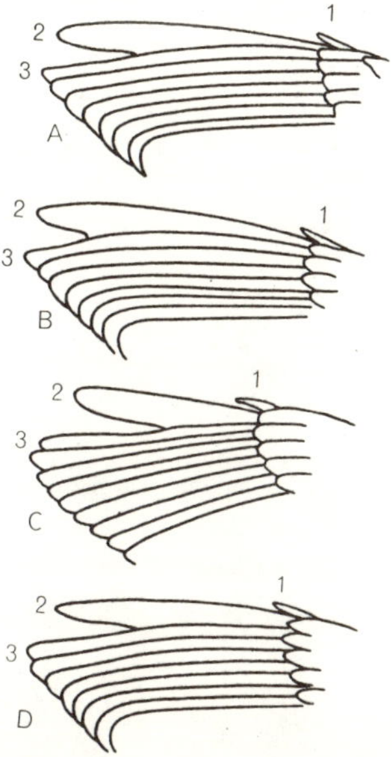

Handschwingen von Teichrohrsänger (A), Sumpfrohrsänger (B), Feldrohrsänger (C) und Buschrohrsänger (D). Beachte Länge und Form der zweiten Schwinge

Sumpfrohrsänger
Acrocephalus palustris (Bechstein)

E Marsh-Warbler
R Болотная камышевка
C Rákosnik zpěvný
F Luhtakerttunen
P Łozówka
U Énekes nádiposzáta

Kennzeichen: 12,5 cm. Vom Teichrohrsänger im Felde nicht zu unterscheiden, es bestehen zwar feine Unterschiede in der Färbung, sie reichen aber zu einer sicheren Bestimmung nicht aus. Am sichersten wird man beide Arten noch immer am Gesang und an dem meist verschiedenen Aufenthaltsort unterscheiden.
Stimme: Lockt ähnlich wie Teichrohrsänger; Gesang erinnert an den des Gelbspötters, es fehlen die schnarrenden Töne des Rohrsänger-Liedes. In den klangschönen Gesang werden oft Stimmen anderer Vögel verwoben, man hört ihn frühmorgens und in der Abenddämmerung, bisweilen auch nachts.
Biotop: Dichtverwachsene, feuchte Gräben, die mit Brombeer- und Himbeerbüschen sowie Brennesseln bestanden sind, ferner Raps- und Getreidefelder.
Verbreitung: Wurde in den letzten Jahren als Brutvogel im südlichen Norwegen und im nördlichen Finnland festgestellt. Außer in Europa im westlichen Sibirien und Transkaukasien.
Wanderungen: Überwintert in Ostafrika südwärts bei Natal; Mitte Mai/September.
Nest und Eier: Typisches Rohrsängernest über trockenem Boden zwischen Brennesseln, in Getreide- und Rapsfeldern; 4–5 auf bläulichweißem Grund grob gefleckte Eier (18,9 mm × 13,5 mm), Ende Mai/Juni. Kuckuckswirt.

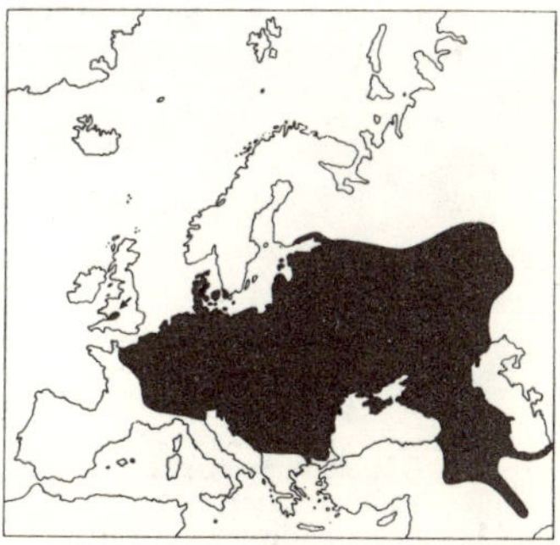

Feldrohrsänger

Acrocephalus agricola (Jerdon)

E Paddyfield Warbler
R Индийская камышевка
C Rákosnik plavý
F Kenttäkertunen
U Mezei nádiposzáta

Kennzeichen: 12,5 cm. Feldornithologisch nicht vom Teichrohrsänger zu unterscheiden.
Stimme: Lockt „tschick tschick", Gesang ähnlich dem des Sumpfrohrsängers.
Biotop: Sumpfiges mit Schilf, Seggen, hohem Gras und Weidengestrüpp bestandenes Gelände, vegetationsreiche Ränder von stehendem Gewässern.
Verbreitung: Möglicherweise Brutvogel im nordöstlichen Bulgarien. Außer in Europa in Südwestasien und in China.

Wanderungen: Überwintert in Indien und Burma; Ende April/Anfang Mai – August/September. Als Irrgast in Großbritannien, Skandinavien, in den Niederlanden, auf Helgoland und in Rumänien nachgewiesen.
Nest und Eier: Ähnlich dem des Teichrohrsängers; auch die 4–5 Eier (16,8 mm × 12,8 mm) sehen kleinen Teichrohrsängereiern ähnlich, Mai/Juni.
Unterarten: A. a. brevipennis (Sewertzow).

Buschrohrsänger

Acrocephalus dumetorum Blyth

E Blyth's Reed Warbler
R Садовая камышевка
C Rákosnik pokřovni
F Vitakerttunen
U Berki nádiposzáta

Kennzeichen: 12,5 cm. Im Felde nicht mit Sicherheit von Teich-, Sumpf- und Feldrohrsänger zu unterscheiden; hat man die Vögel in der Hand, so sind sie allerdings an den Handschwingen zu bestimmen (s. Abb.) Der Buschrohrsänger ist gewöhnlich oberseits dunkler, mehr erdbraun und nicht so rostbraun wie Teich- und Feldrohrsänger und nicht so olivbraun wie der Sumpfrohrsänger. Da aber Feld- und Buschrohrsänger ausgesprochen osteuropäische Arten sind und sich ihre Brutgebiete nur an wenigen Stellen mit denen von Teich- und Sumpfrohrsänger überdecken, so sind Verwechslungen wenigstens z. T. von vornherein ausgeschlossen.
Stimme: Der abwechslungsreiche Gesang erinnert an den des Sumpfrohrsängers und wird besonders in den Morgen- und Abendstunden von einem erhöhten Platz aus vorgetragen.
Biotop: Ähnlich dem des Sumpfrohrsängers, bisweilen auch auf trockenem Boden an Waldrändern und auf Lichtungen.
Verbreitung: Erweitert in Finnland sein Areal nach Norden. Brütet wahrscheinlich im Donau-Delta. Außer in Europa im westlichen Asien, ostwärts bis etwa zum 110° ö. L., im Süden bis Nordiran und Afghanistan.

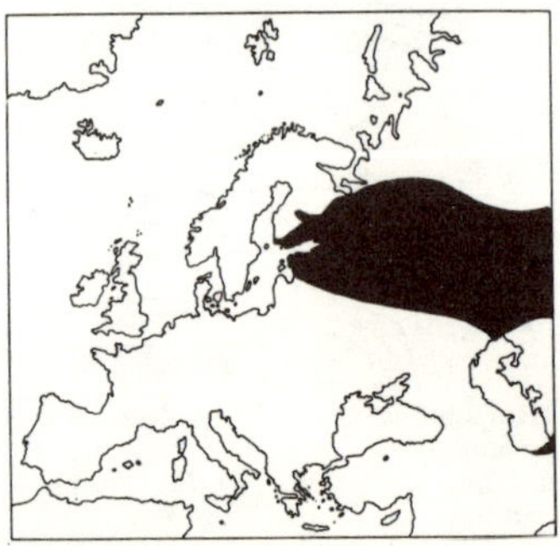

Wanderungen: Überwintert in Südasien, als Irrgast in Großbritannien, Irland, Norwegen, Schweden, Polen und Rumänien nachgewiesen.
Nest und Eier: Nest ähnlich dem des Sumpfrohrsängers; 4–5 Eier (17,6 mm × 13,7 mm), auf hell rötlichgrauem Grund lebhaft gefleckt, Juni.

Schilfrohrsänger

Acrocephalus schoenobaenus (L.)

E Sedge-Warbler
R Камышевка-барсучок
C Rákosnik menši
F Ruokokerttunen
P Rokiniczka
U Foltos nádiposzáta

Kennzeichen: 12,5 cm. Unterscheidet sich vom Teichrohrsänger durch den auffallenden rahmweißen Überaugenstreif und die dunkel gestreifte Oberseite, vom Seggenrohrsänger durch das Fehlen des gelblichbraunen Streifs auf der Mitte des Scheitels; außerdem ist der rostrote Bürzel beim Schilfrohrsänger ungefleckt, beim Seggenrohrsänger fein längsgefleckt.
Stimme: Gesang wird oft in baumpieperartigem Balzflug vorgetragen und erinnert an den des Teichrohrsängers, ist aber nicht so gleichmäßig; die einzelnen Strophen werden mehrmals wiederholt, wobei oft ein „woid woid woid" herauszuhören ist.
Biotop: Randzonen stehender Gewässer mit einer reichen Vegetation von Schilf, Binsen, höheren Sumpfpflanzen und Buschwerk.
Verbreitung: Außer in Europa in Westsibirien.

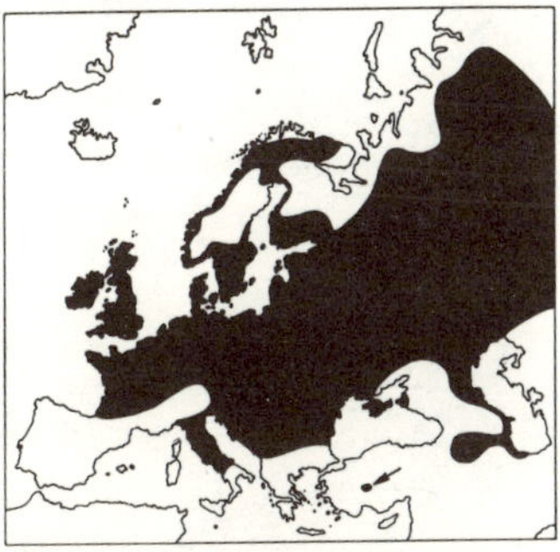

Wanderungen: Überwintert im tropischen Afrika südwärts bis Transvaal; April – September/Oktober.
Nest und Eier: Meist dicht über dem Boden inmitten dichter Vegetation, möglichst in Wassernähe oder über dem Wasser; 4–6 dicht gelblichgrau gefleckte Eier (17, 7 mm × 13,1 mm), Mitte Mai/Juni. Kuckuckswirt.

Seggenrohrsänger

Acrocephalus paludicola (Vieillot)

E Aquatic Warbler
R Вертлявая камышевка
C Rákosnik vodni
F Sarakerttunen
P Wodniczka
U Ccikosfejü nádiposzáta

Kennzeichen: 12,5 cm. Unterscheidet sich von den anderen kleinen Rohrsängern durch gefleckte Oberseite und vom Schilfrohrsänger durch den gelblichbraunen Scheitelstreif. Kehle, Brust und Flanken – im Gegensatz zum Schilfrohrsänger – mit feiner dunkler Längsfleckung.
Stimme: Gesang klingt wie „errr-dididi, errr-üdüdü" und wird bisweilen im Balzflug vorgetragen.
Biotop: Randzonen von stehenden Gewässern mit Schilf und Seggen, meidet im Gegensatz zum Schilfrohrsänger Stellen mit viel Buschwerk. Bevorzugt größere, zusammenhängende Seggenbestände.
Verbreitung: Als sehr seltener Brutvogel auf die nördlichen Gebiete der BRD und der DDR beschränkt; in Osteuropa noch etwas häufiger. Im Anschluß an das europäische Brutgebiet in Westsibirien bis zum 60° östl. L.

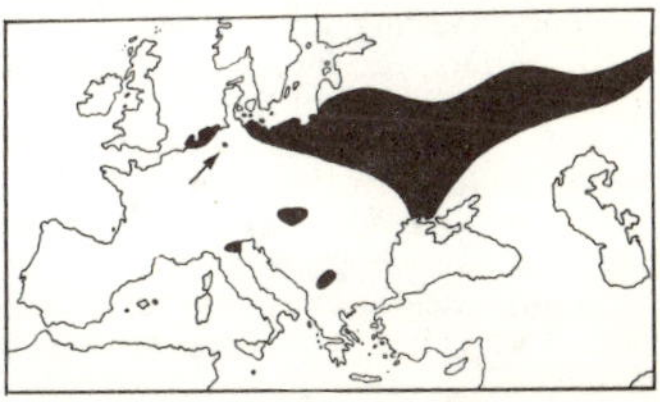

Wanderungen: Überwintert in Afrika. Näheres nicht bekannt; Ende April/Anfang Mai – August/September. Regelmäßiger Herbstdurchzügler in England; Irrgast in Norwegen.
Nest und Eier: Ähnlich wie das des Schilfrohrsängers, gern in Seggenbülten über morastigem Boden oder in seichtem Wasser; die 5–6 Eier gleichen denen des Schilfrohrsängers (18,0 mm ×13,4 mm); Mai/Juni.

GATTUNG: Hippolais Baldenstein s. Tafel S. 130

Bestimmungsschlüssel

1 Unterseite gelb **Gelbspötter** S. 407 und **Orpheusspötter***) S. 406
1* Unterseite nicht gelb 2
2 Mit deutlichem Überaugenstreif **Buschspötter** S. 408
2* Ohne Überaugenstreif 3
3 Oberseite blaßbraun **Blaßspötter** S. 408
3* Oberseite bräunlichgrau, olivfarbig überflogen **Olivenspötter** S. 407

Orpheusspötter

Hippolais polyglotta (Vieillot)

E Melodious Warbler
R Многоголосая пересмешка
C Sedmihlásek švitořivý
F Taiturikultarinta
P Zaganiacz wielomówny
U Déli geze

Kennzeichen: 13 cm. Einem Gelbspötter sehr ähnlich, von dem er am sichersten durch den Gesang und durch das Flügeldiagramm (s. Abb). unterschieden werden kann. Oberseite grünlich olivgrau, bisweilen etwas brauner, Überaugenstreif und Unterseite gewöhnlich intensiver gelb. Die Brutgebiete beider Arten überdecken sich nur an wenigen Stellen. Lebensweise und Verhalten wie Gelbspötter.
Stimme: Gesang anders als der des Gelbspötters, erinnert bisweilen an Teichrohrsänger und Dorngrasmücke. Beginnt meist mit einfachen, oft wiederholten Tönen, bei denen die Stimmen anderer Vögel nachgeahmt werden, dann folgt eine längere, lebhafte und melodische Strophe. Bisweilen hört man ein sperlingsartiges Zetern wie „tschrrrrt" oder „krrrr".
Biotop: Parkartiges Gelände, Obstplantagen, lichte Eichenwälder, Waldränder und Gebüschstreifen entlang von Flüssen.

* Beide Arten sind feldornithologisch nur an ihrem Gesang zu unterscheiden; da sich die Brutareale beider Arten jedoch kaum überdecken, sind Verwechslungen von vornherein weitgehend ausgeschlossen. Eine sichere Bestimmung ist nur an den Schwingen möglich (s. Abb.).

Verbreitung: Außer in Europa in Nordwestafrika. Wie die Verbreitungskarten von Orpheus- und Gelbspötter zeigen, ergänzen sich die Brutgebiete beider Arten und nur an den Grenzen kommen an wenigen Stellen „Überlappungen" vor.

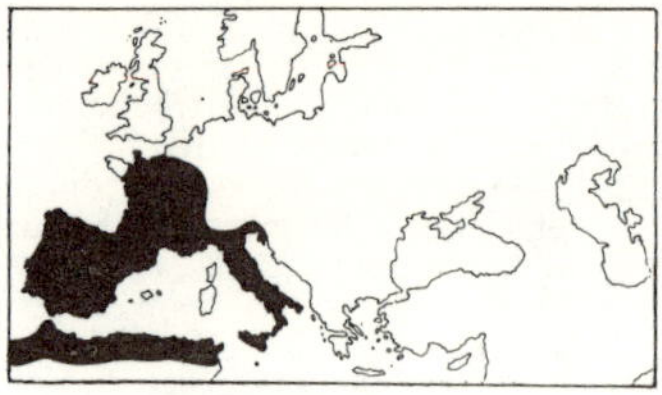

Wanderungen: Überwintert im tropischen Westafrika, Ende April/ Anfang Mai – August/September. Als Irrgast in Großbritannien, Irland, auf den Kanalinseln und auf Helgoland (4), in Schweden, in den Niederlanden, Belgien, Luxemburg, Malta und in der ČSSR nachgewiesen.
Nest und Eier: Nest ähnlich dem des Gelbspötters; im Gebüsch, bes. Oleander-Sträuchern; meist 4 auf rosa Grund fein schwarz gefleckte Eier (17,7 mm × 13,2 mm), Ende Mai/ Juni.

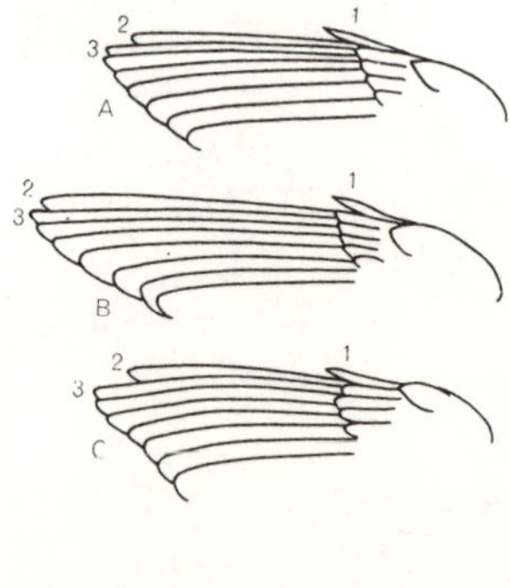

Handschwingen von Orpheusspötter (A), Gelbspötter (B) und Blaßspötter (C). Beachte die Längenunterschiede der ersten und zweiten Schwinge.

Gelbspötter
Hippolais icterina (Vieillot)

E Icterine Warbler
R Зеленая пересмешка
C Sedmihlásek obecný
F Kultarinta
P Zaganiacz
U Kerti geze

Kennzeichen: 13 cm. Oberseits grüngrau, unterseits blaß schwefelgelb; die Scheitelfedern werden oft zu einer Haube gesträubt. Der ähnliche Waldlaubsänger ist zierlicher und hat einen weißen Bauch. Juv. unterseits matter, oben bräunlicher.
Stimme: Lockt mit einem häufig zu hörenden „dideroid", in der Erregung sperbergrasmückenähnlich „errr"; das charakteristische Lied wird mit großer Ausdauer mit weit aufgesperrtem Schnabel vorgetragen.
Biotop: Parkanlagen, Gärten, Feldgehölze und lichte Laubwälder mit viel Unterwuchs.
Verbreitung: Außer in Europa in Westsibirien.

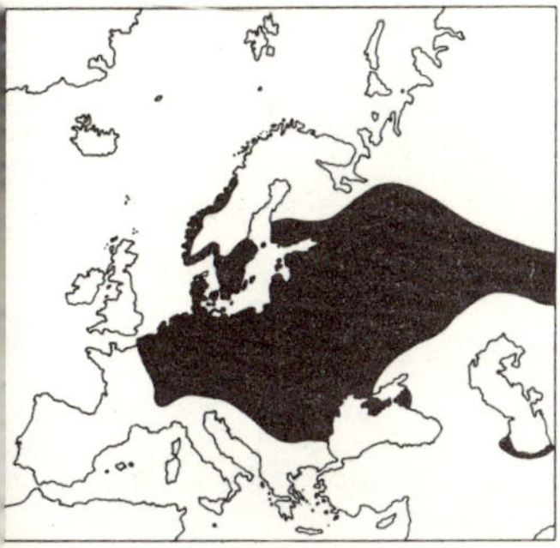

Wanderungen: Überwintert im tropischen Afrika, teilweise sogar in Südwestafrika; Anfang Mai – August. Irrgast in Großbritannien und Irland.
Nest und Eier: Nest auf Bäumen und Sträuchern geschickt in eine Astgabel hineingebaut, außen, fast stets mit Birkenrinde bekleidet; meist 5 auf tiefrosa Grund sparsam schwarzgefleckte Eier (18,5 mm × 13,4 mm), Juni.

Olivenspötter
Hippolais olivetorum (Strickland)

E Olive-tree Warbler
R Средиземноморская пересмешка
C Sedmihlásek olivni
F Oliivikultarinta
P Zaganiacz oliwkowy
U Olajgeze

Kennzeichen: 16 cm. Unterscheidet sich vom Gelbspötter durch die weiße Unterseite und vom ähnlichen Blaßspötter durch seine Größe und das dunklere Bräunlichgrau der Oberseite. Die ähnliche Gartengrasmücke kommt zur Brutzeit nicht im Brutgebiet des Olivenspötters vor. In der Nähe fällt ein weißlicher Augenstreif auf. Schwingen dunkelbraun mit schmalen weißlichgrauen Außen- und breiteren weißlichen Innensäumen, Schwanz schwarzbraun mit schmaler weißlicher Umrandung. Unterseite weiß, an den Seiten graubraun verwaschen. Lebensweise wie beim Gelbspötter, doch im Gegensatz zu diesem sehr scheu und unruhig, hält sich gern vorzugsweise in den Kronen der Bäume auf.
Stimme: Der laute, unmelodische Gesang wird mit dem des Schilfrohrsängers verglichen, ähnelt wohl aber mehr dem des Blaßspötters, ist jedoch kräftiger.
Biotop: Vorzugsweise in Ölbaumhainen, aber auch in lichten Eichenwäldern.
Verbreitung: Außer in Europa Türkei, Syrien und Israel.

Wanderungen: Überwintert von Ostafrika bis Transvaal; Ende April – Anfang Mai – Ende Juli/Anfang August. Irrgast in der südwestlichen Dobrudscha.

Nest und Eier: Nest ähnlich dem des Gelbspötters, meist auf Ölbäumen, seltener auf Granatapfel- und Mandelbäumen; 4 auf blaßrosa Grund sparsam schwarz gefleckte Eier (20,0 mm × 14,8 mm), Ende Mai/Juni.

Buschspötter

Hippolais caligata (Lichtenstein)

E Booted Warbler
R Бормотушка
C Sedmihlásek malý
F Pikkukultarinta
P Zaganiacz mały
U Kis geze

Kennzeichen: 11,5 cm. Kleiner als die anderen Spötter, oberseits graubraun, rostbräunlich überflogen, deutlicher rostgelblichweißer Überaugenstreif, unterseits weiß mit verwaschener rostgelblicher Fleckung an der Seite und an den Flanken; Schwanzkanten weißlich.
Stimme: Der kraftvolle und zugleich liebliche Gesang erinnert an den anderer Spötter wie auch an den des Schilfrohrsängers; man hört ihn tagsüber wie auch nachts.
Biotop: Weidendickichte und Birkenwälder an Flüssen und Seen, Gebüsch auf feuchtem wie trockenem Boden im Kulturland und in der Steppe, gelegentlich auch in Getreidefeldern.
Verbreitung: Anschließend an das europäische Brutgebiet in Westasien, im Süden bis Iran, Afghanistan und Pakistan.

Wanderungen: Überwiegend Zugvogel der in Südwestasien überwintert. Irrgast in Großbritannien, Norwegen, Schweden und auf Helgoland.
Nest und Eier: Nest am Boden im Weidengestrüpp oder an mit Unkraut bestandenen Stellen; 4–6 auf rosa Grund sparsam schwarz gefleckte Eier (15,6 mm × 12,2 mm), Ende Mai Juni.
Unterarten: H. c. caligata (Lichtenstein).

Blaßspötter

Hippolais pallida (Hemprich & Ehrenberg)

E Olivaceous Warbler
R Большая бормотушка
C Sedmihlásek šedý
F Vaalea kultarinta
P Zaganiacz blady
U Halvány geze

Kennzeichen: 13 cm. Unterscheidet sich von den anderen Spöttern (mit Ausnahme des Buschspötters) durch einfarbig hellbräunlichgraue Oberseite – Flügel und Schwanz sind jedoch dunkler – und weißliche Unterseite mit bräunlichgrauem Anflug. Lebensweise und Verhalten wie das der anderen Spötter.
Stimme: Ein typischer Spöttergesang, an den des Gelbspötters erinnernd; er wird lebhaft und mit Ausdauer vorgetragen, bisweilen mit Lauten anderer Arten durchsetzt. Die einzelnen Motive werden öfters wiederholt, nach einer Reihe reiner Töne folgen stets einige gequetscht klingende.
Biotop: Parkanlagen, Gärten, Obstplantagen, Baumschulen und trockenes, mit Buschwerk oder einzelnen Baumgruppen bestandenes Gelände.
Verbreitung: Im Vordringen nach Mitteleuropa begriffen (Ungarn, Mähren). Außer in Europa in Südwestasien und Nordafrika.

Wanderungen: Überwintert in West- und Ostafrika nördlich des Äquators;

Ende April – Anfang August. Als Irrgast in Großbritannien und Irland, zweimal auf Helgoland und in Italien nachgewiesen.
Nest und Eier: Nest ähnlich dem des Gelbspötters auf kleinen Bäumen und in Sträuchern; 3–4 auf trüb rötlich-weißem Grund sparsam schwarz gefleckte Eier (17,4 mm × 13,3 mm), Mitte Mai/Juni.
Unterarten: a) H. p. opaca Cabanis: Spanien (und Nordwestafrika); b) H. p. elaeica (Lindermayer): Südosteuropa (und Südwestasien).

GATTUNG: Sylvia Scopoli s. Tafel S. 128, 129

Bestimmungsschlüssel

1 Unterseite gesperbert
Sperbergrasmücke ♂♀ S. 410
1* Unterseite nicht gesperbert 2
2 Oberseite einfarbig 3
2* Oberseite nicht einfarbig 4
3 Oberseite olivgraubraun, keine weißen Schwanzkanten
Gartengrasmücke ♂♀ S. 411
3* Oberseite fahl isabellbraun, Schwanzkanten weiß
Wüstengrasmücke ♂♀ S. 413
4 Unterseite fast einfarbig bräunlichrot oder grau, langer gestufter Schwanz 5
4* Unterseite anders 6
5 Unterseite braunrot
Provencegrasmücke ♂♀ S. 416
5* Unterseite grau
Sardengrasmücke ♂♀ S. 417
6 Mit schwarzer oder kastanienbrauner Kopfplatte 7
6* Ohne deutliche Kopfplatte 8
7 Mit schwarzer Kopfplatte
Mönchsgrasmücke ♂ S. 411
7* Mit kastanienbrauner Kopfplatte
Mönchsgrasmücke ♀ S. 411
8 Mit schwarzer Kehle und weißem Bartstreif
Maskengrasmücke ♂ S. 414
8* Kehle anders 9
9 Kinn und Kehle rötlichbraun (♂) oder rötlichweiß (♀), deutlicher weißer Bartstreif
Weißbartgrasmücke S. 415
9* Kehle weiß 10
10 Kopf mehr oder weniger schwarz 11
10* Kopf mehr oder weniger grau oder braun 12
11 Kopfkappe schwarz (♂) oder aschgrau (♀), Rücken grau, roter Augenring
Samtkopfgrasmücke S. 414
11* Kopfkappe schwarzgrau (♂) oder hell schwarzgrau (♀), Rücken braun, Auge gelb
Orpheusgrasmücke S. 410
12 Oberkopf und Wangen grau, weißer Bartstreif
Maskengrasmücke ♀ S. 414
12* Oberkopf und Wangen grau, doch ohne weißen Bartstreif 13
13 Ohne Rostbraun auf den Flügeln
Zaungrasmücke ♂♀ S. 413
13* Mit Rostbraun auf den Flügeln 14
14 Unterseite fahl bräunlichrot, kleiner als Dorngrasmücke
Brillengrasmücke ♂♀ S. 416
14* Unterseite rahmweiß, Kropfgegend rötlich überflogen 15
15 Kopfkappe grau
Dorngrasmücke ♂ S. 412
15* Kopfkappe braun
Dorngrasmücke ♀ S. 412

Grasmücken-♂♂ mit dunklen Kopfkappen A Mönchsgrasmücke, B Samtkopfgrasmücke, C Orpheusgrasmücke, D Maskengrasmücke, E Tamariskengrasmücke

Sperbergrasmücke
Sylvia nisoria (Bechstein)

E Barred Warbler
R Ястребиная славка
C Pěnice vlašská
F Kirjokerttu
P Pokrzewka jarzębata
U Karvalyposzáta

Kennzeichen: 15 cm. Neben der Orpheusgrasmücke unsere größte Grasmückenart. Ad. von anderen Grasmücken durch die dunkelgraue Sperberung der weißlichgrauen Unterseite leicht zu unterscheiden. Oberseits aschgrau, Auge gelb. Den juv. fehlt die Zeichnung auf der Unterseite fast gänzlich, ihre Oberseite ist mehr olivbraun statt grau und sie können mit einer Garten- und Orpheusgrasmücke verwechselt werden.
Stimme: Erregt laut schnarrend „errr" dieser Ton wird oft auch in den Gesang eingeschaltet, der dem der Gartengrasmücke ähnelt. Warnt außerdem mit „ tza tza".
Biotop: Offeneres Gelände wie gebüschbestandene, sonnige Hänge, Hecken an Feldwegen und Waldrändern, gebüschbestandene Bachufer, unterholzreiche, lichte Auwälder und Waldblößen, oft in enger Nachbarschaft von Rotrückenwürger.
Verbreitung: Brütete 1972 erstmals in Norwegen. Außer in Europa in Südwestasien.

Wanderungen: Überwintert in Ostafrika und Südarabien; Anfang Mai – August. Auf dem Durchzug bzw. als Irrgast auch in Westeuropa (Norwegen, Britische Inseln, Niederlande, Frankreich, Schweiz).
Nest und Eier: Sparriges Nest niedrig im Gebüsch; meist 5 auf grünlichweißem Grund gefleckte Eier (21,1 mm × 14,4 mm), Mitte Mai/Juni. Kukkuckswirt.
Unterarten: S. n. nisoria (Bechstein).

Orpheusgrasmücke
Sylvia hortensis (Gmelin)

E Orphean Warbler
R Певчая славка
C Pěnice mistrovská
F Orfeuskerttu
P Gajówka lutniczka
U Dalos poszáta

Kennzeichen: 15 cm. Eine große, oberseits dunkle, unterseits helle Grasmücke, die allenfalls mit den ♂♂ von Mönchs- oder Samtkopfgrasmücke, verwechselt werden könnte; sie unterscheidet sich von beiden u. a. jedoch sofort durch das blaßgelbe Auge. Die bis unter das Auge reichende Kopfkappe ist jedoch mehr schwarzgrau und geht allmählich in das Graubraun der übrigen Oberseite über. Kinn sowie Mitte von Kehle und Bauch reinweiß, die übrige Unterseite rötlich überflogen. Schwanz gerade (nicht gerundet wie bei Samtkopfgrasmücke) und mit weißen Kanten (Mönchsgrasmücke ohne diese). ♀ ähnlich, doch Oberkopf heller; juv. oberseits einfarbig braun, dunkler als ♀.
Stimme: Der anhaltende, laute Gesang besteht aus kurzen Strophen, die jeweils einigemale wiederholt werden und erinnert bisweilen an den von Nachtigall und Drossel und ist auch mit den knarrenden Tönen von Rohrsängern durchsetzt. Beunruhigt „krrrt", ferner hört man das bekannte „tak tak".
Biotop: Unterholzreiche lichte mediterrane Waldungen, mit Gruppen höherer Bäume durchsetzt Macchia, Ölbaumhaine, Obstpflanzungen und Gärten.
Verbreitung: Außer in Europa in Nordwestafrika und im südwestlichen Asien von der Türkei bis Turkestan.
Wanderungen: Überwintert in Afrika südlich der Sahara, in Nordostafrika, Arabien und Indien, Anfang April – August. Als Irrgast in England, in der BRD (Helgoland, Wangerooge, Ba-

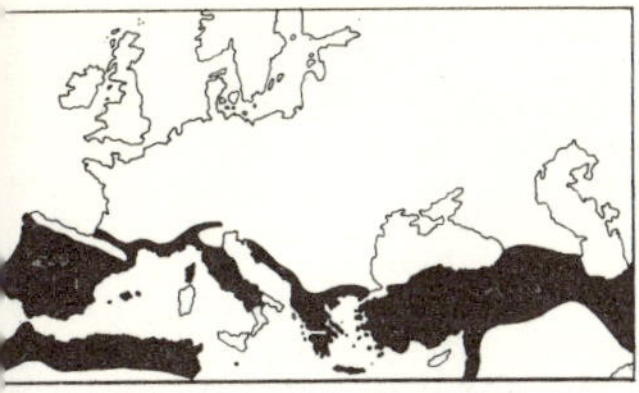

en, Oberbayern), in der ČSSR, in)sterreich sowie auf Malta und izilien nachgewiesen.
Jest und Eier: Nest in Büschen oder iedrig auf Bäumen; 4–5 auf grünchweißem Grund gefleckte Eier 19,0 mm × 14,4 mm), Mai.
Interarten: a) S. h. hortensis (Gmen): Iberische Halbinsel, Mittel- und üdfrankreich, Italien (und Nord-'estafrika; b) S. h. crassirostris :retzschmar: Südosteuropa (und Vorerasien).

;artengrasmücke

;ylvia borin (Boddaert)

E Garden-Warbler
R Садовая славка
C Pěnice slavíková
F Lehtokerttu
P Pokrzewka ogrodowa
U Kerti poszáta

:ennzeichen: 14 cm. Ohne irgend-'elche auffälligen Kennzeichen; oberits einfarbig olivgraubraun, unterits grauweiß. Von Laubsängern nterscheidet sie sich durch ihre Gröe, die nicht so schlanke Gestalt und or allem durch den Gesang, von ohrsängern durch den Aufenthaltsrt. Juv. oberseits mehr rotbraun, nterseits hell gelblichbraun.
timme: Lockt mit „täck täck", ngstlich ruft sie „wäd wäd"; der ngausdauernde und kraftvoll flötene Gesang unterscheidet sich von dem er Mönchsgrasmücke durch das 'ehlen des sog. „Überschlags".
'iotop: Unterholzreiche lichte Laubnd Mischwälder, vor allem in der beneundim Hügelland; auch am Rand on Teichen, wo Himbeergestrüpp nd Brennesseln schier undurchdringche Dickichte bilden. In den Mittelieerländern bewohnt die Gartenrasmücke ausschließlich die Gebirgswälder bis zur subalpinen Nadelwaldzone.
Verbreitung: Außer in Europa in Westsibirien und Transkaukasien.

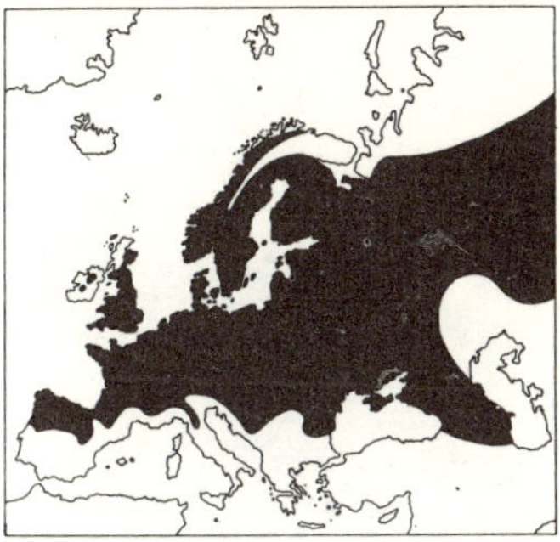

Wanderungen: Überwintert im tropischen und südlichen Afrika; Ende April/Mitte Mai – August/Mitte September.
Nest und Eier: Im Gebüsch in Bodennähe; 4–5 auf weißlichem Grund gefleckte Eier (20,1 mm × 14,8 mm), Ende Mai/Juni. Kuckuckswirt.
Unterarten: a) S. b. borin (Boddaert): Europa mit Ausnahme der unter b genannten Gebiete; b) S. b. woodwardi (Sharpe): Von der unteren Wolga an ostwärts.

Mönchgrasmücke

Sylvia atricapilla (L.)

E Blackcap
R Черноголовая славка
C Pěnice černohlavá
F Mustapääkerttu
P Pokrzewka czarnogłowa
U Barátposzáta

Kennzeichen: 14 cm. Von anderen Grasmücken unterscheidet sich die Mönchsgrasmücke durch die scharf begrenzte schwarze (♂) bzw. rotbraune (♀) Kopfplatte. Oberseits graubraun, unterseits aschgrau (♂) oder mehr braun (♀). Juv. mit rotbrauner Kopfplatte.
Stimme: Lockt hart „tze tze". Gesang wird mit einem rauhen Gezwitscher eingeleitet, dem der sog. „Überschlag" folgt, der aus Flötentönen von besonderer Klangschönheit besteht.

Biotop: Unterholzreiche Wälder aller Art, Feldgehölze und Parkanlagen.
Verbreitung: Außer in Europa in Westsibirien, Vorderasien und Nordwestafrika und Atlantische Inseln.

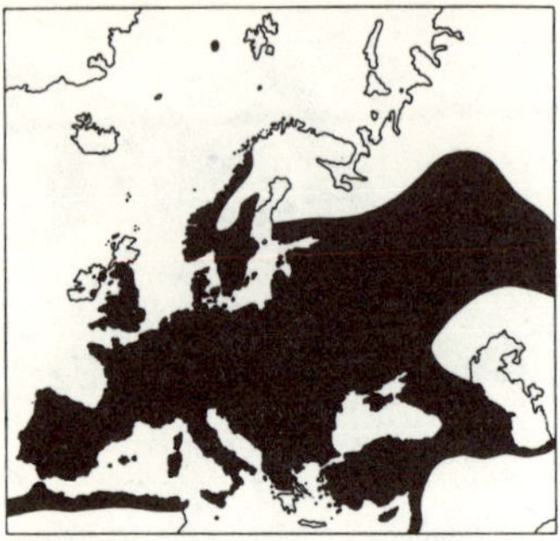

Wanderungen: Überwintert in Südeuropa und in Afrika bis etwa zum Äquator; Mitte April – September/Mitte Oktober.
Nest und Eier: Nest niedrig im Gebüsch, selten höher; meist 5 Eier, die denen der Gartengrasmücke ähneln (19,6 mm × 14,7 mm), 2 Bruten, Anfang Mai/Juli. Kuckuckswirt.
Unterarten: a) S. a. atricapilla (L.): Europa mit Ausnahme der unter b bis c genannten Gebiete; b) S. a. pauluccii Arrigoni: Sardinien und Balearen; c) S. a. dammholzi Stresemann: Östliche Krim bis Kaukasus (und Transkaspien).

Dorngrasmücke

Sylvia communis Latham

E Whitethroat
R Серая славка
C Pěnice popelavá
F Pensaskerttu
P Pokrzewka cierniówka
U Mezei poszáta

Kennzeichen: 14 cm. ♂ mit hellgrauer, ♀ hellbrauner Kopfkappe und weißer Kehle. Von der etwas kleineren Zaungrasmücke durch das Rostbraun auf den Flügeln und den rötlichen Anflug auf der Unterseite (♂) unterschieden. Von der Gartengrasmücke unterscheidet sich die Dorngrasmücke durch geringere Größe und weiße Schwanzkanten, von der etwas kleineren Brillengrasmücke durch heller Zügel und Unterseite sowie gelblich braune, nicht rotbraune Augen (s auch S. 416).
Stimme: Warnt mit einem gedehnte „wäd wäd“ und lockt mit „tze tze“ Der Gesang steht an Qualität dem de Garten- und Mönchsgrasmücke nac und ist mehr ein rauhes Gezwitsche das oft im Balzflug vorgetragen wird
Biotop: Gebüschbestandenes, offene Gelände wie Feldraine, Ödland, ar Rand von Sandgruben, Steinbrücher Feldwegen, Feldgehölzen und ähn lichen Örtlichkeiten; bisweilen auc in unterholzreichem, lichten Laubwalc
Verbreitung: Seit etwa 1970 kata strophaler Bestandsrückgang in Nord west- und Mitteleuropa. Außer i Europa in Asien (ostwärts bis zur Baikalsee, südwärts bis Turkestar sowie in Nordwestafrika.

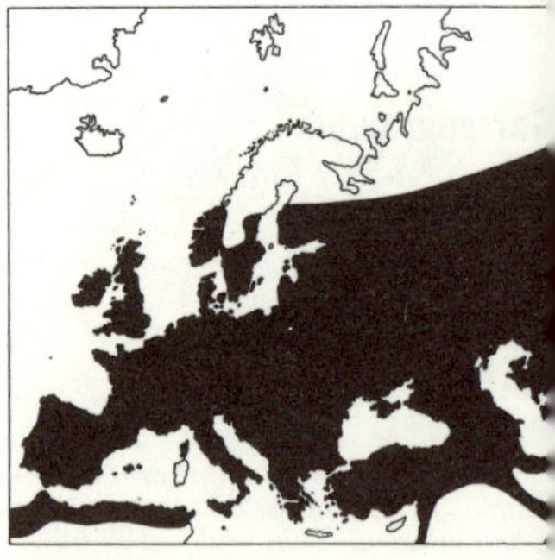

Wanderungen: Überwintert in Afrik südlich der Sahara; Ende April/An fang Mai – September.
Nest und Eier: Nest niedrig in Büsche Brennesseldickichten und ähnliche Plätzen; 5–6 meist auf grünlichgrauer Grund gefleckte sehr variable Eie (18,1 mm × 13,8 mm), 2 Bruter Mitte Mai/Juli. Gelegentlich Kuk kuckswirt.
Unterarten: a) S. c. communis La tham: Europa mit Ausnahme der un ter b und c genannten Gebiete b) S. c. volgensis Domaniewski: Öst liche und südöstliche europäisch Sowjetunion, im Norden bis etwa zur 60° n. Br., im Süden von der mittlere und unteren Wolga an ostwärts c) S. c. icterops Ménétries: Kaukasu (und südwestliches Asien).

Zaungrasmücke

Sylvia currura (L.)

E Lesser Whitethroat
R Славка-завирушка
C Pěnice pokřovní
F Hernekerttu
P Piegża
U Kisposzáta

Kennzeichen: 13,5 cm. Eine kleine, oberseits fahl graubraune, unterseits weißliche Grasmücke, die sich von der größeren Dorngrasmücke durch auffallend dunkle Wangen und das Fehlen von Rostbraun auf den Flügeln unterscheidet.
Stimme: Beim Durchschlüpfen des Gebüschs hört man andauernd ein scharfes, kurzes „tze"; der Gesang besteht aus zwei Abschnitten: er wird mit einem hastigen Gezwitscher eingeleitet, an das sich eine in raschem Tempo vorgetragene klappernde Tonreihe anschließt.
Biotop: Offenes, mit Buschwerk durchsetztes Gelände wie Feldgehölze mit reichlichem Unterwuchs von Himbeer- und Brombeerhecken, Waldränder, Parkanlagen und Gärten.
Verbreitung: Anschließend an das europäische Brutgebiet bis Ostsibirien und Nordchina.

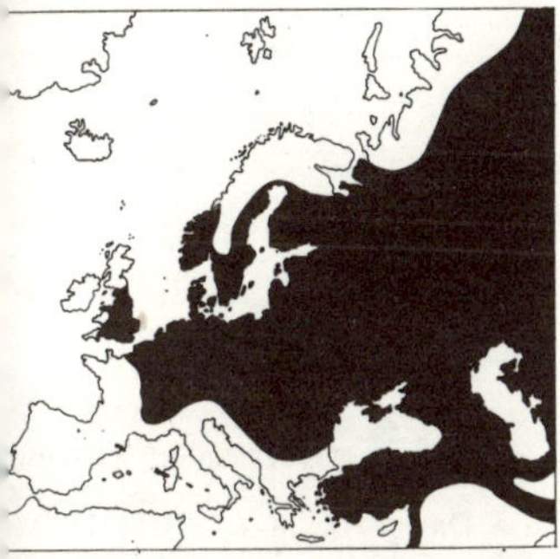

Wanderungen: Überwintert im tropischen Afrika; Mitte April – September. S. c. blythi Ticehurst & Whistler (Sibirien) wurde als Irrgast in Schottland und Norwegen festgestellt.
Nest und Eier: Nest niedrig in Büschen und Hecken; meist 5 auf gelblichweißem Grund gefleckte Eier (16,5 mm × 12,6 mm), Mai/Juni.
Unterarten: S. c. curruca (L.)

Wüstengrasmücke

Sylvia nana (Hemprich & Ehrenberg)

E Desert Warbler
R Пустынная славка
C Pěnice malá
F Kääpiökerttu
U Sivatagi poszáta

Kennzeichen: 11,5 cm. Eine kleine unauffällige Grasmücke, etwas kleiner als unsere Zaungrasmücke; ♂ und ♀ oberseits fahl isabellbraun mit grauem Anflug. Oberschwanzdecken rötlich-isabell, Unterseite weiß, matt gelblich überflogen. Schwanzkanten weiß. Lebt versteckt, man bekommt sie meist erst dann zu Gesicht, wenn sie einen Busch verläßt und zum nächsten fliegt.
Stimme: Gesang anders als der anderer Grasmücken, nicht laut, aber wohlklingend, etwa wie „trii titü tü tü tütü", Lockrufe lauter, sie bestehen aus klangvollen Trillern (Koslowa).
Biotop: Steppen und Halbwüsten mit sparsamer Vegetation.
Verbreitung: Steppengebiete östlich der unteren Wolga und anschließend in Südwest- und Zentralasien.

Wanderungen: Überwintert in Ostafrika, Arabien und Pakistan. Die nordwestafrikanische S. n. deserti (Loche) wurde in Italien und Südfrankreich und die Nominatform für Großbritannien als Irrgast nachgewiesen. Weitere Nachweise aus Finnland, Schweden und Griechenland.
Nest und Eier: Nest niedrig in kleinen Büschen; 5 auf weißem bis bläulichweißem Grund braun gefleckte Eier (15,9 mm × 11,7 mm), April/Mai.
Unterarten: S. n. nana (Hemprich & Ehrenberg).

Maskengrasmücke
Sylvia rüppelli Temminck

E Rüppell's Warbler
R Славка Рюппелля
C Pěnice Rüppellova
F Mustakurkkukerttu
P Pokrzewka Rüppella
U Feketorkú poszáta

Kennzeichen: 14 cm. Das ♂ unterscheidet sich von den anderen Grasmücken durch schwarzen Oberkopf und schwarze Kehle sowie den auffallenden weißen Bartstreif, sonst einer Samtkopfgrasmücke recht ähnlich, doch Nacken und Rücken mehr bräunlichgrau. ♀ mit graubraunem Kopf und weißlicher Kehle, aus der Nähe sind der weiße Bartstreif und die leuchtend braunroten Augen auch beim ♀ erkennbar. Juv. ähnlich ad.
Stimme: Der klappernde Gesang und der Lockton erinnern an die entsprechenden Laute der Samtkopfgrasmücke.
Biotop: Dorniges Gebüsch, oft an Felshängen.
Verbreitung: Anschließend an das europäische Brutgebiet in Vorderasien.

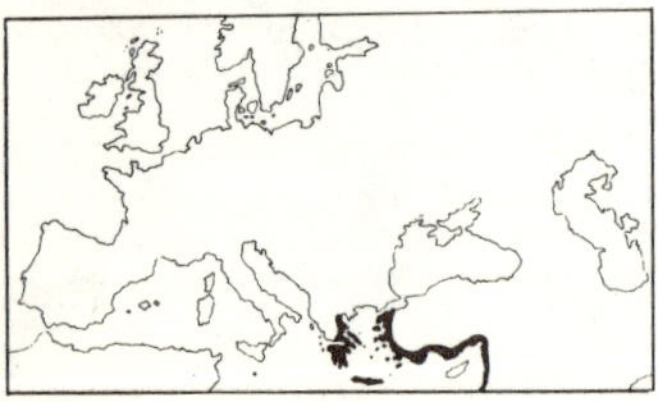

Wanderungen: Überwintert in Nordostafrika entlang der Küste des Roten Meeres bis zum Sudan. Als Irrgast in Finnland, Großbritannien, Rumänien, Italien und auf Sizilien nachgewiesen.
Nest und Eier: Nest niedrig im Gebüsch; meist 5 auf blaß grünlichem Grund dicht gefleckte Eier (17,7 mm × 13,9 mm), Mitte April/Mai.

Samtkopfgrasmücke
Sylvia melanocephala (Gmelin)

E Sardinian Warbler
R Белоусая славка
C Pěnice bělohrdlá
F Samettipääkerttu
P Pokrzewka śródziemnomorska
U Kucsmás poszáta

Kennzeichen: 13 cm. Das ♂ unte scheidet sich von anderen Grasmük ken durch die glänzend schwarze, b unters Auge reichende Kopfkappe un die reinweiße Kehle. Rücken schiefe grau, der gestufte, meist etwas g spreizte Schwanz bei ♂ und ♀ schwar braun mit weißen Kanten. Das ♀ e innert auf den ersten Blick etwas a eine Zaungrasmücke; Kopf asc grau, übrige Oberseite braun, Unte seite weiß, Brust und Seiten blaß rö lichbraun. Auffällig ist bei ♂ und der rote Augenring.
Stimme: Gesang ein leises, melod sches grasmückenartiges Geschwät an die Dorngrasmücke erinnernd; wi bei dieser wird der Gesang oft i Balzflug vorgetragen. Erregt „tek te tek ...“ oder schnarrend „trretrre trre ...“.
Biotop: Macchia mit vereinzelte höheren Bäumen, Weinfelder.
Verbreitung: Außer in Europa in Sü westasien, Nordwestafrika und au den Kanarischen Inseln.

Wanderungen: Überwintert gewöhn lich im Brutgebiet. Als Irrgast in Eng land, Dänemark, in der BRD (Helgo land, Neuwerk, München), in de Schweiz sowie in Österreich und Ru mänien nachgewiesen.
Nest und Eier: Nest niedrig in dorni gem Gebüsch und Weinstöcken; 3– sehr variable, gefleckte Eier (17,9 mm × 13,6 mm), März/April.
Unterarten: a) S. m. melanocephal (Gmelin): s. Karte; b) S. m. pasipha Stresemann & Schiebel: Kreta, Kar pathos, Rhodos und Kykladen.

Tamariskengrasmücke
Sylvia mystacea Ménétries

E Ménétries' Warbler
R Белоусая славка
C Pěnice uzdičková
U Kaukázusi poszáta

Kennzeichen: 13,5 cm. Eine kleine graubraune Grasmücke, bei derem ♂ der matt grauschwarze Oberkopf und Zügel und der weiße Bartstreif auffallen; übrige Oberseite braungrau, der stark gerundete Schwanz braunschwarz mit weißer Kante; Kinn weiß, übrige Unterseite hell weinrötlich, Seiten matt graubräunlich verwaschen, Mitte des Unterkörpers weißlich. Auge braunrot mit orangegelbem Ring. ♀ ähnlich, oberseits fahl graubraun, unterseits bräunlich rahmfarben ohne weinrötliche Tönung, Mitte von Kehle und Unterkörper weißlich. Juv. wie ad. ♀.
Stimme: Warnt „trrrrt, tzrrrrt, tschrrrrt, zschrrrt". Der Gesang ist nach Schüz „ein wohltönendes, plauderndes, schwatzendes Singen, reicher, variabler als der Dorngrasmückengesang".
Biotop: Buschreiches Gelände in Flußtälern, bes. sandige, mit Tamarisken bestandene Flächen und an Berghängen.
Verbreitung: Am Nordwest- und Westrand des Kaspischen Meeres und anschließend in Vorderasien von Syrien und Israel bis Nord-Afghanistan.

Wanderungen: Überwintert im südlichen Arabien und in Nordostafrika; Ende März – Oktober.
Nest und Eier: Nest niedrig in Büschen, bes. Tamarisken; 4 – 5 auf blaß steingrauem Grund fein gefleckte Eier (17,3 mm × 13,1 mm), April/ Mai.

Weißbartgrasmücke
Sylvia cantillans (Pallas)

E Subalpine Warbler
R Горная славка
C Pěnice vousatá
F Rusorintakerttu
P Pokrzewka wąsata
U Bajszos poszáta

Kennzeichen: 12,5 cm. Eine kleine oberseits graue Grasmücke mit auffallendem weißen Bartstreif, rötlichbrauner Kehle und rotem Augenring. ♀ und juv. mit brauner Oberseite und rötlichweißer Kehle. Jüngere ♀♀ können mit Zaungrasmücken-♀♀ verwechselt werden, doch sind bei der Zaungrasmücke die Wangen stets dunkler und die Kehle weiß, bei der Weißbartgrasmücke sind die Wangen blaß graubraun und die Kehle gelbbräunlich überflogen, so daß der weiße Bartstreif zur Geltung kommt.
Stimme: Die Weißbartgrasmücke ist der beste Sänger unter den mediterranen Grasmücken. Der melodiöse Gesang erinnert an den der Dorngrasmücke, allerdings fehlen ihm die rauhen Töne, oft wird er in schmetterlingsartigem Balzflug vorgetragen. Lockt in kurzen Abständen mit „tek tek".
Biotop: Bevorzugt trockene sonnige Hänge mit niedrigen Sträuchern wie Kermeseichen und Steineichen, daneben auch in kümmerlicher Stechginster-Vegetation. Im gleichen Biotop können auch Brillen- und Provencegrasmücke vorkommen, doch bevorzugt die Weißbartgrasmücke höheres und hügeligeres Gelände als die Brillengrasmücke und ist im Steineichengestrüpp häufiger als in der reinen Macchia anzutreffen wie die Provencegrasmücke (Voous).
Verbreitung: Breitet sich in Bulgarien aus. Außer in Europa in Kleinasien und Nordwestafrika.

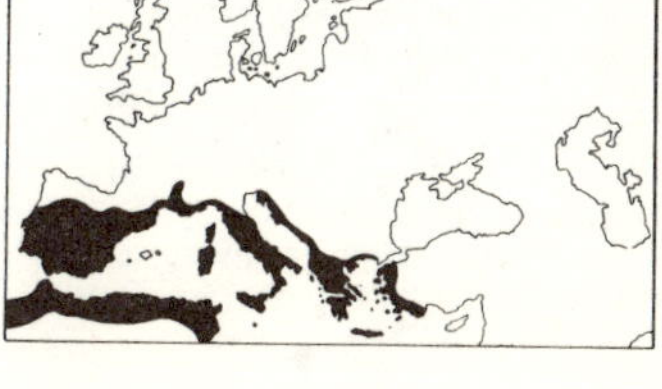

Wanderungen: Überwintert in Westafrika; Ende März/August. S. c. cantillans wurde als Irrgast in Großbritannien, in den Niederlanden, in der BRD (Helgoland, Wangerooge, Scharhörn), in Österreich, Rumänien, in der Schweiz sowie in Dänemark, Norwegen, Schweden und Finnland nachgewiesen. Bei einem auf Wangerooge erbeuteten Vogel handelt es sich möglicherweise um S. c. albistriata.
Nest und Eier: Nest in niedrigem Gebüsch; 3–4 auf grünlichweißem Grund gefleckte Eier (16,5 mm × 12,9 mm), Mitte April/Juni.
Unterarten: a) S. c. cantillans (Pallas): Südwesteuropa; b) S. c. albistriata (C. L. Brehm): Südosteuropa (und Kleinasien).

Brillengrasmücke
Sylvia conspicillata Temminck

E Spectacled Warbler
R Очковая славка
C Pěnice brýlatá
F Pikkupensaskerttu
P Pokrzewka okularowa
U Törpe poszáta

Kennzeichen: 12,5 cm. Sieht wie eine kleine Dorngrasmücke aus, Zügel jedoch dunkler (schieferschwarz statt aschgrau), Unterseite fahl bräunlich weinfarben (beim ♀ blasser), bei der Dorngrasmücke ist die Unterseite mehr rahmweiß und der rötliche Anflug beschränkt sich auf die Kropfgegend. Hat man den Vogel nahe genug vor sich, so sieht man das rotbraune Auge und den schmalen weißen Augenring (bei der Dorngrasmücke ist das Auge gelbbraun und ein weißer Augenring fehlt). Von der Weißbartgrasmücke durch weiße Kehle und rötlichbraune Flügel unterschieden.
Stimme: Der wohltönende Gesang besteht aus kurzen, schwätzenden und einförmigen Strophen, die mehrmals wiederholt werden und wird meist von der Spitze eines Busches aus vorgetragen, bisweilen auch im Balzflug. Warnt mit „krrr . . .“.
Biotop: Offenes, trockenes und mit Gebüsch bestehendes Gelände von der Ebene bis ins Gebirge; nicht in der üblichen Macchia wie die anderen mediterranen Grasmücken.
Verbreitung: Außer in Europa in Israel, Unterägypten, Nordwestafrika und auf den Atlantischen Inseln.

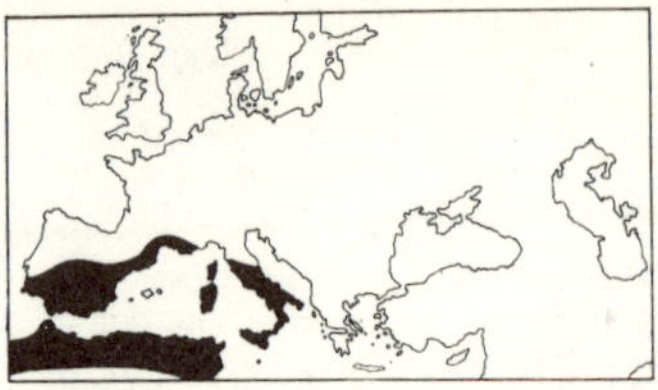

Wanderungen: Scheint größtenteils im Brutgebiet zu überwintern, zum Teil wohl auch in Nordafrika. Irrgast in England, Jugoslawien und Griechenland.
Nest und Eier: Nest niedrig in kleinen Büschen; 4–5 auf grünlichweißem Grund gefleckte Eier (16,3 mm × 12,6 mm), April/Mai.
Unterarten: S. c. conspicillata Temminck.

Provencegrasmücke
Sylvia undata (Boddaert)

E Dartford Warbler
R Провансальская славка
C Pěnice kaštanová
F Ruskokerttu
P Pokrzewka kasztanowata
U Bujkáló poszáta

Kennzeichen: 12,5 cm. Eine kleine versteckt lebende dunkle Grasmücke mit relativ langem, gestuften Schwanz und rötlichorangefarbigem Augenring. Die Provencegrasmücke kann allenfalls mit der Sardengrasmücke verwechselt werden, die aber unterseits grau, nicht rostbraun ist. ♂ oberseits dunkelbraun, ♀ und juv. sind ober- und unterseits blasser und brauner.
Stimme: Ein kurzer, wohlklingender dorngrasmückenartiger Gesang, der bisweilen auch an den des Schwarzkehlchens erinnert. Lockt mit „tschirr“ und „tuck“, oft zu „tschirr-tuck“ vereinigt. Balzflug ähnlich wie bei Dorngrasmücke.
Biotop: In den Mittelmeerländern die Macchia, in Nordwesteuropa Heiden mit Stechginster.
Verbreitung: Außer in Europa in Nordwestafrika.

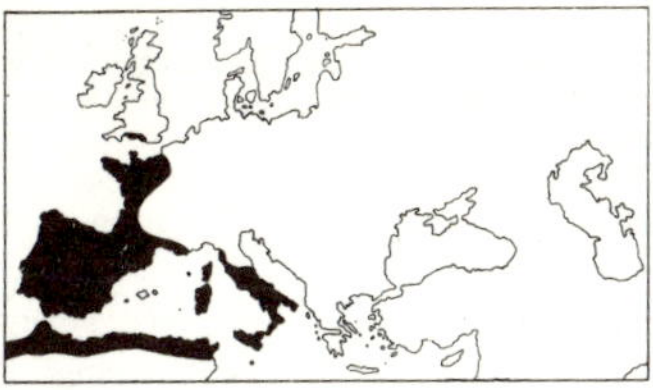

Wanderungen: Überwintert im Brutgebiet; in langen und strengen Wintern können dadurch erhebliche Verluste eintreten. Sie streichen dann in kleinen Trupps durchs Gelände und werden dann auch in Biotopen angetroffen, in denen sie zur Brutzeit nicht vorkommen. Am 10. 7. 1974 wurde ein ♀ der Nominatform auf Wangerooge gefangen; Erstnachweis für die BRD.
Nest und Eier: Nest niedrig in Büschen, in England vorzugsweise in Heidekraut und Stechginster; 3–4 auf grünlichweißem Grund gefleckte Eier (17,5 mm × 13,2 mm), Mitte April/Mai.
Unterarten: a) S. u. dartfordiensis Latham: Südengland und Nordwestfrankreich; b) S. u. undata (Boddaert): Südliches Frankreich bis mittleres Spanien, Italien, Korsika, Sardinien und Sizilien; c) S. u. toni Hartert: Portugal, südliches Spanien (und Nordwestafrika).

Sardengrasmücke
Sylvia sarda Temminck

E Marmora's Warbler
R Сардинская славка
C Pěnice sardinska
F Sardiniankerttu
P Pokrzewka czarniawa
U Szardiniai poszáta

Kennzeichen: 12,5 cm. Eine kleine überwiegend graue Grasmücke mit einem relativ langen, meist schräg nach oben gehaltenem Schwanz und rotem Augenring. Von der in der Größe und Gestalt gleichen Provencegrasmücke unterscheidet sie sich durch die graue, nicht rotbraune Brust und Kehle. ♂ oberseits dunkel aschgrau, Oberkopf fast schwarz, ♂ oberseits graubraun, unterseits heller als ♂, Mitte des Unterkörpers weißlich. Juv. ähnlich ad. ♀, oberseits noch etwas bräunlicher, unterseits blaß graubraun, Mitte des Unterkörpers bräunlichweiß.
Stimme: Der zwitschernde Gesang ähnlich dem der Provence-Grasmücke, doch weniger rauh; Lockton ein hartes „tzerr" oder „tzig".
Biotop: Macchia und Strauchheiden.
Verbreitung: Auf die Inseln des westlichen Mittelmeeres von den Balearen bis Sizilien beschränkt.

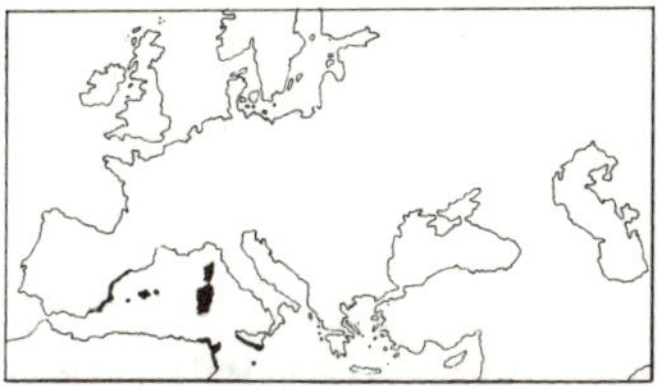

Wanderungen: Überwintert größtenteils im Brutgebiet, gelegentlich in Italien und Nordafrika. Irrgast in Südfrankreich.
Nest und Eier: Nest niedrig in Büschen; 4–5 auf gelblichweißem Grund gefleckte Eier (16,9 mm × 13,0 mm), April/Juni.
Unterarten: a) S. s. sarda Temminck: Korsika, Sardinien, Sizilien (und Küsten Tunesiens); b) S. s. balearica v. Jordans: Balearen.

GATTUNG: Cisticola Kaup

s. Tafel S. 126

Cistensänger
Cisticola juncidis (Rafinesque)

E Fan-tailed Warbler
R Славка-портниха
C Cistovník rákosníkový
F Macciankerttu
U Szuharbujó

Kennzeichen: 10 cm. Ein sehr versteckt lebender kleiner rohrsängerartiger Vogel, dessen Anwesenheit man meist nur durch den charakteristischen Balzflug (s. Stimme) feststellen kann. Von den oberseits gestreiften Rohrsängern, vom Tamariskensänger und Feldschwirl unterscheidet er sich durch das Fehlen eines Überaugenstreifs, den kurzen, stark gerundeten, dunkelbraunen Schwanz, dessen Federn (bis auf das mittelste Steuerfederpaar) schwarzweiße Spitzen haben und schließlich durch den Gesang. Die dunkelbraunen Federn der Oberseite haben gelbbraune Säume,

Unterseite des Schwanzes ½ nat. Gr.

wodurch die Oberseite dunkelbraun und gelbbraun gestreift erscheint; Bürzel einfarbig rostbraun, Unterseite gelblichweiß, an den Seiten hell rostfarbig überlaufen.

Stimme: Zur Brutzeit fliegt das ♂ rasch und ruckartig über dem Brutplatz hin und her, wobei es seinen einförmigen und nicht überhörbaren Gesang, der wie „tsip tsip tsip tsip . . .“ klingt, hören läßt.

Biotop: Feuchte, mit Seggen, Binsen und etwas Schilf bestandene Flächen, Getreidefelder und staudenbestandene Feldraine und Wegränder in der offenen Landschaft.

Verbreitung: Von Südwesteuropa her hat in den letzten Jahren eine starke Ausbreitung des Brutareals in nördlicher Richtung bes. in Südwestfrankreich stattgefunden (s. Karte). Für die Niederlande liegen bis 1976 14 Nachweise vor; eine erfolglose Brut wurde festgestellt. Vermutlich Brutvogel im Tessin. Außer in Europa in Afrika, in Ost- und Südasien und in Nordaustralien.

Wanderungen: Überwintert überwiegend im Brutgebiet. Als Irrgast in England, Irland, in der Schweiz, in Österreich und im badenwürttembergischen Bodenseegebiet festgestellt.

Nest und Eier: Das länglich beutelförmige Nest steht niedrig in dichtem Pflanzenwuchs und ist in diesen hineingewoben; 4–6 sehr variable Eier (15,6 mm × 11,6 mm); blau oder weiß gefleckt oder einfarbig, April/Juni.

Unterarten: a) C. j. cisticola (Temminck): Frankreich (an der Mittelmeerküste Übergänge zur Nominatform), Iberische Halbinsel, Balearen (und Nordwestafrika); b) C. j. juncidis (Rafinesque): Südfrankreich (s. unter a), Italien, Korsika, Sardinien, Sizilien und Südosteuropa (sowie Vorderasien und Ägypten).

GATTUNG: Phylloscopus Boie — s. Tafel S. 131

Laubsänger sind kleine, zarte und sehr lebhafte Vögel, die sich im Gezweig von Sträuchern und Bäumen umhertreiben. Sie haben ein oberseits mehr oder weniger grünlichgraues, unterseits mehr oder weniger gelbliches oder weißliches Gefieder, ♂ = ♀. Die Unterscheidung der einzelnen Arten ist, da sie sich teilweise sehr ähnlich sehen, im Freien nicht leicht und bisweilen unmöglich; in manchen Fällen bietet allerdings der Gesang eine Möglichkeit, die Arten sicher zu bestimmen. Die Überaugenstreifen sind nicht immer deutlich ausgeprägt und die Flügelbinden bisweilen so abgerieben, daß sie nicht mehr sichtbar sind. An gefangenen Vögeln ist eine sichere Bestimmung an den Schwingen möglich (s. Abb. S. 420).

Bestimmungsschlüssel

1 Kehle und Brust schwefelgelb — 2
1* Kehle und Brust nicht schwefelgelb — 3
2 Bauch rein weiß — **Waldlaubsänger** S. 421
2* Bauch schwefelgelb — **Wacholderlaubsänger** S. 421
3 Unterseite reinweiß — **Berglaubsänger** S. 422
3* Unterseite nicht reinweiß — 4

4 Flügel mit Binden 5
4* Flügel ohne Binden 7
5 Doppelte Flügelbinde
Gelbbrauenlaubsänger S. 423
5* Einfache Flügelbinde 6
6 Füße blaß gelblichbraun
Nordischer Laubsänger S. 422
6* Füße braun
Grüner Laubsänger S. 420
7 Füße gewöhnlich schwärzlich, Gesang monoton zilpzalp
Weidenlaubsänger S. 419
7* Füße gewöhnlich braun, Gesang entfernt an den des Buchfinken erinnernd
Fitislaubsänger S. 419

Weidenlaubsänger

Phylloscopus collybita (Vieillot)

E Chiffchaff
R Пеночка-кизнечик
C Budniček mensi
F Tiltaltti
P Pierwiosnek
U Csilp-csalp füzike

Kennzeichen: 11 cm. Ein zierliches und rastloses Vögelchen mit grüngrauer Ober- und grauweißlicher Unterseite. Der gelbliche Überaugenstreif ist nur schwach ausgeprägt. Sieht dem Fitislaubsänger sehr ähnlich und ist im Freien kaum von ihm zu unterscheiden. Am sichersten kann man beide Arten an ihrem Gesang unterscheiden (s. u.). Hat man den Vogel in der Hand, so kann man ihn an dem Längenverhältnis der 2. zur 6. Handschwinge bestimmen (s. Abb.).
Stimme: Lockt mit einem sanften „huid", der eintönige Gesang klingt wie „zilp-zalp zilp-zalp . . ." oft werden noch einige „delm" und leise „tzrr tzrr" eingeflochten.
Biotop: Waldungen aller Art und in jeder Höhenlage, ferner Feldgehölze, Parkanlagen und größere Gärten.
Verbreitung: Außer in Europa in Asien bis Nordostsibirien, in Vorderasien und Nordwestafrika.
Wanderungen: Ph. c. collybita überwintert in den Mittelmeerländern, Vorderasien und im nördlichen Afrika Mitte März – Ende August/Oktober (Anf. November). Ph. c. abietinus

überwintert in Südosteuropa, Vorderasien und Nordostafrika; auf dem Durchzug in Mittel- und Westeuropa, regelmäßig auf den Shetland-Inseln, Irrgast auf den Färöer und Island. April/Mai – August/November. P. c. fulvescens wird gelegentlich auf Helgoland angetroffen. Ph. c. tristis überwintert im südlichen Asien, zu den Zugzeiten regelmäßig auf den Färöer, Orkney- und Shetland-Inseln. Als Irrgast in Norwegen und Schweden nachgewiesen. Ph. c. sindianus wurde einmal als Irrgast am Bodensee festgestellt (Niethammer).
Nest und Eier: Backofenförmiges Nest am oder dicht über dem Boden in niedrigem Gebüsch und Gestrüpp; 6–7 auf weißem Grunde schwach rotbraun gefleckte Eier (15,5 mm × 12,0 mm), Mai/Juni.
Unterarten: a) Ph. c. collybita (Vieillot): Europa mit Ausnahme der unter b bis d genannten Gebiete; b) Ph. c. abietinus (Nilsson): Skandinavien und Osteuropa; c) Ph. c. lorenzii (Lorenz): Höhere Lagen des Kaukasus; d) Ph. c. fulvescens (Sewertzow): Nordöstliche europäische Sowjetunion (und Sibirien); e) Ph. c. tristis Blyth: Sibirien (im Anschluß an fulvescens); f) Ph. c. sindianus Brooks: Zentralasien.

Fitislaubsänger

Phylloscopus trochilus (L.)

E Willow-Warbler
R Пеночка-Весничка
C Budniček větši
F Pajulintu
P Piecuszek
U Fitiszfüzike

Kennzeichen: 11 cm. Einem Weidenlaubsänger zum Verwechseln ähnlich. Die verschiedene Beinfärbung – beim Weidenlaubsänger gewöhnlich schwärzlich, beim Fitislaubsänger gewöhnlich hellbraun – ist kein zuverlässiges Unterscheidungsmerkmal. Hat man den Vogel in der Hand, so

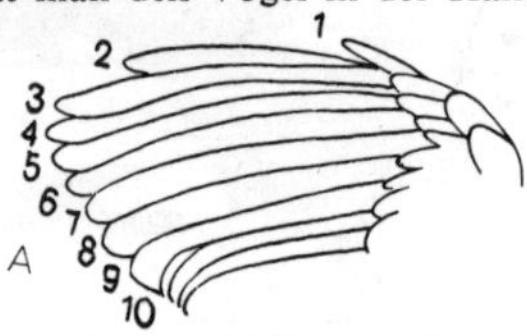

Weidenlaubsänger

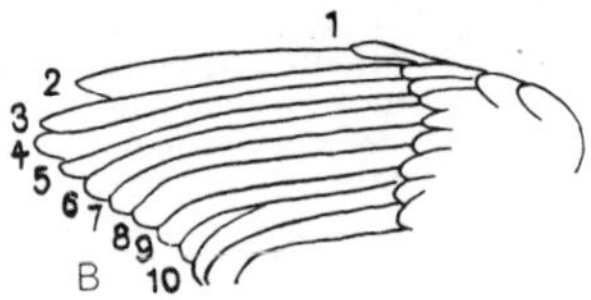

Fitislaubsänger

Grüner Laubsänger

Weidenlaubsänger: Beachte die kurze 2. und die verengte 6. Schwinge. *Fitislaubsänger:* Beachte, daß im Gegensatz zum Weidenlaubsänger die 2. Schwinge länger und die 6. Schwinge nicht verengt ist. *Grüner Laubsänger:* Beachte, daß die 2. Schwinge länger als beim Weidenlaubsänger, aber kürzer als beim Fitislaubsänger ist.

kann man ihn an dem Verhältnis von 2. und 6. Handschwinge (s. Weidenlaubsänger) erkennen, im Freien aber ganz sicher am Gesang (s. u.).
Stimme: Lockt laubsängerartig „füid"; der Gesang erinnert entfernt an Buchfinkenschlag, ist aber nicht so kraftvoll und langsamer im Tempo, er klingt etwa wie „dididididiedüe dea dea due dei da da".
Biotop: Lichte, unterholzreiche Laub-, Misch- und teilweise auch Nadelwälder, sofern diese nicht zu trocken sind; auch in Gebüschstreifen in offener Landschaft sowie an Fluß- und Teichufern, stellenweise auch in Parkanlagen und größeren Gärten.
Verbreitung: Außer in Europa im nördlichen Asien bis Nordostsibirien.

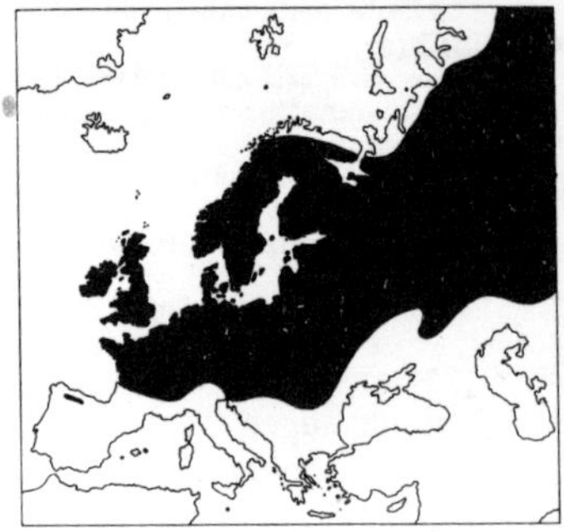

Wanderungen: Überwintert im tropischen und südlichen Afrika; April bis September/Oktober. Ph. t. acredula berührt auf dem Durchzug Mittel- und Westeuropa, Ende April/Mai, Mitte August/Oktober (November).
Nest und Eier: Backofenförmiges Nest am Boden; 6–7 auf gelblichweißem Grund rostrot gefleckte Eier (15,3 mm × 12,4 mm), Mai/Juni.
Unterarten: a) Ph. t. trochilus (L.): Europa mit Ausnahme der unter b genannten Gebiete; b) Ph. t. acredula (L.): Nord- und Osteuropa.

Grüner Laubsänger
Phylloscopus trochiloides (Sundevall)

E Greenish Warbler
R Зеленая пеночка
C Budníček zelený
F Idän uunilintu
P Świstunka zielonawa
U Sárga füzike

Kennzeichen: 11 cm. Ähnelt dem Fitislaubsänger. Die schmale gelbliche Flügelbinde wäre ein brauchbares Unterscheidungsmerkmal, ist jedoch meist so abgerieben, daß sie nicht zu sehen ist. Der gelblich rahmfarbene Überaugenstreif ist auch bei anderen Laubsängern vorhanden. Ein einigermaßen sicheres Kennzeichen sind Lockruf und Gesang (s. unten).

Stimme: Der Lockruf klingt wie „di" oder „psi"; der kräftige, schlagartige Gesang erinnert an den von Zaunkönig und Stieglitz, oft wird ein auffallender Triller oder Roller gebracht. Er besteht aus drei Teilen: zunächst schwatzende schnell wiederholte „tjeptjeptjep...", die in einen schwatzenden Triller übergehen, dem ein wohltönender, zweisilbiger Pfeiflaut folgt.
Biotop: Laub- und Mischwälder, besonders deren Ränder, auch in Parkanlagen und größeren Gärten.
Verbreitung: Möglicherweise seltener Brutvogel in Mecklenburg (Rügen, Usedom); brütete 1962 im Westerwald. Breitet sich in Finnland, Dänemark und Polen aus. Außer in Europa im nördlichen Asien ostwärts bis Sachalin sowie in Mittelasien.

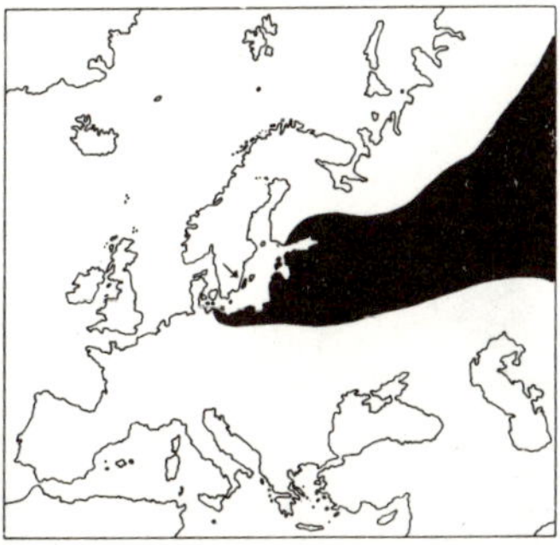

Wanderungen: Überwintert im tropischen Süd- und Südostasien; Ende Mai/Anfang Juni – Ende August/ Anfang September. Als Irrgast auf Wangerooge und Helgoland sowie in Großbritannien, Norwegen, in den Niederlanden und in Mähren nachgewiesen.
Nest und Eier: Backofenförmiges Nest am Boden; 5–6 reinweiße Eier (14,9 mm × 17,7 mm), Mitte Juni.
Unterarten: Ph. t. viridanus Blyth.

Wacholderlaubsänger
Phylloscopus nitidus Blyth

E Green Warbler
R Желтобрюхая зеленая
C Budníček kavkazský
F Aasien uunilintu
U Középázsiai zöld füzike

Kennzeichen: 11 cm. Zügel und ein Streif hinter dem Auge olivbräunlich, darüber ein schwefelgelber Überaugenstreif, übrige Kopfseiten schwefelgelb. Oberseite mattgrün, ohne gelben Anflug, Schwingen und Handdecken dunkelbraun, mattgrün gesäumt. Flügeldecken mattgrün mit hellgelben Spitzen, die eine Querbinde bilden. Unterseite und Flügelbug schwefelgelb. Steuerfedern braun, außen mattgrün gesäumt.
Stimme: Lockruf ein zweisilbiges „tsizie", erinnert an den der Schafstelze. Gesang klingt wie „ts-tri-zie... ts-twi-zie" oder auch wie „tsi... tsi... tsi... ziw zir riw ziw zir-riw-tsi-tsi" (Gladkow).
Biotop: Unterholzreiche Bergwälder, besonders in Wacholderbeständen bis zur Baumgrenze.
Verbreitung: Kaukasus, Transkaukasien, östliche Türkei, Iran bis Nordwest-Afghanistan.

Wanderungen: Überwintert in Indien; Ende April – Mitte September. Als Irrgast auf der Krim und auf Helgoland festgestellt.
Nest und Eier: Nest wie das anderer Laubsänger; Eier weiß (15,5 mm × 12,0 mm).

Waldlaubsänger
Phylloscopus sibilatrix (Bechstein)

E Wood-Warbler
R Пеночка-трещотка
C Budníček lesní
F Sirittäja
P Świstunka leśna
U Sisegö füzike

Kennzeichen: 13 cm. Größer als Weiden- und Fitislaubsänger; von den anderen Laubsängern unterscheidet er

sich durch seine gelblichgrüne Oberseite, den breiten gelben Überaugenstreif, die schwefelgelbe Kehle und Brust und die reinweiße Unterseite. Gesang unverkennbar.
Stimme: Lockt klangvoll „düh", außerdem hört man liebliche „djü djü djü". Der überaus charakteristische Gesang wird oft im Balzflug vorgetragen und bisweilen mit einigen „djü" eingeleitet, dann folgen einige „sib sib . . .", die in immer schnellerer Folge wiederholt werden und schließlich folgt ein langanhaltendes, schwirrendes und am Ende abfallendes „sirrrrrr".
Biotop: Lichte Laub- und Mischwälder der Ebene und in den Mittelgebirgen; auch im Nadelwald, sofern einige Laubbäume eingesprengt sind und das Unterholz nicht ganz fehlt.
Verbreitung: Im Anschluß an das europäische Brutgebiet in Westsibirien bis zum Oberlauf des Ural.

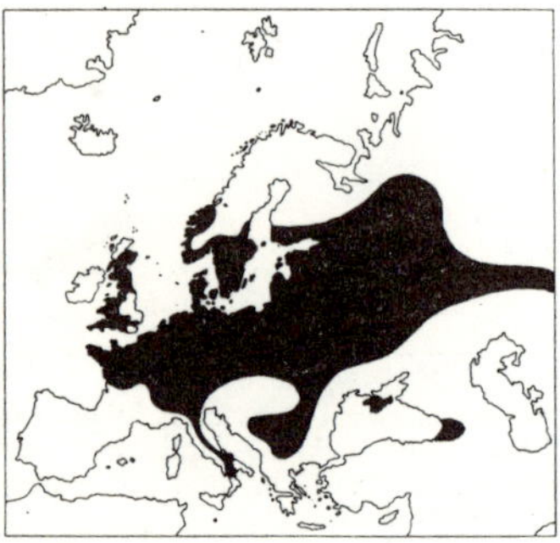

Wanderungen: Überwintert im tropischen Afrika; Ende April/Anfang Mai bis Ende August/Mitte September.
Nest und Eier: Backofenförmiges Nest am Boden; 6–7 auf weißem Grund rotbraun gefleckte Eier (16,1 mm × 12,6 mm), Mitte Mai/Juni.

Berglaubsänger

Phylloscopus bonelli (Vieillot)

E Bonelli's Warbler
R Светлобрюхая пеночка
C Budnicek horský
F Vuoriuunilintu
P Świstunka górska
U Bonelli füzike

Kennzeichen: 12 cm. So groß wie ein Weidenlaubsänger; oberseits grünlichbraun, unterseits rein weiß, auch Kehle und Brust, im Gegensatz zum Waldlaubsänger. Ein auffallendes Kennzeichen ist der gelbliche Bürzel, während der rahmfarbene Überaugenstreif nur angedeutet ist.
Stimme: Der Lockruf klingt wie „huid" oder – manchmal zweisilbig – „hoiéd"; der Gesang erinnert an den des Waldlaubensängers.
Biotop: Lichte und sonnige Misch- und Nadelwälder im Hügel- und Bergland, im Gebirge geht er bis zu 1750 m hinauf.
Verbreitung: Brutvogel im Schwarzwald, in der Schwäbischen Alb, im Alpen- und Voralpengebiet, vereinzelt auch weiter nördlich (Rhön, Unterfranken, Thüringen, Harz, Teutoburger Wald, Süntel, Hameln). Außer in Europa in Nordwestafrika und stellenweise in Vorderasien.

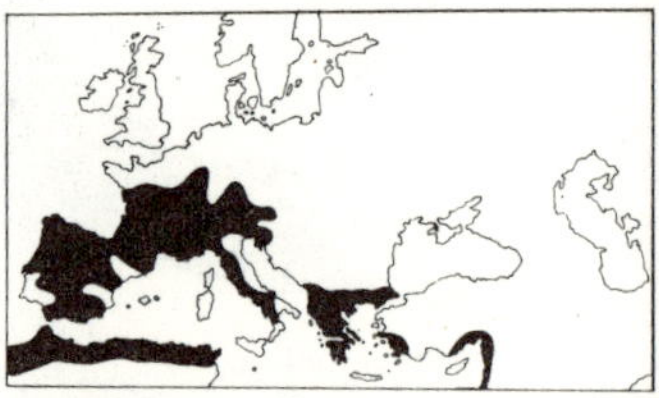

Wanderungen: Überwintert im tropischen Afrika, Ende April/Mai – August/September. Als Irrgast in Großbritannien, in den Niederlanden, Norwegen, Finnland und in der DDR nachgewiesen.
Nest und Eier: Backofenförmiges Nest am Boden; die 5–6 Eier (15,0 mm × 11,8 mm) gleichen denen des Waldlaubensängers, Mai/Juni.
Unterarten: a) Ph. b. bonelli (Vieillot): Europa (und Nordwestafrika) mit Ausnahme der unter b genannten Gebiete; b) Ph. b. orientalis (C. L. Brehm): Südosteuropa (und Kleinasien bis Israel).

Nordischer Laubsänger

Phylloscopus borealis (Blasius)

E Arctic Warbler
R Пеночка-таловка
C Budniček severni
F Lapin uunilintu
P Świstunka północna
U Északi füzike

Kennzeichen: 12 cm. Etwas größer als ein Weidenlaubsänger, von dem er sich durch einen deutlicheren blaß gelblichweißen Überaugenstreif unterscheidet. Oberseits dunkel olivgrün, unterseits gelblich, Brust und Seiten grünlichgrau überflogen. In der Nähe ist die helle Flügelbinde zu sehen. Vom Grünen Laubsänger ist der Nordische Laubsänger im Freien nicht zu unterscheiden; hat man den Vogel in der Hand, so ist die sichere Bestimmung an den Handschwingen möglich: Bei Ph. trochiloides ist die 2. Schwinge wesentlich kürzer als die 3., bei borealis aber fast ebenso lang wie die 3. Schwinge.
Stimme: Lockt mit „tswi-ip" und „tzick", mit „tzick" werden meist auch die kurzen, oft wiederholten Strophen des Gesanges eingeleitet, der an den der Zaunammer erinnert.
Biotop: Unterholzreiche trockene wie feuchte Birkenwälder, z. T. auch Mischwälder.
Verbreitung: Außer in Europa im gesamten nördlichen Asien, südwärts bis Korea sowie im westlichen Alaska.

Wanderungen: Überwintert in Südostasien, zieht aber nicht durch Mitteleuropa; Mitte Juni – August. Als Irrgast in Großbritannien, in den Niederlanden, auf Helgoland, in Dänemark, Luxemburg und Italien nachgewiesen.
Nest und Eier: Backofenförmiges Nest am Boden; 5–7 auf weißem Grund rotbraun gefleckte Eier (16,1 mm × 12,4 mm), Ende Juni/Anfang Juli.
Unterarten: Ph. b. talovka Portenko: Nördlichstes Skandinavien, Nordostfinnland und nördliche europäische Sowjetunion, im Norden bis zur Baumgrenze, im Süden bis zum 60° n. Br.

Gelbbrauenlaubsänger
Phylloscopus inornatus (Blyth)

E Yellow-browed Warbler
R Пенаока-зарничка
C Budníček skromný
F Kirjosiipi-uunilintu
P Świstunka żółtawa
U Vándorfüzike

Kennzeichen: 10 cm. Ein kleiner, oberseits hellgrüner und unterseits weißlicher Laubsänger mit einem auffallenden blaßgelblichen Überaugenstreif und doppelter gelblicher Flügelbinde; durch diese Kennzeichen unterscheidet er sich von den anderen Laubsängern.
Stimme: Der Gesang ist ein leises, anspruchsloses, andauernd vorgetragenes Trillern (Johansen).
Biotop: Die eurasiatische Taiga.
Verbreitung: Vom nördlichen Ural und der oberen Petschora ostwärts bis NO-Sibirien und zum Amurgebiet.

Wanderungen: Überwintert in Süd- und Südostasien; wird mehr oder weniger regelmäßig – besonders im Herbst, seltener im Frühjahr – in Europa festgestellt, westwärts bis Norwegen, Schweden, Großbritannien, Irland, Niederlande, Belgien, Frankreich und Italien. In der BRD und DDR von Mitte September/Mitte Oktober; wiederholt im Küstengebiet von Nord- und Ostsee, vereinzelt auch im Binnenland, neuerdings bei Braunschweig und Ismaning (Oberbayern), Berlin, in Mecklenburg, Thüringen und Sachsen nachgewiesen.
Überwinterte ausnahmsweise am Bodensee.
Unterarten: Ph. i. inornatus (Blyth).

GATTUNG: Regulus Cuvier

s. Tafel S. 130

Bestimmungsschlüssel

1 Mit weißem Überaugenstreif 2
1* Ohne weißen Überaugenstreif 3
2 Scheitelmitte orangerot
Sommergoldhähnchen ♂ S. 424
2* Scheitelmitte gelb
Sommergoldhähnchen ♀ S. 424
3 Scheitelmitte orangefarben
Wintergoldhähnchen ♂ S. 424
3* Scheitelmitte hellgelb
Wintergoldhähnchen ♀ S. 424

Wintergoldhähnchen

Regulus regulus (L.)

E Goldcrest
R Желтоголовый королек
C Králíček obecný
F Hippiäinen
P Mysikrólik
U Sárgafejü királyka

Kennzeichen: 9 cm. Die Goldhähnchen sind die kleinsten europäischen Vögel und schon infolge ihrer Winzigkeit mit anderen Arten kaum zu verwechseln. Oberseite olivgrün, Unterseite trüb grünlichweiß. Vom Sommergoldhähnchen unterscheidet sich das Wintergoldhähnchen durch das Fehlen des weißen Überaugenstreifs, von den kleineren Meisenarten durch seinen leuchtend gelben, schwarz eingefaßten Scheitel. Beim ♂ ist die Mitte dieses Scheitelstreifens orangefarben, beim ♀ einfarbig hellgelb, bei den juv. fehlt er überhaupt.
Stimme: Ein feines „sisisi" oder kräftigere „whist", „si" oder „sri", die zu „zihzihzih-srisrisri" aneinandergereiht werden können; der Gesang ist ein feines Wispern in auf- und abschwellenden Tönen.
Biotop: Fichten- und Tannenwälder von der Ebene bis zur Baumgrenze; zu den Zugzeiten und im Winter auch in Parkanlagen und in größeren Gärten.
Verbreitung: Anschließend an das europäische Brutgebiet quer durch Asien bis zum Oberlauf des Amur; weitere Unterarten brüten inselartig verteilt im übrigen paläarktischen Asien südwärts bis zum Himalaya und Südwestchina.
Wanderungen: Überwintert teilweise

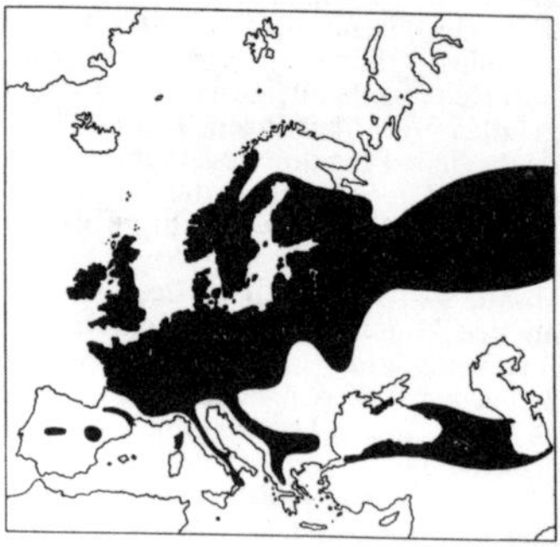

im Brutgebiet; ein Teil der Populationen zieht aber bis Südeuropa, vielfach aber nur bis Mittel- bzw. Westeuropa.
Nest und Eier: Kugeliges Moosnest, ziemlich hoch in den Außenzweigen von Fichten oder Tannen; 8–11 auf gelblichweißem Grund fein gewölkte Eier (13,6 mm × 10,3 mm), 2 Bruten, Ende April/Juni.
Unterarten: a) R. r. regulus (L.): Europa mit Ausnahme der unter b genannten Gebiete; b) R. r. buturlini Loudon: Kaukasus.

Sommergoldhähnchen

Regulus ignicapillus (Temminck)

E Firecrest
R Красноголовый королек
C Králiček ohnivý
F Tulipäähippiäinen
P Mysikrólik zniczek
U Tüzesfejü királyka

Kennzeichen: 9 cm. Vom Wintergoldhähnchen unterscheidet sich das Sommergoldhähnchen durch einen auffallenden weißen Überaugenstreif und einen schwarzen Augenstreif, beides Merkmale, die dem Wintergoldhähnchen fehlen. Der Scheitel ist beim ♂ lebhaft orangerot, beim ♀ nur gelb. Bei juv. sind die weißen und schwarzen Streifen am Kopf bereits angedeutet, der Scheitel ist wie das übrige Gefieder olivgrün.

Stimme: Gesang ähnlich dem des Wintergoldhähnchens, meist eine Reihe von zunächst gleichartigen „sri sri sri"-Tönen mit einem abfallenden Schlußton; durch das Fehlen von Hebungen kann man beide Goldhähnchenarten am Gesang unterscheiden. Außerdem hört man feine „si si si" als Lockrufe.
Biotop: Vorwiegend Laub- und Mischwälder, ferner subalpine Nadelwälder, in den Mittelmeerländern die immergrünen Eichenwälder; gelegentlich zur Brutzeit auch in geeigneten Parkanlagen.
Verbreitung: 1961 wurde die Art erstmals für Dänemark und England brütend nachgewiesen. Außer in Europa in Nordwestafrika und in Kleinasien sowie in Nord- und Mittelamerika.
Wanderungen: Überwintert teilweise im Brutgebiet, größtenteils wahrscheinlich in Südwesteuropa und

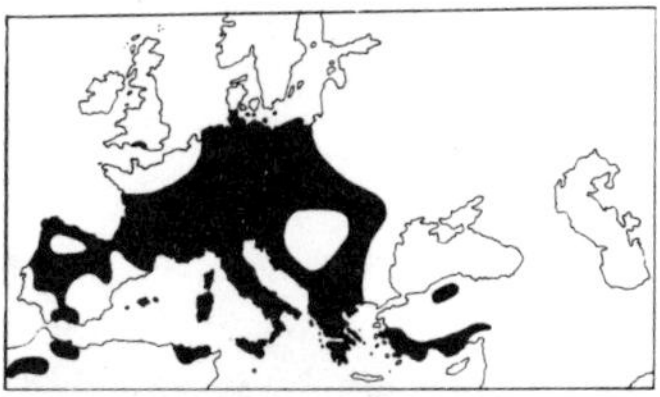

Nordafrika, Ende März/April – Oktober. Irrgast in Norwegen.
Nest und Eier: Nest wie das des Wintergoldhähnchens; es steht gelegentlich auch niedriger in Wacholderbüschen oder im Efeu; 7–12 auf weißlichem Grund rötlich getönte Eier (13,5 mm × 10,3 mm), 2 Bruten, Anfang Mai/Juli.
Unterarten: a) R. i. ignicapillus (Temminck): Europa mit Ausnahme der unter b genannten Gebiete; b) R. i. balearicus v. Jordans: Balearen (und Nordwestafrika).

FAMILIE: Muscicapidae **Fliegenschnäpper**

Unter Sperlingsgröße; Schnabel verhältnismäßig breit, Füße kurz, Bewohnen Wälder, parkartiges Gelände und Gärten. Nahrung Insekten, die vielfach im Fluge erbeutet werden, ♂♂ und ♀♀ gleich oder verschieden, Junge gefleckt. Höhlen- oder Halbhöhlenbrüter, 5–7 einfarbig hellblaue oder gefleckte Eier. Zugvögel. 4 Arten Brutvögel, 3 Irrgäste.

Bestimmungsschlüssel für die Gattungen

1 Ober- und Unterseite graubraun **Muscicapa** S. 425

1* Nur Oberseite überwiegend bräunlich oder schwarz **Ficedula** S. 426

GATTUNG: Muscicapa Brisson s. Tafel S. 125

Grauer Fliegenschnäpper

Muscicapa striata (Pallas)

E Spotted Flycatcher
R Серая мухоловка
C Lejsek šedý
F Hermaasieppo
P Muchołówka szara
U Szürke légykapó

Kennzeichen: 14 cm. Ein kleiner, schlanker, graubrauner Vogel, der auffallend aufrecht auf irgendeiner Warte sitzt und von da aus auf vorüberfliegende Insekten Jagd macht, um anschließend wieder seinen alten Platz einzunehmen. Oberseite aschbraun, Kopf und Brust dunkel längsgestrichelt. Unterseite grauweiß.
Stimme: Meist hört man ein scharfes „pst", auch kurze „tzt"-Laute; juv. betteln mit „psiep", bei Gefahr wird mit „teckteckteck" gewarnt. Gesang besteht lediglich aus aneinandergereihten Locktönen und ist nur selten zu hören.
Biotop: Waldungen aller Art, Parkanlagen und Gärten; im Gebirge bis

zur Grenze des geschlossenen Waldes. *Verbreitung:* Außer in Europa in

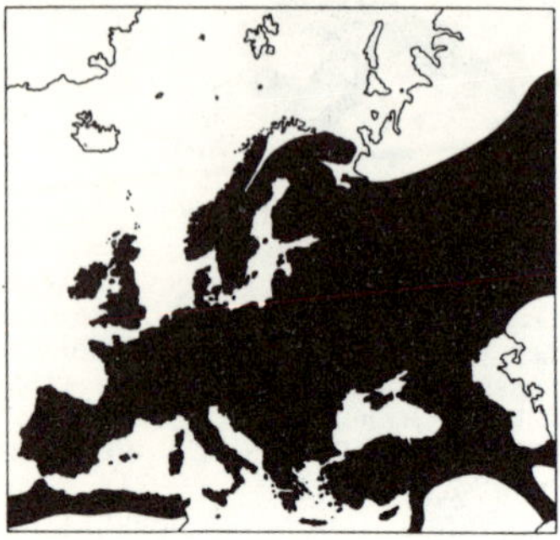

Asien ostwärts zum Baikalsee sowie in Nordwestafrika.

Wanderungen: Überwintert im tropischen und südlichen Afrika; Ende April/Anfang Mai – Mitte August/ Mitte September.

Nest und Eier: In Halbhöhlen und Nischen aller Art; meist 5 auf grünlichem Grund rotbraun gefleckte Eier (18,4 mm × 13,6 mm), Mitte Mai/ Juni.

Unterarten: a) M. st. striata (Pallas): Europa mit Ausnahme der unter b bis e genannten Gebiete; b) M. st. inexpectata Dementiew: Krim; c) M. st. balearica v. Jordans: Balearen; d) M. st. tyrrhenica Schiebel: Korsika und Sardinien; e) M. st. neumanni (Poche): Kreta, Kaukasus (anschließend in Asien).

GATTUNG: Ficedula Brisson

s. Tafel S. 125

Bestimmungsschlüssel

1 Oberseite überwiegend schwarz 2
1* Oberseite überwiegend bräunlich 4
2 Mit weißem Halsband **Halsbandfliegenschnäpper** ♂ S. 427
2* Ohne weißes Halsband 3
3 Nur auf der Balkanhalbinsel **Halbringfliegenschnäpper** ♂ S. 427
3* Nicht auf der Balkanhalbinsel **Trauerfliegenschnäpper** ♂ S. 426
4 Schwanzbasis ausgedehnt weiß 5
4* Schwanzbasis nicht ausgedehnt weiß 6
5 Kehle orangerot **Zwergfliegenschnäpper** ♂ S. 428
5* Kehle bräunlichweiß **Zwergfliegenschnäpper** ♀ S. 428
6 Oberseite graubraun 7
6* Oberseite grauer und blasser, nur auf der Balkanhalbinsel **Halbringfliegenschnäpper** ♀ S. 427
7 Halsband schwach angedeutet **Halsbandfliegenschnäpper** ♀ S. 427
7* Ohne Andeutung eines Halsbandes **Trauerfliegenschnäpper** ♀ S. 426

Trauerfliegenschnäpper
Ficedula hypoleuca (Pallas)

E Pied Flycatcher
R Мухоловка-пеструшка
C Lejsek černohlavý
F Kirjosieppo
P Muchołówka żałobna
U Kormos légykapó

Kennzeichen: 13 cm. ♂ im Brutkleid unverkennbar; oberseits schwarz (bisweilen auch dunkel graubraun), Stirn, Unterseite und Schwanzkanten weiß, ebenso ein großer Fleck auf den Armschwingen. Das ♀ ist unscheinbarer: oberseits graubraun, unterseits grauweiß. Vom Grauen Fliegenschnäpper stets durch ungefleckte Unterseite und den weißen Flügelfleck unterschieden. Im Ruhekleid gleicht das ♂ dem ♀, ist aber auch dann an der weißen Stirn vom ♀ zu unterscheiden; Flügel und Schwanz sind auch im Ruhekleid schwarz. Juv. ähneln einem Grauen Fliegenschnäpper, unterscheiden sich aber von ihm durch weißen Flügelfleck und weiße Schwanzkanten. Über die Unterschiede zu den anderen schwarz-weißen Fliegenschnäppern s. bei F. albicollis.

Stimme: Lockt mit einem kurzen „bit", aufgeregt „bit bit"; Gesang anspruchslos, klingt wie „wuti wuti wuti".
Biotop: Lichte Wälder aller Art, Parkanlagen und größere Gärten.
Verbreitung: Fehlt teilweise in Baden-Württemberg und im südlichen Bayern. Außer in Europa in Westsibirien und in Nordwestafrika.

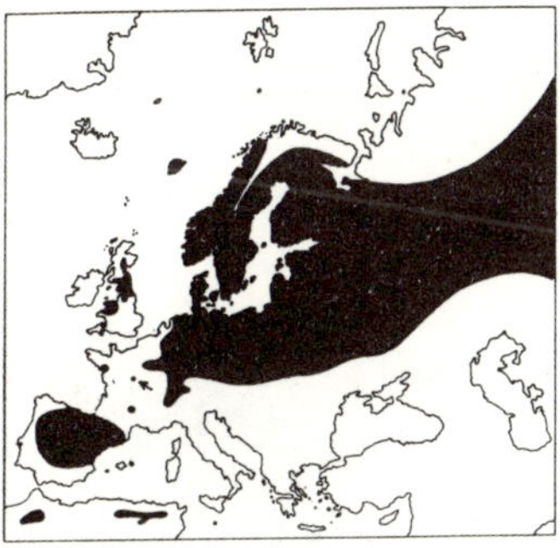

Wanderungen: Überwintert im tropischen Afrika; Ende April/Anfang Mai bis Ende August/September. Häufiger Durchzügler.
Nest und Eier: In Höhlen von Bäumen, in zunehmendem Maße und mancherorts ausschließlich in Nistkästen; 6–7 lichtblaue Eier (17,6 mm × 12,7 mm), Mitte Mai/Juni.
Unterarten: F. h. hypoleuca (Pallas).

Halsbandfliegenschnäpper

Ficedula albicollis albicollis Temminck

E White-collared Flycatcher
R Мухоловка-белошейка
C Lejsek bělokrký
F Sepelsieppo
P Muchołówka białoszyja
U Örvös légykapó

Kennzeichen: 13 cm. Vom Trauerfliegenschnäpper-♂ durch ein weißes Halsband unterschieden, das Weiß auf der Stirn ist ausgedehnter und auf den Flügeln erstreckt es sich auch auf die Handschwingen. Die ♀♀ beider Arten sind schwer zu unterscheiden; das Halsbandfliegenschnäpper-♀ ist oberseits grauer und bei manchen findet sich eine Andeutung des Halsbandes. Ruhe- und Jugendkleid ähnlich Trauerfliegenschnäpper.
Stimme: Lock- und Warnrufe ähnlich wie die des Trauerfliegenschnäppers, wie „sibs sibs" klingend; Gesang kürzer: „zit-zit-zit-sju-si".
Biotop: Laubwälder, Parkanlagen und Obstgärten.
Verbreitung: s. Karte. Stellenweise in Baden-Württemberg und Bayern, in Zunahme begriffen. Ausnahmsweise auch außerhalb des geschlossenen Brutareals (Halle/Saale, Thüringen, Zittauer Gebirge, Dänemark).

Wanderungen: Überwintert im tropischen Afrika; Ende April/Anfang Mai bis Ende August/Anfang September. Irrgast in Großbritannien und Norwegen.
Unterarten: s. unten.

Halbringfliegenschnäpper

Ficedula albicollis semitorquata (Homeyer)

E Half-collared Flycatcher
R Кавкаская мухоловка-белошейка
C Lejsek bělokrký kavkaszký
F Balkanin sieppo
U Kisáziai örvöslégykapó

Kennzeichen: 13 cm. ♂ ähnelt dem ♀ des Trauerfliegenschnäppers, hat aber weniger Weiß am Schwanz; dem ♀ fehlt auch eine Andeutung eines Halsbandes und es ist oberseits deutlich grauer und blasser als das ♀ von Trauer- und Halsbandfliegenschnäpper.
Stimme: Schmatzt hart und trocken „deck", bisweilen oft wiederholt; warnt mit „sjieb"; Gesang erinnert an den von F. a. albicollis (Curio).
Biotop: Laubwälder in der Ebene und im Gebirge.

Verbreitung: Griechenland und Kaukasus; anschließend in Kleinasien und im Nahen Osten.
Wanderungen: Überwintert in Ostafrika. Irrgast auf Malta.
Nest und Eier: Nistet in Baumhöhlen; Eier wie die des Trauerfliegenschnäppers, Mai.

Zwergfliegenschnäpper

Ficedula parva (Bechstein)

E Red-breasted Flycatcher
R Малая мухоловка
C Lejsek malý
F Pikkusieppo
P Muchołówka mała
U Kislégykapó

Kennzeichen: 11,5 cm. Der kleinste unserer Fliegenschnäpper; ♂ und ♀ sind oberseits graubraun und beide haben an der Basis des Schwanzes einen ausgedehnten weißen Fleck. Die ♂♂ haben – allerdings nicht alle – in allen Kleidern eine orangerote Kehle, einjährige ♂♂, die ♀♀ und juv. haben eine bräunlichweiße Kehle; die übrige Unterseite ist rahmgelblich. Bezeichnend ist das Schwanzstelzen.
Stimme: Gesang auffallend laut, wird mit einigen leisen „tsit tsit . . ." eingeleitet, dem ein lebhaftes und lautes „tü-ti tü-ti tüti . . . ting ting ting" folgt, zum Schluß. etwas absinkend und pfeifend „tjü" Warnt ausdauernd mit „hüti, hüti . . ." aufgeregt „trrrrt".
Biotop: Wälder aller Art mit altem Baumbestand und einem möglichst geschlossenen Blätterdach, in der Ebene wie im Gebirge. In Mitteleuropa besonders in unterholzreichen Laubwäldern, insbesondere Buchenbeständen, und in Mischwäldern.
Verbreitung: Außer in Europa in Asien bis Kamtschatka und Sachlin sowie im Kaukasus und Nordiran. – In Mitteleuropa im Ostseeküstengebiet von Ostholstein bis Mecklenburg und Brandenburg; vereinzelt im Süden der BRD (Steigerwald, Schwarzwald, Schwäbische Alb, Bayerischer Wald und Voralpengebiet). 1965 für Kreta nachgewiesen; vielleicht hier Brutvogel. Brütete 1974 erstmals in Schweden.

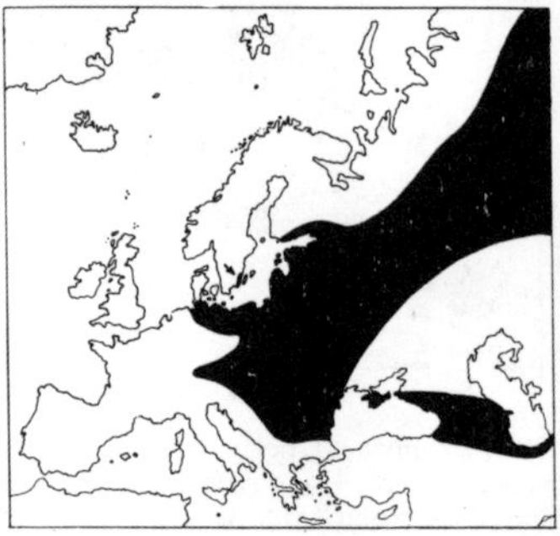

Wanderungen: Überwintert in Süd- und Südostasien, die Populationen am Westrand des Brutgebietes möglicherweise in Afrika, Anfang Mai bis August. Irrgast in Großbritannien und Belgien.
Nest und Eier: Nest in Nischen, Halbhöhlen, hinter abgesprungener Rinde; 5–6 auf gelblichweißem Grund rotbraun gewölkte Eier (16,0 mm × 12,9 mm), Ende Mai – Juni.
Unterarten: F. p. parva (Bechstein).

FAMILIE: Prunellidae — **Braunellen**

Knapp bis reichlich sperlingsgroße, schlicht sperlingsartig gefärbte, wenig auffallende Vögel mit schlankem und spitzem Schnabel. Näheres über Biotop und Brutbiologie s. Text. Überwintern teilweise im Brutgebiet. 4 Arten Brutvögel.

GATTUNG: Prunella Vieillot — s. Tafel S. 125

Bestimmungsschlüssel

1 Über sperlingsgroß, nur im Hochgebirge — **Alpenbraunelle** S. 430
1* Etwa sperlingsgroß — 2
2 Kehle einfarbig bleigrau — **Heckenbraunelle** S. 429
2* Kehle anders — 3
3 Kehle und Wangen schwarz — **Schwarzkehlbraunelle** S. 430
3* Nur Wangen braunschwarz, Kehle einfarbig ockergelb — **Bergbraunelle** S. 429

Heckenbraunelle
Prunella modularis (L.)

E Hedge-Sparrow
R Лесная завирушка
C Pěnice modrá
F Rautiainen
P Pokrzywnica
U Erdei szürkebegy

Kennzeichen: 14,5 cm. Ein kaum sperlingsgroßer, dunkelbraun und schiefergrau gezeichneter, recht unauffälliger Vogel. Oberkopf und Nakken graubraun, Rücken rotbraun mit dunklen Längsstreifen, Kehle, Halsseiten und Brust bleigrau, übrige Unterseite weißlichgrau, an den Seiten rostbraun. Bezeichnend sind die versteckte Lebensweise und der feine pfriemenförmige Schnabel.
Stimme: Nur selten hört man den Lockton, der wie „zi zi tsi tsi" klingt; der klirrende Gesang wird von einem erhöhten Platz aus vorgetragen, fühlt sich der Vogel beobachtet, so stürzt er sich kopfüber ins Dickicht und bleibt still.
Biotop: Laub- und Nadelwälder mit dichtem Unterwuchs, Parkanlagen, Gärten, gern in Fichtenschonungen, von der Ebene bis ins Gebirge.
Verbreitung: Außer in Europa in Kleinasien.

Wanderungen: Überwintert in West- und Südeuropa im Brutgebiet, die übrigen Populationen überwintern bisweilen im Brutgebiet, zum größten Teil jedoch in West- und Südwesteuropa; März/Mitte April – September/Oktober.

Nest und Eier: Niedrig in Hecken oder Stammausschlägen stehendes Moosnest; 4–5 tiefblaugrüne Eier (19,9 mm × 14,7 mm), 2 Bruten, Mitte April/Juni, Kuckuckswirt.
Unterarten: a) P. m. modularis (L.): Europa mit Ausnahme der unter b bis e genannten Gebiete; b) P. m. hebridium Meinertzhagen: Irland, Hebriden, Westschottland; c) P. m. occidentalis Hartert: Schottland und England; d) P. m. mabbotti Harper: Südwestfrankreich und Iberische Halbinsel; e) P. m. obscura (Hablizl): Krim, Kaukasus (und Kleinasien).

Bergbraunelle
Prunella montanella (Pallas)

E Siberian Accentor
R Сибирская завирушка
C Pěnice horská
F Vuorirautiainen
U Hegyi szürkebegy

Kennzeichen: Oberkopf und Kopfseiten braunschwarz, durch einen breiten, von der Schnabelwurzel bis

zum Hinterkopf reichenden hell ockerfarbenen Überaugenstreif unterbrochen. Rücken rotbraun, dunkel gestreift, Bürzel und Oberschwanzdekken graubraun, Schwanz braun;

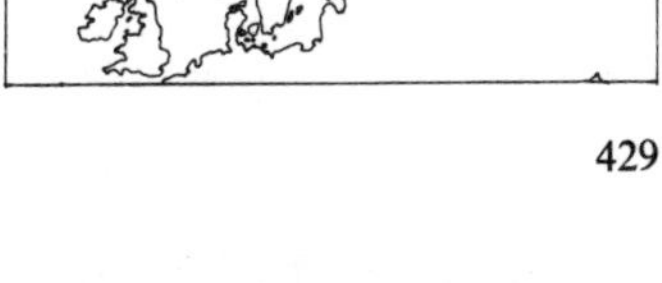

unterseits ockergelb bis weißlich, an den Seiten braun gestreift.
Verbreitung: Nördliches Ural-Gebirge; ostwärts anschließend bis zur Tschuktschen-Halbinsel und zum Stanowoi-Gebirge, Amur-Gebiet, Sajanischem Gebirge und Altai.
Wanderungen: Überwintert in Ostasien; als Irrgast in der westlichen Sowjetunion, in Schweden (Öland), in der ČSSR, in Italien und Griechenland festgestellt.

Schwarzkehlbraunelle
Prunella atrogularis (Brandt)

E Black-throated Accentor
R Уральская черногорлая завирушка

Kennzeichen: 15 cm. Oberseits blaß gräulich rostbraun mit schwarzbraunen Längsflecken; Kopf von der Stirn

bis zum Hinterkopf, Zügel, Ohrgegend und Kehle bräunlichschwarz, ein auffallender fahl rostgelber Augenstreif zieht sich von der Schnabelwurzel bis zu den Halsseiten. Kehle bis Brust fast rostgelb, Flanken, dunkelbraun gestreift, übrige Unterseite weißlich, Flügel und Schwanz dunkelbraun, rostbraun gesäumt. Schnabel schwärzlich, Füße hellbraun. Juv. oberseits trüber, unterseits auf rostgelblichem Grund dunkelbraun gestreift, Kehle schwärzlich mit rostgelben Säumen.
Stimme: Portenko nennt den Gesang angenehm, aber kunstlos piepsend mit „tsi"- und „kri"-Lauten; der Lockruf ist dreisilbig (Johansen).
Biotop: Im Ural in Birkenwäldern der subalpinen Zone oder in deren unmittelbarer Nähe, z. B. an der oberen Waldgrenze oder am Rande der alpinen Zone (Johansen).
Verbreitung: Außer in dem isolierten Brutgebiet im Ural-Gebirge eine Unterart in Zentralasien.

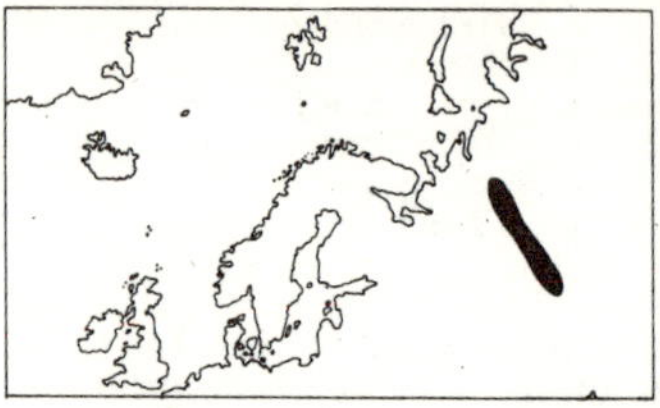

Wanderungen: Zieht durch Westsibirien und überwintert im südwestlichen Asien von Transkaspien bis Afghanistan und Belutschistan, wahrscheinlich Mai – Anfang September.
Nest und Eier: Ähnlich wie bei unserer Heckenbraunelle.
Unterarten: P. a. atrogularis (Brandt): Nördlicher Ural bis etwa zum 64° n. Br., westwärts bis zur Petschora.

Alpenbraunelle
Prunella collaris (Scopoli)

E Alpine Accentor
R Альпийская завирушка
C Pěnice podhorní
F Alppirautiainen
P Płochacz halny
U Havasi szürkebegy

Kennzeichen: 18 cm. Ein gut sperlingsgroßer, oberseits graubrauner und an den Flanken rostbräunlicher Vogel mit weißlicher, schwarzgefleckter Kehle. Juv. oberseits bräunlicher, unterseits rostgelblich und braun gestreift, Kehlzeichnung noch nicht vorhanden. Im Fliegen fallen die weißen Flecke auf den Flügeln und am Schwanzende auf. Zur Brutzeit nur im Hochgebirge oberhalb der Baumgrenze (s. Biotop).
Stimme: Ein vibrierendes, wie „trrüi . . ." oder „tui . . ." klingendes Pfeifen, bisweilen auch zweisilbig wie „trrr-lit". Gesang erinnert an Grasmückengeplauder und wird am Boden und im Balzflug vorgetragen.
Biotop: Zur Brutzeit nur im Hochgebirge zwischen Baum- und Schneegrenze auf geröllbedeckten Hängen, die mit Knieholz, Alpenrosen u. a. bestanden sind.

Verbreitung: Außer in Europa in den Hochgebirgen Vorder-, Mittel- und Ostasiens sowie Nordwestafrikas.
Wanderungen: Überwintert im Brutgebiet und sucht im Herbst tiefer gelegene Lagen auf. Nur ausnahmsweise außerhalb des Brutgebietes; wurde als Irrgast in Nordfrankreich, Belgien, Luxemburg, Großbritannien, Norwegen, Schweden, Finnland, auf Helgoland und in der DDR angetroffen.

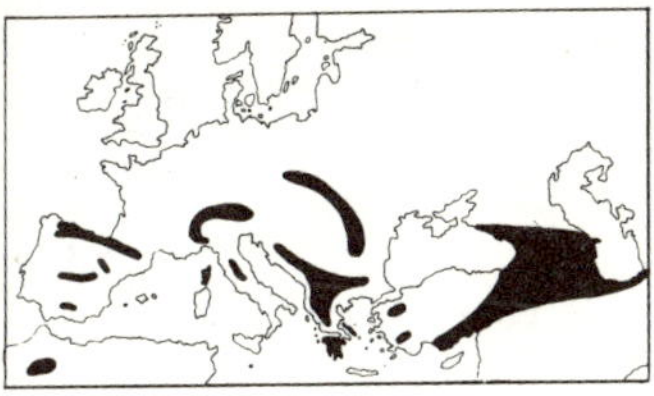

Nest und Eier: Unter Felsbrocken oder in Spalten; 4–5 tief blaugrüne Eier (23,2 mm × 16,6 mm), Ende Mai/Juli.
Unterarten: a) P. c. collaris (Scopoli): Europa mit Ausnahme der unter b und c genannten Gebiete; b) P. c. subalpina (C. L. Brehm): Südosteuropa; c) P. c. montana (Hablizl): Kaukasus (und Vorderasien).

FAMILIE: Motacillidae **Stelzen**

Umfaßt die Pieper und Stelzen. Pieper sind lerchenartige, am Boden lebende Vögel von etwa Sperlingsgröße mit dünnen, schlanken Schnäbeln, deren ♂♂ und ♀♀ sich im Gefieder gleichen; die Jungen ähneln den Alten. Pieper bewohnen meist offenes Gelände, sind Insektenfresser und teilweise Zugvögel. Nester am Boden, Eier gefleckt. 7 Arten Brutvögel, eine weitere Art (Spornpieper) ist Durchzügler und Wintergast.
Stelzen haben auffälligere Gefiederfarben als Pieper und sind langschwänziger, keine Art ist irgendwie gefleckt. Der Flug ist bogenförmig, auffällig ist das dauernde Schwanzwippen. ♂♂ und ♀♀ teilweise recht verschieden, ebenso die Jungen von den Alten. Bodenvögel, Insektenfresser und größtenteils Zugvögel. Nester am Boden oder in irgendwelchen Halbhöhlen, Eier gefleckt. 4 Arten Brutvögel.

Bestimmungsschlüssel für die Gattungen

1 Schwanz kürzer als die Flügel, Oberseite mehr oder weniger braun und gefleckt **Anthus** S. 431

1* Schwanz länger, mindestens so lang wie die Flügel, Oberseite ungefleckt und nie braun **Motacilla** S. 438

GATTUNG: Anthus Bechstein s. Tafel S. 134

Bestimmungsschlüssel

1 Kehle lebhaft rostrot **Rotkehlpieper** S. 436

1* Kehle nicht rostrot 2

2 Unterseite fast ungefleckt 3

2* Unterseite mehr oder weniger dunkel gestreift 4

3 Oberseite sandfarben **Brachpieper** S. 432

3* Oberseite graubraun, nur im Gebirge **Wasserpieper** S. 436 (Brutkleid)

4 Reichlich sperlingsgroß, hochbeinig **Spornpieper** S. 432

4* Etwa sperlingsgroß 5

5 Füße hell 6

5* Füße dunkel 9

6 Rückenstreifen breit und fast schwarz, auf dem Oberrücken einige auffallende weiße Streifen **Petschora-Pieper** S. 434

6* Rückenstreifen nicht so schwarz, Oberrücken ohne weißliche Streifen 7

7 Kralle der Hinterzehe länger als diese, nur in offenem Gelände **Wiesenpieper** S. 435

7* Kralle der Hinterzehe kürzer als diese 8
8 Oberseite olivbraun **Baumpieper** S. 433
8* Oberseite mehr grünlich olivfarben **Waldpieper** S. 434
9 Brust weißlich, Überaugenstreif und Schwanzkanten weiß **Wasserpieper** S. 436 (Ruhekleid)
9* Brust stärker gefleckt, Schwanzkanten mehr grau 10
10 Kehle und Brust rötlichgrau überflogen, Brust weniger gefleckt **Strandpieper***) S. 437
10* Kehle und Brust nicht rötlich überflogen, Brust stärker gefleckt **Felsenpieper***) S. 438

*) Diese beiden Unterarten sind im Ruhekleid nicht und im Brutkleid nur schwer zu unterscheiden.

Spornpieper*)

Anthus novaeseelandiae (Gmelin)

E Richard's Pipit
R Степной конек
C Linduška velká
F Isokirvinen
P Świergotek szponiasty
U Sarkantyús pityer

Kennzeichen: 18 cm. Ein großer, hochbeiniger Pieper. Oberseite dunkelbraun mit rostfarbenen Federrändern, Bürzel einfarbig braun. Überaugenstreif hell gelblichbraun, außerdem unter dem Auge und an der Seite der Kehle je ein schmaler schwarzbrauner Streif. Der lange dunkelbraune Schwanz mit weißen Kanten. Unterseite rötlich rahmfarben mit bräunlichem Anflug, besonders an den Seiten, Halsseiten und Kopfgegend dunkelbraun gefleckt; Füße hell gelblichbraun, Kralle der Hinterzehe sehr lang. Vom Wiesen-, Baum- und Rotkehlpieper unterscheidet er sich durch die Größe und die weniger gefleckte Unterseite. Über die Unterschiede zum Brachpieper s. bei diesem.
Stimme: Lockt im Fluge mit einzelnen Rufen, die wie „r-r-rüp" und bei jüngeren Vögeln wie „r-r-riip" klingen; beim plötzlichen Auffliegen ruft er manchmal schnell aufeinander „r-r-rüpp, rüpp".
Biotop: In den Durchzugsgebieten besonders auf feuchten Wiesen in Küstennähe und auf Marschen, selten im Binnenland.
Verbreitung: Das mittlere Sibirien zwischen Irtysch und Jenissei, nordwärts bis zum 58° n. B., im Süden bis zu den westlichen Ausläufern des Altai und Tarbagatei.
Wanderungen: Überwintert in Südost- und Südasien; wird auf dem Zuge in fast ganz Europa von Skandinavien bis zu den Mittelmeerländern angetroffen, auf den Britischen Inseln hauptsächlich von September/November, aber auch von Januar/April. Im niederländischen und deutschen Küstengebiet, besonders an der Nordsee von September/Oktober und weniger zahlreich von März/Mai; nur ausnahmsweise einmal im Binnenland.
Unterarten: A. n. richardi Vieillot.

*) Kein Brutvogel, nur regelmäßiger Durchzügler und Wintergast,

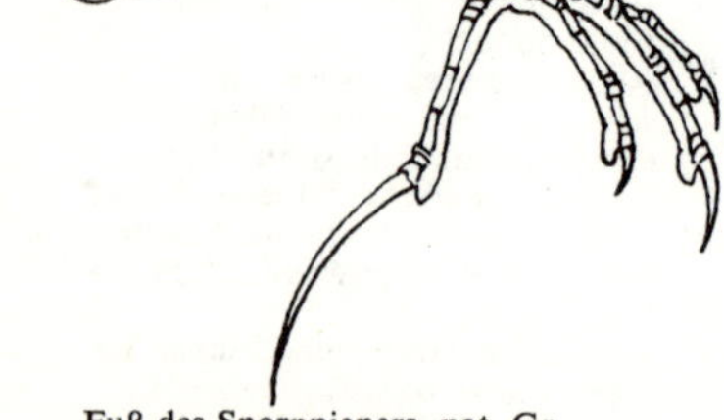

Fuß des Spornpiepers, nat. Gr.

Brachpieper

Anthus campestris (L.)

E Tawny Pipit
R Полевой конек
C Linduška úhorni
F Nummikirvinen
P Świergotek polny
U Parlagi pityer

Kennzeichen: 16,5 cm Von den anderen Piepern durch seine Größe und die fahl sandfarbene, fast völlig ungefleckte Ober- und Unterseite unterschieden; auffällig ist der breite rahmfarbene Überaugenstreif. Infolge seiner Hochbeinigkeit und des langen Schwanzes wirkt er schlanker als

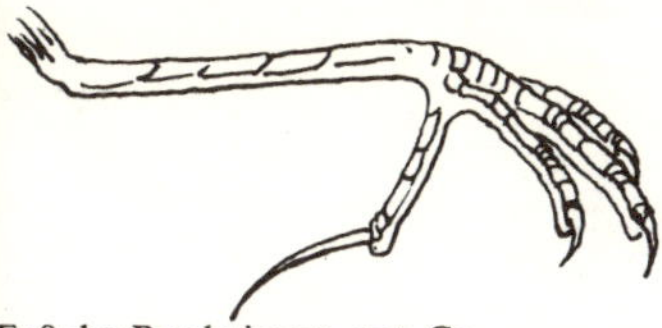

Fuß des Brachpiepers, nat. Gr.

Baum- und Wiesenpieper. Juv. sind oberseits dunkler und haben eine deutlich gefleckte Brust und ähneln jungen Spornpiepern; diese sind aber deutlich größer, dunkler und haben längere Beine, außerdem ist die Stimme verschieden.
Stimme: Im Fluge „griedlihn griedlihn" oder auch zweisilbig „zirrli zirrli", vom Boden aus hört man in langer Folge „zirluih".
Biotop: Offenes, trockenes und sandiges, stellenweise auch lehmiges Gelände mit geringer Vegetation wie Brachland, sandige Äcker, Heiden, Kahlschläge, Aufforstungsflächen, Dünen und Steppen.
Verbreitung: Außer in Europa in Nordwestafrika und im südlichen paläarktischen Asien ostwärts bis zum 120° ö. L.

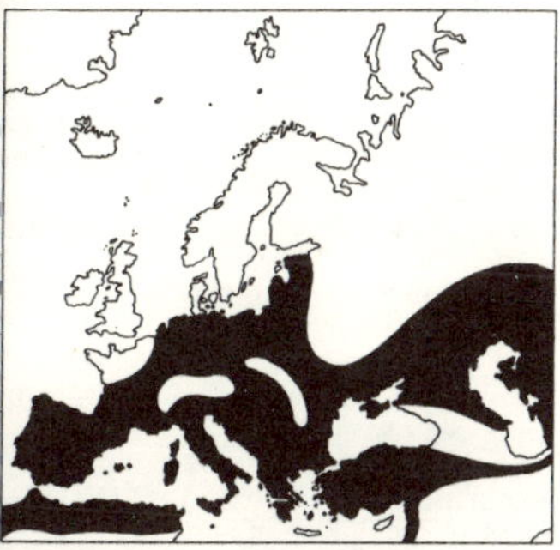

Wanderungen: Überwintert in Nordafrika, Arabien und Südwestasien; Ende April/Anfang Mai – August/September. Wird regelmäßig als Irrgast in Großbritannien festgestellt, und wurde als solcher auch für Norwegen nachgewiesen.
Nest und Eier: Nest am Boden; 4–5 auf weißlichem Grund gefleckte Eier (21,9 mm × 15,7 mm), Juni.
Unterarten: A. c. campestris (L.)

Baumpieper
Anthus trivalis (L.)

E Tree-Pipit
R Лесной конек
C Linduška lesni
F Metsäkirvinen
P Świergotek drzewny
U Erdei pityer

Kennzeichen: 15 cm. Ein lerchenfarbiger, knapp sperlingsgroßer und schlanker Vogel, der sich von dem ähnlichen Wiesenpieper am besten durch Stimme und Biotop (s. u.) unterscheiden läßt. Oberseits olivbraun und dunkel gestrichelt, die gelbbräunliche Brust dunkelbraun gefleckt. Die Kralle der Hinterzehe im Vergleich zu der des Wiesenpiepers sehr kurz (s. Abb.). Von der im

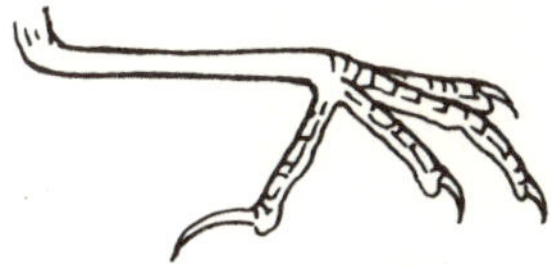

Fuß des Baumpiepers, nat. Gr.

gleichen Biotop vorkommenden Heidelerche unterscheidet sich der Baumpieper durch seine schlankere Gestalt, das Fehlen der auffallenden Überaugenstreifen und den Gesang (s. u.).
Stimme: Der langgezogene Lockton kling wie „prie", außerdem noch ein schwächeres „zieh", aufgeregt warnt es „sib sib sib". Gesang wird von einer Baumspitze, meist jedoch im Balzflug vorgetragen; der Baumpieper fliegt von seiner Warte ein Stück in die Höhe, beschreibt einen Bogen und gleitet zu seinem Ausgangspunkt oder einen anderen Platz zurück. Gesang zunächst kanarienvogelartig, dann kommt eine Reihe von „wis wis wis wiss", den Abschluß bilden einige, am Ende immer mehr in die Länge gezogene „zia zia zia . . .".
Biotop: Lichte Wälder, Waldblößen, Kiefernheiden, gelegentlich auch kleine Feldgehölze.
Verbreitung: Außer in Europa in Asien bis Nordostsibirien und vom nördlichen Kleinasien bis zum Pamir.
Wanderungen: Überwintert in Afrika südlich der Sahara und im südlichen

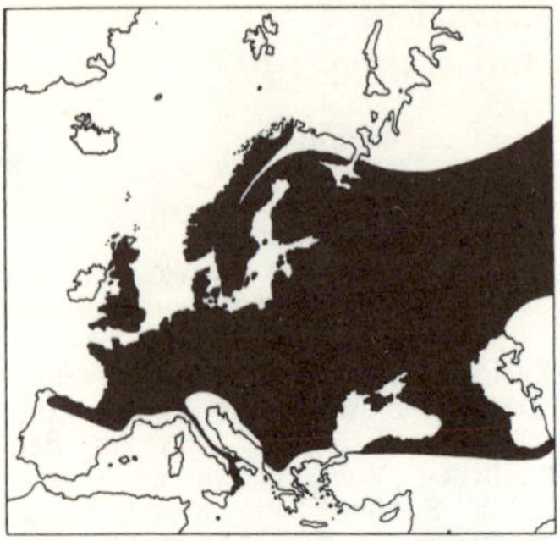

Asien; April – September. Zahlreicher Durchzügler.
Nest und Eier: Nest am Boden; meist 5 gefleckte, sehr variable Eier (20,7 mm × 15,5 mm), Mitte Mai/Juni.
Unterarten: A. t. trivialis (L.).

Waldpieper

Anthus hodgsoni Richmond

E Olive-backed Pipit
R Пятнистый конек
C Linduška zelenavá
F Intian kirvinen
U Indiai erdeipityer

Kennzeichen: 14,5 cm. Einem Baumpieper ähnlich, er unterscheidet sich jedoch von ihm durch die mehr grünlich olivfarbene und weniger gefleckte Oberseite, den deutlichen rahmfarbenen Streif hinter dem Auge und die stärkere Fleckung der Unterseite.
Stimme: Gesang anders als der des Baumpiepers; er ist kräftiger, aber nicht abwechslungsreich und hat einen ganz anderen, höheren Tonfall (Johansen). Kein schwebender Balzflug wie beim Baumpieper, sondern singt in hohen Baumkronen, wobei er bisweilen plötzlich und schnell herumflattert oder auf einen anderen Baum fliegt.
Biotop: Ausschließlich in der Taiga; hier bevorzugt er hochstämmigen lichten Wald.
Verbreitung: Nördliches Asien von Westsibirien ostwärts bis Kamtschatka und Nordjapan; der westlichste Ausläufer des Brutgebiets erreicht am Oberlauf der Petschora europäisches Gebiet.

Wanderungen: Überwintert in Ost- und Südostasien; Ende Mai/Ende August/Anfang September; wurde als Irrgast in Norwegen, Großbritannien und je einmal auf Helgoland und Malta sowie in Polen festgestellt.
Nest und Eier: Nest am Boden; 4–5 Eier (21,4 mm × 15,8 mm), die dunkel gefleckten Varietäten des Baumpiepers ähneln, Juni.
Unterarten: A. h. yunnanensis Uchida & Kuroda.

Petschora-Pieper

Anthus gustavi Swinhoe

E Pechora Pipit
R Сибирский конек
C Linduška Gustavova
F Tundrakirvinen
U Szibériai pityer

Kennzeichen: 14,5 cm. Vertritt den Baumpieper in den subarktischen Gebieten Eurasiens und sieht ihm sehr ähnlich; Verwechslungen werden indessen kaum möglich sein (s. Biotop, Verbreitung und Wanderungen). Vom Baum- und Wiesenpieper unterscheidet er sich durch den gefleckten Bürzel, vom Baumpieper außerdem durch zwei rahmweiße Streifen auf dem Rücken und die wesentlich längere Kralle der Hinterzehe, vom Baum- und Rotkehlpieper durch bräunlichweiße, nicht weiße Schwanzkanten.
Stimme: Der langandauernde Gesang erinnert im ersten Teil an die Endstrophe des Waldlaubsängers, im zweiten Teil an den des Blaukehlchens und wird entweder im Fluge oder von der Spitze eines Strauches aus vorgetragen. Lockt mit einem harten, zweibis dreimal wiederholtem „pwit".
Biotop: Strauch- und Waldtundra südlich des 64° n. Br.
Verbreitung: Nördliche Sowjetunion von der Petschora bis Nordostsibirien

Wanderungen: Überwintert in Südostasien; wiederholt als Irrgast in Finnland, Schottland und dreimal für die Niederlande festgestellt.
Nest und Eier: Nest am Boden; die 4–5 Eier (21,4 mm × 15,0 mm) ähneln denen des Wiesenpiepers, Ende Juni/Juli.
Unterarten: A. g. gustavi Swinhoe.

Wiesenpieper
Anthus pratensis (L.)

E Meadow-Pipit
R Луговой конек
C Linduška lučni
F Niittykirvinen
P Świergotek łąkowy
U Réti pityer

Kennzeichen: 14,5 cm. Unter Sperlingsgröße, lerchenfarbig, oberseits mit dunkler Zeichnung, unterseits

Baumpieper

Wiesenpieper

Die 1. bis 5. Handschwinge vom Baumpieper (oben) und Wiesenpieper (unten); beachte das Verhältnis der 4. Handschwinge zu den drei ersten Handschwingen bei beiden Arten.
¾ nat. Gr.

hell sandfarben mit schwarzbraunen Längsflecken. Vom ähnlichen Baumpieper unterscheidet er sich durch die Stimme und den Biotop (s. u.); hat man den Vogel in der Hand, so fällt die im Vergleich zum Baumpieper sehr lange Hinterkralle auf (s. Abb.).

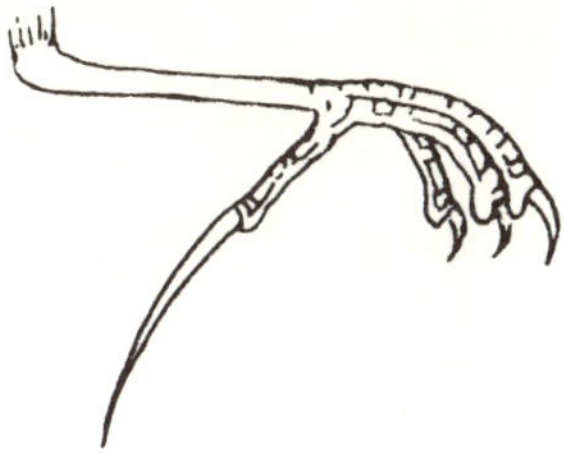

Fuß des Wiesenpiepers, nat. Gr.

Stimme: Der anspruchslose, eintönige Gesang, der durch seine Länge auffällt, wird im Balzflug vorgetragen und klingt etwa wie „dipp dipp dipp . . .", im Sitzen ruft er „zi zi zi", im hastigen, ruckartigen Fluge ängstlich „ist ist".
Biotop: Nasse, moorige Wiesen, kurzgrasiges Dünengelände, Ödland.
Verbreitung: Außer in Europa im nordwestlichen Sibirien sowie in Ostgrönland.

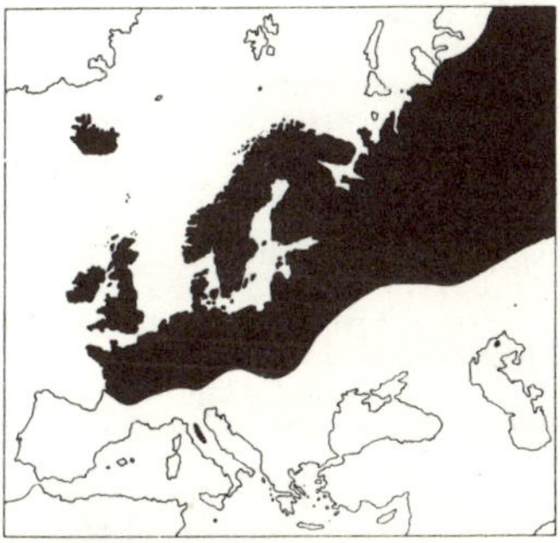

Wanderungen: Überwintert in Westeuropa und in den Mittelmeerländern; März/Mai – September/November. Auf dem Durchzug häufig in Mitteleuropa.
Nest und Eier: Nest am Boden; meist 5 auf weißlichem Grund dicht gefleckte Eier (19,8 mm × 14,6 mm), 2 Bruten, Ende April/Juni. Kuckuckswirt.
Unterarten: a) A. p. pratensis (L.): Europa mit Ausnahme des unter b genannten Gebiets; b) A. p. theresae Meinertzhagen: Westirland.

Rotkehlpieper
Anthus cervinus (Pallas)

E Red-throated Pipit
R Краснозобый конек
C Linduška rudokrká
F Lapinkirvinen
P Świergotek rdzawogardlisty
U Rozsdástorkú pityer

Kennzeichen: 14,5 cm. Sieht einem Wiesenpieper ähnlich, unterscheidet sich aber von diesem und anderen Piepern im Brutkleid durch die blaß rostrote Färbung von Kehle und Kropf und in allen Kleidern durch die ausgeprägte Fleckung von Bürzel und Oberschwanzdecken. Oberseits dunkler und stärker gefleckt, ohne den olivgrünlichen Anflug des Wiesenpiepers. Schwieriger ist es, einen Rotkehlpieper im Ruhekleid sofort als solchen zu erkennen, denn dann sieht er einem Wiesenpieper so ähnlich, daß er leicht mit diesem verwechselt werden kann und sich von ihm außer durch die bereits oben angegebenen Kennzeichen nur durch die Stimme unterscheidet. Unterschied zu Petschora-Pieper siehe S. 434.
Stimme: Der Lockruf klingt anders als bei Baum- und Wiesenpieper und läßt sich am besten mit einem rohrammerähnlichen „zieh" vergleichen. Der Balzflug gleicht dem des Wiesenpiepers.
Biotop: In Nordskandinavien auf den mit Birken- und Weidengestrüpp bestandenen Fjälls, außerdem in der Moos- und Strauchtundra.
Verbreitung: Außer in Europa in Nordsibirien ostwärts bis Kamtschatka.

Wanderungen: Überwintert in Afrika, bes. in Ostafrika sowie in Süd- und Südostasien; April/Mai – September/ Oktober. In Mitteleuropa ein regelmäßiger, wenn auch seltener Durchzügler. Irrgast in Großbritannien, Belgien und Luxemburg.
Nest und Eier: Nest am Boden; 5–6 auf weißlichem bis olivgrauen Grund gefleckte, sehr variable Eier (19,2 mm × 14,2 mm), Mitte Juni/Juli.
Unterarten: A. c. rufogularis C. L. Brehm.

Kaukasus-Wasserpieper
Anthus spinoletta coutellii Savigny

E Caucasus Water-Pipit
R Кавказский горный конек
C Linduška horská kavkazská
F Aasiankirvinen
U Azsiai havasi pityer

Kennzeichen: 16 cm. Ein oberseits blaßgrauer Wasserpieper mit etwas rötlicherer, mehr oder weniger stark gefleckter Brust; übrige Unterseite rötlich rahmfarben. Im Ruhekleid von spinoletta durch deutlicher gestreiften Kopf unterschieden; die Rückenfedern haben hellere, mehr gelblichbraune Säume, so daß die dunklen Federmitten deutlicher hervortreten. Bürzel heller, mehr gelblichbraun, unterseits meist lebhafter rahmfarben.
Stimme: Wie A. sp. spinoletta.
Biotop: Brutvogel oberhalb der Baumgrenze bis zur Schneegrenze.
Verbreitung: Kaukasus und anschließend die Hochgebirge des nördlichen Iran und Afghanistan, Pamir, westlicher Tien-schan, Altai, südwestliches Transbaikalien bis zur nördlichen Mongolei.
Wanderungen: Wird im Winter bzw. auf dem Zug in Ägypten, Arabien, Iran, Afghanistan, Kaschmir, Nordindien und China angetroffen. Mitte März – Ende September/ Oktober; vereinzelt überwinternd.
Nest und Eier: Wie A. sp. spinoletta.

Wasserpieper
Anthus spinoletta spinoletta (L.)

E Water Pipit
R Береговой горный конек
C Linduška vodni evropská
F Vuorkirvinen
P Siwerniak
U Havasi pityer

Kennzeichen: 16 cm. Im Brutkleid an der rötlich überflogenen, fast ungefleckten Brust, dem rahmweißen Überaugenstreif und den schwärzlichen Füßen zu erkennen. Oberkopf und Hinterhals sind aschgrau mit undeutlichen dunklen Flecken, Rükken dunkelbraun und dunkel längsgefleckt, Bürzel und Oberschwanzdecken einfarbig graubraun, übrige Unterseite weißlich. Im Ruhekleid Kropfgegend, Kehle und Seiten mit braunen Längsflecken. Die reinweißen Schwanzkanten unterscheiden ihn vom Felsenpieper und Strandpieper in allen Kleidern, die rauchgraue Schwanzkanten haben.
Stimme: Lockt mit „psi psi"; singt im Balzflug, Gesang ähnlich dem des Wiesenpiepers, er besteht aus mehr oder weniger langen Reihen von i-Lauten, etwa wie „tsi . . .", „si . . ." oder „zip", manchmal auch mehr zweisilbig wie „djieb".
Biotop: Nasse Hochgebirgsmatten oberhalb der Baumgrenze.
Verbreitung: Höhere Mittelgebirge und Hochgebirge Mittel-, Südwest-, Süd- und Südosteuropas. Neuerdings Brutvogel im Harz.

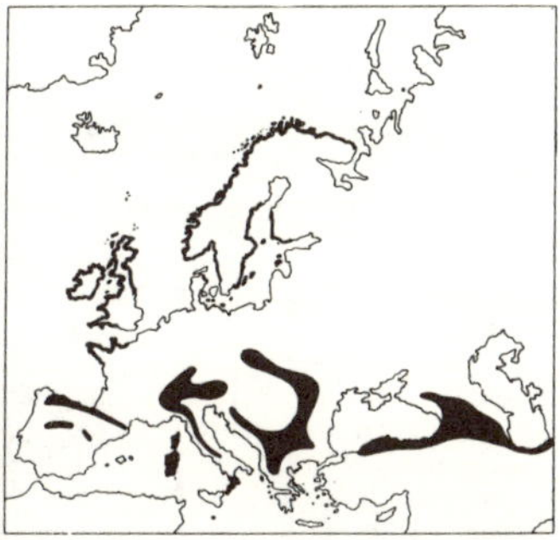

Wanderungen: Überwintert größtenteils im Brutgebiet und sucht im Spätherbst tiefere Lagen auf; gelegentlich auch im Küstengebiet von Nord- und Ostsee (Oktober – April).
Nest und Eier: Nest am Boden; 4–6 auf trübweißem Grund dicht gefleckte Eier (21,3 mm × 15,5 mm), Mitte Mai/Juni.
Unterarten: s. S. 436, 437 und 438.

Färöer-Wasserpieper
Anthus spinoletta kleinschmidti Hartert

E Faeroe Water Pipit
C Linduska horský faerská
F Färsaarten kirvinen
U Faroeri havasi pityer

Kennzeichen: 16 cm. Sehr ähnlich Strandpieper, doch Oberseite dunkler und Unterseite gewöhnlich stärker gefleckt; Ruhekleid fast wie Brutkleid.
Biotop: Felsige Küsten.
Verbreitung: Färöer.
Wanderungen: Überwintert im Brutgebiet.
Nest und Eier: Wie Strandpieper.

Strandpieper
Anthus spinoletta petrosus (Montagu)

E Rock-Pipit
R Бритаский горный конек
C Linduška vodni angelická
F Rantakirvinen
P Świergotek skalny
U Szirti pityer

Kennzeichen: 16 cm. Strand- und Felsenpieper unterscheiden sich vom Wasserpieper in allen Kleidern dadurch, daß die Schwanzkanten nicht weiß, sondern rauchgrau sind. Vom Felsenpieper im Ruhekleid nicht und im Brutkleid nicht immer zu unterscheiden (s. Felsenpieper). Ganze Oberseite dunkel olivbraun und – mit Ausnahme des Bürzels – mit dunkelbraunen Federmitten. Undeutlicher rahmweißer Überaugenstreif, Unterseite olivgelblich mit kräftig dunkelolivbrauner Fleckung an den Kehlseiten und auf der Brust. Füße dunkelbraun; Ruhekleid sehr ähnlich.
Stimme: Lockruf „tsüp", Gesang erinnert an den des Wiesenpiepers und wird im Balzflug vorgetragen.
Biotop: Felsige Küsten und Inseln.
Verbreitung: Küsten Großbritanniens, Nordwestfrankreichs und Norwegens.
Wanderungen: Überwintert meist im Brutgebiet, streicht aber teilweise umher und wird dann an den Küsten der südlichen Nordsee, an der Kanalküste und an der Atlantikküste bis

Portugal und Nordwestafrika festgestellt; gelegentlich auch im östlichen Mittelmeerraum (Karpathos, Cypern). Ausnahmsweise im Binnenland; als Irrgast in der Schweiz nachgewiesen. Ein Exemplar des Japanischen Strandpiepers A. sp. japonicus Temminck & Schlegel wurde 1960 in Italien erbeutet; Erstnachweis für Europa.
Nest und Eier: Nest am Boden; 4–5 auf weißlichgrauem Grund dicht braun gefleckte Eier (21,3 mm × 15,9 mm), Mitte April/Juni, 2 Bruten.

Felsenpieper
Anthus spinoletta littoralis C. L. Brehm

E Skandinavian Rock-Pipit
R Скандинавский горный конек
C Linduška vodni skandinávská
F Luotokirvinen
U Parti pityer

Kennzeichen: 16 cm. Vom Strandpieper im Ruhekleid nicht und im Brutkleid nur schwer zu unterscheiden Oberseite im Brutkleid mehr graugrünlich statt braun wie beim Strandpieper. Kehle und Brust sind mehr oder weniger stark rötlich überflogen und weniger, oft nur ganz schwach gefleckt. Ruhekleid sehr ähnlich.
Stimme: Wie A. sp. spinoletta.
Biotop: Felsige Küsten und Inseln, aber auch – im Gegensatz zum Strandpieper – im Binnenland in der Tundra und auf höher gelegenen Fjälls.
Verbreitung: Küsten von Dänemark und Schweden, Åland-Inseln, Lappland und Nordfinnland, Kola-Halbinsel und Küsten des Weißen Meeres.
Wanderungen: Überwintert zum Teil vor allem, wenn die Küsten eisfrei bleiben, im Brutgebiet, teilweise aber auch an den Küsten der südlichen Ost- und Nordsee (Mitte September – Mai), ausnahmsweise auch einmal im Binnenland sowie an den Küsten Großbritanniens. Als Irrgast in der ČSSR, in Italien und auf Malta angetroffen.
Nest und Eier: Wie Strandpieper.

GATTUNG: Motacilla Linné s. Tafel S. 132, 133

Bestimmungsschlüssel

1	Gefieder ohne Gelb		2
1*	Gefieder mit Gelb		3
2	Oberseite mehr oder weniger schwarz	**Trauerbachstelze**	S. 442
2*	Oberseite grau	**Bachstelze**	S. 442
3	Rücken olivgrün	**Schafstelze**	S. 439
3*	Rücken grau bis fast schwarz		4
4	Kopf gelb	**Zitronenstelze**	S. 441
4*	Kopf grau	**Gebirgsstelze**	S. 441

Englische Schafstelze
Motacilla flava flavissima (Blyth)

E Yellow Wagtail
R Английская плиска
C Konipas lučni anglický
U Angol sárgabillegetö

Kennzeichen: 16,5 cm. Alle Schafstelzen haben eine leuchtend gelbe Unterseite und unterscheiden sich von der Gebirgsstelze durch olivgrünen Rücken und kürzeren Schwanz, außerdem sind die Biotope beider Arten verschieden. Die ♂♂ der einzelnen Unterarten können im Brutkleid an der Färbung ihres Kopfgefieders erkannt werden; im Ruhekleid ist die Unterscheidung der einzelnen Unterarten schwieriger. Die ♀♀ sind insgesamt blasser. Bei der Englischen Schafstelze sind Oberkopf, Zügel und Ohrgegend grünlichgelb, der Überaugenstreif gelb.
Stimme: Wie M. f. flava.
Biotop: Wie M. f. flava.
Verbreitung: England und Schottland, vereinzelt an den Küsten von Südnorwegen, Südschweden, Niederlande, Belgien und Nordwestfrankreich. Brütet auf Helgoland und auf einigen Inseln an der Nordseeküste (Juist, Norderney, Neuwerk, Scharhörn, Sylt, Trischen). Brütet seit 1970 vereinzelt in Dänemark.
Wanderungen: Zieht durch Westeuropa und überwintert im tropi-

schen Afrika; auf dem Zug gelegentlich in Mitteleuropa. Ende März/Anfang Mai – Mitte August/Ende September.
Nest und Eier: Wie M. f. flava.

Schafstelze
Motacilla flava flava L.

E Blue-headed Wagtail
R Желтая трясогузка
C Konipas luční středoevropský
F Keltavästäräkki
P Pliszka żółta
U Sárgabillegetö

Kennzeichen: 16,5 cm. Unterscheidet sich von der Englischen Schafstelze durch blaugrauen Oberkopf sowie dunkel blaugraue Zügel und Ohrgegend; der weiße Überaugenstreif reicht von der Schnabelwurzel bis zum Hinterkopf. ♀ im Brutkleid blasser, Oberkopf olivgrün. Ruhekleid bei ♂ und ♀ ähnlich wie Brutkleid, das ♂ hat dann gleichfalls einen olivgrünen Oberkopf, oberseits mehr bräunlich und unterseits blasser als im Brutkleid Juv. oberseits graubraun, unterseits weißlich mit schwarzbrauner Fleckung am Kropf.
Stimme: Der ein- oder zweisilbige Lockruf klingt wie „psüip" und ist oft zu hören, zusammengereiht ergeben diese Rufe den Gesang.
Biotop: Feuchte bis sumpfige Wiesen und Weiden, Wiesen an Flußufern, Strandwiesen, Verlandungszonen von Teichen, bisweilen auch auf Feldern, in Südosteuropa in niedrigem Tamariskengebüsch am Rand von Lagunen.

Verbreitung: Die Schafstelze ist fast über den gesamten paläarktischen Raum verbreitet und kommt außer in Europa in Asien mit Ausnahme des Südens und Südostens, in Nordwestafrika, in Ägypten und in Alaska vor. – M. f. flava: Südliches Skandinavien und Finnland, Dänemark, Westeuropa (mit Ausnahme Großbritanniens und der Iberischen Halbinsel), Mittel- und zum Teil auch Osteuropa.
Wanderungen: Überwintert im tropischen Afrika südwärts bis zum Kapland und im tropischen Asien. April – August/September. Irrgast auf Spitzbergen.
Nest und Eier: Nest am Boden; 5–6 auf gelblichweißem Grund dicht graubraun gefleckte Eier (18,7 mm × 13,9 mm), meist 2 Bruten, Mitte Mai – Juni. Gelegentlich Kuckuckswirt.
Unterarten: s. S. 438 bis 440.

Spanische Schafstelze
Motacilla flava iberiae Hartert

E Spanish Blue-headed Wagtail
R Исланская желтая трясогузка
C Konipas luční iberský
U Spanyol sárgabillegetö

Kennzeichen: Ähnlich M. f. flava, doch dunkler; der weiße Überaugenstreif beginnt bisweilen erst über dem Auge.
Stimme: Wie M. f. flava.
Biotop: Wie M. f. flava.
Verbreitung: Südwestfrankreich und Südfrankreich, Iberische Halbinsel, Balaeren (und Nordwestafrika).
Wanderungen: Über Zug und Winterquartiere nichts Näheres bekannt; wahrscheinlich liegen diese im tropischen Afrika.
Nest und Eier: Wie M. f. flava.

Aschkopf-Schafstelze
Motacilla flava cinereocapilla Savi

E Ashy-headed Wagtail
C Konipas luční italský
U Olasz sárgabillegetö

Kennzeichen: Sehr ähnlich M. f. iberiae, doch Augenstreif meist völlig fehlend.
Stimme: Wie M. f. flava.
Biotop: Wie M. f. flava.

Verbreitung: Italien, Sardinien und Sizilien; vereinzelt in Österreich. In der BRD vereinzelt nordwärts bis zum Main festgestellt; stellenweise Brutvogel im Oberrheingebiet, im Alpenvorland und in der Schweiz (Oberengadin). Sehr wahrscheinlich auch vereinzelter Brutvogel in Griechenland. In Südfrankreich Übergänge zu iberiae.
Wanderungen: Überwintert im tropischen Afrika. Irrgast in Großbritannien.
Nest und Eier: Wie M. f. flava.

Graukopf-Schafstelze

Motacilla flava beema (Sykes)

E Sykes's Wagtail
R Белоухая желтая трясогузка
U Fehérpofáju sárgabillegetö

Kennzeichen: Ähnlich M. f. flava, doch Oberkopf, Zügel und Ohrgegend blasser grau, der weiße Überaugenstreif reicht von der Schnabelwurzel bis zum Hinterkopf.
Stimme: Wie M. f. flava.
Biotop: Wie M. f. flava.
Verbreitung: Südöstliche europäische Sowjetunion und anschließend in den Steppen Westsibiriens.
Wanderungen: Überwintert in Indien und teilweise auch in Ostafrika. Wurde auf Helgoland, im südwestlichen Polen und in der ČSSR als Irrgast festgestellt.
Nest und Eier: Wie M. f. flava.

Gelbstirn-Schafstelze

Motacilla flava lutea (Gmelin)

E Kirghiz Steppes Yellow Wagtail
R Желтолобая трясогузка
C Konipas lučni žlutavý
U Mezei sárgabillegetö

Kennzeichen: Ähnlich M. f. flavissima, Kopf größtenteils gelb, nur Scheitel, Zügel und Ohrgegend grünlich überflogen, der gelbe Augenstreif infolgedessen nicht sehr auffallend.
Stimme: Wie M. f. flava.
Biotop: Vorwiegend Steppen.
Verbreitung: An der unteren Wolga und anschließend in den Steppen zwischen Kaspischem Meer und Aralsee.
Wanderungen: Überwintert im östlichen und südlichen Afrika sowie in Indien.
Nest und Eier: Wie M. f. flava.

Nordische Schafstelze

Motacilla flava thunbergi Billberg

E Grey-headed Wagteil
R Северная желтая трясогузка
C Konipas lučni severni
F Pohankeltavästäräkki
U Északi sárgabillegetö

Kennzeichen: Ähnlich M. f. cinereocapilla, doch Oberkopf schieferschwarz, Zügel und Ohrgegend schwärzlich; Augenstreif weiß, jedoch nicht immer deutlich und bisweilen völlig fehlend.
Stimme: Wie M. f. flava.
Biotop: Wie M. f. flava.
Verbreitung: Im Norden an das Brutgebiet der Nominatform anschließend, also in Norwegen, Schweden, Finnland, in der Sowjetunion und anschließend im westlichen Sibirien.
Wanderungen: Zieht durch Europa (Mai/Juni, August/September) und Vorderasien und überwintert im tropischen, teilweise auch im südlichen Afrika sowie in Indien.
Nest und Eier: Wie M. f. flava.

Maskenstelze

Motacilla flava feldegg Michahelles

E Black-headed Wagtail
R Черноголовая трясогузка
C Konipas lučni černohlavý
U Kucsmás sárgabillegetö

Kennzeichen: Unterscheidet sich von allen anderen Schafstelzen durch tiefschwarze Kopfkappe und Fehlen eines Überaugenstreifs.
Stimme: Wie. M. f. flava.
Biotop: Wie M. f. flava, besonders im sumpfigen, mit Tamarisken bestandenem Gelände.

Verbreitung: Südosteuropa, südliche Ukraine, Krim, Kaukasus und Vorderasien; in den Randgebieten Übergänge zu den benachbarten Unterarten. Im Vordringen nach Mitteleuropa begriffen; brütete 1967 erstmals in der Schweiz, seit 1968 in Österreich (Rheindelta, Kärnten, Salzburg, Burgenland) und seit 1970 in Ungarn.
Wanderungen: Überwintert größtenteils in Ostafrika; als Irrgast westwärts bis Großbritannien und Frankreich nachgewiesen.
Nest und Eier: Wie M. f. flava.

Zitronenstelze
Motacilla citreola Pallas

E Citrine Wagtail
R Желтоголовая трясогузка
C Konipas citronový
F Sitruunavästäräkki
P Pliszka cytrynowa
U Sárgafejü billegetö

Kennzeichen: 19,5 cm. Etwas größer als eine Schafstelze, von der sie sich durch aschgrauen Rücken unterscheidet (hellgrau bis fast schwarz bei M. c. citreola, stets grau bei werae). Beim ♂ sind im Brutkleid Kopf und Unterseite gelb, Nacken, Kropfseiten und Schwanz schwarz mit weißen Kanten. ♀ mit gelbgrünlichem Oberkopf, übrige Oberseite olivgrünlich überflogen, unterseits blasser gelb und kein Schwarz im Nacken und an den Kropfseiten. Im Fluge fallen zwei breite weiße Flügelbinden auf. Juv. oberseits bräunlich aschgrau, unterseits weißlich.
Stimme: Gesang wird im Balzflug vorgetragen und besteht aus einer schnellen Folge der gewöhnlichen Lockrufe (Dementiew & Gladkow).
Biotop: Sumpfige Wiesen und grasbewachsene Ufer langsam fließender Flüsse im Gebirge; in der Ebene in der Steppe und an Flüssen, die durch Wälder fließen; ferner in der Strauchtundra (Voous).
Verbreitung: Hat 1977 erstmals in Schweden (Jämtland) gebrütet. Im Anschluß an das europäische Brutgebiet im nördlichen und mittleren Asien.
Wanderungen: Überwintert in Nordindien und Burma. Als Irrgast in Finnland, Schweden, Norwegen,

Großbritannien, BRD (Helgoland, Niedersachsen) sowie in Österreich (am Bodensee), Polen und in der Slowakei nachgewiesen. Ende April/Anfang Mai – Mitte August/Anfang September.
Nest und Eier: Nest am Boden; 5–6 Eier (19,5 mm × 14,4 mm), gleichen denen der Schafstelze, Juni.
Unterarten: a) M. c. citreola Pallas: Nordöstliche europäische Sowjetunion und anschließend in Nordwestsibirien, b) M. c. werae (Buturlin): Östliche europäische Sowjetunion und anschließend in Westsibirien.

Gebirgsstelze
Motacilla cinerea Tunstall

E Grey Wagtail
R Горная трясогузка
C Konipas horský
F Vuorivästäräkki
P Pliszka górska
U Hegyi billegetö

Kennzeichen: 18 cm. Eine graziöse, sehr langschwänzige Stelze, die sich von allen Schafstelzen durch einen blaugrauen Rücken und wesentlich längeren Schwanz unterscheidet. Hinzu kommt, daß das ♂ im Brutkleid eine schwarze Kehle hat (keine Schafstelze hat eine schwarze Kehle!). Unterseite bei ♂ und ♀ im Brutkleid schwefelgelb, das ♀ unterscheidet sich vom ♂ durch eine weißliche Kehle. Ruhekleid wie ♀ im Brutkleid. Juv. oberseits graubraun, unterseits verwaschen gelblich-graubraun, von juv. Bachstelzen durch gelbe Unterschwanzdecken unterschieden.
Stimme: Lockt „zickzick", am Brutplatz hört man ein hartes „zezezezeze" der Gesang besteht aus zwitschernden „srisrisrisrisri"-Tönen und ansteigenden Pfeiflauten.
Biotop: Ursprünglich Flüsse und

Bäche im Hügel- und Bergland, jetzt auch in der Ebene und oft inmitten von Siedlungen, sofern sich hier geeignete Brutbiotope finden.
Verbreitung: Brütete 1971 erstmals in Seeland (Dänemark) und 1975 in der Estnischen SSR. In Schweden im Vordringen begriffen, brütet bereits in Lappland. Außer in Europa in großen Teilen des paläarktischen Asien sowie in Nordwestafrika.

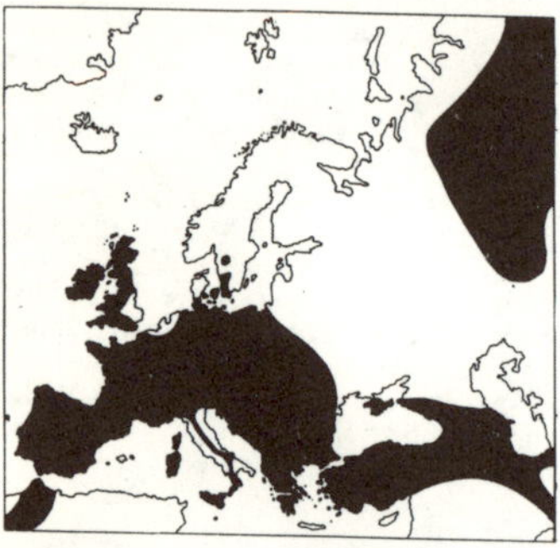

Wanderungen: Größtenteils im Brutgebiet überwinternd; zum Teil ziehen sie bis Südeuropa und Nordafrika. März – Oktober.
Nest und Eier: In Nischen und Halbhöhlen in Wassernähe; 5–6 auf gelblichem Grund dicht gefleckte Eier (19,0 mm × 14,5 mm), 2 Bruten, April/Juli.
Unterarten: M. c. cinerea Tunstall.

Trauerbachstelze
Motacilla alba yarrellii Gould

E Pied Wagtail
R Черная трясогузка
C Konipas bílý anglický
U Kormos barázdabillegetö

Kennzeichen: 18 cm. Unterscheidet sich von alba dadurch, daß ad. ♂♂ und ♀♀ oberseits bis auf die weiße Stirn völlig schwarz sind. Allerdings sind ♀♀ im 1. Brutkleid oberseits noch nicht völlig schwarz und können mit ♀♀ von alba im Brutkleid verwechselt werden, jedoch hat alba einen blasseren Nacken und weniger schwarzen Bürzel. ♂♂ und ♀♀ im 1. Ruhekleid sehen ad. ♂♂ von alba im Ruhekleid sehr ähnlich, doch ist bei alba der Nacken stets blasser und reiner grau. Von alba-♀♀ im Ruhekleid und juv. ♂♂ ist yarrellii in allen Kleidern durch schwarzen Scheitel und gewöhnlich weiße (nicht graue) Stirn zu unterscheiden.
Stimme: Wie M. a. alba.
Biotop: Wie M. a. alba.
Verbreitung: Britische Inseln sowie stellenweise an den Küsten Südwestnorwegens, Dänemarks, Schleswig-Holsteins, der Niederlande, Belgiens und Nordwestfrankreichs.
Wanderungen: Überwintert größtenteils in West- und Südwesteuropa sowie in Nordwestafrika; Ende Februar/April – Mitte August/Oktober, teilweise auch im Brutgebiet überwinternd.
Nest und Eier: Wie M. a. alba.

Weiße Bachstelze
Motacilla alba alba L.

E White Wagtail
R Белая трясогузка
C Konipas bílý evropský
F Västäräkki
P Pliszka siwa
U Barázdabillegetö

Kennzeichen: 18 cm. Ein zierlicher, längschwänziger Vogel, unverkennbar durch sein in Schwarz, Weiß und Grau gehaltenes Gefieder, ♀ ähnlich ♂, nur ist das Schwarz am Hinterkopf und Brust meist mit Grau gemischt und die weiße Stirn oft mit dunklen Federchen durchsetzt. Bei juv. sind die später schwarzen Gefiederpartien bräunlich, Kinn, Kehle und Bauch weißlich.
Stimme: Im Fluge zweisilbige „zis-siss", sonst „ziewit ziewit", aus solchen und ähnlichen Tönen besteht auch der anspruchslose Gesang.
Biotop: Mehr oder weniger offenes kultiviertes Gelände aller Art, dessen Besiedlung weitgehend vom Vorhandensein geeigneter Brutmöglichkeiten abhängig ist; gern in oder am Rand von Dörfern, vor allem dann, wenn sich irgendwelche Gewässer in deren Nähe befinden.
Verbreitung: s. Karte. Anschließend in fast ganz Asien sowie in Nordwestafrika.
Wanderungen: Überwintert zumeist

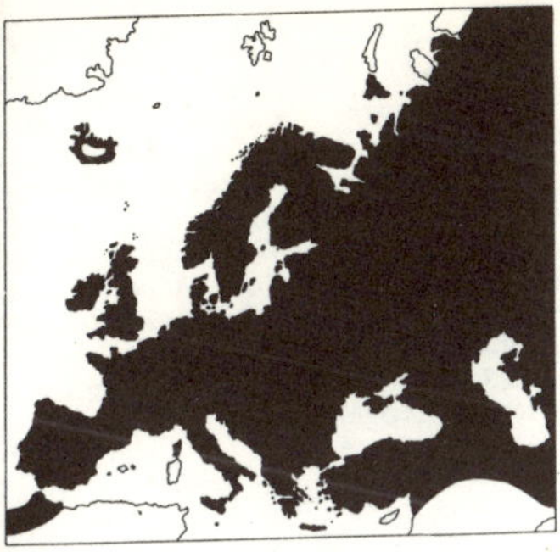

in den Mittelmeerländern, in Afrika (Senegal bis Ostafrika) sowie in Vorderasien; gelegentlich auch in Westeuropa, März – Oktober. Zu den Zugzeiten oft in großen Flügen im Schilf von Seen und Teichen übernachtend.
Nest und Eier: Nest in Halbhöhlen und Nischen aller Art; 5–6 auf weißlichem Grund dicht grau gefleckte Eier (20,4 mm × 15,1 mm), 2 Bruten, Mitte April/Juli. Kuckuckswirt.
Unterarten: a) M. a. alba L.: Europa mit Ausnahme der unter b und c genannten Gebiete; b) M. a. yarrellii Gould: s. oben; c) M. a. dukhunensis Sykes: Südöstliche europäische Sowjetunion und Kaukasus (und Westsibirien).

FAMILIE: Bombycillidae — **Seidenschwänze**

GATTUNG: Bombycilla Vieillot — s. Tafel S. 136

Etwa starengroß mit deutlicher Federhaube, kurzem, kräftigem Schnabel, kurzem Schwanz und Lauf. Eine Art Brutvogel.

Seidenschwanz
Bombycilla garrulus (L.)

E Waxwing
R Свиристель
C Brkoslav severní
F Tilhi
P Jemiołuszka
U Csontzollúmadár

Kennzeichen: 18 cm. Ein etwa starengroßer Vogel mit duftigem, rötlichbraunen Gefieder, einer deutlichen Federhaube und auffallenden weißen, gelben und siegellackroten Abzeichen auf den Flügeln. Augenstreif und Kehle schwarz, Oberschwanzdecken und Bauch grau, Unterschwanzdecken zimtbraun, Schwanz mit gelber Endbinde. Das ♀ gleicht weitgehend dem ♂.
Stimme: Ein leises „srieh".
Biotop: Unterholzreiche Nadelwälder.
Verbreitung: Außer in Europa im nördlichen Asien ostwärts bis Kamtschatka und im nordwestlichen Nordamerika.
Wanderungen: Strich- und Zugvogel; zumeist nur wenig südwärts ziehend, in manchen Jahren erfolgen aber größere Wanderungen und es kommt dann in Mitteleuropa und anderswo zu „Seidenschwanz-Invasionen", meist zwischen Oktober/November – März.
Nest und Eier: Nest auf Bäumen; 4–6 auf grauem Grund schwarzbraun gefleckte Eier (24,0 mm × 17,3 mm), Juni.
Unterarten: B. g. garrulus (L.).

FAMILIE: Laniidae — Würger

Würger sind sperlings- bis knapp drosselgroße, kontrastreich gefärbte Vögel; außer beim Rotrückenwürger gleichen sich ♂♂ und ♀♀ weitgehend im Gefieder. Von anderen Singvögeln unterscheiden sie sich durch hakig nach unten gebogenen Oberschnabel. Würger bewohnen offenes, buschreiches Gelände und sitzen gewöhnlich nach Beute ausspähend frei auf einer Warte, wobei sie den Schwanz seitwärts ausschlagen. Entdecken sie dann eine Beute (Insekten, Mäuse, kleine Eidechsen u. a.), so stoßen sie auf diese herab; falls die Beute nicht alsbald verzehrt wird, wird sie auf einen Dorn aufgespießt. Flug wellenförmig mit schnellen Flügelschlägen. Bis auf den Raubwürger ausgesprochene Zugvögel. Nester auf Bäumen und in Hecken, Eier gefleckt. 5 Arten Brutvögel.

GATTUNG: Lanius Linné

s. Tafel S. 135

Bestimmungsschlüssel

1 Oberseite grau und schwarz 2
1* Oberseite nicht grau und schwarz 3
2 Stirn grau **Raubwürger** ♂♀ S. 444
2* Stirn schwarz, kleiner als voriger **Schwarzstirnwürger** ♂♀ S. 445
3 Oberseite mehr oder weniger einfarbig braun **Rotrückenwürger** ♀ S. 446
3* Oberseite nicht einfarbig braun 4
4 Oberkopf einfarbig hellgrau **Rotrückenwürger** ♂ S. 446
4* Oberkopf nicht einfarbig 5
5 Oberkopf weiß und Schwarz **Maskenwürger** ♂♀ S. 466
5* Oberkopf schwarz und rotbraun **Rotkopfwürger** ♂♀ S. 445

Raubwürger

Lanius excubitor L.

E Great Grey Shrike
R Большой серый сорокопут
C Ťuhýk šedý
F Isolepinkäinen
P Dzierba srokosz
U Nagyörgébics

Kennzeichen: 25 cm. Der größte unserer Würger, knapp drosselgroß; leicht kenntlich an dem breiten schwarzen Augenstreif, der hellgrauen Ober- und reinweißen Unterseite (beim ♀ ist diese zartgrau quergewellt). Die schwarzen Flügel mit ein oder zwei weißen Spiegeln. Juv. oberseits mehr bräunlichgrau, unterseits graubraun quergewellt.
Stimme: Ein elsternartiges Schackern, warnt mit quäkenden Rufen; der Gesang enthält neben quäkenden und pfeifenden Lauten oft Nachahmungen anderer Vogelstimmen.
Biotop: Offenes Gelände aller Art, das mit Feldgehölzen, Hecken und Gebüsch durchsetzt ist; auch Obstplantagen, Kiefernheiden, baumbestandene stille Landstraßen und ähnliches Gelände.
Verbreitung: Außer in Europa in Asien, Nordafrika und Nordamerika.

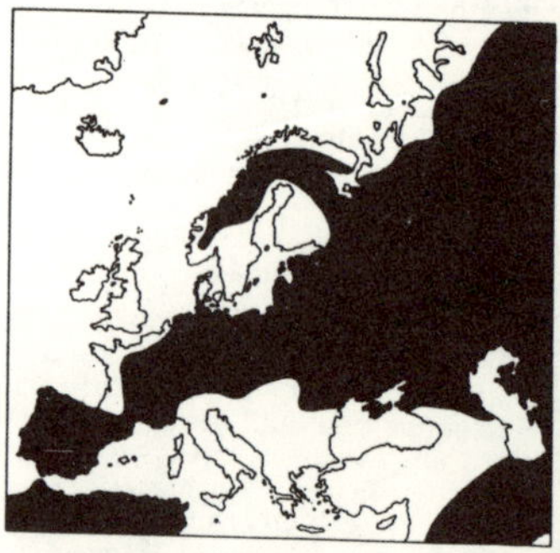

Wanderungen: Überwintert meist im Brutgebiet; streift im Winter umher und erhält dann noch Zuzug aus den nordöstlichen Teilen seines Verbreitungsgebietes. L. e. homeyeri wurde fünfmal in der BRD und L. e. pallidirostris in Großbritannien und Italien als Irrgast nachgewiesen.
Nest und Eier: Nest auf Bäumen und in größeren dornigen Hecken; 5–7 Eier (26,3 mm × 19,3 mm), die wie

kleine Elsterneier aussehen, Mitte April/Mai.
Unterarten: a) L. e. excubitor L.: Europa mit Ausnahme der unter b bis d genannten Gebiete; b) L. e. homeyeri Cabanis: Südosteuropa von Bulgarien und Rumänien durch die Ukraine bis zum südlichen Ural; c) L. e. meridionalis Temminck: Südfrankreich und Iberische Halbinsel; d) L. e. pallidirostris Cassin: Von der unteren Wolga ostwärts bis Zentralasien.

Schwarzstirnwürger
Lanius minor Gmelin

E Lesser Grey Shrike
R Чернолобый сорокопут
C Ťuhýk menší
F Mustaotsalepinkäinen
P Dzierzba czarnoczelna
U Kisörgébics

Kennzeichen: 20 cm. Kleiner als Raubwürger, mit dem er vielleicht manchmal verwechselt wird. Er unterscheidet sich von ihm durch die schwarze Stirn und die zartrosa überflogene Brust und Flanken. Im Fluge fällt der große weiße Fleck auf den schwarzen Handschwingen auf (der Raubwürger hat eine schmälere Flügelbinde).
Stimme: Warnt mit „gek gek gekekek" oder schackernd „tschäkäkä", der Gesang ist ein heiseres Schilpen und plauderndes Gezwitscher, wobei Stimmen anderer Vögel nachgeahmt werden.
Biotop: Offenes, mit Baumgruppen und Gebüsch bestandenes Gelände; stellenweise häufig an baumbestandenen Landstraßen.
Verbreitung: Seltener Brutvogel in der BRD und auf das obere und mittlere Rheintal, Nahe-, Mosel-, Main- und Neckartal beschränkt. Ausnahmsweise hat die Art auch in neuerer Zeit noch in der DDR gebrütet. Außer in Europa in Südwestasien.

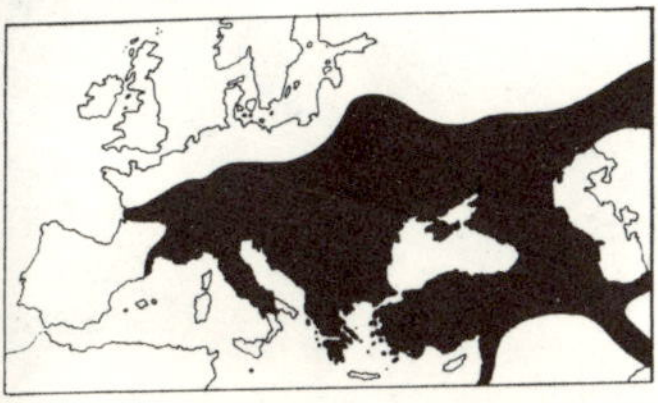

Wanderungen: Überwintert im tropischen und teilweise auch im südlichen Afrika; Ende April/Anfang Mai – August. Irrgast in Großbritannien, Irland, Norwegen und Schweden.
Nest und Eier: Nest auf Bäumen, zum Teil hoch; 5–7 auf hellgrünem Grund grob gefleckte Eier (25,1 mm × 18,2 mm), Ende Mai/Mitte Juni.
Unterarten: L. m. minor Gmelin.

Rotkopfwürger
Lanius senator L.

E Woodchat Shrike
R Красноголовый сорокопут
C Ťuhýk ridohlavý
F Punapäälepinkäinen
P Dzierzba rudogłowa
U Vörösfejü gébics

Kennzeichen: 19 cm. Unterscheidet sich von den anderen Würgern auf den ersten Blick durch den rotbraunen Scheitel und Nacken, die übrige Oberseite ist bis auf den ausgeprägten weißen Schulterfleck und Bürzel schwarz, die Unterseite weiß. ♂ = ♀, juv. erinnern an Rotrückenwürger-♀, sind aber oberseits quergewellt und der weiße Schulterfleck zeichnet sich bereits ab.
Stimme: Warnt mit elsterartigem Schackern; der Gesang ist ein eigenartiges, mit den Lauten anderer Vogelarten durchsetztes Gezwitscher.
Biotop: Offenes, trockenes und mit einzelnen Baumgruppen und Buschwerk bestandenes Gelände; Ölbaumhaine und Obstplantagen, gern an Landstraßen.
Verbreitung: In der BRD auf das mittlere Rheintal, das Mosel- und Nahegebiet, die südliche Eifel, das untere Main- und Neckartal und Oberhessen beschränkt. Selten in den übrigen Gebieten der BRD; vereinzelt auch in der DDR. Außer in Europa

in Nordwestafrika; ein weiteres Brutareal in Vorderasien.
Wanderungen: Überwintert im tropischen Westafrika; Ende April/Anfang Mai – Ende August/September. Irrgast in Großbritannien, Irland und Norwegen.
Nest und Eier: Nest meist hoch auf Bäumen; 5–6 Eier (22,8 mm × 16,9 mm), die denen des Rotrückenwürgers ähneln und ebenso variieren; Mai.
Unterarten: a) L. s. senator L.: Europa mit Ausnahme der unter b genannten Gebiete; b) L. s. badius Hartlaub: Balearen, Korsika und Sardinien.

Maskenwürger
Lanius nubicus Lichtenstein

E Masked Shrike
R Маскированный сорокопут
C Ťuhýk černohřbetý
F Mustapäälepinkäinen
P Dzierzba afrykańska
U Álarcos gébics

Kennzeichen: 17 cm. Auch die Bestimmung dieses Würgers macht keine Schwierigkeiten: Infolge seines relativ langen, bachstelzenartigen Schwanzes wirkt er schlanker als der gleichgroße Rotrückenwürger. Die Oberseite ist bis auf die weiße Stirn und die weißen Abzeichen auf den Flügeln schwarz, unterseits weiß mit roströtlichen Flanken. Im Fluge von Rotkopfwürger leicht am schwarzen Bürzel zu unterscheiden. ♂ = ♀. Juv. sind oberseits blaß braun, jede Feder schwarzbraun gesäumt, unterseits weiß mit enger dunkelbrauner Bänderung.
Stimme: Sitzt beim Singen hoch und frei. Gesang melodisch, aber monoton.
Biotop: Offenes, trockenes Gelände mit einzelnen Bäumen und Buschwerk, Obstgärten und Ölbaumbestände.

Verbreitung: Unregelmäßiger Brutvogel in Bulgarien. Außer in Europa in Vorderasien.
Wanderungen: Überwintert in Nordostafrika, April/Anfang Mai – Ende August/September. Als Irrgast einmal in Südspanien nachgewiesen.
Nest und Eier: Nest auf Bäumen; 4–6 auf gelblichbraunem Grund gefleckte Eier (20,7 mm × 15,7 mm), Ende April/Juni.

Rotrückenwürger
Lanius collurio L.

E Red-backed Shrike
R Жулан
C Ťuhýk obecný
F Pikkulepinkäinen
P Dzierzba gasiorek
U Tövisszúró gébics

Kennzeichen: 18 cm. Ein weitverbreiteter Würger, bei dem im Gegensatz zu den anderen Würgern ♂ und ♀ verschieden gefärbt sind. Das ♂ ist an dem blaugrauen Oberkopf, Nacken und Bürzel und dem rotbraunen Rükken zu erkennen, das ♀ ist oberseits braun, unterseits trüb weiß und braun quergewellt. Juv. ähnlich ad. ♀. Junge Rotkopfwürger haben eine gewisse Ähnlichkeit mit dem L. collurio-♀, sind aber im Gegensatz zu diesem oberseits quergewellt.
Stimme: Warnt mit einem rauhen „gäck gäck", der leise und nur selten zu hörende Gesang ist ein gepreßt klingendes Gezwitscher, meist mit den Lauten anderer Vogelarten untermischt.
Biotop: Offenes Gelände aller Art, das mit Hecken durchzogen ist, ferner an

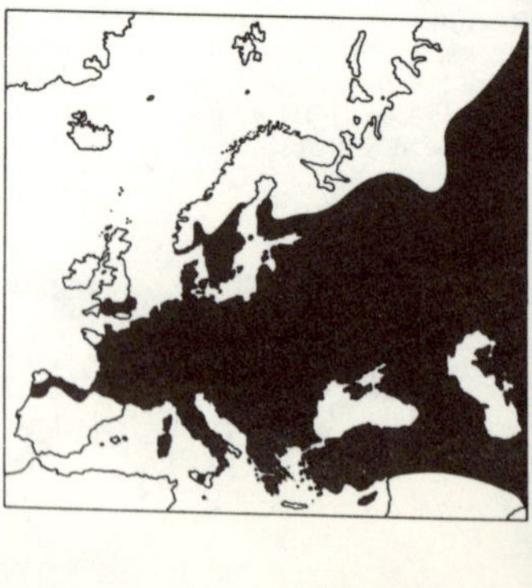

Rändern von Wäldern und Feldgehölzen, auch auf Waldlichtungen.
Verbreitung: Breitet sich in Südwest-Norwegen aus und hat in Schottland gebrütet. Außer in Europa in Asien.
Wanderungen: Überwintert im tropischen und südlichen Afrika; Anfang/Mitte Mai – Mitte August/September. L. c. phoenicuroides wurde 1962 in Irland und 1974 in Norwegen festgestellt; Erstnachweise für Europa.
Nest und Eier: Nest niedriger als das der anderen Würger in Hecken; 4–6 auf grünlichem, gelblichem oder rötlichem Grund gefleckte Eier (22,9 mm × 17,1 mm), Mitte Mai/Juni. Häufiger Kuckuckswirt.
Unterarten: a) L. c. juxtus Clancey: Großbritannien und Irland; b) L. c. collurio L.: Europa mit Ausnahme der unter a und c genannten Gebiete; c) L. c. kobylini (Buturlin): Krim, Kaukasus (und Transkaukasien bis Iran); d) L. c. phoenicuroides (Schalow): Südwestasien; e) L. c. isabellinus Ehrenberg: s. S. 524.

FAMILIE: Sturnidae — **Stare**

Stare sind drosselgroße, kurzschwänzige, lebhafte und gesellige Vögel. ♂♂ und ♀♀ gleichen sich weitgehend im Gefieder, juv. sind braun bzw. sandfarben. Bewohnen offenes, baumbestandenes Gelände und Steppen (Rosenstar). Nahrung tierisch und pflanzlich. Überwintern teilweise im Brutgebiet. Höhlenbrüter, teilweise in mehr oder weniger großen Kolonien brütend; hellblaue, ungefleckte Eier. 3 Arten Brutvögel.

GATTUNG: Sturnus Linné — s. Tafel S. 136

Bestimmungsschlüssel

1 Gefieder rosa und schwarz oder sandfarben 2
1* Gefieder anders 3
2 Gefieder rosa und schwarz **Rosenstar ad.** S. 448
2* Gefieder sandfarben **Rosenstar juv.** S. 448
3 Gefieder purpurschillernd schwarz 4
3* Gefieder braun 5
4 Gefieder einfarbig **Einfarbstar** ♂♀ S. 448
4* Gefieder fein weiß getüpfelt **Star** ♂♀ S. 447
5 Gefieder mausbraun mit weißlicher Kehle **Star juv.** S. 447
5* Ebenso, doch dunkler **Einfarbstar** juv. S. 448

Star

Sturnus vulgaris L.

E Starling
R Скворец
C Špaček obecný
F Kottarainen
P Szpak
U Seregély

Kennzeichen: 21,5 cm. An dem schwarzen, purpurglänzendem Gefieder ist der kurzschwänzige Vogel mit dem verhältnismäßig langen, spitzen Schnabel leicht kenntlich. Das ♀ sieht dem ♂ sehr ähnlich, das Gefieder glänzt jedoch nicht so stark und ist auf der Unterseite fein hell getüpfelt. Ruhekleid oberseits mehr braun, unterseits stark weiß getüpfelt (beim ♀ mehr als beim ♂, „Perlstar"). Juv. mausbraun mit weißlicher Kehle. Außerhalb der Brutzeit sehr gesellig.
Stimme: Ein bezeichnendes „ spreen" oder „spett spett". Der unter Flügelschlagen von einem erhöhten Platz aus vorgetragene Gesang besteht aus schnalzenden und pfeifenden Tönen.
Biotop: Offeneres, baumbestandenes Gelände aller Art, vor allem in der von Weiden und Äckern unterbrochenen Kulturlandschaft, ferner lichte Waldungen mit altem Baumbestand, Parkanlagen und Gärten.
Verbreitung: Besiedelte in den letzten Jahren den Norden der Iberischen Halbinsel. Außer in Europa in Asien ostwärts bis zum Baikalsee.
Wanderungen: In West- und Südeuropa Standvogel, sonst Zugvogel, der in West- und Südwesteuropa bzw. im Mittelmeergebiet überwintert. Vor dem Wegzug der sog. Frühsommerzug juv. Stare; der eigentliche Wegzug

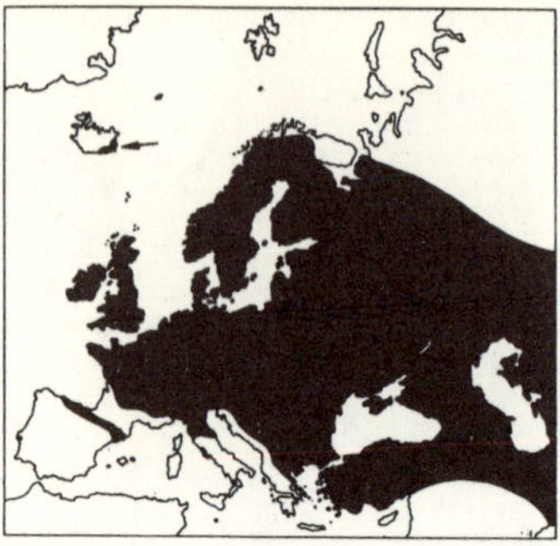

setzt im September ein, Rückkehr Ende Februar/März.
Nest und Eier: Brütet in Höhlen, bes. in Baumhöhlen und Nistkästen; 4–6 hellblaue Eier (29,6 mm × 21,1 mm), Mitte April/Mai, bisweilen 2 Bruten.
Unterarten: a) St. v. faroensis Feilden: Färoer; b) St. v. zetlandicus Hartert: Shetland-Inseln und Äußere Hebriden c) St. v. vulgaris L.: Europa mit Ausnahme der unter a, b, d und e genannten Gebiete; d) St. v. tauricus Buturlin: Ukraine und Krim; e) St. v. caucasicus Lorenz: Wolga-Mündungsgebiet bis Kaukasus.

Einfarbstar

Sturnus unicolor Temminck

E Spotless Starling
R Одноцветный скворец
C Špaček jednobarvý
F Mustakottarainen
U Egyszinü seregély

Kennzeichen: 21,5 cm. Die Lebensweise ist ganz wie bei unserem Star, dem er von weitem auch völlig gleicht. In der Nähe sieht man, daß das Gefieder einfarbig schwarz mit purpurnem Schimmer ist, beim ♀ etwas grau überflogen. Im Ruhekleid Kleingefieder weiß getüpfelt. Juv. wie die von unserem Star, nur etwas dunkler.
Stimme: Ähnlich der unseres Stares, der Pfiff ist kräftiger und klarer.
Biotop: Ähnlich wie bei unserem Star.
Verbreitung: Iberische Halbinsel, Korsika, Sardinien und Sizilien; anschließend in Nordwestafrika.

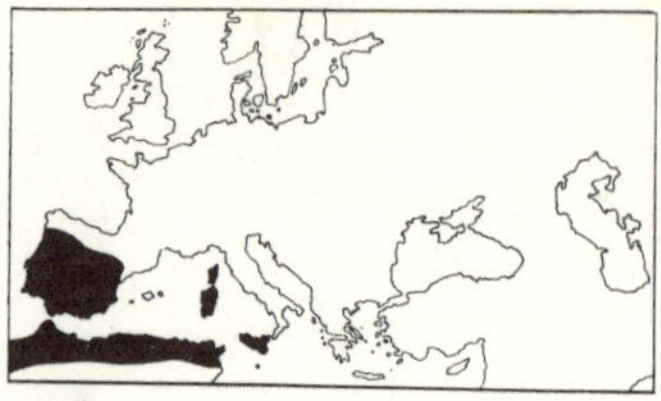

Wanderungen: Überwintert im Brutgebiet.
Nest und Eier: Nistet in kleinen Kolonien in Höhlen aller Art, auch in Felsritzen, unter Dächern, in Mauerspalten u. ä.; die 4–6 Eier gleichen denen unseres Stares.

Rosenstar

Sturnus roseus (L.)

E Rose-coloured Starling
R Розовый скворец
C Špaček ružový
F Punakottarainen
P Pasterz różowy
U Pásztormadár

Kennzeichen: 21,5 cm. Unverkennbar: Gestalt und Größe wie Star, Kopf mit Federholle, Nacken, Brust, Flügel und Schwanz schwarz, alles Übrige rosa; ♀ etwas matter gefärbt. Juv. oberseits braun, unterseits sandfarben. Auch zur Brutzeit sehr gesellig.
Stimme: Rufe starenartig wie „tschirr' und „switt-hurrwitt", Gesang ein starenartiges Geschwätz.
Biotop: Steppen bzw. steppenartiges Gelände, gern dort, wo Steilwände oder altes Gemäuer bzw. Steinhaufen Brutmöglichkeiten bieten.
Verbreitung: Außer in Europa in Vorder- und Südwestasien.

Wanderungen: Überwintert in Nordwestindien. Wird im Anschluß an die

Invasionen zur Brutzeit gelegentlich auch im übrigen Europa festgestellt, westwärts bis Großbritannien, nordwärts bis Skandinavien (Mai – September).

Nest und Eier: Nistet in Erdlöchern, unter Steinhaufen, in altem Gemäuer und an ähnlichen Plätzen; die 4–6 Eier sind heller als die unseres Stares (27,9 mm × 20,9 mm), Mai/Juni.

FAMILIE: Fringillidae **Finken**

Vögel von knapp Drossel- bis unter Sperlingsgröße mit kurzen, kegelförmigen und meist kräftigen Schnäbeln, die an ihre Ernährungsweise angepaßt sind. ♂♂ und ♀♀ in der Gefiederfärbung vielfach sehr verschieden, die Jungen ähneln den ♀♀. Bewohnen Wälder sowie baum- und gebüschbestandenes Gelände aller Art wie Parkanlagen, Alleen, Obstplantagen und Gärten. Nahrung Sämereien aller Art, daneben Insekten. Meist Stand- und Strichvögel. Nester auf Bäumen oder in Hecken, Eier gefleckt. 21 Arten Brutvögel, 5 Arten Irrgäste.

Bestimmungsschlüssel für die Gattungen

1 Ober- und Unterschnabel gekreuzt **Loxia** S. 460
1* Ober- und Unterschnabel nicht gekreuzt 2
2 Wesentlich über Sperlingsgröße, ♂ rosarot, ♀ grünlichgelb, 2 weiße Flügelbinden **Pinicola** S. 459
2* Nicht wesentlich über Sperlingsgröße oder kleiner 3
3 Kurzer, dicker Schnabel 4
3* Normaler Finkenschnabel 6
4 Schnabel auffallend dick, an der Wurzel über 10 mm hoch, weiße Flügelfelder **Coccothraustes** S. 449
4* Schnabel an der Wurzel weniger als 10 mm hoch 5
5 Kopf ± einfarbig graugrün, Handschwingen gelb *oder* Kopf rot-weiß-schwarz (ad.), durchgehende gelbe Flügelbinde **Carduelis** S. 450
5* Keine gelben Handschwingen und keine gelbe Flügelbinde 6
6 Etwa so groß wie Haussperling 7
6* Deutlich kleiner als Haussperling 10
7 Schultern orangefarben, Bürzel weiß *oder* Schultern weiß, Bürzel moosgrün **Fringilla** S. 461
7* Schultern anders gefärbt 8
8 Oberkopf schwarz, Bürzel weiß **Pyrrhula** S. 457
8* Oberkopf und Bürzel andersfarbig 9
9 Oberkopf und Bürzel karminrot (♂) oder bräunlich (♀) **Carpodacus** S. 458
9* Oberkopf fahl graubraun, Bürzel bei ♂ und ♀ rosarot überflogen **Rhodopechys** S. 457
10 Kinn und Kehle gelbgrün, gelb oder schwarz **Serinus** S. 455
10* Gefieder grünlich mit 2 gelben Flügelbinden *oder* bräunlich, Stirn oft rot **Acanthis** S. 452

GATTUNG: Coccothraustes Brisson s. Tafel S. 137

Kernbeißer
Coccothraustes coccothraustes (L.)

E Hawfinch
R Дубонос
C Dlask obecný
F Nokkavarpunen
P Grubodziób
U Meggyvágo

Kennzeichen: 16,5 cm. Ein knapp starengroßer, robuster, dickschnäbliger Finkenvogel; im Fluge fallen der dunkelbraune Rücken, die breiten weißen Flügelbinden und das weiße Schwanzende auf. Gewöhnlich wird man auf seine Anwesenheit durch den Lockruf aufmerksam (s. Stimme), den Kernbeißer selbst sieht man zunächst nicht, da er sich gern in dichtbelaubten Bäumen aufhält.

Stimme: Gesang leise und anspruchslos; sein häufig zu hörender Lockton, ein scharfes „zick" wird mit einem „tzit" und einem gedehnten zweisilbigen „zieh-üh" kombiniert und in mäßigem Tempo einige Male wiederholt.
Biotop: Lichte Laubwälder in der Ebene wie im Gebirge, Parkanlagen und größere Gärten.
Verbreitung: Außer in Europa in Asien ostwärts bis Japan sowie in Nordwestafrika.
Wanderungen: Überwintert meist im Brutgebiet; Kernbeißer aus nördlicher gelegenen Gebieten überwintern in den Mittelmeerländern.
Nest und Eier: Nest meist hoch auf Bäumen; 4–6 auf grünlichgrauem Grund schwarz gezeichnete Eier (24,5 mm × 17,5 mm), Ende April/Mai.
Unterarten: a) C.c. coccothraustes

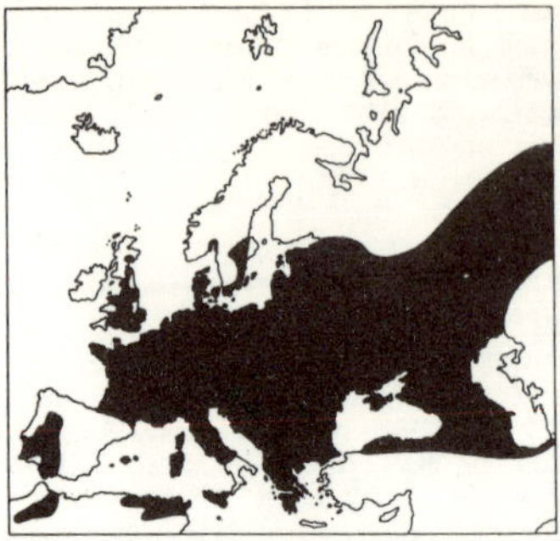

(L.): Europa mit Ausnahme der unter b genannten Gebiete; b) C.c. nigricans Buturlin: Südöstliche europäische Sowjetunion von der Krim bis zum Kaukasus.

GATTUNG: Carduelis Brisson s. Tafel S. 137

Bestimmungsschlüssel

1 Rote Kopfmaske **Stieglitz** S. 451
1* Keine rote Kopfmaske 2
2 Sperlingsgröße, gelbe Flügelkanten **Grünfink** S. 450
2* Deutlich unter Sperlingsgröße, gelbe Flügelbinden **Erlenzeisig** S. 451

Grünfink

Carduelis chloris (L.)

E Greenfinch
R Обыкновенная зеленушка
C Zvonek zelený
F Viherpeippo
P Dzwoniec
U Zöldike

Kennzeichen: 14,5 cm. Ein sperlingsgroßer graugrüner Vogel mit gelbgrünem Bürzel und Gelb an Flügeln und Schwanzkanten; das ♀ ist weniger lebhaft gefärbt. Juv. sind ober- und unterseits längsgestreift.
Stimme: Locken klingelnd „gickgickgick"; ferner ein in Silben schwer wiederzugebender Laut, der dem Vogel den deutschen Namen „Schwunsch" eingetragen hat. Alle diese Töne werden zu einem Gesang verwoben, der oft in einem fledermausartigen Balzflug vorgetragen wird und wie „kling kling kling girr tjo tjo tjo" klingt.
Biotop: Parkanlagen, Gärten, Alleen, offenes, mit Gebüsch und Baumgruppen bestandenes Gelände, lichte Mischwaldungen und Waldränder.
Verbreitung: Außer in Europa in Vorderasien und Nordwestafrika.

Wanderungen: Überwintert meist im Brutgebiet; sehr zahlreicher Durchzügler (Ende Februar/Anfang Mai, September/November) und Winter-

gast. Grünfinken aus nördlicher gelegenen Gebieten überwintern in Mittel- und Westeuropa bzw. in den Mittelmeerländern.
Nest und Eier: Nest in Hecken und in geringer Höhe auf Bäumen; meist 5 auf trübweißem Grund gefleckte Eier (20,2 mm × 14,5 mm), 2 Bruten, April/Juni.
Unterarten: a) C. ch. chloris (L.): Europa mit Ausnahme der unter b und c genannten Gebiete; b) C. ch. aurantiiventris (Cabanis): Süd- und Südosteuropa; c) C. ch. turkestanicus Zarudny: Krim und Kaukasus.

Stieglitz
Carduelis carduelis (L.)

E Goldfinch
R Щегол
C Stehlik obecný
F Tikli
P Szczygiel
U Tengelic

Kennzeichen: 12 cm. Verwechslungen mit anderen Arten sind unmöglich; die rot-weiß-schwarze Kopfzeichnung kennzeichnet die ad. ♂♂ und ♀♀ (das ♀ hat etwas weniger Rot am Kopf als das ♂); juv. sind auf hellbräunlichem Grund dunkel längsgefleckt, die breiten, leuchtend gelben Flügelbinden auf den sonst schwarzen Flügeln sind auch bei juv. ein zuverlässiges Artkennzeichen.
Stimme: Ein zweisilbiger, heller Lockruf „didlitt", oft werden diese Locktöne zu einem schwatzenden Liedchen aneinandergereiht.
Biotop: Offenes, baumbestandenes Gelände aller Art, wie Parkanlagen, Obstgärten, Landstraßen, Auwälder und lichte Wälder, Weinberge und ähnliches; im Gebirge fast bis zur Baumgrenze.
Verbreitung: Außer in Europa im westlichen Asien und in Nordwestafrika.
Wanderungen: In klimatisch günstig gelegenen Gebieten überwintert der Stieglitz im Brutgebiet, während die nördlichen und östlichen Populationen Zugvögel sind und in West- bzw. Südeuropa, z. T. auch in Mitteleuropa überwintern.
Nest und Eier: Nest in den Außenzweigen von Bäumen; 5–6 auf bläulichweißem Grund gefleckte Eier (17,0 mm × 12,8 mm), 2 Bruten, Mai/Juli.

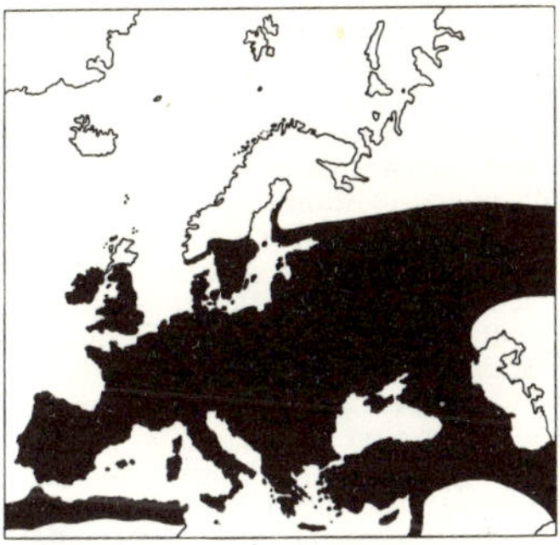

Unterarten: a) C. c. carduelis (L.): Europa mit Ausnahme der unter b bis g genannten Gebiete; b) C. c. britannica (Hartert): Britische Inseln; c) C. c. parva Tschusi: Südfrankreich und Iberische Halbinsel; d) C. c. tschusii Arrigoni: Korsika, Sardinien und Sizilien; e) C. c. balcanica Sachtleben: Südosteuropa einschließlich Kreta; f) C. c. niedicki Reichenow: Karpathos, Rhodos (und Vorderasien); g) C. c. brevirostris Zarudny: Krim und Kaukasus.

Erlenzeisig
Carduelis spinus (L.)

E Siskin
R Чиж
C Čížek obecný
F Vihervarpunen
P Czyż
U Csiz

Kennzeichen: 12 cm. Einer der kleinsten unserer Finkenvögel; Gesamteindruck gelblichgrün (♂) bzw. graugrün (♀). Flügelbinden, Bürzel und Schwanzkanten sind gelb. Vom Girlitz durch die gelben Schwanzkanten unterschieden, das ♂ außerdem noch durch den schwarzen Scheitel. Juv. gleichen weitgehend dem ad. ♀. Außerhalb der Brutzeit gesellig und dann oft im Gezweig von Erlen herumturnend.
Stimme: Die Locktöne klingen wie „dieh", von fliegenden Zeisigen hört

man auffallende „tetteretett“; der schwatzende Gesang wird durch langgezogene Kreischtöne unterbrochen, er klingt etwa wie „dididliddeidääh“.
Biotop: Fichtenwälder vom Flachland bis ins Gebirge; auch in anderen Wäldern, sofern hier Fichtenbestände eingesprengt sind; gelegentlich auch in Parkanlagen. Außerhalb der Brutzeit oft an erlenbestandenen Bachufern.
Verbreitung: Außer in Europa in Westsibirien; davon getrennt befinden sich weitere Brutareale im nördlichen Kleinasien, im Baikal-Gebiet und in Ostasien. – In Mitteleuropa besonders in den Alpen und Mittelgebirgen, nur stellenweise im Flachland.
Wanderungen: Überwintert teilweise im Brutgebiet und streicht dann regellos in größeren Flügen umher, bisweilen führen diese invasionsartigen Züge auch über das eigentliche Brutgebiet hinaus bis in die Mittelmeerländer. Häufiger Wintergast in Mitteleuropa.

Nest und Eier: Nest hoch und gut verborgen auf Nadelbäumen; 4–5 Eier (16,4 mm × 12,3 mm), die wie kleine Stieglitzeier aussehen, 2 Bruten, April/Juni.

GATTUNG: Acanthis Borkhausen

s. Tafel S. 138

Bestimmungsschlüssel

1 Stirn rot, Kinn schwarz 2
1* Stirn weder rot noch Kinn schwarz 3
2 Bürzel rötlich, braun gefleckt **Birkenzeisig** S. 453
2* Bürzel weiß, ungefleckt **Polarbirkenzeisig** S. 455
3 Schnabel dunkelbraun, Stirn und Brust beim ♂ rot **Bluthänfling** S. 452
3* Schnabel grau bzw. gelb (Brut- bzw. Ruhekleid), Bürzel rötlich **Berghänfling** S. 453

Bluthänfling

Acanthis cannabina (L.)

E Linnet
R Коноплянка
C Konopka obecná
F Hemppo
P Makolagwa
U Kenderike

Kennzeichen: 13 cm. Unterscheidet sich vom Berghänfling und den Birkenzeisigen durch folgende Merkmale: das ad. ♂ hat im Brutkleid einen zimtbraunen Rücken, grauen Kopf, weißgesäumte Steuerfedern und karminrote Stirn und Brust. Das ♀ ist trüber gefärbt; ober- und unterseits mehr dunkel längsgefleckt, das Rot im Gefieder fehlt. Im Ruhekleid ähnelt das ♂ dem ♀, ebenso ähneln die juv. den ad. ♀♀. Nie hat der Bluthänfling eine schwarze Kehle wie die Birkenzeisige, der Schnabel ist auch im Winter dunkelbraun und nicht gelblich wie beim Berghänfling.
Stimme: Lockt kurz „gäckgäckgäck“; in den abwechslungsreichen Gesang werden oft Laute anderer Vogelarten eingeflochten.
Biotop: Offenes, von Hecken durch-

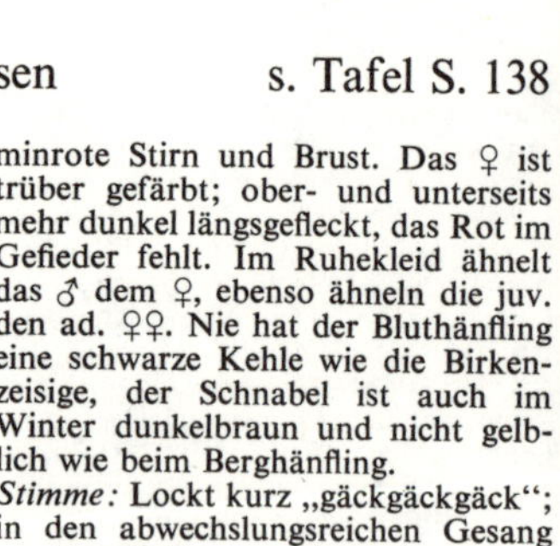

zogenes Gelände, Fichten- und Weißdornhecken, an Bahndämmen und Autobahnen, Gärten und Waldränder.
Verbreitung: Außer in Europa in Vorderasien und von Westsibirien bis Turkestan, in Nordwestafrika sowie auf Madeira und den Kanarischen Inseln.
Wanderungen: Überwintert teilweise im Brutgebiet, Hänflinge aus den nördlicher und östlicher gelegenen Gebieten ziehen und überwintern in Südwesteuropa und Nordwestafrika, März/April – September/Oktober.
Nest und Eier: Nest niedrig in Hekken; 5–6 auf bläulichweißem Grund gefleckte Eier (17,7 mm × 13,3 mm), 2 Bruten, Mitte April/Juli.
Unterarten: A. c. cannabina (L.): Europa mit Ausnahme der unter b und c genannten Gebiete (und Nordwestafrika); b) A. c. autochthona Clancey: Schottland; c) A. c. bella (C. L. Brehm): Kaukasus (und Asien).

Berghänfling

Acanthis flavirostris (L.)

E Twite
R Горная чечетка
C Konopka horská
F Vuorihemppo
P Rzepołuch
U Téli kenderike

Kennzeichen: 13,5 cm. Ein Berghänfling kann leicht mit einem ♀ oder juv. des Bluthänflings verwechselt werden, ist jedoch dunkler; der Schnabel ist im Brutkleid grau, im Ruhekleid jedoch wachsgelb, beim Bluthänfling hingegen dunkelbraun. Dem ♂ fehlt der zimtbraune Rücken und das Rot des Bluthänfling-♂, nur der Bürzel ist rosenrot überhaucht, bei dem sehr ähnlichen ♀ ist der Bürzel braun. Juv. sehen dem ♀ ähnlich, doch sind Kehle und Brust mehr gestreift.
Stimme: Der Gesang – im Fluge oder von einem etwas erhöhten Platz aus vorgetragen – ähnelt dem des Bluthänflings; außerdem noch schnelle „gägägä ..." sowie plaudernde „tschui" und „tschuä".
Biotop: Offenes Gelände wie Heiden, grasige mit Steinen bedeckte Abhänge im Hügelland, steiniges mit Buschwerk bedecktes Ödland und ähnliche Plätze.
Verbreitung: Weitere Brutareale außerhalb Europa befinden sich in Vorderasien sowie in Zentralasien.

Wanderungen: Überwintert teilweise im Brutgebiet oder wandert etwas südwärts und wird dann von Oktober/Mitte April regelmäßig im Bereich der südlichen Nord- und Ostseeküste von Nordfrankreich bis Dänemark und Südschweden angetroffen; selten im Binnenland.
Nest und Eier: Nistet bisweilen gemeinschaftlich; Nester in Sträuchern oder am Boden; 5–6 Eier (17,2 mm × 12,9 mm), die denen unseres Bluthänflings gleichen.
Unterarten: a) A. f. flavirostris (L.): Skandinavien, Nordfinnland und Kola Halbinsel; b) A. f. pipilans (Latham): Großbritannien und Irland; c) A. f. brevirostris (Moore): Kaukasus (Transkaukasien, östliche Türkei und Iran).

Birkenzeisig

Acanthis flammea flammea (L.)

E Mealy Redpoll
R Обыкновенная чечетка
C Čečetka obecná prostředni
F Urpiainen
P Czeczotka zwyczajna
U Zsezse

Kennzeichen: 12,5 cm. Birkenzeisige unterscheiden sich von verwandten Arten dadurch, daß ♂♂ und ♀♀ in allen Kleidern eine rote Stirn und eine schwarze Kehle haben, im übrigen fallen die beiden weißen Flügel-

binden auf. ♂ oberseits dunkelbraun mit hell rostbraunen Federsäumen, Brust karminrot überflogen, Bauch weißlich mit dunklen Längsflecken an den Flanken. ♀ ähnlich, Brust jedoch nicht rot, sondern weißlich. Juv. ähneln dem ♀ ,doch ohne Rot an der Stirn. Gewandte Zweigkletterer, außerhalb der Brutzeit gesellig.
Stimme: Fliegen Birkenzeisige futtersuchend von einer Birke zur anderen, so hört man das charakteristische „tschütt", oft auch „tschätt-tschätt-tschätt"-Laute.
Biotop: Mischwälder und auch reine Birkenwälder, Strauchtundra mit Weiden und Birken.
Verbreitung: Anschließend an das europäische Brutgebiet in Nordasien und Nordamerika.

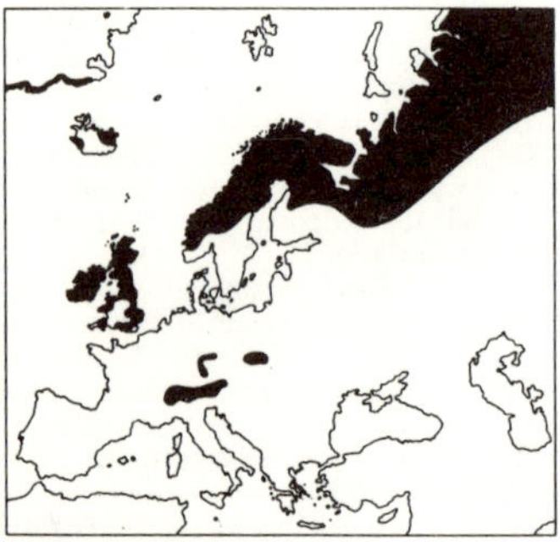

Wanderungen: Ausgesprochener Invasionsvogel, der in den einzelnen Jahren unregelmäßig und in wechselnder Stärke von Oktober – April als Durchzügler und Wintergast in Mitteleuropa auftritt; gelegentlich auch in West-, Süd- und Südosteuropa (Frankreich, Italien und Bulgarien).
Nest und Eier: Nistet vielfach gemeinschaftlich, Nest niedrig auf Bäumen; 5–6 auf bläulichem Grund gefleckte Eier (16,9 mm × 12,6 mm), Ende Mai/Juni.
Unterarten: s. unten.

Island-Birkenzeisig

Acanthis flammea islandica (Hantzsch)

E Iceland Redpoll
R Исландская чечетка
C Čečetka obecná islandský
F Islannin urpiainen
U Izlandi zsezse

Kennzeichen: 13 cm. Ähnlich wie Grönland-Birkenzeisig (s. S. 531), doch durchschnittlich etwas heller; Bürzel und Unterseiten sind weniger stark gefleckt, die Grundfarbe ist weißer.
Stimme: Wie A. f. flammea.
Biotop: Mit Weiden- und Birkengebüsch bestandenes Gelände.
Verbreitung: Island.
Wanderungen: Überwintert im Brutgebiet, gelegentlich vielleicht auch in Schottland.
Nest und Eier: Wie A. f. flammea.

Alpenbirkenzeisig

Acanthis flammea cabaret (P. L. S. Müller)

E Lesser Redpoll
R Британская чечетка
C Čečetka obecná malá
F Pikku-urpiainen
U Barna zsezse

Kennzeichen: 12 cm. Der kleinste Birkenzeisig; unterscheidet sich von den anderen Unterarten durch dunkleres, insgesamt mehr rötlichbraunes Gefieder und bräunliche, nicht weiße Flügelbinden.
Stimme: Wie A. f. flammea.
Biotop: In den Alpen besonders Arven- und Lärchenwälder sowie anschließend in der Latschen-Region; in Großbritannien Birken- und Weidengehölze sowie in Koniferen-Anpflanzungen.
Verbreitung: Britische Inseln und das gesamte Alpengebiet. In den mitteleuropäischen Gebirgen breitet sich der Alpenbirkenzeisig ständig aus, (Böhmerwald, Böhmisches Becken, beide Seiten des Erz- und Riesengebirges, Hohe Tatra). Ferner Helgoland (ausnahmsweise) und ostfriesische Inseln (Terschelling, Borkum, Norderney, Baltrum, Spiekeroog) sowie Sylt und Amrum. In Dänemark an der Westküste Jütlands von Skagen bis Rømø und Läsø im Kattegat. In Belgien wird eine kontinuierliche Ausbreitung festgestellt, und neuerdings brütet A. f. cabaret in den Ardennen und im Hohen Venn.

Wanderungen: Überwintert in niedrigen Lagen in seinem Brutgebiet; gelegentlich auch im südlichen Europa von Spanien bis zur Balkanhalbinsel, Mitte März/Mitte April – Mitte September/Oktober. Irrgast in Norwegen.
Nest und Eier: Wie A. f. flammea, Ende April/Mai.

Polarbirkenzeisig
Acanthis hornemanni exilipes (Coues)

E Coues's Redpoll
R Пепельная чечетка
C Čečetka bělavá menši
F Siperian urpiainen
U Muszka zsezse

Kennzeichen: 12,5 cm. Ähnlich dem Grönland-Polarbirkenzeisig, Bürzel jedoch nicht so rein weiß und an den Flanken etwas mehr gefleckt. Flügel etwas kürzer (durchschnittlich 75 statt 85 mm).
Stimme: Wie Birkenzeisig, doch schärfer.
Biotop: Strauch-Tundra.
Verbreitung: Außer in Nordeuropa im arktischen Asien und Nordamerika.

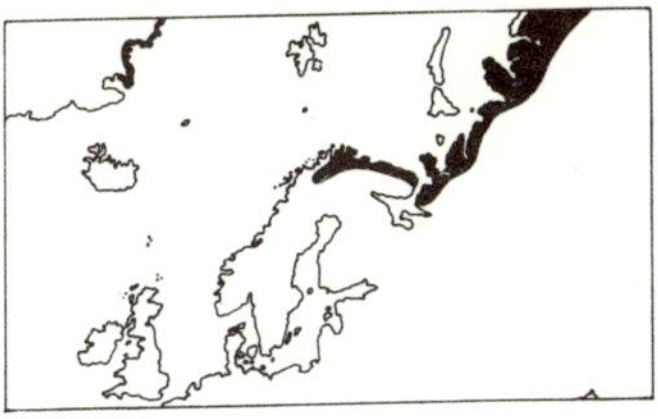

Wanderungen: Überwintert in den Ostseeländern; sehr selten einmal in Westeuropa (Großbritannien) und Mittel- und Osteuropa (BRD, ČSSR, DDR, Polen und Rumänien).
Nest und Eier: Nistet wie andere Birkenzeisige gern gesellig in Birken- und Weidenbüschen; die 4–6 Eier gleichen denen der anderen Birkenzeisige (17,3 mm × 12,9 mm), Mitte Juni.

GATTUNG: Serinus Koch

s. Tafel S. 137

Bestimmungsschlüssel
1 Nacken ungefleckt grau **Zitronengirlitz** S. 455
1* Anders 2
2 Stirn orangerot **Rotstirngirlitz** S. 456
2* Stirn gelblich **Girlitz** S. 456

Zitronengirlitz
Serinus citrinella (Pallas)

E Citril Finch
R Лимонный вьюрок
C Čizek citronový
F Sitruunapeippo
P Czyż osetnik
U Citromcsiz

Kennzeichen: 12 cm. Ein gelblichgrüner Vogel von hänflingsartiger Gestalt; Nacken und Halsseiten sind grau, Flanken und Unterseite – im Gegensatz zum Girlitz – ungefleckt. Vom größeren Grünfinken unterscheidet er sich durch das Fehlen der gelben Schwanzkanten und das Vorhandensein mattgrüner, allerdings wenig auffallender Flügelbinden. Juv. oberseits rostbräunlichgrau mit dunklen Schaftstrichen, unterseits bräunlichweiß und braungefleckt.
Stimme: Der Gesang erinnert an den des Girlitz; Lockruf „dit dit" oder höher „sit sit".
Biotop: Lichte Gebirgswälder in höheren Lagen.
Verbreitung: Brutvogel im Alpengebiet und im Schwarzwald, sehr selten im Harz; vereinzelt auch außerhalb dieser Gebiete (Taunus, Fichtelgebirge, Oberschwaben). Im übrigen auf Mittel- und Südwesteuropa beschränkt.

Wanderungen: Überwintert in tieferen Lagen seines Brutgebietes; ausnahms-

weise wird der Zitronengirlitz auch einmal außerhalb seines Brutgebietes angetroffen (England, Belgien, Nordfrankreich und Helgoland). Im Winter bisweilen mit Birken- und Erlenzeisigen vergesellschaftet.
Nest und Eier: Nest in mittlerer Höhe auf Nadelbäumen; 4–5 auf blaß bläulichem Grund gefleckte Eier (16,5 mm × 12,6 mm), Ende April/Juni, ? 2 Bruten.
Unterarten: a) S. c. citrinella (Pallas): s. Verbreitungskarte; b) S. c. corsicana (Koenig): Korsika, Elba und Sardinien. Brütet nicht auf dem italienischen Festland.

Rotstirngirlitz

Serinus pusillus (Pallas)

E Gold-fronted Serin
R Красношапочный вьюрок
C Zvonohlik zlatočelý
F Punaotsahemppo
U Piroshomloku csicsörke

Kennzeichen: 11,5 cm. Ein auffällig gezeichneter Girlitz; Kopf, Kinn und Kehle schwarz, Stirn bis zur Mitte des Scheitels lebhaft orangerot, übrige Oberseite schwarzbraun mit gelben Säumen, Bürzel dunkelgelb. Übrige Unterseite gelb mit schwarzen Federmitten. Das ♀ ist blasser und das Rot an der Stirn weniger ausgedehnt.
Stimme: Lockt wie Girlitz; Gesang nach Radde „sehr angenehm“.
Biotop: Nur in Hochgebirgswäldern, besonders in Wacholder-, Birken- und Weidenbeständen und auf gebüschbestandenen Abhängen von etwa 1600 m bis in die alpine Region.
Verbreitung: Kaukasus, anschließend in Vorder- und Zentralasien.

Wanderungen: Überwintert meist im Brutgebiet und sucht im Winter tiefere Lagen auf.

Nest und Eier: Nest in Wacholder- oder anderen Nadelbäumen; die 3–5 Eier ähneln denen des Girlitz.

Girlitz

Serinus serinus (L.)

E Serin
R Канареечный вьюрок
C Zvonohlik zahradni
F Keltahemppo
P Kulczyk
U Csicsörke

Kennzeichen: 11,5 cm. Sieht einem kleinen wildfarbigen Kanarienvogel ähnlich; vom Erlenzeisig unterscheidet er sich durch den kurzen Schnabel und das Fehlen von Gelb an den Schwanzkanten, das Girlitz-♂ hat kein Schwarz am Kopf. ♀ nicht so lebhaft gelb wie das ♂, die juv. ähneln dem ♀.
Stimme: Lockt klirrend „girlitt“; der Gesang ist ein lückenloses klirrendes Schwirren und wird von einem erhöhten Platz aus unter ständigem Hin- und Herwenden des Körpers oder im fledermausartigen Balzflug vorgetragen.
Biotop: Gärten, Parkanlagen, baumbepflanzte Straßen, Obstplantagen und sonnige Waldränder, vor allem im Flach- und Hügelland.
Verbreitung: Neuerdings Brutvogel in Südengland. Außer in Europa in Kleinasien und Nordwestafrika.

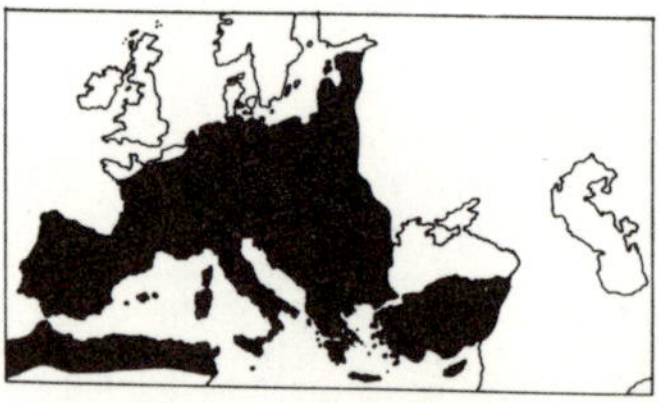

Wanderungen: Im Norden des Brutgebiets Zugvogel, der in Südeuropa überwintert (Ende März/April – September/Oktober), gelegentlich auch in Mittel- und Westeuropa. Irrgast in Großbritannien und Norwegen.
Nest und Eier: Nest meist über 3 m hoch auf Bäumen, gewöhnlich auf Seitenzweigen; 4–5 auf bläulichweißem Grund gefleckte Eier (16,1 mm × 11,8 mm), 2 Bruten, Ende April/Juli.

GATTUNG: Rhodopechys Cabanis s. Tafel S. 139

Sahara-Wüstengimpel
Rhodopechys githaginea (Lichtenstein)

E Trumpeter Bullfinch
R Пустынный снегирь
C Hýl pouštni
F Aavikkovarpunen
U Pusztai süvöltö

Kennzeichen: 12,5 cm. Gimpelartig; ♂ Gesamteindruck fahl graubraun, mehr oder weniger rosarot überflogen, besonders Brust, Stirn, Flügeldecken, Bürzel und Oberschwanzdecken, Oberkopf mehr grau, Flügel und Schwanz hellbraun, die Außenfahnen rosa gesäumt. Der dicke Schnabel korallenrot, am leuchtendsten im Brutkleid. Das ♀ ist blaß sand- oder graubraun und meist ohne jeden rosa Anflug. Juv. insgesamt ockerbräunlich.
Verbreitung: Nordwestafrika und Nahost. Nachdem 1963 und 1968 bei Almeria, Südspanien, Wüstengimpel beobachtet worden waren, wurden hier 1971 drei Brutpaare festgestellt und die Art damit als neuer Brutvogel für Europa nachgewiesen.

Wanderungen: Überwintert im Brutgebiet; wurde als Irrgast in Großbritannien, Irland, Schweden, Spanien auf Malta, in Italien und Griechenland angetroffen.
Unterarten: Rh. g. zedlitzi (Neumann).

GATTUNG: Pyrrhula Brisson s. Tafel S. 139

Gimpel
Pyrrhula pyrrhula (L.)

E Bullfinch
R Снегирь
C Hýl obecný
F Punatulkku
P Gil
U Ézaki süvöltö

Kennzeichen: 14,5 cm bis 17 cm (die größeren Maße beziehen sich auf die Nominatform). Reichlich sperlingsgroß, kann mit keiner anderen Art verwechselt werden: ♂ und ♀ mit schwarzer Kopfkappe, oberseits blaugrau bzw. graubraun, unterseits leuchtend rosenrot bzw. trüb rötlichbraun. Leuchtend weißer Bürzel. Juv. ähneln dem ad. ♀, doch ohne schwarze Kopfkappe.
Stimme: Lockt weich pfeifend „diü“. Der anspruchslose Gesang besteht aus pfeifenden Tönen, die mit knarrenden Lauten untermischt sind.
Biotop: Unterwuchsreiche Nadelwälder von der Ebene bis ins Gebirge; in Mittel-, besonders aber in Westeuropa auch in Laubwäldern, parkartigem Gelände und in Gärten, vorausgesetzt, daß sich hier Fichtenhecken und ähnliches finden.
Verbreitung: Außer in Europa in Asien ostwärts bis Kamtschatka und Japan.

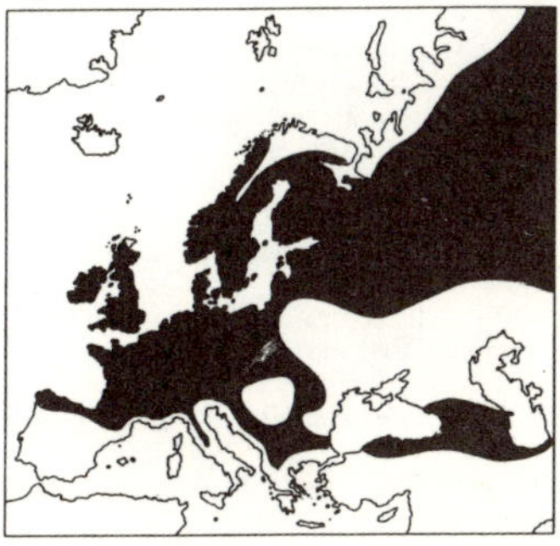

Wanderungen: Überwintert meist im Brutgebiet; nordeuropäische Gimpel ziehen unregelmäßig und werden dann in Mittel-, gelegentlich auch in Südeuropa festgestellt.
Nest und Eier: Nest niedrig in Nadelbäumen; meist 5 auf lichtblauem Grund sparsam gefleckte Eier (20,2 mm × 15,1 mm), 2 Bruten, Mai – Juli.
Unterarten: a) P. p. pyrrhula (L.): Europa mit Ausnahme der unter a bis e genannten Gebiete; anschließend in der Sowjetunion ostwärts bis Jakutien und zum Ochotskischen Meer, im Süden bis etwa zum 50° n. B.; b) P. p. europaea Vieillot: Das europäische Festland von Dänemark und den Gebieten einer von der untern Oder durch das nördliche Niedersachsen bis zum Rhein-Main-Dreieck verlaufenden Linie einschließlich Niederlande, Belgien und östliches Frankreich; c) P. p. coccinea (Gmelin): In Mitteleuropa südlich an das Brutgebiet von europaea anschließend; d) P. p. pileata MacGillivray: Britische Inseln; e) P. p. rossikowi Derjugin & Bianchi: Kaukasus, anschließend in Transkaukasien, in der nordöstlichen Türkei und im westlichen Iran; f) P. p. iberiae Voous: Nördliche Iberische Halbinsel und Pyrenäen. 5 weitere Unterarten in Asien und auf den Azoren.

GATTUNG: Carpodacus Kaup

s. Tafel S. 139

Bestimmungsschlüssel

1 Flügel über 100 mm (♂ 118, ♀ 115 mm) — **Kaukasus-Karmingimpel** S. 458

1* Flügel unter 100 mm (♂ 83 mm, ♀ 81 mm) — **Karmingimpel** S. 458

Kaukasus-Karmingimpel
Carpodacus rubicilla (Güldenstädt)

E Great Rose Finch
R Кавказкая большая чечевица
C Hýl červenohlavý
F Aasian punavarounen
U Keleti nagy pirók

Kennzeichen: 20 cm. Das ♂ ist unverkennbar: Gesamteindruck lebhaft rosenrot, Flügel und Schwanz dunkelbraun mit helleren, rosig überhauchten Säumen. Das ♀ ist oberseits hellbräunlichgrau mit dunklen Schaftstreifen, unterseits fast weißlich graubräunlich mit dunkelbraunen Federmitten, Flügel und Schwanz dunkelbraun mit hellgrauen Außensäumen.
Stimme: Erinnert an die von Kreuzschnäbeln, klingt jedoch weicher.
Biotop: Spärlicher Brutvogel im Hochgebirge.
Verbreitung: Kaukasus, weitere Unterarten in Zentralasien.
Wanderungen: Überwintert im Brutgebiet und sucht im Winter tiefer gelegene Lagen auf.
Nest und Eier: Niedrig in Koniferen, aus pflanzlichem Material erbaut. Die 4–5 Eier gleichen denen der Karmingimpels, sind aber etwas größer (27,0 mm × 24,0 mm), nicht vor Mitte Mai, möglicherweise erst Anfang Juni.
Unterarten: C. r. rubicilla (Güldenstädt).

Karmingimpel
Carpodacus erythrinus (Pallas)

E Scarlet Rosefinch
R Обыкновенная чечевица
C Hýl rudý
F Punavarpunen
P Dziwonia
U Karmazsin pirók

Kennzeichen: 14,5 cm. Sperlingsgroß; das ♂ ist durch Karminrot an Kopf, Brust und Bürzel unverkennbar, von dem ähnlichen, aber viel größeren Hakengimpel und dem etwa gleichgroßen Bindenkreuzschnabel unterscheidet er sich durch das Fehlen weißer Flügelbinden; Flügel und Schwanz sind dunkelbraun, der Bauch weißlich. ♀ und juv. oberseits olivbraun mit dunkleren Federmitten, Flügel und Schwanz braun, unter-

seits bräunlichweiß, Kehle und Brust bräunlich gestrichelt. Erinnern in ihrer Färbung etwas an Grauammer, haben jedoch zwei helle Flügelbinden.
Stimme: Lockt leise „zlit tlit“, warnt mit einem rauhen „grräht“; Gesang besteht aus Pfeiflauten: „djü djü fi dju – dü djüüh fi dju – dü djü fi düidje“, bisweilen noch ein leises Gezwitscher.
Biotop: Erlenbrüche, Weidendickichte, Dünenbepflanzungen, Kiefern- und Fichtenschonungen. Mischwald sowie mit Buschwerk bestandene Kahlschläge, bisweilen in Dorfgärten.
Verbreitung: Außer in Europa in Asien, ostwärts bis Kamtschatka, südwärts bis zum Himalaja. Seltener Brutvogel im südlichen Ostseeküstengebiet. Neuerdings als Brutvogel im südlichen Norwegen, in Schweden, Dänemark, in der ČSSR, in Österreich (Nieder-Österreich, Salzburg, Steiermark, Tirol) und im nördlichen Jugoslawien festgestellt.
Wanderungen: Überwintert in Indien; Mitte Mai – Ende August/Anfang September. Als Irrgast in vielen europäischen Ländern festgestellt, im Norden und Nordwesten bis Norwegen und Großbritannien, im Westen bis Frankreich, im Süden bis Oberbayern und Italien; auf dem Durchzug in Südosteuropa.

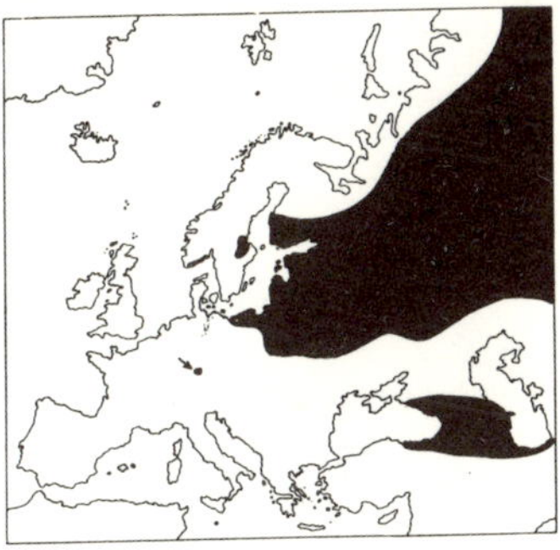

Nest und Eier: Niedrig in Sträuchern; 4–6 auf blauem Grund sparsam schwarzbraun gefleckte Eier (20,0 mm × 14,3 mm), Juni.
Unterarten: a) C. e. erythrinus (Pallas) Europa mit Ausnahme der unter b genannten Gebiete; b) C. e. kubanensis Laubmann: Nördlicher Kaukasus (anschließend in Transkaukasien, nordöstliche Türkei und Nordiran).

GATTUNG: Pinicola Vieillot

s. Tafel S. 139

Hakengimpel
Pinicola enucleator (L.)

- E Pine Grosbeak
- R Щур
- C Hýl křivči
- F Taviokuurna
- P Łuskowiec
- U Nagypirók

Kennzeichen: 20 cm. Sieht auf den ersten Blick wie ein sehr großer und langschwänziger Kreuzschnabel aus, doch hat er keinen gekreuzten Schnabel. Das ♂ ist wie bei den Kreuzschnäbeln und beim Karmingimpel rötlich, das ♀ grünlich mit mattgelbem Scheitel und Bürzel. Auffällig sind bei ♂ und ♀ die weißen Flügelbinden auf den braunen Flügeln.
Stimme: Leise flötend „tui-thu“.
Biotop: Vorwiegend lichte Lärchen- und Fichtenwälder, aber auch Mischwälder und reine Birkenwälder.
Verbreitung: Außer in Europa im nördlichen Asien und Nordamerika.

Wanderungen: Überwintert meist im Brutgebiet; gelegentlich werden auch größere Wanderungen unternommen, die invasionsartigen Charakter annehmen können und bis Westeuropa (Großbritannien, Frankreich), Mitteleuropa und Südeuropa (Italien) reichen.
Nest und Eier: Niedrig in Koniferen; meist 4 auf grünlichblauem Grund gefleckte Eier (26,0 mm × 17,7 mm), Ende Mai/Juni.
Unterarten: P. e. enucleator (L.).

GATTUNG: Loxia Linné s. Tafel S. 140

Bestimmungsschlüssel

1 Flügel mit 2 weißen Binden **Bindenkreuzschnabel** S. 461

1* Flügel ohne Binden 2

2 Schnabel an der Basis ebenso hoch wie lang **Kiefernkreuzschnabel** S. 460

2* Schnabel an der Basis nicht so hoch wie lang **Fichtenkreuzschnabel** S. 460

Fichtenkreuzschnabel

Loxia curvirostra L.

E Crossbill
R Клест-еловик
C Křivka obecná
F Pikkukäpylintu
P Krzyżodziób świerkowy
U Kis keresztcsörü

Kennzeichen: 16,5 cm. Ad. Kreuzschnäbel erkennt man stets an den gekreuzten Schnäbeln. Eine Unterscheidung von Fichtenkreuzschnabel und Kieferkreuzschnabel ist leicht an ihren Schnäbeln möglich; beim Kieferkreuzschnabel ist der Schnabel an der Basis ebenso hoch (oder höher) als er lang ist, beim Fichtenkreuzschnabel übertrifft die Länge des Schnabels die Höhe an der Basis. Vom Bindenkreuzschnabel unterscheidet er sich durch das Fehlen der Flügelbinden. – ♂ ziegelrot von verschiedener Intensität, juv. ♂ mehr oder weniger rötlichgelb, ♀ gelblichgrün. Juv. grünlichgrau, unterseits stärker gestreift als ♀.
Stimme: Locken ununterbrochen „gip gip gip“, Gesang zwitschernd und flötend.
Biotop: Vorwiegend Fichtenwälder der Gebirge, stellenweise auch im Flachland.
Verbreitung: Außer in Europa in Asien, Nordwestafrika sowie Nord- und Mittelamerika.
Wanderungen: Überwintert meist im Brutgebiet; gelegentlich werden – besonders von den nördlichen Populationen – größere Wanderungen unternommen, die invasionsartigen Charakter annehmen können und richtungslos sind.
Nest und Eier: Nest auf Koniferen; meist 4 auf trüb grünlichweißem Grund

gefleckte Eier (22,1 mm × 16,1 mm) meist Januar/April.
Unterarten: a) L. c. curvirostra L.: Europa mit Ausnahme der unter b bis e genannten Gebiete; b) L. c. scotica Hartert: Nordschottland; c) L. c. corsicana Tschusi: Korsika; d) L. c. balearica Homeyer: Balearen; e) L. c. mariae Dementiew: Krim.

Kiefernkreuzschnabel

Loxia pytyopsittacus Borkhausen

E Parrot-Crossbill
R Клест-сосновик
C Křivka velká
F Isokäpytintu
P Krzyżodziób sosnowy
U Nagy keresztcsörü

Kennzeichen: 17 cm. Gleicht dem Fichtenkreuzschnabel, ist aber etwas größer und hat vor allem einen wesentlich stärkeren Schnabel.
Stimme: Lockrufe klingen wie „köp köp“ oder „kop kop“; der Gesang ist ein lautes und flötendes, schnarrendes Gezwitscher.
Biotop: Vor allem in Kiefernwäldern, aber auch in gemischten Nadelwäldern mit einem größeren Anteil an Kiefern.
Verbreitung: s. Karte.
Wanderungen: Überwintert zumeist im Brutgebiet; wie beim Fichtenkreuzschnabel finden aber oft größere Wanderungen von invasionsartigem Charakter statt, oft gemeinsam mit

Fichtenkreuzschnäbeln. Der Kiefernkreuzschnabel kann dann in allen Teilen Europas festgestellt werden.
Nest und Eier: Nest steht meist auf Kiefern; die Eier gleichen denen des Fichtenkreuzschnabels, sind aber durchschnittlich etwas größer (23,0 mm × 16,7 mm), Dezember/Juni, meist März/April.

Bindenkreuzschnabel
Loxia leucoptera Gmelin

E Two-barred Crossbill
R Белокрылый клест
C Křivka bělokřidlá
F Kirjosiipikäpylintu
P Krzyżodzióbdwupregowy
U Szalagos keresztcsörü

Kennzeichen: 14,5 cm. Etwas kleiner als Fichtenkreuzschnabel. ♂ und ♀ gleichen in der Färbung den anderen Kreuzschnäbeln und unterscheiden sich von ihnen durch die auch im Fluge auffallende doppelte weiße Flügelbinde.
Stimme: Dreisilbige, metallisch klingende Lockrufe etwa wie „giff-giff-giff", heller als die des Fichtenkreuzschnabels; der Gesang soll besser und abwechslungsreicher sein als der von L. curvirostra.
Biotop: Nadelwälder, vor allem lichte Lärchen- und Kiefernwälder.
Verbreitung: Außer in Europa im nördlichen Asien ostwärts bis Japan sowie in Nord- und Mittelamerika.

Wanderungen: Überwintert meist im Brutgebiet; auf den unregelmäßigen Wanderungen gelangt er seltener als die beiden anderen Kreuzschnabelarten bis West-, Mittel- und Südosteuropa.
Nest und Eier: Nest auf Nadelbäumen die Eier ähneln denen der anderen Arten, Ende März/Juni.
Unterarten: L. l. bifasciata (C. L. Brehm).

GATTUNG: Fringilla Linné s. Tafel S. 140

Bestimmungsschlüssel
1 Bürzel moosgrün, Schultern weiß **Buchfink** S. 461
1* Bürzel weiß, Schultern orangefarben **Bergfink** S. 462

Buchfink
Fringilla coelebs L.

E Chaffinch
R Зяблик
C Pěnkava obecná
F Peippo
P Zięba
U Erdeipinty

Kennzeichen: 15 cm. Einer der häufigsten und bekanntesten Vögel. ♂ und ♀ sind durch die doppelte weiße Flügelbinde gekennzeichnet, im Fluge fallen die weißen Schwanzkanten auf. Vom Bergfinken unterscheidet sich der Buchfink durch moosgrünen, nicht weißen Bürzel. ♂ am blaugrauen Scheitel und Nacken, kastanienbraunen Rücken und rötlichbrauner Unterseite zu erkennen; ♀ schlichter, oberseits dunkelolivbraun, unterseits hell graubraun; die juv. gleichen dem ♀.
Stimme: Das bekannte „pink pink", ferner das sog. „Rülschen", das wie „rüt", „wried" oder auch wie „füid" klingen kann. Der Gesang der mit einem Überschlag endende Finkenschlag.
Biotop: Wälder aller Art von der Ebene bis ins Gebirge; Feldgehölze,

baumbestandene Landstraßen, parkartiges Gelände und Gärten.
Verbreitung: Außer in Europa in Westsibirien, Vorderasien und Nordwestafrika.

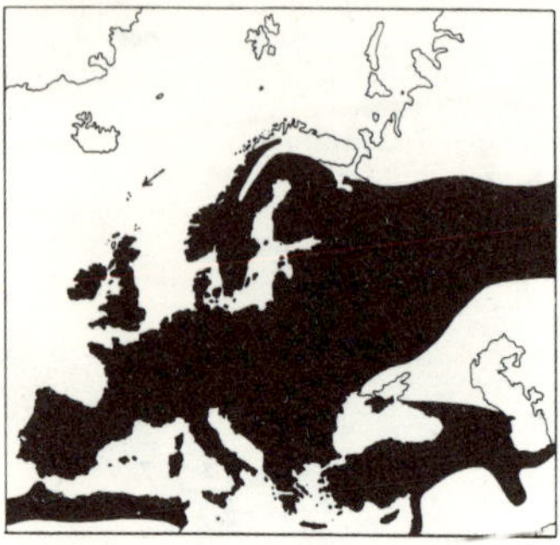

Wanderungen: Buchfinken aus Nord- und Osteuropa ziehen stets, solche aus Mitteleuropa teilweise und überwintern in Südwesteuropa bzw. in den Mittelmeerländern; Februar/März – September/Oktober. Buchfinken in West- und Südeuropa überwintern im Brutgebiet.
Nest und Eier: Nest auf Bäumen; meist 5 auf blau- oder rötlichgrauem Grund gefleckte Eier (19,3 mm × 14,6 mm), 2 Bruten, Ende April/Juni.
Unterarten: a) F. c. coelebs L.: Europa mit Ausnahme der unter b bis d genannten Gebiete; b) F. c. gengleri Kleinschmidt: Britische Inseln; c) F. c. schiebeli Stresemann: Kreta; d) F. c. solomkoi Menzbier & Suschkin: Krim und Kaukasus.

Bergfink

Fringilla montifringilla L.

E Brambling
R Юрок
C Jikavec severní
F Järripeippo
P Zięba jer
U Fenyöpinty

Kennzeichen: 15 cm. Unterscheidet sich vom Buchfinken durch den orangefarbigen Schulterfleck und den weißen Bürzel. Im Brutkleid sind beim ♂ Kopf, Nacken und Rücken schwarz,

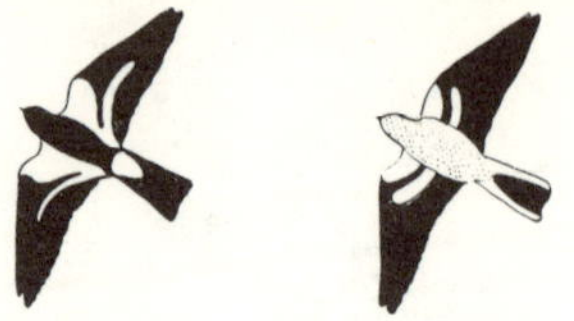

Bergfink Buchfink

Bergfink (links) und Buchfink (rechts); beachte die Verteilung von Schwarz und Weiß auf den Steuerfedern

ebenso Flügel und Schwanz, Kehle orangefarben, Bauch weiß. ♀ nicht so auffallend, mit weniger Schwarz am Kopf und auf dem Rücken. Im Ruhekleid haben die schwarzen Federn am Kopf und auf dem Rücken breite braune Säume. Juv. ähneln dem ad. ♀.
Stimme: Lockt mit einem langgezogenen „quäk", außerdem hört man ein klirrend-kreischendes „schruik"; Flugruf hänflingsartig. Gesang besteht aus Quäk-Lauten, die mit klirrenden und schnarrenden Tönen vereint werden.
Biotop: Lichte Nadel-, Misch- und Laubwälder (Birken und Weiden).
Verbreitung: Außer in Europa im nördlichen Asien ostwärts bis Kamtschatka. Hat ausnahmsweise außerhalb seines Brutgebietes gebrütet bzw. zu brüten versucht (Island, Helgoland, Wangerooge, Amrum, Wesermarsch; Oberlausitz; Dänemark; Kärnten).

Wanderungen: Überwintert teilweise schon unmittelbar südlich seines Brutgebietes (südliches Skandinavien), meist aber in Mittel- und Südeuropa, teilweise mit Buchfinken vergesellschaftet und bisweilen in riesigen Flügen; März/Anfang Mai – Ende September/Mitte November.
Nest und Eier: Wie beim Buchfinken; die 5–6 Eier (19,5 mm × 14,6 mm) werden Ende Mai/Juni gefunden.

FAMILIE: Emberizidae **Ammern**

Meist etwa sperlingsgroße, überwiegend am Boden lebende Vögel mit kurzen, kegelförmigen Schnäbeln. ♂♂ und ♀♀ meist verschieden gefärbt, die Jungen ähneln den ♀♀. Ammern bewohnen offeneres, mit Buschwerk bestandenes Gelände, Moore mit Birken- und Weidengebüsch, Tundren, sumpfiges, schilfbestandenes Gelände und lichte Wälder. Nahrung Sämereien aller Art, daneben auch Insekten. Teilweise Zugvögel. Nester am oder dicht über dem Boden, Eier gefleckt. 28 Arten, davon 15 Arten Brutvögel.

Bestimmungsschlüssel für die Gattungen)*

1 Flügel überwiegend weiß **Plectrophenax** S. 472
1* Flügel nicht überwiegend weiß 2
2 Nacken rotbraun, Kralle der Hinterzehe verlängert **Calcarius** S. 471
2* Nacken anders, Kralle der Hinterzehe nicht verlängert **Emberiza** S. 463

*) Die nordamerikanischen Gattungen werden in diesem Bestimmungsschlüssel nicht berücksichtigt; Näheres s. unter „Irrgäste" S. 533 bis 535.

GATTUNG: Emberiza Linné s. Tafel S. 141, 142, 143

Bestimmungsschlüssel (♂♂ im Brutkleid)

1 Über Sperlingsgröße, Gesamteindruck graubraun ohne irgendwelche Abzeichen. **Grauammer** S. 464
1* Sperlingsgröße und darunter 2
2 Kopf und Kehle kastanienbraun **Braunkopfammer** S. 466
2* Anders 3
3 Kopf schwarz und weiß 4
3* Kopffärbung anders 5
4 Kopf schwarz, Augenstreif und Kinn weiß **Waldammer** S. 469
4* Kopf bis Kehle schwarz, Bartstreif und Nacken weiß **Rohrammer** S. 470
5 Mit viel Gelb im Gefieder 6
5* Ohne bzw. mit sehr wenig Gelb im Gefieder 9
6 Kopf völlig schwarz 7
6* Kopf nur teilweise schwarz bzw. dunkelbraun 8
7 Ganze Unterseite gelb **Kappenammer** S. 465
7* Kinn schwarz, übrige Unterseite gelb mit braunem Querband **Weidenammer** S. 466
8 Scheitel und Kehle gelb **Goldammer** S. 464
8* Scheitel und Kehle schwarz **Zaunammer** S. 467
9 Kopf mehr oder weniger grau 10
9* Kopf nicht grau 12
10 Mit schwarzem Scheitel und Augenstreif **Zippammer** S. 469
10* Ohne schwarze Streifen 11
11 Kehle und Bartstreif gelb **Gartenammer** S. 468
11* Kehle und Bartstreif rostbraun **Rostammer** S. 468
12 Scheitel und Wangen weiß **Fichtenammer** S. 465
12* Scheitel und Wangen rotbraun, kleiner als Goldammer **Zwergammer** S. 470

Bestimmungsschlüssel (♀♀ im Brutkleid)

1 Über Sperlingsgröße, Gesamteindruck graubraun ohne irgendwelche Abzeichen **Grauammer** S. 464
1* Sperlingsgröße und darunter 2
2 Unterseite ungefleckt 3
2* Unterseite gefleckt 4
3 Unterschwanzdecken leuchtend gelb, Oberseite bisweilen mit Kastanienbraun **Kappenammer** S. 465
3* Ebenso, doch Oberseite stets ohne Kastanienbraun **Braunkopfammer** S. 466

4 Gefieder mehr oder weniger gelblich 5
4* Gefieder anders 7
5 Bürzel olivgrün **Zaunammer** S. 467
5* Bürzel nicht olivgrün 6
6 Bürzel rotbraun **Goldammer** S. 464
6* Ähnlich Goldammer-♀, doch Kopf dunkel gestreift **Weidenammer** S. 466
7 Wie Goldammer-♀, doch die gelben Gefiederpartien weiß **Fichtenammer** S. 465
7* Anders 8
8 Bürzel kastanienbraun, ähnlich dem ♂, doch trüber gezeichnet **Zippammer** S. 469
8* Bürzel nicht kastanienbraun 9
9 Bauch roströtlich 10
9* Bauch nicht roströtlich 11
10 Ähnlich dem ♂, doch trüber gezeichnet **Gartenammer** S. 468
10* Ähnlich Gartenammer-♀, doch ohne Gelb an der Kehle **Rostammer** S. 468
11 Goldammergröße 12
11* Kleiner als Goldammer; ähnlich dem ♂, doch Kopfzeichnung verwaschener **Zwergammer** S. 470
12 Bauch weißlich, Kopf braun, Augenstreif und Kehle rötlichgelb, dunkler Bartstreif **Rohrammer** S. 470
12* Ähnlich ♂, doch trüber und das Schwarz des Kopfes durch Dunkelbraun ersetzt **Waldammer** S. 469

Grauammer

Emberiza calandra L.

E Corn-Bunting
R Просянка
C Strnad lučni
F Harmaasirkku
P Potrzeszcz
U Sordély

Kennzeichen: 18 cm. Größer als Sperling, unterscheidet sich von anderen lerchenartig gezeichneten Vögeln durch ihre Größe, den kräftigen Schnabel und durch das Fehlen von weißen Schwanzkanten. Oberseits graubraun mit schwarzbraunen Längsflecken, unterseits heller, Brust und Flanken ebenfalls längsgefleckt.
Stimme: Lockt „ticks", im Fluge „tick tick", der kurze klirrende Gesang wird von einem erhöhten Platz aus vorgetragen und klingt wie „zick zick zick zick schnirrrrps".
Biotop: Offenes, trockenes, flaches bis hügeliges Gelände mit Feldern, Wiesen und eingestreuten kleinen Büschen.
Verbreitung: Außer in Europa in Südwestasien und Nordwestafrika.

Wanderungen: Überwintert teilweise im Brutgebiet, streicht aber auch weiter umher und überwintert dann in Südeuropa, Mitte März – Oktober. Irrgast in Norwegen.
Nest und Eier: 5–6 auf grauem Grund gefleckte Eier (23,8 mm × 17,7 mm 2 Bruten, April/Juni.
Unterarten: E. c. calandra L.

Goldammer

Emberiza citrinella L.

E Yellow Hammer
R Обыкновенная овсянка
C Strnad obecný
F Keltasirkku
P Trznadel żółtobrzuch
U Citromsármány

Kennzeichen: 16,5 cm. Sperlingsgroß, doch schlanker. Beim ♂ Kopf und Unterseite leuchtend gelb, das ♀ ist trüber gefärbt und dunkel gestrichelt. Bürzel bei ♂ und ♀ rotbraun. Juv. ähneln ad. ♀.
Stimme: Lockt „zick", von abfliegenden Goldammern hört man ein klirrendes „zjürrr"; der Gesang klingt wie didididi – dieh".
Biotop: Offenes, mit Hecken und Feld-

gehölzen durchsetztes Gelände, Waldränder und baumbestandene Landstraßen.
Verbreitung: Im Anschluß an das europäische Brutgebiet ostwärts bis Mittelsibirien.

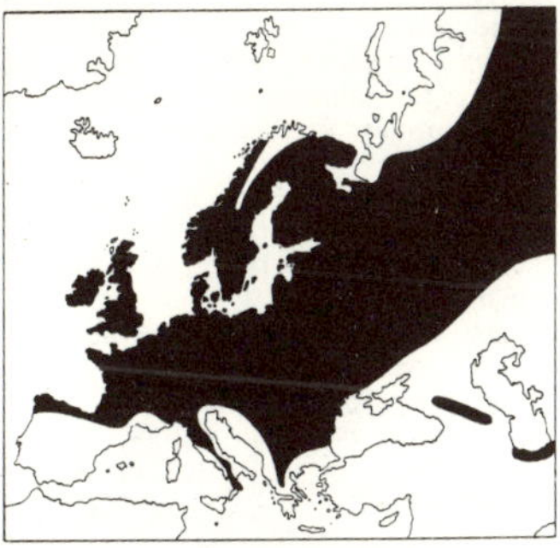

Wanderungen: Überwintert im Brutgebiet; nordeuropäische Populationen überwintern im südlichen Teil des Brutgebietes.
Nest und Eier: Nest am oder dicht über dem Boden; 3–5 meist auf rötlichweißem Grund gefleckte Eier mit den für viele Ammerneier charakteristischen Haarzügen (21,2 mm × 15.9 mm), 2 Bruten, April/Juli.
Unterarten: a) E. c. citrinella L.: Europa mit Ausnahme der unter b und c genannten Gebiete; b) E. c. caliginosa Clancey: Irland und Großbritannien mit Ausnahme von Südostengland; c) E. c. erythrogenys C. L. Brehm: Ost und Südosteuropa im Anschluß an die Nominatform.

Fichtenammer
Emberiza leucocephala Gmelin

E Pine Bunting
R Белошапочная овсянка
C Strnad bělohlavý
F Mäntysirkku
P Trznadel białogłowy
U Fenyösármány

Kennzeichen: 16,5 cm. So groß wie eine Goldammer. Das ♂ ist an der auffälligen Braun-Weiß-Zeichnung leicht zu erkennen: Scheitel und Wangen weiß mit schwarzer Einfassung, Kehle, ein breiter Augenstreif und Bürzel kastanienbraun, Unterseite weißlich mit undeutlichem bräunlichen Brustband, Das ♀ ähnelt einem Goldammer-♀, nur daß die gelben Gefiederpartien weiß sind. Verhalten wie Goldammer.
Stimme: Lockruf und Gesang sehr ähnlich dem der Goldammer, doch klingt die Schlußsilbe nicht so melancholisch (Johansen).
Biotop: Offenes, gebüschbestandenes Gelände sowie lichte Birken- und Nadelwälder.
Verbreitung: Östlichste europäische Sowjetunion zwischen Oberlauf der Petschora und mittlerem Ural-Fluß; anschließend an Sibirien ostwärts bis Sachalin und nordwestliche Mongolei.

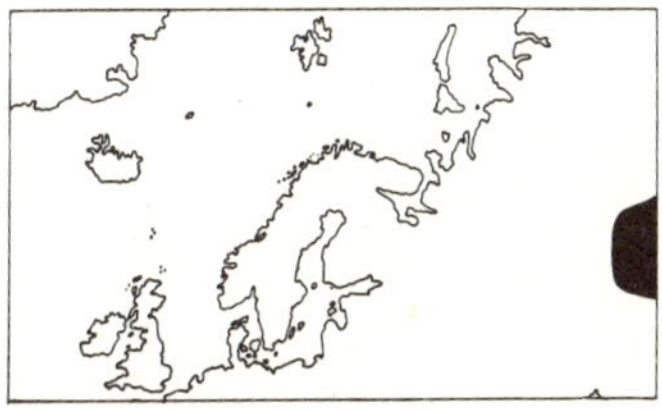

Wanderungen: Überwintert im mittleren Asien von Turkestan bis China; als Irrgast wiederholt im übrigen Europa – auch für die BRD – nachgewiesen, westwärts bis Island, Irland, Großbritannien, Frankreich, Österreich, Jugoslawien und Italien.
Nest und Eier: Wie bei der Goldammer 2 Bruten, Ende Mai/Juli.
Unterarten: E. l. leucocephala Gmelin.

Kappenammer
Emberiza melanocephala Scopoli

E Black-headed Bunting
R Черноголовая овсянка
C Strnad černohlavá
F Mustapääsirkku
P Trznadel czarnogłowy
U Kucsmás sármány

Kennzeichen: 16,5 cm. So groß wie eine Goldammer. Unterscheidet sich von anderen Ammern in allen Kleidern durch rein gelbe bzw. gelbliche ungefleckte Unterseite, gelbe Unter-

schwanzdecken und das Fehlen von Weiß am Schwanz. ♂ mit schwarzer Kopfkappe und kastanienbrauner Oberseite; ♀ oberseits braun mit dunklen Strichen, ähnlich dem ♀ der Braunkopfammer, über die Unterschiede s. bei dieser. Juv. mit blaßgelblicher, ungefleckter Unterseite.
Stimme: Ein typischer Ammerngesang, der unermüdlich von einem erhöhten Platz aus vorgetragen wird; er wird bisweilen mit „zit zit" eingeleitet und besteht aus einer meist 5silbigen, kurzen und am Ende abfallenden Strophe, die etwa wie „di di drüli tra" klingt.
Biotop: Offenes, mit Buschwerk und einzelnen Bäumen durchsetztes Gelände in der Ebene und im Hügelland.
Verbreitung: Außer in Europa in Vorderasien ostwärts bis Iran und Nordirak.

Wanderungen: Überwintert in Nordwestindien, Mai – August. Als Irrgast wiederholt im übrigen Europa festgestellt (bis Großbritannien, Norwegen, Dänemark, sowjetische Ostseegebiete und Spanien).
Nest und Eier: Nest in geringer Höhe in Büschen; 4–5 auf hell grünlichblauem Grund gefleckte Eier (22,4 mm × 16,0 mm), Mitte Mai/Juni.

Braunkopfammer
Emberiza bruniceps Brandt

E Red-headed Bunting
R Желчная овсянка
C Strnad žlutavá
F Ruskopääsirkku
U Barnatorkú sármány

Kennzeichen: 16 cm. Etwa so groß wie eine Goldammer. Das ♂ ist an dem leuchtend kastanienbraunen Kopf und Kehle, an der gelben, ungefleckten Unterseite und dem gelben Bürzel zu erkennen. Das ♀ sieht dem ♀ der Kappenammer sehr ähnlich und ist feldornithologisch kaum von ihm zu unterscheiden, vielfach haben Kappenammer-♀♀ auf der Oberseite etwas Kastanienbraun, das den ♀♀ der Braunkopfammer stets fehlt. Juv. beider Arten sind nicht zu unterscheiden.
Stimme: Die lebhaften Lockrufe sind eine Folge rauher Töne; Gesang ähnlich dem der Weidenammer, jedoch eintöniger. Von den Einheimischen wird er mit „tschutj-tschutj . . . tri rublja nje wygal" (keine drei Rubel hat er gewonnen) treffend wiedergegeben.
Biotop: Offenes, gebüschbestandenes Gelände, gern in Wassernähe.
Verbreitung: Südöstliche europäische Sowjetunion zwischen unterer Wolga und unterm Ural; anschließend in Südwestasien.

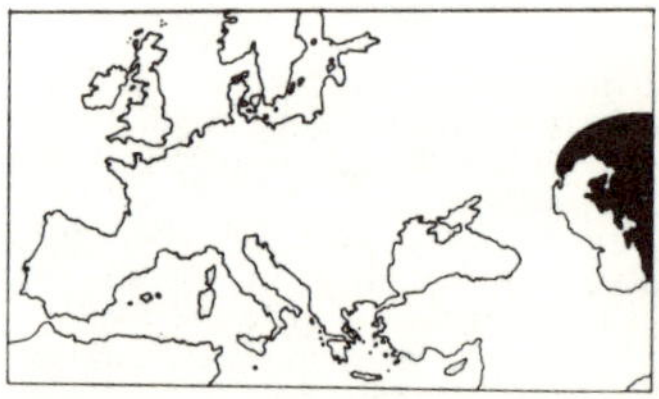

Wanderungen: Überwintert in Indien; als Irrgast für Schottland, Helgoland, Norwegen, Dänemark, die ČSSR, Frankreich, Italien und Spanien nachgewiesen. Bei weiteren Nachweisen aus Großbritannien, den Niederlanden, aus Belgien und der BRD handelt es sich wahrscheinlich nur um entflogene Braunkopfammern.
Nest und Eier: Nest niedrig in Büschen; 3–5 auf grauweißem Grund gefleckte Eier (20,0 mm × 15,3 mm), Mai.

Weidenammer
Emberiza aureola Pallas

E Yellow-breasted Bunting
R Дубровник
C Strnad ruský
F Kultasirkku
P Trznadel złotawy
U Aranyos sármáy

Kennzeichen: 14 cm. Etwas kleiner als eine Goldammer. ♂ sehr auffällig ge-

zeichnet: Kopf und Kehle schwarz, übrige Unterseite gelb mit kastanienbraunem Brustband; oberseits dunkel kastanienbraun, die weiße Flügelbinde fällt besonders im Fluge auf. Nicht so leicht ist die Bestimmung des ♀, da dieses einem Goldammer- oder Zaunammer-♀ ziemlich ähnlich sieht. Das Weidenammer-♀ ist aber oberseits dunkler, vor allem fallen die dunkle Streifung des Kopfes und die weiße Flügelbinde auf. Die Streifung der Brust ist nicht so stark wie bei Gold- und Zaunammer. Juv. ähneln ad. ♀ und unterscheiden sich von Goldammern durch rötlichgelbbraunen Bürzel und von Zaunammern durch weiße Unterflügeldecken und mehr rötlichgelbe, weniger gestreifte Unterschwanzdecken.
Stimme: Lockton ein scharfes „zip, zip"; der Gesang dem der Gartenammer sehr ähnlich, doch rascher und etwas höher.
Biotop: Weiden- und Birkendickichte in sumpfigem Gelände und von Buschwerk unterbrochene Wiesen in der Nähe von Flüssen.
Verbreitung: Außer in Europa im nördlichen Asien ostwärts bis Nordostsibirien und Nordjapan.

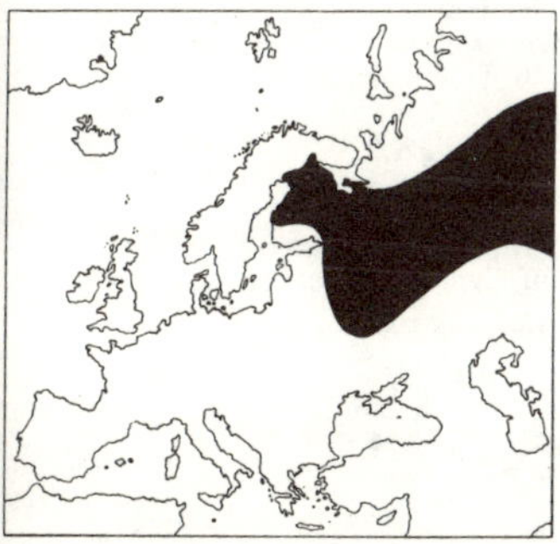

Wanderungen: Überwintert in Süd- und Südostasien; als Irrgast wiederholt im übrigen Europa nachgewiesen (westwärts bis Norwegen, Großbritannien, Niederlande, Frankreich, Italien und Malta). Viermal auf Helgoland.
Nest und Eier: Nest im Gebüsch dicht über dem Boden; 4–5 auf grünlichem Grund gefleckte Eier (20,5 mm × 15,0 mm), Juni/Anfang Juli.
Unterarten: E. au. aureola Pallas.

Zaunammer
Emberiza cirlus L.

E Cirl Bunting
R Огородная овсянка
C Strnad cvrčivý
F Pensassirkku
P Cierlik
U Sövénysármány

Kennzeichen: 16 cm. So groß wie eine Goldammer und dieser auf den ersten Blick auch ähnlich. Das ♂ unterscheidet sich aber vom Goldammer-♂ durch die schwarze Kehle und den schwarzen Augenstreif, den dunklen Oberkopf und ein graugrünes Brustband. Das ♀ einem Goldammer-♀ sehr ähnlich, es unterscheidet sich von ihm durch einen olivgrünlichen Bürzel. Juv. ähneln dem ♀.
Stimme: Lockruf „zip zip", der Gesang ist ein vibrierender Roller wie „zirrrl".
Biotop: Offenes Gelände mit Buschwerk und vereinzelten Bäumen, Weinberge, Kulturland mit Feldhecken und baumbestandenen Straßen. In Südosteuropa auch im Hochgebirge.
Verbreitung: Selten in der BRD (mittleres Rheinland, Pfalz, südliches Baden). Außer in Europa in Nordwestafrika und im nordwestlichen Anatolien.

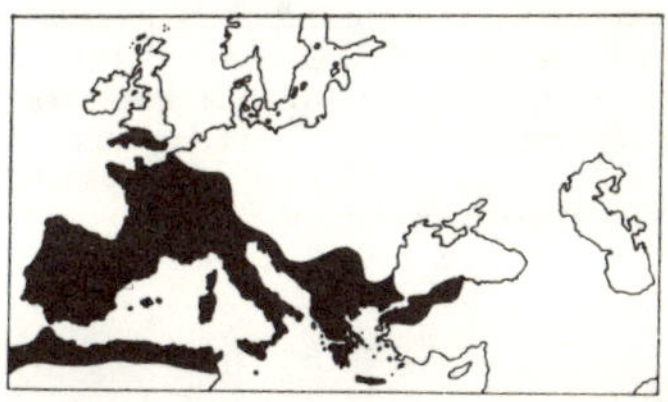

Wanderungen: Überwintert im Brutgebiet; wird ausnahmsweise auch außerhalb desselben angetroffen.
Nest und Eier: Nest in geringer Höhe über dem Boden im Gebüsch; 3–5 auf weißlichgrauem Grund gefleckte Eier (20,9 mm × 15,9 mm), 2 Bruten, Ende April/Juli.
Unterarten: a) E. c. cirlus L:. Europa mit Ausnahme des unter b genannten Gebietes; b) E. c. nigrostriata Schiebel: Korsika und Sardinien.

Gartenammer
Emberiza hortulana L.

E Ortolan Bunting
R Садовая овсянка
C Strnad zahradní
F Peltosirkku
P Ortolan
U Kerti sármány

Kennzeichen: 16 cm. Knapp so groß wie eine Goldammer. Kann nicht leicht mit einer anderen Ammernart verwechselt werden: Beim ♂ sind im Brutkleid Kopf, Hals und Kropf graugrün, ein Augenring, Bartstreif und Kehle sind gelb; die Oberseite ist braun mit schwarzen Längsflecken, Unterseite zimtbraun, Schwanzkanten weiß. Das ♀ ist im Brut- und Ruhekleid insgesamt trüber gefärbt, Kehle mit dunklen Längsflecken. Im Ruhekleid ist das ♂ oberseits grauer, der Kropf mehr grünlichgrau gestreift. Juv. gleichen weitgehend dem ad. ♀. Von Zipp- und Wiesenammer in allen Kleidern durch braunen, nicht kastanienbraunen Bürzel unterschieden.
Stimme: Lockt mit „jück" und ähnlichen Rufen; der schwermütig klingende Gesang wird von einem erhöhten Platz aus vorgetragen und klingt wie „dü dü dü – düh", wobei die letzte Silbe – im Gegensatz zur Goldammer – herabgezogen wird.
Biotop: Offenes, trockenes, mit Buschwerk bestandenes Gelände wie Felder, Wiesen, auch Ödland und Steppen; gern an baumbestandenen Landstraßen, von der Ebene bis ins Gebirge.
Verbreitung: Außer in Europa in Vorderasien sowie in Sibirien ostwärts bis zum 100° ö. L.

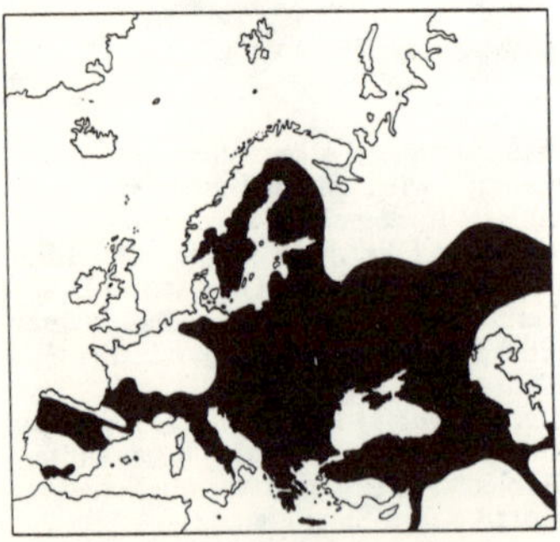

Wanderungen: Überwintert in Afrika südlich der Sahara sowie in Arabien; April/Mai – August/September. Zahlreicher Durchzügler an der Nord- und Ostseeküste.
Nest und Eier: Nest am Boden; meist 5 auf rötlichgrauem Grund gefleckte Eier (19,7 mm × 15,3 mm), 2 Bruten, Mitte Mai/Juni.

Rostammer
Emberiza caesia Cretzschmar

E Cretzschmar's Bunting
R Красноклювая овсянка
C Strnad šedokrký
F Ruostekurkkusirkku
P Trznadel modry
U Roszdás sármány

Kennzeichen: 16 cm. Knapp so groß wie eine Goldammer. Der Gartenammer sehr ähnlich, beim ♂ sind jedoch Kopf und Brust blaugrau (nicht graugrün), Kehle und Bartstreif zimtbraun (nicht gelb). Das ♀ unterscheidet sich vom Gartenammer-♀ lediglich durch das Fehlen von Gelb an der Kehle. Juv. beider Arten sehr ähnlich und feldornithologisch nicht zu unterscheiden.
Stimme: Die kurze Strophe ähnelt der von E. hortulana.
Biotop: Sonnige, steinige und locker mit Gebüsch bestandene Hänge, in Südgriechenland bis in 1200 m Höhe.
Verbreitung: Im Anschluß an das europäische Brutgebiet in Kleinasien auf Cypern, Syrien bis Israel.

Wanderungen: Überwintert im Sudan und wurde als Irrgast in Großbritannien, Südfrankreich, Italien, auf der Krim und auf Helgoland nachgewiesen. Ende März/Anfang April – Ende August/September.
Nest und Eier: Nest am Boden; die Eier ähneln denen der Gartenammer (19,1 mm × 14,7 mm), April/Juni.

Zippammer
Emberiza cia L.

E Rock-Bunting
R Горная овсянка
C Strnad viničný
F Vuorsirkku
P Trznadel głuszek
U Bajszos sarmány

Kennzeichen: 16 cm. Knapp so groß wie eine Goldammer. Das ♂ ist durch blaßgrauen schwarzgestreiften Kopf und blaßgraue Brust gekennzeichnet; Bürzel kastanienbraun, Schwanzkanten weiß, übrige Unterseite hell roströtlich. Das ♀ ist trüber gezeichnet und die schwarze Zeichnung des Kopfes ist verwaschener. Juv. sehen juv. Goldammern ähnlich, unterscheiden sich von ihnen jedoch durch rötlichgelbe Unterseite und von juv. Gartenammern durch kastanienbraunen Bürzel.
Stimme: Lockt mit „zieh' wie die Goldammer und warnt mit „zip", der Gesang erinnert an den von Zaunkönig oder Heckenbraunelle.
Biotop: Trockene und sonnige, gebüschbestandene Hänge und Flußtäler vom Flachland bis ins Gebirge; in der BRD gern in Weinbergen.
Verbreitung: In der BRD in den Tälern von Mittelrhein, Mosel, Ahr und Nahe, in der Pfalz und in Baden. In Ungarn hat der Bestand in den letzten Jahren „bedeutend zugenommen" (E. Schmidt briefl.). Außer in Europa in Nordwestafrika, Vorderasien sowie im südlichen paläarktischen Asien.

Wanderungen: Nur die nördlichsten Populationen ziehen und überwintern im Brutgebiet der südlichen Populationen, die teilweise Standvögel sind und im Winter notfalls tiefere Lagen aufsuchen. März/April – Oktober/November. Irrgast in Schweden.
Nest und Eier: Am Boden ähnlich wie die Goldammer; 4–6 auf grauweißem Grund gefleckte Eier (20,6 mm × 16,0 mm), Mai/Juni.
Unterarten: a) E. c. cia L.: Europa mit Ausnahme der unter b genannten Gebiete; b) E. c. prageri Laubmann: Krim und Kaukasus.

Waldammer
Emberiza rustica Pallas

E Rustic Bunting
R Овсянка-ремез
C Strnad rolni
F Pohjanisirkku
P Trznadel trzypręgowy
U Erdei sármány

Kennzeichen: 14,5 cm. Etwas kleiner als eine Goldammer. ♂ unverkennbar: Oberkopf und Kopfseiten schwarz, durch weißen Augenstreif unterbrochen, die reinweiße Unterseite mit rostbraunem Brustband und Flanken. Übrige Oberseite kastanienbraun mit schwarzen Längsflecken auf dem Rücken. Schwanz schwarzbraun mit weißen Kanten. ♀ ähnlich, doch trüber und das Schwarz des Kopfes durch Dunkelbraun ersetzt; ♂ im Ruhekleid ähnlich dem ♀, doch Brustband stärker ausgeprägt.
Stimme: Lockruf kurz und scharf „tik, tik"; Gesang lieblich und abwechslungsreich, erinnert an kurzen Rotkehlchengesang.
Biotop: Ränder und Lichtungen versumpfter Wälder, Moore mit Birken und Weiden sowie feuchtes Gebüsch am Rand von Flüssen.
Verbreitung: Hat im südlichen Norwegen (Hedmark) gebrütet. Außer in Europa im nördlichen Asien ostwärts bis Kamtschatka. Wie die Weidenammer hat auch die Waldammer im Laufe des letzten Jahrhunderts ihr Brutareal weit nach Westen vorgeschoben.

Wanderungen: Überwintert in Japan und im östlichen China; wurde als Irrgast wiederholt im übrigen Europa nachgewiesen, westwärts bis Dänemark und zu den Britischen Inseln, Frankreich und die Schweiz, südwärts bis Jugoslawien und Italien. Mehrfach auf Helgoland, zweimal in Mecklenburg und einmal in Thüringen.
Nest und Eier: Nest dicht am oder über dem Boden im Gebüsch; 4–5 auf grünlichgrauem Grund gefleckte Eier (20,2 mm × 15,1 mm), Ende Mai/Juli.
Unterarten: E. r. rustica Pallas.

Zwergammer
Emberiza pusilla Pallas

E Little Bunting
R Овсянка-крошка
Č Strnad malinký
F Pikkusirkku
P Trznadelek
U Törpe sármány

Kennzeichen: 13,5 cm. Klein und ohne besonders auffällige Kennzeichen. In der Nähe sind der rotbraune, schwarzbraun eingefaßte Scheitel und die roströtlichen Kopfseiten zu erkennen. Oberseite trüb kastanienbraun, Unterseite trüb weiß, beide schwarzbraun längsgefleckt, Schwanzkanten weiß, ♀ ähnlich, doch blasser, Kopfzeichnung verwaschen, rahmfarbener Überaugenstreif. Von Rohrammern im Ruhekleid bzw. ♀♀ im Brutkleid durch geringere Größe und in allen Kleidern durch roströtliche Kopfseiten, braunen Bürzel und fein schwarz gefleckte Brust unterschieden.
Stimme: Lockt mit leisem „tick tick tick"; Gesang nicht ammernartig, sondern mehr an den eines Rotkehlchens erinnernd.
Biotop: Strauchtundra mit Birken- und Weidengebüsch, Flußniederungen und sumpfige, unterholzreiche Wälder.
Verbreitung: Außer in Europa im nördlichen Asien ostwärts bis Nordostsibirien.
Wanderungen: Überwintert in Südostasien und wurde als Irrgast wiederholt im übrigen Europa nachgewiesen, westwärts bis zu den Britischen Inseln und Norwegen, südwärts bis Spanien und Sizilien. Wiederholt auf Helgo-

land, auf Neuwerk und – z. T. in kleinen Flügen – in Niedersachsen, bei Gießen, Berlin, in Mecklenburg und an der Ahrmündung.
Nest und Eier: Brütet am Boden zwischen Weidengestrüpp; 4–6 auf grünlichem oder bräunlichem Grund gefleckte Eier (18,7 mm × 14,3 mm), Ende Juni/Juli.

Rohrammer
Emberiza schoeniclus L.

E Reed Bunting
R Камышевая овсянка
C Strnad rákosní
F Pajusirkku
P Potrzos
U Nádi sármány

Kennzeichen: 15 cm. Knapp so groß wie eine Goldammer. ♂ im Brutkleid unverkennbar durch schwarzen Kopf und schwarze Kehle, weißen Nackenring und Bartstreif. Beim ♀ ist der Kopf braun, Überaugenstreif und Kehle sind rötlichgelb; der dunkle Bartstreif hebt sich deutlich ab. Im Ruhekleid ähnelt das ♂ dem ♀, juv. gleichen weitgehend dem ♀.
Stimme: Lockt gedehnt „zieh"; Gesang kurz und vielfach abändernd, klingt etwa wie „zja tit tai zississ" und wird von einem erhöhten Platz aus vorgetragen.
Biotop: Sumpfiges, zumindest feuchtes Gelände mit Schilf und Weidenbüschen, gern in den Verlandungszonen von stehenden Gewässern.
Verbreitung: Außer in Europa im gesamten mittleren Asien ostwärts bis Kamtschatka und Nord-Japan.
Wanderungen: Die nördlichen Populationen überwintern im Süden des Brutgebietes; in Mitteleuropa teilweise im Brutgebiet überwinternd. März – Oktober.
Nest und Eier: Nest an einer trockenen

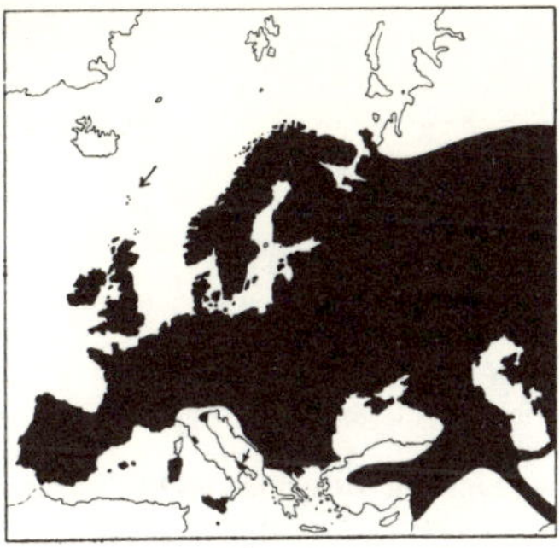

Stelle am Boden; 5–6 auf olivbräunlichem Grund gefleckte Eier (19,3 mm × 14,3 mm), 2 Bruten, Ende April/Juli.

Unterarten: a) E. sch. schoeniclus L.: Europa mit Ausnahme der unter b bis g genannten Gebiete; b) E. sch. ukrainae (Zarudny): Südliche europäische Sowjetunion; c) E. sch. incognita (Zarudny): Anschließend an ukrainae östlich der Wolga; d) E. sch. pyrrhuloides Pallas: Gebiete nordwestlich und nördlich des Kaspischen Meeres vom Terek bis zum Ural-Fluß (und anschließend bis zur NW-Mongolei); e) E. sch. witherbyi (v. Jordans): Iberische Halbinsel, Balearen, französische Mittelmeerküste und Sardinien; f) E. sch. intermedia Degland: Italien, Südosteuropa (mit Ausnahme der unter g genannten Gebiete) bis Krim und Kaukasus; g) E. sch. reiseri (Hartert): Südliches Jugoslawien und Albanien, Nordgriechenland.

GATTUNG: Calcarius Bechstein s. Tafel S. 143

Spornammer
Calcarius lapponicus (L.)

E Lapland Bunting
R Лапландский подорожник
C Strnad laponský
F Lapinsirkku
P Poświerka szponiasta
U Sarkantyús sármány

Kennzeichen: 15 cm Durch die Kombination von Schwarz, Weiß und Rostbraun hat das ♂ der Spornammer im Brutkleid auf den ersten Blick eine gewisse Ähnlichkeit mit der Wald- und Rohrammer, unterscheidet sich aber vom Waldammer-♂ durch schwarze Kehle und Flanken und vom Rohrammer-♂ durch rahmfarbenen Augenstreif, gelben Schnabel und rostbraunen Nacken. ♀ ähnlich, doch mit brauner Kopfzeichnung, hat eine weißliche Kehle und in allen Kleidern einen rostbraunen Nacken, wodurch es sich von den ähnlichen ♀♀ von Rohr- und Waldammer unterscheidet. Von juv. Schneeammern unterscheidet sich die Spornammer durch dunkle Fleckchen in der Kropfgegend. Im Ruhekleid sind beim ♂ die schwarzen Federn teilweise durch rötlichbraune Federsäume verdeckt. Juv. ähnlich ad. ♀.

Stimme: Trillernde Lockrufe; singt meist im Balzflug, Gesang erinnert an mäßigen Feldlerchengesang.
Biotop: Tundra mit Birken und Weidengebüsch, in den südlichen Teilen des Brutgebietes auf den Fjälls oberhalb der Baumgrenze.
Verbreitung: Hat neuerdings erstmals in Schottland gebrütet. Außer in Europa in arktischen Asien und Nordamerika.

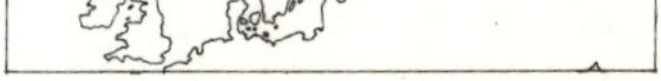

Wanderungen: Die europäischen Populationen überwintern teilweise an den Küsten Europas, besonders Westeuropas, erreichen aber nur selten die Mittelmeerländer; wurde für Ungarn und Jugoslawien nachgewiesen. Durchzug bes. Mitte September/Oktober.
Nest und Eier: Nest am Boden; 4–6 auf grünlichgrauem bis olivbraunem Grund gefleckte Eier (20,7 mm × 14,9 mm), Ende Mai/Juni.
Unterarten: C. l. lapponicus (L.).

Schneeammer

Plectrophenax nivalis (L.)

E Snow Bunting
R Пуночка
C Strnad sněžný
F Pulmunen
P Śnieguła
U Hósármány

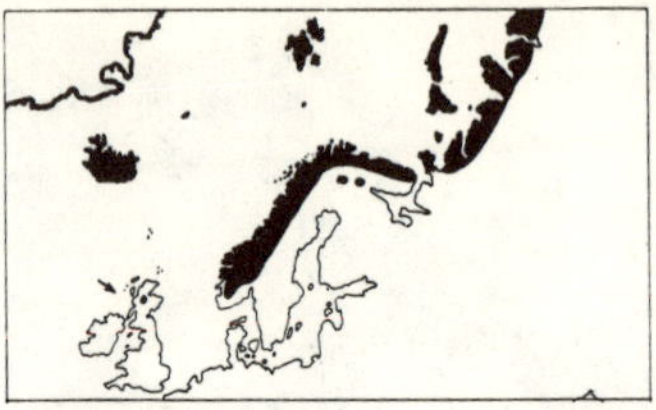

Kennzeichen: 16,5 cm. ♂ im Brutkleid unverkennbar: weiß mit schwarzem Rücken, schwarzen Flügelenden und bis auf die Schwanzkanten schwarzen Steuerfedern. ♀ im Brutkleid oberseits schwarz mit breiten rostbraunen Federsäumen. Im Ruhekleid sind beim ♂ Kopf – besonders Scheitel und Ohrgegend – und Brust rostbräunlich, der Rücken ist mehr schwarzbraun, stets wird aber das viele Weiß auf den Flügeln und am Schwanz auffallen. ♀ und juv. ähnlich, doch insgesamt trüber und oberseits bräunlicher.
Stimme: Lockt trillernd „brrr“.
Biotop: Steinige Einöden von der Küste bis hinauf zur Schneegrenze in den Gebirgen.
Verbreitung: Im Anschluß an das europäische Brutgebiet im arktischen Asien und in Nordamerika.
Wanderungen: Die europäischen Populationen überwintern an den Küsten der Nord- und Ostsee (September/Oktober – April), gelegentlich auch weiter südlich (Balearen, Italien, Rumänien) sowie in der südlichen Sowjetunion. Nur selten im Binnenland. P. n. vlasowae wurde in Norwegen als Wintergast nachgewiesen. Überwintert teilweise auch im Brutgebiet (Island).
Nest und Eier: Nest am Boden, 5–6 auf grünlichweißem Grund gefleckte Eier (22,4 mm × 16,8 mm), Mitte Mai/Juli.
Unterarten: a) P. n. nivalis (L.): Nordamerika und Europa mit Ausnahme der unter b bis c genannten Gebiete; b) P. n. vlasowae Portenko: Von der nordöstlichen europäischen Sowjetunion an ostwärts bis Kamtschatka; c) P. n. insulae Salomonsen: Island.

FAMILIE: Ploceidae — **Webervögel**

In Europa durch den auf die Hochgebirge beschränkten Schneesperling, den Steinsperling und die drei Passer-Arten vertreten. ♂♂ und ♀♀ verschieden oder gleich gefärbt. Außer dem Schneesperling auch zur Brutzeit mehr oder weniger gesellig und teilweise kolonieweise brütend. 5 Arten Brutvögel, ein Irrgast.

Bestimmungsschlüssel für die Gattungen

1 Mit großem weißen Flügelfeld **Montifringilla** S. 475
1* Kein großes weißes Flügelfeld
2 Oberkopf gestreift, gelber Kehlfleck **Petronia** S. 475
2* Oberkopf einfarbig braun oder grau **Passer** S. 473

GATTUNG: Passer Brisson — s. Tafel S. 144

Bestimmungsschlüssel

1 Scheitel grau **Haussperling** ♂*) S. 473
1* Scheitel braun 2
2 Mit schwarzem Wangenfleck **Feldsperling** ♂♀ S. 473
2* Ohne schwarzen Wangenfleck 3
3 Flanken hellgrau, ungestreift **Italiensperling** ♂ S. 474
3* Flanken hellgrau, schwarz gestreift **Weidensperling** ♂ S. 474

*) Die ♀♀ von Haus-, Italien- und Weidensperling sehen sich sehr ähnlich und sind feldornithologisch nicht zu unterscheiden.

Haussperling
Passer domesticus domesticus (L.)

E House-Sparrow
R Домовый воробей
C Vrabec domáci
F Varpunen
P Wróbel domowy
U Házi veréb

Kennzeichen: 14,5 cm. Das ♂ ist an dem grauen Scheitel, dem kastanienbraunen Nacken und dem schwarzen Brustlatz zu erkennen. Italien-, Weiden- und Feldsperlinge haben einen braunen Oberkopf. Das ♀ ist oberseits mattbraun, unterseits graubraun, juv. gleichen weitgehend dem ad. ♀.
Stimme: Das bekannte Schilpen, aufgeregt „errr" oder zeternd „tetetetet".
Biotop: Innerhalb der Siedlungen vom kleinsten Dorf bis zur Großstadt.
Verbreitung: Außer in Europa in Asien und Nordafrika.

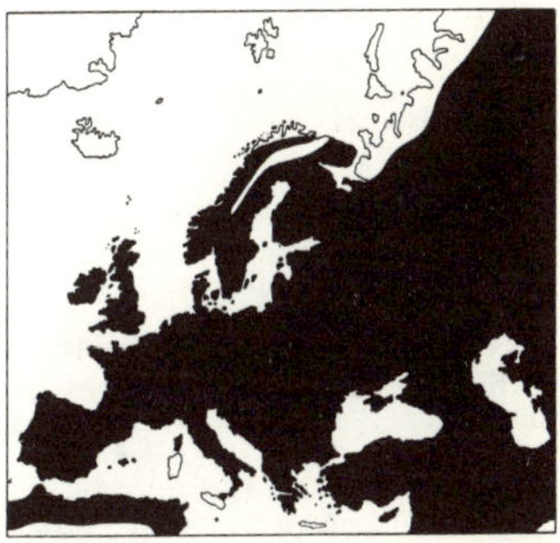

Wanderungen: Überwintert im Brutgebiet.
Nest und Eier: Nest in Höhlungen und Nischen aller Art, in den Wänden von Storchnestern usw.; 5–6 auf bläulichweißem Grund stark gefleckte Eier (22,5 mm × 15,7 mm), 2–3 Bruten, Mitte April/August.
Unterarten: s. unten.

Italiensperling
Passer domesticus italiae (Vieillot)

E Italian Sparrow
R Итальянский воробей
C Vrabec italský
F Italianvarpunen
P Wróbel podalpejski
U Olasz veréb

Kennzeichen: 14,5 cm. Unterscheidet sich vom Haussperling durch kastanienbraunen Oberkopf; die ♀♀ von Haus- und Italiensperling sind nicht sicher zu unterscheiden.
Stimme: Wie Haussperling.
Biotop: Wie Haussperling.
Verbreitung: Vertritt den Haussperling von Südostfrankreich an bis Italien, auf Korsika und Kreta.
Wanderungen: Überwintert im Brutgebiet.
Nest und Eier: Wie Haussperling.

Weidensperling

Passer hispaniolensis (Temminck)

E Spanish Sparrow
R Черногрудый воробей
C Vrabec pokřovni
F Välimerenvarpunen
P Wróbel południowy
U Berki veréb

Kennzeichen: 14,5 cm. ♂ ähnlich dem Italiensperling, doch Kehle ausgedehnter schwarz, außerdem setzt sich das Schwarz an den Seiten fort. Kopf wie beim Italiensperling. ♀ wie Haussperling-♀, die Seiten aber meist mit angedeuteter dunkelgrauer Streifung. Sehr gesellig.
Stimmung: Ähnlich Haussperling.
Biotop: Offenes Gelände mit ausgedehnten dichten und dornigen Hecken, nach Möglichkeit in Wassernähe.
Verbreitung: Von Südosteuropa her im Vordringen begriffen; brütet bereits in Serbien und Rumänien; die Dobrudscha ist vollständig besiedelt. Außer in Europa in Südwestasien und Nordafrika.

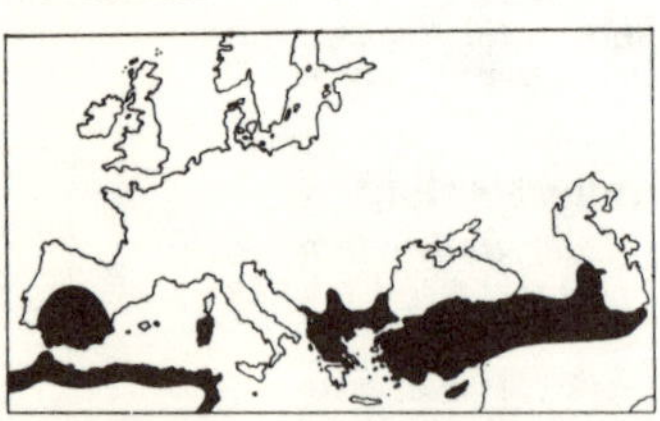

Wanderungen: Überwintert zumeist in Nordafrika und in Südwestasien. Irrgast in der ČSSR und Großbritannien.

Nest und Eier: Nistet kolonieweise; Nester in Dornhecken, bisweilen auch in den Wänden von Storchnestern; die 5–6 Eier (22,2 mm × 15,4 mm) ähneln denen des Haussperlings; Mai.
Unterarten: a) P. h. hispaniolensis (Temminck): Europa mit Ausnahme der unter b genannten Gebiete (und Nordwestafrika); b) P. h. transcaspicus Tschusi: Terek-Niederung (und Südwestasien).

Feldsperling

Passer montanus (L.)

E Tree-Sparrow
R Полевой воробей
C Vrabec polni
F Pikkuvarpunen
P Wróbel mazurek
U Mezei veréb

Kennzeichen: 14 cm. Kleiner als Haussperling, von dem sich ♂ und ♀ durch braunroten Oberkopf und Nacken und einem schwarzen Fleck auf den weißen Wangen unterscheiden.
Stimme: „tett tett", im Fluge „teck teck", der „Gesang" ist aus diesen und ähnlichen Tönen zusammengesetzt.
Biotop: Offenes baumbestandenes Gelände, Landstraßen, Obstplantagen, Waldränder, parkartiges Gelände und Gärten in Dörfern und Vorstädten.
Verbreitung: Brütet vereinzelt im nördlichen Griechenland (Makedonien). Außer in Europa in Asien ostwärts bis Japan.

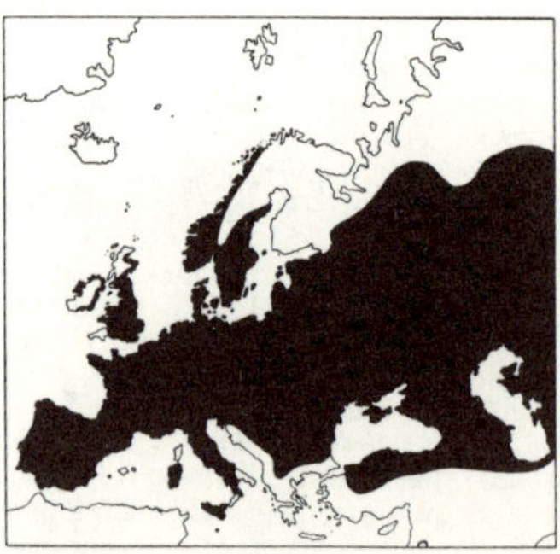

Wanderungen: Überwintert zumeist im Brutgebiet; teilweise scheint ein regelrechter Zug stattzufinden, was besonders für die nördlichen und östlichen Populationen gelten dürfte. *Nest und Eier:* Nistet in Höhlen aller Art, meist in Baumhöhlen und Nistkästen; 5–6 auf weißlichem Grund dicht gefleckte Eier (19,3 mm × 14,0 mm), 2 Bruten, Mitte April/Juli. *Unterarten:* P. m. montanus (L.).

GATTUNG: Petronia Kaup

s. Tafel S. 144

Steinsperling
Petronia petronia (L.)

E Rock-Sparrow
R Каменный воробей
C Vrabec skalni
F Kalliovarpunen
P Wróbel skalny
U Kövi veréb

Kennzeichen: 14,5 cm. Ein sehr heller Sperling ohne alles Schwarz; Oberkopf braun und weißlich gestreift, auf der Kehle ein schwefelgelber Fleck und weiße Flecke auf den Steuerfeder. Juv. ähneln den ad., doch fehlt zunächst der gelbe Kehlfleck.
Stimme: Unverkennbar, lockt „wälid" oder „düi-döi", der Gesang besteht aus diesen und ähnlichen Tönen.
Biotop: Sonnige, trockene Hänge in offenem Gelände mit steilen Wänden, Mauern oder Ruinen, Steinbrüche und teilweise auch in Siedlungen.
Verbreitung: Im Anschluß an das europäische Brutgebiet von Vorder- bis Zentralasien sowie in Nordwestafrika. Ehemals seltener Brutvogel in Thüringen; der letzte Brutplatz auf der Ruine Salzburg bei Neustadt an der fränkischen Saale ist seit 1941 verwaist. Neuere Nachrichten über ein mögliches Brüten der Art in Thüringen sind unsicher und bisher in keinem Falle belegt. Im vorigen Jahrhundert brütete der Steinsperling noch im südlichen Baden, in Nassau und Franken.

Wanderungen: Überwintert im Brutgebiet. Irrgast in Bulgarien.
Nest und Eier: Nistet meist in kleineren Kolonien; Nester in Löchern und Höhlen aller Art; die 4–5 Eier (21,3 mm × 15,6 mm) ähneln denen des Haussperlings; Mai/Juni.
Unterarten: a) P. p. petronia (L.): Europa mit Ausnahme der unter b und c genannten Gebiete; b) P. p. exigua (Hellmayr): Südöstliche europäische Sowjetunion vom unteren Don bis zum Kaukasus; c) P. p. intermedia Hartert: Von der unteren Wolga an ostwärts bis Zentralasien.

GATTUNG: Montifringilla Brehm

s. Tafel S. 144

Schneesperling
Montifringilla nivalis (L.)

E Snow-Finch
R Снежный вьюрок
C Pěnkava sněžní
F Lumivarpunen
P Śnieżvczka
U Havasi pinty

Kennzeichen: 18 cm. So groß wie eine Grauammer. An dem grauen Kopf, der braunen Oberseite, der schwarzen Kehle und der trüb rahmweißen Unterseite sicher zu erkennen; im Fluge fallen die bis auf die Handschwingen weißen Flügel und der bis auf das mittelste Steuerfederpaar weiße Schwanz auf. Beim sehr ähnlichen ♀ ist der Kopf mehr graubraun. Flügel und Schwanz mit weniger Weiß. Juv. ähnlich ad. ♀. Könnte allenfalls mit einer Schneeammer im Ruhekleid verwechselt werden, doch kommen diese beiden Arten auch außerhalb der Brutzeit kaum einmal im gleichen Gebiet vor und außerdem hat der Schneesperling in allen Kleidern einen grauen Kopf.

Stimme: Gesang zwitschernd; Lockrufe vielfältig, gedehnte „zjeb" oder kurze „pitsch".

Biotop: Felsige, geröllbedeckte Hänge oberhalb der Baumgrenze im Hochgebirge, oft in der Nähe von Gletschern.

Verbreitung: Außer in Europa in Transkaukasien und im nördlichen Iran; weitere isolierte Brutgebiete in Innerasien.

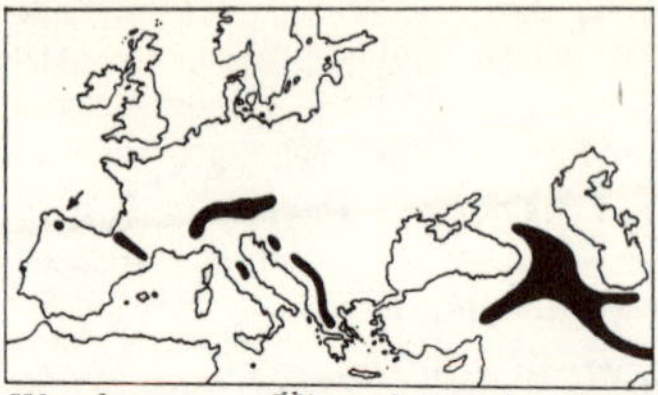

Wanderungen: Überwintert im Brutgebiet und sucht im Winter lediglich tiefere Lagen auf.

Nest und Eier: Nest in Felsspalten oder unter Felsblöcken, gelegentlich auch in Mauerlöchern; 4–5 reinweiße Eier (23,4 mm × 16,9 mm), bisweilen 2 Bruten, Ende April/Juni.

Unterarten: a) M. n. nivalis (L.): Europa mit Ausnahme der unter b genannten Gebiete; b) M. n. alpicola (Pallas): Kaukasus.

IRRGÄSTE

Unter einem Irrgast verstehe ich eine Vogelart, die nicht in Europa brütet und hier auch nicht regelmäßig durchzieht oder überwintert. Dabei spielt es keine Rolle, ob der betreffende Irrgast nur einmal oder wiederholt in Europa angetroffen wurde; allenfalls kann man noch zwischen seltenen und häufigeren Irrgästen unterscheiden. Dafür ein Beispiel:
H. und W. Dittberner schreiben in ihrer Arbeit „Erstnachweis des Graubruststrandläufers, Calidris melanotos (Vieillot), in der Mark Brandenburg "(Beiträge zur Vogelkunde, Leipzig 23, S. 65–71, 1977) folgendes:
„Aus den bisher vorliegenden Daten läßt sich ersehen, daß der Graubruststrandläufer wohl nicht mehr als Irrgast für die DDR und die BRD geführt werden kann. Eine Vogelart, die seit etwa 20 Jahren fast alljährlich in einzelnen oder wenigen Individuen auftritt, kann schwerlich auf diesem Status belassen werden. In gleichem Sinne äußern sich Becker und May (1972)."
Es ist bekannt, daß die nordamerikanischen und möglicherweise auch ein Teil der nordostsibirischen Populationen in Südamerika von Peru, dem südlichen Bolivien, nördlichen Argentinien und Uruguay bis Chile und Patagonien überwintern. Ein kleiner Teil zieht auch an der ostasiatischen Küste entlang und überwintert im östlichen Australien und auf Neuseeland.
Auch wenn allein für Großbritannien und Irland bis einschließlich 1967 etwa 390 und für Mitteleuropa etwa 73 Nachweise (Glutz v. Blotzheim et al., 1975) vorliegen, so bin ich doch nicht geneigt, den Graubruststrandläufer als seltenen Durchzügler zu betrachten. Die Häufung aller Nachweise hängt wohl damit zusammen, daß es heute weit mehr Ornithologen gibt und diese besser ausgerüstet sind als vor 50 oder 100 Jahren.
Europa liegt auf keinen Fall auf den Zugwegen von Calidris melanotos, weder der amerikanischen noch der asiatischen Populationen. Zudem wissen wir nicht, woher die Individuen kommen, die in Europa festgestellt werden. Kommen sie aus Nordamerika – dafür spricht die Häufung der Funde in Großbritannien und im übrigen Westeuropa (Island, Norwegen, Belgien, Frankreich), dann haben diese Graubruststrandläufer auf jeden Fall den Atlantik überflogen und sind Irrgäste. Ich meine, man sollte jeden Vogel, der weitab von seinen üblichen Zugwegen und Überwinterungsgebieten auftaucht, als Irrgast bezeichnen, ganz gleich, ob er nun einmal oder mehrfach nachgewiesen wird.
Die Häufung der Irrgäste bei den Entenvögeln und einigen Familien der Sperlingsvögel fällt auf; es ist nicht auszuschließen, daß ein Teil dieser Entenarten aus der Gefangenschaft entwichen ist und die amerikanischen Singvögel möglicherweise durch Schiffe verfrachtet worden sind. Die Mehrzahl der aus Nordamerika stammenden Irrgäste wurde für Großbritannien nachgewiesen. Man möchte fast behaupten, daß keinem Vogel der Einflug nach Großbritannien gelingt, ohne daß er binnen kurzem von Ornithologen aufgespürt, beobachtet, im Japannetz gefangen, genau bestimmt und außerdem noch photographiert wird. Wenn auch in diesem Land infolge seiner Lage eine besonders hohe Zahl von nordamerikanischen Irrgästen zu erwarten ist, so ist es doch verwunderlich, daß in anderen Ländern, wie etwa in Portugal, vergleichsweise weit weniger Irrgäste registriert werden, wahrscheinlich nur deshalb, weil es dort kaum Ornithologen gibt.

Aus Gründen der Platzersparnis werden bei den Irrgästen nur die deutschen und wissenschaftlichen Namen angegeben; beim Auffinden eines Irrgastes wird sich der Betreffende, der noch nicht über eine ausreichende Artenkenntnis verfügt, wohl ohnehin an einen erfahrenen Ornithologen wenden.

ORDNUNG: PODICIPEDIFORMES

FAMILIE: Podicipediae — Lappentaucher

GATTUNG: Podilymbus Lesson

Bindentaucher
Podilymbus podiceps (L.)

Kennzeichen: 35 cm. Etwas größer als Zwergtaucher; in allen Kleidern an dem kurzen kräftigen Schnabel und an den weißen Unterschwanzdecken zu erkennen, die – da der kurze Schwanz im Gegensatz zu unseren Tauchern hoch gehalten wird – zu sehen sind. Im Brutkleid fallen der schwarze Ring um den Schnabel und der schwarze Kehlfleck auf; im Ruhekleid fehlen diese Kennzeichen.
Biotop: Wie Zwergtaucher, also stehende Gewässer aller Art.
Verbreitung: Die für uns in Betracht kommende Unterart brütet im nordöstlichen Nordamerika.
Wanderungen: Überwintert teilweise im Brutgebiet, zum Teil auch in Mittelamerika. Wurde einige Male als Irrgast in Großbritannien festgestellt.
Unterarten: P. p. podiceps (L.).

ORDNUNG: PROCELLARIIFORMES

FAMILIE: Diomedeidae — Albatrosse

Die Albatrosse sind die größten Formen dieser artenreichen Ordnung, die sich von anderen Seevögeln durch ihre Größe und die langen, schmalen Flügel unterscheiden. Albatrosse bewohnen in 14 Arten die Meere der südlichen Hemisphäre etwa vom 30° S bis zur Antarktis; im Stillen Ozean finden wir sie nordwärts bis zum Bering-Meer. Albatrosse leben pelagisch und suchen nur zur Brutzeit abgelegene Inseln auf. 6 Arten wurden in Europa als Irrgäste nachgewiesen.

GATTUNG: Diomedea Linné

Wanderalbatros
Diomedea exulans L.

Kennzeichen: 128 cm. Dieser Albatros ist mit einer Flügelspannweite von 3,00–3,50 m der größte Seevogel. Ad. überwiegend weiß mit schwarzen Handschwingen, Schnabel gelb bis rötlichweiß, Füße hell fleischfarben; ♀ mit dunkler Kopfplatte, juv. überwiegend braun.
Verbreitung: Brütet auf Inseln im südlichen Atlantischen, Indischen und Stillen Ozean von Süd-Georgien und Tristan da Cunha ostwärts bis zu den Auckland-Inseln und Antipoden.
Wanderungen: Außerhalb der Brutzeit auf den Meeren der Südhemisphäre zwischen dem 30.° und 60.° südl. Breite; als Irrgast in Dänemark, Belgien, Frankreich, Oberbayern und Sizilien nachgewiesen.

Schwarzfuß-Albatros
Diomedea nigripes Audubon

Kennzeichen: 75 cm. Der häufigste Albatros des nördlichen Stillen Ozeans. Überwiegend dunkel rußbraun, Stirnrand und vordere Wangen gelblichweiß, durch das Auge verläuft ein schwärzlicher Strich. Schnabel dunkel rötlichbraun. Füße schwärzlich.
Verbreitung: Nördlicher Stiller Ozean.
Wanderungen: Außerhalb der Brut-

zeit fast im gesamten nördlichen Stillen Ozean. Am 10. 11. 1971 wurde ein Schwarzfuß-Albatros bei Messina auf Sizilien gefangen und damit erstmals für Europa nachgewiesen.

Schwarzbrauen-Albatros
Diomedea melanophris Temminck

Kennzeichen: 81 cm. Flügelspannweite 1,80–2,10 m. Der häufigste Albatros; Flügeloberseite, Rücken und Schwanz schwärzlich, das übrige Gefieder weiß. Der einzige weißköpfige Albatros mit im Alter völlig gelbem Schnabel. Füße bläulichgrau.
Verbreitung: Brütet auf Inseln im südlichen Atlantischen, Indischen und Stillen Ozean von den Falkland-Inseln ostwärts bis zu den Auckland- und Campbell-Inseln und zur Westküste Südamerikas.
Wanderungen: Außerhalb der Brutzeit auf den Meeren der Südhemisphäre; als seltener Irrgast im Nordatlantik bis Großbritannien, Irland, Färöer, Norwegen, Schweden und Spitzbergen.

Gelbnasen-Albatros
Diomedea chlororhynchos Gmelin

Kennzeichen: 89 cm. Größe und Verteilung der dunklen und weißen Federpartien wie bei D. melanophris, doch Schnabel schwarz mit orangegelber Spitze; Unterflügel weiß mit schwarzer Umrandung, also nicht nur mit schwarzem Vorderrand wie bei D. melanophris.
Verbreitung: Brütet auf Inseln im südlichen Atlantischen und Indischen Ozean von Tristan da Cunha bis zu den Crozet-Inseln.
Wanderungen: Außerhalb der Brutzeit auf den Meeren der Südhemisphäre; als Irrgast bei Island nachgewiesen.

Graukopf-Albatros
Diomedea chrysostoma Forster

Kennzeichen: 91,5 cm. Sehr ähnlich D. chlororhynchos, von der er feldornithologisch kaum unterschieden werden kann. Kopf und Hals hellgrau, Oberseite bis auf den weißen Bürzel und weiße Oberschwanzdecken dunkel aschgrau, Unterseite weiß. Schnabel schwärzlich mit roter Spitze.
Verbreitung: Brütet auf Inseln im südlichen Atlantischen, Indischen und Stillen Ozean von Kap Hoorn bis zu den Campbell-Inseln.
Wanderungen: Außerhalb der Brutzeit auf den Meeren der Südhemisphäre; als Irrgast in Norwegen nachgewiesen

GATTUNG: Phoebetria Reichenbach

Rußalbatros
Phoebetria palpebrata (Forster)

Kennzeichen: 71 cm. Überwiegend graubraun, Kopf, Handschwingen und der keilförmige Schwanz am dunkelsten, Schnabel schwarz, Füße hell fleischfarben; Flügelspannweite 1,80 m.
Verbreitung: Brütet auf Süd-Georgien, auf den Kerguelen und Inseln südlich Neuseeland.
Wanderungen: Außerhalb der Brutzeit auf den Meeren der Südhemisphäre; als Irrgast in Frankreich nachgewiesen.

GATTUNG: Macronectes Richmond

Riesensturmvogel
Macronectes giganteus (Gmelin)

Kennzeichen: 82 cm. Mit einer Flügelspannweite von 2,50 m fast so groß wie ein Albatros. Einfarbig dunkelbraun mit hellerem Kopf oder weiß, mehr oder weniger dunkelbraun gefleckt. Von gleichgroßen Albatrossen unterscheidet er sich durch einen gelben Schnabel.
Biotop: Hochsee, zur Brutzeit auf den Inseln der Antarktis.
Wanderungen: Wird häufig auch auf den Meeren der gemäßigten Breiten angetroffen. Ein Exemplar wurde 1846 auf dem Rhein bei Mainz geschossen. Weitere Nachweise liegen aus dem Ärmelkanal vor.

GATTUNG: Puffinus Brisson

Kleiner Sturmtaucher
Puffinus assimilis Gould

Kennzeichen: 28 cm. Etwas kleiner als Schwarzschnabel-Sturmtaucher, dem er aber sonst bis auf die schwarzen – nicht rötlichen – Füße ähnlich sieht. Von anderen Sturmtauchern unterscheidet er sich durch seine geringe Größe und die weiße Unterseite. Fliegt mit lebhafteren Flügelbewegungen als die größeren Arten. Die beiden hier aufgeführten Unterarten unterscheiden sich wie folgt: Oberseite bei baroli blauschwarz, bei boydi mehr bräunlichschwarz, Unterschwanzdekken bei baroli überwiegend weiß, bei boydi überwiegend schwarz.
Biotop: Hochsee, gewöhnlich aber nicht so weit von den Brutplätzen entfernt wie die anderen Sturmtaucher.
Verbreitung: P. a. baroli brütet auf den Azoren, Salvages-Inseln, Madeira und den Kanarischen Inseln; P. a. boydi auf den Kapverden.
Wanderungen: Als Irrgäste wurden kleine Sturmtaucher wiederholt an den Küsten Europas angetroffen; P. a. baroli an den Küsten der Britischen Inseln, von Spanien, Italien, Sardinien und Frankreich sowie im Skagerrak, P. a. boydi an der französischen Küste. 1962 wurde die Art erstmals für die BRD nachgewiesen; Kuhk fand P. a. baroli am Bodensee.
Unterarten: a) P. a. baroli (Bonaparte); b) P. a. boydi Mathews.

Audubon-Sturmtaucher
Puffinus lherminieri Lesson

Kennzeichen: 30,5 cm. Sehr ähnlich dem Kleinen Sturmtaucher und feldornithologisch nicht von P. assimilis boydi zu unterscheiden, während unter sehr günstigen Bedingungen der Audubon-Sturmtaucher von P. assimilis baroli, der überwiegend weiße Unterschwanzdecken hat, unterschieden werden kann, denn beim Audubon-Sturmtaucher sind die Unterschwanzdecken schwärzlich wie bei P. assimilis boydi. Verhalten und Lebensweise wie andere Sturmtaucher.
Verbreitung: Die für uns in Betracht kommende Unterart brütet im westlichen Atlantik (Bermudas, Bahamas, Kleine Antillen).
Wanderungen: Außerhalb der Brutzeit im westlichen Atlantik; einmal als Irrgast für England nachgewiesen.
Unterarten: P. l. lherminieri Lesson

Großer Sturmtaucher
Puffinus gravis (O'Reilly)

Kennzeichen: 49,5 cm. Ähnelt in Aussehen und Größe dem Gelbschnabel-Sturmtaucher; über die Unterschiede zwischen beiden Arten s. bei Gelbschnabel-Sturmtaucher (s. S. 154).
Verbreitung: Brütet offenbar nur auf Tristan da Cunha.
Wanderungen: Wird im Sommer und

Herbst im Nordatlantik bis Grönland, Island, Färöer, Großbritannien, Norwegen und Schweden angetroffen. Gelegentlich auch in der Nordsee (dreimal bei Helgoland nachgewiesen) und im westlichen Mittelmeer.

Dunkler Sturmtaucher
Puffinus griseus (Gmelin)

Kennzeichen: 41 cm. Kleiner als P. gravis und diomedea; unterscheidet sich von den anderen hier besprochenen Sturmtauchern durch sein von weitem insgesamt einfarbig rußschwarz wirkendes Gefieder (P. p. mauretanicus ist kleiner und unterseits wesentlich heller!). Gefieder oberseits schwärzlich braun, unterseits graubraun, Unterflügel weißlich, Schnabel schwärzlich, Füße schiefergrau. Verhalten und Lebensweise wie die anderer Sturmtaucher.
Verbreitung: Brütet auf Inseln südlich Neuseelands sowie an der Küste von Chile bis Kap Hoorn und auf den Falkland-Inseln.
Wanderungen: Im Herbst – ausnahmsweise auch während des übrigen Jahres – im Nordatlantik bis Grönland, Island, Färöer, Britische Inseln und Norwegen. Als Irrgast für Dänemark und die BRD (Helgoland, Deutsche und Lübecker Bucht), für die Niederlande, Belgien, Frankreich und Malta nachgewiesen.

GATTUNG: Pterodroma Bonaparte

Kermadec-Sturmvogel
Pterodroma neglecta Schlegel

Kennzeichen: 35,5 cm. Eine Sturmschwalbe von der Größe eines Schwarzschnabel-Sturmtauchers, die in einer dunklen und hellen Phase, die durch Übergänge verbunden sind, vorkommt. Die dunkelsten Exemplare sind fast einfarbig schwarzbraun, bei den hellsten sind nur Rücken, Flügel und Schwanz braun, das übrige Gefieder ± weiß; Schnabel stets schwarz.
Verbreitung: Brütet auf subtropischen Inseln im südlichen Pazifik.
Wanderungen: Außerhalb der Brutzeit im Pazifik ostwärts bis zur Westküste Mittelamerikas; einmal als Irrgast für England nachgewiesen.

Teufels-Sturmvogel
Pterodroma hasitata (Kuhl)

Kennzeichen: 40,5 cm. Größer als Schwarzschnabel-Sturmtaucher; erinnert in Erscheinung und im Fluge an den Großen Sturmtaucher. Durch die schwarze Kopfplatte, die sich scharf vom Weiß des Nackens und der Halsseiten abhebt sowie durch seine Größe unterscheidet er sich von verwandten Arten.
Verbreitung: Brütete auf einigen Inseln der Kleinen Antillen, heute wahrscheinlich nur noch auf Dominica.
Wanderungen: Außerhalb der Brutzeit im westlichen Atlantik von Florida bis Nordbrasilien; als Irrgast für England und (?) Frankreich nachgewiesen.

Goulds Sturmvogel
Pterodroma leucoptera (Gould)

Kennzeichen: 26,5 cm. Deutlich kleiner als Schwarzschnabel-Sturmtaucher; Oberseite grau, Oberkopf und Nacken dunkler, Stirn und Kehle weißlich, Unterseite weiß mit mehr oder weniger vollständigem grauen Brustband, bisweilen aber auch die ganze Unterseite bis auf die Kehle grau.
Verbreitung: Brütet auf Inseln im Pazifik.
Wanderungen: Außerhalb der Brutzeit im Pazifik ostwärts bis zu den Galapagos-Inseln; einmal als Irrgast für Großbritannien (Wales) nachgewiesen.
Unterarten: P. l. brevipes (Peale): Neue Hebriden und Fidschi-Inseln.

GATTUNG: Pagodroma Bonaparte

Schneesturmvogel
Pagodroma nivea (Forster)
Kennzeichen: 38 cm. Gefieder rein weiß, Schnabel schwarz, Füße dunkelgrau.
Verbreitung: Antarktis.
Wanderungen: Antarktische Gewässer nordwärts bis etwa zum 50.° südl. Br.; am 14. 4. 1967 wurden an der Ostseeküste des Darßes die Reste eines Schneesturmvogels gefunden. Damit wurde diese Art erstmals für Europa nachgewiesen.

GATTUNG: Bulweria Bonaparte

Bulwers Sturmvogel
Bulweria bulwerii (Jardine & Selby)
Kennzeichen: 26,5 cm. Etwas größer als Wellenläufer, einförmig rußschwarz mit keilförmigem Schwanz und *ohne* Weiß an der Schwanzwurzel, wodurch er sich leicht von ähnlichen Arten unterscheidet.
Verbreitung: Brütet auf den Atlantischen Inseln (Azoren, Madeira, Salvages, Kanarische Inseln) sowie auf Inseln im Pazifik.
Wanderungen: Außerhalb der Brutzeit im Atlantischen und Pazifischen Ozean; als Irrgast einigemale für Großbritannien und Irland sowie einmal vor der Küste Italiens nachgewiesen.

* Jouanins Sturmvogel – Bulweria fallax Jouanin. Ähnlich Bulweria bulwerii (Näheres s. W. B. Alexander: Die Vögel der Meere (1959). Nur 2 Exemplare bekannt, Brutplätze unbekannt. 1953 als Irrgast für Italien nachgewiesen (Nowak 1979).

GATTUNG: Daption Stephens

Kapsturmvogel
Daption capensis (L.)
Kennzeichen: 35,5 cm. Etwa so groß wie eine Lachmöwe; der häufigste Sturmvogel der südlichen Hemisphäre. Von anderen Arten leicht durch je zwei rundliche weiße Flecken auf den Flügeloberseiten, dem schwarzen Oberkopf und Nacken und das schachbrettartige Muster der Oberseite zu unterscheiden.
Verbreitung: Süd-Georgien, Süd-Orkneys, Süd-Shetlands, Grahamland und Kerguelen.
Wanderungen: Wird außerhalb der Brutzeit auf allen Meeren der südlichen Hemisphäre angetroffen; als Irrgast in Frankreich, Italien und in den Niederlanden nachgewiesen.

FAMILIE: Hydrobatidae **Sturmschwalben**

GATTUNG: Oceanodroma Reichenbach

Madeira-Wellenläufer
Oceanodroma castro (Harcourt)

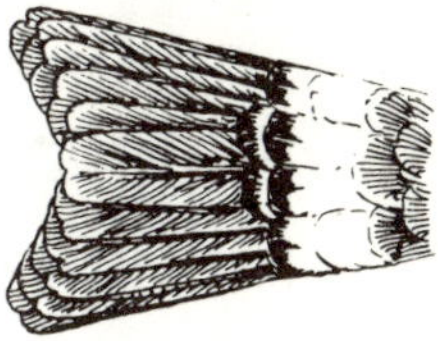

Schwanz (knapp ½ nat. Gr.)

Kennzeichen: 19 cm. Unterscheidet sich vom ähnlichen Wellenläufer durch weniger tief gegabelten Schwanz und ein über die Oberschwanzdecken verlaufendes weißes Band (s. Abb.); allerdings sind diese Kennzeichen für eine Unterscheidung beider Arten im Freien kaum brauchbar. Sonstiges Verhalten und Lebensweise wie Wellenläufer.
Verbreitung: Östlicher Atlantik; Brutplätze: Madeira, Salvages-Inseln, Azoren, Kapverden und St. Helena.
Wanderungen: Irrgast in England, Irland, Dänemark und Spanien.

GATTUNG: Oceanites Keyserling & Blasius

Buntfuß-Sturmschwalbe
Oceanites oceanicus (Kuhl)

Ober- und Unterseite; Füße überragen den nicht gegabelten Schwanz vgl. Wellenläufer!

Kennzeichen: 18 cm. Sieht auf den ersten Blick wie die Sturmschwalbe aus; klein, rußschwarz, mit weißem Bürzel und geradem Schwanz. Beide Arten unterscheiden sich feldornithologisch nur durch ihre Füße: sie sind bei der Sturmschwalbe schwarz und kurz (s. S. 156), bei der Buntfuß-Sturmschwalbe haben sie jedoch gelbe Schwimmhäute und überragen den Schwanz im Fluge.
Verbreitung: Brütet auf den Süd-Shetland- und Süd-Orkney-Inseln sowie auf Süd-Georgien.
Wanderungen: Überwintert im Nordatlantik und wurde wiederholt für die Britischen Inseln, Irland, Frankreich und je einmal für die BRD (Unterelbe) und Sardinien nachgewiesen.

GATTUNG: Pelagodroma Reichenbach

Fregatten-Sturmschwalbe
Pelagodroma marina (Latham)

Kennzeichen: 20,5 cm. Unterscheidet sich von allen anderen kleinen Sturmschwalben durch völlig weiße Unterseite; im übrigen fallen die weiße Stirn und die weißen Augenstreifen auf, die sich gegen den dunklen Oberkopf und die schwarzbraunen Ohrdecken abheben.

Ober- und Unterseite

Verbreitung: Salvages-, Kanarische- und Kapverdische Inseln. Weitere Unterarten im Südatlantik sowie an den Küsten Australiens und Neuseelands.
Wanderungen: Außerhalb der Brutzeit im mittleren Atlantischen Ozean; wurde für Großbritannien und die Niederlande nachgewiesen.
Unterarten: P. m. hypoleuca (Webb, Berthelot & Moquin-Tandon).

ORDNUNG: PELECANIFORMES

FAMILIE: Fregatidae **Fregattvögel**

Die Fregattvögel bewohnen in 5 Arten die Inseln und anliegenden Meeresteile in den Tropengebieten aller Erdteile. In der Gestalt ihres Schnabels, mit ihren kurzen Füßen und in ihrem bräunlichschwarzen Gefieder erinnern sie an Kormorane, unterscheiden sich jedoch von ihnen durch längere Flügel und einen tief gegabelten Schwanz. Fregattvögel sind ausdauernde und elegante Flieger, die ihre Beute von der Wasseroberfläche aufnehmen oder anderen Seevögeln abjagen.

GATTUNG: Fregata Lacépède

Pracht-Fregattvogel
Fregata magnificens Mathews

Kennzeichen: 101,5 cm. Ein großer Seevogel mit sehr langen Flügeln und tief gegabeltem Schwanz. ♂ schwarz mit orangerotem Kehlsack, ♀ schwarz mit weißer Brust, juv. mit weißem Kopf und weißer Unterseite.

Verbreitung: Subtropischer und tropischer Atlantischer und Stiller Ozean von Kalifornien bis zu den Galapagos-Inseln. F. m. rothschildi von Florida bis zum nördlichen Südamerika.
Wanderungen: Als Irrgast in den Niederlanden, in Frankreich und Schottland nachgewiesen.
Unterarten: F. m. rothschildi Mathews.

ORDNUNG: CICONIIFORMES

FAMILIE: Ardeidae **Reiher**

GATTUNG: Ardea Linné

Schwarzhalsreiher
Ardea melanocephala Vigors & Children

Kennzeichen: Fast so groß wie Fischreiher. Kopf und Hals schwarz, Kehle weiß, Mitte des Unterhalses weiß mit schwarzer Fleckung, Rücken und Flügel dunkelgrau, Unterseite blaßgrau.
Verbreitung: Afrika südlich der Sahara und Madagaskar.
Wanderungen: Stand- bzw. Strichvogel. Ein Exemplar wurde am 29. 11. 1971 in der Camargue, Südfrankreich beobachtet und damit erstmalig für Europa nachgewiesen.

GATTUNG: Butorides Blyth

Mangrove-Reiher
Butorides striatus (L.)

Kennzeichen: 46 cm. Ein kleiner dunkler Reiher. Scheitel glänzend schwärzlich grün. Nacken rotbraun, Rücken und Flügel grünlich. Kurze gelbe oder orangefarbige Füße. Im Jugendkleid ist die Unterseite gestreift.

Verbreitung: In einer großen Zahl von Unterarten in Nord-, Mittel- und Südamerika, im tropischen Afrika, im östlichen und südlichen Asien bis Nordaustralien verbreitet.
Wanderungen: Überwintert mit Ausnahme der nördlichen Populationen im Brutgebiet. Die im östlichen Nordamerika beheimatete Form B. st. virescens wurde für Großbritannien nachgewiesen.

GATTUNG: Egretta T. Forster

Riffreiher
Egretta gularis (Bose)

Kennzeichen: Größe wie Seidenreiher, Gesamteindruck schwärzlich oder schiefergrau, im Brutkleid zwei schiefergraue oder flaschengrüne Nackenfedern. Kinn und Kehle weiß, die übrige Unterseite graubraun. Füße grünlichschwarz, Zehen gelb. Außer dieser dunklen gibt es noch eine reinweiße Färbungsphase.
Verbreitung: Westküste Afrikas von Mauretanien bis Gabun sowie auf Inseln im Golf von Guinea.
Wanderungen: Stand- bzw. Strichvogel. Ein ad. Riffreiher der schwarzen Phase wurde am 14. 6. 1970 in den Marismas des Guadalquivir gefangen und damit erstmals für Europa nachgewiesen. 1976 Erstnachweis für Frankreich (Camargue).

GATTUNG: Ardeola Boie

Teichreiher
Ardeola bacchus (Bonaparte)

Kennzeichen: 45 cm. Kopf und Hals rotbraun, Kehle und übrige Unterseite sowie Flügel weiß, die zerschliessenen Rückenfedern schieferschwarz.
Verbreitung: Ost- und Südostasien von der östlichen Mongolei und dem nördlichen China südwärts bis zu den Andamanen, Thailand und Vietnam.
Wanderungen: Überwintert im südlichen China, in Malaysia und auf Borneo. Gelegentlich in Japan und auf Taiwan. Wurde 1973 in Norwegen und damit erstmalig für Europa als Irrgast nachgewiesen.

GATTUNG: Ixobrychus Billberg

Mandschuren-Zwergrohrdommel
Ixobrychus eurhythmus (Swinhoe)

Kennzeichen: So groß wie unsere Zwergrohrdommel. ♂ oberseits kastanienbraun, nicht schwarz wie I. minutus ♂. Flügeldecken nicht gelblichweiß, sondern braun. Das ♀ ähnelt dem von I. minutus. Vorderrücken und Schultern sind jedoch fein weiß gefleckt.

Verbreitung: Südostsibirien, Nord- und Mittelchina, Japan.
Wanderungen: Überwintert in Südostasien. Ein Exemplar wurde Ende des 19. Jahrhunderts in Mecklenburg oder Brandenburg geschossen; ein ♀ wurde am 12. 11. 1913 in Piemont gefangen.

Amerikanische Zwergrohrdommel
Ixobrychus exilis (Gmelin)

Kennzeichen: 30 cm. Unserer Zwergrohrdommel ähnlich. Scheitel und Rücken schwarz, Kopfseiten und Nacken lebhaft rotbraun. Unterhals weiß und ockergelb gefleckt, Flügel lebhaft ockergelb, Flügelbug und große Armdecken rotbraun.
Verbreitung: Brütet in 5 Unterarten von Nord- bis zum nördlichen Südamerika.
Wanderungen: Überwintert im südlichen Nordamerika, in Mittel- und im nördlichen Südamerika. Als Irrgast für Island nachgewiesen.

GATTUNG: Botaurus Stephens

Amerikanische Rohrdommel
Botaurus lentiginosus (Montagu)

Kennzeichen: 66 bzw. 31 cm. Etwas kleiner als unsere Große Rohrdommel, ihr aber sonst sehr ähnlich und durch folgende Merkmale unterschieden; Scheitel braun, nicht schwarz, ein auffallender, länglicher schwarzer Fleck an den Halsseiten (der bei der Großen Rohrdommel fehlt), oberseits feiner gefleckt, Handschwingen einfarbig dunkel braungrau, nicht gebändert.
Verbreitung: Nordamerika.
Wanderungen: Überwintert im südlichen Nordamerika; als Irrgast wiederholt in Europa nachgewiesen (Island, Färöer, Großbritannien, Irland, Kanal-Inseln, Dänemark, Norwegen).

FAMILIE: Threskiornithidae — Löffler und Ibisse

GATTUNG: Ajaia Reichenbach

Rosalöffler
Ajaia ajaja (L.)

Kennzeichen: Zwei Exemplare dieses im südlichen Nordamerika, in Mittel- und Südamerika brütenden Löfflers wurden im April 1970 am Fehér tó (Ungarn) und von Ende April bis Ende Mai 1970 am Neusiedler See beobachtet. Wahrscheinlich handelt es sich um entflogene Vögel.

GATTUNG: Geronticus Wagler

Waldrapp
Geronticus eremita (L.)

Kennzeichen: 72 cm. Gestalt wie Sichler; Kopf und Kehle fleischfarben und unbefiedert. Nackenfedern schmal und zu einer Mähne verlängert, Gefieder schwarz, metallisch grün schillernd.
Biotop: Steppenartiges Gelände mit steilen Felswänden.
Verbreitung: Nordwestafrika und Kleinasien.
Wanderungen: Strich- bzw. Zugvogel, der im tropischen Afrika, gelegentlich auch im Brutgebiet überwintert. Als Irrgast wenige Male in Südspanien nachgewiesen.

ORDNUNG: PHOENICOPTERIFORMES

FAMILIE: Phoenicopteridae — **Flamingos**

GATTUNG: Phoeniconaias G. R. Gray

Zwergflamingo
Phoeniconaias minor (Geoffroy)

Kennzeichen: 82 cm. Ein kleiner, blaß rosenroter Flamingo. Flügeldecken tief rot, Schwingen schwarz, Schnabel dunkel karminrot mit schwarzer Spitze. Beine rosa.
Verbreitung: Tropisches Afrika, Madagaskar und Nordwestindien.
Wanderungen: Stand- bzw. Strichvogel. Wurde in Südspanien nachgewiesen.

Kuba- und Chile-Flamingo (Phoenicopterus r. ruber Linné und Phoenicopterus chilensis Molina) werden alljährlich mehrfach besonders in Küstengebieten nachgewiesen. Da es sich aber bei diesen beiden Arten ausnahmslos um aus der Gefangenschaft entwichene Vögel handelt, so werden sie hier lediglich erwähnt.

ORDNUNG: ANSERIFORMES

FAMILIE: Anatidae — **Entenvögel**

GATTUNG: Anas Linné

Fleckschnabelente
Anas poecilorhynchus J. R. Forster

Ein Exemplar dieser in Ost-, Südost- und Südasien beheimateten Entenart wurde 1968 in Dänemark festgestellt; wahrscheinlich handelt es sich um ein aus der Gefangenschaft entflogenes Stück.

Dunkelente
Anas rubripes Brewster

Kennzeichen: 58 cm. ♂ im Prachtkleid und ♀ sehen sich sehr ähnlich und sehen wie ein sehr dunkles Stockenten-♀ aus, nur ist das ♂ noch dunkler. ♂ im Schlichtkleid gleicht dem ♀. Spiegel purpurblau, innen nur schwarz, außen schwarz und weiß eingefaßt.
Wanderungen: Überwintert im südöstlichen Nordamerika; als Irrgast in Großbritannien, Irland und Schweden festgestellt.
Verbreitung: Östliches Nordamerika.

Gluckente
Anas formosa Georgi

Kennzeichen: ♂ 47, ♀ 39,5 cm. Größer als Krickente; das ♂ im Prachtkleid ist durch seine auffällige Kopf- und Halszeichnung unverkennbar: Stirn, Oberkopf und Kehle sind mattschwarz, an den Kopf- und Halsseiten durch schwarze und weiße Streifen eingefaßte metallgrüne und rostgelbe Abzeichen. Weiß eingefaßter, schwarz und grüner Spiegel. Das ♀ ähnelt dem Krickenten-♀, nur ist es größer und an der Basis des Oberschnabels befindet sich beiderseits ein rahmweißer

---

Gattung Dendrocygna Swainson
Witwenente – Dendrocygna viduata (Linné)
Diese im tropischen Südamerika, in Afrika südlich der Sahara und auf Madagaskar beheimatete Ente wurde zweimal in Spanien nachgewiesen; sehr wahrscheinlich handelt es sich um aus der Gefangenschaft entflohene Exemplare.

Fleck. Spiegel wie beim ♂, nur nicht so lebhaft gefärbt.
Verbreitung: Nordostsibirien westlich des Jenissei.
Wanderungen: Überwintert in Japan und im östlichen China. Als Irrgast in Island, Schweden, in den Niederlanden, in Belgien, Frankreich, Schweiz und Italien nachgewiesen. In England erlegte Gluckenten sind offenbar aus der Gefangenschaft entflohene Exemplare gewesen.

Sichelente
Anas falcata Georgi

Kennzeichen: ♂ 49, ♀ 41,5 cm. Größe wie Schnatterente. ♂ im Prachtkleid unverkennbar, vor allem fallen der Nackenschopf und die sichelförmig gekrümmten, schmalen Armschwingen auf, die bis über die Flügelspitzen hinausreichen. Bis auf einen weißen Fleck über der Schnabelwurzel ist der Oberkopf bis zum Nacken metallisch grün, übrige Kopfseiten und Zügel kupferfarbig. Kinn, Kehle und Vorderhals sind weiß und werden von einem metallgrünen Ring abgeschlossen.
Spiegel bei ♂ und ♀, das einem-Schnatterenten-♀ ähnelt und sich von diesem durch einen kurzen Nackenschopf unterscheidet, schwarz und grün.
Verbreitung: Nordostsibirien.
Wanderungen: Überwintert in China, Japan, im nördlichen Indochina, Burma und Assam und wurde als Irrgast in Schweden, Frankreich, in der Tschechoslowakei und in Österreich nachgewiesen.

Blauflügelente
Anas discors L.

Kennzeichen: ♂ 34,5, ♀ 34 cm. So groß wie unsere Knäkente. Das ♂ im Prachtkleid ist an der auffälligen Kopfzeichnung leicht zu erkennen. Stirn, Scheitel und Kehle schwarz, vor den Augen ein breiter, bis zum Kinn reichender weißer halbmondförmiger Fleck; der übrige Kopf und Hals schieferfarben mit rötlichem Purpurglanz. Im Fluge fallen die hellblauen Flügeldecken und der glänzend grüne, oberhalb von einem breiten weißen Streifen begrenzte Spiegel auf. Von dem sonst ähnlichen Knäkenten-♀ ist das ♀ auf den ersten Blick durch die hellblauen Oberflügeldekken zu unterscheiden. ♂ im Schlichtkleid ähnelt dem ♀.
Verbreitung: Nordamerika.
Wanderungen: Überwintert im südlichen Nordamerika, in Mittel- und Südamerika und wurde als Irrgast in Großbritannien, Irland, in den Niederlanden, in Dänemark, Schweden, Frankreich, Spanien und Italien nachgewiesen.

Nordamerikanische Pfeifente
Anas americana Gmelin

Kennzeichen: 51 cm. Größe und Gestalt wie die europäische Pfeifente, nur andere Gefiederfarben; ♂ im Prachtkleid mit weißem Scheitel und metallisch grünen Kopfseiten, Rest des Kopfes und Hals auf rahmfarbenem Grund schwarz gefleckt, Brust und Flanken weinfarben, auffallender weißer Schulterfleck wie bei unserer Pfeifente. ♀ ähnelt der grauen Phase von A. penelope und unterscheidet sich von dieser vor allem durch die weingraue, nicht braune Brust. ♂ im Schlichtkleid ähnelt dem ♀ und unterscheidet sich von diesem durch den weißen Schulterfleck.
Verbreitung: Nördliches Nordamerika.
Wanderungen: Überwintert im südlichen Nordamerika und wurde als Irrgast in Großbritannien, Schweden, in den Niederlanden, Frankreich und Spanien nachgewiesen.

GATTUNG: Aythya Boie

Halsringente
Aythya collaris (Donovan)

Kennzeichen: 43 cm. Im Prachtkleid ähnelt das ♂ einem Reiherenten-♂, die Unterschiede sind folgende: der Federschopf fehlt, die Scheitelfedern bilden nur eine kurze Haube, der Schnabel hat einen weißen Ring an der Basis und einen weiteren, breite-

ren hinter dem schwarzen Nagel. Ein dunkelbrauner, im Freien allerdings wenig auffallender Ring schließt den Hals basalwärts ab. Flanken und Bauch sind mehr lichtgrau statt weiß, ♀ ähnlich Reiherenten-♀, doch Schnabelbasis und Kinn weißlich, außerdem ein weißer Augenring und ein vom Auge nach hinten verlaufender Streif. Im Schlichtkleid ist das ♂ dem ♀ sehr ähnlich, nur dunkler und mit weniger Weiß am Kopf.
Verbreitung: Zentrales Nordamerika.
Wanderungen: Überwintert im südlichen Nord- sowie in Mittelamerika; als Irrgast in Großbritannien, Irland, in den Niederlanden, Belgien, Frankreich, Spanien, in der BRD, in Dänemark, Schweden sowie in der Schweiz nachgewiesen.

GATTUNG: Bucephala Baird

Büffelkopfente
Bucephala albeola (L.)

Kennzeichen: ♂ 39, ♀ 32 cm. Wesentlich kleiner als Schellente. Das ♂ im Prachtkleid ist durch den großen, weißen, sich über den Hinterkopf ziehenden Fleck mit keiner anderen Art zu verwechseln, Farbverteilung des übrigen Gefieders ähnlich Schellente. Das ♀ hat einen dunkelbraunen Kopf mit einem weißen Fleck hinter dem Auge und ist im übrigen dunkel- bzw. hellgrau. Das ♂ im Schlichtkleid ähnelt dem ♀.
Verbreitung: Nördliches Nordamerika.
Wanderungen: Überwintert im mittleren und südlichen Nordamerika. Als Irrgast in Island, Großbritannien und in der ČSSR nachgewiesen.

GATTUNG: Melanitta Boie

Brillenente
Melanitta perspicillata (L.)

Kennzeichen: ♂ 50,5, ♀ 47,5 cm. Größer als Stockente. Das ♂ im Prachtkleid unterscheidet sich von den ♂♂ der Samt- und Trauerente durch den weißen Stirn- und Nackenfleck und den auffallend bunten Schnabel, der beim ♂ an der Basis einen rundlichen schwarzen Fleck aufweist. Das ♀ ähnelt dem der Trauerente, über die Unterschiede s. bei Samtente. Die Kopfform erinnert an die der Eiderente, da sich bei ♂ und ♀ die Stirnbefiederung auf dem Oberschnabel fortsetzt.
Verbreitung: Nordwestliches Nordamerika.
Wanderungen: Überwintert an der West- und Ostküste Nordamerikas und wurde als Irrgast wiederholt in Europa (Britische Inseln, Färöer, Skandinavien, Finnland, Dänemark, Helgoland, Belgien, Niederlande, Frankreich) nachgewiesen.

GATTUNG: Somateria Leach

Plüschkopfente
Somateria fischerei (Brandt)

Kennzeichen: 53 cm. Etwas kleiner als unsere Eiderente. ♂ im Prachtkleid mit blaßgrünem Kopf, in dessen Mitte sich ein großes, etwa viereckiges weißes Feld befindet. Übriges Gefieder oberseits weiß, unterseits bleigrau. Im Schlichtkleid Kopf grau, das übrige Gefieder größtenteils bräunlich und schwarzgrau. ♀ ähnlich Eiderenten-♀, doch Kopfseiten und

Kinn merklich heller als das übrige Gefieder. Im Gegensatz zum Eiderenten-♀ ist der ganze Oberschnabel bis zu den Nasenlöchern befiedert.
Biotop: Arktische Küsten.
Verbreitung: Nordostsibirien und Alaska.
Wanderungen: Überwintert im Beringmeer; als Irrgast an den arktischen Küsten westwärts bis Norwegen nachgewiesen.

GATTUNG: Mergus Linné

Kappensäger
Mergus cucullatus L.

Kennzeichen: ♂ 44,5 cm. Etwa so groß wie Zwergsäger. ♂ und ♀ unterscheiden sich von den anderen Sägern durch die enorm verlängerten Scheitelfedern, die einen aufrichtbaren Schopf bilden. Beim ♂ sind Kopf und Hals schwarz, an den Kopfseiten ein breiter weißer Streifen hinter den Augen, beim ♀ sind Kopf und Hals hellbraun. Übriges Gefieder beim ♂ im Prachtkleid schwarz und weiß, Flanken rostbraun, beim ♀ ähnlich wie beim Mittelsäger.
Verbreitung: Nordamerika.
Wanderungen: Überwintert im südlichen Nordamerika, südwärts bis Mexiko und Kuba. Als Irrgast auf den Britischen Inseln und in Irland nachgewiesen.

GATTUNG: Anser Brisson

Schneegans
Anser caerulescens (L.)

Kennzeichen: ♂ 78, ♀ 70 cm. Eine mittelgroße Gans, deren westliche Unterart A. c. caerulescens in zwei Färbungsphasen vorkommt; entweder reinweiß mit schwarzen Schwingenenden oder blaugrau und weiß. Zwischen der weißen und blauen Phase kommen Übergänge vor. Bei beiden Phasen ist der Schnabel rot und schwarz, die Füße sind blaß rötlich. Juv. der weißen Unterart sind auf der Oberseite graubraun getönt. Die etwas größere östliche Unterart A. c. atlanticus kommt nur in der weißen Phase vor und ist feldornithologisch von der weißen Phase von A. c. caerulescens nicht zu unterscheiden.
Stimme: Einsilbige, kurz abgebrochene „kaaa" oder „kaak"-Rufe; an den Brutplätzen außerdem schnatternde Laute.
Biotop: Außerhalb der Brutzeit wie die grauen Gänse.
Verbreitung: Äußerster Nordosten Sibiriens, arktisches Nordamerika und Nordwestgrönland.
Wanderungen: A. c. caerulescens überwintert in Japan (sehr selten), China (selten) und im westlichen Nordamerika südwärts bis Mexiko; A. c. atlanticus überwintert an der Ostküste Nordamerikas. Als Irrgast wurde A. c. caerulescens auf Island und den Britischen Inseln, Norwegen, Schweden, Dänemark, in den Niederlanden, in Frankreich, in der BRD und DDR sowie in Polen nachgewiesen; A. c. atlanticus nur in Irland und Schottland.
Unterarten: a) A. c. caerulescens (L.): Äußerster Nordosten Sibiriens sowie arktisches Nordamerika ostwärts bis Baffinland; b) A. c. atlanticus (Kennard): Von Nord-Baffinland bis Nordwest-Grönland.

Streifengans
Anser indicus (Latham)

Kennzeichen: 76 cm. Eine mittelgroße, blaßgraue Gans; Kopf bei ad. weiß mit zwei hufeisenförmigen bräunlichschwarzen Bändern auf dem Scheitel und am Hinterkopf. Hinter- und Vorderhals sind ebenfalls bräun-

lichschwarz bzw. dunkelbraun und durch eine weiße sich vom Kopf fortsetzende Linie getrennt. Bei juv. verläuft das Braun vom Hinterkopf ohne Unterbrechung den Hinterhals entlang. Schnabel gelb mit schwarzem Nagel, Füße dunkelgelb.
Verbreitung: Zentralasien.
Wanderungen: Überwintert in Indien, Assam und im nördlichen Burma. In Finnland, Schweden, Dänemark, Großbritannien, in den Niederlanden sowie in der BRD und DDR und Ungarn nachgewiesen; wahrscheinlich hat es sich hierbei nicht um Irrgäste, sondern um aus der Gefangenschaft entwischene Exemplare gehandelt.

GATTUNG: Branta Scopoli

Rothalsgans
Branta ruficollis (Pallas)

Kennzeichen: 54,5 cm. Eine kleine zierliche Gans, die in allen Kleidern sofort durch ihr in Schwarz, Rostbraun und Weiß gehaltenes Gefieder auffällt. Bei juv. ist das Rotbraun blasser, der Rücken mehr schwarzbraun und das den rostbraunen Hals abschließende weiße Band nicht so scharf ausgeprägt wie bei Altvögeln.
Stimme: Die wohlklingenden Rufe bestehen aus zweisilbigen „ki-quo", „kik-wit", „ti-chi" und ähnlichen Lauten.
Biotop: Die arktische Tundra und zwar besonders dort, wo diese von Flüssen durchzogen wird.
Verbreitung: Das Brutgebiet ist auf die Halbinsel Jamal und Nordwestsibirien (Mündungsgebiet des Ob und Jenissei) beschränkt.
Wanderungen: Überwintert am Südrand des Kaspischen Meeres, im Iran und am Unterlauf von Euphrat und Tigris; vereinzelte Exemplare gelangen gelegentlich nach Mittel- und Westeuropa, in z. T. größeren Flügen auch nach Südosteuropa (Bulgarien). Als Irrgast in fast allen europäischen Ländern nachgewiesen, westwärts bis Island, Großbritannien, Niederlande, Belgien, Frankreich und Spanien.

ORDNUNG: FALCONIFORMES

FAMILIE: Aegypiidae — **Geier**

GATTUNG: Torgos Kaup

Ohrengeier
Torgos tracheliotus (Forster)

Kennzeichen: Größe wie Kuttengeier. Gefieder überwiegend dunkelbraun. Kopf und Vorderhals nackt und rot. Unterseite mit dichten weißen Dunen bedeckt, auf der Brust vereinzelte lange braune Federn. Der mächtige Schnabel und die Füße blaugrau.
Verbreitung: Nordafrika (selten), Ost- und Südafrika.
Wanderungen: Standvogel, der nur ausnahmsweise außerhalb seines Verbreitungsgebietes angetroffen wird. Für Europa liegen zwei Nachweise vor: Ein Exemplar wurde in der Crau (Südfrankreich) erlegt, zwei weitere wurden im September 1940 in den Zentral-Pyrenäen beobachtet.

FAMILIE: Accipitridae **Habichte**

GATTUNG: Meliërax G. R. Gray

Singhabicht
Meliërax metabates Heuglin

Kennzeichen: ♂ 38, ♀ 48 cm. Gesamteindruck hellgrau, Bürzel und Unterseite von der Brust an abwärts dunkelgrau gebändert („gesperbert"); die Oberschwanzdecken sind weiß und grau gebändert. Die inneren Steuerfedern sind schwarz, die äußeren weiß mit schwarzer Bänderung. Schnabel orangerot mit schwarzer Spitze, Füße orangerot. Bis auf den Größenunterschied sind die Geschlechter ähnlich.
Verbreitung: Südwestliches Marokko; von Westafrika ostwärts bis Äthiopien und Südwest-Arabien, südwärts bis Angola und Mocambique.
Wanderungen: Standvogel, der nordafrikanische Singhabicht ist teilweise Zugvogel. Als Irrgast am 13. 7. 1963 bei Algeciras, Cadiz (Spanien) erstmals für Europa nachgewiesen.
Unterart: M. m. metabates Heuglin.

GATTUNG: Elanoides Vieillot

Schwalbenweihe
Elanoides forficatus (L.)

Kennzeichen: 61 cm. Ein schwarzweißer Raubvogel mit langem, tief gegabeltem Schwanz von der Größe eines großen Falken, Flügel wie bei diesen spitz zulaufend. Oberseite einschließlich Flügel und Schwanz schwarzblau. Kopf und Unterseite weiß, Flug schwalbenartig.
Biotop: Sumpfige Flußniederungen.
Verbreitung: Südliches Nordamerika, Mittel- und Südamerika.
Wanderungen: Überwintert in Mittel- und Südamerika; zweimal als Irrgast nachgewiesen (Riesa/Sachsen, Erkelenz/Rheinland); soll wiederholt in England erbeutet worden sein.
Unterarten: E. f. forficatus (L.).

FAMILIE: Falconidae **Falken**

GATTUNG: Falco Linné

Blaufalke
Falco concolor Temminck

Kennzeichen: So groß wie unser Baumfalke. Insgesamt dunkel schiefergrau, Oberseite etwas blasser, Füße rötlichgelb. Im Jugendkleid Unterseite auf rostbraunem Grund schwarzgrau gefleckt, Schwanzfedern mit blaß rostfarbenen Querbinden auf der Innenfahne und rostfarbenem Endsaum.
Verbreitung: Küsten und Inseln des Roten Meeres, Küste Ostafrikas von Somalia bis Mozambique und Madagaskar.
Wanderungen: Überwintert im Brutgebiet und seiner weiteren Umgebung. Am 18. 8. 1970 und am 16. 6. 1971 wurde je ein Blaufalke auf Malta geschossen. Erstnachweis für Europa.

Buntfalke
Falco sparverius L.

Kennzeichen: 27 cm. Ein kleiner Falke mit auffallend buntem, rostrot, grau, schwarz und weiß gezeichnetem Kopf (♂ und ♀). Das ♂ unterscheidet sich von anderen kleinen Falken durch rostroten Schwanz mit breiter schwarzer Endbinde; das ♀ ähnelt bis auf

den bunten Kopf einem Turmfalken-♀
Stimme: Ruft schnell und hoch „klih klih klih" oder „killi killi killi".
Verbreitung: Nordamerika.
Wanderungen: Überwintert im südlichen Nordamerika und in Mittelamerika. Als Irrgast für Großbritannien, Irland und Dänemark nachgewiesen.
Unterarten: F. s. sparverius L.

ORDNUNG: GRUIFORMES

FAMILIE: Gruidae

Kraniche

GATTUNG: Grus Pallas

Schneekranich
Grus leucogeranus Pallas

Kennzeichen: ♂ 137, ♀ 128,5 cm. Ein schneeweißer Kranich von der Größe unseres Kranichs mit schwarzen Handschwingen, unbefiedertem roten Gesicht, bräunlichrotem Schnabel und mattroten Beinen. Bei immat. ist das Gesicht befiedert, Kopf, Hals und Vorderrücken sind kastanienbraun, die übrigen weißen Federn haben rötlichbraune Spitzen.
Verbreitung: Drei weit voneinander getrennte Areale in Nordwest- und Nordostsibirien.
Wanderungen: Die Überwinterungsgebiete liegen im nördlichen Iran und Nordwestindien bzw. in Südchina. Auf dem Zug wird der Westrand des Kaspischen Meeres berührt. Als Irrgast einmal in Schweden nachgewiesen.

Kanadakranich
Grus canadensis (L.)

Kennzeichen: 100 cm. Kleiner als unser Kranich; grau einschließlich der innersten gebogenen, jedoch nicht zerschlissenen Armschwingen. Stirn rot, Wangen und Kehle weiß.
Verbreitung: Nordostsibirien, Nordamerika und Kuba.
Wanderungen: Überwintert in Südostasien bzw. im südlichen Nord- und Mittelamerika. Wurde für Irland nachgewiesen.

FAMILIE: Rallidae

Rallen

GATTUNG: Porzana Vieillot

Karolina-Ralle
Porzana carolina (L.)

Kennzeichen: 22 cm. Einer Tüpfelralle sehr ähnlich, von der sie sich mit Sicherheit nur aus der Nähe durch folgende Merkmale unterscheiden läßt: bei ad. ist die Stirn schwarz, die Kopfseiten ungefleckt schiefergrau, Kehle in der Mitte schwarz, an den Seiten ebenfalls schiefergrau, Schnabel gelb bis gelbgrün ohne Rot an der Basis. Juv. haben ungefleckte weiße Kehle und ungefleckten Hals, Brust braungelblich, Oberkopf braun mit schwarzem Mittelstreifen.
Verbreitung: Nordamerika.
Wanderungen: Überwintert im südlichen Nordamerika, in Mittel- und Südamerika; als Irrgast in Großbritannien und Schweden nachgewiesen.

GATTUNG: Porphyrula Blyth

Afrika-Sultansralle
Porphyrula alleni (Thompson)

Kennzeichen: 25,5 cm. Etwas kleiner als Teichralle; Oberkopf, Kopfseiten und Hinterkopf schwarz, Oberseite düster olivgrün, Unterseite und Nakken ultramarinblau, Bauchmitte schwärzlich, Unterschwanzdecken weiß. Stirnplatte dunkel grünlichblau, Schnabel rot, Füße braunrot. Juv. oberseits dunkelbraun mit breiten gelbbraunen Säumen, Unterseite ockergelblich.
Verbreitung: Tropisches Afrika und Madagaskar.
Wanderungen: Standvogel; als Irrgast in Großbritannien (Oktober bis Mai, meist im Dezember), in Dänemark, Bayern, Frankreich, Spanien, Italien und Sizilien nachgewiesen.

Amerika-Sultansralle
Porphyrula martinica (L.)

Kennzeichen: So groß wie eine Teichralle (33 cm). Kopf und Unterseite tief purpurviolett, Nacken leuchtend violettblau, Oberseite grünlich olivbraun, Unterschwanzdecken weiß, Stirnplatte blaß bläulichweiß, Schnabel rot mit gelber Spitze, Füße grünlichgelb.
Verbreitung: Südliches Nordamerika, Mittel- und Südamerika.
Wanderungen: Überwintert in Mittel- und Südamerika; wurde 1958 erstmals für Europa auf den Scilly-Inseln (England) nachgewiesen.

GATTUNG: Porphyrio Brisson

Smaragdralle
Porphyrio madagascariensis (Latham)

Kennzeichen: 43 cm. In der Größe zwischen Bleß- und Purpurralle stehend, von der sie sich durch bräunlichgrüne Oberseite unterscheidet. Stirnplatte, Schnabel und Füße lebhaft rot. Verhalten wie das verwandter Arten.
Verbreitung: Afrika vom Südrand der Sahara bis zum Kapland, im Niltal bis Unterägypten; Madagaskar. Als Irrgast in Italien, auf Sardinien und Sizilien nachgewiesen.

ORDNUNG: CHARADRIIFORMES

FAMILIE: Charadriidae — **Regenpfeifer**

GATTUNG: Chettusia Bonaparte

s. Tafel S. 80, 83

Weißschwanzkiebitz
Chettusia leucura Lichtenstein

Kennzeichen: 27 cm. Kleiner als Steppenkiebitz, von dem er sich durch reinweißen Schwanz unterscheidet. Hochbeinig; im Fluge fallen die breiten weißen, nach vorn schwarz begrenzten Flügelbinden auf. Stirn und Zügel weißlich rahmfarben, übrige Oberseite fahl braun mit rötlichviolettem Schimmer. Handschwingen schwarz, Armschwingen weiß mit schwarzen Spitzen. Kehle weiß, Hals braun, Brust aschgrau, übrige Unterseite rahmfarben. Unterflügeldecken weiß. Füße hellgelb. Bei jüngeren Vögeln fehlt der metallische Schimmer auf der Oberseite und die Schwanzfedern haben braune Spitzen.
Verbreitung: Südwestasien von Turke-

stan bis Syrien, im Süden bis Irak (Schatt el Arab) und Iran.
Wanderungen: Überwintert in Ägypten, im östlichen Sudan, im südlichen Iran und in Nordindien. Als Irrgast an der unteren Wolga, in Finnland, Schweden, England, in den Niederlanden, in Frankreich, in der DDR, in Polen, Österreich, Ungarn, Rumänien, auf Malta und Sizilien sowie in Griechenland nachgewiesen.

GATTUNG: Charadrius Linné

Kleiner Sandregenpfeifer
Charadrius semipalmatus Bonaparte

Kennzeichen: 17 cm. Sehr ähnlich unserem Sandregenpfeifer, unterscheidet sich aber von diesem durch geringere Größe, einen kürzeren und verhältnismäßig dickeren Schnabel sowie ein schmaleres schwarzes Kropfband. Die bei Ch. hiaticula sehr kleine Spannhaut an der Basis zwischen Außen- und Mittelzehe ist bei semipalmatus ausgedehnter und auch zwischen der Innen- und Mittelzehe befindet sich eine kurze, aber sehr deutliche Spannhaut.
Verbreitung: Brütet an den arktischen Küsten Nordamerikas vom Bering-Meer bis zum südlichen Baffin-Land, südwärts bis zum Yukon-Tal und den Königin-Charlotte-Inseln, im südlichen Britisch-Kolumbien, an der James-Bai, am Nordufer des St. Lorenz-Stromes sowie in Neu-Braunschweig und in Neu-Schottland.
Wanderungen: Der Kleine Sandregenpfeifer überwintert vom südlichen Nordamerika an südwärts bis Patagonien, auf den westindischen- und Galapagos-Inseln. Gelegentlich an den Küsten Nordostsibiriens, Westgrönlands und auf den Bermudas. Für Europa liegen nur zwei Nachweise vor (Island und England).

Keilschwanzregenpfeifer
Charadrius vociferus L.

Kennzeichen: 25,5 cm. Auf den ersten Blick sieht diese Art fast wie ein großer Sandregenpfeifer aus, von dem er sich aber in allen Kleidern durch das doppelte schwarze Brustband unterscheidet. Im Fluge fallen der rostbraune Bürzel und der verhältnismäßig lange keilförmige Schwanz besonders auf.
Verbreitung: Nordamerika.
Wanderungen: Überwintert im südlichen Nordamerika, in Mittel- sowie im nördlichen Südamerika; als Irrgast wiederholt auf den Britischen Inseln und je einmal in Norwegen, Frankreich und in der Schweiz nachgewiesen.
Unterarten: Ch. v. vociferus L.

Mongolenregenpfeifer
Charadrius mongolus Pallas

Kennzeichen: 20 cm. ♂ und ♀ sehen im Brutkleid, besonders aber im Ruhekleid einem Wüstenregenpfeifer sehr ähnlich. Die weit auseinander liegenden Populationen (s. „Verbreitung“) unterscheiden sich im Brutkleid durch ihre Kopfzeichnung; Bei den ♂♂ von pamirensis und atrifrons ist die Stirn schwarz, bei den ♂♂ von mongolus und stegmanni weiß. Die

♀♀ von pamirensis und atrifrons sind blasser, ihre weißliche Stirn ist mit braunen Federchen durchsetzt. Die ♀♀ von mongolus und stegmanni ähneln ihren ♂♂. Zügel und Ohrdecken schwarz, Scheitel und Hinterkopf graubraun mit zimtbrauner Einfassung. Übrige Oberseite einschl. der Steuerfedern graubraun. Kinn und Kehle weiß, ein breites Kropfband und die Brustseiten sind zimtbraun. Bei mongolus und stegmanni ist die weiße Kehle von der Brust durch einen schwärzlichen oder dunkelbraunen Streifen getrennt, der bei pamirensis und atrifrons fehlt. Übrige Unterseite weiß. Der schwarze Schnabel schwächer als beim Wüstenregenpfeifer. Die Füße sind gelblich olivgraubraun. Im Ruhekleid gleichen sich ♂ und ♀. Stirn und Überaugenstreifen sind weiß, die Oberseite graubraun, Kropfband und Flanken fahlbraun. Das Jugendkleid entspricht dem Ruhekleid der Altvögel.
Verbreitung: Hochgebirge Innerasiens (Ch. m. pamirensis und atrifrons), nordöstliches Sibirien einschl. Kamtschatka (Ch. m. mongolus und stegmanni).
Wanderungen: Überwintert von den Küsten Ost- und Südafrikas sowie Madagaskars ostwärts durch Indien bis Südostasien, auf den Philippinen, den Großen und Kleinen Sundainseln, auf Neuseeland und in Australien. Am 17. 9. 1964 wurde diese Art im Rheindelta beobachtet. Erstnachweis für Europa. 1973 erstmals für Norwegen nachgewiesen.

Wüstenregenpfeifer
Charadrius leschenaultii Lesson

Kennzeichen: 22 cm. Größer als Sandregenpfeifer, Schnabel kräftiger. Im Brutkleid beim ♂ Stirn in der Mitte schwarz mit beiderseitiger weißer Einfassung, Zügel und Ohrgegend schwarz, Oberseite graubraun, Unterseite bis auf ein breites rostrotes Brustband weiß. ♀ wie ♂, doch Stirn- und Kopfseiten ohne Schwarz. Ruhekleid mit brauner statt schwarzer Kopfzeichnung und fahlbraunem Brustband.
Verbreitung: Kleinasien und vom Südwestrand des Kaspischen Meeres quer durch Asien bis in die nördliche Mongolei.
Wanderungen: Zu den Zugzeiten an der ostafrikanischen Küste, an den Küsten Madagaskars, im südlichen Asien und Australien. Als Irrgast für Großbritannien, Irland, Schweden, Finnland, die Niederlande, Frankreich, die DDR, Polen, Malta und Griechenland nachgewiesen.

GATTUNG: Pluvialis Brisson

Kleiner Goldregenpfeifer
Pluvialis dominica (Müller)

Kennzeichen: 24 cm. Sehr ähnlich der nördlichen Unterart des Goldregenpfeifers; unterscheidet sich jedoch von diesem und dem Kiebitzregenpfeifer in allen Kleidern durch graubraune Unterflügel. Die amerikanische Unterart (P. d. dominica) ist von der sibirischen (P. d. fulva) im Brutkleid kaum zu unterscheiden, nur erscheint bei fulva die Oberseite stärker goldgelb gefleckt. Auffallend ist der Unterschied in der Flügellänge; diese beträgt bei dominica 176–189 mm, bei fulva nur 164–175 mm! Auch im Ruhekleid sind sich beide Unterarten sehr ähnlich; bei dominica ist die Oberseite braun und sehr wenig, bei fulva jedoch stärker goldgelb gefleckt.
Verbreitung: Nördliches Sibirien und nördliches Nordamerika.
Wanderungen: P. d. dominica überwintert in Südamerika und wurde als Irrgast auf den Britischen Inseln, in Schweden und auf Helgoland nachgewiesen; P. d. fulva überwintert in Südostasien und Australien und wurde wiederholt als Irrgast in Europa nachgewiesen (Norwegen, Schweden, Finnland, Großbritannien, Helgoland, Niederlande, Italien und Spanien).
Unterarten: a) P. d. dominica (Müller): Arktisches Nordamerika ostwärts Point Barrow; b) P. d. fulva (Gmelin): Nördliches Sibirien und westliches Alaska.

GATTUNG: Limnodromus Wied

Kurzschnabel-Schlammläufer
Limnodromus griseus (Gmelin)

Kennzeichen: 25 cm. Ein schnepfenähnlicher Vogel von der Größe einer Bekassine, der auffallend lange, gerade Schnabel ist vorn spatelartig abgeplattet. Charakteristisch ist die Schnabelhaltung; er wird in einem Winkel von etwa 45° vom Körper weggehalten. Im Brutkleid überwiegend rostbraun, im Ruhekleid grau. Von nahestehenden Arten unterscheidet sich der Schlammläufer durch den weißen Hinterrücken, der namentlich im Fluge auffällt; Bürzel und Schwanz sind auf weißem Grund dunkelbraun gebändert.
Verbreitung: Nördliches Nordamerika.
Wanderungen: Überwintert in Mittel- und Südamerika; wiederholt als Irrgast auf den Britischen Inseln sowie für Frankreich, Dänemark, Norwegen und Schweden nachgewiesen. Am 9. 5. 1963 wurden 3 Ex. auf Wangerooge beobachtet und die Art damit erstmals als Irrgast für die BRD festgestellt.

Langschnabel-Schlammläufer
Limnodromus scolopaceus (Say)

Kennzeichen: 29 cm. Im freien Felde vom Kurzschnabel-Schlammläufer nicht zu unterscheiden; im Durchschnitt ist er dunkler und etwas größer, was sich in der Flügel- und Schnabellänge bemerkbar macht (Flügel bei scolopaceus 151 mm, bei griseus 146 mm, Schnabel beim scolopaceus-♂ 61 mm, beim griseus-♂ 56 mm). Unterseite im Brutkleid fast völlig rostfarben. Querbänderung des Schwanzes stärker, so daß dieser dunkler erscheint. Juv. gleichfalls dunkler, mehr bräunlich.
Biotop: Zu den Zugzeiten vor allem an Küsten mit Schlickflächen.
Verbreitung: Nordostsibirien und Alaska.
Wanderungen: Überwintert im Süden Nordamerikas und in Mittelamerika. Als Irrgast für Großbritannien, Irland, die Niederlande, Norwegen, Schweden und Dänemark nachgewiesen.

GATTUNG: Numenius Brisson

Zwergbrachvogel
Numenius minutus Gould

Kennzeichen: 30 cm. Ein sehr kleiner Brachvogel mit auffallend kurzem Schnabel, der stets kürzer als der blaugraue Lauf ist. Oberseite schwarzbraun mit hell rostfarbenen, am Hinterrücken und Bürzel mit weißlichen Federsäumen. Unterseite blaß ockergelblich, in der Mitte weiß. Steuerfedern bräunlichgrau mit schmalen braunschwarzen Querbinden. Scheitel mit hell rostfarbenem Längsstreif; der auffallend breite Überaugenstreif blaß ockergelblich. Vor dem Auge ein schwarzbrauner Fleck, der sich hinter dem Auge in einen schmalen Streif fortsetzt. Das Ruhekleid gleicht dem Brutkleid.
Verbreitung: Gebirgstundren im nordöstlichen Sibirien.
Wanderungen: Überwintert in Australien und Tasmanien. Am 14. 7. 1969 auf der Varanger-Halbinsel (Norwegen) festgestellt und damit erstmals für Europa nachgewiesen.

* Eskimo-Brachvogel – Numenius borealis (J. R. Forster). Nach Nowak (1979) liegen für Großbritannien und Irland 7 Nachweise aus dem 19. Jh. für diese heute wahrscheinlich ausgerottete Art vor. Ehemaliges Brutgebiet: Nördliches Kanada.

GATTUNG: Catoptrophorus Bonaparte

Grauer Schlammtreter
Catoptrophorus semipalmatus (Gmelin)

Kennzeichen: 39,5 cm. Ein hochbeiniger und langschnäbliger oberseits grauer und unterseits weißer Vogel vom Aussehen einer Uferschnepfe mit auffallender schwarzweißer Flügelzeichnung. Im Fluge überragen die bläulichen Füße den Schwanz.
Verbreitung: Östliches Nordamerika.
Wanderungen: Überwintert von Nord-Carolina und den Bahama-Inseln bis Brasilien; als Irrgast in Schweden, Frankreich und Jugoslawien nachgewiesen.
Unterarten: C. s. semipalmatus (Gmelin).

GATTUNG: Tringa Linné

s. Tafel S. 89, 95

Gelbschenkel
Tringa flavipes (Gmelin)

Kennzeichen: 25,5 cm. Kleiner als Rotschenkel, der schwarze Schnabel ebenso lang wie bei diesem, jedoch dünner, lange hellgelbe Beine. Oberseite im Brutkleid schwarzbraun mit heller Fleckung, im Ruhekleid graubraun und weniger stark gefleckt; Unterseite weiß, an Brust und Flanken schwach dunkel gefleckt. Von verwandten Arten unterscheidet sich der Gelbschenkel durch dunkel aschbraunen Hinterrücken und Bürzel und die weißen, mehr oder weniger aschbraun gebänderten Oberschwanzdekken. Im Fluge fallen die aschbraunen Handschwingen, die weißen, braunschwarz gebänderten Unterflügeldekken und der weiße, dunkelbraun gebänderte Schwanz auf.
Verbreitung: Nördliches Nordamerika.
Wanderungen: Überwintert in Südamerika und wurde als Irrgast auf den Britischen Inseln, in den Niederlanden, in Norwegen, Schweden, BRD, Österreich, Ungarn und auf Sardinien festgestellt.

Einsamer Wasserläufer
Tringa solitaria Wilson

Kennzeichen: 19,5 cm. Sehr ähnlich dem Waldwasserläufer, von dem er sich jedoch durch dunklen – nicht weißen – Bürzel unterscheidet. Oberseits dunkelbraun mit kleinen weißen Tüpfelchen, unterseits weißlich. Im Fluge fallen die dunklen Unterflügel und die weißen Kanten des dunklen Schwanzes auf. Die olivgrünen Füße überragen im Fluge kaum das Schwanzende.
Verbreitung: Nördliches Nordamerika.
Wanderungen: Überwintert in Mittel- und Südamerika und wurde als Irrgast auf Island und den Britischen Inseln, in Irland, Belgien, Frankreich sowie in der BRD (Trischen 1963) nachgewiesen (Neumeister in litt.).
Unterarten: T. s. solitaria Wilson.

Großer Gelbschenkel
Tringa melanoleuca (Gmelin)

Kennzeichen: 30,5 cm. Der Große Gelbschenkel ist in Gestalt und Aussehen dem Grünschenkel nicht unähnlich und die um ein Drittel größere Ausgabe des Gelbschenkels, dem er sonst außerordentlich ähnlich sieht. Der Schnabel ist länger als bei Gelb- und Rotschenkel und gewöhnlich leicht aufgeworfen.
Verbreitung: Nordamerika von Alaska bis Neufundland.
Wanderungen: Überwintert vom südlichen Nordamerika bis Südamerika; als Irrgast in Island, auf den Britischen Inseln und Irland nachgewiesen.

Drosseluferläufer
Tringa macularia (L.)

Kennzeichen: 19 cm. Unserem Flußuferläufer sehr ähnlich, von dem er sich im Brutkleid nur dadurch unter-

scheidet, daß die Unterseite vereinzelte rundliche schwarze Flecke aufweist. Junge und ad. im Ruhekleid sind im Freien nicht vom Flußuferläufer zu unterscheiden.
Verbreitung: Nordamerika. Hat 1975 ausnahmsweise in Schottland gebrütet; erster Brutnachweis für Europa.
Wanderungen: Die Überwinterungsgebiete erstrecken sich vom südlichen Nordamerika bis Südamerika. Als Irrgast einigemale in Europa nachgewiesen (Großbritannien, Irland, Niederlande, Belgien, BRD, DDR [Rügen], Schweiz, Spanien).

GATTUNG: Bartramia Lesson

Prärieläufer
Bartramia longicauda (Bechstein)

Kennzeichen: 26,5 cm. Etwa so groß wie ein Kampfläufer-♀. Ein Vogel vom „Aussehen eines Wasserläufers und dem Verhalten eines Regenpfeifers" (Tucker). Oberseits dunkler, unterseits heller braun, Schnabel mäßig lang, relativ kurze Beine. Der Schwanz ist auffallend lang. Flügelbinden oder andere auffällige Merkmale fehlen. Im Fluge fallen die dunkel gebänderten Handschwingen, der schwarzbraune Bürzel und die ebenso gefärbten Oberschwanzdecken auf.
Verbreitung: Nordamerika.
Wanderungen: Überwintert in Südamerika und wurde als Irrgast wiederholt auf den Britischen Inseln, in den Niederlanden, in Frankreich, Dänemark, Schweden, in der BRD und in Italien nachgewiesen.

GATTUNG: Calidris Merrem

s. Tafel S. 92, 93, 94

Sandstrandläufer
Calidris pusilla (L.)

Kennzeichen: 14,5 cm. So groß wie Zwergstrandläufer; sieht dem Amerikanischen Zwergstrandläufer sehr ähnlich, von der er sich jedoch durch grauere Tönung des Gefieders unter-

½ nat. Gr.

scheidet (C. minutilla ist mehr rotbraun). Brutkleid oberseits gräulichbraun mit ausgedehnten schwarzen Federmitten und einigen rotbraunen Säumen. Unterseite weiß, Kehle und Brustseiten dunkelbraun gefleckt.
Ruhekleid oberseits bräunlichgrau mit dunklen Schaftstrichen, Kehle und Brustseiten fast oder ganz ungefleckt. Füße sehr dunkel olivfarben, fast schwärzlich. Hat man den Vogel in der Hand, so sieht man, daß der gerade Schnabel breiter ist als bei den anderen kleinen Calidris-Arten und die Zehen durch Spannhäute verbunden sind.
Verbreitung: Arktisches Nordamerika.
Wanderungen: Überwintert in Mittel- und Südamerika; als Irrgast in England, Irland, in Niedersachsen und in Frankreich nachgewiesen.

Alaska-Strandläufer
Calidris mauri (Cabanis)

Kennzeichen: 16,5 cm. Dem Sandstrandläufer sehr ähnlich, doch etwas größer und gröber gefleckt; der Schnabel ist länger, an der Basis dicker und oft leicht nach abwärts gebogen (s. Abb.). Oberkopf und Rücken sind im Brutkleid rostfarbener als beim

½ nat. Gr.

Sandstrandläufer, die Füße sind schwarz.
Verbreitung: Alaska.
Wanderungen: Überwintert an den Küsten des südlichen Nordamerika, Mittelamerikas und des nördlichen Südamerika; wurde 1956 erstmals auf der Fair-Insel (Shetland-Inseln) als Irrgast für Europa nachgewiesen. Weitere Nachweise liegen für England, Irland, Dänemark und Portugal vor.

Rotkehlstrandläufer
Calidris ruficollis (Pallas)

Kennzeichen: 15,5 cm. Einem Zwergstrandläufer sehr ähnlich, doch etwas größer, die schwarzen Füße sind kürzer und kräftiger. Im Brutkleid sind Kehle, Hals- und Kopfseiten unterhalb der Augen rostrot, das Kinn ist weiß. Im Ruhekleid Oberseite heller und gräulicher als beim Zwergstrandläufer. Juv. oberseits meist weniger rostfarben, doch oft von denen des Zwergstrandläufers nicht zu unterscheiden.
Verbreitung: Nordsibirien von der östlichen Taimyr-Halbinsel an ostwärts bis zur Tschuktschen-Halbinsel.
Wanderungen: Überwintert von Ostasien bis Südostasien und Australien. Wurde am 10. 8. 1968 bei Wilhelmshaven (BRD) erstmals für Europa nachgewiesen. Weitere Nachweise liegen für Großbritannien vor.

Amerikanischer Zwergstrandläufer
Calidris minutilla (Vieillot)

Kennzeichen: 13,5 cm. Dem Zwergstrandläufer sehr ähnlich und schwer von diesem zu unterscheiden; das Brutkleid ist etwas dunkler und weniger roströtlich. Füße nie schwarz wie bei minuta, sondern meist gelblichgrün.
Biotop: Zu den Zugzeiten an schlammigen Rändern stehender und fließender Gewässer sowie auf Wattflächen.
Verbreitung: Arktisches Nordamerika.
Wanderungen: Überwintert in Südamerika; als Irrgast in England, Frankreich und Finnland nachgewiesen. Vom 19. 9. bis 3. 10. 1978 hielt sich ein Exemplar bei Hildesheim auf; Erstnachweis für die BRD (Becker).

½ nat. Gr.

Langzehen-Strandläufer
Calidris subminuta (Middendorff)

Kennzeichen: 15 cm. Sehr ähnlich C. minutilla, jedoch etwas größer. Brutkleid lebhafter gefärbt, Oberseite mit helleren rotbraunen Säumen. Ruhekleid dem Brutkleid sehr ähnlich; Hinterhals grauer, Oberseite dunkler, die schwarzen Federmitten ausgedehnter und der Oberkopf schwärzer als bei C. minutilla. Schnabel schwarz, Füße grünlichgelb bis gelblichbraun. Zehen auffallend lang; Mittelzehe durchschnittlich 18,7 mm (bei C. minuta nur 15,3 mm).
Verbreitung: Nordostsibirien bis Kamtschatka.
Wanderungen: Überwintert in Süd- und Südostasien. Vom 4. 10. bis mindestens zum 5. 11. 1977 hielt sich dieser Strandläufer bei Ottenby an der Südspitze Ölands (Schweden) auf und wurde damit erstmalig für Europa nachgewiesen.

Weißbürzelstrandläufer
Calidris fuscicollis (Vieillot)

Kennzeichen: 17 cm. So groß wie der Kleine Alpenstrandläufer (C. a. schinzii). Die weißen Oberschwanzdecken, die sich kontrastreich gegen den dunkelbraunen Bürzel und den graubraunen Schwanz abheben, die

½ nat. Gr.

längsgefleckte Brust und der kurze, gerade Schnabel unterscheiden ihn von verwandten Arten. Oberseits im Brutkleid schwarzbraun mit rostroten und bräunlichen Säumen, im Ruhekleid aschbraun mit dunklen Federmitten; Unterseite weiß, im Brutkleid mit bräunlichschwarzen, im Ruhekleid mit bräunlichgrauen Längsflecken.
Verbreitung: Arktisches Nordamerika.
Wanderungen: Überwintert in Südamerika; als Irrgast auf Spitzbergen und Island, in Großbritannien, Irland, Norwegen, Schweden, in den Niederlanden, Frankreich, Spanien, in der BRD (Niedersachsen), Österreich und in der Schweiz festgestellt.

Baird-Strandläufer
Calidris bairdii (Coues)

Kennzeichen: 18 cm. So groß wie Alpenstrandläufer, doch kurzschnäbliger; im übrigen einem Weißbürzel-Strandläufer recht ähnlich, unterscheidet sich aber von diesem und

½ nat. Gr.

anderen nachstehenden Arten durch dunklen Rücken, Bürzel und Schwanz und die gleichfalls dunklen Oberschwanzdecken und den rein weißen Bauch, Brutkleid oberseits schwarzbraun, Federn rötlich-rahmfarben gesäumt, Brust und Flanken auf trüb rahmfarbenem Grund dunkel längsgefleckt, übrige Unterseite weiß. Ruhekleid ähnlich.
Verbreitung: Brütet im arktischen Nordamerika.
Wanderungen: Überwintert in Südamerika; als Irrgast in Großbritannien, Irland, Norwegen, Schweden, Finnland und in den Niederlanden nachgewiesen.

Graubruststrandläufer
Calidris melanotos (Vieillot)

Kennzeichen: 19 cm. So groß wie Alpenstrandläufer (C. a. alpina), die gelb- oder grünlichbraunen Beine etwas länger, der schwärzliche, sanft gekrümmte Schnabel etwas kürzer als bei diesem. Der schwarzbraune Oberkopf hebt sich deutlich gegen den hellen Überaugenstreif ab, Kinn

½ nat. Gr.

ebenfalls weißlich. Nacken und Rükken schwärzlich und rostbraun längsgefleckt, wodurch zusammen mit weißen Streifen auf dem Rücken eine auffällig schuppige Zeichnung entsteht. Die auf hell rahmfarbenem Grund dunkel gefleckte Brust ist ohne Übergang gegen die übrige rein weiße Unterseite abgesetzt. Im Fluge fallen der dunkle Bürzel und der graubraune, in der Mitte fast schwarze Schwanz auf, eine Flügelbinde fehlt fast völlig. Ruhekleid ähnlich.
Stimme: Im Fluge „tirrp-tirrp" oder „trrit-trrit", auch vokallos „prrrt" oder „krrrt".
Biotop: Auf dem Zuge selten am Strand, sondern mehr auf kurzgrasigen, mit Wasserlachen durchsetzten Wiesen und an sumpfigen Bachufern.
Verbreitung: Nordostsibirien und arktisches Nordamerika.
Wanderungen: Überwintert in Südamerika und z. T. auch in Australien und Neuseeland. Wurde als Irrgast oft auf den Britischen Inseln und vereinzelt im übrigen Europa (Island, Norwegen, Schweden, Finnland, Niederlande, Belgien, Frankreich, Spanien, Italien, Schweiz, Österreich, BRD, DDR) nachgewiesen; April/Mai, September/Oktober.

Spitzschwanz-Strandläufer
Calidris acuminata (Horsfield)

Kennzeichen: 19 cm. Sehr ähnlich dem Graubrust-Strandläufer; beide Arten unterscheiden sich dadurch, daß bei acuminata die Brust nicht gleichmäßig und durchgehend gefleckt ist, sondern sich die Fleckung auf die Seiten beschränkt und in der Brustmitte nur angedeutet ist. Außerdem sind – im Gegensatz zu melanotos – auch die Flanken gefleckt. Während bei melanotos Brut- und Ruhekleid sehr ähnlich sind, ist bei acuminata im Ruhekleid die Unterseite fast weiß, und nur Brustseiten und Flanken sind auf fahl gelblichgrauem Grund fein braunschwarz gezeichnet. Hat man den Vogel in der Hand, so ist seine Bestimmung nicht schwierig, da die Gestalt der Steuerfedern charakteristisch und bei beiden Arten verschieden ist (s. Abb.).

½ nat. Gr.

Stimme: Ein kurzes, weiches „pliep, pliep" (Nelson).

Biotop: Außerhalb der Brutzeit an Flußmündungen, Seen und in offenem sumpfigen Gelände.

Verbreitung: Brütet in Nordostsibirien von der Lena bis zur Tschuktschen-Halbinsel.

Wanderungen: Zieht durch Kamtschatka, Japan und China; überwintert im südostasiatischen Raum und in Australien, ausnahmsweise auch in Neuseeland. Wurde einige Male für Großbritannien sowie für Irland, die Niederlande, Belgien, Frankreich, Norwegen und Schweden nachgewiesen.

GATTUNG: Micropalama Baird s. Tafel S. 93

Bindenstrandläufer
Micropalama himantopus (Bonaparte)

Kennzeichen: 21 cm. Ein Vogel von der Größe und Gestalt eines Teichwasserläufers. Im Ruhekleid ähnelt er einem Gelbschenkel, ist aber an den grünlichgelben (nicht leuchtend gelben) Beinen, dem hellen Überaugenstreif und den dunkleren Flügeln von diesem zu unterscheiden. Im Fluge fallen der weiße Schwanz und die weißen Oberschwanzdecken auf. Im Brutkleid kann der Bindenstrandläufer mit keiner anderen Art verwechselt werden: die rostroten Wangen und die dunkel gebänderte Unterseite kennzeichnen die Art ausreichend.

Verbreitung: Arktisches Nordamerika.

Wanderungen: Überwintert in Südamerika und wurde als Irrgast in Schottland, England, Irland, Schweden, BRD und Österreich festgestellt.

GATTUNG: Tryngites Cabanis s. Tafel S. 93

Grasläufer
Tryngites subruficollis (Vieillot)

Kennzeichen: 20 cm. Von der Größe eines Flußuferläufers und der Gestalt eines kleinen Strandläufers, mit kurzem, dünnen Schnabel und gelblichen Beinen. Die einzige Art unter allen Strandläufern und verwandten Arten, die unterseits (einschl. Kopfseiten und Kehle) völlig rostbräunlich ist. Im Fluge fallen die überwiegend weißen Unterflügel auf. Federn der Oberseite dunkelbraun, breit sandfarben bis rostbräunlich gesäumt. Ruhekleid dem Brutkleid sehr ähnlich.

Verbreitung: Arktisches Nordamerika.

Wanderungen: Überwintert in Südamerika; wurde wiederholt als Irrgast in Europa nachgewiesen: Großbritannien, Irland, Skandinavien, West-, Süd- und Mitteleuropa (BRD, DDR, Schweiz, Österreich), ostwärts bis Finnland, Polen und Bulgarien.

FAMILIE: Phalaropodidae **Wassertreter**

GATTUNG: Phalaropus Brisson

Weißbürzel-Wassertreter
Phalaropus tricolor (Vieillot)

Kennzeichen: 23,5 cm. Etwas größer als die beiden anderen Wassertreter, von denen er sich in allen Kleidern durch das Fehlen von weißen Flügelbinden auf den dunklen Flügeln und weißen Bürzel unterscheidet. Im Brutkleid ist das ♀ an dem hellgrauen Oberkopf, dem schwarzen Kopf-Hals-Streifen und der reinweißen Unterseite zu erkennen. Das ♂ ist blasser, die Halsseiten sind hell rostbräunlich überflogen. Im Ruhekleid einem Sanderling im Ruhekleid ähnlich, doch durch den längeren und dünneren Schnabel von diesem zu unterscheiden.
Verbreitung: Westliches Nordamerika.
Wanderungen: Überwintert in Südamerika und wurde als Irrgast wiederholt in Großbritannien sowie in Irland, Dänemark, Schweden, Finnland, in den Niederlanden und in der BRD (Niedersachsen, Schleswig-Holstein), in Belgien, Frankreich und Spanien nachgewiesen.

FAMILIE: Burhinidae **Triele**

GATTUNG: Burhinus Illiger

Senegal-Triel
Burhinus senegalensis (Swainson)

Kennzeichen: 37 cm. Unserem Triel sehr ähnlich, nur etwas kleiner. Oberseite bei ♂ und ♀ auf gräulichbraunem Grund längsgestreift; Brutkleid = Ruhekleid. Die obere weiße Flügelbinde fehlt und nur auf den Handschwingen befindet sich ein weißlicher Fleck. Unterseite weißlich, Brust und Flanken dunkel längsgefleckt.
Verbreitung: Tropisches Afrika, im Nordosten bis Ägypten.
Wanderungen: Stand- bzw. Strichvogel. Wurde 1959 als Irrgast in Italien und damit erstmals für Europa nachgewiesen.

FAMILIE: Glareolidae **Brachschwalben**

GATTUNG: Cursorius Latham s. Tafel S. 91, 96

Rennvogel
Cursorius cursor (Latham)

Kennzeichen: 23 cm. Ein schlanker, rötlich-isabellfarbiger, hochbeiniger Vogel mit verhältnismäßig kurzem, schwärzlichem, abwärtsgebogenem Schnabel, Oberseits rötlich sandfarben, unterseits isabellrahmfarben. Vom Auge verläuft zum Nacken ein auffälliger weiß-schwarzer Streifen. Beine milchweiß. Im Fluge fallen die schwarzen Handschwingen und schwarzen Unterflügeldecken auf. Ruhe- und Jugendkleid ähneln dem Brutkleid. Läuft unglaublich schnell und fliegt ausgezeichnet.
Stimme: Klingt etwa wie „kwit kwit“, oft wird noch ein knarrendes „nhark nhark“ angehängt.
Biotop: Wüsten und Steppen.
Verbreitung: Nordafrika und Südwestasien bis Nordwestindien.

Wanderungen: Verirrte wurden in den meisten europäischen Ländern festgestellt, nordwärts bis Großbritannien, Skandinavien und Finnland und ostwärts bis in die südliche europäische Sowjetunion; in der BRD und der DDR insgesamt etwa 30mal.
Unterarten: C. c. cursor (Latham).

FAMILIE: Laridae **Möwen und Seeschwalben**

GATTUNG: Larus Linné

Weißaugenmöwe
Larus leucophthalmus Temminck

Kennzeichen: 42 cm. In der Größe zwischen Sturm- und Lachmöwe stehend. Kopf, Hals und Kehle tiefschwarz, im Ruhekleid grau. Rücken, Vorderbrust, Brustseiten und Unterflügel schieferfarben. Handschwingen schwarz, Armschwingen mit weißen Spitzen. Hinterhals, übrige Unterseite, Ober- und Unterschwanzdecken sowie Schwanz weiß. Schnabel rot mit schwarzer Spitze, Augen weiß, Füße gelblich.
Verbreitung: Küsten des Roten Meeres südwärts bis Somalia.
Wanderungen: Stand- bzw. Strichvogel. Ein Exemplar wurde in Griechenland erlegt; einziger Nachweis für Europa.

Ringschnabelmöwe
Larus delawarensis Ord

Kennzeichen: So groß wie unsere Sturmmöwe. Gefieder weiß, Mantel hellgrau, Handschwingen am Ende schwarz mit weißen Abzeichen. Kopf im Ruhekleid grau gestreift. Schnabel grünlichgelb mit einem schwarzen Ring kurz hinter der Spitze; Füße gelb bis grünlichgelb.
Verbreitung: Nordamerika.
Wanderungen: Überwintert im südlichen Nord- und in Mittelamerika. Am 13. 1. 1968 wurde eine Ringschnabelmöwe bei Braunschweig beobachtet und damit erstmals für Europa nachgewiesen. Seitdem wurde diese Möwe einige Male für Großbritannien sowie für Frankreich und Spanien festgestellt.

Azteken-Möwe
Larus atricilla L.

Kennzeichen: 42 cm. Etwas größer als eine Lachmöwe und auf den ersten Blick einer Schwarzkopfmöwe sehr ähnlich. Im Brutkleid Kopf schwarz mit weißen Abzeichen über und unter dem Auge, im Ruhekleid weiß mit bräunlichgrauen Flecken. Von anderen dunkelköpfigen Möwen unterscheidet sich L. atricilla durch den bleigrauen Mantel, die schwarzen Handschwingen und den auffallenden weißen Hinterrand der Flügel. Schnabel rot, im Ruhekleid schwärzlich, Füße braun, Federn hell lehmfarben gesäumt. Der weiße Bürzel und der weiße Bauch heben sich scharf von dem braunen Rücken und der braunen Brust ab. Schwanz grau mit breitem schwarzen Endband.
Verbreitung: Nord- und Mittelamerika, Bahama-Inseln und Kleine Antillen.
Wanderungen: Überwintert an der Ost- und Westküste Mittel- und Südamerikas und wurde vereinzelt als Irrgast für Europa nachgewiesen (Großbritannien, Frankreich, Schweden).

Graukopfmöwe
Larus cirrocephalus Vieillot

Kennzeichen: Etwas größer als eine Lachmöwe. Kopf und Kehle im Brutkleid lavendelgrau, im Ruhekleid weiß mit hellgrauen Flecken. Rücken grau, äußere Handschwingen schwarz mit weißen Flecken, innere Handschwingen und Armschwingen grau. Hals, Unterseite und Schwanz weiß. Unterflügeldecken grau, Schnabel und Füße karminrot. Juv. mit weißem,

dunkel gefleckten Kopf. Rücken aschbraun gefleckt. Äußere Handschwingen schwarz, Armschwingen braun. Schwanz weiß mit bräunlichschwarzem Endband an den mittelsten Steuerfedern. Schnabel gelblich mit dunkler Spitze, Füße gelblichbraun (W. B. Alexander).
Verbreitung: Das Binnenland im östlichen Südamerika vom südlichen Brasilien bis zum nördlichen Argentinien (L. c. cirrocephalus) und in Ostafrika (L.c. poiocephalus).
Wanderungen: Außerhalb der Brutzeit an den West- und Ostküsten Südamerikas und Afrikas. Wurde 1971 erstmals in Spanien und damit für Europa als Irrgast nachgewiesen.

Präriemöwe
Larus pipixcan Wagler

Kennzeichen: 37 cm. Schwarzer Kopf (im Ruhekleid sind Scheitel und Kopfseiten mit dunklen Feldern durchsetzt). Ober- und unterhalb des Auges weiße Flecken wie bei der Schwarzkopfmöwe. Oberseite blaugrau, die grauen Schwingen mit weißem Saum. Die Enden der fünf äußeren Handschwingen schwarz mit weißen Spitzen; zwischen diesen und der übrigen grauen Oberseite eine auffallende weiße Binde. Unterseite weiß, zart rosa überflogen. Schwanz weiß, bei juv. hellgrau mit dunkler Endbinde. Schnabel dunkelrot, im Ruhekleid schwärzlich; Füße ebenfalls dunkelrot. Bei juv. Schnabel und Füße bräunlich.
Verbreitung: Stehende Gewässer im Binnenland von Nordamerika (südliches Kanada und nordwestliche USA).
Wanderungen: Überwintert an der Westküste Mittel- und Südamerikas, auf den Galapagos-Inseln und an der nördlichen Küste des Golfs von Mexiko. Seit 1970 vereinzelte Nachweise für Großbritannien, 1977 Erstnachweis für Frankreich und 1979 für Norwegen.

Bonaparte-Möwe
Larus philadelphia (Ord)

Kennzeichen: 31,5 cm. Ähnelt auf den ersten Blick einer kleinen Lachmöwe, unterscheidet sich jedoch von dieser in allen Kleidern durch schwarzen Schnabel. Kopf dunkel schiefergrau, Gefieder weiß, oberseits hell bläulichgrau, unterseits mit rosarotem Anflug, Füße korallen- bis orangerot. Im Ruhekleid sind Kopf und Hals weiß, die Ohrdecken schiefergrau, Scheitel und Nacken schwärzlichgrau. Juv. oberseits braun, Schwanz mit breiter schwarzer Endbinde.
Biotop: Außerhalb der Brutzeit wie die Lachmöwe an der Küste wie auch an Gewässern des Binnenlandes.
Verbreitung: Nordamerika.
Wanderungen: Überwintert an der West- und Ostküste Amerikas südwärts bis Mittelamerika; als Irrgast einigemale auf den Britischen Inseln, in den Niederlanden, in Frankreich und Norwegen festgestellt.

GATTUNG: Rhodosthetia McGillivray

Rosenmöwe
Rhodosthetia rosea (MacGillivray)

Kennzeichen: 32 cm. Kleiner als Lachmöwe, etwa ebensogroß wie die Schwalbenmöwe. Unterscheidet sich von anderen Möwen im Brutkleid durch einen schmalen schwarzen Halsring, das rosenrot überflogene Gefieder und den keilförmigen Schwanz; oberseits sehr hellgrau, der schwache Schnabel schwarz, Füße rot. Ruhekleid wie Brutkleid, jedoch ohne schwarzen Halsring. Jugendkleid oberseits schwarzbraun gefleckt, Schwanz mit bräunlichschwarzer Endbinde, die äußeren Steuerfedern weiß.
Stimme: Nach Buturlin heller und melodiöser als die anderer Möwen, etwa wie „á-wo, á-wo, á-wo" oder „claw claw claw" klingend.
Biotop: Tundra im Mündungsgebiet von Strömen.

Verbreitung: Brütet nur in Nordostsibirien.
Wanderungen: Nichtbrütende Rosenmöwen im Sommer gelegentlich auf Spitzbergen, Nowaja Semlja und anderen arktischen Inseln; überwintert auf Kamtschatka und in Nord-Alaska. Als Irrgast auf den Färöer, in Norwegen, in der BRD (Helgoland, Hamburger Hallig), in Großbritannien, Irland, Frankreich und auf Sardinien nachgewiesen.

GATTUNG: Sterna Linné

Sumpfseeschwalbe
Sterna forsteri Nuttall

Kennzeichen: 37 cm. Im Brutkleid einer Flußseeschwalbe sehr ähnlich und von dieser nur auf nächste Entfernung zu unterscheiden; Schnabel jedoch nicht rot mit schwarzer Spitze wie bei der Flußseeschwalbe, sondern orangefarben mit schwarzer Spitze. Schwanz tief gegabelt. Juv. und ad. Sumpfseeschwalben im Ruhekleid sind an dem auffallenden schwarzen Fleck an den Kopfseiten unter günstigen Bedingungen von der Flußseeschwalbe zu unterscheiden.
Biotop: Wie Flußseeschwalbe; zu den Zugzeiten auch an den Küsten.
Verbreitung: Nordamerika.
Wanderungen: Überwintert im südlichen Nord- und in Mittelamerika; als Irrgast auf Island festgestellt.

Zügelseeschwalbe
Sterna anaethetus Scopoli

Kennzeichen: 37 cm. Etwas größer als Flußseeschwalbe. Oberkopf schwarz, von der weißen Stirn ziehen sich beiderseits weiße Augenstreifen bis über die Augen hinaus (bei der Rußseeschwalbe reichen diese nur bis zu den Augen) und heben sich kontrastreich gegen die schwarzen Zügel ab. Zwischen der schwarzen Kopfplatte und dem graubraunen Rücken ein weißlicher Nackenring. Im Ruhekleid sind die im Brutkleid schwarzen Kopffedern braun und mit weißen Federn durchsetzt. Auf weitere Unterschiede zwischen der Zügel- und Rußseeschwalbe wird bei dieser hingewiesen.
Verbreitung: Küsten und Inseln der tropischen Meere.
Wanderungen: Als Irrgast wenige Male für Großbritannien nachgewiesen.
Unterarten: St. a. anaethetus Scopoli.

Rußseeschwalbe
Sterna fuscata L.

Kennzeichen: 43 cm. So groß wie Brandseeschwalbe. Oberseits völlig rußschwarz, unterseits weiß, Stirn und Wangen gleichfalls weiß, Schnabel und Füße schwarz. Juv. insgesamt braun, unterseits heller, oberseits schwach weiß gefleckt. Die Zügelseeschwalbe ist kleiner, außerdem zieht sich bei ihr das Weiß der Stirn bis hinter die Augen, bei der Rußseeschwalbe jedoch nur bis zum Auge. Im Fluge fällt bei der Zügelseeschwalbe die mehr graue Oberseite auf, außerdem ist die schwarze Kopfplatte durch einen hellen Halsring von der übrigen dunklen Oberseite getrennt.
Verbreitung: Küsten und Inseln der tropischen Meere.
Wanderungen: Wurde wiederholt auf den Britischen Inseln, in Schweden, Norwegen, Frankreich, in der BRD und DDR, in Spanien und Italien als Irrgast nachgewiesen.
Unterarten: St. f. fuscata L.

Königsseeschwalbe
Sterna maxima Boddaert

Kennzeichen: 48 cm. Fast so groß wie Raubseeschwalbe, der sie im Brut- und Ruhekleid ähnelt, doch ist bei der Königsseeschwalbe der Schwanz tiefer gegabelt, die Handschwingen sind unterseits heller, im Ruhekleid ist die Stirn weiß; der Schnabel ist etwas schwächer und mehr gelblichorange, nicht so leuchtend rot wie bei der Raubseeschwalbe.
Verbreitung: Südliches Nord- und Mittelamerika.
Wanderungen: Überwintert in Mittel- und Südamerika; als Irrgast in Großbritannien, Irland, Norwegen und Spanien nachgewiesen.
Unterarten: St. m. maxima Boddaert.

Rüppell-Seeschwalbe

Sterna bengalensis Lesson

Kennzeichen: 43 cm. Etwa so groß wie Brandseeschwalbe; wie bei dieser sind die schwarzen Federn zu einem – allerdings kürzeren – Schopf verlängert. Schnabel wachs- bis orangegelb ohne schwarze Spitze. Oberseite hellgrau. Im Ruhekleid ist die Stirn weiß, die Kopfplatte mit weißen Federn durchsetzt. Füße schwarz. Juv. wie ad. im Ruhekleid, doch äußere Steuerfedern schieferschwarz.
Verbreitung: Küsten Nord- und Ostafrikas von Tanger bis Natal, Madagaskar.
Wanderungen: Als Irrgast an der Südspitze Spaniens, in Frankreich, auf Sizilien, und in der Schweiz und in Irland nachgewiesen.
Unterarten: St. b. par (Mathews & Iredale).

GATTUNG: Anous Stephens

Noddiseeschwalbe

Anous stolidus (L.)

Kennzeichen: 39 cm. So groß wie Brandseeschwalbe. Unterscheidet sich von allen anderen Seeschwalben durch das braune Gefieder (eine Ausnahme macht nur die juv. Rußseeschwalbe) und den nicht gegabelten, sondern abgerundeten Schwanz. Stirn weiß, Oberkopf lavendelgrau, Ober- und Unterseite dunkelbraun, Handschwingen und Schwanz schwarzbraun, Schnabel schwarz, Füße bräunlichschwarz. Juv. ähnlich ad., nur heller und mit gräulichbraunem Oberkopf.
Verbreitung: Tropische und subtropische Meere (mit Ausnahme der Westküste Südamerikas).
Wanderungen: Überwintert im Brutgebiet; als Irrgast einmal in der BRD (Husum) nachgewiesen.
Unterarten: A. s. stolidus (L.).

FAMILIE: Alcidae — **Alken und Lummen**

GATTUNG: Cyclorrhynchus Kaup

Rotschnabelalk

Cyclorrhynchus psittacula (Pallas)

Kennzeichen: 27 cm. Kleiner als Gryllteist. Unterscheidet sich von verwandten Arten durch den kurzen roten Schnabel, der ebenso hoch wie lang ist. Oberseits rauchschwarz, ein schmaler Streif hinter dem Auge weiß, Kinn bis Vorderbrust schiefergrau, übrige Unterseite weiß (im Ruhekleid ist die ganze Unterseite weiß). Füße bläulichweiß.
Verbreitung: Küsten und Inseln des Bering-Meeres.
Wanderungen: Überwintert an den Küsten des nördlichen Stillen Ozeans und wurde einmal als Irrgast in Schweden nachgewiesen.

GATTUNG: Aethia Merrem

Schopfalk
Aethia cristatella (Pallas)

Kennzeichen: 27 cm. Kleiner als Gryllteist. Unterscheidet sich von allen anderen hier besprochenen Alken und Lummen durch einen nach vorn überhängenden 4–5 cm langen Schopf auf der Stirn (im Ruhekleid kürzer) und einem vom Auge schräg nach hinten verlaufenden weißen Streif. Oberseite bräunlichschwarz, Unterseite grau. Der kurze Schnabel im Brutkleid lebhaft orangerot, im Ruhekleid kleiner und braun. Juv. wie ad. im Ruhekleid, doch ohne Kopfschmuck.
Verbreitung: Küsten und Inseln des Bering-Meeres.
Wanderungen: Überwintert an den Küsten des nördlichen Stillen Ozeans; wurde als Irrgast vor der Nordostküste Islands angetroffen.

ORDNUNG: COLUMBIFORMES

FAMILIE: Pteroclidae **Flughühner**

GATTUNG: Pterocles Temminck

Senegal-Flughuhn
Pterocles senegallus (L.)

Kennzeichen: 30,5 cm. Unterscheidet sich vom Sandflughuhn durch stark verlängerte mittlere Steuerfedern und vom Spießflughuhn durch schwarzen Bauch. ♂ im Brutkleid: oberseits hell sandfarben, Überaugenstreif und Hinterkopf blaß blaugrau; Schulterfedern mit blaugrauer Zeichnung, Flügeldecken braun und gelb gefleckt. Kehle und Wangen lebhaft ockergelb, Kropf hellgrau, allmählich in die isabellfarbene übrige Unterseite übergehend, in der Bauchmitte ein großer unregelmäßiger schwarzer Fleck. ♀: Ganze Oberseite hell sandfarben, dunkelbraun gefleckt; Kinn und Kehle blaß ockerfarben, Vorderbrust gefleckt, übrige Unterseite blaß isabellfarben, Bauchmitte mit schwarzem Fleck.
Verbreitung: Nord- und Ostafrika, Vorderasien.
Wanderungen: Stand- bzw. Strichvogel; einmal als Irrgast auf Sizilien nachgewiesen.

Braunbauch-Flughuhn
Pterocles exustus Temminck

Kennzeichen: 30,5 cm einschließlich der stark verlängerten mittleren Steuerfedern. Etwa so groß wie Spießflughuhn, Gesamteindruck rötlich sandfarben. Flügel schwarzbraun mit breiten weißen Säumen auf den Innenfahnen, im Fluge als eine auffallende weiße Binde erkennbar. ♂ oberseits graubräunlich sandfarben, dunkelbraun gefleckt, Brust rostbräunlich mit schmaler Querbinde, Bauch allmählich in das dunkle Kastanienbraun der übrigen Unterseite übergehend. ♀ oberseits auf rötlich sandfarbenem Grund stark schwarzbraun gefleckt und gebändert, Brust auf sandfarbenem Grund schwarzbraun gefleckt, Bauch und Flanken kastanienbraun mit undeutlicher schwarzer Bänderung.
Verbreitung: Afrika vom Senegal bis zum Sudan und Tanganjika-Gebiet.
Wanderungen: Stand- bzw. Strichvogel. Als Irrgast einmal in Ungarn nachgewiesen; da der Balg 1945 abhanden kam, ist die Unterart nicht mehr feststellbar.

FAMILIE: Columbidae **Tauben**

GATTUNG: Streptopelia Bonaparte

Orient-Turteltaube
Streptopelia orientalis (Latham)

Kennzeichen: 33 cm. Größer als Turteltaube, der sie sonst ähnlich sieht und sich von ihr durch folgende Merkmale unterscheidet: insgesamt dunkler, Federchen an den Halsseiten nicht weiß, sondern blaugrau, Unterschwanzdecken grau und nicht weiß wie bei der Turteltaube.
Verbreitung: Ost- und Südasien.
Wanderungen: Wurde als Irrgast in Großbritannien, Norwegen, Schweden, Dänemark und Italien festgestellt.
Unterarten: S. o. orientalis (Latham)

ORDNUNG: CUCULIFORMES

FAMILIE: Cuculidae **Kuckucke**

GATTUNG: Coccyzus Vieillot

Schwarzschnabelkuckuck
Coccyzus erythrophthalmus (Wilson)

Kennzeichen: 29 cm. Ein oberseits brauner, unterseits weißer, langschwänziger Kuckuck mit schwarzem Schnabel, rotem Augenring und schmalen weißen Abzeichen auf dem Schwanz. Über Unterschiede zum Gelbschnabelkuckuck s. bei diesem.
Verbreitung: Nordamerika.
Wanderungen: Überwintert in Südamerika; als Irrgast in Großbritannien, Frankreich, einmal in der BRD, in Dänemark und Italien nachgewiesen.

Gelbschnabelkuckuck

Gelbschnabelkuckuck
Coccyzus americanus (L.)

Kennzeichen: 29,5 cm. Dem Schwarzschnabel-Kuckuck sehr ähnlich; unterscheidet sich von diesem durch folgende Merkmale: Handschwingen rötlichbraun, große weiße Flecke auf den Steuerfedern und gelber Unterschnabel.
Verbreitung: Nord- und Mittelamerika.
Wanderungen: Überwintert in Südamerika; wurde als Irrgast auf Island und den Britischen Inseln, Norwegen, in Dänemark, Belgien, Frankreich und Italien nachgewiesen.
Unterarten: C. a. americanus (L.).

ORDNUNG: STRIGIFORMES

FAMILIE: Strigidae **Eulen**

GATTUNG: Asio Brisson

Kapohreule
Asio capensis (A. Smith)

Kennzeichen: 30,5 cm. In der Gestalt einer Sumpfohreule ähnlich, mit Ausnahme der Zeichnung auf Flügeln und Schwanz ist diese jedoch bei der Kapeule wesentlich anders: Oberseite und Vorderbrust dunkelbraun, übrige Unterseite weiß mit braunen Schaftstrichen und unregelmäßigen Querwellen. Lebensweise wie Sumpfohreule. Federohren kurz und kaum sichtbar. Augen braun.
Verbreitung: Nordwestafrika.
Wanderungen: Stand- bzw. Strichvogel, der gelegentlich im Herbst im südlichen Spanien und Portugal erscheint.
Unterarten: A. c. tingitanus (Loche).

ORDNUNG: CAPRIMULGIFORMES

FAMILIE: Caprimulgidae **Nachtschwalben**

GATTUNG: Chordeiles Swainson

Falkennachtschwalbe
Chordeiles minor (Forster)

Kennzeichen: 29 cm. Eine graubraune Nachtschwalbe mit breiten weißen Abzeichen auf der Unterseite der Handschwingen und großem weißen Kehlfleck; das ♂ hat außerdem noch eine weiße Schwanzbinde, Brust und Bauch auf weißem Grund schwarzbraun „gesperbert“ (daher der amerikanische Name „Nighthawk“). Lange, schmale Flügel, die beim sitzenden Vogel das Ende des leicht ausgeschnittenen Schwanzes erreichen, unterscheiden diese Art von der europäischen Nachtschwalbe.
Verbreitung: Nordamerika.
Wanderungen: Überwintert in Südamerika und wurde auf Island und in Großbritannien als Irrgast nachgewiesen.
Unterarten: Ch. m. minor (Forster).

GATTUNG: Caprimulgus Linné

Ägyptische Nachtschwalbe
Caprimulgus aegyptius Lichtenstein

Kennzeichen: 25 cm. Eine mehr sandfarbene Nachtschwalbe ohne die so bezeichnenden weißen Abzeichen auf den Handschwingen und Steuerfedern wie bei unserer Nachtschwalbe, ♂ = ♀. An der Kehle beiderseits ein weißer – bisweilen zusammenfließender – Fleck.
Verbreitung: Nordostafrika und Südwestasien.
Wanderungen: Überwintert in Ägypten und im Sudan; als Irrgast in England, Schweden, BRD (Helgoland), auf Malta und Sizilien nachgewiesen.
Unterarten: C. ae. aegyptius Lichtenstein.

ORDNUNG: APODIFORMES

FAMILIE: Apodidae **Segler**

GATTUNG: Chaetura Stephens

Stachelschwanzsegler
Chaetura caudacuta (Latham)

Kennzeichen: 19 cm. Etwas größer als Mauersegler, sehr kurzschwänzig, oberseits braun, Flügel und Schwanz mit metallischgrünem Schimmer, Kehle und Unterschwanzdecken weiß, Brust und Bauch dunkelbraun. Die nadelförmigen Enden der Steuerfedern sind nur aus nächster Nähe sichtbar.
Verbreitung: Ostasien.
Wanderungen: Überwintert in Australien und wurde als Irrgast wenige Male in Europa nachgewiesen (Großbritannien, Irland, Finnland, Italien und Malta.)
Unterarten: Ch. c. caucacuta (Latham).

GATTUNG: Apus Scopoli

Weißbürzelsegler
Apus affinis (J. E. Gray)

Kennzeichen: 13 cm. Kleiner als Mauersegler und von diesem durch glänzend schwarzen Rücken und weißen Bürzel sowie nicht gegabelten Schwanz unterschieden.
Verbreitung: Afrika und Südostasien; A. a. galilejensis brütet im nördlichen Afrika und Vorderasien.
Wanderungen: Überwintert wahrscheinlich im tropischen Afrika; als Irrgast in Schweden, Italien und auf Malta nachgewiesen.
Unterarten: A. a. galilejensis (Antinori).

Weiß-bürzelsegler

ORDNUNG: CORACIIFORMES

FAMILIE: Alcedinidae **Eisvögel**

GATTUNG: Ceryle Boie s. Tafel S. 112

Gürtelfischer
Ceryle alcyon (L.)

Kennzeichen: 33 cm. Ein oberseits blaugrauer, unterseits weißer Eisvogel; ♂ mit einem blaugrauen Kropfband, das ♀ hat außer diesem noch ein rostrotes Brustband und rostrote Körperseiten. Scheitelfeldern zu einer Haube verlängert.
Verbreitung: Nordamerika.
Wanderungen: Überwintert im südlichen Nordamerika und in Mittelamerika. Als Irrgast in Island, Großbritannien und in den Niederlanden nachgewiesen.
Unterarten: C. a. alcyon (L.).

Graufischer
Ceryle rudis (L.)

Kennzeichen: 25 cm. Ein großer, oberseits schwarz-weißer Eisvogel; Unterseite weiß mit schwarzen Flecken an den Brustseiten, die sich zu zwei (♂) bzw. einem (♀) schwarzen Band vereinigen können. Scheitelfedern zu einer kleinen Haube verlängert, weißer Überaugenstreif, Schnabel und Füße schwarz.
Verbreitung: Fast ganz Afrika, Vorder- und Südasien.
Wanderungen: Standvogel; wurde einigemale in Griechenland, einmal in Polen sowie auf der Krim und an der unteren Wolga als Irrgast festgestellt.
Unterarten: C. r. rudis (L.).

GATTUNG: Halcyon Swainson

Braunliest
Halcyon smyrnensis (L.)

Kennzeichen: 27 cm. Kopf, Hinterhals, Schultern und Bauch kastanienbraun, Mantel und Schwanz blau, Kehle und Brust weiß, Schnabel und Füße lebhaft rot.
Verbreitung: Von Anatolien ostwärts bis Afghanistan und Pakistan, südwärts bis zur Sinai-Halbinsel.
Wanderungen: Stand- und Strichvogel. Wurde einmal für Griechenland nachgewiesen.

ORDNUNG: PICIFORMES

FAMILIE: Picidae **Spechte**

GATTUNG: Sphyrapicus Baird

Gelbbauch-Saftsaugerspecht
Sphyrapicus varius (L.)

Kennzeichen: 21 cm. So groß wie unser Buntspecht. Oberkopf rot, schwarz eingefaßt, Kehle beim ♂ rot, beim ♀ weiß, jeweils schwarz umrandet. Auffallend ist in allen Kleidern ein langer schmaler Schulterfleck; unterseits gelblichweiß. Juv. rußigbraun.
Biotop: Wälder aller Art.
Verbreitung: Nordamerika.
Wanderungen: Überwintert teilweise im Brutgebiet, zum Teil auch im südlichen Nordamerika sowie in Mittelamerika. Als Irrgast für Island und Großbritannien nachgewiesen.
Unterarten: S. v. varius (L.).

ORDNUNG: PASSERIFORMES

FAMILIE: Tyrannidae — **Tyrannen**

Eine mit 365 Arten auf Amerika beschränkte Familie primitiver Sperlingsvögel, deren Größe zwischen 8 und 40 cm schwankt, allerdings sind nur wenige Arten größer als 30 cm. Tyrannen werden von der Baumgrenze in Kanada bis nach Patagonin angetroffen und sind in den Tropen besonders artenreich. Gefieder hauptsächlich olivgrün, braun oder grau; manche Arten, bei denen sich dann die Geschlechter unterscheiden, sind leuchtend bunt. Mit wenigen Ausnahmen baumbewohnend. Mit Ausnahme der tropischen Arten Zugvögel. Nahrung kleine Säugetiere, Reptilien, Amphibien, Fische, Insekten und Früchte.

GATTUNG: Empidonax Cabanis

Buchentyrann
Empidonax virescens (Vieillot)

Kennzeichen: 15 cm. Grünlich, an den Seiten gelblichgrün verwaschen, mit auffallendem weißen Augenring und zwei weißen Flügelbinden.
Vorkommen: Nordamerika.
Wanderungen: Überwintert in Mittel- und im nördlichen Südamerika. Auf Island festgestellt.

FAMILIE: Alaudidae — **Lerchen**

GATTUNG: Melanocorypha Boie

Berg-Kalanderlerche
Melanocorypha bimaculata (Ménétries)

Kennzeichen: Einer Kalanderlerche sehr ähnlich, die schwarzen Flecke an den Kropfseiten nähern sich jedoch mehr der Mitte, ohne jedoch ein geschlossenes Band zu bilden; die Fleckung der Vorderbrust ist spärlicher und mehr auf die Seiten beschränkt, das äußerste Steuerfederpaar ist dunkelbraun (nicht größtenteils weiß wie bei der Kalanderlerche).
Verbreitung: Südwestasien vom östlichen Kleinasien bis Nordost-Afghanistan, nördlich bis zu den Kirgisen-Steppen und Saissan-nor.
Wanderungen: Überwintert im nordöstlichen Afrika und südwestlichen Asien. 1960 erstmals als Irrgast für Europa in Finnland nachgewiesen; weitere Nachweise in England (1962 Lundy, 1975 Scilly-Inseln, 1976 Shetland-Inseln) und Italien.

GATTUNG: Calandrella Kaup

Uferlerche
Calandrella raytal (Blyth)

Kennzeichen: 13 cm. Etwas kleiner als Kurzzehenlerche, von der sie sich durch hellgraue Oberseite unterscheidet; Unterseite weiß, Vorderbrust grau überflogen und dunkel gestrichelt.
Verbreitung: Indien.
Wanderungen: Als Irrgast einmal in Spanien nachgewiesen.

GATTUNG: Ammomanes Cabanis

Bindensandlerche
Ammomanes cincturus
(Gould)

Kennzeichen: 13 cm. Sieht auf den ersten Blick wie eine Sandlerche aus, ist aber oberseits mehr rötlich-isabellfarben, unterseits rahmfarben, die Brust dunkel überflogen und der Schwanz hat eine schwarze, scharf begrenzte Spitze.
Verbreitung: Nordafrika und Vorderasien.
Wanderungen: Stand- bzw. Strichvogel; die nordafrikanische Unterart wurde einmal auf Malta als Irrgast nachgewiesen.
Unterarten: A. c. arenicolor (Sundevall).

Sandlerche
Ammomanes deserti
(Lichtenstein)

Kennzeichen: 15 cm. Ganze Oberseite ungefleckt, blaß rötlich sandfarben; Kehle weiß, übrige Unterseite rötlich rahmfarben. Kropfgegend matt braungrau gefleckt. Juv. blasser und völlig ungefleckt.
Verbreitung: Nord- und Ostafrika, Vorderasien von Arabien und Syrien bis Pakistan.
Wanderungen: Stand- bzw. Strichvogel; als Irrgast einmal in Spanien nachgewiesen.
Unterarten: A. d. algeriensis Sharpe.

GATTUNG: Alaemon Keyserling & Blasius

Wüstenläuferlerche
Alaemon alaudipes
(Desfontaines)

Kennzeichen: 20 cm. Eine fast drosselgroße Lerche mit langem, schlanken und leicht abwärts gebogenem Schnabel. Oberseits einfarbig sandfarben, unterseits weiß, Kropf braunschwarz gefleckt; im Fluge fallen zwei breite weiße Binden auf den braunschwarzen Flügeln auf. Juv. oberseits gefleckt, Kropf nur schwach gefleckt und Schnabel noch nicht so stark gebogen.
Verbreitung: Nord- und Nordostafrika und Vorderasien von Arabien bis Pakistan.
Wanderungen: Stand- bzw. Strichvogel; als Irrgast wiederholt auf Malta nachgewiesen.
Unterarten: A. a. alaudipes (Desfontaines).

GATTUNG: Chersophilus Sharpe

Dupont-Lerche
Chersophilus duponti
(Vieillot)

Kennzeichen: 19 cm. Etwa so groß wie eine Feldlerche. Wie die Wüstenläuferlerche mit langem, schlanken und leicht abwärts gebogenem Schnabel, doch kleiner und ohne weiße Flügelbinden. Oberseits rotbraun mit rahmfarbenen Säumen, Schwanzkanten weißlich, rahmweißer Überaugenstreif Unterseite weißlich, Kehle und Vor-

derbrust sowie Flanken braun längsgefleckt.
Stimme: Der im Fluge vorgetragene Gesang wird mit „dii-dii-driii", häufig auch mit einem „dürr-driii", dem oft ein schnarrendes „drrrr" folgt, eingeleitet.
Biotop: Steppen und Halbwüsten.
Verbreitung: Nordwestafrika. Hat 1977 ausnahmsweise in Nordostspanien gebrütet.
Wanderungen: Stand- bzw. Strichvogel, der als solcher schon wiederholt in den westlichen Mittelmeerländern angetroffen wurde (Portugal, Spanien und Südfrankreich).
Unterarten: Ch. d. duponti (Viellot).

GATTUNG: Eremophila Boie

Sahara-Ohrenlerche
Eremophila bilopha (Temminck)

Kennzeichen: 16,5 cm. Ähnlich Ohrenlerche, der schwarze Wangenfleck reicht weiter nach unten; Stirn, Kehle und Kopfseiten nicht hellgelb, sondern reinweiß. Oberseite rötlich sandgrau, Unterseite einschließlich Unterflügel- und Unterschwanzdecken reinweiß. Steuerfedern braunschwarz, schmal weiß gesäumt. „Federohren" sehr lang und spitz.
Stimme: Nach Hartert „eine aus zwitschernden und gurgelnden Tönen zusammengesetzte Strophe", das ♀ lockt „tiri-tiri-tiri".
Biotop: Steinige Wüsten und mit spärlicher Vegetation bedeckte Salzsenken.
Verbreitung: Sahara von Rio de Oro und dem südlichen Marokko bis Ägypten, Sinai-Halbinsel, nördliches Arabien bis zur Syrischen Wüste und Irak.
Wanderungen: Stand- bzw. Strichvogel; wurde zweimal auf Malta als Irrgast nachgewiesen.

Familie: Hirundinidae – Gattung Progne Boie
Scharlachschwalbe – Progne subis (L.). Nach Nowak (1979) wurde diese in Nord- und Mittelamerika beheimatete Schwalbe 1840 einmal für Irland nachgewiesen; im „Handbook of British Birds" wird dieser Nachweis nicht anerkannt.

FAMILIE: Corvidae — Krähenvögel

GATTUNG: Corvus Linné

Weißbauchdohle
Corvus dauuricus Pallas

Kennzeichen: 33 cm. Oberkopf, Rükken, Flügel und Schwanz glänzend schwarz, Kinn und Kehle tief blauschwarz, übrige Unterseite und ein mit dieser verbundener Halsring weiß mit bräunlichem Anflug.
Biotop: Wie C. monedula.
Verbreitung: Ostasien (Ostsibirien, Mongolei, Korea, China und Japan).
Wanderungen: Überwintert im Süden des Verbreitungsgebietes. Als Irrgast für Finnland nachgewiesen.

FAMILIE: Sittidae — Kleiber

GATTUNG: Sitta Linné

Kanada-Kleiber
Sitta canadensis L.
Kennzeichen: 11,5 cm. Oberseite blaugrau, Unterseite rostrot; Stirn und Oberkopf schwarz, weißer Überaugenstreif, beide setzen sich zum Hals fort.
Verbreitung: Nordamerika.
Wanderungen: Stand- bzw. Strichvogel. Für Island nachgewiesen.

FAMILIE: Pycnonotidae — Bülbüls (Haarvögel)

Die Bülbüls oder Haarvögel kommen in 109 Arten in Afrika sowie in Südostasien vor. Ihre Größe schwankt zwischen der einer Kohlmeise und einer Misteldrossel. Sie bewohnen, oft zu kleinen Trupps vereinigt, Wälder, buschreiches Gelände und Gärten. Ihre Nahrung besteht aus Früchten, Beeren und Insekten.

GATTUNG: Pycnonotus Boie

Graubülbül
Pycnonotus barbatus (Desfontaines)

Kennzeichen: 20 cm. Ein düster erscheinender Vogel ohne alle auffallenden Abzeichen. Oberkopf, Kopfseiten und Kehle schwarzbraun, übrige Oberseite braun. Brust und Flanken fahl graubraun, übrige Unterseite bis auf die schmutzig weiße Bauchmitte graubraun. ♂ = ♀, juv. wie ad., nur etwas blasser. Die Unterart xanthopygos unterscheidet sich von der Nominatform durch zitronengelben Bauch und grauweißen Augenring.
Stimme: Gesang laut flötend.
Biotop: Gebüschbestandenes Gelände an Trockenflüssen (Wadis, Gärten und Palmenhainen).
Verbreitung: Afrika, Vorderasien und Arabien.
Wanderungen: Standvogel; der Graubülbül, P. b. barbatus wurde als Irrgast in Spanien nachgewiesen.
Unterarten: P. b. barbatus (Desfontaines); Nordwestafrika.

FAMILIE: Mimidae — Spottdrosseln

Die Spottdrosseln sind eine mit 30 Arten auf Nord-, Mittel- und Südamerika beschränkte Familie; die im südlichen Kanada und in den USA beheimateten Arten sind Zugvögel. Ihre Nahrung, die vielfach am Boden aufgenommen wird, besteht aus Insekten, Früchten und Sämereien. Diese langschwänzigen Vögel sind drossel- bis reichlich drosselgroß.

GATTUNG: Dumetella S. D. W.

Katzenvogel
Dumetella carolinensis (L.)

Kennzeichen: 22 cm. Knapp so groß wie eine Singdrossel. Eine fast einfarbig schiefergrauer, langschwänziger drosselähnlicher Vogel mit schwarzem Scheitel und rostroten Unterschwanzdecken.
Verbreitung: Nordamerika.
Wanderungen: Überwintert im südlichen Nord- und Mittelamerika; wurde als Irrgast auf Helgoland und bei Leopoldshagen, Kreis Anklam nachgewiesen.

GATTUNG: Toxostoma Wagler

Rote Spottdrossel
Toxostoma rufum (L.)
Kennzeichen: 30 cm. Etwas an eine Drossel erinnernd, doch langschwänzig. Oberseits rötlichbraun, unterseits auf trüb gelblichweißem Grund braunschwarz längsgefleckt. Von der Walddrossel (Hylocichla mustelina) unterscheidet sich diese Spottdrossel durch den langen Schwanz, zwei helle Flügelbinden und das gelbliche Auge. Die Walddrossel hat keine Flügelbinden und ein dunkles Auge.

Verbreitung: Östliches gemäßigtes Nordamerika.
Wanderungen: Überwintert in den südlichen Teilen ihres Brutgebiets. Wurde von November 1966 bis Februar 1967 in Dorset (England) beobachtet und damit erstmals für Europa nachgewiesen.

FAMILIE: Turdidae **Drosseln**

GATTUNG: Turdus Linné s. Tafel S. 121

Sibirische Drossel
Turdus sibiricus Pallas

Kennzeichen: 20 cm. So groß wie Singdrossel. ♂ überwiegend schiefergrau mit weißem Überaugenstreif, Bauchmitte weiß. ♀ oberseits olivbraun, rahmfarbener Überaugenstreif, unterseits rostgelblich mit braunen Federspitzen, Kehle mehr oder weniger einfarbig hell rostgelblich, Bauchmitte ebenfalls weiß. Juv. gleichen dem ♀, juv. ♂ etwas grauer.
Stimme: Gesang angenehm und kraftvoll, doch recht einförmig (Johansen).
Biotop: Außerhalb der Brutzeit wie andere Drosseln.
Verbreitung: Ostasien.
Wanderungen: Überwintert im südlichen Asien und wurde wiederholt in Europa westwärts bis Norwegen, Großbritannien, Frankreich und Italien nachgewiesen; mehrmals in der DDR und vereinzelt in der BRD festgestellt.

Einfarbdrossel
Turdus unicolor Tickell

Kennzeichen: 23 cm. So groß wie Singdrossel. ♂ oberseits einschließlich Flügel und Schwanz aschgrau, unterseits heller, Bauch rahmfarben. Unterflügel kastanienbraun; ♀ oberseits olivbraun, Kinn und Kehle weiß, an den Seiten schwarz gestrichelt, Brust olivfarben mit einem schwarzen Querband, Flanken ockergelblich, übrige Unterseite weiß, Unterflügel wie beim ♂.
Verbreitung: Himalaja von Kaschmir bis Sikkim.
Wanderungen: Überwintert im nördlichen Indien, wurde einmal als Irrgast auf Helgoland nachgewiesen.

Weißbrauendrossel
Turdus obscurus Gmelin

Kennzeichen: 22,5 cm. So groß wie Singdrossel. ♂ oberseits olivbräunlich, schmaler Überaugenstreif, Kehle, Kropf, Kopf- und Halsseiten aschgrau, übrige Unterseite gelblichrostbraun bis auf die Mitte von Brust, Bauch und die Unterschwanzdecken, die weiß sind. ♀ Oberkopf braun ohne grauen Anflug wie beim ♂, Kehle weiß an den Seiten mit braunen Flecken.
Stimme: Gesang melodisch und klangvoll, aber ziemlich monoton; Lockruf ähnlich dem der Singdrossel (Johansen).
Biotop: Außerhalb der Brutzeit wie andere Drosseln.
Verbreitung: Ostsibirien und Japan.
Wanderungen: Überwintert in Südostasien; wurde in Europa westwärts bis Finnland, Norwegen, Großbritannien, Belgien, Frankreich, Italien und auch wiederholt in der BRD und DDR nachgewiesen.

Naumanns Drossel
Turdus naumanni naumanni Temminck

Kennzeichen: 23 cm. Oberseits braungrau, mehr oder weniger mit zimtroten Federn, besonders Bürzel und Oberschwanzdecken, durchsetzt, Schwanz überwiegend rostrot. Gelblichweißer Überaugenstreif. Unterseits bis auf die weiße Mitte von Brust und Bauch rostrot mit weißen Federspitzen. ♀ wie ♂, doch Kehle blasser, mehr rahmfarben, ebenso wie der Kropf schwach schwärzlich gefleckt, oberseits bräunlicher. Gefieder sehr variabel. Juv. dunkelbraun mit wenig Rostrot, unterseits stark schwarzbraun gefleckt.

Stimme: Der Gesang ähnelt dem der Rotdrossel, der Warnruf „tschaktschak“ erinnert an den der Wacholderdrossel.
Biotop: Außerhalb der Brutzeit wie andere Drosseln.
Verbreitung: Südliches Ostsibirien.
Wanderungen: Überwintert in Ost- und Südostasien; wiederholt in Europa nachgewiesen (westwärts bis Norwegen, Großbritannien, BRD und DDR, Frankreich und Italien).
Unterarten: T. n. eunomus Temminck, s. unten.

Rostflügeldrossel
Turdus naumanni eunomus Temminck

Kennzeichen: 23 cm. ♂ und ♀ ähnlich Naumanns Drossel, doch Flügel mehr rostrot und oberseits schwarzbraun. Federn auf Hinterrücken und Bürzel mit rostroten Säumen, Schwanz nur an der Wurzel rostrot. Deutlicher gelblichweißer Überaugenstreif. Kehle, Brust und Flanken schwarzbraun gefleckt. Mitte des Unterkörpers weißlich. ♀ etwas blasser und brauner als das ♂.
Stimme: Wie T. n. naumanni.
Biotop: Außerhalb der Brutzeit wie andere Drosseln.
Verbreitung: Nördliches Ostsibirien einschließlich Kamtschatka.
Wanderungen: Überwintert in Ost- und Südostasien; wurde wiederholt in Europa festgestellt (westwärts bis Norwegen, Dänemark, BRD, DDR, Großbritannien, Niederlande, Belgien, Frankreich und Italien).

Rotkehldrossel
Turdus ruficollis ruficollis Pallas

Kennzeichen: 23,5 cm. Knapp so groß wie eine Amsel; ♂ unterscheidet sich von anderen Drosseln durch die hell rostrote Kehle und Vorderbrust; Überaugenstreif, Zügel und Kinn gleichfalls rostrot; übrige Unterseite weiß, Flanken lichtgrau, Oberseite aschgrau. ♀ ähnlich, doch oberseits bräunlicher, Kehle auf roströtlichem Grund schwarzbraun gefleckt. Juv. ähnlich ad. ♀, doch ohne alles Rostrot.
Stimme: s. Schwarzkehldrossel.
Biotop: Außerhalb der Brutzeit wie andere Drosseln.
Verbreitung: Schließt im Osten und Süden an das Brutgebiet von T. r. atrogularis an; vom mittleren und östlichen Altai bis zum Baikalsee, nordwärts bis zur Unteren Tunguska, südwärts bis zur nördlichen Mongolei.
Wanderungen: Überwintert im südlichen Asien; wiederholt in Europa westwärts bis zu den Britischen Inseln nachgewiesen.
Unterarten: T. r. atrogularis Jarocki, s. S. 381.

Wanderdrossel
Turdus migratorius L.

Kennzeichen: 24 cm. Fast so groß wie eine Amsel. Oberseits graubraun, unterseits ziegelrot; beim ♂ Kopf und Schwanz schwärzlich, beim ♀ blasser, Schnabel gelb.
Verbreitung: Nordamerika.
Wanderungen: Überwintert im südlichen Nordamerika; wurde wiederholt als Irrgast in Europa festgestellt (Großbritannien, Irland, Niederlande, Belgien, Frankreich, BRD, DDR, ČSSR, Österreich und Jugoslawien).
Unterarten: T. m. migratorius L.

GATTUNG: Hylocichla Baird

Walddrossel
Hylocichla mustelina (Gmelin)

Kennzeichen: 20 cm. Ähnelt einer kleinen Singdrossel; Scheitel rotbraun, übrige Oberseite rötlichbraun. Brust und Flanken auf rahmweißem Grund mit zahlreichen rundlichen schwarzen Tropfenflecken.
Verbreitung: Nordamerika.
Wanderungen: Überwintert im südlichen Nordamerika und in Mittelamerika. Für Island nachgewiesen.

Einsiedlerdrossel
Hylocichla guttata (Pallas)

Kennzeichen: 18 cm. Kleiner als Rotdrossel. Unterscheidet sich von den anderen kleinen Drosseln durch den rostroten Schwanz und dessen eigentümliche Bewegungen; er wird oft schnell hochgestelzt und darauf langsam gesenkt. Oberkopf, Nacken und Rücken olivbraun, Bürzel und Ober-

schwanzdecken rostrot; Kehle auf rahmfarbenem Grund schwarz gefleckt, übrige Unterseite mehr oder weniger weiß.
Verbreitung: Nordamerika.
Wanderungen: Überwintert im südlichen Nordamerika; auf Island, in England, im 19. Jh. in Anhalt, in der Oberpfalz, im Schwarzwald sowie in Luxemburg, in der Schweiz und Italien nachgewiesen.
Unterarten: H. g. nanus (Audubon).

Zwergdrossel
Hylocichla ustulata (Nuttall)

Kennzeichen: 18 cm. Der Grauwangendrossel sehr ähnlich, doch noch etwas kleiner; unterscheidet sich durch rötlichgelben Augenring und rötlichgelbe Wangen. Oberseits olivbraun, Kehle auf rahmfarbenem Grund schwarz gefleckt, übrige Unterseite bis auf die hell graubraunen Flanken weißlich.
Verbreitung: Nordamerika.
Wanderungen: Überwintert in Mittel- und Südamerika; als Irrgast in England, Belgien, Luxemburg, Frankreich, in der BRD (bei Reinbek im Sachsenwald und auf Helgoland), in Norwegen, Österreich, Italien und in der Ukraine nachgewiesen.
Unterarten: H. u. swainsoni (Tschudi).

Grauwangendrossel
Hylocichla minima (Lafresnaye)

Kennzeichen: 19,5 cm Noch etwas kleiner als Rotdrossel. Der Zwergdrossel sehr ähnlich, doch ohne deutlichen Augenring und mit grauen Wangen. Oberseits graubraun, Kehle auf rahmfarbenem Grund schwarz gefleckt, übrige Unterseite bis auf die hell graubraunen Flanken weißlich.
Verbreitung: Nordamerika.
Wanderungen: Überwintert in Südamerika; wurde als Irrgast in Wales (H. m. bicknelli), in Großbritannien, Norwegen, Frankreich, Italien und einmal auf Helgoland nachgewiesen.
Unterarten: H. m. minima (Lafresnaye), H. m. bicknelli Ridgway.

Wiesendrossel
Hylocichla fuscescens (Stephens)

Kennzeichen: 18 cm. Oberseits einfarbig zimtbraun, unterseits weißlich, Kehle ganz schwach bräunlich gefleckt; auf größere Entfernung fast einfarbig erscheinend.
Verbreitung: Nordamerika.
Wanderungen: Überwintert in Mittelamerika und im nördlichen Südamerika. Als Irrgast für Großbritannien nachgewiesen.

GATTUNG: Oenanthe Vieillot

Wüstensteinschmätzer
Oenanthe deserti
(Temminck)

Kennzeichen: 14 cm. Ein sandfarbener Steinschmätzer, der sich von anderen Steinschmätzern durch den fast bis zur Wurzel schwarzen Schwanz unterscheidet. Das ♂ hat eine schwarze Kehle und sieht einem sandfarbenen ♂ der schwarzkehligen Varietät des Mittelmeersteinschmätzers recht ähnlich, an der verschiedenen Verteilung von Schwarz und Weiß auf den Steuerfedern kann man beide Arten jedoch sicher unterscheiden. Außerdem sind beim Wüstensteinschmätzer die Schultern wie der Rücken sandfarben, nicht schwarz wie beim Mittelmeersteinschmätzer. Kehle beim ♀ weißlich; Bürzel und Oberschwanzdecken beim ♂ weiß, beim ♀ sandfarben getönt.

Verbreitung: Wüsten und Steppen von Nordafrika über Vorder- bis Zentralasien.
Wanderungen: Überwintert in Nordostafrika. Im südlichen Vorderasien (Arabien, Irak, Iran) und in Pakistan. Wiederholt als Irrgast in Europa festgestellt; a) Oe. d. deserti (Temmnick): Britische Inseln, Italien, Malta und Griechenland; b) Oe. d. atrogularis (Blyth): Finnland, Schweden (2), Helgoland (3) und Britische Inseln.
Unterarten: s. bei Wanderungen.

Sahara-Steinschmätzer
Oenanthe leucopyga
(A. E. Brehm)

Kennzeichen: 15 cm. Glänzend blauschwarz, nur Bürzel, Aftergegend, Ober- und Unterschwanzdecken weiß; Steuerfedern mit Ausnahme des mittleren Paares weiß mit schwarzem Endsaum. Scheitel variiert je nach Alter von Schwarz bis Weiß. Verwechslungen sind nur mit dem Trauersteinschmätzer möglich, über die Unterschiede s. S. 387.

Verbreitung: Nord- und Nordostafrika und südliches Vorderasien.
Wanderungen: Überwintert im Brutgebiet; als Irrgast einmal auf Malta festgestellt.

GATTUNG: Phoenicurus Forster

Diademrotschwanz
Phoenicurus moussieri
(Olphe-Galliard)

Kennzeichen: 14 cm. ♂ oberseits schwarz, Bürzel, Oberschwanzdecken und Schwanz rostrot, Unterseite einschließlich der Unterflügeldecken rostrot, nach unten zu heller werdend. Das glänzendweiße „Diadem" besteht aus einem schmalen Stirnstreif, der sich beiderseits in Überaugenstreifen fortsetzt und an den Halsseiten in einem großen weißen Fleck endet. Weißer Flügelspiegel auf dem

schwarzen Flügel. ♀ oberseits fahl graubraun, Bürzel, Oberschwanzdekken und Schwanz rostrot, Flügel dunkelbraun, rahmweißer Spiegel bisweilen angedeutet. Unterseite fahl braun, rostbraun überflogen.
Biotop: Trockene, steinige und gebüschbestandene Hänge im Hügelland und Gebirge sowie in trockenen küstennahen Wäldern.
Verbreitung: Nordwestafrika.
Wanderungen: Überwintert im Brutgebiet und sucht im Winter gegebenenfalls tiefer gelegene Lagen auf; als Irrgast einmal in Italien und auf Malta festgestellt.

GATTUNG: Irania De Filippi

Weißkehlsänger
Irania gutturalis (Guérin)

Kennzeichen: ♂ oberseits hell schiefergrau. Steuerfedern schwarz, weißer Überaugenstreif, die schwarzen Kopf- und Kehlseiten kontrastieren mit dem weißen dreieckigen Kehlfleck. Unterseite bis auf den weißen Bauch und die weißen Unterschwanzdecken ockerfarben. ♀ oberseits bräunlichgrau, Kopf- und Kehlseiten ebenso, Überaugenstreif nur angedeutet, Kehle weißlich, übrige Unterseite verwaschen rostfarben.
Stimme: Gesang besteht nach Hartert „aus prachtvollen glockenartigen Tönen und würde mit dem der Nachtigall wetteifern, wenn er länger wäre".
Biotop: „Gebirgsvogel, der felsiges, steiniges, mit Buschwerk und Bäumen bestandenes Gelände bewohnt" (Hartert).
Verbreitung: Von Kleinasien durch Armenien, Transkaukasien ostwärts bis Turkestan und Afghanistan, im Süden bis zum Libanon und nördlichen Israel.
Wanderungen: Überwintert im östlichen Afrika; in Schweden und Griechenland festgestellt.

GATTUNG: Luscinia Forster

Blaurücken-Nachtigall
Luscinia cyane (Pallas)

Kennzeichen: 13 cm. ♂ oberseits trüb dunkelblau, Kopfseiten schwarz, unterseits weiß; ♀ oberseits olivbraun, unterseits rostgelblich.
Verbreitung: Südliches Sibirien vom Altai ostwärts bis zum Amur-Gebiet, Sachalin und Japan, südwärts bis Korea und dem nördlichen China.
Wanderungen: Überwintert vom südöstlichen China westwärts bis Assam, ferner auf den Philippinen, Sumatra und Borneo. Am 27. 10. 1975 wurde ein Exemplar in Sark, Kanalinseln gefangen und damit erstmals für Europa nachgewiesen.

FAMILIE: Sylviidae — **Grasmücken**

GATTUNG: Locustella Kaup

Riesenschwirl
Locustella fasciolata (Gray)

Kennzeichen: 18 cm. Etwa so groß wie ein Drosselrohrsänger; Oberseite braun, kurzer, schmaler hell aschgrauer Überaugenstreif, Kehle und Mitte des Unterkörpers weiß, Kropf und Vorderbrust hell aschgrau, Flanken gelblich olivbraun.

Verbreitung: Mittel- und Ostsibirien.
Wanderungen: Überwintert in Südostasien und wurde als Irrgast in Dänemark und Frankreich festgestellt.

Streifenschwirl
Locustella certhiola (Pallas)

Kennzeichen: 13,5 cm. Erinnert im Aussehen an einen Schilfrohrsänger, doch hat er einen weit weniger ausgeprägten Überaugenstreif und ist oberseits dunkler, unterseits weißer mit feinen Flecken quer über die Brust. Schwanz auf der Unterseite mit schwarzer Endbinde und weißen Spitzen, wodurch er sich von anderen Schwirlen unterscheidet.
Verbreitung: Ostasien.
Wanderungen: Überwintert in Süd- und Südostasien; Irrgast auf Helgoland (L. c. certhiola [Pallas]), in Großbritannien, Irland und in den Niederlanden (L. c. subsp.).

GATTUNG: Acrocephalus J. A. & F. Naumann

Dickschnabelsänger
Acrocephalus aëdon (Pallas)

Kennzeichen: 19 cm. Gleicht in der Färbung einem Drosselrohrsänger, hat jedoch einen dicken, kurzen und gewölbten Schnabel und einen langen, stark gestuften Schwanz.
Verbreitung: Ostasien.
Wanderungen: Überwintert in Südost- und Südasien; als Irrgast zweimal in Großbritannien nachgewiesen (wobei es sich wahrscheinlich um die Nominatform gehandelt hat).
Unterarten: A. a. aëdon (Pallas)

GATTUNG: Sylvia Scopoli

Atlasgrasmücke
Sylvia deserticola Tristram

Kennzeichen: 12 cm. Das ♂ ähnelt einem ♂ der Provencegrasmücke, unterscheidet sich von diesem jedoch durch die breiten rostbraunen Säume der Armschwingen, vom ähnlichen ♂ der Weißbartgrasmücke durch das Fehlen des weißen Bartstreifs. Das ♀ ist wesentlich heller und ähnelt dem der Brillengrasmücke, die Kehle ist jedoch nicht so rein weiß.
Verbreitung: Nordwestafrika.
Wanderungen: Überwintert in dem südlich des Brutgebiets anschließenden Teil der Sahara. Auf Malta nachgewiesen.

GATTUNG: Phylloscopus Boie s. Tafel S. 130

Goldhähnchenlaubsänger
Phylloscopus proregulus (Pallas)

Kennzeichen: 9 cm. Erinnert an ein Goldhähnchen, zumal er die Gewohnheit hat, wie diese vor Zweigen zu rütteln, um Insekten zu erbeuten; hierbei bekommt man den grünlichgelben Bürzel zu sehen. Im übrigen oberseits grün mit breitem, gelben Scheitelstreif und gelbem Überaugenstreif. Vom ähnlichen Gelbbraunenlaubsänger unterscheidet er sich durch den gelben Scheitelstreif, den blaß grünlichgelben Bürzel und sein goldhähnchenartiges Verhalten.
Verbreitung: Ostsibirien.
Wanderungen: Überwintert in Südostasien; Irrgast in Großbritannien, in

den Niederlanden, in Belgien, Frankreich, Dänemark, Norwegen, Schweden, auf den Ålands-Inseln, in Finnland, in der BRD (Helgoland, Neuwerk) und in Jugoslawien.
Unterarten: Ph. p. proregulus (Pallas).

Dunkler Laubsänger
Phylloscopus fuscatus (Blyth)

Kennzeichen: 11 cm. Der dunkle Laubsänger und der Bartlaubsänger sind die einzigen in Europa in Frage kommenden Laubsänger ohne eine Spur von Gelb oder Grün im ad. Gefieder. Der Dunkle Laubsänger erinnert an einen Teichrohrsänger mit einem ausgeprägten rostfarbenem Überaugenstreif; auch sein Verhalten ist mehr rohrsänger- als laubsängerartig. Die Oberseite ist braun, die Unterseite rostbräunlich, die Wangen braun mit rostfarbenem Anflug.
Verbreitung: Ostasien.
Wanderungen: Überwintert in Süd- und Südostasien; wurde als Irrgast in Großbritannien und in Irland, in den Niederlanden, Norwegen, Schweden, Finnland, Polen, Österreich sowie für die BRD nachgewiesen.
Unterarten: Ph. f. fuscatus (Blyth).

Bartlaubsänger
Phylloscopus schwarzi (Radde)

Kennzeichen: 13 cm. Ähnelt dem dunklen Laubsänger, die Oberseite ist jedoch nicht so dunkel und gewöhnlich mehr olivbraun, weniger rötlichbraun. Auffälliger rahmfarbener Überaugenstreif. Schnabel kräftiger und an der Basis wesentlich breiter als beim Dunklen Laubsänger.
Verbreitung: Mittel- und Ostsibirien, Korea und nördliches China.
Wanderungen: Überwintert in Südostasien; als Irrgast in Finnland, Schweden, Großbritannien, in den Niederlanden, in Frankreich, Polen und auf Helgoland (2) nachgewiesen.

FAMILIE: Muscicapidae — **Fliegenschnäpper**

GATTUNG: Muscicapa Brisson

Brauner Fliegenschnäpper
Muscicapa latirostris Raffles

Kennzeichen: 12 cm. Ähnelt einem kleinen Grauen Fliegenschnäpper, Scheitel und Brust sind jedoch ungefleckt; auffällig ist ein weißer Augenring.
Verbreitung: Ostsibirien vom Jenissei an ostwärts, Japan,
Wanderungen: Überwintert in Süd- und Südostasien; als Irrgast in Norwegen, Dänemark, England, Irland und auf den Färöer nachgewiesen.

GATTUNG: Ficedula Brisson

Goldfliegenschnäpper
Ficedula narcissina (Temminck)

Kennzeichen: 13 cm. ♂ oberseits bis auf den gelben Hinterrücken und Bürzel schwarz, gelber von der Schnabelwurzel bis zum Hinterkopf reichender Überaugenstreif, weißer Flügelfleck. Unterseite gelb. ♀ oberseits olivgrünlich mit gelbem Bürzel, unterseits weißlichgelb, Kehle und Brust aschgrau überflogen, Flügel mit weißen Abzeichen.
Verbreitung: Ostasien.
Wanderungen: Überwintert in Südostasien; als Irrgast einmal im Frankreich festgestellt (wahrscheinlich F. n. narcissina [Temminck]).

Tannenfliegenschnäpper
Ficedula mugimaki (Temminck)

Kennzeichen: So groß wie unser Trauerfliegenschnäpper. ♂ oberseits mattschwarz; auffallend ein kurzer, breiter weißer Streif hinter dem Auge und ein großer weißer Flügelfleck. Kinn, Kehle und Brust ockerfarben-übrige Unterseite weiß. ♀ oberseits olivbraun, Flügel bräunlich schieferfarben; Kinn, Kehle und Brust matt ockergelb, übrige Unterseite weiß.
Verbreitung: Nadelwälder im südlichen Ostsibirien.
Wanderungen: Überwintert in Südostasien und wurde als Irrgast in Italien festgestellt.

FAMILIE: Motacillidae — Stelzen

GATTUNG: Anthus Bechstein

Amerikanischer Wasserpieper
Anthus spinoletta rubescens (Tunstall)

Kennzeichen: 16 cm. Unterscheidet sich von den europäischen Wasserpiepern durch rahmfarbene Unterseite mit scharf ausgeprägten dunklen Längsflecken auf Brust und Flanken. Rahmfarbener Überaugenstreif, Oberseite braun mit grauem Anflug. Schwanzkanten weiß. Im Ruhekleid oberseits einem Strandpieper ähnlich, doch mehr braun statt olivbraun.
Verbreitung: Nordostsibirien, arktisches Nordamerika und West-Grönland.
Wanderungen: Überwintert in Asien von Turkestan bis China, in Nordamerika von Kalifornien bis Guatemala. Wurde als Irrgast auf St. Kilda (Hebriden) und dreimal auf Helgoland nachgewiesen.

FAMILIE: Laniidae — Würger

GATTUNG: Lanius Linné

Isabellwürger
Lanius collurio isabellinus Ehrenberg

Kennzeichen: 18 cm. Ein auffallend heller Würger mit fahl rotbraunem Scheitel und Bürzel; beim ♂ sind Stirn, Zügel und Ohrgegend schwarz, beim ♀ sind die Zügel weißlich und die Ohrdecken braun. Unterseite isabellfarben, auf den Handschwingen ein besonders im Fluge auffallender, rahmfarbener Fleck, beim ♀ ist er kleiner oder fehlt.
Verbreitung: Innerasien.
Wanderungen: Überwintert im südlichen Asien vom Irak bis Pakistan; wurde als Irrgast in Großbritannien, Irland und auf Helgoland nachgewiesen.

FAMILIE: Vireonidae — Laubwürger

Die Laubwürger kommen in 37 Arten in Nord-, Mittel- und Südamerika vor; hier bewohnen sie Wälder und buschreiches Gelände. Ihre Größe schwankt zwischen der eines Weidenlaubsängers und einer Nachtigall. Die in den nördlichen Breiten brütenden Arten sind Zugvögel; ihre Nahrung besteht vorzugsweise aus Insekten.

GATTUNG: Vireo Vieillot

Rotaugenlaubwürger
Vireo olivaceus (L.)

Kennzeichen: 12,5 cm. Größe und Gestalt wie eine Gartengrasmücke, oberseits olivgrün, unterseits weiß, ohne Flügelbinden. Kennzeichend ist der graue Scheitel und der auffällige weiße, schwarz eingefaßte Überaugenstreif. In der Nähe kann man die roten Augen erkennen.
Verbreitung: Nordamerika.
Wanderungen: Überwintert in Südamerika und wurde als Irrgast auf Island, in Irland, auf den Scilly-Inseln und auf Helgoland festgestellt.

FAMILIE: Parulidae **Waldsänger**

Die Waldsänger sind eine mit 119 Arten von Alaska und Labrador bis Uruguay und Nordargentinien verbreitete Familie vielfach bunter, meist baumbewohnender Vögel von der Größe eines Weidenlaubsängers bis zu der einer Nachtigall. Die nordamerikanischen Arten sind Zugvögel. Nahrung Früchte und Insekten.

GATTUNG: Mniotilta Vieillot

Kletterwaldsänger
Mniotilta varia (L.)

Kennzeichen: 13,5 cm. So groß wie eine Kohlmeise und auffallend zebraartig gestreift, zwei weiße Flügelbinden; ♀ namentlich auf der Unterseite etwas heller.
Verbreitung: Nordamerika.
Wanderungen: Überwintert im südlichen Nordamerika und in Mittelamerika; als Irrgast auf den Shetland-Inseln und in Irland nachgewiesen.

GATTUNG: Vermivora Swainson

Tennessee-Waldsänger
Vermivora peregrina (Wilson)

Kennzeichen: 12 cm. Laubsängerartig. Grauer Oberkopf, weißer Überaugenstreif, gelbliche Flügelbinde und weiße Unterschwanzdecken können zur Charakterisierung dieses Vogels dienen.
Biotop: Feuchte Waldungen; auf dem Zug in baumbestandenem Gelände jeder Art.
Verbreitung: Nordamerika.
Wanderungen: Überwintert in Mittelamerika und im nördlichen Venezuela. Als Irrgast auf Island und in Großbritannien festgestellt.

GATTUNG: Parula Bonaparte

Meisensänger
Parula americana (L.)

Kennzeichen: 11,5 cm. So groß wie eine Blaumeise. Oberseits blaugrau (das ♀ etwas trüber), Kehle und Brust gelb, zwei auffallende weiße Flügelbinden, das ♂ mit braunem Band unterhalb der Kehle.
Verbreitung: Nordamerika.
Wanderungen: Überwintert in Mittelamerika und wurde als Irrgast auf Island und in England festgestellt.

GATTUNG: Dendroica Gray

Gelber Waldsänger
Dendroica petechia (L.)

Kennzeichen: 12,7 cm. Von anderen Waldsängern unterscheidet sich diese Art durch eine auffallende Gelbfärbung; auch Rücken, Flügel und Schwanz sind gelblich, dieser weist gelbe Kanten auf. Das ♂ hat rotbraune Längsflecken auf der Brust, ♀ und juv. sind dunkler, oberseits mehr grünlichgelb und unterseits blasser; die Längsstreifen auf der Unterseite sind schwächer oder nur angedeutet.
Biotop: Baum- und gebüschbestandene Niederungen, gern in der Nähe von Gewässern.
Verbreitung: Nordamerika bis nördliches Südamerika, Bahama-Inseln, Antillen und Galapagos-Inseln.
Wanderungen: Überwintert in Mittel- und im nördlichen Südamerika; wurde zweimal in Großbritannien als Irrgast nachgewiesen.
Unterarten: D. p. aestiva (Gmelin).

Kap May-Waldsänger
Dendroica tigrina (Gmelin)

Kennzeichen: 13 cm. Das ♂ ist der einzige Waldsänger mit einem kastanienbraunen Wangenfleck, der sich kontrastreich gegen den leuchtend gelben Hals abhebt. Scheitel schwarz, Unterseite gelb und eng schwarz gestreift. Bürzel ebenfalls gelb. ♀ ohne Wangenfleck und insgesamt trüber gezeichnet.
Verbreitung: Nördliches Nordamerika.
Wanderungen: Überwintert in Mittelamerika. Als Irrgast für Großbritannien nachgewiesen.

Kronwaldsänger
Dendroica coronata (L.)

Kennzeichen: 14 cm. Größe und Gestalt einer Gartengrasmücke. ♂ und ♀ mit sehr auffälliger Gefiederzeichnung zunächst in allen Kleidern an dem leuchtend gelben Bürzel zu erkennen; außerdem sind Scheitel und Flügel bei ad. gelb. Oberseite beim ♂ auf blaugrauem, beim ♀ auf braunem Grund dunkel längsgefleckt. Kinn bei ♂ und ♀ weiß, beim ♂ sind Wangen, Brust und Seiten schwarz, beim ♀ braun, übrige Unterseite weiß. Zwei deutliche weiße Flügelbinden. Juv. ähnlich ♀, doch ohne Gelb auf Scheitel und Flügelbug.
Verbreitung: Nordamerika.
Wanderungen: Überwintert im südlichen Nordamerika; als Irrgast in Großbritannien und Irland festgestellt.

Grüner Waldsänger
Dendroica virens (Gmelin)

Kennzeichen: 12,5 cm. Größe und Gestalt wie eine kleine Grasmücke, Gefiederfarben jedoch ganz anders: ♂ mit auffallenden gelben Kopfseiten und schwarzer Kehle, Oberseite olivgrün, übrige Unterseite weiß, Flanken

schwarz gestreift, zwei auffallende weißliche Flügelbinden. ♀ ähnlich, doch mit viel weniger Schwarz an der Kehle und an den Flanken; juv. unterseits gelblichweiß mit dunklen Längsflecken an den Seiten.
Verbreitung: Nordamerika.
Wanderungen: Überwintert in Mittelamerika und wurde einmal als Irrgast auf Helgoland nachgewiesen.
Unterarten: D. v. virens (Gmelin)

Tannenwaldsänger
Dendroica striata (Forster)

Kennzeichen: 12,5 cm. ♂ im Brutkleid mit schwarzer Kopfplatte und weißen Wangen; die grünlichgraue Oberseite und die Flanken sind dunkel gestreift, gesamte Unterseite weiß. Dem ♀ fehlt die schwarze Kopfplatte. Oberseite, Kehle und Flanken sind auf grünlichgrauem Grunde dunkel gestreift; auffällig sind auch bei ihm die zwei weißen Flügelbinden. Im Ruhekleid ist dieser Waldsänger an der grünlichgrauen Gesamtfärbung und den weißen Flügelbinden von verwandten Arten zu unterscheiden.
Verbreitung: Nördliches Nordamerika.
Wanderungen: Überwintert in Südamerika und wurde als Irrgast in Großbritannien und Irland festgestellt.

Palmenwaldsänger
Dendroica palmarum (Gmelin)

Kennzeichen: 13 cm. ♂ und ♀ ähnlich: Scheitel im Brutkleid kastanienbraun (im Ruhekleid dunkeloliv), gelber Überaugenstreif. Oberseits braun, unterseits gelblich oder weißlich mit bräunlichen Längsstreifen. Hält sich vorwiegend am Boden auf; auffällig ist ein häufiges Schwanzwippen, was ihn von ähnlichen Arten unterscheidet.
Verbreitung: Nordamerika.
Wanderungen: Überwintert im Süden der USA und in Mittelamerika. Wurde für Großbritannien nachgewiesen.

GATTUNG: Seiurus Swainson

Pieperwaldsänger
Seiurus aurocapillus (L.)

Kennzeichen: 15 cm. Ein sperlingsgroßer Vogel vom Aussehen einer kleinen Drossel. Oberseits olivbraun, unterseits auf weißem Grund schwarz längsgefleckt. Blaß orangefarbener, schwarz eingefaßter Scheitel; Füße blaß rötlichgelb. Hält sich meist am Waldboden auf; man hört ihn mehr als daß man ihn sieht.
Verbreitung: Südliches Kanada und die USA.
Wanderungen: Überwintert im südlichen Nordamerika, in Mittel- und im nördlichen Südamerika sowie auf den Kleinen Antillen. Zweimal als Irrgast für Großbritannien nachgewiesen (1969, 1973).

Drosselwaldsänger
Seiurus noveboracensis (Gmelin)

Kennzeichen: 14 cm. Ein kurzschwänziger, sperlingsgroßer Vogel von der Gestalt einer kleinen Drossel; Oberseite braun, auffallender gelblicher Überaugenstreif, die rahmfarbene Unterseite dunkel längsgefleckt. Hält sich am Ufer von Gewässern auf und wippt wie ein Flußuferläufer mit dem Körper.
Verbreitung: Nordamerika.
Wanderungen: Überwintert vom südlichen Nordamerika bis zum nördlichen Südamerika; je einmal als Irrgast in Frankreich und England festgestellt.

GATTUNG: Geothlypis Cabanis

Gelbkehlchen
Geothlypis trichas (L.)
Kennzeichen: 13 cm. Ein Vogel von der Größe und Gestalt einer Dorngrasmücke. ♂ unverkennbar durch eine von der Stirn bis zu den Halsseiten reichende schwarze Maske. Oberseits einfarbig olivbraun, Kehle gelb, übrige Unterseite gelblich, Bauch weiß. ♀ ebenso, doch ohne die schwarze Maske.
Verbreitung: Nordamerika.
Wanderungen: Überwintert im südlichen Nordamerika und wurde als Irrgast in England nachgewiesen.

GATTUNG: Wilsonia Bonaparte

Kappenwaldsänger
Wilsonia citrina (Boddaert)

Kennzeichen: 12,5 cm. Beim ♂ sind Kopf, Kehle und Kropf bis auf das gelbe Gesicht schwarz, die übrige Oberseite olivgrün, unterseits leuchtend gelb. ♀ gleicht bis auf die Größe dem ♀ von Wilsonia pusilla (s. unten).
Verbreitung: Nordamerika.
Wanderungen: Überwintert in Mittelamerika. Für Großbritannien (Scilly-Inseln) nachgewiesen.

Wilsons Waldsänger
Wilsonia pusilla (Wilson)

Kennzeichen: 11,5 cm. Oberseite olivgrün, unterseits leuchtend gelb. ♂ mit runder schwarzer Scheitelkappe, beim ♀ Scheitel nur dunkler als übrige Oberseite, gelber Überaugenstreif, sonst wie ♂.
Verbreitung: Nordamerika vom nördlichen Alaska bis zum Süden der USA.
Wanderungen: Überwintert im südlichen Nordamerika und in Mittelamerika. Für Großbritannien nachgewiesen.

GATTUNG: Setophaga Swainson

Amerika-Rotschwanz
Setophaga ruticilla (L.)

Kennzeichen: 12,5 cm. ♂ bis auf den weißen Bauch überwiegend schwarz mit auffallenden orangeroten Abzeichen auf den Flügeln und äußeren Steuerfedern; ♀ oberseits olivbraun, unterseits weiß und mit gelben Abzeichen auf Flügeln und äußeren Steuerfedern.
Verbreitung: Nordamerika.
Wanderungen: Überwintert in Mittel- und im nördlichen Südamerika; wurde 1961 erstmals als Irrgast für Europa nachgewiesen (Bretagne, Frankreich). 1967 ein 2. Nachweis für England.

FAMILIE: Icteridae — **Stärlinge**

Auch die Stärlinge sind eine rein amerikanische Familie, die in 94 Arten Nord-, Mittel- und Südamerika bewohnt. Es sind baum- oder bodenbewohnende lerchen- bis reichlich krähengroße Vögel. Vielfach gesellig lebend und teilweise Brutparasiten. Nahrung vegetarisch oder animalisch.

GATTUNG: Dolichonyx Swainson

Reisstärling
Dolichonyx oryzivorus (L.)

Kennzeichen: 18,5 cm. Über Sperlingsgröße; ♂: Vorderkopf, Unterseite, Flügel und Schwanz schwarz, Hinterkopf rahmfarben, großer weißer Flügelfleck, Hinterrücken und Bürzel weiß. ♀ und Ruhekleid: insgesamt gelbbräunlich mit auffallenden dunklen Streifen auf dem Scheitel.
Verbreitung: Nordamerika.
Wanderungen: Überwintert in Südamerika; wurde 1962 erstmals für Europa nachgewiesen (Scilly-Inseln, England). Inzwischen weitere Nachweise für Großbritannien und Norwegen.

GATTUNG: Xanthocephalus Bonaparte

Gelbkopfstärling
Xanthocephalus xanthocephalus (Bonaparte)

Kennzeichen: 25 cm. Amselgroß. ♂ schwarz mit gelbem Kopf und Kehle, im Fluge wird ein weißer Fleck auf den Flügeln sichtbar; das ♀ ist braun, nur Stirn, Kopfseiten und Kehle sind gelb, die Brust ist weiß längsgestreift.
Verbreitung: Nordamerika.
Wanderungen: Überwintert im südlichen Nordamerika bis Mexiko; als Irrgast in Dänemark, Norwegen und Schweden nachgewiesen.

GATTUNG: Icterus Brisson

Baltimore-Trupial
Icterus galbula (L.)

Kennzeichen: 19 cm. Knapp drosselgroß; ♂ mit schwarzem Kopf und größtenteils schwarzer Oberseite, Bürzel und Unterseite orangerot; ♀ und juv. oberseits olivfarben, unterseits gelblich, 2 weiße Flügelbinden.
Verbreitung: Westliches Nordamerika.
Wanderungen: Überwintert in Mittelamerika; wurde als Irrgast für Island, Großbritannien und Irland nachgewiesen.

Wagler-Trupial – Icterus wagleri Sclater
Dieser in Mittelamerika beheimatete Stärling wurde vom 10. 7. bis 7. 11. 1975 in Norwegen beobachtet; sehr wahrscheinlich Gefangenschaftsflüchtling;

GATTUNG: Quiscalus Vieillot

Schwarzer Trupial
Quiscalus quiscula (L.)

Kennzeichen: 30 cm. Der Glanz auf dem einfarbig schwarzem Gefieder variiert von grün oder blau bis purpur; das ♀ ist etwas kleiner und weniger glänzend. Auffallend sind das gelbe Auge und der lange, keilförmige Schwanz. Die juv. sind einfarbig braun und braunäugig.
Verbreitung: Kanada und die USA.
Wanderungen: Überwintert größtenteils im Brutgebiet. Vom 8. bis zum 10. 4. 1970 wurde ein Exemplar bei Roskilde (Dänemark) festgestellt und damit erstmalig für Europa nachgewiesen.

FAMILIE: Thraupidae — **Tangaren**

Auch die Tangaren sind eine rein neuweltliche Familie, die in 222 Arten von Nord- bis Südamerika mit Ausnahme des südlichen Drittels beheimatet ist. Teilweise Zugvögel. Kleine bis gut drosselgroße Vögel mit meist glänzend buntem Gefieder. Überwiegend baumbewohnende Arten, die sich von Früchten, Blüten und Insekten ernähren.

GATTUNG: Piranga Vieillot

Scharlach-Tangare
Piranga olivacea (Gmelin)

Kennzeichen: 18 cm. Ein finkenähnlicher Vogel von der Größe einer Grauammer. ♂ scharlachrot mit schwarzen Flügeln und Steuerfedern. ♀ oberseits trüb grünlich, unterscheidet sich vom ♀ der Sommer-Tangare durch gelbliche, nicht orangefarbene Unterseite und dunklere, bräunlichgraue, nicht olivgraue Flügel.
Biotop: Bewaldetes Gelände, besonders Eichenwälder.
Verbreitung: Nordamerika.
Wanderungen: Überwintert in Südamerika und wurde am 12. 10. 1962 in Irland erstmals für Europa nachgewiesen. Zwei weitere Nachweise Scilly-Inseln (England).

Sommertangare
Piranga rubra (L.)

Kennzeichen: 18,5 cm. Ein finkenähnlicher Vogel von der Größe einer Grauammer mit kräftigem, weißlichem Schnabel. ♂ rosenrot, ♀ oberseits olivfarben, unterseits trüb orangefarben.
Verbreitung: Nordamerika.
Wanderungen: Überwintert in Mittel- und Südamerika; wurde zweimal als Irrgast für Großbritannien festgestellt.
Unterarten: P. r. rubra (L.).

FAMILIE: Fringillidae — **Finken**

GATTUNG: Hesperiphona Bonaparte

Abendkernbeißer
Hesperiphona vespertina (Cooper)

Kennzeichen: 21,5 cm. Ein starengroßer, kernbeißerähnlicher Vogel. ♂ überwiegend trüb gelblich, Stirn und Überaugenstreif gelb; ♀ silbergrau und gelblich. Kräftiger weißer Schnabel. Flügel schwarz mit besonders im Fluge auffallendem großen weißen Fleck. Schwanz kurz und schwarz.
Biotop: Nadelwälder.
Verbreitung: Nordamerika.
Wanderungen: Überwintert im Süden Nordamerikas und wurde als Irrgast für Großbritannien und Norwegen nachgewiesen.

GATTUNG: Carduelis Brisson

Ostasien-Grünfink
Carduelis sinica (L.)

Kennzeichen: 14 cm. Unserem Grünfinken ähnlich, doch mehr braun und nicht olivgrünlich und mit mehr Gelb an Handschwingen und Steuerfedern; Schnabel braun und nicht weißlichfleischfarben wie bei C. chloris.
Verbreitung: Ostasien.
Wanderungen: Wurde einmal als Irrgast für Dänemark nachgewiesen.
Unterarten: C. s. chabarovi Stegmann.

GATTUNG: Acanthis Borkhausen

Grönland-Birkenzeisig
*Acanthis flammea rostrata (Coues)**

* A. flammea rostrata ist Irrgast und Wintergast (s. „Wanderungen")

Kennzeichen: Etwas größer, dunkler und stärker gefleckt als flammea, sonst wie dieser und feldornithologisch kaum von ihm zu unterscheiden. Die Flügellängen verhalten sich wie 8:7,5.
Stimme: Wie C. f. flammea.
Biotop: Arktische Tundra mit Birken- und Weidengebüsch.
Verbreitung: Baffin-Land und Grönland.
Wanderungen: Überwintert im östlichen Nordamerika sowie in Island, Schottland und Irland, zweimal als Irrgast auf Helgoland nachgewiesen.
Nest und Eier: Wie C. f. flammea.

Grönland-Polarbirkenzeisig
Acanthis hornemanni hornemanni (Holböll)

Kennzeichen: 12,5 cm. Unterscheidet sich von den anderen Birkenzeisigen durch weißen, ungefleckten Bürzel und weiße Unterseite.
Verbreitung: Ellesmere- und Baffinland, Grönland.
Wanderungen: Überwintert in Süd-Grönland und wurde gelegentlich auf den Britischen Inseln, Spitzbergen, Island sowie in Frankreich festgestellt.
Unterarten: s. S. 455.

GATTUNG: Carpodacus Kaup

Rosengimpel
Carpodacus roseus (Pallas)

Kennzeichen: 15 cm. Etwas größer als Karmingimpel, Oberkopf und Kehle beim ♂ weiß, Hinterkopf und Kopfseiten rosenrot, Rücken rosa und schwarzbraun gestreift, Bürzel und Oberschwanzdecken rosa, Brust und Flanken rosenrot, übrige Unterseite weiß, Flügel und Schwanz bräunlich schieferfarben mit trübrosa bzw. rosenroten Säumen. Beim ♀ ist der Oberkopf rosa mit schwarzbraunen Federmitten, die übrige Oberseite dunkelbraun mit helleren Säumen, Bürzel und Oberschwanzdecken rosenrot, teilweise braun längsgestreift; Kehle, Brust und Seiten hell rosenrot, dunkelbraun längsgestreift, übrige Unterseite weiß.
Verbreitung: Mittleres und östliches Sibirien.
Wanderungen: Im Winter in Japan und vom nördlichen China bis Westsibirien; gelegentlich in der europäischen Sowjetunion und einmal als Irrgast in Ungarn festgestellt.

FAMILIE: Emberizdae **Ammern**

GATTUNG: Emberiza Linné

Rötelammer
Emberiza rutila Pallas

Kennzeichen: 14 cm. Etwas kleiner als eine Goldammer. ♂ unverkennbar: Kopf, Kehle und Oberseite einfarbig kastanienbraun, übrige Unterseite gelb, Flanken dunkel längsgefleckt. ♀: Kopf und Bürzel kastanienbraun, bräunlichgrau gesäumt, Rücken olivgraubraun mit schwärzlichen Streifen, Kehle rahmfarben, rotbraun gesäumt, übrige Unterseite gelblich.
Verbreitung: Ostasien zwischen Baikalsee und Amurgebiet.
Wanderungen: Überwintert in Südostasien und wurde als Irrgast auf den Shetland-Inseln, in Norwegen, in den Niederlanden und in Frankreich nachgewiesen.

Maskenammer

Emberiza spodocephala Pallas

Kennzeichen: 14 cm. Etwas kleiner als eine Goldammer. Kopf, Hals und Kehle beim ♂ grünlichgrau, um den Schnabel herum eine schwarze Maske. Oberseite rotbraun mit braunschwarzen Längsflecken, Schwanz dunkelbraun mit weißen Kanten; Unterseite hell schwefelgelb, an den Seiten mehr olivbräunlich mit tiefbraunen Streifen. ♀ matter und mehr braun, Kehle und Brust hellgelb, dunkelbraun gefleckt.
Verbreitung: Östliches Asien.
Wanderungen: Überwintert in Südostasien und wurde einmal als Irrgast auf Helgoland nachgewiesen.
Unterarten: E. s. oligoxantha Meise.

Kleinasien-Ammer

Emberiza cineracea C. L. Brehm

Kennzeichen: 16 cm. Etwa so groß wie eine Goldammer, Gesamteindruck hell graubraun. Kopf und Hals grau, beim ♂ stark, beim ♀ schwach hellgelb überflogen. Oberseite bräunlich aschgrau mit braunen Federmitten. Bürzel einfarbig aschgrau. Kehle beim ♂ schwefelgelb, Brust hellgrau mit gelbem Anflug, übrige Unterseite hell bräunlichweiß. Das ♀ ist insgesamt mehr bräunlich mit hellbräunlichgelber Kehle.
Verbreitung: Türkei und Iran. Brütet auf den griechischen Inseln Lesbos und Chios.
Wanderungen: Überwintert im südlichen Vorderasien, Arabien und Ostafrika; soll gelegentlich in Südosteuropa beobachtet worden sein. Angeblich 1877 auf Helgoland.
Unterarten: E. c. cineracea C. L. Brehm.

Weißkappenammer

Emberiza stewarti Blyth

Kennzeichen: 16 cm. ♂ kontrastreich gezeichnet: Ein bis zum Hinterkopf reichender Augenstreif und die Kehle sind schwarz. Scheitel, Kopfseiten und Unterseite weißlich bis auf ein breites rotbraunes Brustband; Oberseite gleichfalls rotbraun. Beim ♀ sind Kopf und Rücken graubraun mit schmalen dunkelbraunen Strichen; Bürzel und Oberschwanzdecken rotbraun, Unterseite weißlich mit dunkler Strichelung an Kropf, Brust und Flanken; Brustband nur angedeutet.
Verbreitung: Turkestan, Afghanistan, Pakistan.
Wanderungen: Überwintert in Indien. Wurde einmal für Belgien als Irrgast nachgewiesen (9. 8. 1931 bei Lüttich (Liège)).

Wiesenammer

Emberiza cioides Brandt

Kennzeichen: 16 cm. Knapp so groß wie eine Goldammer. ♂ mit kastanienbraunem Scheitel und Kopfseiten, die durch einen an der Schnabelwurzel beginnenden und bis zum Hinterkopf reichenden weißen Bartstreif eingefaßt werden. Halsseiten und Kehle hell grau, Kropfgegend kastanienbraun mit dunklerem Querband, übrige Unterseite rostgelblichweiß, an den Seiten hell rostbräunlich. Übrige Oberseite rotbraun, auf dem Rücken schwarzbraun gestreift. ♀ ähnlich, nur blasser, Überaugenstreif und Bartstreif mehr rahmgelblich.
Verbreitung: Asien von Turkestan bis China und Japan.
Wanderungen: Überwiegend im Brutgebiet überwinternd, nördliche Populationen ziehen teilweise bis Nord- und Mittelchina; als Irrgast je einmal in England (E. c. castaneiceps) und in Italien nachgewiesen.
Unterarten: E. c. castaneiceps Moore.

Prachtammer

Emberiza chrysophrys Pallas

Kennzeichen: 14,5 cm. Etwas kleiner als eine Goldammer. Beim ♂ Oberkopf und Kopfseiten schwarz; auffällig sind ein von der Stirn bis zum Nacken reichender schmaler weißer Scheitelstreif und breite zitronengelbe Überaugenstreifen. Übrige Oberseite braun mit schwarzen Längsstreifen, Unterseite bis auf die hell rostbräunliche, dunkelbraun gestrichelte Brust weiß. ♀ ähnlich, doch Oberkopf und Kopfseiten braun.
Verbreitung: Nordostsibirien.
Wanderungen: Überwintert in Südostchina; als Irrgast in England, Belgien und Frankreich nachgewiesen.

Pallas-Rohrammer
Emberiza pallasi Cabanis

Kennzeichen: 13,5 cm. Wie eine kleine Rohrammer, doch mit dünnem, spitzen Schnabel und bräunlich aschgrauen anstatt rotbraunen kleinen Flügeldecken. Lebensweise wie die unserer Rohrammer.
Biotop: Wie Rohrammer.
Verbreitung: Ostsibirien.
Wanderungen: Überwintert in der Mongolei, in Korea und in Nord- und Mittelchina. Als Irrgast in Dänemark und Schottland (Fair-Isle) nachgewiesen.
Unterarten: E. p. pallasi Cabanis.

GATTUNG: Zonotrichia Swainson

Dachsammer
Zonotrichia leucophrys (Forster)

Kennzeichen: 15,5 cm. Sperlingsartiges Gefieder, Oberkopf auffällig schwarzweiß gezeichnet, Brust einfarbig grau mit weißem Kehlfleck.
Verbreitung: Nördliches Nordamerika.
Wanderungen: Überwintert im südlichen Nordamerika. Am 17. 8. 1969 eine Dachsammer im Westerwald, BRD; möglicherweise ein aus der Gefangenschaft entwichener Vogel. 1977 zwei Nachweise für Großbritannien.

Fuchsammer
Zonotrichia iliaca (Merrem)

Kennzeichen: 18 cm. Größer als Goldammer. Fuchsiges Aussehen, auffallend rostroter Schwanz, Unterseite kräftig rostrot gefleckt.
Verbreitung: Kanada.

Wanderungen: Überwintert im südlichen Nordamerika; wurde als Irrgast in der BRD (Mellum, Scharhörn), auf Island, in Großbritannien, Irland und in Italien nachgewiesen.
Unterarten: Z. i. iliaca (Merrem).

Singammer
Zonotrichia melodia (Wilson)

Kennzeichen: 14,5 cm. Ammernartig, oberseits braun, dunkel gestreift. Scheitel braun mit einem unauffälligen hellen Mittelstreifen und breiterem Überaugenstreifen. Unterseits weißlichgrau, an den Flanken bräunlich überflogen. Die dunkelbraunen Flekken laufen an den Flanken zu Streifen zusammen und auf der Brust zu einem dunklen Fleck.
Verbreitung: Nordamerika.
Wanderungen: Überwintert im südlichen Nordamerika. Als Irrgast in Großbritannien und Norwegen festgestellt.

Weißkehlammer
Zonotrichia albicollis (Gmelin)

Kennzeichen: 17 cm. Ein sperlingsähnlicher Vogel mit schwarz- und weißgestreiftem Oberkopf, einem gelben Fleck zwischen Schnabel und Auge, weißem Kehlfleck und grauer Unterseite.
Verbreitung: Nordamerika.
Wanderungen: Überwintert im südlichen Nordamerika und wurde als Irrgast in Großbritannien, Irland, Dänemark, Finnland und in den Niederlanden nachgewiesen.

GATTUNG: Junco Wagler

Winterammer
Junco hyemalis (L.)

Kennzeichen: 16 cm. Etwas kleiner als eine Goldammer, insgesamt schiefergrau mit weißem Bauch und weißen Schwanzkanten.
Verbreitung: Nordamerika.
Wanderungen: Überwintert im südlichen Nordamerika; wurde als Irrgast in Island, Irland, Großbritannien, in den Niederlanden, Polen (Halbinsel Hela) und Italien nachgewiesen.
Unterarten: J. h. hyemalis (L.).

GATTUNG: Pipilo Vieillot

Grundammer
Pipilo erythrophthalmus (L.)

Kennzeichen: 18,5 cm. Entspricht in der Größe einer Grauammer, doch auffällig gefärbt und mit langem, abgerundetem Schwanz. Beim ♂ sind Kopf, Hals und Oberseite schwarz, beim ♀ braun. Auffällig sind bei ♂ und ♀ die rotbraunen Körperseiten; die Unterseite ist bei beiden weiß. Flügelspiegel und äußere Steuerfedern am Ende bei ♂ und ♀ weiß. Die Iris ist bei ad. Vögeln meist rot.
Verbreitung: Nord- und Mittelamerika.
Wanderungen: Überwintert im südlichen Nordamerika, die südlichen Populationen im Brutgebiet. Wurde wenige Male für Großbritannien als Irrgast nachgewiesen.

GATTUNG: Pheucticus Reichenbach

Rosenbrustkernknacker
Pheucticus ludovicianus (L.)

Kennzeichen: 20 cm. ♂ sehr auffällig gezeichnet: Oberseite schwarz mit weißen Abzeichen auf den Flügeln und weißem Bürzel, Unterseite weiß mit rotem, nach unten zu schmäler werdendem Fleck auf der Brust. Das sperlingsartig gefärbte ♀ ist an dem breiten weißen Überaugenstreif, den breiten weißen Flügelbinden und an dem kräftigen Schnabel zu erkennen.
Verbreitung: Nordamerika.
Wanderungen: Überwintert in Mittel- und Südamerika; wurde wenige Male für Norwegen, Großbritannien und Irland nachgewiesen.

GATTUNG: Passerina Vieillot

Blauer Bischof
Passerina caerulea (L.)

Kennzeichen: 16 cm. ♂ tief dunkelblau, kräftiger Schnabel und zwei rostbraune Flügelbinden. ♀ braun, unterseits heller, mit zwei rötlichgelben Flügelbinden.
Verbreitung: USA vom mittleren Kalifornien ostwärts bis zum südlichen New Jersey, südwärts durch Mexiko bis Costa Rica.
Wanderungen: Überwintert in Mittelamerika und auf Kuba. Wurde 1970 erstmals für Europa in Schottland als Irrgast nachgewiesen.

Indigofink
Passerina cyanea (L.)

Kennzeichen: 14 cm. Wie ein kleiner Fink; ♂ im Brutkleid insgesamt blau, Flügel und Schwanz dunkler. Im Ruhekleid braun, Flügel und Schwanz wie im Brutkleid. Das ♀ ist insgesamt bräunlich, oberseits dunkler, unterseits heller mit undeutlicher Längsfleckung und ohne alle auffallenden Kennzeichen.
Biotop: Offenes, gebüschbestandenes Gelände.
Verbreitung: Nordamerika.
Wanderungen: Überwintert in Mittelamerika und auf Kuba. Als Irrgast auf Island nachgewiesen.

Lazulifink
Passerina amoena (Say)

Kennzeichen: 13,5 cm. Wie ein kleiner Fink. ♂ leuchtend blau, Kopf und Oberseite türkisblau; ein Brustband und die Flanken zimtbraun, weiße Flügelbinden. ♀ unauffällig braun ohne Streifung auf der Ober- und Unterseite; hat – im Gegensatz zum Indigofink – weiße Flügelbinden.
Biotop: Offenes, gebüschbestandenes Gelände.
Verbreitung: Nordamerika.
Wanderungen: Überwintert im südlichen Nord- und in Mittelamerika. Vereinzelte Nachweise für Großbritannien.

Papstfink
Passerina ciris (L.)

Kennzeichen: 13 cm. ♂ außerordentlich bunt: Kopf und Nacken blauviolett, Rücken gelblichgrün, Unterseite rot. Das ♀ ist schlichter gezeichnet: Oberseite grünlich, unterseits gelblichgrün.
Verbreitung: USA vom südlichen New Mexiko ostwärts bis zum südöstlichen Nord-Carolina, südwärts bis zum nördlichen Mexiko.
Wanderungen: Überwintert in den südlichen USA und in Mittelamerika. Wurde 1972 erstmals für Europa in Schottland als Irrgast nachgewiesen. 1974 2. Nachweis in England.

FAMILIE: Ploceïdae **Webervögel**

GATTUNG: Euplectes Swainson

Oryxweber
Euplectes orix (L.)

Kennzeichen: 13 cm. ♂ im Brutkleid: Stirn, vorderer Teil des Scheitels, Nacken und Halsseiten scharlachrot, Rücken rötlichbraun, Hinterrücken bis Oberschwanzdecken wieder scharlachrot. Flügel und Schwanzfedern schwärzlich. Unterseite: Brust und Unterschwanzdecken scharlachrot, im übrigen schwarz. Schnabel schwarz, beim ♀ hornfarbig, Füße bräunlich. Das schlicht gefärbte ♀ ist oberseits hell rötlichbraun mit dunklen Längsstrichen und einem rötlichgelben Überaugenstreif. Unterseits hell rötlichbraun; Kinn, Brust und Flanken eng braun längsgefleckt. Bauch weißlich. Im Ruhekleid ähnelt das ♂ einem ♀, ist jedoch dunkler.
Verbreitung: Tropisches bis südliches Afrika.
Wanderungen: Standvogel, stellenweise auch Strichvogel. Am 24. 9. 1970 wurde ein ad. ♀ bei Cadiz (Spanien) beobachtet; damit wurde die Art erstmals für Europa nachgewiesen.

INDEX DER DEUTSCHEN VOGELNAMEN

Aus technischen Gründen mußten im Bildteile (S. 33 bis 144) die deutschen Vogelnamen in der bisherigen Schreibweise stehen bleiben. Die inzwischen erfolgte Änderung einiger Vogelnamen konnte infolgedessen nicht berücksichtigt werden; so heißt also Charadrius asiaticus noch „Kaspischer Regenpfeifer" und nicht – wie heute allgemein üblich – „Wermut-Regenpfeifer"

Kursiv gedruckte Zahlen verweisen auf den Bildteil

Aasgeier *54*, *55*, 203
Aaskrähe
s. Nebel- und Rabenkrähe
Abendkernbeißer 530
Adlerbussard *60*, *62*, 212
Alaska-Strandläufer 499
Albatros, Gemeiner
s. Wanderalbatros
Alpenbirkenzeisig *138*, 454
Alpenbraunelle *125*, 430
Alpendohle *117*, 362
Alpenkrähe *117*, 361
Alpenringdrossel
s. Ringdrossel
Alpenschneehuhn *68*, *70*, 232
Alpensegler *114*, 331
Alpenstrandläufer *92*, *94*, 277
Amerika-Rotschwanz 528
Ammer, Kleinasien- *141*, 532
Amsel *120*, 382
Atlasgrasmücke 522
Audubon-Sturmtaucher 480
Auerhuhn *69*, *71*, 234
Austernfischer *80*, *83*, 251
Aztekenmöwe 504

Bachstelze, Weiße *132*, 442
Baird-Strandläufer *93*, 501
Baltimore-Trupial 529
Bartgeier *54*, *55*, 204
Bartgrasmücke
s. Weißbartgrasmücke
Bartgrasmücke, Kaspische
s. Tamariskengrasmücke
Bartkauz *110*, 326
Bartlaubsänger 523
Bartmeise *118*, 374
Bartrams Uferläufer
s. Prärieläufer
Basstölpel *35*, *37*, 158
Baumfalke *65*, *67*, 224
Baumpieper *134*, 433
Baumpieper, Indischer
s. Waldpieper
Bekassine *81*, *86*, 261
Bergbraunelle 429
Bergente *43*, *45*, 181
Bergfink *140*, 462
Berghänfling *138*, 453
Bergkalanderlerche 513
Berglaubsänger *131*, 422
Bergstrandläufer
s. Alaska-Strandläufer
Beutelmeise *118*, 368
Bienenfresser *112*, 334
Bindenkreuzschnabel *140*, 461
Bindensandlerche 514
Bindenseeadler *56*, 217
Bindenstrandläufer *93*, 502
Bindentaucher 478
Binsenrohrsänger
s. Seggenrohrsänger
Birkenzeisig *138*, 453
Birkenzeisig, Grönland- *138*, 531
Birkenzeisig, Island- 454
Birkhuhn *69*, *71*, 232
Bläßhuhn
s. Blessralle
Blaßspötter *130*, 408
Blauelster *117*, 359
Blauer Bischof 534
Blaufalke 492
Blauflügelente 488
Blaukehlchen, Rotstern- *124*, 395
Blaukehlchen, Weißstern- *124*, 394
Blaumeise *118*, 364
Blaumerle *120*, 383
Blauracke *112*, 335
Blaurückennachtigall 521
Blauschwanz *124*, 392
Blauwangenbienenfresser *112*, 334
Bleßgans *50*, *52*, 196
Bleßralle *77*, 249
Bluthänfling *138*, 452

Blutspecht *113*, 339
Bobolink
s. Reisstärling
Bonaparte-Möwe 505
Brachpieper *134*, 432
Brachschwalbe, Rotflügel- *91*, *96*, 285
Brachschwalbe, Schwarzflügel- *91*, *96*, 285
Brachvogel, Großer *84*, *85*, 264
Brandente s. Brandgans
Brandgans *47*, *49*, 194
Brandseeschwalbe *102*, *105*, 306
Brauenwaldsänger
s. Tennessee-Waldsänger
Braunbauch- – Flughuhn 508
Brauner Fliegenschnäpper
s. Fliegenschnäpper, Brauner
Braunkehlchen *123*, 390
Braunkopfammer *141*, 466
Braunliest 512
Brillenente 489
Brillengrasmücke *129*, 416
Brillenstärling
s. Gelbkopfstärling
Bronzesultanshuhn
s. Sultansralle. Amerika-
Bruchwasserläufer *88*, *90*, 271
Brustbandsturmvogel
s. Gould-Sturmvogel
Buchentyrann 513
Buchfink *140*, 461
Büffelkopfente 489
Bulwers Sturmvogel 482
Buntfalke 492
Buntfuß-Sturmschwalbe 483
Buntspecht *113*, 339
Buschrohrsänger *127*, 404
Buschspötter *130*, 408

Chile-Flamingo 487
Chukarhuhn 237
Cistensänger *126*, 417

Dachsammer 533
Delawarenmöwe
s. Ringschnabelmöwe
Diademrotschwanz 520
Dickschnabellumme *106*, 309
Dickschnabelsänger 522
Distelfink
s. Stieglitz
Dohle *116*, 357
Doppelschnepfe *81*, *86*, 262
Dorndreher
s. Rotrückenwürger
Dorngrasmücke *128*, 412
Dreizehenmöwe *99*, *101*, 299
Dreizehenspecht *113*, 342
Drosselrohrsänger *127*, 402
Drossel, Sibirische *121*, 517
Drosseluferläufer *89*, 498
Drosselwaldsänger 527
Dünnschnabel-Brachvogel *84*, *85*, 266
Dünnschnabelmöwe *99*, *100*, 297
Dunkelente 487
Dunkellaubsänger
s. Laubsänger, Dunkler
Dupont-Lerche 514

Eichelhäher *117*, 360
Eiderente *47*, *49*, 189
Einfarbdrossel 517
Einfarbstar *136*, 448
Einsiedelwasserläufer
s. Wasserläufer, Einsamer
Einsiedlerdrossel 519
Eisente *46*, *48*, 185
Eismöwe *98*, *100*, 294
Eissturmvogel *34*, *36*, 155
Eistaucher *33*, 147
Eistaucher, Gelbschnäbliger
s. Gelbschnabeltaucher
Eisvogel *112*, 333
Eleonorenfalke *65*, *67*, 226
Elfenbeinmöwe *99*, *101*, 290
Elster *117*, 358
Elsterdohle
s. Weißbauchdohle
Erddrossel *121*, 378
Erlenzeisig *137*, 451
Eskimo-Brachvogel 497

Färöer-Wasserpieper 437
Fahlsegler *114*, 332
Falkenbussard 211
Falkennachtschwalbe 510
Falkenraubmöwe *97*, 288
Fasan s. Jagdfasan
Feldeggsfalke
s. Lannerfalke
Feldlerche *115*, 349
Feldrohrsänger *127*, 404

Feldschwirl *126*, 400
Feldsperling *144*, 474
Felsenhuhn *72*, 237
Felsenkleiber *119*, 373
Felsenpieper *134*, 438
Felsenschwalbe *114*, 353
Felsentaube *108*, 314
Fichtenammer *143*, 465
Fichtenkreuzschnabel *140*, 460
Fischadler *56*, *58*, 222
Fischmöwe *98*, *101*, 295
Fischreiher
s. Graureiher
Fitislaubsänger *131*, 419
Flamingo
s. Rosaflamingo
Fleckschnabelente 487
Fleckschnabeltaucher
s. Bindentaucher
Fliegenschnäpper, Brauner 523
Fliegenschnäpper, Grauer *125*, 425
Flußregenpfeifer *78*, *82*, 255
Flußseeschwalbe *102*, *105*, 303
Flußuferläufer *89*, *95*, 273
Franklinmöwe
s. Präriemöwe
Fregattensturmschwalbe 483
Fuchsammer 533

Gänsegeier *54*, *55*, 203
Gänsesäger *47*, *49*, 193
Gartenammer *142*, 468
Gartenbaumläufer *119*, 370
Gartengrasmücke *128*, 411
Gartenrotschwanz *123*, 390
Gebirgsstelze *132*, 441
Gelbbauch-Saftsaugerspecht 512
Gelbbrauenlaubsänger *131*, 423
Gelbkehlchen 527
Gelbkopfstärling 529
Gelbnasenalbatros 479
Gelbschenkel *89*, 498
Gelbschenkel, Großer *89*, 498
Gelbschnabelkuckuck 509
Gelbschnabel-Sturmtaucher *34*, *36*, 154
Gelbschnabeltaucher 147
Gelbspötter *130*, 407
Gerfalke *64*, *66*, 225
Gilbsteinschmätzer *122*, 386
Gimpel *139*, 457
Girlitz *137*, 456
Glanzkopfmeise
s. Sumpfmeise
Gleitaar 216
Gluckente 487
Goldammer *142*, 464
Goldfliegenschnäpper 523
Goldhähnchenlaubsänger *131*, 522
Goldregenpfeifer *79*, *87*, 257
Goldregenpfeifer, Kleiner *79*, 496
Goldwaldsänger
s. Waldsänger, Gelber
Goulds Sturmvogel 481
Grasläufer *93*, 502
Grauammer *142*, 464
Graubruststrandläufer *93*, 501
Graubülbül 516
Grauer Fliegenschnäpper *125*, 425
Graufischer *112*, 512
Graugans *50*, *52*, 196
Graukopf-Albatros 479
Graukopfmöwe 504
Grauortolan
s. Rostammer
Graureiher *38*, *40*, 163
Grauschulterrohrammer
s. Pallas-Rohrammer
Grauspecht *113*, 338
Grauwangendrossel 519
Grönlandfalke
s. Gerfalke
Großtrappe *75*, 242
Grünfink *137*, 450
Grünfink, Ostasien- 530
Grünlaubsänger
s. Laubsänger, Grüner
Grünschenkel *88*, *90*, 270
Grünspecht *113*, 337
Grundammer 534
Gryllteist *106*, 310
Güldenstädts Rotschwanz *123*, 392
Gürtelfischer 512

Habicht *60*, *62*, 214
Habichtsadler *57*, *59*, 209
Habichtskauz *110*, 326
Häherkuckuck *109*, 319
Hakengimpel *139*, 459
Halbringfliegenschnäpper *125*, 427
Halsbandfliegenschnäpper *125*, 427
Halsbandsäger
s. Mittelsäger
Halsbandwassertreter *91*, *96*, 283

Halsringente 488
Hänfling
s. Bluthänfling
Haselhuhn *69*, *71*, 234
Haubenlerche *115*, 347
Haubenmeise *118* , *365*
Haubentaucher *33*, 149
Hausrotschwanz *123*, 391
Haussegler
s. Weißbürzelsegler
Haussperling *144*, 473
Heckenbraunelle *125*, 429
Heckensänger *126*, 388
Heidelerche *115*, 348
Heiderebhuhn
s. Rebhuhn
Heringsmöwe *99*, *100*, 292
Heuschreckenschwirl
s. Feldschwirl
Höckerschwan *51*, *53*, 201
Hohltaube *108*, 314

Indianerdommel
s. Zwergrohrdommel, Amerikanische
Indigofink 535
Isabellsteinschmätzer *122*, 386
Isabellwürger 524
Islandfalke
s. Gerfalke
Italiensperling *144*, 473

Jagdfasan *73*, 139
Jouanins Sturmvogel 482
Jungfernkranich *74*, 241
Junko
s. Winterammer

Kaffernsegler *114*, 332
Kaiseradler *56*, *58*, 207
Kalanderlerche *115*, 345
Kammbläßhuhn
s. Kammbleßralle
Kammbleßralle *77*, 249
Kampfläufer *81*, *86*, 280
Kanadagans *51*, *53*, 200
Kanadakleiber 515
Kanadakranich 493
Kap-Ohreule 510
Kappenammer *142*, 465
Kappensäger 490
Kappenwaldsänger 528
Kapschaf
s. Wanderalbatros
Kapsturmvogel 482
Kapuzenwaldsänger
s. Kappenwaldsänger
Karmingimpel *139*, 458
Karolina-Ralle 493
Katzenvogel 516
Kaukasus-Birkhuhn *69*, 233
Kaukasus-Karmingimpel 458
Kaukasus-Wasserpieper 436
Keilschwanzregenpfeifer 495
Kermadec-Sturmvogel 481
Kernbeißer *137*, 449
Kiebitz *80*, *83*, 253
Kiebitzregenpfeifer *79*, *87*, 257
Kiefernkreuzschnabel *140*, 460
Klappergrasmücke
s. Zaungrasmücke
Kleiber *119*, 371
Kleiber, Korsika- *119*, 372
Kleinasienammer 532
Kleinralle *76*, 246
Kleinspecht *113*, 340
Kletterwaldsänger 525
Knäkente *42*, *44*, 177
Knutt
s. Küstenstrandläufer
Kohlmeise *118*, 363
Kolbenente *43*, *45*, 180
Kolkrabe *116*, 355
Königshuhn, Kaukasisches *69*, 235
Königsseeschwalbe 506
Korallenmöwe *98*, *100*, 291
Kormoran *35*, *37*, 159
Kornweihe *61*, *63*, 215
Krabbentaucher *106*, 308
Kragenente *46*, *48*, 188
Kragentrappe *75*, 243
Krähenscharbe *35*, *37*, 160
Kranich *74*, *240*
Krauskopfpelikan 162
Krickente *42*, *44*, 175
Kronwaldsänger *526*
Krüpers Kleiber 372
Kuba-Flamingo 487
Kuckuck *109*, 318
Kuhreiher *38*, *40*, 166
Kurzfangsperber *60*, *62*, 213
Kurzschnabelgans *50*, *52*, 198
Kurzschnabel-Schlammläufer *89*, 497

Kurzzehenlerche *115*, 346
Küstenseeschwalbe *102*, *105*, 304
Küstenstrandläufer *92*, *94*, 274
Kuttengeier *54*, *55*, 204

Lachmöwe *99*, *101*, 296
Lachseeschwalbe *102*, *104*, 301
Lämmergeier
s. Bartgeier
Langschnabel-Schlammläufer
89, 497
Langzehen-Strandläufer 500
Lannerfalke *64*, *66*, 227
Lapplandmeise *118*, 366
Lasurmeise *118*, 364
Laubsänger, Dunkler 523
Laubsänger, Grüner *131*, 420
Laubsänger, Nordischer *131*, 422
Laufhühnchen *72*, 250
Lazulifink 535
Löffelente *43*, *45*, 179
Löffler *39*, *41*, 170

Madeira-Wellenläufer 483
Mandarinente 184
Mandschuren-Zwergrohrdommel
485
Mangrovereiher 485
Mantelmöwe *98*, *100*, 293
Marmelente *42*, *44*, 176
Maskenammer 532
Maskengrasmücke *141*, 414
Maskenstelze *133*, 440
Maskenwürger *135*, 446
Mattkopfmeise
s. Weidenmeise
Mauerläufer *119*, 374
Mauersegler *114*, 331
Mäusebussard *60*, *62*, 210
Meena-Taube
s. Orient-Turteltaube
Meerstrandläufer *92*, *94*, 276
Mehlschwalbe *114*, 351
Meisensänger 525
Merlin *65*, *67*, 226
Milan, Roter *61*, *63*, 215
Milan, Schwarzer *61*, *63*, 215
Misteldrossel *120*, 378
Mittelente
s. Schnatterente
Mittelmeersteinschmätzer *122*, 385
Mittelsäger *47*, *49*, 192
Mittelspecht *113*, 341
Mohrenlerche *115*, 344
Mollymauk
s. Albatros, Schwarzbrauen-
Mönchsgeier
s. Kuttengeier
Mönchsgrasmücke *128*, 411
Mönchswaldsänger
s. Wilson-Waldsänger
Mongolenregenpfeifer 495
Moorente *43*, *45*, 183
Moorschneehuhn *68*, *70*, 231
Moorschneehuhn, Schottisches *68*, *70*, 231
Mornellregenpfeifer *79*, *87*, 258
Mugimaki-Fliegenschnäpper
s. Tannenfliegenschnäpper

Nachtfalke
s. Falkennachtschwalbe
Nachtigall *124*, 393
Nachtigallschwirl
s. Rohrschwirl
Nachtreiher *38*, *40*, 166
Nachtschwalbe *109*, 329
Nachtschwalbe, Ägyptische 510
Naumannsdrossel *121*, 517
Nebelkrähe *116*, 356
Neuntöter
s. Rotrückenwürger
Noddiseeschwalbe 507
Nonnengans
s. Weißwangengans
Nonnenkranich
s. Schneekranich
Nonnenmeise
s. Sumpfmeise
Nonnensteinschmätzer *122*, 387
Nordseetaucher
s. Sterntaucher

Odinshühnchen
s. Halsbandwassertreter
Odinshühnchen, Amerikanisches
s. Weißbürzel-Wassertreter
Ohrengeier 491
Ohrenlerche *115*, 349
Ohrentaucher *33*, 151
Olivenspötter *130*, 407
Orient-Turteltaube 509
Orpheusgrasmücke *128*, 410
Orpheusspötter *130*, 406

Ortolan
s. Gartenammer
Ortolan, Grauer
s. Rostammer
Oryxweber 535
Ostasien-Grünfink 530

Pallas-Rohrammer 533
Palmenwaldsänger 527
Palmtaube 317
Papageialk
s. Rotschnabelalk
Papageitaucher *106*, 311
Papstfink 535
Petschora-Pieper *134*, 434
Pfeifente *42*, *44*, 178
Pfeifente, Nordamerikanische 488
Pfuhlschnepfe *84*, *85*, 267
Pharaonenziegenmelker
s. Nachtschwalbe, Ägyptische
Pieperwaldsänger 527
Pirol *136*, 353
Plüschkopfente 489
Polarbirkenzeisig *138*, 455
Polarbirkenzeisig, Grönland-
138, 531
Polarmöwe *98*, *100*, 294
Polartaucher
s. Prachttaucher
Prachtammer *141*, 532
Prachteiderente *47*, *49*, 190
Pracht-Fregattvogel 484
Prachttaucher *33*, 146
Prärieläufer *89*, 499
Präriemöwe 505
Provencegrasmücke *129*, 416
Purpurhuhn
s. Purpurralle
Purpurhuhn, Amerikanisches
s. Sultansralle, Amerika-
Purpurralle *77*, 248
Purpurreiher *38*, *40*, 164

Rabenkrähe *116*, 356
Ralle, Kleine *76*, 246
Rallenreiher *38*, *40*, 165
Raubadler
s. Steppenadler
Raubmöwe, Große *97*, 287
Raubmöwe, Kleine
s. Falkenraubmöwe
Raubmöwe, Mittlere
s. Spatelraubmöwe
Raubseeschwalbe *102*, *104*, 302
Raubwürger *135*, 444
Rauchschwalbe *114*, 350
Rauhfußbussard *60*, *62*, 212
Rauhfußkauz *111*, 328
Rebhuhn *72*, *73*, *238*
Regenbrachvogel *84*, *85*, 265
Regenpfeifer, Kaspischer
s. Wermut-Regenpfeifer
Reiherente *43*, *45*, 182
Reisstärling 528
Rennvogel *91*, *96*, 503
Riesenschwirl 521
Riesensturmvogel 480
Riffreiher 485
Ringdrossel *120*, 381
Ringelgans *51*, *53*, 199
Ringeltaube *108*, 315
Ringschnabelmöwe 504
Rohrammer *143*, 470
Rohrdommel, Amerikanische
486
Rohrdommel, Große *38*, *40*, 168
Rohrschwirl *126*, 399
Rohrweihe *61*, *63*, *219*
Rosaflamingo *39*, *41*, 172
Rosalöffler 486
Rosapelikan 161
Rosenbrustkernknacker 534
Rosengimpel 531
Rosenmöwe *101*, 505
Rosenseeschwalbe *102*, *105*, 304
Rosenstar *136*, 448
Rostammer *142*, 468
Rostflügeldrossel *121*, 518
Rostgans *47*, *49*, 194
Rostroter Wassertreter *91*, *96*, 282
Rotaugenlaubwürger 525
Rotaugenvireo
s. Rotaugenlaubwürger
Rotdrossel *120*, 380
Rötelammer *141*, 531
Rötelfalke *65*, *67*, 229
Rötelschwalbe *114*, 351
Rotfußfalke *65*, *67*, 229
Rothalsgans *51*, *53*, 491
Rothals-Nachtschwalbe *109*, 330
Rothalstaucher *33*, 150
Rothuhn *72*, 237
Rotkehlchen *124*, 396
Rotkehldrossel *121*, 518
Rotkehlpieper *134*, 436

Rotkehlstrandläufer 500
Rotkopfwürger *135*, 445
Rotrückenwürger *135*, 446
Rotschenkel *88*, *90*, 269
Rotschnabelalk 507
Rotschwanz, Amerika- 528
Rotstirngirlitz *137*, 456
Rubinkehlchen *124*, 395
Ruderente *47*, *49*, 191
Rüppell-Seeschwalbe 507
Rußalbatros 479
Rußseeschwalbe 506

Saatgans *50*, *52*, 197
Saatkrähe *116*, 357
Säbelschnäbler *80*, *83*, 281
Saftlecker
s. Saftsaugerspecht, Gelbbauch-
Sahara-Ohrenlerche 515
Sahara-Steinschmätzer 520
Sahara-Wüstengimpel *139*, 457
Samtente *46*, *48*, 186
Samtkopfgrasmücke *129*, 414
Sanderling *92*, *94*, 278
Sandflughuhn *107*, 312
Sandlerche 514
Sandregenpfeifer *78*, *82*, 254
Sandregenpfeifer, Kleiner 495
Sandstrandläufer *93*, 499
Sardengrasmücke *129*, 417
Schafstelze, *133*, 439
Schafstelze, Aschkopf- *133*, 439
Schafstelze, Englische *133*, 438
Schafstelze, Gelbstirn- *133*, 440
Schafstelze, Graukopf- *133*, 440
Schafstelze, Nordische *133*, 440
Schafstelze, Spanische *133*, 439
Scharlach-Tangare 530
Scheckente *46*, *48*, 188
Schelladler *57*, *59*, 208
Schellente *46*, *48*, 184
Schilfrohrsänger *127*, 405
Schlagschwirl *126*, 398
Schlammläufer
s. Kurzschnabel- bzw. Langschnabel-Schlammläufer
Schlammtreter, Grauer 498
Schlangenadler *57*, *59*, 221
Schleiereule *111*, 320
Schmarotzerraubmöwe *97*, 286
Schmutzgeier
s. Aasgeier
Schnäpperwaldsänger
s. Rotschwanz, Amerika-
Schnatterente *42*, *44*, 177
Schneeammer *143*, 472
Schnee-Eule *110*, 323
Schneefink
s. Schneesperling
Schneegans 490
Schneekranich *74*, 493
Schneesperling *144*, 475
Schneesturmvogel 482
Schopfalk 508
Schreiadler *57*, *59*, 208
Schwalbenmöwe *99*, *101*, 298
Schwalbenweihe 492
Schwanzmeise *118*, 369
Schwarzbrauen-Albatros 479
Schwarzflügel-Brachschwalbe 91, *96*, 285
Schwarzfuß-Albatros 479
Schwarzhalsreiher 484
Schwarzhalstaucher *33*, 151
Schwarzkehlbraunelle 430
Schwarzkehlchen *123*, 389
Schwarzkehldrossel *121*, 381
Schwarzkopfmöwe *99*, *101*, 295
Schwarzkopfruderente 191
Schwarzplättchen
s. Mönchsgrasmücke
Schwarzschnabelkuckuck 509
Schwarzschnabel-Sturmtaucher *34*, *36*, 153
Schwarzspecht *113*, 342
Schwarzstirnwürger *135*, 445
Schwarzstorch *39*, *41*, 169
Seeadler *56*, *58*, 217
Seeregenpfeifer *78*, *82*, 255
Seeschwalbe, Rüppell- 507
Seestrandläufer
s. Meerstrandläufer
Seggenrohrsänger *127*, 405
Seidenreiher *38*, *40*, 164
Seidensänger *126*, 398
Seidenschwanz *136*, 443
Senegal-Flughuhn *508*
Senegal-Triel 503
Sichelente 488
Sichelstrandläufer *92*, *94*, *278*
Sichler, Brauner *39*, *41*, 171
Silberkopfammer
s. Weißkappenammer
Silbermöwe *99*, *100*, 292

Silberreiher *38*, *40*, 165
Singammer 533
Singdrossel *120*, 380
Singhabicht 492
Singschwan *51*, *53*, 201
Skua
s. Raubmöwe, Große
Smaragdhuhn
s. Smaragdralle 494
Sommergoldhähnchen *130*, 424
Sommertangare 530
Spatelente *46*, *48*, 185
Spatelraubmöwe *97*, 287
Sperber *60*, *62*, 213
Sperbereule *111*, 323
Sperbergrasmücke *128*, 410
Sperlingskauz *111*, 324
Spießente *42*, *44*, 179
Spießflughuhn *107*, 312
Spitzschwanz-Strandläufer *93*, 501
Spornammer *143*, 471
Spornkiebitz *80*, *83*, 253
Spornpieper *134*, 432
Spottdrossel, Rote- 516
Sprosser *124*, 394
Stachelschwanzsegler 511
Star *136*, 447
Steinadler *56*, *58*, 206
Steinhuhn *72*, *73*, 236
Steinkauz *111*, 324
Steinlerche
s. Sandlerche
Steinrötel *120*, 383
Steinschmätzer *122*, 384
Steinsperling *144*, 475
Steinwälzer *78*, *82*, 259
Stelzenläufer *80*, *83*, 281
Steppenadler *57*, *59*, 207
Steppenhuhn *107*, 313
Steppenkiebitz *80*, *83*, 252
Steppenweihe *61*, *63*, 220
Sterntaucher *33*, 148
Stieglitz *137*, 451
Stiftbekassine *81*, *86*, 260
Stockente *42*, *44*, 175
Storch, Weißer *39*, *41*, 169
Strandläufer, Bogenschnäbliger
s. Sichelstrandläufer
Strandläufer, Spitzschwänziger
s. Spitzschwanz-Strandläufer
Strandpieper *134*, 437
Streifengans 490
Streifenschwirl 522
Streifenwaldsänger
s. Tannenwaldsänger
Strichelschwirl *126*, 400
Stummellerche *115*, 346
Sturmmöwe *98*, *100*, 291
Sturmschwalbe *34*, *36*, 156
Sturmschwalbe, Buntfuß- 483
Sturmtaucher, Dunkler 481
Sturmtaucher, Großer 480
Sturmtaucher, Kleiner 480
Sultansralle, Afrika- 494
Sultansralle, Amerika- 494
Sumpfhuhn, Kleines
s. Ralle, Kleine
Sumpfläufer *92*, *94*, 278
Sumpfmeise *118*, 367
Sumpfohreule *111*, 327
Sumpfrohrsänger *127*, 403
Sumpfseeschwalbe *506*

Tafelente *43*, *45*, 182
Tamariskengrasmücke *129*, 415
Tamariskensänger *126*, 401
Tannenfliegenschnäpper 524
Tannenhäher *117*, 359
Tannenmeise *118*, 365
Tannenwaldsänger 527
Teichralle *77*, 248
Teichreiher 485
Teichrohrsänger *127*, 402
Teichwasserläufer *88*, *90*, 269
Temminck-Strandläufer *92*, *94*, 276
Tennessee-Waldsänger 525
Terekwasserläufer *92*, *94*, 279
Teufelssturmvogel 481
Theklalerche *115*, 347
Thorshühnchen
s. Rostroter Wassertreter
Tordalk *106*, 307
Trauerbachstelze *132*, 442
Trauerente *46*, *48*, 187
Trauerfliegenschnäpper *125*, 426
Trauermeise *118*, 366
Trauerseeschwalbe *103*, *104*, 299
Trauersteinschmätzer *122*, 387
Triel *80*, *83*, 284
Tropfenflughuhn
s. Senegal-Flughuhn
Trottellumme *106*, 308
Trupial, Schwarzer 529

Tundrataucher
s. Gelbschnabeltaucher
Tüpfelralle *76*, 245
Tüpfelsumpfhuhn
s. Tüpfelralle
Türkenkleiber
s. Krüpers Kleiber
Türkentaube *108*, 316
Turmfalke *65*, *67*, 229
Turteltaube *108*, 316

Uferläufer, Amerikanischer
s. Drosseluferläufer
Uferläufer, Bartrams
s. Prärieläufer
Uferlerche 513
Uferschnepfe *84*, *85*, 266
Uferschnepfe, Rostrote
s. Pfuhlschnepfe
Uferschwalbe *114*
Uhu *110*, 322
Unglückshäher *117*, 361
Uralkauz
s. Habichtskauz

Wacholderdrossel *120*, 379
Wacholderlaubsänger *131*, 421
Wachtel *72*, *73*, 239
Wachtelkönig
s. Wiesenralle
Wagler-Trupial 529
Waldammer *143*, 469
Waldbaumläufer *119*, 370
Walddrossel 518
Waldkauz *110*, 325
Waldkuckuck *109*, 319
Waldlaubsänger *131*, 421
Waldohreule *111*, 327
Waldpieper *134*, 434
Waldrapp 486
Waldsänger, Gelber 526
–, Grüner 526
–, Kap May- 526
–, Tennessee- 525
–, Wilsons 528
Waldschnepfe *81*, *86*, 264
Waldwasserläufer *88*, *90*, 271
Wanderalbatros 478
Wanderdrossel 518
Wanderfalke *64*, *66*, 224
Wanderlaubsänger
s. Laubsänger, Nordischer
Wanderregenpfeifer
s. Goldregenpfeifer, Kleiner
Wasseramsel *119*, 375
Wasserläufer, Dunkler *88*, *90*, 268
Wasserläufer, Einsamer *89*, 498
Wasserpieper *134*, 436
Wasserpieper, Amerikanischer 524
Wasserralle *76*, 244
Wassertreter, Plattschnäbliger
s. Wassertreter, Rostroter
Wassertreter, Schmalschnäbliger
s. Halsbandwassertreter
Wassertreter, Wilsons
s. Weißbürzelwassertreter
Weidenammer *142*, 466
Weidenlaubsänger *131*, 419
Weidenmeise *118*, 367
Weidensperling *144*, 474
Weindrossel
s. Rotdrossel
Weißaugenmöwe 504
Weißbartgrasmücke *129*, 415
Weißbartseeschwalbe *103*, *104*, 301
Weißbauchdohle 515
Weißbinden-Seeadler
s. Bindenseeadler
Weißbrauendrossel *121*, 517
Weißbürzelsegler *511*
Weißbürzel-Steinschmätzer
s. Sahara-Steinschmätzer
Weißbürzel-Strandläufer *93*, 500
Weißbürzel-Wassertreter 503
Weißer Storch *39*, *41*, 169
Weißflügellerche *115*, 345
Weißflügelseeschwalbe *103*, *104*, 300
Weißkappenammer 532
Weißkehlammer 533
Weißkehlsänger 521
Weißkopfruderente
s. Ruderente
Weißrückenspecht *113*, 340
Weißschwanzkiebitz *80*, 494
Weißwangengans *51*, *53*, 199
Wellenläufer *34*, *36*, 157
Wendehals *113*, 343
Wermut-Regenpfeifer *78*, *82*, 256
Wespenbussard *60*, *62*, 218
Wiedehopf *112*, 336
Wiesenammer *141*, 532
Wiesendrossel 519
Wiesenpieper *134*, 435

Wiesenralle *76*, 247
Wiesenstrandläufer
s. Zwergstrandläufer, Amerikanischer
Wiesenweihe *61*, *63*, 221
Wilsondrossel
s. Wiesendrossel
Winterammer 534
Wintergoldhähnchen *130*, 424
Witwenente 487
Würgfalke *64*, *66*, 227
Wüstengimpel
s. Sahara-Wüstengimpel
Wüstengrasmücke *128*, 413
Wüstenläuferlerche 514
Wüstenregenpfeifer *78*, *82*, 496
Wüstensteinschmätzer *122*, 520

Zaunammer *142*, *467*
Zaungrasmücke *128*, 413
Zaunkönig *119*, 376
Zeisig
s. Erlenzeisig
Ziegenmelke
s. Nachtschwalbe
Zilpzalp
s. Weidenlaubsänger
Zippammer *143*, 469
Zitronengirlitz *137*, 455
Zitronenstelze *132*, 441
Zitronenzeisig
s. Zitronengirlitz
Zügelseeschwalbe 506
Zwergadler *57*, *59*, 209
Zwergammer *143*, 470
Zwergbrachvogel 497
Zwergdrossel 519
Zwergflamingo 487
Zwergfliegenschnäpper *125*, 428
Zwerggans *50*, *52*, 197
Zwergmöwe *98*, *101*, 297
Zwergohreule *111*, 321
Zwergralle *76*, 246
Zwergrohrdommel *38*, *40*, 167
Zwergrohrdommel, Amerikanische 486
Zwergsäger *47*, *49*, 193
Zwergscharbe *35*, *37*, *160*
Zwergschnepfe *81*, *86*, 263
Zwergschwan *51*, *53*, *202*
Zwergseeschwalbe *102*, *105*, 305
Zwergstrandläufer *92*, *94*, *275*
Zwergstrandläufer, Amerikanischer *93*, 500
Zwergsultanshuhn
s. Sultansralle, Amerika-
Zwergsumpfhuhn
s. Zwergralle
Zwergtaucher *33*, 152
Zwergtrappe *75*, 242

INDEX DER WISSENSCHAFTLICHEN VOGELNAMEN

In dem vorstehenden „Index der wissenschaftlichen Vogelnamen" sind Unterarten nur dann aufgeführt worden, wenn sie in dem vorliegenden Bestimmungsbuch nicht bei der betr. Art, sondern gesondert besprochen wurden wie z. B. die zahlreichen Unterarten der Schafstelze, Motacilla flava L.

Acanthis cannabina 452
– flammea cabaret 454
– f. flammea 453
– f. islandica 454
– f. rostrata 531
– flavirostris 453
– hornemanni exilipes 455
– h. hornemanni 531
Accipiter brevipes 213
– gentilis 214
– nisus 213
Acrocephalus aëdon 522
– agricola 404
– arundinaceus 402
– dumetorum 404
– paludicola 405
– palustris 403
– schoenobaenus 405
– scirpaceus 402
Actitis s. Tringa
Aegithalos caudatus 369
Aegolius funereus 328
Aegypius monachus 204
Aethia cristatella 508
Aix galericulata 184
Ajaia ajaja 486
Alaemon alaudipes 514
Alauda arvensis 349
Alca torda 307
Alcedo atthis 333
Alectoris barbara 237
– chukar 237
– graeca 236
– rufa 237
Ammomanes cincturus 514
– deserti 514
Anas acuta 179
– americana 488
– angustirostris 176
– clypeata 179
– crecca 175
– discors 488
– falcata 488
– formosa 487
– penelope 178
– platyrhynchos 175
– poecilorhynchus 487
– querquedula 177
– rubripes 487
– strepera 177
Anous stolidus 507
Anser albifrons 196
– anser 196
– brachyrhynchus 198
– caerulescens 490
– erythropus 197
– fabalis 197
– indicus 490
Anthropoïdes virgo 241
Anthus campestris 432
– cervinus 436
– gustavi 434
– hodgsoni 434
– novaeseelandiae 432
– pratensis 435
– spinoletta coutellii 436
– sp. kleinschmidti 437
– sp. littoralis 438
– sp. petrosus 437
– sp. rubescens 524
– sp. spinoletta 436
– trivialis 433
Apus affinis 511
– apus 331
– caffer 332
– melba 331
– pallidus 332
Aquila chrysaëtos 206
– clanga 208
– heliaca 207
– pomarina 208
– rapax 207
Ardea cinerea 163
– melanocephala 484
– purpurea 164
Ardeola bacchus 485
– ibis 166
– ralloides 165

Arenaria interpres 259
Asio capensis 510
– flammeus 327
– otus 327
Athene noctua 324
Aythya collaris 488
– ferina 182
– fuligula 182
– marila 181
– nyroca 183

Bartramia longicauda 499
Bombycilla garrulus 443
Botaurus lentiginosus 486
– stellaris 168
Branta bernicla 199
– canadensis 200
– leucopsis 199
– ruficollis 491
Bubo bubo 322
Bubulcus s. Ardeola
Bucanetes s. Rhodopechys
Bucephala albeola 489
– clangula 184
– islandica 185
Bulweria bulwerii 482
– fallax 482
Burhinus oedicnemus 284
– senegalensis 503
Buteo buteo 210
– b. vulpinus 211
– lagopus 212
– rufinus 212
Butorides striatus 485

Calandrella cinerea 346
– raytal 513
– rufescens 346
Calcarius lapponicus 471
Calidris acuminata 501
– alba 278
– alpina 277
– bairdii 501
– canutus 274
– ferruginea 278
– fuscicollis 500
– maritima 276
– mauri 499
– melanotos 501
– minuta 275
– minutilla 500
– pusilla 499
– ruficollis 500
– subminuta 500
– temminckii 276
Caprimulgus aegyptius 510
– europaeus 329
– ruficollis 330
Carduelis carduelis 451
– chloris 450
– sinica 530
– spinus 451
Carpodacus erythrinus 458
– roseus 531
– rubicilla 458
Casarca ferruginea 194
Casmerodius albus 165
Catharus s. Hylocichla
Catoptrophorus semipalmatus 498
Cepphus grylle 310
Cercotrichas galactotes 388
Certhia brachydactyla 370
– familiaris 370
Ceryle alcyon 512
– rudis 512
Cettia cetti 398
Chaetura caudacuta 511
Charadrius alexandrinus 255
– asiaticus 256
– dubius 255
– hiaticula 254
– leschenaultii 496
– mongolus 495
– semipalmatus 495
– vociferus 495
Chersophilus duponti 514
Chettusia gregaria 252
– leucura 494
Chlamydotis undulata 243
Chlidonias hybrida 301
– leucopterus 300
– niger 299
Chordeiles minor 510
Ciconia ciconia 169
– nigra 169
Cinclus cinclus 375
Circaëtus gallicus 221
Circus aeruginosus 219
– cyaneus 219
– macrourus 220
– pygargus 221
Cisticola juncidis 417
Clamator glandarius 319
Clangula hyemalis 185
Coccothraustes coccothraustes 449

Coccyzus americanus 509
– erythropthalmus 509
Coloeus s. Corvus
Columba livia 314
– oenas 314
– palumbus 315
Coracias garrulus 335
Corvus corax 355
– corone cornix 356
– corone corone 356
– dauuricus 515
– frugilegus 357
– monedula 357
Coturnix coturnix 239
Crex crex 247
Crocethia s. Calidris
Cuculus canorus 318
– saturatus 319
Cursorius cursor 503
Cyanopica cyanus 359
Cyclorrhynchus psittacula 507
Cygnus columbianus 202
– cygnus 201
– olor 201

Daption capensis 482
Delichon urbica 351
Dendrocopos leucotos 340
– major 339
– medius 341
– minor 340
– syriacus 339
Dendrocygna viduata 487
Dendroica coronata 526
– palmarum 527
– petechia 526
– striata 527
– tigrina 526
– virens 526
Diomedea chlororhynchos 479
– chrysostoma 479
– exulans 478
– melanophris 479
– nigripes 478
Diplootocus s. Phoenicurus
Dolichonyx oryzivorus 528
Dryocopus martius 342
Dumetella carolinensis 516

Egretta garzetta 164
– gularis 485
Elanoïdes forficatus 492
Elanus caeruleus 216
Emberiza aureola 466
– bruniceps 466
– caesia 468
– calandra 464
– chrysophrys 532
– cia 469
– cineracea 532
– cioides 532
– cirlus 467
– citrinella 464
– hortulana 468
– leucocephala 465
– melanocephala 465
– pallasi 533
– pusilla 470
– rustica 469
– rutila 531
– schoeniclus 470
– spodocephala 532
– stewarti 532
Empidonax virescens 513
Eremophila alpestris 349
– bilopha 515
Erithacus rubecula 396
Erythropygia s. Cercotrichas
Eudromias morinellus 258
Euplectes oryx 535

Falco biarmicus 227
– cherrug 227
– columbarius 226
– concolor 492
– eleonorae 226
– naumanni 229
– peregrinus 224
– rusticolus 225
– sparverius 492
– subbuteo 224
– tinnunculus 229
– vespertinus 228
Ficedula a. albicollis 427
– a. semitorquata 427
– hypoleuca 426
– mugimaki 524
– narcissina 523
– parva 428
Fratercula arctica 311
Fregata magnificens 484
Fringilla coelebs 461
– montifringilla 462
Fulica atra 249

Fulica cristata 249
Fulmarus glacialis 155

Galerida cristata 347
– theklae 347
Gallinago gallinago 261
– media 262
– stenura 260
Gallinula chloropus 248
Garrulus glandarius 360
Gavia adamsii 147
– arctica 146
– immer 147
– stellata 148
Gelochelidon nilotica 301
Geothlypis trichas 527
Geronticus eremita 486
Glareola nordmanni 285
– pratincola 285
Glaucidium passerinum 324
Grus canadensis 493
– grus 240
– leucogeranus 493
Guiraca s. Passerina
Gypaëtus barbatus 204
Gyps fulvus 203

Haematopus ostralegus 251
Halcyon smyrnensis 512
Haliaeëtus albicilla 217
– leucoryphus 217
Herbivocula s. Phylloscopus
Hesperiphona vespertina 530
Hieraaëtus fasciatus 209
– pennatus 209
Himantopus himantopus 281
Hippolais caligata 408
– icterina 407
– olivetorum 407
– pallida 408
– polyglotta 406
Hirundo daurica 351
– rustica 350
Histrionicus histrionicus 188
Hoplopterus spinosus 253
Hydrobates pelagicus 156
Hydroprogne caspia 302
Hylocichla fuscescens 519
– guttata 519
– minima 519
– mustelina 518
– ustulata 519

Icterus galbula 529
– wagleri 529
Irania gutturalis 521
Ixobrychus eurhythmus 485
– exilis 486
– minutus 167

Junco hyemalis 534
Jynx torquilla 343

Lagopus lagopus 231
– l. scoticus 231
– mutus 32
Lanius c. collurio 446
– c. isabellinus 524
– excubitor 444
– minor 445
– nubicus 446
– senator 445
Larus argentatus 292
– atricilla 504
– audouinii 291
– canus 291
– cirrocephalus 504
– delawarensis 504
– fuscus 292
– genei 297
– glaucoides 294
– hyperboreus 294
– ichthyaëtus 295
– leucophthalmus 504
– marinus 293
– melonocephalus 295
– minutus 297
– philadephia 505
– pipixcan 505
– ridibundus 296
Limicola falcinellus 279
Limnodromus griseus 497
– scolopaceus 497
Limosa lapponica 267
– limosa 266
Locustella certhiola 522
– fasciolata 521
– fluviatilis 398
– lanceolata 400
– luscinioides 399
– naevia 400
Loxia curvirostra 460
– leucoptera 461
– pytyopsittacus 460
Lullula arborea 348

Luscinia calliope 395
– cyane 521
– luscinia 394
– megarhynchos 393
– svecica cyanecula 394
– s. svecica 395
Lusciniola melanopogon 401
Lymnocryptes minimus 263
Lyrurus mlokosiewiczi 233
– tetrix 232

Macronectes giganteus 480
Melanitta fusca 186
– nigra 187
– perspicillata 489
Melanocorypha bimaculata 513
– calandra 345
– leucoptera 345
– yeltoniensis 344
Melierax metabates 492
Melospiza s. Zonotrichia
Mergus albellus 193
– cucullatus 490
– merganser 193
– serrator 192
Merops apiaster 334
– superciliosus 334
Micropalama himantopus 502
Milvus migrans 215
– milvus 215
Mniotilta varia 525
Monticola saxatilis 383
– solitarius 383
Montifringilla nivalis 475
Motacilla a. alba 442
– alba yarellii 442
– cinerea 441
– citreola 441
– flava beema 440
– f. cinereocapilla 439
– f. feldegg 440
– f. flava 439
– f. flavissima 438
– f. iberiae 439
– f. lutea 440
– f. thunbergi 440
Muscicapa latirostris 523
– striata 425

Neophron percnopterus 203
Netta rufina 180
Nucifraga caryocatactes 359
Numenius arquata 264
– borealis 497
– minutus 497
– phaeopus 265
– tenuirostris 266
Nyctea scandiaca 323
Nycticorax nycticorax 166

Oceanites oceanicus 483
Oceanodroma castro 483
– leucorhoa 157
Oenanthe deserti 520
– h. hispanica 385
– h. melanoleuca 386
– isabellina 386
– leucopyga 520
– leucura 387
– oenanthe 384
– pleschanka 387
Oriolus oriolus 353
Otis tarda 242
Otus scops 321
Oxyura jamaicensis 191
– leucocephala 191

Pagodroma nivea 482
Pagophila eburnea 290
Pandion haliaëtus 222
Panurus biarmicus 374
Parula americana 525
Parus ater 365
– caeruleus 364
– cinctus 366
– cristatus 365
– cyanus 364
– lugubris 366
– major 363
– montanus 367
– palustris 367
Passer d. domesticus 473
– d. italiae 473
– hispaniolensis 474
– montanus 474
Passerella s. Zonotrichia
Passerina amoena 535
– caerulea 534
– ciris 535
– cyanea 535
Pastor s. Sturnus
Pelagodroma marina 483
Pelecanus crispus 162
– onocrotalus 161

Perdix perdix 138
Perisoreus infaustus 361
Pernis apivorus 218
Petronia petronia 475
Phalacrocorax aristotelis 160
– carbo 159
– pygmaeus 160
Phalaropus fulicarius 282
– lobatus 283
– tricolor 503
Phasianus colchicus 239
Pheucticus ludovicianus 534
Philomachus pugnax 280
Phoebetria palbebrata 479
Phoeniconaias minor 487
Phoenicopterus chilensis 487
– ruber roseus 172
– ruber ruber 487
Phoenicurus erythrogaster 392
– moussieri 520
– ochruros 391
– phoenicurus 390
Phragmaticola s. Acrocephalus
Phylloscopus bonelli 422
– borealis 422
– collybita 419
– fuscatus 523
– inornatus 423
– nitidus 421
– proregulus 522
– schwarzi 523
– sibilatrix 421
– trochiloides 420
– trochilus 419
Pica pica 358
Picoïdes tridactylus 342
Picus canus 338
– viridis 337
Pinicola enucleator 459
Pipilo erythrophthalmus 534
Piranga olivacea 530
– rubra 530
Platalea leucorodia 170
Plautus alle 308
Plectrophenax nivalis 472
Plegadis falcinellus 171
Pluvialis apricaria 257
– dominica 496
– squatarola 257
Podiceps auritus 151
– cristatus 149
– griseigena 150
– nigricollis 151
– ruficollis 152
Podilymbus podiceps 478
Polysticta stelleri 188
Porphyrio madagascariensis 494
– porphyrio 248
Porphyrula alleni 494
– martinica 494
Porzana carolina 493
– parva 246
– porzana 245
– pusilla 246
Procellaria s. Puffinus
Prunella atrogularis 430
– collaris 430
– modularis 429
– montanella 429
Pterocles alchata 312
– exustus 508
– orientalis 312
– senegallus 508
Pterodroma hasitata 481
– leucoptera 481
– neglecta 481
Ptyonoprogne rupestris 353
Puffinus assimilis 480
– diomedea 154
– gravis 480
– griseus 481
– lherminieri 480
– puffinus 153
Pycnonotus barbatus 516
Pyrrhocorax graculus 362
– pyrrhocorax 361
Pyrrhula pyrrhula 457

Quiscalus quiscula 529

Rallus aquaticus 244
Recurvirostra avosetta 281
Regulus ignicapillus 424
– regulus 424
Remiz pendulinus 368
Rhodopechys githaginea 457
Rhodostethia rosea 505
Riparia riparia 352
Rissa tridactyla 299

Saxicola rubetra 390
– torquata 389
Scolopax rusticola 264
Seiurus aureocapillus 527

Seiurus noveboracensis 527
Serinus citrinella 455
- pusillus 456
- serinus 456
Setophaga ruticilla 528
Sitta canadensis 515
- europaea 371
- krüperi 372
- neumayer 373
- whiteheadi 372
Somateria fischeri 489
- mollissima 189
- spectabilis 190
Sphyrapicus varius 512
Stercorarius longicaudus 288
- parasiticus 286
- pomarinus 287
- skua 287
Sterna albifrons 305
- anaethetus 506
- bengalensis 507
- dougallii 304
- forsteri 506
- fuscata 506
- hirundo 303
- maxima 506
- paradisaea 304
- sandvicensis 306
Streptopelia decaocto 316
- orientalis 509
- senegalensis 317
- turtur 316
Strix aluco 325
- nebulosa 326
- uralensis 326
Sturnus roseus 448
- unicolor 448
- vulgaris 447
Sula bassana 158
Surnia ulula 323
Sylvia atricapilla 411
- borin 411
- cantillans 415
- communis 412
- conspicillata 416
- curruca 413
- deserticola 522
- hortensis 410
- melanocephala 414
- mystacea 415
- nana 413
- nisoria 410
- rüppelli 414
- sarda 417
- undata 416
Syrrhaptes paradoxus 313

Tadorna tadorna 194
Tarsiger cyanurus 392
Terekia s. Tringa
Tetrao urogallus 234
Tetraogallus caucasicus 235
Tetrastes bonasia 234
Tetrax tetrax 242
Tichodroma muraria 374
Torgos tracheliotus 491
Toxostoma rufum 516
Tringa erythropus 268
- flavipes 498
- glareola 271
- hypoleucos 273
- macularia 498
- melanoleuca 498
- nebularia 270
- ochropus 271
- solitaria 498
- stagnatilis 269
- terek 272
- totanus 269
Troglodytes troglodytes 376
Tryngites subruficollis 502
Turdus iliacus 380
- merula 382
- migratorius 518
- naumanni eunomus 518
- n. naumanni 517
- obscurus 517
- philomelos 380
- pilaris 379
- ruficollis atrogularis 381
- r. ruficollis 518
- sibiricus 517
- torquatus 381
- unicolor 517
- viscivorus 378
Turnix sylvatica 250
Tyto alba 320

Upupa epops 336
Uria aalge 308
- lomvia 309

Vanellus vanellus 253
Vermivora peregrina 525

Vireo olivaceus 525

Wilsonia citrina 528
- pusilla 528

Xanthocephalus xanthocephalus 529

Xema sabini 298
Xenus s. Tringa

Zonotrichia albicollis 533
- iliaca 533
- leucophrys 533
- melodia 533
Zoothera dauma *121*, 378

Als Vorlagen für die zum Teil geänderten Zeichnungen im Text wurden folgende Bücher und Zeitschriften benutzt:

British Birds Bd. 57, 1964 (S. 397), Bd. 58, 1965 (S. 243), Bd. 66, 1973 (S. 318); Brown, L. & D. Amadon (1968): Eagles, Hawks and Falcons of the World (S. 211, 218); Etchécopar, R. D. & Hüe, F. (1964): Les Oiseaux du Nord de l'Afrique (S. 355, 362); Hartert, E. (1910–1922): Die Vögel der paläarktischen Fauna (S. 191, 261, 262, 263); Hollom, P. A. D. (1960): The Popular Handbook of Rarer British Birds (S. 220, 316, 394); Hüe, F. & R. D. Etchécopar (1970): Les Oiseaux du Proche et du Moyen Orient (S. 409); Murphy, R. V. (1936): Oceanic Birds of South America (S. 157, 483, 484); Niethammer, G. (1937–1942): Handbuch der deutschen Vogelkunde (S. 359); Peterson, R. T. (1947): A Field Guide to the Birds – Eastern Land and Water Birds (S. 499, 500); Reichenow, A. (1913): Die Vögel – Handbuch der systematischen Ornithologie (S. 388, 418); Witherby, H. F. (1949): The Handbook of British Birds (S. 147, 153, 154, 155, 157, 186, 187, 189, 190, 191, 271, 272, 273, 275, 276, 277, 278, 300, 301, 308, 309, 385, 401, 403, 406, 432, 433, 435, 500, 501, 502).

NOTIZEN

NOTIZEN

NOTIZEN

Zum Vergleich der Größe einiger bekannter Vogelarten